热带农产品
质量安全生产关键技术概论

◎ 王　萌　叶剑芝　潘晓威　主编

中国农业科学技术出版社

图书在版编目(CIP)数据

热带农产品质量安全生产关键技术概论／王萌，叶剑芝，潘晓威主编 . --北京：中国农业科学技术出版社，2021.12
ISBN 978-7-5116-5641-4

Ⅰ.①热…　Ⅱ.①王…②叶…③潘…　Ⅲ.①热带作物-农产品生产-质量管理-安全管理　Ⅳ.①F307.5

中国版本图书馆 CIP 数据核字（2021）第 273873 号

责任编辑　姚　欢　申　艳
责任校对　马广洋
责任印制　姜义伟　王思文

出 版 者　中国农业科学技术出版社
　　　　　北京市中关村南大街 12 号　　邮编：100081
电　　话　(010) 82106636（编辑室）　　　(010) 82109702（发行部）
　　　　　(010) 82109709（读者服务部）
网　　址　https://castp.caas.cn
经 销 者　各地新华书店
印 刷 者　北京建宏印刷有限公司
开　　本　185 mm×260 mm　1/16
印　　张　29
字　　数　670 千字
版　　次　2021 年 12 月第 1 版　2021 年 12 月第 1 次印刷
定　　价　198.00 元

《热带农产品质量安全生产关键技术概论》
编　委　会

主　编：王　萌　叶剑芝　潘晓威

副主编：段　云（中国热带农业科学院分析测试中心）

徐雪莲（中国热带农业科学院环境与植物保护研究所）

韩志萍（岭南师范学院食品科学与工程学院）

梁晓宇（海南大学）

张　宇（海南大学）

刘元靖（中国热带农业科学院农产品加工研究所）

马会芳（中国热带农业科学院农产品加工研究所）

张一帆（西藏自治区农牧科学院农业质量标准与检测研究所）

次　顿（西藏自治区农牧科学院农业质量标准与检测研究所）

李晓娜（中国热带农业科学院科技信息研究所）

郑鹭飞（中国农业科学院农业质量标准与检测技术研究所）

李艺坚（中国热带农业科学院橡胶研究所）

万三连（三亚市农业技术推广服务中心）

陈　淼（中国热带农业科学院环境与植物保护研究所）

蔡汇丰（海南省农业生态与资源保护总站）

黄　锋（海南省农业生态与资源保护总站）

王达明（澄迈县农业技术推广中心）

张善英（海南大学）

周永刚（海南大学）

王　睿（海南大学）

李　培（中国热带农业科学院农产品加工研究所）

许　鹏（广西南亚热带农业科学研究所）

尹俊龙（中国热带农业科学院试验场）

前　言

热带，处于南北回归线（南北纬 23°26′）之间，地处赤道两侧，占全球总面积的 39.8%。热带气候最显著的特点是高温多雨、全年长夏无冬，水热资源丰富，农业资源丰富，农作物产量高、经济价值高。地球上南美洲、非洲大部、大洋洲大部、南亚和东南亚地区，以及我国的海南岛、雷州半岛以及云南和台湾南部都属于热带地区。

2019 年，我国热带农业种植总面积 453.33 hm²，总产量 3 203.8 万 t，总产值 1 828.1 亿元（未包含甘蔗产值），主要的农作物种类有天然橡胶、粮食作物、油料作物、辛香料作物、药用作物、饮料作物、花卉作物、水果和坚果。其中，天然橡胶种植面积世界排名第三，产量世界排名第十；荔枝、八角、龙眼等种植面积和产量世界排名均为第一；香蕉种植面积世界排名第六，产量世界排名第二；杧果种植面积和产量世界排名均为第三；澳大利亚坚果种植面积世界排名第一，产量世界排名第三。然而，我国仍然是热带农产品进口大国。2019 年，中国大陆热带作物产品进口量 2 442.5 万 t，特别是市场需求量大的天然橡胶、油棕、木薯等产品生产能力严重不足，保供给仍是发展的重要任务。天然橡胶（含复合胶）进口量达 511.3 万 t，国内生产量 81.0 万 t，自给率不足 15%；棕榈油消费量 826.5 万 t，基本上全部依赖进口；木薯年产量 259.8 万 t，进口量 521.3 万 t，67%依赖进口。

近年来，伴随着中国热带农业科学院等科研单位的成长与发展，我国热带农业科技得到了较大发展，在育种栽培、病虫害防控、加工工艺与装备等方面已有较强的科技储备。收集保存热带作物种质资源 4.7 万份，保存量位居世界第一。南繁育种、热带特色作物基因组学等基础研究，高性能天然橡胶加工、高效采胶、精准施肥与绿色防控、天然活性物质开发、辛香料精深加工等重大科技研究方向蓬勃发展。

同时，我国也建立了冬季"菜篮子"基地、热带水果基地、南繁育制种基地等，是国家"菜篮子""果盘子""糖罐子""粮种子"的重要供给区域。特别是南繁育制种基地，承担了全国 70%的育种及原种扩繁任务，是种业的"中转站"和"出海口"；糖料蔗种植几乎全部集中在热带地区，食糖产量占全国的 85%以上，为国家粮食安全提供了重要保障。

和全国的农业形势一样，热带地区农业也存在一些发展较薄弱的领域，包括农业机械社会化服务水平不高、重大关键技术与农机具配套服务平台不完备、规范化标准化技术体系不完善等。我们组织在热带农业生产和研发领域具有多年工作和教学经验的专业人员，围绕热带农产品质量安全生产技术这个主题，从技术规程、生产过程标准、产品质量标准、贮藏运输准则、质量检测技术等几个方面，对现有的热带农产品质量安全生产技术进行概述，汇总已有的技术并查找空白技术，便于后续填补，为热带地区农业安全生产助力。

编者

2021 年 10 月

目　　录

第一章　橡胶质量安全生产关键技术

第一节　橡胶概述

橡胶（Rubber）是指具有可逆形变的高弹性聚合物材料，在室温下富有弹性，在很小的外力作用下能产生较大形变，除去外力后能恢复原状。橡胶属于完全无定形聚合物，它的玻璃化转变温度低，分子量往往很大，达到几十万道尔顿，具有优良的回弹性、绝缘性、隔水性及可塑性等特性，并且，经过适当处理后还具有耐油、耐酸、耐碱、耐热、耐寒、耐压、耐磨等宝贵性能。因此，橡胶用途广泛，例如日常生活中使用的雨鞋、暖水袋、松紧带，医疗卫生行业所用的外科医生手套、输血管、避孕套，交通运输上使用的各种轮胎，工业上使用的传送带、运输带、耐酸和耐碱手套，农业上使用的排灌胶管、氨水袋，气象测量用的探空气球，科学试验用的密封、防震设备，国防上使用的飞机、坦克、大炮、防毒面具，甚至连火箭、人造地球卫星和宇宙飞船等高精尖科学技术产品都离不开天然橡胶。

天然橡胶是由橡胶树汁液（称为天然胶乳）经过凝固、干燥等加工工序而制成的弹性固状物。虽然世界上有 2 000 多种植物可生产天然橡胶，但大规模推广种植的主要是巴西橡胶树。采获的天然橡胶主要成分是顺式聚异戊二烯，具有弹性大、定伸强度高、抗撕裂性和耐磨性良好、易于与其他材料黏合等特点，广泛用于轮胎、胶带等橡胶制品的生产。巴西橡胶树喜高温、高湿、静风、沃土，主要种植在东南亚等低纬度地区。受自然条件制约，我国仅海南、广东、云南等地气候条件可以种植，可种植面积约 1 500 万亩（1 亩 ≈ 667 m^2），已种植 1 400 万亩左右，年产量在 60 万 t 左右。

合成橡胶是由化学方法合成制得的橡胶，原理是不同单体在引发剂作用下，经聚合反应而生成的品种多样的高分子化合物，单体有丁二烯、苯乙烯、丙烯腈、异丁烯、氯丁二烯等，其产品分别为丁苯橡胶、顺丁橡胶、异戊橡胶、硅橡胶、乙丙橡胶、氯丁橡胶等，每种产品均具有不同的物化性质，在工业上的应用领域也不相同。例如丁苯橡胶是绝大多数轮胎的原料；丁腈橡胶主要应用于耐油制品，例如各种密封制品；硅橡胶主要用于航空工业、电气工业、食品工业及医疗工业等方面；异戊橡胶可以代替天然橡胶制造载重轮胎和越野轮胎；乙丙橡胶可以作为轮胎胎侧、胶条和内胎以及汽车的零部件，还可以作电线、电缆包皮及高压、超高压绝缘材料，还可制造胶鞋、卫生用品等浅色制品；氯丁橡胶用来制作运输皮带和传动带以及电线、电缆的包皮材料，制造耐油胶管、垫圈以及耐化学腐蚀的设备衬里。

国务院办公厅于 2007 年印发了《关于促进我国天然橡胶产业发展的意见》（以下简称《意见》），进一步明确了"天然橡胶是重要的战略物资和工业原料"的战略定位，肯定了我国天然橡胶产业所做出的重大贡献，指出了当前我国天然橡胶产业发展中存在的问题和面临的挑战，提出了今后发展天然橡胶产业的指导思想、基本原则、发展目标和具体措施。

《意见》明确提出，到 2015 年，我国国内天然橡胶年生产能力要达到 80 万 t 以上，境外生产加工能力达到 60 万 t 以上。《意见》为我国天然橡胶产业的快速健康发展明确了前进的方向、创造了良好的环境、开辟了广阔的工作空间，这是新时期指导我国天然橡胶产业发展的一部划时代的纲领性文件，具有重大的现实意义和深远的历史意义。

第二节　天然橡胶种植规程

橡胶树是一种喜欢高温、多雨、静风和肥沃土壤的典型的热带乔木，其主要种植技术措施包括选择宜植胶园地、选育抗性高产品种、抗风抗寒栽培技术和适应北移种植的采胶技术。

一、橡胶园地规划

1. 园地选择

地势：坡度小于 35°。

土壤：土层厚度在 10 m 以上，土壤较肥沃。地下水位在 10 m 以下，排水良好。

2. 园地等级

园地分为甲、乙、丙 3 等，各等级的指标应符合表 1-1 的规定。

表 1-1　橡胶园地等级指标

园地等级	年平均气温/℃	最冷月平均气温/℃	年降水量/mm	年平均风速/(m/s)	达到开割年限/a	产量指标/(kg/hm²)
甲等	>21	>15	>1 500	<2.0	≤7	≥1 500
乙等	>20	>14	>1 400	2.1~3.0	≤8	≥1 200
丙等	>19	>13	>1 200	>3.0	≤9	≥900

3. 园地面积

一般为 133~266 hm²，通常以林带划分，不需要防护林的地区，可以山头或天然界限划分。

4. 园间道路

路面宽一般 3~4 m，便于汽车和拖拉机通行。

5. 防护林

（1）营造原则　凡有风害的地区，植胶前 1~3 a 造林。

（2）林带规格 林带宽 15～20 m，副林带宽 8～15 m，山脊林带宽不少于 20 m。相对高差 60 m 以上的山岭，顶部至少留 1/4 的块状林。

（3）林带树种 树种选择速生抗风又具较高经济效益的适生树种。

（4）林带结构 林带由主木、副木和绿篱合理组成。

（5）林带更新 林带更新一般与橡胶树更新同步进行，在胶园得到良好防护的前提下，也可适时半带或隔带更新。已失去防护作用的应及时更新。

二、种苗准备

1. 采种

使用经鉴定合格的采种区种子；种子必须成熟、饱满、新鲜，做到随采、随运、随播。

2. 育苗

芽接树桩苗和袋育芽接苗提前 2 a 培育；高截干和三合树芽接苗提前 3 a 培育；培育 1 a 的实生苗离地 15 cm 处茎粗要有 70% 达到：甲等地 1.8 cm，乙等地、丙等地 1.5 cm。

3. 确定株数

按定植实际需要株数，芽接树桩多准备 20%，袋育芽接苗、高截干和三合树多准备 10% 的苗木。

4. 品种使用、芽条增殖

①使用的品种须为经农业农村部组织的全国橡胶品种汇评审定、推荐的优良品种；橡胶育种科研单位建立原种增殖苗圃。

②橡胶农场建立中心增殖苗圃。

5. 品系纯化

①增殖苗圃芽条长到 3 蓬叶稳定时，每株进行无性系形态鉴定，除去不纯植株，纯度要达到 100%。

②采集、包装和运输芽条时要逐条标明品系名称。

③增殖苗圃以外的未经鉴定的芽接苗不能作芽条使用。

6. 砧木

①用绿色芽片芽接的砧木离地 15 cm 处茎粗达到 0.8 cm 以上；用褐色芽片芽接的一年生砧木离地 15 cm 处茎粗达到 1.5 cm 以上。

②砧木要有 3 蓬叶以上，并易剥皮。

③砧木最多重接 1 次。

7. 芽条

①用丛式绿色芽条繁殖法培育绿色芽条。

②一年生芽条离接合点 15 cm 处茎粗达到 20 cm 以上、每米可利用芽片 10 个以上，并易剥皮。

③应选择腋芽和鳞片芽作芽片。

④芽接成活率应达到 85% 以上。

⑤芽接后要建立田间资料档案。

三、开荒与定植

1. 开荒

要集中连片进行，开荒同时完成道路的修筑。先灭草，后植胶。一般土地瘠瘦、风害较重的地区种密些，植胶条件好的地区种疏些。开割林段每亩保留 25 株常割株，就可获得较高的产量。在海南以每亩种植 33~37 株为宜，株行距 3 m×7 m 或 3 m×6.5 m。

2. 植穴

长×宽×深=70 cm×60 cm×60 cm，植穴挖好后暴晒一个月后再回表土，每穴施入生物有机肥 10 kg 作基肥。自行发酵的农家肥添加一些速效肥并加倍施用。

3. 壮苗标准

抽芽芽接苗：绿色芽片小苗芽接，砧木直径不小于 1 cm（离地 15 cm 处）；褐色芽片芽接，砧木直径 2 cm 以上。袋育芽接苗：要求 2~3 蓬叶。三合树和高截干芽接苗：直径要求 3 cm 以上。

4. 定植胶苗的一般操作步骤

（1）定植深度　芽接桩的定植深度保持芽接口高出地面 2~3 cm，侧根不外露，泥土不能埋没芽片。截干芽接苗要将芽接愈合点埋入土中。袋苗则维持其原种植深度。

（2）定植方向　芽接桩的芽片一般向东北或向北，以减少太阳直射芽片。在丘陵地，芽片向梯田内壁。常风大的地区，芽片向主风方向，以防止幼茎在基部被吹裂。

（3）回土压实　分层回土压实定植裸根苗，一般分 3~4 次回土压实，使根系与土壤紧密接触，利于根系吸收土壤水分，提高成活率。定植时要保持主根垂直，侧根舒展，切忌将侧根从基部踩折。定植袋苗，先用刀切破袋底，将袋置于穴中，由下往上把塑料袋拉至一半高度，在其露出土柱后，周围回土并轻轻压实再将余下的塑料袋拉出，继续回土压实。

（4）整理穴面　回土完毕后，将穴面整理成锅底形，并盖草、淋水。高温干旱天气还需插带叶树枝遮阴。干旱天气定植，要提前一天对穴灌水，待穴土湿润再定植，植后如无雨，每隔 3~5 d 淋水 1 次，直到第一蓬叶稳定为止。不宜冒着大雨种植。

（5）提高苗木定植的成活率　橡胶芽接树桩定植，在于对苗木增加水分的供应，减少水分的消耗，使胶苗体内始终保持水分平衡，促进苗木的成活和生长。挖苗前锯砧，既是为了促进萌芽，也是为了减少移植后的水分蒸发消耗。挖苗时要保留好根系，一是为了减少根系的伤口，有利于保持体内的水分；二是有利于更好地恢复吸水能力。挖苗出土到定植之前要遮阴护苗，减少损耗胶苗体内的水分；定植时主根要紧贴实土，侧根要舒展，分层压实，使根土紧密结合，有利于胶根吸水固土；植后要随即淋水盖草，当抽芽 10 cm 以上且遇到高温烈日时，必须遮阴。

袋装苗成活率高，苗木生长快，可提早半年投产且林相整齐。需要注意的是，塑料袋苗定植时必须选择在苗木顶蓬叶老化稳定期种植。此外，袋土也要干硬、不松散。因此，从定植前一周要停止淋水。在运输和定植时，要防止袋土松散，已经松散的要充分淋水，待袋土结成块后再定植。另外，要修根。起苗时先将穿出袋底外的主根切断，有的袋苗穿出袋外的根较长，也必须把它修除。修根时注意不要弄伤袋苗。

四、定植后的管理

1. 小苗定植后初期管理

（1）淋水抗旱　为促进生长，每次淋水要达到穴土湿透。

（2）修枝抹芽　要及时修除砧木芽，如抽出2个以上接芽时，应修掉弱芽，保留1个壮芽，高截干苗顶部抽生的芽要全部保留；定植后一定要设法培养有2.2~2.5 m正直平滑的树干，凡在这段茎秆上抽出的幼芽和侧枝都应及时修除。修剪后用300~500倍种植宝喷施。

（3）除草盖草　盖草可提高茎的生长量。盖草的方式有胶头盖草（也称胶圈盖草）和带状盖草。胶头盖草是在树干基部周围土地进行盖草，一年生时盖草宽度约1 m，以后随树冠的扩展逐步加宽到2 m左右。带状盖草是在整个植胶带上盖草，通常只在行间草料较多时才能实施。盖草厚度以15~20 cm较好。但是要注意，在胶树基部20 cm直径范围内不盖草，以免发生日烧病或冬天加重寒害。

（4）防虫防兽畜为害　芽接桩只有1个接穗芽，容易被蟋蟀或其他兽畜咬掉而报废，因此在抽芽初期要注意防虫、防兽畜为害。

（5）及时补换植　橡胶树定植不成活和生长不良的植株要进行补换植，并且越早越好。定植芽接桩应同时准备10%~15%的同品系袋装苗作为补换植用；定植第二年仍需补换植的应采用高截干苗，第三年以后一般不再补苗，因为补换植苗受原定植植株的抑制，常成为迟效株或无效株。

2. 橡胶树修枝整型

修枝整型能够显著地减轻风害损失，可减少病害。橡胶树一般要留足割面2.5~3.0 m，才允许其长分枝，所以3 m以内的树干不让其长分枝，所有的分枝芽必须摘除。橡胶树抗风的理想树型的特征应该是：矮、壮、疏、匀、轻，即成龄矮至10 m左右，第一、第二分枝要壮，枝条分布要均匀，有足够的叶量，整个树冠要轻。橡胶树修枝整型一般都要在3 m以上的部位进行，主要以打击霸王枝为主。开割的前一年，在树高5~6 m处平切一刀，有利于控制树高和降低风压，对减轻风害有好处。

3. 成龄树肥水管理

每次割胶后，有条件淋根的，用"以诺水肥+种植宝"淋根，保肥保水。一般一年中分别于春、秋季施2次肥，每次用生物有机肥8~10 kg，于树冠滴水线附近施肥，施后覆土。

五、橡胶树主要病害与防治

1. 橡胶白粉病

（1）症状　白粉病侵害嫩叶、嫩芽、花序。得病初嫩叶出现辐射状透明的菌斑，以后病斑上出现白粉，初期病斑多为圆形，后期为不规则形。病害严重时，病叶布满白粉，叶片皱缩畸形，最后脱落。花序感病后也出现白色不规则形病斑，严重时花蕾大量脱落、凋萎。

（2）防治方法　主要包括农业措施和化学防治。

农业措施：加强栽培管理，增施肥料，促进橡胶树生长，提高抗病和避病能力，可减轻病害发生和流行。落叶不彻底的年份，在12月中下旬，用10%脱叶亚磷油剂或0.3%乙烯利油剂喷雾，用量为12~15 kg/hm²，可在半个月内将橡胶树的越冬老叶脱落，使橡胶树抽叶整齐，减少菌源，促进抽叶，减轻发病症状。

化学防治：常用药剂包括90%硫磺粉、15%三唑酮油烟剂、12.5%腈菌唑乳油、20%腈菌·三唑酮等。可在局部或全面进行防治，在橡胶树20%抽叶以前进行一次中心病株调查，一旦发现中心病株，应及时进行局部喷药防治；橡胶树抽叶达30%以后，发病率10%以上，预计未来一周内的天气条件有利于病情流行，或抽叶50%以上，发病率15%以上，应进行全面防治。施药方法可任选以下1种进行。

①325筛目的90%细硫磺粉，每亩每次用0.8~1 kg进行喷粉。

②15%三唑酮油烟剂，每亩每次用药量40~60 g进行喷烟。

③高扬程机动喷机喷雾可选用12.5%腈菌唑乳油2 000~2 500倍液或20%三唑酮可湿性粉剂1 000~1 500倍液喷雾。

④烟雾机喷烟可选用腈菌唑乳油或三唑酮乳油与柴油按1∶（4~6）混成药液喷烟，亩喷药液量200~250 mL。

2. 橡胶炭疽病

（1）症状　嫩叶感病后出现形状不规则、暗绿色的水渍状病斑，病斑大面凹陷，淡绿色嫩叶感病后呈现近圆形的暗绿色或褐色病斑，病斑边缘凹凸不平，叶片皱缩畸形，随着叶片老化，病斑边缘变褐、坏死，中央呈灰褐色，并会穿孔。炭疽病发生流行与品系的感病性、抽嫩叶期的气候条件有关，品系的感病性是该病发生的基础，雨水或湿度是病害流行的主要条件，风、雨是病害传播的主要途径。

（2）防治方法　主要包括农业措施和化学防治。

农业措施：在橡胶树越冬落叶期到抽芽初期和病害流行末期，施用速效肥，促进橡胶树抽叶迅速而整齐和病树迅速恢复生长，以提高橡胶树抗病能力。

化学防治：常用药剂包括益力Ⅱ号（2.5%百菌清烟剂）、3%多菌灵烟剂、70%甲基硫菌灵可湿性粉剂、80%代森锰锌可湿性粉剂、咪鲜胺、松脂酸铜等。在橡胶树抽嫩叶30%开始，进行林段的病情调查，若发现炭疽病斑时，根据气象预报在未来10 d内，有连续3 d以上的阴雨或大雾天气，就要在低温阴雨天气来临前喷药防治。喷药后从第5 d开始，若预报还有上述天气出现，而预测橡胶树物候仍为嫩叶期，则应在第一次喷药后7~10 d喷第二次药。施药方法可任选以下1种进行。

①每10亩点燃益力Ⅱ号烟剂（2.5%百菌清烟剂）或3%多菌灵烟剂1包（500 g）。每7~10 d点烟1次，连点2~3次。

②高扬程机动喷雾可选用7%甲基硫菌灵可湿性粉剂500倍液或80%代森锰锌可湿性粉剂500倍液喷雾。

③烟雾机喷烟可选用咪鲜胺或松脂酸铜乳油剂与柴油按1∶（4~6）混药喷烟，亩喷药液量200~250 mL。

第三节　橡胶树割胶标准

一、总体要求

橡胶乳汁流动的速度和数量，与温度和空气湿度有密切的关系。清晨是一天中温度最低和湿度最大的时间，同时，橡胶树经过一夜休息，体内水分饱满，树叶的蒸腾水分也最少，所以这时候割胶最好。据分析，割胶的最佳温度是 19~25 ℃，这时胶乳的产量和干胶的含量都高。当气温超过 27 ℃时，水分蒸发快，胶乳凝固快，排胶时间短，产量就低，但也不是温度越低越好，当气温低于 18 ℃时，胶乳流速放慢，排胶时间长，胶乳浓度低，还容易引起树皮生病或死皮，在割胶季节里，04：00—07：00 的气温一般为 19~25 ℃，割胶最为合适。

橡胶树割胶时要求"一浅四不割"。一浅，即在叶蓬稳定前、高产树、高温高产季节、干旱、风大的天气要浅割，割胶深度离形成层 1.5~1.8 mm。四不割，是气温低于 15 ℃时不割，第一蓬叶不稳定不割，雨后树干不干不割，严重受灾、病害的树及死皮树不割。

冬季"一浅四不割"的实行是保证胶树长期高产稳产的有效措施。入冬以后，胶树的生机减弱，养料的制造和胶乳的合成也相应地减少，冬季要适当浅割，即割离木质部 1.5 mm 左右。胶树的光合作用在 15 ℃以下时大为减弱，在 10 ℃以下时就完全停止。加上高湿低温有利于条溃疡病的发生蔓延，以及排胶时间延长等关系，为避免产胶潜力和排胶强度的失调，减少死皮和割面病害的发生蔓延，所以要实行"一浅四不割"。

割胶时要看天气、看季节物候、看树况。不同的物候、天气、品种以及同一品种的不同植株，橡胶树的产胶能力和排胶习性都有差别。在割胶强度、深浅和早晚等方面，要因时因种因树制宜，譬如抽芽长叶，需要消耗大量的养分、水分，减少了橡胶合成的原料来源，就得适当浅割、轻割。特别是每年开割的物候更要严格掌握好，以一株树来说，一定要在新叶片充分稳定之后一周左右才能开割。因为在此之前，胶树体内所贮存的养料都用于越冬御寒和枝叶生长，在新叶转为深绿稳定后，才有新制造的养料供橡胶合成之用。如果过早割胶，由于养分的供给不足，使胶叶变薄、卷曲、发黄，光合作用能力差，将影响全年的产量。

二、实施细则

一般来说，割胶和季节物候有直接关联。具体来说可分为以下几点。

1. 根据季节物候制订割胶策略

割胶四字策略为：稳、紧、超、养。

稳：每年开割时要稳得住，要等第一蓬叶老化植株达 80% 以上才动刀开割。第二蓬叶抽叶至稳定前应少收割。据研究，叶片尚未充分稳定就割胶比叶片充分稳定后一周割胶的，年产干胶前者只为后者的 80%～90%。

紧：要抓紧抓好产胶潜力大的旺产期，如海南那大地区为 5—10 月，要抓住好天气，善于采用刺激手段进行适当挖潜。

超：生产计划应立足于提前完成，在 8 月底以前宜完成年度计划的 60% 以上，在冬季低温来临前超额完成任务。

养：在整个割胶过程中要注意养树，超额完成任务后应及时停割养树，转入冬管。

2. 根据季节物候确定开割期和停割期

开割：橡胶树的高产是要以叶茂为基础的，在橡胶树落叶期间割胶所得的胶乳是动用贮备糖而取得的，但橡胶树抽叶时亦需要应用贮备糖，只有叶片生长老化后进行光合作用时，才重新为橡胶树本身提供新的糖。因此，每年橡胶树第一蓬叶生长得好坏对当年产量的高低关系最大，为了保证橡胶树第一蓬叶生长好，不能提早开割，一定要待第一蓬叶老化后才能开割。一般以一个林段中有 80% 以上的植株蓬叶老化才开割，其余的稳定一株开割一株。

清晨气温 19～24 ℃，相对湿度 80% 左右，静风的气候条件，有利于橡胶树的产胶、排胶，胶工在天明前后割胶即可。高温干旱季节（海南一般是 5—10 月）对排胶不利，胶工应在 04：30 左右点灯割胶，此时气候凉爽有利于排胶。

进入雨季之后，湿度较大，天明前割胶往往出现长流胶，容易引起死皮，应在天明时割胶。

停割：在冬季 08：00 前温度低于 15 ℃ 时应临时停割，若这种低温持续 3～6 d，则当年全面停割。另外，一株树若黄叶达一半以上，则应单株停割；一个林段半数以上的树黄叶达一半以上，则当年全面停割。冬季停止割胶的时间，一方面取决于气温的高低，另一方面取决于叶片黄化的程度，当气温持续保持在 15 ℃ 以上，橡胶树黄叶量占全树位的 8%～20% 时立即停割，这样可减少对来年产胶潜力的影响。

入秋以后，气温下降，也应在天亮后割胶。

在低温季节（11 月后），因夜间气温较低，改为天亮后割胶。不然，胶乳长流严重，易得病害和死皮。入冬低温到来，早晨气温低于 15 ℃，必须停割。

3. 根据季节物候调节割胶深度和转换割线

橡胶树一年之中的产胶能力随季节物候的变化而进行弱—较强—较弱—强—弱的变化，在固定的割胶制度中，割胶深度也应随之发生变化，一般是每年开割初期浅割，以后略深割，第二蓬叶抽叶时又浅割，待第二蓬叶老化之后，开始深割，直到 10 月低温来到，至胶乳长流，浅割。

这样通过割胶深度的调节来达到养树的目的，解决产胶与生长、产胶潜力与排胶强度之间的矛盾。海南那大地区，3—6 月第二蓬叶稳定前浅割，离形成层 1.5 mm；7—10 月第二蓬叶稳定后深割，离形成层 1.2 mm；10 月以后浅割，离形成层 1.5 mm。也可以采取 3—4 月浅割，5 月深割，6 月浅割，7—10 月深割，11—12 月浅割的割法。云南垦区，一般 3—4 月上旬浅割，4 月上旬至 5 月深割，6—8 月浅割，9—10 月深割，11 月浅割。海南地区 9 月下旬开始，30 cm 以下的低割线应转高割线割胶。

4. 根据天气情况，确定割皮厚薄

按天气情况调整割胶深度和割树皮的厚度。湿度大、气温凉爽的天气，排胶畅通，要适当浅割。高温干旱时，要适当深割和割皮厚一点。入秋之后，低温来临前则要浅割。雨天停割几天之后的第一次割胶，树皮要割厚一点，遇雨天冲胶的第二、第三刀也应割厚皮。高温干旱或吹旱风时，割口容易干，就应适当深割。

5. 按天气情况变换割胶路线

割胶路线关系到一个割胶树位中开割的先后次序。一般每个割胶树位中有高产树和低产树，可用变换开割的先后次序来调节排胶时间和发挥产胶潜力。

在点灯割胶季节的正常天气时，割胶采用中产片＞高产片＞低产片的胶路割胶。

在炎热或干旱季节，割胶采用高产片＞中产片＞低产片的胶路割胶。

低温季节，割胶采用低产片＞高产片＞中产片，中产片＞高产片＞低产片，低产片＞中产片＞高产片 3 种胶路轮流割胶。

在炎热或干旱天气，应先割高产树和高产片，后割低产树和低产片。湿度大的凉爽天气，可先割低产树和低产片，后割高产树和高产片。低温季节，为了保护高产树群的产胶能力，则应先割中产树，再割高产树，最后割低产树。在雨季割胶时，要特别注意防止雨冲胶，故在阴天可能下雨的情况下，应先割低产树。雨后割胶做到树干不干不割。树干干后先割高坡、向阳、通风、高割线片，后割其他胶树。

6. 根据天气掌握刀法

通常割胶为平刀，高温干旱季节割胶为稍正刀，冬季低温割胶稍为侧刀。每棵树的割胶方法要做适当调整，具体可按以下标准。

①根据品种（系）特性和植株特性确定割胶深度和频率。看树割胶，是看树的产量、树皮和排胶状况的差别而采取不同的割胶方法。

对高产品种或高产且又长流的橡胶树，要适当浅割。因高产树排胶性能好，如深割被切断的乳管多，养分流失量大，容易出现营养亏损而死皮。乳管靠内的品种，要适当深割。低产树适当深割才能提高产量，低产树排胶性能差，深割不会出现长流，也不易死皮。

②根据干胶含量、流胶时间确定割胶方法。对干胶含量低、流胶时间长的橡胶树要浅割，或停停割割，或割线斜度小而较平缓。反之，割线斜度应稍大些，割的树皮也应稍厚些。根据试验，开割以后的头两个月实行强割时，干胶含量会迅速下降到 26% 以下，严重影响下半年产量和干胶含量的恢复。因此，芽接树刺激割胶，干胶含量 9 月以前不宜低于 28%，10 月以后不宜低于 26%，并以此作为警戒指标，当低于警戒指标时，应采取降低割胶频率的办法割胶，使休割期延长，有利于干胶含量的恢复。

③根据植株健康状况确定割胶强度。遭受风、寒害的橡胶树和非正常树，应按复割标准，酌情恢复割胶和施用刺激剂。死皮树要在处理后达到复割标准时，才能割胶。死皮前兆期，应停停割割；死皮扩展期、干皮期应停割 1~2 周，同时增施速效肥料；低温期要严格贯彻"一浅四不割"。手握稳胶刀，掌握行刀的方向，使刀不向上、下、左、右摇摆而顺沿着割线方向前进。脚要站在离树适当的位置，自然地移步向前。眼睛要斜侧看准接刀点，身体向侧弯与眼睛自然配合行进，割胶是一种精细的、技术性很强

的手工操作。在橡胶生产中，虽然其他抚管措施相同，割胶工具和割胶技术不同会产生相差悬殊的产量效果。

④做到"稳、准、轻、快"。即拿刀稳、接刀准、行刀轻、割胶快。稳、准是基础，是达到深度均匀、割面均匀、切片均匀的前提，要在稳、准的基础上求轻、快，也就是在保证质量的基础上加快速度，中心是接刀准。通常，技术优良的胶工要比技术一般的胶工多产 20%~30% 的橡胶，而且伤树少、耗皮少、树皮再生速度快，橡胶树产量高，经济寿命长。

⑤达到"三均匀"。即深度均匀，接刀均匀，切片厚薄、长短均匀。稳、准是达到三均匀的前提。割胶操作切忌顿刀、漏刀、重刀、压刀和空刀。良好的割胶技术应该既能挖掘橡胶树产胶潜力，又能刀锋养树，做到产量高、伤树少、耗皮少、再生皮恢复快、养树好。割胶工具的优劣程度、操作的熟练水平，对胶树的产量和健康状况都有直接的影响。

第四节　胶乳品质检测标准

白胶乳的质量应符合表 1-2 的规定。

表 1-2　白胶乳质量标准

序号	项目/参数	限制范围
1	外观	乳白色，无粗颗粒和异物
2	黏度/(Pa·s)	≥0.5
3	pH	3~7
4	灰分/%	≤3
5	最低成膜温度/℃	Ⅰ型 17；Ⅱ型 4
6	不挥发物/%	≥35
7	木材污染性	较涂敷硫酸亚铁的显色浅
8	压缩剪切强度/MPa	干强度：Ⅰ型≥9.3；Ⅱ型≥6.9
		湿强度：Ⅰ型≥3.9；Ⅱ型≥2.0

第五节　胶乳加工技术规程

一、乳胶标准胶生产工艺流程

乳胶标准胶生产工艺流程为：

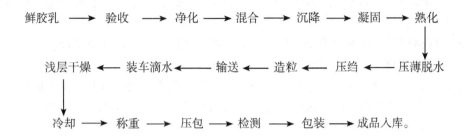

鲜胶乳 → 验收 → 净化 → 混合 → 沉降 → 凝固 → 熟化

浅层干燥 ← 装车滴水 ← 输送 ← 造粒 ← 压绉 ← 压薄脱水

冷却 → 称重 → 压包 → 检测 → 包装 → 成品入库。

二、乳胶标准胶生产技术规程

1. 鲜胶乳的验收、化验、凝固

①严格检查验收进厂胶乳数量、质量，每罐（车）胶乳必须取样进行检测。取样前，必须由取样人员登记胶水运输车的编号（由司磅员按过磅顺序编号）后，才允许放胶水。取样人员在放胶水的不同时刻段或按胶罐的上、中、下分段进行取样，每车胶水至少取 5 次（每次 0.3~0.5 kg）于 2 kg 的塑料桶中混合，搅拌平均后，分 3 份，1 份由生产基地带回对检，1 份由另外实验室检测，1 份封存。样品编号必须与运输车的编号对应。胶水放完后，生产基地押运员必须对登记的运输车编号签字确认后方可离开。变质胶乳应单独存放，另行处理。

②进厂胶乳必须经过滤、沉降，除去泥沙等杂质，确保标准橡胶的杂质含量低于 0.05%，池底的杂质应另行处理。

③净化后的胶乳流入混合池达到一定数量时，应搅拌均匀，然后取样检测干胶含量和氨含量，准确计算凝固总用酸量。

$$总用酸量 = （中和酸 + 凝固酸）/酸的浓度 \tag{1-1}$$
$$中和酸用量 = 酸与碱中和重量比 × 氨含量（碱度）× 胶乳重 \tag{1-2}$$
$$凝固酸用量 = 胶乳重 × 干胶含量 × （0.35\% \sim 0.46\%） \tag{1-3}$$

酸与碱中和重量比：甲酸，2.71；复合酸，2.80。

④凝固酸用量，应按照不同的季节、气温、氨含量进行调整。用酸量是否适宜的鉴定方法如下。

用酸度计鉴定，则甲酸凝固 pH 应在 4.7~5.0 范围内，复合酸凝固 pH 应控制在 5.2~5.4 范围内。用甲基红或溴甲酚绿作指示剂，当胶乳滴入 1 滴 0.1%甲基红溶液，散开后收缩直径为 2~3 cm 的圆圈，圈中无白点，颜色呈橘红色，则用酸量适宜。当胶乳滴入 1 滴 0.2%溴甲酚绿溶液，呈蓝绿色，则用酸量适宜。

⑤氯化钙的使用：正常凝固每吨干胶 1 kg 氯化钙，翻槽胶每吨干胶 1.5 kg 氯化钙，溶解后加入酸水池中。

⑥胶乳下槽前，必须认真检查凝固槽、流槽、管道、阀门等是否有漏胶现象，以防胶乳流失。翻槽胶乳凝块厚度一般不超过 42 cm，正常胶乳凝块厚度一般不超过 47 cm。

⑦焦亚硫酸钠的用量一般不超过 0.05%（占干胶重），易氧化胶乳应增加用量，但

不超过 0.08%（占干胶重），溶液浓度为 3%~4%。要做到每下一槽喷一槽，喷药应及时、平均。

⑧完成凝固后，应及时将混合池、流胶槽及其他用具、场地清洗洁净。

2. 凝块的压薄、压绉、造粒

①开机前，应检查和调试好各种设备。启动绉片机组、锤磨机时，要按倒数方式逐一启动，先启动锤磨机，待其运转正常后方可启动下一台机；停机时，按顺数方式逐一停机。

②凝块熟化时间 8~20 h，翻槽胶一样不小于 2 h，应按照凝固情形安排压薄顺序，正常情形下以凝固先后为顺序；翻槽以够槽放为准，踩片时压一条另踩一条，不要多踩片。

③为节能减排，只需在前两条槽中加清水用于送片，其他的要充分利用乳清循环，每天生产完毕，必须清洗上、下两个乳清收集贮存池。

进入锤磨机前绉片厚度为 5~6 mm。粒子直径为 5~6 mm。粒子大小均匀，含水量≤35%（干基）。加入石灰水碱度值为 pH=11~12（石灰池）；抽胶池 pH=9~10。装箱量 18~20 kg/箱，装料均匀、平坦、松散，不能用手压胶料，不要成团胶料进箱。

④在压绉过程中，接送片时，手不能接触辊筒，不能用劲推胶料入机，更不能在辊筒运转时用开水管洗手和在辊筒上磨去手中脏物，以免造成意外事故。如果出现异常现象：胶料卡机、堵料等，应立即停机检查，排除故障后方可继续生产。

⑤装箱过程中，对洒落地面的胶粒要及时收集，并返回胶粒池清洗洁净后再装车干燥。装箱完后，用清水充分喷淋胶料，同时冲洗洁净干燥车外部，不要有残留胶粘于车体外。

⑥过渡池应 2~3 d 换水清洗 1 次。

⑦造粒完毕，应用水冲洗残留于设备的乳清和碎胶，然后停机清洗场地，并做好交接班手续方可下班。

3. 干燥

①湿胶粒装车后可适当放置让其滴水，但一般不应超过 30 min，超过 2 h 未进炉的湿胶粒应均匀喷淋水后方可进炉。

②启动干燥设备前，应检查各机组完好状况及供油、供电等情况。

③干燥时，必须按照湿胶粒的质量情况确定干燥的主要技术参数（表 1-3）。

表 1-3　干燥时的技术参数

胶料品种	单车进出柜时间/h	单车间隔时间/min	高温高湿段温度/℃	中温低湿段温度/℃
乳标胶	3.5~4	6~7	122~125	112~115

④司炉工必须勤观看燃烧炉燃烧情形与产品出炉的质量情形，严格监控自动调节仪表的变化，及时调整干燥技术条件。

⑤胶料在干燥柜中的冷却车位抽风冷却至 50 ℃ 以下才能出车卸料，不允许未出炉胶料拉出下车，以免胶料过热影响产品质量。

⑥燃烧机停火后，应连续抽风 30~60 min，待干燥柜内温度低于 70 ℃时，方可停风机，并切断电源。

⑦生产完毕或中途停电，必须打开两个炉门，让冷空气进入干燥柜内冷却胶温，防止胶料长时间受热，造成发黏，影响产品质量。

4. 产品包装

①每班工作前，必须做好工作场地、所使用的机器、工具用具的清洁卫生；必须对所使用的电子台秤、金属检测仪进行校准。

②每车胶料出炉时，应在不同的位置随机抽取 2~4 块胶，从中切割，检查胶料的外观质量，不要有外来杂物、团状夹生和严重大粒状夹生，否则，另做处理。

③卸完胶料后，必须清理洁净存在车内的碎胶料。

④严格按外观质量 8 项标准（重量、氧化、外来杂质、团状、粒状夹生、发黏、黑烟、发霉）进行分类处理、分级过秤打包。

⑤胶料装箱压包时，要防止将使用的工具如铁锥、剪刀、缝包线等杂物带到打包箱内，以免发生安全事故。

⑥打包时胶料温度应低于 50 ℃。

⑦胶料打包要求：面背面、搭称夹中间、颜色均匀、深浅差不多一致、装箱要平坦、保压时间足够、外观无明显缺陷。

⑧按国家规定标准进行抽检，未经抽检合格的产品、待检产品不准入库。关于少量散粒状夹生，应挑除表面夹生点，对小粒状夹生较多不能及时挑除的，应做到不封口、不进库，放置 3~5 d 检查后再做处理。

⑨产品包装：胶包净重（33.33±0.10）kg（胶包必须通过二次称量）；要确保进出库胶包包装完好；外袋按规定要求填写（标明生产日期、托盘号等），袋内必须放有合格证，必须保证胶包号及托盘号相对应。

5. 产品贮存、运输

①胶包必须分类和分级别堆放，堆放高度不得高于 6 层。

②堆放胶包的仓库，要求通风良好、干燥、不漏雨，胶包不得受阳光直射。

③仓库要清洁。胶包不得与铜、锰的盐类或氧化物接触，不得与油类和易燃物品一起贮放。

④胶包运输时须用干燥和清洁车厢装运，盖好篷布，以防日晒雨淋导致橡胶发霉变质。

6. 干燥车的清洗

①浸泡池应先配制好 15%的碱溶液，溶液量约为池高的 1/2，视实际情形定碱液更换或添加。

②将要清洗的干燥车拆卸，放在浸泡池中浸泡 12 h 左右，拆卸车时应小心轻放，以免碰伤，每天至少清洗 4~5 辆干燥车。

③清洗前应穿戴好防护用具，清洗过程应小心使用碱液，如不小心溅至皮肤，应立即用流动清水冲洗后再做处理。

④对所有粘在车内的胶粒都应清洗洁净，清洗洁净的车应及时装好并推到停车轨道。

⑤清洗完当天的车后，打捞洁净浸泡池内的碎胶粒并收集堆放，并将翌日要清洗的车拆卸浸泡。

⑥工作完毕，打扫场地卫生并做好清洗车辆的原始记录。

第六节　橡胶制品性能检测

橡胶制品的性能检测应符合表1-4的规定。

表1-4　橡胶制品性能检测标准

橡胶制品	性能	检测标准	橡胶制品	性能	检测标准
橡胶和塑料软管	耐臭氧性能	GB/T 24134—2014	橡胶和橡胶制品	聚合物的鉴定	SI/T 1764.1—2008
					GB/T 7764—2017
橡胶	荧光紫外灯老化	GB/T 16585—1996		灰分	GB/T 4498—1997
	热空气老化	GB/T 3512—2014		结合丙烯腈含量	SH/T 1157—2012
	耐臭氧老化静态拉伸	GB/T 7762—2014		杂质	GB/T 8086—2019
	耐臭氧老化动态拉伸	GB/T 13642—2015		氮	GB/T 8088—2008
	表面龟裂	GB/T 11206—2009		溶剂抽出物	GB/T 3516—2006
	拉伸应力	GB/T 528—2009			SH/T 1539—2007
	硬度	GB/T 531.1—2008		皂和有机酸	GB/T 8657—2014
	撕裂强度	GB/T 529—2008		硬度	GB/T 531.1—2008
	耐候性	GB/T 3511—2018		密度	GB/T 533—2008
	推算寿命和最高使用温度	GB/T 20028—2005		耐液体性能	GB/T 1690—2010
	耐臭氧老化	ISO 1431—1：2012			ASTM D471—06
		ASTM D1149—16		拉伸应力应变	GB/T 528—2009
	压缩变形	GB/T 7759—2015			ASTM D412—06
		ASTM D395—03(2008)		拉伸强度和伸长率	GB/T 3686—1998
		ISO 815—1：2014		全厚度拉伸强度	GB/T 3690—2017
	回弹性	GB/T 1681—2009		汽车同步带物理性能试验	GB/T 10716—2012
	压缩应力	GB/T 7757—2009		黏合强度	GB/T 532—2008
	黏附性及腐蚀作用	GB/T 14834—2009			GB/T 2942—2009
	贮存性能	GJB 92.1—1986			GB/T 3513—2018
		GJB 92.2—1986			GB/T 16586—1996

（续表）

橡胶制品	性能	检测标准	橡胶制品	性能	检测标准
橡胶和橡胶制品	黏合强度	GB/T 11211—2009	橡胶和橡胶制品	相容性	GB/T 14832—2008
		GB/T 13936—2014		硫化特征	GB/T 16584—1996
		HG/T 3864—2008		蒸发残渣	GB 5009.60—2003
		HG/T 3188—2010		锌	GB 5009.64—2003
		GB/T 14905—2020		液压性能	GB/T 5563—2013
		GB/T 7760—2016		耐吸扁性	GB/T 5567—2013
		GB/T 15254—2014		耐弯曲性能	GB/T 5565—2006
	撕裂强度	GB/T 529—2008		尺寸和公差	GB/T 9575—2013
		GB/T 7985—2005			GB/T 4490—2009
		ASTM D624—07		外观质量	HG/T 2185—1991
	回弹性	GB/T 1681—2009			HG/T 3046—2011
	短时间静压缩	HG/T 3843—2006			HG/T 2177—2011
	压缩应力应变性能	GB/T 7757—2009		脆性温度	GB/T 1682—2014
	压缩永久变形	GB/T 7759—2015			ASTM D2137—05
	橡胶压缩永久变形	ASTM D395—03			ISO 812：2006
	多次压缩	HG/T 3102—2011	汽车材料	汽车内饰材料燃烧性能	GB/T 1232.1—2016 GB 8410—2006
	耐压扁	GB/T 5566—2003		汽车零部件耐候性试验	QC/T 17—1992
	环刚度	GB/T 9647—2015		汽车塑料制品通用试验方法	QC/T 15—1992
	疲劳试验	GB/T 15328—2019		轿车内饰材料散发性能测试标准	TS-INT-001—2012
	伸张疲劳	GB/T 1688—2008			
	屈挠龟裂	GB/T 13934—2006		汽车内饰件检测雾化	PV 3015—1994
	耐磨性能	GB/T 1689—2014			
	弯曲强度	HG/T 3844—2008		汽车内饰件检测气味	PV 3900—2000
	压碎强度	HG/T 3863—2008			
	湿热老化	GB/T 15905—1995		汽车内饰件检测有机物挥发车内饰件甲醛挥发	PV 3341—1995 PV 3925—1994
	热空气加速老化和耐热性	GB/T 3512—2014			
		ASTM D573—04			
	纵向回缩率	GB/T 6671—2001			

第二章　木薯质量安全生产关键技术

第一节　木薯产品特点

木薯（*Manihot esculenta* Crantz），是大戟科木薯属植物，耐旱抗贫瘠，具有粗生易长、容易栽培、高产和四季可收获等优良特性。广泛种植于非洲、美洲和亚洲等100余个国家或地区，是三大薯类作物之一，热区第三大粮食作物，全球第六大粮食作物，被称为"淀粉之王"，是世界近6亿人的口粮。

长期以来，木薯块根的薯肉是人们主要的利用对象，而大量的木薯薯皮、木薯茎叶被丢弃。木薯食品的制作方法较为简单。一般是对成熟后的木薯进行去皮处理，通过蒸、煮、烘、烤等一般加工方式熟化后直接食用，或将木薯晒干后捣碎成木薯粉，采用煎烙的方式用木薯粉制作馍状或饼状食品。在人类智慧与饮食文明的共同作用下，世界不同地区衍生出丰富营养的木薯鲜食方式。非洲的土著人将鲜木薯捣碎，采用发酵工艺将其制成木薯酒饮品；东南亚一些国家将整根鲜木薯发酵，切成小段后用香蕉叶包裹作为零食；印度尼西亚以木薯糕点为主；巴西人用木薯粉与面粉、糯米粉等混合，做成烘焙食品。

近年来，随着国内外学者对木薯茎叶、薯皮化学成分等的进一步研究，发现木薯的茎叶中同样含有蛋白质、氨基酸、维生素、糖类等化合物。随着木薯产业的发展，木薯用途逐渐多样化，可作为饲料、淀粉、燃料乙醇等工业原料。

食用木薯块根淀粉是许多医药和食品工业的重要原料，也是发展生物质源的重要原料，木薯的工业产品有2 000多种。木薯块根鲜样淀粉含量一般为24%~32%，干样淀粉含量为73%~83%，且木薯淀粉中有支链淀粉和直链淀粉两种形式，其中直链淀粉约占17%、支链淀粉约占83%。淀粉是木薯中的主要碳水化合物，是重要的能源物质，优于玉米、豆类，木薯淀粉中蛋白质含量为0.1%（玉米淀粉中蛋白质含量为0.35%）；另外，木薯的淀粉具有低杂质含量、低糊化温度（其糊化温度为52~64 ℃，比玉米淀粉的糊化温度低8~10 ℃）、高黏度、稳定透明的糊液、优良的成膜性、强渗透性等优良特性。

蛋白质在木薯块根中含量较低，块根鲜样的蛋白质含量仅有0.4%~1.5%，干木薯中为1%~3%。但据报道，已培育出蛋白质含量在10%左右的品种。木薯薯皮中含有较为丰富的粗蛋白，其含量是薯肉蛋白质含量的2.4~6.7倍。因此，应加强对木薯皮的利用，提高木薯的附加值。木薯茎秆中蛋白质含量高于多数热带禾本科和豆类作物茎秆，在木薯茎秆干样中蛋白质含量可以达到25%。因此，加强对蛋白质含量较高的木薯茎秆的利用有利于提高木薯的经济附加值，促进木薯产业健康发展。木薯嫩茎叶干样中粗蛋白含量为 20.6%～36.4%，其蛋白中必需氨基酸总和是全部氨基酸总量的 50% 左右，可作为一种优质的蛋白饲料来源。

木薯块根干样中维生素含量为 277～456 mg/kg，钾含量为 0.8% 左右，而钙和磷含量为 0.13%～0.32%。据陈晓明等报道，木薯皮干样中含钾 14 532.9 mg/kg，在薯皮矿质元素中含量最高；含钙 8 982.3 mg/kg，含量次之。木薯叶维生素 C、胡萝卜素含量也很丰富，新鲜木薯叶维生素 C 含量为 2 310～4 820 mg/kg，胡萝卜素含量为 82.8～117.8 mg/kg。

木薯块根中纤维素含量受品种、生长期、气候因素的影响，在鲜薯中纤维素含量一般低于 1.5%，在薯块干样中纤维素含量低于 4%。进食适量膳食纤维可预防肠胃疾病，在降血压、降血脂等方面效果较好，木薯皮中粗纤维含量为 14.0%～19.9%，木薯叶中纤维素含量为 4.0%，明显高于甘薯叶、菠菜叶、生菜叶中的纤维素含量。木薯茎中纤维素含量较为丰富，木薯茎秆干样纤维素含量达到 23.3%。

在食用木薯块根中含有糖类（包括蔗糖、葡萄糖、果糖、麦芽糖）和脂肪，食用木薯块根中约含 17% 的蔗糖及少量葡萄糖、果糖，脂肪含量为 0.1%～0.3%（以鲜薯计），低于大豆和玉米中的脂肪含量，糖脂和非极性是木薯块根中的主要脂质类型。

木薯块根中含有较为丰富的营养因子，但同时含有抗营养因子，其主要抗营养因子为氢氰酸、单宁，了解木薯块根、茎叶的抗营养因子，可采用合适方法降低其含量，提高营养消化率。

需要特别注意的是，木薯块根中含有亚麻苦苷，亚麻苦苷在酶或弱酸作用下被分解成氢氰酸，氢氰酸有一定的毒性，生物组织细胞内酶的活性可被氢氰酸抑制，细胞色素氧化酶对氰化物最为敏感，最终会导致细胞缺氧，而在食用木薯分解后氢氰酸含量很低，木薯氢氰酸含量叶部约占 2.1%、茎部约占 36%、块根约占 61%。因而木薯食用前一定要充分浸泡，处理不当会引发严重中毒。

第二节　我国木薯产业现状

我国于 19 世纪 20 年代引种栽培木薯，在我国主要分布于广西壮族自治区、广东省以及海南省等地，其中以广东省和广西壮族自治区的栽培面积最大。目前已基本形成琼西–粤西、桂南–桂东–粤中、桂西–滇南、粤东–闽西四大木薯种植优势产区。两广地区的木薯种植面积约占全国的 90%。其中，广西的木薯种植面积约占全国 60%，是我国最大的木薯生产基地，过去 10 年不论是种植面积还是单产均位居我国第一，提供了我国约 70% 的木薯及其制成品。

我国木薯主栽品种是华南 205（细叶）和华南 201（南洋红），北回归线以南以华南 205 为主，北回归线以北以华南 201 为主。耕作方式也由原来的粗放栽培逐渐转变为集约化生产，木薯产品的商品率也得到了极大的提高。据联合国粮食及农业组织统计，我国木薯种植面积从 1961 年的 8 万 hm² 增加到 2019 年的 28 万 hm²，增加了 2.5 倍，年平均增长 2.49%；相应地木薯产量也在逐步上升，木薯产量从 1961 年的 94 万 t 增加到

2019 年的 480 万 t，增加 4 倍以上，年平均增幅 32%，木薯单产在波动中增加，从 1961 年的 117.5 t/hm^2 提高到 2012 年的 162.9 t/hm^2，增加了 38.6%，年均增加 0.64%。总体来看，我国木薯的收获面积和鲜薯总产量增长的趋势是同步的。一方面，我国木薯总产量的增加趋势平缓，单产波动较小；另一方面，木薯产量的年平均增幅略高于面积，这与我国木薯种植技术的日益提高和产业化经营密不可分。

我国木薯及其加工品的应用领域十分广泛，综合利用价值很高，素有"淀粉之王""地下粮食""能源作物"的称号。除了少部分用作食品和动物饲料外，我国木薯主要用于木薯淀粉的初加工和生产变性淀粉、化工产品、淀粉糖和其他的深加工产品。木薯深加工产品附加值高，经济效益明显。我国南方部分地区已经将木薯产业作为支柱性产业，以更好地实现农民增收、财政增税。

木薯的初加工产品主要有木薯颗粒、木薯干片和木薯淀粉。这些初加工产品除一部分作为饲料，与北方的玉米并列成为两大原料来源外，大部分还是作为原料用于木薯产品的深加工。木薯的深加工产品主要是对木薯淀粉的进一步加工。木薯淀粉是木薯经过淀粉提取后脱水干燥而成的粉末，工业应用广泛，具体可分为变性淀粉、化工产品和淀粉糖三大类，木薯产业正朝高附加值化发展。

随着木薯变性淀粉加工技术的不断成熟，特别是对变性淀粉科研力度的加大，木薯变性淀粉将得到较快发展，国际竞争力得到了很大提高。同时，随着我国对新兴能源，尤其是非粮燃料乙醇产业扶持力度的加大，木薯燃料乙醇产业将得到快速发展。此外，木薯渣等废弃物的综合利用技术也取得一定突破，清洁生产工艺开始在加工企业中得到应用。

鉴于经济全球化的趋势和我国木薯产业对外贸易中木薯加工原料外贸依存度高的现状，国内一些木薯企业和科研单位在整合国内土地资源、最大限度地挖掘国内木薯生产潜力的基础上，开始将视角转向周边适宜木薯种植且与我国资源禀赋类似的国家和地区，积极到东南亚、非洲等木薯生产地区进行调研和访问，在相互交换木薯生产加工经验和技术的同时，签订木薯生产加工基地建设协议，以积极利用国外资源，弥补国内木薯原料的供给缺口，确保木薯及其加工品的供应安全，促进我国木薯加工业健康发展。例如，中国-东盟自由贸易区的建立对我国和东盟国家的木薯贸易提供了很好的环境，我国的河南天冠集团、中粮集团等企业到东南亚开垦土地种植木薯。中国热带农业科学院与刚果（金）的中兴能源有限公司签署了合作协议，为中兴能源刚果（金）百万亩能源作物基地进行技术指导和新品种示范栽培，此举为中国热带农业科学院在非洲实施"走出去"战略提供了平台。可见，我国木薯产业正在积极实施"走出去"的发展战略。

第三节　我国木薯质量安全生产方面
存在的问题及解决途径

一、品种结构

我国种植的木薯品种，包括华南 205、南洋红等，由于种植时间长，品种存在一定的退化现象，表现出产量降低、出粉率不高。虽然我国已经研发出华南 5 号、华南 8 号、南植 199、GR911 等产量较高的新品种，但由于相关部门推广宣传力度不够以及农户对优良木薯品种的认知意识不足，良种推广面积还不足 50%，新品种覆盖率还需要进一步提高。

另外，在种植方法上，大多数木薯种植户对木薯种植管理技术的认识不足，对科学种植、测土配方平衡施肥、间套种等技术掌握不够，导致产量低、品质差、效益低，致使农民在木薯生产方面缺乏能动性，严重制约着木薯产业的发展。

二、综合利用水平

当前我国木薯加工企业大部分规模较小、企业投入不足、加工技术和设备未及时更新换代，使得木薯的综合利用程度低，对木薯的加工主要集中在初级和中级加工上，深加工产品数量相对较少，程度较低。

一方面，在变性淀粉深加工、功能食品以及高科技和高附加值的产品开发上，相关技术不够成熟，科技研发和推广力度不足，产业化发展程度低，产业链较短，综合效益偏低。木薯叶、木薯秆及木薯渣的利用率不高。一些高附加值的深加工产品还有待进一步开发。

另一方面，产业技术研发滞后于产业发展需要。主要表现在：一是高粉高酒的木薯新品种少，集成配套栽培技术的研发和推广尚需时日；二是木薯产业发展技术链条尚待厘清；三是信息化与木薯产业融合尚处探索阶段。企业技术装备落后，结构性污染问题严重。一直以来国家对环保相当重视，生态文明建设已经提上政府工作议程，对于整治污染，相关部门严格执行废水排放标准。然而，当前木薯加工业的"三废"处理还处于较低的水平，大多数企业规模过小，技术装备落后，清洁生产水平较低。虽然个别企业在木薯产业的循环利用上已经有了一定的进展，但速度太慢，且普及率不高。环境问题总体上尚未得到有效解决，结构性污染问题突出，极大制约了木薯加工业的发展。如何从根本上解决当地木薯淀粉资源环境和可持续发展问题，已是摆在各级政府和环保工作者面前的重要任务。

三、食用安全

尽管木薯的块根富含淀粉，但其全株各部位，包括根、茎、叶都含有毒物质，而且新鲜块根毒性较大，如果摄入生的或未煮熟的木薯或喝其汤，都有可能引起中毒。

木薯含有的有毒物质为亚麻仁苦苷，这种物质经胃酸水解后产生游离的氢氰酸。人类急性氰化物中毒的临床症状包括呼吸急速、血压下降、脉搏急速、眩晕、头痛、胃痛、呕吐、腹泻、精神错乱、颤搐和抽搐。当氰化物摄入量超过个人的解毒上限，可引致氰化物中毒死亡。一个人如果食用 150~300 g 生木薯即可引起中毒，甚至死亡。

木薯大致上分为甜木薯和苦木薯两大类，含有多于一种的氰苷。甜木薯茎部中的氢氰酸含量，按新鲜重量计算，小于 50 mg/kg，而苦木薯则可高达 400 mg/kg。

甜木薯茎部在去皮和彻底烹煮后，一般可安全食用。不过，苦木薯茎部则需经过多重处理程序，其中一种传统的处理方法，是先把苦木薯茎部去皮和磨碎，再把磨碎部分长时间浸泡在水中，以便进行渗滤和发酵过程，最后彻底煮熟，让容易挥发的氢氰酸气体释出。此外，亦可先把木薯茎切成小块，再浸泡在水中并以沸水烹煮，这种方法尤其能有效减低木薯中的氰化物含量。虽然新鲜木薯必须采用传统方法减低其毒性，但经过充分加工程序的木薯粉和以木薯为主要配料的食品，其氰化物含量非常低，故可安全食用。

第四节　木薯栽培技术规程

一、产地环境

1. 选地

产地环境应符合 GB/T 18407.1—2001 的规定，选择土层深厚、排水良好、肥力中上的平地或坡度小于 25°的缓坡地。

2. 整地

坡度小于 15°的平缓坡地可直接机耕整地，坡度为 15°~25°的坡地应开发成梯田或等高条垦后整地。在秋冬作物收获后及时用拖拉机深耕越冬，以保持土壤养分、改善土壤结构。在 3 月上中旬，再翻耕整地作畦。

二、栽培技术

1. 种植时间

3 月中旬至 4 月上旬种植；采用地膜覆盖栽培的提前 10 d 种植。

2. 品种

木薯种植主要选择直立型、分枝少的早、中熟抗寒高产高淀粉品种。适宜种植的品种有华南 205、华南 124、华南 8 号、南植 199、桂热 4 号、桂热 5 号、桂热 6 号和 GR911 等。

3. 种茎材料

选择充分成熟、粗壮密节、髓部充实、富含水分、芽点完整、不损皮芽、无病虫害的种茎作种苗。

4. 砍种茎

种植时用利刀砍断种茎，种茎长度以 15~20 cm 为宜。从木薯种茎基部砍起，切口平滑，尽量保证种茎无破裂、芽点完好。

5. 用种量

每亩的用种量为 130~170 根种茎，重约 80 kg。

6. 种茎浸种

失水的种茎可用清水浸泡 15 min，也可用阿维菌素、毒死蜱浸泡 10~15 min。

7. 种植方法

木薯的种植方式有平放、斜插和直插。为节省劳力开支、提高工效，大面积种植以平放种植为主，盖土 3~4 cm，坡地盖土可稍深些。地势较低或间作模式的采用斜插方式（种茎与地面的角度为 30°左右），斜插时 3/4 的种茎入土。

8. 种植密度

（1）净种　根据土壤肥力确定种植密度，土壤肥力高则种植密度疏，反之则密。中等肥力土壤的种植密度为 850 ~ 950 株/亩，行株距规格为（1.0 m×0.7 m）~（1.0 m×0.8 m）。

（2）间作　木薯种植行株距较大，前期生长较慢，土地裸露面积大，可间作其他短生育期作物。在木薯种植密度变化不大的情况下，木薯行间可间作冬瓜、西瓜、大豆和花生等作物。

①间作冬瓜。木薯种植密度为 750 ~ 850 株/亩，行株距为（1.0 m×0.8 m）~（1.0 m×0.9 m）。冬瓜为 220 株/亩，行株距为 2.0 m×1.5 m。木薯在冬瓜行的两侧反向斜插。

②间作西瓜。木薯种植密度为 850 株/亩，行株距为 1.0 m×0.8 m。西瓜为 220 株/亩，行株距为 2.0 m×1.5 m，木薯在西瓜行的两侧反向斜插。

③间作大豆。木薯种植密度为 850 株/亩，行株距 1.0 m×0.8 m。木薯行间间作 1 行大豆或菜豆，大豆或菜豆的株距为 13~15 cm。

④间作花生。木薯种植密度为 500 ~ 600 株/亩，行株距（1.4 m×0.8 m）~（1.6 m×0.8 m）。木薯行间间作 1 ~ 2 行早熟品种花生，花生行株距为（35 cm×16 cm）~（35 cm×20 cm）。

9. 施肥

施用的肥料应符合 NY/T 496—2010 的要求。木薯是喜氮、钾作物，苗期以氮肥为主，结薯期以钾肥为主。木薯施肥原则为施足基肥，合理追肥，氮、磷、钾配合施用，施用比例为 $N：P_2O_5：K_2O = 1：0.5：1.2$，折合 N 为 12 ~ 14 kg/亩、$P_2O_5$ 为 6 ~ 7 kg/亩、K_2O 为 14~17 kg/亩。

（1）基肥　基肥以猪牛粪、猪牛厩肥等农家肥为主。每亩施用农家肥 1 000~2 000 kg 和三元复合肥（15：15：15）20 ~ 30 kg 或每亩纯施三元复合肥（15：15：15）30~50 kg，折合 N 为 4.5~7.5 kg、P_2O_5 为 4.5~7.5 kg、K_2O 为 4.5~7.5 kg，于种植前全田撒施，施后深耕整地作畦。

（2）壮苗肥　当苗高 15~20 cm 时，每亩穴施 10~12 kg 尿素以促进薯苗生长，折合纯 N 4.6~5.5 kg。

（3）结薯肥　植后 70 d，每亩穴施 5~6 kg 尿素、8~10 kg 氯化钾促进薯苗生长和木薯块根的形成，折合纯 N 2.3~2.7 kg、K_2O 4.8~6.0 kg。

（4）壮薯肥　植后 100 d，每亩穴施 8 ~ 10 kg 氯化钾以促进木薯块根的伸长与膨大，折合 K_2O 4.8~6.0 kg。

10. 田间管理

（1）补苗　缺苗时必须及时补苗。在木薯植后 20 d，可将预留的部分种茎集中补苗。补苗时，选择阴雨天，带土移栽容易成活。

（2）间苗　当苗高 20~30 cm 时进行间苗，每穴留 1~2 根生长旺盛、粗壮的苗。间苗原则是去密留稀、去弱留强。

（3）中耕除草　植后 7 d 内（未出苗前），每 15 kg 水配乙草胺 0.05 kg 水剂对木薯种植地进行均匀喷洒。木薯出苗后除草，注意不要伤及薯苗，应将防护罩安装在喷雾器喷嘴处，实行与杂草近距离喷雾，以免药液溅到薯苗，造成药害。植后 30~40 d，苗高 15~20 cm 时，结合出苗肥进行一次中耕除草，促进幼苗生长。植后 70 d，结合结薯肥进行一次中耕除草。植后 100 d，结合壮薯肥进行一次中耕松土除草。

（4）喷施植物生长调节剂　当木薯地上部（茎叶）生长过于旺盛时，喷施适宜浓度的植物生长调节剂，有效抑制地上部生长，促进块根膨大，提高块根产量。可在 8 月，每亩喷施浓度 500~750 mg/L 的多效唑水溶液 90 kg。

（5）水分管理　7—9 月降雨稀少，发生干旱或严重干旱时（连续 15 d 未下雨），每株木薯浇灌水 2 kg，可显著提高木薯产量。

（6）病虫害防治　木薯主要病害有细菌性枯萎病、细菌性角斑病、褐斑病、炭疽病和枯萎叶斑病等；主要虫（螨）害有朱砂叶螨、蔗根土天牛、地老虎和蛴螬等。化学农药使用应符合 GB/T 8321（所有部分）的要求。

①病害防治。用噻菌铜、松脂酸铜等防治细菌性枯萎病和细菌性角斑病；用异菌脲、咪鲜胺和丙环唑等防治褐斑病；用多菌灵、咪鲜胺、丙环唑和甲基硫菌灵等防治炭疽病；用多菌灵、丙环唑、咪鲜胺和腈菌唑等防治枯萎叶斑病。

②虫害防治。用阿维菌素、哒螨灵、毒死蜱、噻螨酮等防治朱砂叶螨；定植前用毒死蜱、辛硫磷等拌基肥或土壤防治蔗根土天牛、地老虎和蛴螬等地下害虫。

三、收获

1. 采收期

木薯成熟的特征是中下部叶色稍转黄、基部老叶自然脱落、薯块表皮增厚、用手摩擦薯外表皮易脱开。一般于 10 月底开始采收，11 月进入采收高峰期，于 12 月初采收结束。

2. 采收方法

木薯收获时可人工用手直接拔起，也可采用简易拔薯器拔薯，大面积种植也可采用机械设备采收。

3. 留种种茎选择

选择无病虫为害、未损伤、未受霜冻、健壮成熟、叶片自然脱落的木薯茎秆作为翌年种茎。在砍取种茎时，去除茎秆上部尚未完全成熟的部分，种茎长度一般以 1.3~1.5 m 为宜，并晾晒 1~2 d，至种茎水分适宜。每捆木薯种茎一般为 25~30 根，不同品种分别成捆，并标记品种名称。

4. 种茎越冬贮藏

木薯种茎需要挖地窖进行越冬贮藏。

（1）地窖的选择及防雨棚的搭建　选择地势高、背风向阳、不易渗水、易排水、有梯壁的坡地挖窖，梯壁高度应高于地窖深度。

（2）地窖尺寸 地窖一般长为 3.0~4.0 m、宽为 1.5~2.0 m、深为 0.7~1.0 m。

（3）防雨棚的搭建 防雨棚支架由 7~8 根竹片（长 4.5 m、宽 10 cm）组成，支架两端插入地窖外沿，支架外盖农膜（长 6~8 m、宽 4~5 m）。

（4）排水沟 地窖周围开设宽 30 cm、深 25 cm 的排水沟，确保不渗水。

5. 种茎入窖的操作要求

种茎入窖要求降温前 2~3 d 完成，一般应在 11 月底前入窖。种茎入窖平放，地窖内铺设 3~4 个竹制透气孔，种茎堆放至窖口后，在种茎表层依次盖一层茅草和遮阳网，然后铺一层 3~5 cm 厚的干细土，再撒 0.5 kg 的石灰。忌用稻草替代茅草。

6. 贮藏期管理

贮藏期间，密切关注地窖内温度、湿度和木薯种茎质量情况，当气温低于 2 ℃时，防雨棚应全部封闭保温防冻，当气温为 2~6 ℃时，可打开防雨棚的棚膜一端，当气温高于 6 ℃时，打开防雨棚的棚膜两头通风。到翌年 2 月下旬至 3 月初，气温达到 10 ℃以上，应扒掉覆盖在遮阳网上的干细土，保持茅草覆盖，防雨棚两端通风即可。

7. 种茎出窖

一般于 3 月中下旬出窖种植。木薯种茎起窖后不宜久放，应在 1~2 d 内完成种植。若不能及时栽种，应将种茎堆放在树荫下，用薄膜或遮阳网覆盖，防止雨淋或暴晒。

第五节 木薯主要病虫害防治技术规范

一、木薯主要病虫害及其发生为害特点

木薯主要病虫害及其发生为害特点见表 2-1。

表 2-1 木薯主要病虫害及其发生为害特点

主要病虫害	发生为害特点
细菌枯萎病	又名流胶病，这是木薯类植物的通用病害，极难防治，严重时会减产 50% 以上。首先侵染叶缘或叶尖，出现水渍状病斑，病斑还会出现黄色的分泌物，然后由下向上扩散，会在短时间内扩散整个叶片，导致叶片枯萎，直至全株死亡
细菌性角斑病	一般在 5 月开始发生，在 8—9 月发病比较严重，发病时病变位出现水渍状的角斑，多散生在叶片的各个部位，病斑会分泌出黄色的胶乳状物。开始侵染叶缘时会出现黄色晕圈，逐渐扩大融合，变为黑褐色，直至叶片发黄脱落
褐色角斑病	主要为害叶片，发病时叶片两面会出现不规则形的褐色病斑，直至干枯脱落
炭疽病	病株的叶片和枝条由上向下逐渐干枯或枯死，严重的脱落。枝干染病形成灰白色大型病斑，长 5~6 cm，边缘清晰，病斑上形成的红色小点即为病原菌的分生孢子盘

（续表）

主要病虫害	发生为害特点
花叶病	叶片两面均出现褐色角形病斑，病斑边缘暗绿色，界限明显，病斑周缘常有黄色晕圈。在潮湿情况下，病斑背面出现灰绿色的霉状物
虫害	木薯的虫害较多，主要有螨类、蓟马、红蜘蛛、白蚁和金龟子等，虫害暴发时会导致产量急剧下降

二、木薯主要病虫害防治

1. 防治原则

贯彻"预防为主，综合防治"的植保方针，针对木薯大田及采后主要病虫害种类、发生特点和防治要求，综合考虑影响病虫害发生的各种因素，以农业防治为基础，协调应用物理防治、生物防治和化学防治等措施，安全、有效控制木薯主要病虫的发生与为害。

（1）植物检疫　在木薯主要病虫害发生严重的区域，防控重点应放在控制人为的种苗调运；严禁将带病虫的木薯植株和产品向外调运，同时也禁止从疫区调入带病种苗；建立无病虫种苗基地；在进行种质种苗交换中，选区的种质材料，先用溴甲烷进行熏蒸进行检疫发证后才能调运、交换，并在隔离区种植3周、4周、5周和6周后分别观察是否有病虫害发生。

（2）农业防治　种植抗性品种，减少病虫害的发生；采用种植前一个月，进行深耕深松和晒地等耕作制度，除草、间种其他作物和轮作换茬等农艺措施消除或减少病虫害初侵染来源，控制病虫害的发生或再侵染；采用深施覆土、氮磷钾配施和有机肥与无机肥配施等措施，增强植株长势，提高植株抗病虫能力。

（3）物理防治　采用黑光灯、频振式杀虫灯、色光板等物理装置诱杀各类害虫。

（4）生物防治　通过选择对天敌安全的化学农药，避开自然天敌对农药的敏感时期，创造适宜自然天敌繁殖的环境等措施，以保护天敌；利用及释放天敌控制有害生物的种群数量。

（5）化学防治　杀菌/杀虫剂须是经我国农药管理部门登记允许使用的。农药使用应符合GB/T 8321（所有部分）的规定。不得使用国家严格禁止使用的农药和未登记的农药。当新的有效农药出现或者新的管理规定出台时，以最新的规定为准；合理、交替使用不同作用机理或具有负交互抗性的药剂，以克服或延缓病虫害产生抗药性。

2. 防治措施

（1）木薯细菌性枯萎病

①检疫防治。繁育、栽植无病种苗。

②农业防治。选用抗病或耐病高产品种，种茎用饱和石灰水浸泡；加强田间管理，发现病株后要立即拔除，及时清理田间的植株残体，并集中烧毁；实行作物轮作。

③化学防治。当田间病害处于初发阶段、随机调查株发病率达3%～5%、气候条件

又适于发病时，可以选用25%噻枯唑可湿性粉剂250~500倍液，或45%代森铵水剂400倍液，每5~7 d喷1次药，连续喷2~3次。施药后如遇雨，雨后应补喷。

（2）木薯细菌性角斑病

①检疫防治。繁育、栽植无病种苗。

②农业防治。选用抗病或耐病品种；加强田间管理，特别是水肥管理，适时施肥，及时清理田间的植株残体，并集中烧毁。

③化学防治。当田间病害处于初发阶段、随机调查株发病率达3%~5%、气候条件又适于发病时，可以选用25%噻枯唑可湿性粉剂250~500倍液，或45%代森铵水剂400倍液，也可使用12%松脂酸铜乳油600倍液，47%春雷·王铜可湿性粉剂700倍液，77%氢氧化铜可湿性微粒粉剂600倍液，每5~7 d喷1次药，连续喷2~3次。施药后如遇雨，雨后应补喷。

（3）木薯褐斑病

①农业防治。选用抗病品种；加强田间管理，及时清理田间的植株残体，并集中烧毁。

②化学防治。在发病初期，喷施70%甲基硫菌灵可湿性粉剂800~1 200倍液，80%代森锰锌可湿性粉剂600~800倍液，或用77%氢氧化铜可湿性微粒粉剂400~500倍液喷雾，首次施药后，间隔7~10 d再喷药，连续喷2~3次。

（4）木薯炭疽病

①农业防治。选用抗病或耐病品种；加强田间管理，及时清理田间的植株残体，并集中烧毁；实行作物轮作。

②化学防治。在发病初期，选用40%多菌灵可湿性粉剂800倍液，或75%百菌清可湿性粉剂500~800倍液，或50%咪鲜胺锰盐可湿性粉2 000~3 000倍液，或70%代森锰锌可湿性粉剂600~800倍液喷雾防治。首次喷药后，7~10 d喷1次，连续喷2~3次。

（5）木薯花叶病

①检疫防治。加强植物检疫，严禁从疫区引种。

②农业防治。选用抗病品种；采用无病种茎材料，注意消毒工具，及时清除田间病株。

③化学防治。在木薯的整个生长期，根据蚜虫的发生规律喷施50%抗蚜威可湿性粉剂1 500~2 000倍液，或20%啶虫脒乳油4 000~6 000倍液，或10%吡虫啉可湿性粉剂1 500~2 000倍液喷雾防治蚜虫为害，从而防止病毒的传播。发病初期喷施20%吗胍·乙酸铜可湿性粉剂500倍液，每隔10 d喷1次，连续喷2~3次。

（6）木薯朱砂叶螨

①生物防治。利用及释放天敌控制有害生物的种群数量。

②农业防治。选用抗螨品种；加强田间管理，特别是水肥管理，适时施肥。

③化学防治。搞好预测预报，及时检查叶面、叶背，最好借助于放大镜进行观察，发现在较多叶片上有叶螨的为害时，有螨株率达到25%以上，应及早喷药。可选用1.8%阿维菌素乳油2 000~3 000倍液、50%苯丁锡可湿性粉剂2 000~3 000倍

液、25%三唑锡可湿性粉剂 1 000~1 500 倍液、5%噻螨酮乳油 1 500~2 500 倍液等喷雾防治。

（7）螺旋粉虱

①物理防治。田间以每分钟 125 L 的水速，每 2 d 处理木薯叶背 1 次，连续处理 4 周。

②生物防治。选用对天敌具保护作用的药剂及措施；利用及释放天敌控制有害生物的种群数量。

③化学防治。根据预测预报确定施药时间和次数。可选用 2.5%溴氰菊酯乳油 2 000~3 000 倍液，或 2.5%高效氯氟氰菊酯水乳剂 2 000~3 000 倍液，或 20%啶虫脒微乳剂 2 500~3 000 倍液喷雾防治。

（8）烟粉虱

①农业防治。加强田间管理，及时清除残虫和杂草。

②物理防治。设置黄板诱杀成虫。

③化学防治。当烟粉虱种群密度较低时早期防治至关重要。同时注意交替用药和合理混配，以减少抗性的产生。可选用 25%乙基多杀菌素 500 倍液，或 25%噻嗪酮可湿性粉剂 1 000~1 500 倍液，或 10%吡虫啉可湿性粉剂 1 000 倍液喷雾防治。

第六节 木薯质量标准或要求

一、基本要求

食用木薯具有本品种的特征，块根表面光滑，清洁不带杂物，不干瘪，无明显缺陷（病虫斑、腐烂、霉斑、裂薯、空腔、畸形、机械损失），薯形较好，肉质不应有变黑的纹丝，尾部切割处的直径不应超过 2 cm，与根相连的茎长应为 1~25 cm，所有等级的食用木薯质量不小于 300 g、长度不小于 20 cm。

工业用木薯具有本品种的特征，块根表面光滑，清洁不带杂物，不干瘪，无明显缺陷（病虫斑、腐烂、霉斑、裂薯、空腔、畸形、机械损失）。

二、等级

1. 等级类别

木薯质量等级及要求见表 2-2。

表 2-2　木薯质量等级及要求

等级划分	要求	
	食用木薯	工业用木薯
一等品	具有明显的本品种特征；无缺陷，在不影响产品外观的情况下允许有微小的损伤	淀粉含量＞25%

（续表）

等级划分	要求	
	食用木薯	工业用木薯
二等品	具有明显的本品种特征。在不影响产品外观的情况下，允许有下列缺陷：外形轻微损伤；疤痕面积不超过表面积的5%；坏死面积不超过表面积的10%，且损伤部分不影响到果肉部分	淀粉含量23%~25%
三等品	保留基本的品种特征。允许存在下列缺陷：外形损伤；疤痕面积不超过表面积的10%；坏死面积不超过表面积的20%，且损伤部分不影响到果肉部分	—

按照 GB/T 5501—2008 规定进行抽样。用目测法进行品种特征、薯形、清洁、干皱、病虫斑、腐烂、机械损伤等项目的检测；肉质色泽、空腔应剖开检测。

每批受检样品抽样检验时，对不符合品质要求的木薯做各项记录，如果1个木薯同时出现多种缺陷，选择1种主要的缺陷按1个缺陷薯计算。不合格率以 w 计，数值以% 表示，按式（2-1）计算：

$$w = n/N \times 100 \tag{2-1}$$

式中：n——有缺陷的样品个数；

N——检验样本的总个数。

计算结果表示到小数点后1位。

2. 等级允许误差

（1）食用木薯 不符合一级要求的木薯数量或质量不应超过5%，但这些木薯应符合二级的要求；不符合二级要求的木薯数量或质量不应超过10%，但这些木薯应符合三级的要求；不符合三级要求的木薯数量或质量不应超过10%，但这些木薯应符合基本要求。

（2）工业用木薯 不符合一级要求的木薯数量或质量不应超过5%，但这些木薯应符合二级的要求；不符合二级要求的木薯数量或质量不应超过10%，但这些木薯应符合基本要求。

（3）食用木薯规格 以食用木薯最大直径为划分规格的指标，用卡尺测量，分为大（L）、中（M）、小（S）3个规格，其中，L规格要求直径大于7.0 cm，M规格直径5.1~7.0 cm，S规格直径3.0~5.0 cm。按数量或质量计各规格食用木薯，允许有10%的产品不符合该规格的要求。

3. 卫生标准

木薯质量卫生标准见表2-3。

表2-3 木薯质量卫生标准 单位：mg/kg

项目	数值	检测标准
无机砷	≤0.2	GB 5009.11—2014
铅	≤0.6	GB 5009.12—2017

项目	数值	检测标准
镉	≤0.1	GB 5009.15—2014
总汞	≤0.01	GB 5009.17—2014
敌百虫	≤0.1	NY/T 761—2008
乐果	≤1	NY/T 761—2008
毒死蜱	≤1	GB 19604—2017
草甘膦	≤0.1	GB/T 12686—2017

4. 检验规则

（1）检验分类

①交收检验。每批产品交收前，生产者都应进行交收检验，交收检验内容包括等级、规格标签和包装。检验合格后并附合格证方可交收。

②型式检验。型式检验是对产品进行全面考核，即按上述全部要求进行检验，有下列情况之一者应进行型式检验：前后两次抽样检验结果差异较大；因人为或自然因素使生产环境发生较大变化；国家质量监督机构或主管部门提出型式检验。

（2）组批　产地抽样以同一品种、同一产地、相同栽培条件、同时采收的木薯作为1个检验批次，流通市场以相同进货渠道的木薯作为1个检验批次。

（3）抽样方式　按 GB/T 5501—2008 中的规定执行。

（4）判定规则　每批受检样品不合格率按其所检单位（如每堆、箱、袋）的平均值计算，不应超过8%。等级和规格要求不合格或安全要求有1项不合格者，判定该批产品不合格，标签、包装不合格时，允许整改后重新申请复检1次，以复检结果为准。

5. 标签

内容包括产品名称、产品的执行标准、生产者及详细产地、净含量和包装日期，要求字迹应清晰、完整、准确。

6. 包装、运输和贮存

（1）包装　包装物应整洁、干燥、牢固、透气、无污染、无异味，内壁无尖凸物；纸箱无受潮、离层现象；塑料箱应符合 GB/T 8868—1988 的要求。

（2）运输　木薯产品收获后应就地修整，及时包装、运输；运输工具应清洁卫生、无污染；装运时，做到轻装轻卸，严防机械损伤；运输时应防日晒、雨淋，注意通风。

（3）贮存　木薯不宜在室温下长期存放，室温保存不宜超过3~7 d，贮存的场地应阴凉通风，防日晒，无味，无污染源。

7. 特别注意事项

木薯中含有亚麻苦苷，经水解后可析出游离态的氢氰酸，可按 GB 5009.36—2016 规定的方法测定。这种物质可使人体细胞组织中毒。鲜薯不宜生食，应选择适宜的品种经去毒处理方可食用。以下方法可供参考。

①去皮，切成薄片，放在流动的水中浸泡3 d，取出晒干煮熟食用。

②去皮，将木薯切成 11~13 cm 长，放入锅中煮熟，再纵剖为 4 份晒干贮藏，食用时取出浸水 24 h，煮熟。

③去皮，切成薄片，浸水 12 h，煮沸 1~2 h 方可食用。

第七节　木薯淀粉生产工艺规范

一、工艺路线

木薯淀粉的湿法加工工艺，包括滚筒清洗、二次碎解、浓浆筛分、逆流洗涤、氧化还原法漂白（以新鲜木薯为原料才需漂白）、旋流除沙、浓浆分离、溢浆法脱水、一级负压脉冲气流干燥。

二、主要工艺过程

1. 原料准备

原料是生产的物质基础，原料的质量直接关系到产品的质量。木薯淀粉厂的原料有鲜木薯和木薯干片两种。

鲜木薯采收后，应及时除去泥土、根、须及木质部分，堆放在干净的地面，避免混入铁块、铁钉、石头、木头等杂物，要求当天采收、当天进厂、当天加工，以保证原料的新鲜度，从而提高抽提率及产品的质量。木薯干片应干爽、不霉、不变质、无虫蛀，以保证产品质量。

2. 原料输送

采用集薯机、输送机，将木薯从堆放场输送到清洗机，要求保证工序原料的正常供应。在输送过程中，要特别防止铁块、铁钉、石头、木头等杂物混入。若发现杂物，应及时拣出。

3. 清洗

采用滚筒式清洗机，该机分粗洗区、沐浴区、净洗区。木薯原料随圆筒壁旋转翻滚前进，以水为介质（配水为 1:4）喷洒、冲洗、沐浴、挫磨、清洗、除皮。要求通过清洗去净泥沙，去皮率达到 80% 以上，再送入碎解工序。

4. 碎解

碎解的作用是破坏木薯的组织结构，从而使微小的淀粉颗粒能够从木薯块根中解体、分离出来。采用飞锤式碎解机，该机依靠高速运转，使锤片飞起与锤锷、隔盘、筛板等在机内对连续喂进的木薯进行锤击、锉磨、切割、挤压，从而使木薯碎解，使淀粉颗粒不断分离出来，并以水为介质（配水为 1:1），将碎解的木薯加工成淀粉原浆。目前普遍采用二次碎解工艺，以便使木薯组织的解体更充分、更细小，使淀粉颗粒的分离更彻底，对提高抽提率更为有利。要求经一次碎解的淀粉原浆通过 8.0 mm 左右筛孔，经二次碎解的淀粉原浆通过 1.2~1.4 mm 筛孔。

5. 搅拌

搅拌是碎解、筛分、漂白、除沙、分离、脱水等工序必备的环节。其作用是：贮存原浆、乳浆；平衡乳浆浓度；调节乳浆的 pH，促使淀粉分离；避免淀粉沉淀等。但需掌握好搅拌时间，如搅拌时间过长，可使乳浆变酸、液化，降低黏度及淀粉回收率。

6. 筛分

经碎解、搅拌后的稀淀粉原浆需进行筛分，从而使淀粉乳与纤维分开。同时，淀粉乳需筛除细渣，纤维需进行洗涤剂回收淀粉。通过筛分，达到分离、提纯淀粉的目的。目前主要采用 120 压力曲筛及立式离心筛，二者配合使用，即以曲筛筛分和洗涤纤维，以立式离心筛精筛除去细渣。普遍采取多次筛分或逆流洗涤工艺。要求通过原浆筛分、洗涤，薯渣（干基）含淀粉在 35% 以下，其中含游离淀粉小于 5%；乳浆的纤维杂质含量低于 0.05%；乳浆浓度达到 5~6°Bé。

7. 漂白

漂白是保证木薯干片淀粉产品质量的重要环节。其作用为：调节乳浆 pH，以控制微生物活性及发酵、糖化；加速淀粉与其他杂质的分离；漂去淀粉颗粒外层的胶质，使淀粉颗粒持久洁白。

8. 除沙

根据比重分离的原理，将淀粉乳浆用压力泵抽入漩流，底流除沙，顶流过浆，达到除沙的目的。经过除沙，不仅可以除去细沙等杂质，而且可以保护碟片分离机。

9. 分离

分离的作用是从淀粉乳浆中分离出不溶性蛋白质及残余的可溶性蛋白质和其他杂质，从而达到淀粉乳洗涤、精制、浓缩的目的。目前普遍采用碟片分离机洗涤、精制、浓缩淀粉乳浆。它根据水、淀粉、黄浆蛋白的比重不同进行分离。一般将 2 台碟片分离机串联起来使用，要求第一道进浆浓度为 5~6°Bé，出浆浓度则为 20~22°Bé。

10. 脱水

经分离工序浓乳浆仍含有大量水分，因而必须进行脱水，以利干燥。目前多采用刮刀离心机进行溢浆法脱水。要求通过脱水后湿淀粉含水量低于 38%。

11. 干燥

由刮刀离心机脱水后的湿淀粉输送至气流烘干机进行干燥。蒸汽压力控制在 0.8 MPa。要求通过干燥，淀粉成品含水量在 13.5% 左右。

12. 包装入库

要求包包够数，缝包牢固，及时入库。

三、工艺要求

木薯淀粉生产工艺包括如下要求。

①必须保证木薯原料的新鲜度，以保证产品质量及提高回收率。

②去皮要净，因为氰化物毒素主要集中在木薯皮层中，去净薯皮可大大减少氰化物含量。

③在加工过程中用水量较大，要求加工用水达到饮用标准。

④不要采用铁制设备及管道，因为氰化物遇铁会结合成蓝色亚铁氰化物而使淀粉着色，影响淀粉质量。加之淀粉整个生产过程基本上都是微酸性，因此，所用设备、管件最好采用不锈钢。

⑤在生产过程中，物料输送量很大，因而需用较多的泵。各种泵不仅起输送作用，还要求有一定压力，给物料以动力，以达到在设备高速旋转时而分离。

⑥由于淀粉有易沉淀性质，纤维为不均匀物料，因而管道弯头等部位都应有法兰或活接头，一旦堵塞便于拆卸清洗。

⑦为保证产品质量，在生产过程中应注意经常清洗设备、场地，保持清洁卫生。

⑧由于淀粉浆具有酸性，因而所有浆池（或罐）均应进行防腐处理。

⑨在干燥过程中，应控制和消除各种易燃源，如吸烟、电焊、静电火花等，以防止粉尘爆炸，确保生产安全。

四、主要工艺参数

具体的工艺参数包括以下 11 个。

①清洗配水 1：4。

②碎解配水 1：1。

③一次碎解原浆通过 8.0 mm 左右筛孔。

④二次碎解原浆通过 1.2~1.4 mm 筛孔。

⑤通过筛分、洗涤，薯渣含淀粉（干基）在 35% 以下，其中含游离淀粉小于 5%；乳浆中的纤维杂质含量低于 0.05%；乳浆浓度达到 5~6°Bé。

⑥第一次分离进浆浓度为 5~6°Bé，出浆浓度为 12~15°Bé。

⑦第二次分离进浆浓度为 8~10°Bé，出浆浓度为 20~22°Bé。

⑧进刮刀离心机乳浆浓度为 20~22°Bé。

⑨经脱水后，湿淀粉含水量小于 38%。

⑩成品淀粉含水量 13.5% 左右。

⑪商品淀粉回收率大于 96%。

第八节　木薯淀粉质量标准要求

一、感官要求

取适量样品置于白色瓷盘内，在自然光线条件下，用肉眼观察其色形和杂质，并取少量样品经糊化后品其滋味，并取淀粉样品 20 g 放入 100 mL 磨口瓶中，加入 50 ℃的温水，振摇 30 s，倾出上清液，嗅其气味，产品需符合表 2-4 的要求。

表 2-4　木薯淀粉质量感官要求

项目	种类	
	食用木薯淀粉	工业用木薯淀粉
色泽和形态	白色或稍带浅黄色的粉末	具有该产品应有的色泽和形态
滋味和气味	具有木薯淀粉固有的滋味、气味，无异味，无砂齿	—
杂质	无正常视为可见的外来物质	—

二、理化指标

应符合表 2-5 的要求。

表 2-5　木薯淀粉质量理化指标

项目	木薯淀粉种类	指标			检验方法
		优级	一级	合格	
水分/（g/100 g）	食用	≤13.5	≤14	≤15	GB 5009.3—2016
	工业用	≤13.5	≤15.0		
灰分（干基）/（g/100 g）	食用	≤0.2	≤0.3	≤0.4	GB 5009.4—2016
	工业用	≤0.2	≤0.3	≤0.4	
斑点/（个/cm²）	食用	≤3.0	≤6.0	≤8.0	GB/T 22427.4—2008
	工业用	≤3.0	≤6.0	≤8.0	
细度（100 目筛通过率）/%	食用	≥99.8	≥99.5	≥99.0	GB/T 22427.5—2008
	工业用	≥99.8	≥99.5	≥99.0	
黏度［6%（干物质计）700 cmg，峰值黏度］/（Pa·s）	食用	≥600			GB/T 22427.7—2008
	工业用	≥550			
白度（457 nm 蓝光反色率）/%	食用	≥92.0	≥89.0	≥86.0	GB/T 22427.6—2008
	工业用	≥92.0	≥88.0	≥84.0	
蛋白质（干基）（g/100 g）	食用	≤0.2	≤0.3	≤0.4	GB/T 22427.10—2008
	工业用				
pH	食用	5.0~8.0			GB/T 9724—2007
	工业用				

三、标签、标志

产品应进行预包装，食用木薯淀粉的预包装产品标签应符合 GB 7718—2011 的规定。产品外包装的标志应符合 GB/T 191—2008 的规定。

四、包装

包装容器及其材料应符合相关卫生标准和有关规定。

五、运输

运输设备应保持干燥、清洁，不得与有毒、有害、有异味、易挥发、有腐蚀性的物品混装混运，避免日晒和雨淋。装卸时应轻拿轻放，严禁直接钩、扎包装袋。

六、贮存

产品应贮存在干燥、通风良好的场所，不得与有毒、有害、有异味、易挥发、易腐蚀的物品同贮。

七、销售

产品销售场所保持干燥、清洁，不与有毒、有害、有异味物品同贮。

第三章　甘蔗质量安全生产关键技术

第一节　甘蔗产品特点

甘蔗是温带和热带农作物，是制造蔗糖的原料，且可提炼乙醇作为能源替代品。全世界有一百多个国家出产甘蔗，甘蔗主要生产国是巴西、印度和中国。甘蔗中含有丰富的糖分、水分，还含有对人体新陈代谢非常有益的各种维生素、脂肪、蛋白质、有机酸、钙、铁等物质，主要用于制糖，表皮一般有紫色和绿色两种颜色，也有红色和褐色，但比较少见。

我国的甘蔗主产区，主要分布在北纬 24° 以南的热带、亚热带地区，包括广东、台湾、广西、福建、四川、云南、江西、贵州、湖南、浙江、湖北和海南。20 世纪 80 年代中期以来，我国的蔗糖产区迅速向广西、云南等西部地区转移。至 1999 年，广西、云南的蔗糖产量已占全国的 70.6%（不包括台湾）。随着生产技术的发展，甘蔗在中原地区也有分散性大棚种植（如河南、山东、河北等地）。

甘蔗按用途可分为果蔗和糖蔗。果蔗是专供鲜食的甘蔗，它具有较为易撕、纤维少、糖分适中、茎脆、汁多味美、口感好以及茎粗、节长、茎形美观等特点；糖蔗含糖量较高，是用来制糖的原料，一般不会用于市售鲜食。因为其皮硬纤维粗，口感较差，只是在产区偶尔鲜食。

甘蔗是我国制糖的主要原料。在世界食糖总产量中，蔗糖约占 65%，我国则占 80% 以上。糖是人类必需的食用品之一，也是糖果、饮料等食品工业的重要原料。同时，甘蔗还是轻工、化工和能源的重要原料。因而，发展甘蔗生产，对提高人民的生活、促进农业和相关产业的发展，乃至对整个国民经济的发展都具有重要的地位和作用。

第二节　糖蔗栽培技术

一、整地

整地是为甘蔗生长提供一个深厚、疏松、肥沃的土壤条件，以充分满足其根系生长的需要，从而使根系更好地发挥吸收水分、养分的作用。同时，整地还可减少蔗田的病虫害和杂草。

深耕是增产的基础。甘蔗根系发达，深耕有利于根系的发育，使地上部分生长快，产量高。深耕是一个总的原则和要求。具体深耕程度必须因地制宜，视原耕作层的深浅、土壤性状而定，一般 30 cm 左右。深耕不宜破坏原有土壤层次，并应结合增施肥料为宜。早耕能使土壤风化，提高肥力。所以，蔗田应在前茬作物收获以后，及时翻耕。早耕对于稻后种蔗的田块更为重要。

二、开植蔗沟

开植蔗沟使甘蔗种到一定的深度，便于施肥管理。

1. 常规蔗沟

蔗沟的宽窄、深浅要因地制宜，一般是 20 cm 左右深，沟底宽 20~25 cm，沟底要平。

2. 抗旱高产蔗沟

环山沿等高线开沟，深沟板土镇压，沟深 40 cm，沟底宽 25 cm，沟心距 100 cm，用下沟的沟底潮土覆盖上沟的种苗。覆土 6.6 cm，压实。

三、施肥

甘蔗生长期长，植株高大，产量高。所以在整个生长期中，施肥量的多少是决定产量高低的主要因素之一。由于甘蔗的需肥量大，肥料在甘蔗生产成本中占有很大的比重，因此，正确掌握施肥技术，做到适时、适量，而又最大限度地满足甘蔗对肥料的需要，有着重要的意义。

1. 甘蔗的需肥量

据研究，每生产 1 t 原料蔗，需要从土壤中吸收氮素（N）1.5~2 kg，磷素（P_2O_5）1~1.5 kg，钾素（K_2O）2~2.5 kg。

2. 甘蔗各生育期对养分的吸收

甘蔗各生育期对养分吸收总的趋势是苗期少，分蘖期逐渐增加，伸长期吸收量最大，成熟期又减少。

3. 施肥原则

根据甘蔗在不同生育期的需肥特征制定出的施肥原则是"重施基肥，适时分期追肥"。如果只施追肥，而不施基肥，则甘蔗容易长成头重脚轻、上粗下细，容易倒伏。反之，只施基肥，不施追肥，则后劲不足，形成"鼠尾蔗"，影响产量。

4. 重施基肥

肥料主要是有机肥，磷、钾化肥和少量氮素化肥，磷肥和钾肥主要作基肥施用，因为甘蔗对磷肥的吸收主要是在前中期。而且磷肥在土壤中的移动性小，需要靠近根部才易被吸收。甘蔗对钾肥的吸收也主要是在前中期（占 80% 左右）。而且蔗株在前中期吸收的钾素可供后期所需。所以钾肥宜早施，量少时作基肥一次施用；量多时，一半作基肥，另一半在分蘖盛期或伸长初期施用。

5. 分期追肥

按照甘蔗的需肥规律，追肥的施用原则可概括为"三攻一补、两头轻、中间重"。"三攻"就是攻苗肥、攻蘖肥、攻茎肥；"一补"就是后期补施壮尾肥；"两头轻"指苗期、伸长后期施肥量要少；"中间重"指伸长初期施肥量要多。

四、下种

1. 精选种苗

（1）块选　选择大田生长较好、没有病虫为害（尤其是绵蚜虫）的新植蔗作种。因为新植蔗生长后劲足，蔗梢中可溶性养分较多，蔗芽萌发力强。如果种苗不足，也可留宿根蔗作种。选好留种田后，应加强甘蔗生长后期的水肥管理，使蔗梢吸收充足的水分和养分，有利于播种后蔗芽萌发生长。

（2）株选　在砍收时进行株选。选择直立、茎粗、未开花的蔗株作种；剔除混杂的品种，以保证良种的纯度。

（3）留种长度　根据需要而定。种苗充足的留梢头苗 30~50 cm；种苗欠缺的留半茎作种；需要进行加速繁殖的良种则留全茎作种。留梢头苗作种时，应把生长点（俗称鸡蛋黄）砍去，以免堆放期间生长点继续生长，消耗养分或下种后只是顶芽长出 1 苗，其他的蔗芽生长受到抑制，不能萌发成苗。

2. 砍种

（1）甘蔗种苗　根据含蔗芽数目的不同而有单芽苗、双芽苗和多芽苗之分。生产上普遍采用双芽苗，很少采用单芽苗和多芽苗。

多芽苗由于"顶端优势"的关系，一般上位芽先萌发，上位芽萌发后会诱发生长素的产生，对下位芽的萌发起抑制作用，导致萌芽不整齐。这种现象，芽数越多越严重。

单芽苗虽然不存在"顶端优势"的影响，但由于芽的两端都有切口，易干旱失水和受病虫为害，也很少采用。

双芽苗由于"顶端优势"的影响不像多芽苗那样严重，且种苗中间有一个完整的节间，不像单芽苗那样容易失水和受病虫为害。萌芽率高，萌芽比较整齐。因此生产上普遍采用。梢头苗的节间短、芽较密，可采用 3~4 个芽为一段。

（2）砍种方法　从芽下部节间 2/3 处砍断，因为蔗芽萌发所需水分和养分首先是由芽的下部节间供给的。砍种时，芽向两侧，一刀断，不要砍裂蔗种。

3. 种苗处理

包括晒种、浸种消毒和催芽。目的是提高萌芽率，加快萌芽速度，减少病虫害。用贮藏过一段时间的蔗茎或中、下段蔗茎作种时，种苗处理尤其重要。

新鲜种苗含水量高，需要晒种。晒种时先把较老的叶鞘剥去，留下嫩的叶鞘，阳光下晒 2~3 d。晒种可以提高温度，促进酶的活动，加速种苗内糖分的转化，增强呼吸作用，打破种苗的休眠状态，促使种苗尽快萌发。

浸种使种苗吸收充足的水分，使种苗从相对休眠状态转化为活动状态，促进种苗的萌发。生产上主要采用清水浸种和石灰水浸种两种方法。清水浸种以流水为好，常温下浸 1~2 d。方法是把整捆的蔗种放入清水中浸 1~2 d 后，捞起，剥叶，砍种。

石灰水浸种用 2% 的浓度，浸 12~24 h，茎基部的种苗浸种时间可延长至 36~48 h。总的原则：种苗嫩，温度高时浸种时间短些；种苗老，温度低时，浸种时间长些。石灰水浸种能够杀死部分粉蚧和病菌，兼有消毒作用。

催芽方法较多，蔗区一般采用堆集法和堆肥法两种。堆集法是把种苗堆集在一起，靠自身发热来提高堆内的温度，从而促使种苗萌发。效果较好的是堆肥法，具体做法：选择背风、向阳、靠近水源的地方，先铺上一层大约 10 cm 厚的半腐熟的厩肥，然后放一层 20~25 cm 厚的种苗，接着放一层厩肥，再放一层种苗，如此堆 3~4 层，堆高大约1 m，堆长和宽分别约 1.3 m，在堆的四周盖一层 10 cm 厚的厩肥，再用稻草、蔗叶、泥浆或塑料薄膜覆盖，以保持堆内的温度。堆肥湿度控制以手握不成团为度。封堆后需要经常检查堆内的温湿度，温度控制在 30 ℃左右，即用手摸感到热乎乎但又不烫手。催芽程度以"根点突起，芽呈鹦哥嘴状"即可。注意避免"胡须根"，催芽所需时间为3~5 d。催过芽的种苗，下种时蔗田要保持湿润，如果土壤干旱，已萌发的根和芽会失水干萎，出苗率反而降低。

4. 下种期

依下种期的不同而分为春植（立春—立夏）、秋植（立秋—立冬）和冬植（立冬—立春）蔗，海南大部分为春植蔗，滇西南蔗区有一部分秋植蔗。

春植蔗的下种期：一般表土 10 cm 内的温度稳定在 10 ℃以上即可下种。

适期早种，是保证甘蔗高产的重要措施。早春季节温度相对低一些，种根先于蔗芽萌发，为幼苗的前期生长打下了基础。同时，早种能够早生快发，充分利用高温多湿的生长季，延长生长期，增加株高和茎粗，为高产创造条件。

5. 种植密度

种植密度与甘蔗产量有密切的关系。种植过稀则有效茎数少，产量不高；过密则株弱茎细，死茎增多，甘蔗糖分低，亩产糖量也不高，因此需要合理密植。

合理密植的原则是"依靠母茎，充分利用早期分蘖"。因为母茎和早期分蘖的成茎率高（分别占有效茎数的 70%~80% 和 20%~30%），单茎重，糖分高。

下种量是合理密植的具体措施。下种量要因气候、品种和栽培技术因地制宜确定。一般来说，气温高、水肥条件好的，下种量可少一些，反之则多一些；茎细、直立的品种可密一些，反之则稀。

五、田间管理

1. 查苗补苗

保证全苗是获得高产的条件之一。但是往往由于种苗的选择或处理不当，下种期不适，下种技术粗放，气候失调或病虫为害等原因都会造成缺苗。所以，必须做好查苗补苗工作。补苗时期：在萌芽基本结束，蔗苗长出 3~5 片真叶时，发现缺株断行达 50 cm以上的就要及时补苗。

补苗用种苗来源如下。

①用假植苗来补，即在蔗沟两端或田边按下种量的 5% 多播一些蔗种，以备补苗

之用。

②用预育苗来补。

③移密补稀。

④挖不留宿根的蔗蔸来补。

补苗技术：挖苗带土，剪去半截叶片，浇足定根水。

2. 间苗定苗

目的：拔除过多分蘖，减少养分消耗，使蔗株分布合理，生长健壮。

除蘖原则可归纳为"五去五留"，即去弱留强、去密留稀、去迟留早、去病留健、去浅留深。在操作上需要"稳""狠"相结合。"稳"就是做到心中有数，同时又留有余地。根据甘蔗生长状况和水肥管理水平，确定每亩有效茎数。在这个基础上多留10%~15%的苗，同时大体上计算出每米行长应留的苗数。"狠"就是在确定了应留的苗数后，应坚决间掉多余的分蘖，以免白白消耗养分，影响生长。

间苗时间：一般在分蘖末期到伸长初期结合大培土进行。

3. 中耕、除草和培土

（1）除草 甘蔗在封行之前，杂草容易生长，消耗养分遮盖蔗苗，所以要及时进行蔗田除草。一般结合中耕培土，以手工操作进行。常用除草剂有西玛津、莠去津等，每亩用 200~250 g 兑水 50~75 kg 在甘蔗出苗之前喷雾处理土面，效果不错，药效长达3~4 个月，喷药 1 次就可解决苗期的杂草问题。

（2）培土 培土是甘蔗栽培上一项必需而又繁重的田间管理工作。一般要求进行 3次，分别称为小培土、中培土和大培土。

小培土在幼苗有 6~7 片真叶、出现分蘖时进行，培土高约 3 cm，有助于根系发育和促进早期分蘖的作用。中培土在分蘖盛期，蔗株开始封行时进行，培土高约 6 cm，有促进生长的作用。大培土在伸长初期进行，培土高度 20~30 cm。

培土让基部节与土壤接触，诱发新根长出，形成更加庞大的根系，增强吸收能力，促使地上部分迅速伸长；抑制后期分蘖和防止倒伏。注意事项：将基部脚叶打掉，使根点与土壤接触。培土还能起到中耕、除草的作用，并结合施追肥进行。

4. 灌溉和排水

甘蔗的需水规律：甘蔗一生需水量大但不耐涝，总的需水趋势是"两头少，中间多"，即萌芽期、分蘖期和成熟期需水量少，伸长期需水量大。因此蔗田应分别保持"润—湿—润"状态。如云南气候是冬春干旱、夏秋多雨，所以在甘蔗生长前期，需水量虽少，但应加强灌溉；伸长期时逢雨季，一般不需灌溉。云南有 80% 以上的蔗地没有灌溉条件。甘蔗不耐涝，蔗田积水会引起烂根，需及时排水。

5. 剥叶

随着蔗茎的伸长，基部叶片自下而上逐渐枯黄，在甘蔗生长后期打去枯黄脚叶，有增产、促熟、增糖的作用。在湿热蔗区，剥叶可以降低田间湿度，减少气根和侧芽萌发对养分的消耗，减轻鼠害和病虫为害。不打脚叶的情况：由于打脚叶增加了蔗田的通透性，土壤水肥蒸发量大，所以干旱地不宜打脚叶，以利保水防旱；留种田不宜打脚叶，以保证蔗芽不受损伤。

第三节 新植糖蔗生产技术操作规范

一、精选种苗

选用脱毒健康种苗，建立3级苗圃统一供种。从大田生产中选择茎径大小均匀、节间较长、未受绵蚜虫和粉蚧为害、不倒伏、没有混杂的新植甘蔗梢部3~4段双芽苗作种。

二、种苗预措

将种苗上的叶鞘剥去，幼嫩部分则可保留叶鞘，切忌砍裂蔗种，引发伤口感染发病，生产上砍成双芽段种苗。下种前可用52℃热水浸种30 min或用浓度为0.1%的多菌灵水溶液浸种10 min进行消毒。

三、整地

采用深松浅播栽培技术，机械深耕（深松），耕深为40~45 cm，耕作层达到深、松、碎、平。旱地要求植沟深20~25 cm，沟底蔗床平整，宽25 cm。排水不良、地下水位高的植沟稍浅（水田蔗区由于土层浅薄、地下水位较高，要求起畦种植）。

四、播期

以土表10 cm内土温稳定通过10℃以上时为下种临界温度下限，可通过覆盖地膜提早播种。

五、下种

种茎以"品"字形或铁轨式双行窄幅排放，芽向两侧，两行种茎之间的距离为5~10 cm，蔗种要与土壤紧密接触，不架空，下种后随即用碎、湿土覆盖种苗。

六、合理密植

旱坡地以行距90~100 cm、亩下种量32 00~3 500段双芽苗为宜，亩留苗6 500~7 500条，亩有效茎数控制在5 000~6500条。水肥条件较好的水浇旱地、水田蔗区，行距可放宽至110 cm，亩下种量为2 500~3 000段双芽苗，留苗6 000多条，亩有效茎数4 500~5 000条。

七、施足基肥

施肥要坚持有机肥和无机肥配合施用原则。基肥应占总施肥量的30%~40%，基肥要求亩施尿素 10~15 kg+钙镁磷肥（或过磷酸钙）40~50 kg+氯化钾 20~25 kg，提倡使用农家肥（或土杂肥）1 000~2 000 kg/亩，使用农家肥时化肥用量酌减，有机肥应与磷肥混合堆沤后施用。基肥应施于植蔗沟底，并与土壤充分拌匀，腐熟有机肥用于盖种。

八、防虫

每亩用 3~4 kg 5%特丁磷颗粒剂、10%灭线磷颗粒剂撒施植蔗沟防治地下害虫。

九、覆土

一般无灌溉条件的旱坡地蔗区盖土 7~8 cm，旱坡地的一些轻砂质蔗区，覆土后还要垜土踏实，以破坏毛细管、减少水分蒸发；灌溉蔗区，覆土可薄，一般 5~6 cm。

十、防草

未使用除草地膜的蔗区盖土后应喷施除草剂，如 50%硝磺·莠去津可湿性粉剂，每亩 150~200 g，兑水 50 kg；或喷施 80%莠灭净可湿性粉剂，每亩 130~150 g，兑水 50 kg，也可以使用其他蔗田专用除草剂。

十一、覆盖地膜

冬植蔗和早春植蔗可采用地膜覆盖栽培，地膜无色透明，厚度为 0.008 mm，宽度为 35~40 cm。在下种、盖土、喷施除草剂后，用地膜覆盖植蔗沟，边缘用细土压紧，地膜露出透光部分不少于 20 cm。

十二、揭膜、中耕培土、施肥

在蔗苗已经穿出膜外，气温稳定超过 20 ℃时，即可揭膜，水田可在揭膜后立即进行中耕除草，无盖膜的在蔗苗 3~4 片真叶时中耕除草，蔗苗 6~7 片真叶时结合小培土进行中耕除草，用行间细土在蔗苗基部培高 3~4 cm。旱（坡）地在草害有效控制情况下一般只需 1 次大培土，在苗高约 1 m 时，用手工或培土机械进行培土封垄，结合大培土，深施重施追肥，施肥量占全部施肥量的 60%~70%，亩施尿素 25~30 kg 和甘蔗专用复合肥 15~20 kg。

十三、水分管理

旱地蔗田要防旱保水。水田蔗开沟排水，特别要防止早期田间积水。甘蔗大生长期需水量大，田间要注意保水防旱，没有灌溉条件的蔗区可采用封畦贮水和用枯蔗叶覆盖蔗畦等方法防旱。

十四、虫鼠害防治

苗期注意防治螟虫和蓟马，结合小培土亩施 3.6% 杀虫双颗粒剂 3~4 kg 防治螟虫，蓟马在发生初期用 40% 氧乐果乳油 800 倍液或 48% 敌敌畏乳油 1 000 倍液喷杀。7—8 月要注意检查蔗地虫害发生情况，发现棉蚜虫局部为害即进行喷药全面防治。可使用 10% 吡虫啉可湿性粉剂，亩用量 10~20 g；或者用 50% 抗蚜威可湿性粉剂，亩用量 20~30 g，兑水 30 kg，喷洒防治。生长后期使用国家规定的灭鼠农药，配制谷物毒饵投毒灭鼠，在甘蔗生长后期要进行 1~2 次田间灭鼠。

第四节　宿根糖蔗主要生产技术规范

一、上季蔗砍收质量要求

留宿根的蔗地宜在立春后（2—3 月最适宜）选择晴天砍收，用锋利小锄砍入畦中，土中留桩 10 cm 左右，下锄要快、准，切口要平，以免砍裂蔗头，破坏蔗芽。

二、宿根蔗管理技术

1. 清园

清园方法有两种。一是将蔗叶、残茎清出园；二是将蔗叶、残茎清出蔗园沤肥后再回田。

2. 开垄松蔸

在开垄松蔸前，先去除秋冬笋。松蔸深度一般干旱或疏松的蔗田可浅些，黏重、湿度大的土壤则可深些，开垄要紧贴蔗头两边犁翻，深度达蔗头基部（距蔗头着生点以上 3 cm 左右处），并用窄口锄或二齿锄进行株间松土，深层重施催芽肥，施肥量同新植蔗基肥用量，施肥随即薄土覆盖以防肥料流失。一般待地下蔗芽萌发成蘗时埋垄，高度以刚盖过蔗头为宜。

3. 查苗补蔸

在蔗蔸未发株之前，若发现有断垄现象，可用同一品种的蔗种补蔸，发株出苗后，若有明显断垄现象时可用并蔸或挖旧补新的办法补植，保证蔗苗齐、匀、壮。

4. 施肥灌水

在苗高 1 m 左右时，结合大培土，每亩施尿素 35~40 kg、钾肥 5~10 kg（开松蔸时已将钾肥一次性施用的蔗区可不再施用钾肥）。有灌溉条件的蔗田，可在施肥前灌足水，无灌溉条件的蔗田，要在雨后土壤湿润时施肥。

5. 防治病虫草害

在埋蔸和大培土前每亩撒施 3.6% 杀虫双颗粒剂 5 kg 后，随即埋蔸、培土，并喷施除草剂。此后田间管理参照新植蔗，但管理时间应比新植蔗提早 15~30 d，可有效防治病虫害。

第五节　旱地糖蔗的栽培技术要点

一、整地及播种

1. 深耕整地

播种前最好进行蔗地机械深耕深松 30~50 cm。实践证明，蔗地深耕深松是提高糖料蔗单产和糖分含量、提高劳动生产率和土地产出率、降低生产成本和增加蔗农收入的有效措施，可促进甘蔗的可持续发展。没有机械化耕作的土地也要尽量做到精细整地，使耕作层达到深、松、碎、平，创造良好的保水、保肥、透气和增温的土壤条件，以利于甘蔗的发芽和根系的生长。同时，要根据蔗地的地势状况平整土地或修筑成梯田，以利于大雨来临时的排水。

2. 开好种植沟

旱地甘蔗宜提倡"深沟浅植"。中等肥力以上的蔗地要改变传统的窄行种植（90~100 cm）为宽行种植（120~130 cm），沟深 20~30 cm、沟底宽 25~35 cm；水田种蔗，肥水充足，行距要适当加宽，同时要注意开好排水沟。为了便于机械化管理和操作，行距可根据使用的机械进行调整。目前推广的新台糖品种具有较强的分蘖能力和宿根性，且生长旺盛，要夺取高产必须具有较好的通风透光条件。实践证明，推广 1.2~1.3 m 的宽行种植，不仅能充分利用地力和光照，减少病虫害的发生，还能确保糖料蔗健壮生长，促进有效蔗茎增加，且蔗茎长、粗、重，从而易获得较高产量。对一些瘦、瘠的旱坡地，行距可为 80~90 cm，以增加蔗地的亩有效茎数和减少土壤水分蒸发而达到高产。旱坡地还要按等高线开行，这样可以减少雨水冲刷土壤，起到保水保肥保土的作用。

二、采用良种、选好蔗种

1. 选用良种

因地制宜地选用适宜当地栽培的良种是夺取高产的有效措施，糖蔗良种是指抗逆性强（特别是抗旱力强）、适应性广、宿根性强且高产高糖的品种。目前广西推广的良种主要有新台糖 22 号、桂糖 21 号、桂糖 97/69、台优等品种。实践证明，选用良种，各地可根据品种的特性和本地的气候特点、土壤条件、各品种引种时在当地的表现以及早中晚熟品种搭配等多项因素进行选择。一般来说，水田和水肥条件较好的旱地应选用新台糖系列品种，有利于充分发挥品种的高产高糖特性，取得高产高糖高效。土壤较为贫瘠可选用桂糖 21 号等品种，广西中偏北的地方要注意选择耐寒性强的品种，同时要注意同一块地甘蔗品种在新植的时候要轮换，同一蔗区内甘蔗品种宜安排种植 3 个品种以上，避免品种的单一，以减少病虫害的发生。但要切记，不管选用什么品种，都一定要做好种茎的选择和处理工作。

2. 种茎的选择

甘蔗既可用全茎作种又可以用部分茎作种，所以蔗种又可分为全茎种、半茎种和梢部种，在生产上一般选用植株梢部以下 40~50 cm 的幼嫩茎作种，或者说选用梢部生长点以下 10 个芽留种最好。可减少用种量，提高发芽率。特殊情况下可采用全茎作种。但无论用哪一段作种对种茎的要求是一样的，那就是要新鲜、蔗芽饱满健壮、无病虫害、品种纯正。

3. 种茎处理

（1）斩种　首先按每段种茎 2~3 个芽进行斩种，斩种要先剥除叶梢（蔗壳），然后将种茎平放木垫上，芽向两侧，用干净的利刀快速斩种，尽量做到切口平、不破裂，作业时要眼明手快，一边砍种一边要及时将死芽、烂芽、虫芽、气根多和混杂品种剔除掉，以提高种苗的质量。砍下的种苗按芽的成熟程度分别放置，即较老的放一堆，较嫩的放一堆，这样到地里种植，出苗就比较整齐，便于管理。

（2）种茎消毒　把斩好的种茎放入 50% 多菌灵可湿性粉剂 125~160 g 兑水 100 kg 的溶液中浸 5~10 min 即可。也可用其他消毒农药按照说明进行消毒处理。冬春植蔗特别要做好种子消毒工作，广西高温高湿，越冬的病源多，虫口密度大，病虫滋生繁殖快，很容易发生各种各样的病虫害，如凤梨病，可造成烂种烂芽、缺苗断垄，影响全年的甘蔗生产。

三、施足基肥

甘蔗是高产作物，不仅吸收大量的氮、磷、钾，而且需要在土壤中吸收较多的镁、硫、锌、硼等中微量元素，但传统的施肥忽略配方施肥及施用中微量元素肥，是造成甘蔗单产和品质不高的主要原因。一般很少施用镁肥、硼肥、锌肥等，甘蔗缺中微量元素的现象较普遍，如常常出现叶片枯黄老化快、分蘖少、生长缓慢、病虫害越来越多等。另外，由于习惯大量施用氯化钾或含氯较高的复合肥，土地盐碱化情况日趋严重，影响了甘蔗的产量和品质，现在甘蔗吃起来变咸就是因为长期施用氯化钾等含氯肥料，施用硫酸钾镁是减轻土地盐碱化的有效措施之一。

因此，建议亩施滤泥、农家肥、土杂肥等有机肥 1 000~1 500 kg+钙镁磷肥或磷酸钙 100~150 kg+锌硼氮肥 10~20 kg+硫酸钾镁肥 20~25 kg。有机肥最好与磷肥混合堆沤 15 d 后施用。为节省人工也可用有机肥 750 kg+复合肥 50~100 kg（15−15−15）+硫酸钾镁肥 20~25 kg。

基肥的施用，一般选在天气晴朗、土壤温度较低的种植前一天施下较好。化肥应均匀施放在种植沟内，然后将肥料与土壤拌匀后再下种，尽量避免蔗种与肥料直接接触，以防止烧伤种苗。

四、合理密植

目前推广的良种大部分为中大茎种，要求每亩基本苗数为 5 000~6 000 株。春植蔗下种一般 7 000~8 000 个芽；冬植可适当增加 15%~20% 的芽，为 8 500~9 000 个芽；秋植蔗下种量可减少15%～20%的芽，为5 000～6 000个芽。要保证每亩中大茎种有效茎数为4 000～5 000条，中小茎种有效茎数达5 000～6 000条，这样产量才有保证。

摆种要求：种茎竖向以"品"字形或铁轨式双行窄幅摆放，两行种之间距离8 cm左右，种茎与土壤紧贴，芽向两侧。一般人工摆种，下种时手用力往下轻压，利于蔗茎吸收土壤水分及新根的入土。宽行（125 cm以上）种植的种茎可进行横向摆放，以增加行内的苗数。

五、使用除虫药和除草剂

摆放好种茎，由于种茎糖分高，易引来各种地下害虫的咬食为害，因此要及时撒上除虫药，如每亩用特丁磷4～5 kg，撒施在种植沟内，也可每亩用3～4 kg 3%克百威颗粒剂撒施植沟。然后盖土3～5 cm。甘蔗由于行距宽，萌芽慢，因此行间杂草滋生快，影响甘蔗的前期生长，为此最好能在盖土后（一周内）施用除草剂，除草剂可选用40%硝磺·莠去津可湿性粉剂150～200 g/亩、50%乙草胺乳油100 mL/亩；或25%敌草隆可湿性粉剂200 g/亩。两种药减半量混合施用效果更好。均兑水40～50 kg喷雾。此外，进行覆盖和间套种作物，减少杂草的生长。

六、地膜覆盖

冬植蔗和早春植蔗加盖地膜。地膜覆盖是一项保护性的栽培技术，多年来应用于甘蔗上，增产增糖效果显著。地膜覆盖能增产的原因：一是提高了土温；二是保持了土壤水分；三是维持了土壤疏松；四是抑制了杂草的生长；五是加快了土壤养分的分解。盖膜的方法：在完成下种、施肥、喷除草剂等工序后，选用宽40～45 cm、厚0.005～0.010 mm的地膜，铺开拉紧，使地膜紧贴蔗行，膜两边用细碎的泥土压紧压实，使地膜露光部分不少于20 cm，盖膜时土壤必须湿润，土壤干旱时要淋水后才能盖膜。目前许多地方使用盖膜犁来覆盖地膜，一次就可完成盖土、盖膜等工序，且盖膜质量好、工效高。

七、查苗补苗、追肥培土

在萌芽末期检查蔗田，发现有30 cm以上的缺株断行，就需补苗。补苗与间苗相结合。施攻苗肥，以氮素化肥或高氮复合肥为宜，建议亩施用新方向锌硼氮肥10～15 kg或尿素15～20 kg。

八、中耕培土、施肥、除草

甘蔗封行后，应及时铲除杂草。人工除草与中耕松土同时进行。结合中耕亩施重肥大培土。建议亩施尿素或新方向锌硼氮肥30～40 kg+硫酸钾镁肥30～40 kg，然后进行大培土，并按照甘蔗伸长生长出现的先后进行。注意肥料施用时土壤湿润，并且施用时距离蔗蔸15～20 cm，不要撒在蔗株上，以防烧苗。一般先培秋植蔗，再培宿根蔗，后培冬春植蔗。培土高度为20 cm以上（从沟底算起），在5月至6月底以前完成。

九、适时砍收、保护蔗蔸

按照先熟先砍，即秋植—宿根—冬植—春植顺序，先砍翻种蔗，后砍留宿根蔗。砍收时宜用锋利蔗斧砍入泥 3~5 cm，并尽量减少蔗蔸破裂，做到增收保蔸。在砍蔗前一个月灌水 1 次，可增加甘蔗的糖纯度及产量，并有利于宿根越冬，提高宿根蔗的萌芽率。

第六节　果蔗高产栽培技术

一、技术简介

果蔗的品质易随环境条件的变化而改变，只有在适宜的栽培管理条件下，才能保持其优良的品质，提高蔗茎均匀度和商品产量，增加经济效益。如果肥水供应不足，病虫害防治不当，不仅植株矮小、不均匀、产量低，而且品质差。因此，果蔗的栽培管理工作比糖蔗要求更为严格、精细。

二、操作规程

1. 选用良种

果蔗良种有拔地拉（Badila）、青皮蔗等。

2. 选地与整地

（1）选地　果蔗比糖蔗对肥水条件要求更严格，要求更高。因此要选择土层深厚、肥沃、排灌方便、不受旱涝影响的田块种植。

（2）整地　为使果蔗根系发达，以利生长和抗倒伏，在整地时应进行深耕细耙 3~4 次，精细地打碎整平，按 1~1.2 m 的行距作畦，开好排水沟。

（3）施基肥　整地时应下好基肥。基肥量占总施肥量的 50%，以农家肥和饼肥为主，以利提高糖分，增加甜度，促进组织松脆，提高品质。一般结合整地亩施腐熟的农家肥 1 000~1 500 kg+含硫三元素复合肥 50 kg+硫酸钾镁肥 20~30 kg+3% 克百威颗粒剂 2~3 kg。

3. 选种与下种

（1）选种　要选生长健壮、无病虫、中上部已鼓起的第一至第四节作种，因为这几个芽生命力强，出苗粗壮。斩种后用甲基硫菌灵或多菌灵 1 000 倍液浸种 1 d 进行消毒，并催芽。

（2）下种

①直接播种。果蔗植期以春植为主，也可冬植或育苗移栽。春植当日平均气温超过 12 ℃左右时播种，行距一般以 1.2~1.5 m 为宜。亩播种量为 4 000~5 000 个芽，采用双行条植。

②育苗移栽。按 1.2 m 畦开沟并施好苗床肥。苗床与大田面积比为 1∶（10~15）；以晚冬育、早春移好，播种以直排平放为宜，两行种间隔约 1.5 cm 宽。播时湿润土壤，播后亩施 3 kg 3%克百威颗粒剂，然后盖土 2~3 cm，盖膜。采用平铺盖法或拱架盖法，搞好苗床管理，及时淋水，膜内超 40 ℃时揭膜降温。施好送嫁肥和农药，及时炼苗，适时移栽，3~4 叶时即可移栽。亩移栽 5 000~5 500 株。移栽一周后开始追肥。

4. 查苗补苗与定苗

（1）查苗补苗 当甘蔗长至约 5 叶期应查苗补苗。发现断垄缺株应补苗。

（2）定苗 在分蘖盛末期进行，由于多数果蔗为大茎种，因此定苗时不宜过多地留苗，不然将影响甘蔗的品质和商品性质，一般亩留苗 5 000 株左右，以保证收获时有 4 500~5 500 株有效茎。

5. 肥水管理

果蔗施肥，一般结合培土进行。除有足够的基肥外，追肥施用一般掌握早施、勤施、薄施、苗期和后期轻施、分蘖盛期和伸长期重施的原则，注意"多施氮肥，增施磷肥，少施钾肥"。追肥以氮肥为主（氮肥可选用碳酸氢铵或选用硫基氮肥）。多施氮肥可保证蔗茎松脆多汁，促进生长。增施磷肥可提高蔗汁甜味。少施钾肥可防止纤维粗硬。果蔗施肥的又一特点是在伸长盛期至伸长后期，仍可施用多种肥料，果蔗的施肥量一般比糖蔗增加 20%左右。应特别注意勤施的特点，要求每隔 20 d 左右追肥 1 次，并以速效氮肥为主。

果蔗比糖蔗需水量更多。苗期如遇春旱，应适时灌溉；春季多雨时，要做好排水工作。伸长期需水量大，在大培土后期沟内要经常保持一层薄水层。果蔗的止水期较糖蔗迟，一般在收获前半个月止水。

6. 施肥技术措施

（1）基肥 甘蔗基肥必须施足有机质肥料，在基肥中最好有部分速效氮肥，使幼苗能及早吸收到足够的营养，以培育壮苗。甘蔗所需的磷肥全部作基肥，与有机肥堆沤后施用。钾肥强调早施，量少时作基肥一次施用，量多时以 50%作基肥、50%在分蘖盛期或伸长初期追施。甘蔗钾肥宜选用硫酸钾、硫酸钾镁或草木灰。氯化钾少施或不施，否则会降低蔗茎中糖分含量。

基肥用量一般为每亩有机肥 1 500~2 000 kg+尿素 2.5~5 kg 或锌硼氮肥 5~7.5 kg+过磷酸钙 15~25 kg+硫酸钾镁肥 5~7.5 kg。当基肥施用量多时，有机肥可在犁耙整地时全面施用，或留一部分有机肥和化肥在下种时施于植沟；而在施用量不多时，宜集中施于植沟。

（2）追肥 按照甘蔗的需肥特性，应采取"三攻一补"的追肥原则，即攻苗肥、攻蘖肥、攻茎肥和补施壮尾肥。

①攻苗肥。攻苗肥一要早施，一般掌握在下种后 1~2 个月内基本全苗时进行；二要淡施、薄施、勤施，即浓度不宜大、一次追肥量不宜大、少量多次。攻苗肥主要追施速效氮肥，若基肥中缺少磷、钾肥，则应配合磷、钾肥。一般每亩每次用锌硼氮肥 5~7.5 kg 或尿素 2.5~5 kg。

②分蘖肥。分蘖肥主要施用速效氮肥，一般每亩施尿素 7.5~10 kg 或锌硼氮肥 10~

12.5 kg。分蘖肥一般分两次追肥，一是在分蘖始期结合小培土追施，主要是促进分蘖早生快发，所以称这次追肥为攻蘖肥；二是在分蘖盛期结合中培土追施，以促进分蘖强壮生长，所以称为壮蘖期。一般壮蘖肥的施用量比攻蘖肥多些，因为蔗株在分蘖盛期开始旺盛生长，需肥量迅速增多。如果基肥和攻苗肥中少磷缺钾，在分蘖肥中补足。为了保证分蘖期不脱肥，除追施攻蘖肥和壮蘖肥，还要常常根据蔗苗长相酌情补肥。当甘蔗心叶竖直，不像雉鸡尾下垂时（品种特征除外），即为缺肥，必须补肥。要强调的是，甘蔗缺肥首先表现为叶片竖直而不下垂，再进一步叶片就转为黄绿色，如等到叶色转黄时再追肥，就太迟了。

③攻茎肥。重施攻茎肥是夺取高产的关键措施。磷、钾肥主要在基肥和前期施用，所以攻茎肥的重点是追施氮肥，其施肥量应占总追肥量的50%～60%。如果前期磷、钾肥不足，这次应补施，使甘蔗既能发挥最大的生长量，又能避免氮肥过多而使叶片过软和降低含糖量或产生中毒现象。

攻茎肥一般每亩施尿素7.5 kg或锌硼氮肥10～12.5 kg，一般在伸长初期结合大培土一次追施，而在肥料多的情况下，可留一部分肥料在伸长盛期结合高培土追施。攻茎肥的具体施用量应看苗、地力和前期施肥情况确定。

伸长期营养丰缺看苗诊断。一是看新展开叶片中肋两边的颜色。一片叶未展开前是卷成圆筒，卷在外围的一侧先接受阳光，当叶片展开后，颜色较浓绿。在营养充足、生长快、叶片展开速度快的情况下，包在里面的一侧很快展开，叶色必然较淡，因而形成新展开叶片中肋的两侧颜色深浅差异明显。如果营养不足、生长慢、叶片展开慢，新展开叶片中肋的两侧颜色差异不明显。二是看伸长节间长度。节间长，说明营养足、生长快；反之则说明营养不足、生长慢。三是看最高生长节间上方节上着生的那片叶叶鞘背面的"日生长痕"。由于每天晚上叶片蒸腾作用减少，叶鞘内含水量增加，叶环处松开，叶片在夜间抽出过程中，叶鞘背面的蜡粉很少被擦掉；而在白天，叶面蒸腾增加，叶鞘内水分减少，下一叶的叶环紧紧抱住上一叶的叶鞘，使叶片在白天的抽出过程中，叶鞘背面的蜡粉被擦掉。叶鞘上每段蜡粉被擦去部分加上没有被擦去的部分，即为每天的"日生长痕"。"日生长痕"的距离大，表明生长快、营养足，反之则表明生长慢、营养缺乏。

④壮尾肥。为了促进和维持甘蔗伸长后期的生长，要酌情补施壮尾肥。由于甘蔗伸长后期仍需吸收一定数量的氮素，而磷、钾素的吸收量较少，且前、中期吸收的磷、钾又可供后期利用。壮尾肥多用速效氮肥。但用量不宜多、时间不宜迟，否则引起迟熟和糖分降低。一般每亩施锌硼氮肥（硫基）5～7.5 kg，在成熟前2～3个月内施下。生长差的和脱肥早的，要早施多施；气温下降早的地区和年份也要早施，旱地比水田要早施，砂土田比黏土田要早施，早熟品种比迟熟品种要早施。甘蔗在伸长后期长势仍旺、梢头部粗、叶色浓绿、且基肥足、土壤肥力高的蔗田，则不必施壮尾肥。在气温早降、成熟期太短的地区，也不一定施壮尾肥，以免后期成熟不良。此外，甘蔗收获前1个月左右，也可每亩用1%的过磷酸钙浸提液和0.5%尿素混合液100 kg叶面喷施进行补肥。

7. 病虫防治

果蔗较糖蔗脆嫩，某些病虫害（尤其是螟虫）较糖蔗严重，常影响果蔗品质。因此，在田间管理中，更应严格注意按病虫预报及时进行防虫灭病工作。防治方法与糖蔗相同。应特别加强二点螟和蓟马的防治工作。

8. 适时收获

进入 11 月后，当蔗茎上部与下部的锤度相差在 2°以内，或上部与下部的甜度接近时，证明已成熟，即可砍收出售。注意防止霜冻害造成的减产及品质下降。

第七节　甘蔗病害防治

甘蔗最大的威胁来自甘蔗病害。病害一经发生，即使用药剂防治，收效亦不理想，因病原入侵组织内部，致使甘蔗首先在生理上、组织上和形态上发生病理变化，然后才表现各种病症，而大多数杀菌剂无法进入甘蔗组织内部发挥作用。因此，甘蔗病害的防治应坚持"预防为主，综合防治"的原则，旨在消除一切有利于病原生长、发育、繁殖、传播、致病的因素，用生物、物理、化学、机械的方法防治病害，使甘蔗病害受到最大限度的控制。

一、病害防治

1. 凤梨病

（1）发病症状　凤梨病属真菌性病害，主要侵染甘蔗种苗，使其不能萌发而造成严重损失。由留存在土壤中的病菌或染病种苗及其他染病寄主传播。经种苗两端切口侵入，之后在薄壁组织间迅速蔓延。染病初期种苗切口呈红色，并散发凤梨香味，继而中心薄壁组织被破坏，其内部变空，呈黑色。轻度染病，虽可萌发生长，但生长势弱，病情发展到一定程度，植株死亡。低温、高湿、长期阴雨天气或过于干旱等不利于蔗苗萌发的因素，均可诱使本病发生。

（2）防治方法　选用抗病品种，如粤糖 64-395、华南 56-12 等；选用无病健壮蔗苗、梢头苗等作种；掌握下种适期，冬植、早春植蔗采用地膜覆盖；种苗消毒、浸种处理：用 50% 多菌灵可湿性粉剂 1 000 倍液浸种 10 min；或将种苗剥箨后用 2% 石灰水浸种 12~24 h，或用清水浸种 1~2 d；秋植采种及早春收砍时宿根容易发生凤梨病引起败蔸，用 2% 石灰水或多菌灵或甲基硫菌灵 1 000 倍液喷淋蔗桩；实行水旱轮作。

2. 赤腐病

（1）发病症状　甘蔗赤腐病属于真菌性病害，主要为害蔗茎及叶片中脉。被为害茎早期外表无任何症状，茎纵剖时，可见蔗肉红色，中部夹杂与蔗茎垂直的白色圆形或长形斑块，发出淀粉发酵的酸味，受害蔗叶中脉初期呈鲜红色小点，迅速扩展为纺锤形，叶中央枯死呈灰白色或秆黄色，边缘呈暗红色。病菌适宜生长温度为 27 ℃。通过螟害孔、生长裂缝等入侵。

（2）防治方法　选用抗病品种；在 50~52 ℃温水中加 50% 苯菌灵可湿性粉剂 1 500 倍液浸种 20~30 min，及时消灭螟虫；甘蔗收获后，及时将病株、病叶烧毁。

3. 黑穗病

（1）发病症状　黑穗病属真菌性病害。以蔗茎顶部生长出一条黑色鞭状物（黑穗）为明显特征，其黑穗短者笔直，长者或卷曲或弯曲，无分枝。染病蔗种萌发较早，蔗株生长纤弱。叶片狭长，色淡绿，节间短。宿根蔗、分蘖茎和受干旱、瘦瘠等环境条件影响的蔗田发病较多。高温高湿、雨季或蔗田积水、旱后较多雨等为本病发生的有利条件。传播媒介主要是气流。

（2）防治方法　选用抗病品种；用 50~52 ℃温水浸种 20 min，给种苗消毒；适当多施磷钾肥料以促使甘蔗早生快发；发现病株及时拔除并集中烧毁；实行轮作，发病区不留宿根；不在发病区采苗。

4. 甘蔗梢腐病

（1）发病症状　华南蔗区经常发生。叶部染病时，幼叶黄化，较正常叶狭窄，叶片显著皱褶、扭缠或短缩。病叶老化后，病部出现不规则红点或红条，部分红化组织形成不规则的眼形或菱形穿孔，有的形成暗褐色病斑，叶缘、叶端也形成暗红褐色至黑色不规则形病斑，有的叶片展开受阻，顶端出现打结状。叶鞘染病生有红色坏死斑或梯形病斑。梢头染病纵剖后，可见细线状深红色条斑，有的节间形成具横隔的长形凹陷斑。病部发生在茎的一侧时，造成蔗茎弯曲。发病最严重时形成梢腐，生长点周围组织变软、变褐，心叶坏死，使整株甘蔗枯死。有些品种侧芽很少萌发。

（2）防治方法　选用桂糖 21 号、新台糖 22 号等抗病品种。采用配方施肥技术，注意氮、磷、钾合理配合施用，注意施用中微量元素肥，如锌硼氮肥等，避免偏施、过多施氮肥。修整好排灌系统，及时排除积水。加强管理，及时剥去老叶，清除无效分蘖，挖除病株。重病区在发病初期喷洒 1∶1∶100 倍式波尔多液、50%苯菌灵可湿性粉剂 1 000~1 200 倍液，隔 7~10 d 喷 1 次，连续防治 3~4 次。

二、缺素症及防治

1. 缺氮症

（1）发病症状　甘蔗缺氮表现为叶片狭窄、硬直，心叶基部的颜色明显变淡，未伸展开的心叶黄白色，已伸展的叶片淡黄色，蔗株生长弱小，分蘖减少，节间缩短，似乎所有的蔗叶都在同一生长点生长出来一样，植株生长停滞。

（2）防治方法　及时中耕护理，追施氮肥。测定甘蔗叶片中的含氮量，然后按需要施入氮素肥料。这种方法既科学又不浪费肥料。

2. 缺磷症

（1）发病症状　甘蔗缺磷时，根群不发达，生长缓慢，分蘖少。地上部分生长差，蔗节短小，初期叶片明显呈绿蓝色，以后变为黄绿色，叶尖及叶缘干枯，有些叶片可呈明显的紫色和不正常的挺直姿势。甘蔗严重缺磷时，植株叶片很窄且产生大量的白色雀斑。

（2）防治方法　甘蔗吸收磷肥主要集中于生长前期、中期。因此，施用磷肥要早，最好是下种时用作基肥。甘蔗表现缺磷时，应提早中耕护理，增施磷肥。施用时尽量靠近根系，以使甘蔗容易吸收。最好使用多元素肥料（复合元素），因为钾和磷能促进甘蔗对氮的吸收。有条件的可进行测土施肥。土壤溶液中的磷酸浓度会影响甘蔗对磷肥的吸收。当土壤溶液中的磷酸浓度满足甘蔗需要时，施磷肥没有作用；而微酸性土壤可增加磷的溶解度，所以施磷肥效果较好；在酸性土壤中施用微碱性的钙镁磷肥比用过磷酸钙效果好。因此，测土施肥是较科学的方法。

3. 缺钾症

（1）发病症状　甘蔗缺钾，生长受到抑制，梢头呈扇形，蔗茎明显纤弱、矮小。嫩叶狭长、硬直、呈暗绿色；老叶过早枯黄褪绿，叶尖、叶缘尤甚，以后进一步坏死枯萎，像"烧灼"过一样，这种情况亦称"边缘烧焦"。在一般带黄色的老叶上可见无数失绿的小斑点，这些斑点以后变为红褐色，进而发展合并成块，以致整个叶片变为褐色。在老叶近基部的中肋的表面，常可出现红褐色斑块，与赤腐病不同，斑块仅限于中肋的上表面细胞，而赤腐病则使整个病变组织变为红色。

（2）防治方法　加强中耕护理，增施钾肥。甘蔗对钾肥的吸收主要集中于前期、中期，因此，钾肥最好在种蔗时作基肥施用。测土配方施肥，若土壤中钙、镁过多，会与钾起拮抗作用（冲突），影响甘蔗对钾的吸收。对于这类土壤，应停止施钙、镁肥，适当增加钾肥的施用量。

4. 缺镁症

（1）发病症状　甘蔗缺镁，幼叶浅绿色而老叶则黄绿色。老叶上出现失绿小斑点，后来小斑点变为深褐色。病痕均匀分布于叶片表面，大小因品种而异。有时病痕合并，使整叶呈生锈状。老叶上斑点最为明显，幼叶大幅度减小。镁短缺情况下长出的叶，有苍白色的脉间花式，花式中有失绿的斑点，形似缺镁的燕麦或玉米植株上所长的水泡。幼嫩分蘖的叶这种脉间花式常较为显著，而主茎上的老叶则少见这种情况。一般而言，缺镁的斑点较由缺钙所引起的要大些，但在缺乏症的后期（在锈褐色斑点合并之后），两者的病斑则差不多。

（2）防治方法　在种植时施用含镁肥料，如钙镁磷肥、硫酸镁、硫酸钾镁肥、氯化钾硫镁等；中期用2%硫酸镁喷射蔗叶，辅以土壤施用硫酸镁或硫酸钾镁，矫正缺镁病症。

5. 缺锌症

（1）发病症状　缺锌症的头一个病症是沿主脉的绿色变淡变白，之后蔗叶整片失绿，且中肋坏死。病症严重时，叶片变形，两头变细，中点处较宽。如供以微量的锌，叶尖的边缘回青。幼嫩分蘖的叶，变形和失绿特别典型；这些叶后来出现红棕色的色素沉淀和中肋坏死，并且从叶尖向下死亡。

（2）防治方法　向土壤施用硫酸锌或锌硼氮肥即可。

6. 缺硼症状

（1）发病症状　缺硼使输导成分破坏死亡，使分裂组织紊乱毁灭。硼在植株中一经被利用便固定下来，因此对幼嫩组织必须不断供应。幼嫩蔗叶上最初呈现的病症，是微小细长的水渍状斑点，这些斑点朝着与维管束平行的方向扩展，从而形成清晰的条纹，不久之后原来的病痕扩大，并且在其中央有纵向的下陷区域，下表面常产生微小细长的瘦状物体。在成熟的病痕中，叶组织分离，形成明显的裂缝或破痕，其内边缘呈锯齿状，因此产生梯状或链条状的印迹。幼嫩蔗叶甚窄甚短而失绿，蔗株生长受阻，蔗茎直径短小。

（2）防治方法　施入硼酸或硼砂作基肥，追肥施用锌硼氮肥；用0.1%～0.25%硼砂溶液向叶面施肥。

7. 缺钙症

（1）发病症状　甘蔗的缺钙症与由缺镁所引起的病症很相似。在老叶上出现细小的失绿斑点，后来这些斑点逐渐变为深红褐色，最后中央死亡。斑点随叶龄的增长而增加。斑点可能合并，坏死区域可能连在一起，使整片叶呈现淡褐色或锈色。最幼嫩的叶失绿而极度软弱，如不供应钙素则心叶不再进一步生长而导致蔗株立即死亡。有很多老叶未熟先死的例子。缺钙的蔗茎直径细小，朝着生长点处迅速尖削，蔗皮柔弱。在维持生命所需要最小限度的钙水平上，蔗株的幼嫩部位难以从蔗叶中吸取钙。

（2）防治方法　基肥多施钙镁磷肥、过磷酸钙，施用石灰粉，包括生石灰、熟石灰和石灰石粉等。

三、虫害防治

甘蔗害虫种类繁多，甘蔗生长不同时期，受不同虫害威胁，对甘蔗的产量及质量均有很大影响。甘蔗虫害的防治要因地制宜，以预防为主，根据害虫的生活习性、发生规律，进行农业、化学、生物等方法的综合防治，最终达到"经济、安全、有效、简便"的防治虫害的目的。

1. 甘蔗螟虫

甘蔗螟虫（简称蔗螟）俗称甘蔗钻心虫，是为害较普遍而严重的一类害虫，以幼虫蛀入甘蔗幼苗和蔗茎为主要为害方式。其在甘蔗苗期入侵生长点部位，造成枯心苗；在甘蔗生长中后期入侵蔗茎，造成虫孔节，破坏蔗茎组织，使甘蔗糖分降低，且易出现风折茎或枯梢等病症，从而降低产量。苗期由蔗螟造成的枯心苗率一般在10%～15%，低者在2%～5%，高者可达20%～40%，甘蔗拔节后，幼虫钻蛀蔗节，造成螟蛀节，一般为5%～10%，高者达20%～30%。甘蔗伸长期受虫害造成"死尾蔗"。甘蔗在整个生长过程中受多种螟虫的为害，每亩损失0.25～0.5 t，为害甘蔗的螟虫主要有黄螟、条螟、二点螟、大螟和白螟5种。

防治方法如下。

消灭越冬蔗螟、减少虫源；甘蔗收获时用小锄低砍，及时清除蔗田残茎、枯苗、枯叶，将其就地集中烧毁。蔗螟成虫羽化前，将秋、冬笋砍除。白螟发生为害的地区，在榨季开始后，可集中人力把发生枯梢的蔗茎先砍除，然后送交糖厂，以防治越冬白螟。不留宿根的蔗田，将蔗头犁起烧掉或将蔗田浸水3 d，消除越冬虫源。除此之外，选择无螟害的健壮蔗苗作种苗，用石灰水浸种，可防止蔗种传播螟害。适当提早植期，或推行冬植施足基肥，使分蘖早生快发，减少螟害形成的缺株。实行轮作，如甘蔗与水稻、番薯或蔬菜轮作，可减轻蔗螟为害。

割除枯梢可显著减轻为害。及时处理枯心苗：枯心苗产生后，必须在成虫羽化前进行处理。先用小刀将枯心苗茎脚泥拨开，然后向虫口附近斜切下去，刺死幼虫。

药剂防治：苗期以二点螟为主的蔗区，甘蔗下种后，盖上基肥，每亩施用40%乐果乳油 10 kg 或 3%克百威颗粒剂 3~4 kg，均匀撒施于植沟内，再覆土，整个苗期不再防治。螟害枯心显著减少，对天敌伤害也最小，同时还可防治蔗龟、白蚁及白螬等地下害虫。

刚孵化的条螟幼虫集中于甘蔗心叶，造成"花叶"时，可用 50%杀螟丹可溶粉剂 1 000 倍液，或用 90%敌百虫可溶粉剂 500 倍液喷雾，或用 20%亚胺硫磷乳油 500 倍液喷雾，每亩喷 100 kg。上述药剂重点喷雾蔗梢部三丫叶处，效果好。如果幼虫已进入茎内，则效果不佳。

苗期以黄螟为主的蔗区，在卵盛孵期每隔 10 d 用 20%阿维·杀螟松乳油 500 倍液喷雾；或用 90%敌百虫可溶粉剂 500 倍液喷雾 1 次，要喷在三丫叶处。

生物防治：赤眼蜂是一种卵寄生蜂，能寄生于黄螟、二点螟、条螟等多种害虫的卵，使其不能变成幼虫，而孵化出的赤眼蜂，将蔗螟消灭于卵期。

性诱剂迷向法防治：其作用机理就是在蔗田中散放出一定数量的性诱剂（仿生化合物，剂型为中空塑料管或线），气体弥漫于螟蛾交配活动层空间，干扰雄蛾，使其辨别不出雌蛾所在的方位，从而中断雌雄蛾性信息联系，中止交配活动。此方法可以大大减少其繁殖量和虫口密度，是防治螟虫的一项新技术、一条新途径。

2. 绵蚜虫

甘蔗绵蚜虫群集于叶片背部中脉两旁，以刺吸式口器插于叶中吸食汁液，使蔗叶枯黄凋萎，并排泄蜜露于叶片上，导致煤烟病发生，降低甘蔗光合作用。

防治方法如下。

消灭越冬虫源：于迁飞扩散前消灭有翅蚜（11 月中下旬开始大量迁飞）。对越冬寄主（割手密、芦苇、杂草等）进行清除，同时对秋植蔗进行喷药，以消灭越冬虫源。

及早检查和消灭蔗田中新生小蚜群，6—7 月绵蚜虫在大田呈点状发生，尚未大量扩散前，抓紧消灭。

人工抹杀：用纤维织物制成扫把，抹杀蔗叶上的绵蚜虫，抹杀时如蘸些药液，效果更佳。最好选择上午绵蚜虫群集未分散时进行。

春、秋、冬植蔗和宿根蔗之间避免互相靠近、邻接，以减少传播条件。

保护天敌：蔗田中主要有十三星瓢虫、双星瓢虫、食蚜虻、草青蛉等能捕食蚜虫，要加以保护。

药剂防治：用 40%乐果乳油 1 000 倍液喷雾；或用 40%乐果乳油和 80%敌敌畏乳油各 250 g 加水 750 L 喷杀；或用 40%乙酰甲胺磷乳油 1 200 倍液喷杀。将有虫株的基部第二片青叶剥去，然后用毛笔或自制棉球蘸上 40%乐果乳油 5 倍液于叶痕处环涂一圈，使其内吸杀虫。

3. 粉蚧

粉蚧着生于蔗茎的节下部蜡粉带或幼苗基部，吸食甘蔗组织内汁液，排泄蜜露于茎的表面，常引起煤烟病的发生。靠种苗传播，或在连作蔗地进行搬迁。温暖少雨的冬、春季，有助长其发育繁殖，若温度与雨量都适宜时则大量生长。在水肥条件差、甘蔗生长不良的蔗田产生较多。

防治方法如下。

①严格选用无虫害健株作种苗，杜绝种苗传播。

②注意剥除蔗叶，特别是在虫害盛发期间。

③下种前采用药剂处理种苗：用80%敌敌畏乳油400倍液浸种消毒2 min，收效好，并可兼治多种地下害虫，或用2%石灰水浸种24 h，也有杀虫效果。

4. 蔗龟

蔗龟种类很多，其中以黑色蔗龟（突背蔗龟）、黄褐色蔗龟（齿缘金龟子）、二点褐色金龟和绿色金龟等为害最为严重。黑色蔗龟成虫及所有蔗龟幼虫都咬食蔗根及蔗茎的下部，使其在苗期形成枯心苗，造成缺株，减少有效茎，而后为害地下茎部，受害蔗株遇台风易倒伏，遇干旱时蔗叶呈黄色，叶端干枯，影响甘蔗产量及糖分。蔗龟咬食宿根蔗地下部的蔗芽和蔗根，致使翌年宿根发株少，影响甘蔗产量。

防治方法如下。

实行轮作与深耕：有条件的地方可实行水旱轮作，避免连作或长期旱—旱连作。由于几种蔗龟的幼虫一般分布在蔗头附近10~20 cm深处，化蛹时可深达20 cm以上，因此，不留宿根的蔗地要及早进行深耕，可致部分幼虫及蛹于死地。

灌水驱杀：黑色蔗龟特别怕水淹，在5月成虫盛发期，放水浸蔗地，让水漫过畦面10 min，驱使成虫浮出水面，立即组织人力捕杀，并及时排水，以免影响甘蔗生长。防治幼虫也可使用此法，于甘蔗收获前后，放水入蔗地，水浸过泥面，浸6 d左右，地下幼虫可全部淹死。

灯光诱杀：在成虫盛发期用黑光灯进行诱杀。

药剂防治：蔗龟为害严重的蔗区，在新植蔗下种时，用3%克百威颗粒剂3~4 kg/亩施放于蔗沟内种苗上，然后覆土；黑色蔗龟成虫为害初期，每亩用90%敌百虫可溶粉剂500 g或40%辛硫磷乳油500~750 g兑水1 000~1 500 kg淋施于蔗行间。

5. 蓟马

甘蔗蓟马在中国主产蔗区均有分布。其体型细小，成、若虫喜背光环境，常栖息于尚未展开的甘蔗心叶内，以锉吸式口器锉破叶片表皮组织，吸吮叶汁，破坏叶绿素，影响其光合作用。待叶片展开后，呈黄色或淡黄色斑块。蓟马为害严重时，叶尖卷缩，甚至缠绕打结，呈现黄褐色或紫赤色。

蓟马主要在甘蔗苗期和拔节伸长期发生为害，一般发生在干旱季节，且繁殖特别快。如蔗田因积水或缺肥等原因，造成甘蔗生长缓慢时，蓟马为害便会加重；高温和雨季来临后，蓟马的生长繁殖会受到抑制。苗期生长慢的甘蔗品种受害程度比生长快的严重。

防治方法如下。

施足基肥，促进苗期甘蔗生长旺盛，加速心叶展开，以减少为害。

药剂防治：用40%乐果乳油或45%马拉硫磷乳油1 000倍液喷心叶；40%敌敌畏乳油1 200倍液或45%杀螟硫磷乳油1 000倍液喷心叶。

6. 蔗根土天牛

此虫一般2年发生1代虫害，以老熟幼虫在蔗蔸内或在蔗蔸附近的土中缀纤维、植物碎屑与泥土结茧过冬。成虫常在4月上旬开始出现，由于越冬幼虫虫龄期参差不齐，故成虫发生期很长。成虫有趋光性，交尾产卵一般夜间进行。卵产于土表1~3 cm处，平均每雌产卵 250 粒左右。卵期为 4～14 d。幼虫孵化后先取食邻近蔗根、嫩梢和种茎，后钻入宿根蔗蔸或新植种茎，蛀成隧道；地下部分食空后，再沿茎基部向上咬食，可上钻达 30～60 cm 之高。翌年 3—5 月，老熟幼虫则钻出蔗蔸，在附近土中作茧化蛹，以 4 月上中旬化蛹最盛，但遇暖冬天气，蔗根土天牛及其他病虫害在春季的活动时间会适当提前，故防治方法也要相应适当提前。

防治方法如下。

破垄松蔸护理宿根蔗；或不留宿根翻犁时，有幼虫和蛹翻上土面即捡杀。

在新植蔗或宿根蔗破垄松蔸时每亩用 3% 克百威颗粒剂 5 kg，或 10% 灭线磷颗粒剂 3 kg，施后盖土，有良好的防治效果。

在宿根蔗破垄松蔸和新植蔗播种时，每亩用 0.5 kg 含孢子 $1.08×10^3$ 的绿僵菌粉撒施于蔗种或蔗蔸上然后盖土，效果较好。

灯光诱杀成虫，19：00—20：00 开灯效果较好。

用玉米、水稻、甘薯等作物与甘蔗轮种，可减轻为害。

在虫害发生时，如水源方便，可引水入田泡过土面，待成虫爬出立即捕杀，或浸死幼虫。

在成虫活动期间，在甘蔗行间埋桶做陷阱诱杀。每亩埋 3～5 个内壁光滑的小水桶，成虫掉下去后就不能爬起来，并引诱其他异性成虫陷进来。

7. 甘蔗金龟子

防治方法如下。

引水淹灌：蔗龟都不耐水淹，灌水后必爬出，即可收集捕杀。同时土中的卵经水淹浸也不能孵化。

灯光诱杀。

人工捕杀：不留宿根的蔗地，翻犁时成虫、幼虫都被翻起土面，即可捡拾捕杀。

轮种：与玉米、水稻、甘薯等作物轮种。

药剂防治：一是用 40% 乐果乳油加水稀释 800 倍，浸种 2～3 min，然后播种；二是下种或宿根蔗培土时每亩用 3% 克百威颗粒剂 5 kg，或 10% 灭线磷颗粒剂 3 kg，撒于蔗种或蔗蔸旁，然后盖土；三是在受害蔗株旁挖穴将药灌施，可选用杀螟硫磷或马拉硫磷或辛硫磷；四是大头霉鳃金龟等成虫啮食蔗叶，除人工捕捉外，可用 90% 敌百虫可溶粉剂 600～800 倍液喷蔗叶。

第八节　糖料甘蔗质量标准

一、甘蔗糖分的规定

蔗糖的糖分分 6 个类型区：一类型区榨糖期平均甘蔗糖分为 13.6；二类型区为 13.3；三类型区为 13.0；四类型区为 12.5；五类型区为 12.0；六类型区为 11.5。最低甘蔗糖分的标准不小于 9。

二、甘蔗外观质量规定

蔗茎不带泥沙、须根和叶鞘，蔗梢削至生长点下直至见肉，蔗头不带"烟斗头"，不带干枯茎、腐败茎、1 m以下的蔗笋、严重病虫害茎和其他非蔗物。

三、检验方法

1. 检测原理

蔗糖的测定常以还原糖的测定为基础，样品经前处理后，加入稀盐酸，在加热条件下使蔗糖水解转化为还原糖，再以斐林试剂法测定试样水解后的总还原糖量（即食品中的总糖）及水解前的还原糖量（食品原有的还原糖），两者之差再乘以校正系数0.95即为蔗糖量。

2. 操作步骤

（1）样品处理　准确吸取10.00 mL甘蔗汁移入100 mL容量瓶中。缓慢加入5 mL乙酸锌溶液及5 mL 10.6%亚铁氰化钾溶液，加水至刻度，混匀，静置后过滤，弃去初滤液，收集滤液，得到样品处理液。

（2）标定碱性酒石酸铜溶液（斐林试剂）　准确吸取5.00 mL碱性酒石酸铜甲液及5.00 mL乙液，置于150 mL锥形瓶中。加水10 mL，加入玻璃珠数粒。从滴定管滴加约9 mL葡萄糖（转化糖）标准溶液，2 min内加热至沸，趁沸以每两秒1滴的速度继续滴加葡萄糖标准溶液，直至溶液蓝色刚好褪去，记录消耗葡萄糖标准溶液的总体积。同时平行操作3份，取其平均值。

3. 水解前样品中还原糖含量的测定

取样品处理液，按还原糖法测定水解前的还原糖含量。

4. 样品总糖量的测定

吸取10.00 mL样品处理液置于100 mL容量瓶中。加入6 mol/L盐酸5 mL，在68~70 ℃水浴加热15 min。迅速冷却后加2滴指示剂，用20%NaOH中和（甲基红指示剂：溶液颜色由红变黄；酚酞指示剂：由无色变浅粉红色），加水至刻度，混匀，按还原糖法测定水解后的总还原糖含量。

5. 计算公式

$$还原糖含量 R_1（\%）= \frac{F}{m \times V_1/V \times 1\,000} \times 100 \tag{3-1}$$

$$总糖含量 R_2（\%）= \frac{F}{m \times V_2/V \times 1\,000} \times 100 \tag{3-2}$$

$$蔗糖含量（\%）=（R_2-R_1）\times 100 \tag{3-3}$$

式中：m——样品质量，g；

F——10 mL碱性酒石酸铜溶液相当于葡萄糖的质量，mg；

V_x——测定时消耗样品溶液的平均体积（$x=1，2$），mL；

V——样品溶液的定容体积，mL。

四、检验规则

甘蔗运到糖厂称重后，初压汁采样，以船（车）为质检单位；小样本抽样，逐车抽样检验；以船运载者，对每捆甘蔗进行抽样，以整船为质检单位。由糖厂和蔗农双方派代表组成抽样小组，负责抽样送检。现场采样，购售任一方如有异议，应向抽样小组提出，可重复采样 1 次，作为送检样本。

附着于蔗茎的叶鞘、须根、梢头、"烟斗头"、泥沙、干枯茎、腐败茎、1 m 以下的蔗笋、严重病虫害茎和其他非蔗物，不得超过 0.8%，超过部分从总蔗量中扣除。按照甘蔗糖分转化的规定，甘蔗要按计划砍收、运输。收获 48 h 后，甘蔗糖分的补偿，每天累计 0.1。

第九节　甘蔗制糖工艺规范

一、甘蔗质量检验

甘蔗经质量检验合格后才能过磅进厂。

二、蔗场贮存

甘蔗进厂过磅后一部分直接投入生产线，一部分暂时贮存在蔗场，蔗场须保持清洁、无杂物，正常情况下，甘蔗在蔗场停留时间不得超过 48 h。

三、甘蔗破碎

用撕解机将甘蔗斩切成丝状及片状后，用打散机把蔗料打散及理平，以利于入辘压榨。

四、除铁

在进行甘蔗预处理的过程中，可能有铁块、螺栓或折断的蔗刀等杂质进入输蔗机。这些杂质会随蔗料进入压榨机，损坏压机的齿纹。因此，必须在压榨机之前安装一台除铁器，以便把混入蔗料中的铁块除去。

五、压榨提汁

使用压榨机将甘蔗中的糖汁压榨出来，以提取甘蔗中的糖分。压榨过程中加入的一定量渗透水，用来稀释蔗渣中的残留原汁或较浓的糖汁，这样就会有更多的糖分被提取出来。经 6 座压榨机压榨出来的蔗汁称为混合汁，混合汁经滚筒筛选过滤蔗渣糠后流入汁箱，并进行预灰处理，然后以泵送方式输送到制炼车间。

六、一次加热

混合汁通过管道进入一次加热器加热，对蔗汁中的非糖分有一定的凝聚作用以及杀菌和消泡作用。第一次加热的温度越高，除去胶体越彻底，但高温、酸性条件下又会加速蔗糖转化。依据目前的清净设备条件，一次加热温度宜控制在 55~70 ℃。混合汁经一次加热后进入混合汁箱。

七、混合汁箱

混合汁箱是用来存放混合汁的。混合汁在这里的停放时间很短，它主要起的是缓冲作用。同时加入磷酸，与预灰时加入的石灰乳反应生成磷酸钙。磷酸钙盐在生成沉淀过程中能吸附阴离子，脱色效果显著。混合汁产生的泡沫，可适量添加消泡剂进行消除。混合汁以泵送方式送入硫熏中和器。

八、中和

加热后的混合汁进入硫熏中和器，混合汁吸收二氧化硫，二氧化硫从气相转入液相，与此同时，蔗汁中的二氧化硫与加入的石灰乳生成大量的亚硫酸钙沉淀，沉淀起吸附等作用。根据蔗汁的质量和实际生成情况，硫熏中和控制 pH 6.8~7.3。

中和汁采用泵送方式送入二次加热器。

九、二次加热

中和汁加热到 97~103 ℃，可加速磷酸和亚硫酸与钙的生成反应，以生成更多的钙盐沉淀，并使蛋白质等各种非糖分凝结得更加紧密结实，清汁中的钙盐可以相对减少。

十、沉淀池

经硫熏中和处理后的糖汁生成大量的悬浮固体颗粒，采用沉降器进行处理，使泥渣和清汁分离。在沉降器中由于重力作用，颗粒自行沉降分离成泥汁和清汁，为了提高分离效率，在本工序中加入一定量的絮凝剂，可显著提高沉淀池的处理速度，得到的清汁会更为清澈、透明。清汁经进一步加热后泵送去蒸发工序。泥汁送到真空吸滤机进行过滤处理，过滤后的滤清汁进入清汁箱，而滤泥可作为肥料或用于配制有机肥。

十一、清汁

沉清汁与滤清汁在清汁箱中混合统称为清汁。清汁的输送采用的是泵送方式。

十二、三次加热

由于清汁在贮存和输送过程中损失了部分热量，温度有所降低，为了提高蒸发效率，节约用气，须对清汁进行加热，加热温度一般控制在 125 ℃左右，清汁加热后送入多效蒸发罐。

十三、蒸发浓缩

采用五效压力真空蒸发。蒸发式用蒸汽间接加热的方法，将糖汁中的部分水分汽化并除去，提高溶液的浓度。蒸发过程产生的汁汽作为热源可再利用，同时产生的汽凝水是作为生产工艺用水的重要组成部分。经过浓缩后的糖汁称为粗糖浆，根据世界生产情况，粗糖浆的锤度一般控制在 58~68 Bx。粗糖浆采用糖浆泵来输送。

十四、清糖浆

粗糖浆经硫漂后称为清糖浆，清糖浆由泵送到糖浆贮箱，便于煮糖时物料添加。

十五、结晶/煮糖

结晶，俗称煮糖，就是在结晶罐中，把糖浆继续浓缩到一定的过饱和度，析出晶体，并使晶体逐渐养大至所需求的粒度，煮成糖膏。

十六、助晶

助晶是在煮糖后糖膏中的晶体进一步吸收母液中糖分的过程，它可以提高糖分的回收率。助晶过程在风冷式助晶箱内完成，糖膏采用螺旋分配槽进行输送。

十七、分蜜

糖膏经助晶之后，仍然是砂糖晶体和母液的混合物，为了获得洁白的白砂糖或半成品粗糖，必须将糖蜜分离出来。分离过程由离心分蜜机来完成，分蜜过程需要打水、打气。甲糖膏分离出来的固体晶粒称为白砂糖，液体为糖蜜，糖蜜通常要再次回煮，以提高糖分的回收率。经复合循环后，排出废蜜（可作制酒精的原料）。

十八、白砂糖干燥、冷却、筛分

分蜜出来的白砂糖温度、水分含量还比较高，还需要经过干燥和冷却，使白砂糖达到规定的要求，才能包装及贮藏。分蜜后出来的白砂糖经过振动式输送和传送胶带输送去包装间，在输送过程中用风扇进行冷却，并经分类筛将晶粒分类，不合格的部分收集后回溶处理。

十九、白砂糖包装

采用自动包装秤对白砂糖进行定量包装，包装方式为双层包装，外层袋采用聚丙烯塑料编织袋，内层采用聚乙烯薄膜袋，包装袋必须符合国家食品包装袋卫生标准要求。

二十、检验

成品糖经检验合格后才能进行最后封装标识。不合格的进行隔离存放并回溶处理。

二十一、成品贮存

采用输送装置将成品运送到成品仓库保管，成品仓应保持卫生、清洁、干燥和通风条件，控制好仓库的温湿度。堆与堆之间保持一定间距。

二十二、成品搬运

采用人工或机械方式搬运，搬运过程中搬运工要注意个人卫生，减少污染概率，发现污包、烂包的情况要及时处理，搬运或运输工具或车辆要干净，装车前要检查。保证车辆干净、防护设施齐全，不得与其他货物混运。

二十三、成品交付

将包装好的白砂糖交付到客户（包括中间商、工业用糖客户、超市）手中，白砂糖不能与其他有害物质或有异味的物品一起存放，注意保持贮存环境清洁、干燥、常温，有问题及时撤回，妥善处理。

第四章　剑麻质量安全生产关键技术

第一节　剑麻产品特点

剑麻（*Agave sisalana* Perr. ex Engelm.）又名菠萝麻，龙舌兰科龙舌兰属，是一种多年生热带硬质叶纤维作物，原产于墨西哥，现主要在非洲、拉丁美洲、亚洲等地种植，中国华南及西南各省区引种栽培。是当今世界用量最大、范围最广的一种硬质纤维。

剑麻是多年生植物，茎粗短，叶呈莲座式排列，开花之前，一株剑麻通常可产生叶200~250枚，叶刚直，肉质，剑形，初被白霜，后渐脱落而呈深蓝绿色，通常长1~1.5 m，最长可达2 m，中部最宽10~15 cm，表面凹，背面凸，叶缘无刺或偶尔具刺，顶端有1枚硬尖刺，刺红褐色，长2~3 cm。圆锥花序粗壮，高可达6 m；花黄绿色，有浓烈的气味；花梗长5~10 mm；花被管长1.5~2.5 cm，花被裂片卵状披针形，长1.2~2 cm，基部宽6~8 mm；雄蕊6枝，着生于花被裂片基部，花丝黄色，长6~8 cm，花药长2.5 cm，"丁"字形着生；子房长圆形，长约3 cm，下位，3室，胚珠多数，花柱线形，长6~7 cm，柱头稍膨大，3裂。蒴果长圆形，长约6 cm，宽2~2.5 cm。

喜高温多湿和雨量均匀的高坡环境，尤其日间高温、干燥、充分日照，夜间多雾露的气候最为理想。适宜生长的气温为27~30 ℃，上限温40 ℃，下限温16 ℃，昼夜温差不宜超过7~10 ℃，适宜的年降水量为1 200~1 800 mm。其适应性较强，耐瘠、耐旱、怕涝，但生命力强，适应范围很广，宜种植于疏松、排水良好、地下水位低而肥沃的砂质壤土，排水不良、经常潮湿的地方则不宜种植。耐寒力较低，易发生生理性叶斑病。

剑麻纤维质地坚韧，耐磨、耐盐碱、耐腐蚀，广泛运用在运输、渔业、石油、冶金等各种行业，具有重要的经济价值。世界剑麻进出口贸易在不断增长，而中国目前自产的剑麻纤维却早已不能满足国内的需要，并且随着剑麻纤维用途的不断增加，中国每年都在增加剑麻纤维的进口量。

剑麻纤维本身具有较好的光泽，且自身弹性比较大，拉力也很强，再加上有较好的耐盐碱性以及摩擦性能，在干湿环境之下都具有伸缩性不大的优点，故被海军舰艇应用来制造缆绳、飞机汽车的轮胎内层、机器的传送带，起重机吊绳钢索中的绳心也是运用了剑麻纤维中的一种材料。剑麻加工品主要包括剑麻纤维、剑麻纱条、剑麻地毯、剑麻抛光轮、钢丝绳芯、皂素、剑麻墙纸及其他剑麻制品等。目前国家各地兴建的大型水电站所使用的护网、防雨布、捕鱼网和编织的麻袋等用品也应用到了剑麻纤维中的作物。

在农业生产利用上，剑麻是畜禽的饲养材料，麻叶渣在农作物的肥料等农副产品中也有广泛的使用。麻叶渣还可以用来制取酒精、草酸、果胶等产品，而剑麻的叶汁所提炼出来的剑麻皂素则是用以制造 53 号避孕药的原材料。对于剑麻的头和短纤维在加工产品中，则被制作成人造丝、高级纸张、刷子以及作为少数的绝缘制品和爆炸品的填充物等。剑麻的花和茎汁液还可用来酿酒以及制糖等。

剑麻还有重要的药用价值。经研究发现剑麻含有多种皂苷元、蛋白质、多糖类化学成分，其叶具有神经-肌肉阻滞药理作用，另有降胆固醇、抗炎、抗肿瘤等药理作用。剑麻皂素是合成甾体激素类药物的医药中间体和重要原料，广泛应用于肾上腺皮质激素、性激素及蛋白同化激素三大类 200 多种药物的制造。剑麻提取物，相当于 50～250 mg/mL，可先增强鸡腹肌神经-肌肉标本间接诱发的收缩，然后阻滞直接或间接刺激作用引起张力持续但可逆性的变化。其作用类似去极化琥珀酰胆碱，而不同于非去极化的加兰他敏作用。

第二节　剑麻栽培技术规程

1. 繁殖材料

有珠芽、吸芽和走茎等。珠芽应选正常开花、健壮、无刺、无病虫害的珠芽。亦可采用大田健壮的吸芽。

2. 繁殖方法

主要有钻心法和钻心剥叶法 2 种方法。钻心法是指在繁殖苗圃选高 35～40 cm、存叶 25～30 片的麻苗，手拔去心叶，用扁头钻插进轴内，深至硬部，旋转数次，破坏生长点，促使腋芽萌生。钻心剥叶法是指在繁殖苗圃选高 35～40 cm、存叶 25～30 片的麻苗进行钻心，经 20～30 d 后，剥去下层叶 7～8 片，注意不能剥掉芽点。

3. 苗圃地的选择

选择土壤肥沃、土质疏松、排水良好、阳光充足、靠近水源的土地作为苗圃地，一般不宜连作。

4. 繁殖苗圃的建立和管理

选高 25～30 cm、麻头茎围 8 cm 以上、嫩壮、无病虫害的苗作为母株；基肥以有机肥为主，配合磷、钾、石灰等施用；苗床株行距 0.5 m×0.5 m 或 0.5 m×0.4 m；保持苗床无杂草，每月施肥管理 1 次；以后每采苗 1 次，追肥（腐熟稀粪水加尿素）1 次；一般苗高 20～25 cm 时采苗。采苗时不要损伤母株和小苗，苗基部留 1 cm 以利于继续出苗。

5. 大田定植与管理

（1）种苗标准　苗龄在 1.0～1.5 a，苗高 60 cm，存叶 35 片，株重 4 kg 以上，无病虫害。

（2）施基肥　以有机肥为主，适当增加磷、钾、钙肥，混合均匀，沟施或穴施。

（3）定植　定植时间以 3—5 月为宜，低温干旱季节不宜定植。严禁易生斑马纹病的地区在雨季或雨天定植。株行距根据当地气候、土壤肥力、栽培管理水平等条件而定。一般大行距 3.5~4.0 m，小行距 1.0~1.2 m，株距 0.9~1.2 m，密度 4 500株/hm^2 左右。

（4）麻田管理　定植后及时查苗，及时扶苗和补换植；大田追肥一般在 3—5 月割苗后进行，以有机肥为主、化肥为辅，穴施或沟施；麻田每年或隔年在割叶后中耕 1 次；及时除草和铲除吸芽；中耕、除草、施肥结合培土进行。

6. 割叶

（1）开割标准　一般定植后 2.0~2.5 a、叶长 90 cm 以上、存 90~100 片即可开割。

（2）割叶时间　第一次开割的麻田，一般在雨季到来之前或低温干旱时开割。开割后的麻田以冬春季割叶为好，做到旱季多割、雨季少割、雨天不割。

（3）割叶周期　根据管理水平、植株长势和麻叶生长情况而定，一般一年 1 次。

（4）割叶强度　第一次开割麻田每株应留 55~60 片叶，以后每次割叶留 50 片以上。

（5）割叶要求　麻刀必须锋利，割口平滑，不漏割，不多割。叶片基部留长 2.0~2.5 cm。

第三节　剑麻病虫防治

1. 斑马纹病

感病初期，叶面上出现黄豆大小浅绿色水渍状病斑，在温度、湿度适宜的条件下迅速扩展，每天可扩展 2~3 cm。感病中后期，由于昼夜温差的影响，病斑继续发展成深紫色和灰绿色相间的同心环带，边缘绿色至黄绿色，中央逐渐变黑。当病斑老化时，坏死的组织皱缩，呈深褐色和淡黄色相间的同心轮纹，形成特有的斑马纹叶斑。剖开病茎，病部呈褐色，并在病健交界处有一条明显的红色分界线。未张开的嫩叶在叶轴上腐烂，有不规则的褐色轮纹，伴有恶臭。有同心环带、病处与健处有一条明显的红色分界线、有恶臭气味是斑马纹病的三大特征，也是斑马纹病区别于其他病害的主要依据。

防治措施：

①以农业综合栽培措施为主，药剂为辅。

②搞好以"治水"为主的麻田基本建设，对低洼、积水、易发病的地区，要起畦种植，修剪防冲刷沟、排水沟、隔离沟，以防病害蔓延。

③做好种苗防病工作，外来种苗要经过严格检疫，苗期发病时要及时处理。

④不要偏施氮肥，要增施钾肥，有斑马纹病发生的地区麻渣必须经过堆沤充分腐熟后才能施用。

⑤雨天不育苗、不起苗、不定植、不除草、不割叶。

⑥每年 4 月开始，经常检查易发病麻田，及时发现病株并妥善处理，每年冬旱季对发过病的麻田，把全部病叶、枯叶、死株等清出麻田，集中烧毁或埋掉，消毒病穴。

2. 茎腐病

黑曲霉菌是茎腐病的病原菌，感病植株叶片褪绿、失水、枯萎、下垂，病叶呈浅绿色，病健交界处有红色晕圈，有酒精味。

防治措施：

①调整割叶期。茎腐病发生在高温期，割叶采取避病措施，在不影响正常加工情况下，将割叶期尽量安排在11月至翌年2月。

②增加石灰，调节钾、钙比例。除正常施肥管理外，对病区适当增施石灰，以提高钙含量，增强植株抗性。

③药剂防治：易发病田在高温期割叶，割叶后2 d内用40%硫磺·多菌灵悬浮剂150~200倍溶液喷割口，药液量300 kg/hm²。

3. 黄斑病

昼夜温差过大（大于10 ℃），或大气水分与植株体内水分不协调，造成功能代谢酶失常引发此病，常发生在秋冬交季的9—10月。黄斑病发生在成熟的叶片上，呈黄色或黄绿色，病斑不扩展、不蔓延，一般经过浮肿、变色和干皱期，在干皱期叶表皮与纤维一起干皱，纤维不分离、不腐烂。

防治措施：合理密植；增施石灰或壳灰；提高植株钙的含量，叶片钙的含量达2.5%以上；套种豆科作物；营造防护林。

4. 白斑病

发病机理同"黄斑病"。白斑病发病初期叶片褪绿，呈灰白色，病斑极不规则。在正常情况下，几天之内叶片由褪绿充水，经失水变色，发展到干皱，干皱后纤维不分离、不腐烂。

防治措施同"黄斑病"。

5. 带枯病

由于土壤缺钾引起。发病初期，叶颈、叶基背面出现许多较小浅绿色或黄褐色的斑点，此后叶基褪绿，斑点逐渐变为红褐色。中期时斑点连在一起，坏死组织萎缩，形成形状不一、下凹的块状斑。后期坏死斑块在叶面上横向发展，形成一条宽3~5 cm的带状病斑，叶片由此断折，最后卷枯死亡。

防治措施：施好，施足钾肥或火烧土，禁止套种番薯或木薯等耗钾作物。

6. 紫色先端卷叶病

与土壤的磷、钾、钙含量有关，主要由缺磷引起。多数集中出现在老叶和成熟叶的叶片先端，病叶边缘呈紫色，叶缘两边向中间卷曲。卷曲的叶片内有时有粉蚧出现，常被误认为是虫媒病原菌病害。

防治措施：增施磷肥和钙肥。

7. 褪绿斑驳病

由土壤、植株缺钙和土壤强酸性引起，病斑较大，呈黄色，圆形或椭圆形。病斑边缘不明显，分布于老叶和成熟叶的叶面上，大小相似、数目不等，病叶不变色也不皱缩。

防治措施：增施石灰、壳灰或含钙量较高的钙肥，降低土壤酸度，以提高土壤和植株钙的含量，从而达到防治效果。

8. 炭疽病

此病发生在叶片的正反两面，初期叶片表面产生浅绿色或暗褐色稍微皱凹陷的病斑，之后逐渐变为黑褐色。后期病斑不规则，上面散生许多小黑点。干燥时病斑皱缩，纤维易断裂。

防治措施：可用波尔多液或多菌灵防治。

9. 叶斑病

有两种。一种由半知菌引起，在叶的两面发生黑色的圆形至长圆形的病斑，表皮下有裂口。另一种由子囊菌引起，在叶片上呈现大的褐色或黑色的斑点，呈圆形或卵形，分散或聚集在一起，在叶的两面都可产生。病斑处组织腐烂，易与变色的纤维分离。

防治措施：可用多菌灵或甲基硫菌灵防治。

10. 褐斑病

最初在叶面上出现浅色、椭圆形、边缘不明显，直径 1 mm 左右的病斑，随后扩大成褐色凹陷的大病斑，上面产生小黑点。病菌可以穿透叶片生长，使纤维受到严重的损害。可用多菌灵或波尔多液防治。

11. 梢腐病

感病植株 1/3 以上的先端腐烂，叶组织与纤维分离，叶肉腐烂后，留下白色的纤维，变脆后慢慢腐烂，植株呈扫帚形。可用 60% 烯酰·乙磷铝可湿性粉剂 200~1 000 倍液防治。

12. 丛叶病

由蚜虫、切叶象甲等昆虫为害引起，发病植株心叶畸形丛生，没有叶轴。

防治措施：用 40% 毒死蜱乳油 1 500 倍液、25% 吡虫啉可湿性粉剂 1 000 倍液或 40% 乐果乳油 1 000 倍液喷杀，杀死媒虫，及时清除病株。

13. 褐色卷叶病

粉蚧为害剑麻叶片后，叶片先端出现褐色卷叶干枯，严重时整株卷叶干枯。

防治措施：用 40% 氧乐果乳油 600~1 000 倍液多次喷杀，及时清除病株。

14. 煤烟病

蚜虫、粉蚧等昆虫为害剑麻叶片时，其黑色排泄物沾在叶片上，形成一层煤烟，称为煤烟病。

防治措施：用 40% 氧乐果乳油和 25% 吡虫啉可湿性粉剂 800~1 000 倍液多次喷杀，杀死源虫。

15. 新菠萝粉蚧

属于外来物种，常在干旱的冬季暴发流行，虫体 10 节，灰白色，两性生殖，无卵期，20 多天繁殖 1 代。主要藏匿于叶基部、未张开的心叶及根系中，为害嫩叶后再为害老叶，造成剑麻煤烟病、叶片先端褐色卷叶干枯或整株叶片干枯。

防治措施：

①禁止从疫区引进种苗。

②定期观察，在易发生季节用 29% 石硫合剂水剂进行预防。

③发生虫害时依次用 1 000 倍稀释的 40% 氧乐果乳油和 25% 吡虫啉可湿性粉剂、

800 倍稀释的 45%马拉硫磷、600 倍稀释的 40%氧乐果乳油每 15 d 扑杀 1 次，连续喷杀 3~5 次；地下根系虫体用 3%克百威颗粒剂灌杀，并将虫株清除、深埋或集中烧毁。

④利用瓢虫、草蛉等天敌进行生物防治。

16. 切叶象甲

为害剑麻嫩叶和叶轴，在叶基横切嫩叶、环切叶轴，切口平整，类似人为切割痕迹。造成植株新抽出的叶片丛生畸形扭曲。

防治措施：可用 25%吡虫啉可湿性粉剂和 40%乐果乳油 1 000 倍液喷杀。

17. 根结线虫

为害剑麻的根系，造成根系单个或串状肿大形成根结，使植株营养不良而逐渐蔫萎干枯。

防治措施：用 3%克百威颗粒剂防治。

18. 蚜虫

为害剑麻嫩叶和成熟叶片，造成煤烟病和丛叶病。

防治措施同煤烟病、丛叶病的防治。

19. 红蜘蛛

主要为害剑麻的嫩叶，造成叶片斑点褪绿变黑，影响植株的生长和叶片质量。

防治措施：用 15%哒螨灵乳油 1 000 倍液喷杀进行防治。

第四节　剑麻纤维加工技术规程

一、加工工艺流程

具体如下：

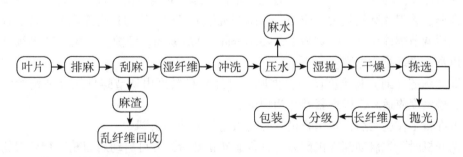

麻渣：剑麻叶片经刮麻获取纤维后，余下的叶片角质层、表皮层、栅栏组织、海绵组织和少量的乱纤维等物质。

湿抛：指压水后的湿纤维在牵引链的作用下进入抛光机滚抛去除杂质的过程。

抛光：指用机械的作用去除干纤维上的麻屑及短绒，使纤维顺直，增加光泽的过程。

麻水：从湿纤维及麻渣中压榨出来的水。

二、原料

①剑麻纤维加工原料为成熟的鲜叶片（叶片生长期为 10 个月以上），叶片长度 260 cm，无叶尖、干尾和烂麻。

②叶片进厂前，应在指定地点称其质量并记录。质量记录单为一式四联，分别为客户、称量方、厂方和结算。

③叶片进厂后应按刀次分区堆放。方法：一刀次、二刀次、三刀次叶片各为一区，四刀次及以上叶片为一区。如对加工的纤维有特殊要求的，叶片可另设区堆放。

④堆放叶片的场地应硬底化、无积水，并有遮阳棚，面积宜为 1 200~1 800 m²。

三、纤维加工

1. 排麻

①叶片的加工应分区进行，先进厂的叶片应先加工。

②将麻把运到前级输送带上，切断麻把捆带。

③叶片分前级（一级）、次级（二级）、匀整级（三级）和后级（四级）共四级输送。通过整理叶片、调节各级输送带的速度，使叶片均匀、整齐、持续地排列在输送带上。

④叶片基部应保持一致，基部应摆向前刀轮一边。

⑤叶片以"品"字形输送进入刮麻机，不宜过疏、过密、成堆或不整齐。

2. 刮麻

①刮麻机安全技术按 NY 1495—2007 的规定执行。

②开机前准备。

③重点检查固定凹板和刀片的螺栓。

④刀轮刀片与凹板间隙调节：通过刀轮轴承部分的偏心轮装置，进行刀片与凹板间隙的微调。若刀片磨损较大，应用专用研磨机修磨刀片，使刀片高度全部保持一致。纵向间隙用调节螺栓调整，间隙为 1.5~3.0 mm，然后紧固。间隙大小由生产等级纤维而定，以刮干净纤维为原则。

⑤夹麻链（绳）松紧度调节：夹麻链（绳）松紧度由调节螺杆压缩弹簧的弹力来调整，松紧度应适宜，以夹紧叶片为原则。

⑥准备工作就绪后，发出开机信号（按电铃）方可开机。

⑦开机时，先启动刮麻机前刀轮，待运转正常后，方可启动后刀轮，待后刀轮运转正常后，才能逐一启动夹麻链（绳）和各台输送装置，然后喂麻加工。

⑧鼓风机风量调节：调节进风管挡板，可获得不同的风量，以合适为宜。如风量偏小，应检查鼓风机吸风口是否堵塞或调大进风管挡板，增加风量。

⑨在刮麻过程中，应经常观察纤维出口和机底的情况，如出现纤维刮不干净、机底麻明显增多、机器出现异响等现象，应及时停机，排除故障或检修后才能继续生产。

⑩刮麻结束后，要做好清洁保养工作，清除附着机器上的麻渣、绕轴纤维等杂物，

并给转动部件加注润滑油。

3. 冲洗

①冲洗装置安装在压水机面，其喷淋管下方应有双排小孔。

②纤维从刮麻机输送出来后，通过喷淋管由上而下喷射纤维，喷射的出水量为15~20 m³/h，使纤维脱胶和脱渣。

4. 压水

①开机前首先检查和调节每组压辊的螺杆弹簧压力，紧固后一般不做改动。清除机上的杂物，然后逐一启动各列压水机，打开喷淋水开关，待各列压碾转动正常后，方可进料压水。

②经水冲洗后的湿纤维应均匀地输送进入压水机中压水，避免纤维成堆。

③压水结束后，空机运行1~2 min，再用水冲洗各列压水机，关闭喷淋水阀门，最后停止各列压水机的工作。

④湿纤维经三列压水机压水后，含水量应小于50%。

5. 湿抛

湿纤维压水输出后，经夹麻链夹持输送进入抛光机中滚抛，去掉残渣，抖松和顺直纤维。

6. 干燥

（1）工艺流程　具体如下：

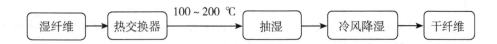

（2）干燥前准备

①检查链板输送带正常运行后，在转动轴和链轮中注入润滑油；关闭干燥机各扇观察窗。

②热油炉热油输进干燥机后，先启动链板输送带，待运行正常后，再按顺序启动上、下置风机及引风机，且待前一台风机运转正常后，方可启动下一台风机。

③干燥机柜体内空气流量为12 000~13 000 m³/h，风压为1 350~1 520 Pa。

④干燥机链板的线速度为3.2 m/min。

⑤油管油温为180~200 ℃。

⑥干燥机内的前区、中区、后区的工作温度分别为105~120 ℃、100~115 ℃、95~115 ℃。

（3）烘干

①当干燥机内温度达到所规定的温度后，开始铺湿纤维。铺湿纤维时，应把每束湿纤维充分抖动，平铺在输送带上。

②每束湿纤维基部应平直、整齐、厚薄均匀，每束纤维之间不留缝隙。

③湿纤维分层错开铺放，上、下层纤维基部线距离为30~50 cm，湿纤维厚度为5~8 cm。

④烘干过程中，要经常观察各区内温度。每隔3~4 h要检查热交换器1次，若发现粘有短、乱纤维，应及时清理。

⑤当干燥机内温度过高时，应调小导热油进油阀门，减少热气进入量。如干燥效果不好，可将输送带线速度调慢或增加热气进入量，将干燥机内温度升高。

⑥纤维烘干时间为8~10 min。

⑦干纤维含水量为11%~13%。

⑧用自束纤维将烘干后的每一层纤维简单捆扎，并分拣、堆放。

⑨停机前，应打开烘干机窗门。当机内温度降至80 ℃后，才能停止循环油泵和逐一停止各台风机，防止油管结焦。

（4）拣选与抛光

①干燥后的纤维按要求拣选，并剪掉纤维中的硬皮、青皮、黑斑、麻屑和脱胶不净部分。

②拣选后的纤维在抛光机上抛打，去除纤维中的杂质、麻糠和胶质等物质。

四、乱纤维回收

1. 麻渣压水

①开机前，检查链板式压水机各组压车昆弹簧压力，调节弹簧的强度，调整传动链条的松紧度。然后启动压水机，待压水机转动正常后，打开喷淋水开关，才能进料压水。

②麻渣经淋水后喂入机中进行压水，如其含水量偏高，应及时调紧压碾弹簧压力。

③麻渣经压水机压水后，含水量应小于70%。

2. 回收

①检查乱纤维回收机内没有杂物后才能按顺序开机。开机时，应先启动回收机，待其运转正常后，再启动振动筛及输送装置。

②压水后的麻渣经输送带匀速喂入回收机中进行乱纤维与杂质的分离。分离过程中，观察输送带的喂入量，通过调节输送带速度，控制喂入量的大小，避免成堆喂入。如出现异响或故障时，应停机再进行处理和维修。

③工作结束后，用水冲洗压水机的链板和压碾。停机后，清洁工作场地，清理链板中被堵塞的筛眼及绕轴纤维，清除残留在机内的麻渣、乱纤维等杂质。

3. 纤维干燥

晒干时，将纤维摊薄在晒场地面或专用晒纤维床上晾晒。纤维厚度为8~10 cm，每隔2~3 h翻动1次。

五、纤维检验与包装

①长纤维的检验与包装，按GB/T 15031—2009的规定执行。

②乱纤维的检验与包装，按GB/T 15031—2009的规定执行。打包规格为1 350 mm×550 mm×380 mm，包装质量为（80±1）kg。

六、麻水处理

麻水应汇集到麻水池中发酵处理，发酵沉淀周期为8~10 d。麻水池数量为10~12个，每个池容积为90~110 m³。处理后的麻水用作水肥。

七、安全生产

加工企业应建立健全安全生产各项规章制度和岗位操作规程，并按规范配备消防设施。

第五节　剑麻白棕绳质量安全标准

一、产品简介

剑麻白棕绳指以剑麻纤维为原料制成的绳索。

二、产品分类、结构、规格代号和标记

1. 分类

剑麻白棕绳按其自身的组织结构可分为捻绞绳和编绞绳两类产品。捻绞绳是通过加捻而绞合制成的绳索。编绞绳是具有编织结构的绳索。

2. 结构

捻绞绳分为代号 A 型的无绳芯结构三股绳和代号 B 型的有绳芯结构四股绳两种产品（图4-1）。一般情况下制成捻绞绳的纱股捻绞方向为：绳纱 Z 方向，绳股 S 方向，绳索 Z 方向。

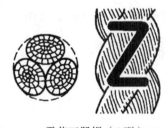
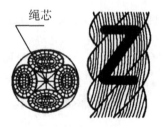

无芯三股绳（A型）　　　　　　　　有芯四股绳（B型）

图4-1　捻绞绳结构示意图

编绞绳包括代号 L 型的有绳芯结构八股绳产品（若是 12 股和 16 股的编绞绳，可在代号 L 后加入该产品的股数以示区别作产品代号，如 L12 或 L16）等，其结构如图4-2所示。

 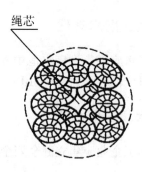

图4-2　八股有芯编绞绳（L型）结构示意图

3. 规格代号

剑麻白棕绳以其公称直径为产品的规格代号。

4. 标记

剑麻白棕绳以其品名、标准代号和顺序号、结构、规格等的产品特性代码或代号进行产品标记。其意义和标识方法见图4-3。

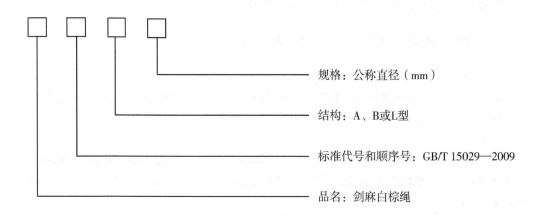

规格：公称直径（mm）

结构：A、B或L型

标准代号和顺序号：GB/T 15029—2009

品名：剑麻白棕绳

示例，公称直径为10 mm的三股剑麻白棕绳，其标记为：剑麻白棕绳GB/T 15029—2009-A-10

图4-3　剑麻白棕绳产品标记

三、产品质量标准要求

剑麻白棕绳应由均匀、结实、品质良好的剑麻原料绳股捻绞或编绞而成。组成单位产品的每一带绸股应是连续不间断的整体。

剑麻捻绞绳的最大捻距：三股绳为公称直径的3.5倍；四股绳为公称直径的4.5倍。

绳索中可抽提润滑剂含量和回潮率应符合表4-1的要求。

表 4-1　剑麻白棕绳的基质要求　　　　　　　　　　　　　　　单位：%

项目	要求
回潮率	≤13
可抽提润滑剂含量	≤15

剑麻白棕绳的主要技术性能要求应符合表 4-2 的规定。

表 4-2　剑麻白棕绳技术性能要求

公称直径/mm	捻绞三股绳和四股绳					编绞八股绳		
	线密度/ktex		最低断裂强力/DaN			线密度/ktex		最低断裂强力/DaN
	公称值/ρ	公差	优等品	一等品	合格品	公称值/ρ	公差	
6	29	±0.10ρ	255	240	230	—		—
8	54		473	450	425	—		—
10	68	±0.08ρ	622	590	560	—		—
12	105		936	890	840	—		—
14	140		1 260	1 200	1 130	—		—
16	190	±0.05ρ	1 770	1 680	1 590	177	±0.05ρ	1 720
18	220		2 100	1 990	1 890	225		2 160
20	275		2 790	2 650	2 510	277		2 650
22	330		3 340	3 170	3 010	335		3 190
24	400		3 990	3 790	3 590	399		3 780
26	470		4 640	4 410	4 180	468		4 420
28	530		5 220	4 960	4 700	543		5 100
30	625		5 980	5 680	5 380	624		5 830
32	700		6 730	6 390	6 060	710		6 600
36	890		8 530	8 110	7 680	898		8 290
40	1 100		10 300	9 790	9 590	1 110		10 200
44	1 340		12 500	11 800	11 250	1 340		12 200
48	1 580		14 500	13 780	13 050	1 600		14 500
52	1 870		17 000	16 150	15 300	1 870		16 900
56	2 150		19 500	18 530	17 550	2 170		19 500
60	2 480		22 200	21 090	19 980	2 490		22 300
64	—					2 840		25 300
68	—					3 200		28 400
72	—					3 590		31 700
76	—					4 000		35 200
80	—					4 440		38 900
88	—					5 370		46 800
96	—					6 390		55 300

注：最低断裂强力指按规定的方法对每一绳索样品进行 3 次以上的断裂强力试验，其试验结果中的最小值为最低断裂强力。

四、取样与试验

1. 取样

①剑麻白棕绳以单位样品为单位进行样品试样抽取。

②从样品中任一端 2 m 以外的部位抽取 3 个以上长度为 4 m 的试样,供直径、线密度、捻距和最低断裂强力试验。取样时应采取必要措施如捆绑样品,避免试样和产品退捻。

③取约 75 g 的试样迅速放入塑料袋中密封,其中约 50 g 试样作回潮率试验,其余试样作可抽提润滑剂含量试验。

2. 试验方法

(1) 直径、线密度、捻距和最低断裂强力的测定按 GB/T 8834—2016 的规定执行。

(2) 回潮率的测定按 NY/T 243—2011 的规定执行。

(3) 可抽提润滑剂含量测定即为含油率测定,按 NY/T 245—2016 的规定执行。

五、包装与标志

剑麻白棕绳应整齐、结实、盘绕成圈、柱形绳捆并用适当粗细的剑麻纤维绳索或股条捆扎牢固。捆扎用绳或股的重量不应超过该捆绳自身重量的 0.5%。

每捆绳索的长度应符合表 4-3 要求。每捆绳索长度是无拉力状态下的测量值。

表 4-3　每捆绳索的长度

直径规格/mm	绳索长度/m
≤14	220±11
>14	220±6.6

剑麻白棕绳出厂应用塑料编织布包装,并捆绑或缝扎结实牢固。直径规格 14 mm 以上的绳索应每捆为一件进行包装。直径规格小于 14 mm 的绳索可多捆合为一件进行包装,但每件包装内应是同类别、同一规格、同一等级的产品,包重不应超过 50 kg。

剑麻白棕绳的外包装应有防潮标志,按单位产品附有产品合格证,并用标签或在包装布上印刷和填写如下内容:产品标记、商标、标准编号、规格、等级、包装数量、包质量、生产日期、生产单位、地址和电话。

每包所标质量偏差应符合表 4-4 规定的允差。包质量是指含有捆扎绳或股重量的绳索净重。

表 4-4　麻白棕绳包质量允差

净重/kg	净重允许偏差/%
<25	±2
≥25	±1.5

六、运输与贮存

1. 运输

装运剑麻白棕绳的车厢、船舱应清洁、干燥，不应与易燃、易爆和有损产品质量的物品混装。

2. 贮存

剑麻白棕绳应按不同规格、不同等级的代号分别堆放。仓库应保持清洁、干燥、通风良好，防止产品受潮、受污染，不应露天堆放。

第五章　热带水果质量安全生产关键技术

第一节　椰子

一、椰子概述

椰子（*Cocos nucifera* L.）棕榈科椰子属植物，植株高大，乔木状，茎粗壮，有环状叶痕，基部增粗，常有簇生小根。叶柄粗壮，花序腋生，果卵球状或近球形，果腔含有胚乳（即"果肉"或种仁）、胚和汁液（椰子水），花果期主要在秋季。椰子原产于亚洲东南部，我国广东南部诸岛及雷州半岛、海南、台湾及云南南部热带地区均有栽培。

椰子分为高种椰子和矮种椰子，其中高种椰子是世界上种植最大的商品性椰子。高种椰子植株高 15~30 m，基部膨大，异株授粉，7~8 a 开始结果，含油率高，经济寿命长达 70~80 a。矮种椰子按果实和叶片颜色分为红矮、黄矮和绿矮 3 类。植株仅高 5~15 m，自花授粉，3~4 a 开始结果，果小而多，椰肉薄、软，含油率低，经济寿命 30~40 a，主要作水果、杂交亲本和观赏用。

椰子在年平均温度 26~27 ℃、年温差小、年降水量 1 300~2 300 mm 且分布均匀、年光照 2 000 h 以上、海拔 50 m 以下的沿海地区最为适宜。椰子为热带喜光作物，在高温、多雨、阳光充足和海风吹拂的条件下生长发育良好。椰子适宜在低海拔地区生长，适宜椰子生长的土壤是海洋冲积土和河岸冲积土，其次是砂壤土，再次是砾土，黏土最差。

椰汁及椰肉含大量蛋白质、果糖、葡萄糖、蔗糖、脂肪、维生素 B_1、维生素 E、维生素 C、钾、钙、镁等。另外还含有多种微量元素，碳水化合物的含量也很丰富。椰肉色白如玉，芳香滑脆；椰汁清凉甘甜。椰肉、椰汁是老少皆宜的美味食品。

椰子性味甘平，入胃、脾、大肠经；果肉具有补虚强壮、益气祛风、消疳杀虫的功效，久食能令人面部润泽，益人气力及耐受饥饿，治小儿绦虫、姜片虫病；椰水具有滋补、清暑解渴的功效，主治暑热类渴、津液不足之口渴；椰子壳油治癣、疗杨梅疮。

椰子综合利用产品有 360 多种，具有极高的经济价值，全株各部分都有用途，椰子可生产不同的产品，被充分利用于不同行业，是热带地区独特的可再生、绿色、环保型资源。椰肉可榨油、生食、作菜，也可制成椰奶、椰蓉、椰丝、椰子酱罐头和椰子糖、饼干等，椰子水可作清凉饮料，椰纤维可制毛刷、地毯、缆绳等，椰壳可制成各种工艺品、高级活性炭，树干可作建筑材料，叶子可盖屋顶或编织，椰子树形优美，是热带地区绿化美化环境的优良树种，椰子根可入药，椰子水除饮用外，因含有生长物质，是组织培养的良好促进剂。

二、椰子种苗繁育技术规程

1. 选地

苗圃应建立在灌溉方便、土壤肥沃、排水良好、地势平坦、交通便利的地方，避开病虫为害严重的区域。

2. 整地

催芽圃需起畦，畦宽 150 cm、畦高 20 cm，畦长以 15 m 为宜，畦与畦之间留一条 60 cm 宽的人行道。

3. 架设荫棚

荫棚高 2 m，催芽要求荫蔽度 50%~60%；育苗初期荫蔽度 40% 为宜，以后逐渐减少荫蔽度，直到出圃前 3 个月，拆除全部荫蔽物，使苗木生长健壮。

4. 催芽

①种果处理。采摘种果后，在果蒂旁果肩最凸出部分 45° 角斜切去直径 10~15 cm 的椰果种皮，以利于种果吸收水分和正常出芽，减少畸形苗率。

②播种。开沟，将种果斜切面向上并朝同一个方向倾斜约 45° 角逐个排列在沟内，盖土至种果 3/4 处，淋透水。

③管理。定期淋水，保持催芽圃湿润，预防鼠害、畜害和病虫害等参照表 5-1、表 5-2 执行。

5. 选芽与移苗

种果芽长到 20 cm 时，淘汰畸形芽苗，按芽长短进行分级移植。

6. 育苗方法

分地播育苗和容器育苗。地播育苗按株行距 40 cm×40 cm 挖穴，穴深、穴宽各 30 cm。每 4 行留一条 60 cm 宽人行道，移好芽苗后盖土，厚度略超过种果，压实。

容器育苗选用黑色塑料袋等容器，口径 20~30 cm、高度 30~45 cm，在袋中下部均匀地打 4~6 个圆孔，孔径 0.5 cm，以便排水。取地表土，每吨加入 20 kg 过磷酸钙或钙镁磷肥，充分混匀。在容器里装入 1/3 营养土，将芽苗放进容器内，继续填充营养土，覆盖过椰果并压实。按株行距 40 cm×40 cm（以苗茎之间的距离为准）排列，在容器之间用椰糠或者泥土填至 1/2 高，每 4 行为一畦，两畦之间留一条 60 cm 宽的人行道。

7. 淋水与覆盖

幼苗移植之后，淋透水，以后每周淋水 2~3 次，以保持土壤湿润。可在椰苗周围覆盖一层椰糠或其他覆盖物，以减少水分蒸发，促进椰苗正常生长。

8. 追肥

苗龄 4~5 个月后追肥 2~3 次。追肥可淋施 0.5% 复合肥（N：P_2O_5：K_2O = 15：15：15，下同），也可撒施 12~15 kg/亩或穴施 5~10 g/株复合肥。

9. 病虫害防治

椰子苗期主要虫害症状及防治方法见表 5-1，主要病害症状及防治方法见表 5-2。

表 5-1　椰子苗期主要虫害症状及防治方法

防治对象	症状	防治方法
介壳虫类	若虫和雌虫主要为害叶片，附着在叶片背面，吸取叶片组织汁液，致使叶腹面呈不规则的褪绿黄斑；可分泌蜜露导致煤烟病	剪除为害严重的叶片；盛发期（3月下旬至 4 月，7月）喷施 5% 吡虫啉乳油 2 000 倍液，每隔 1 周喷施 1 次
黑刺粉虱	幼虫和成虫群集在叶背面吮吸汁液，使被害处形成黄斑，并能分泌蜜露诱发煤烟病，影响植株长势，害虫大量发生时可致叶片枯死	剪除严重受为害叶片；喷施 5% 吡虫啉乳油 2 000 倍液和 1.8% 阿维菌素乳油 1 000 倍液
椰心叶甲	成虫和幼虫潜藏于未展开的心叶或心叶间取食为害。心叶受害后干枯变褐，影响幼苗生长。严重为害时，导致幼苗死亡	化学防治：用辛硫磷、敌百虫等化学药剂（商品推荐使用浓度）喷施在椰子苗心部，每 3 周 1 次，直至害虫得到控制

表 5-2　椰子苗期主要病害症状及防治方法

防治对象	症状	防治方法
椰子灰斑病	初时小叶片出现橙黄色小圆点，然后扩散成灰白色条斑，边缘黄褐色，长 5 cm 以上，病斑中心灰白色或暗褐色；条斑聚成不规则的坏死斑块；严重时叶片干枯皱缩，呈火烧状	发病初期，可用 50% 克菌丹可湿性粉剂 300~500 倍液，或 70% 代森猛锌可湿性粉剂 400~600 倍液喷射，每周 1 次，连续 2~3 次；为害严重时，先剪除病叶再喷药
椰子芽腐病	为害幼嫩叶片和芽的基部。初期心叶停止抽出，幼叶停止生长，随之枯萎腐烂，散发出臭味，外层叶片相继枯萎。在潮湿多雨地区，此病较易发生流行	挖除病株并烧毁。用 40% 硫磺·多菌灵悬浮剂 200~300 倍液浇灌心叶，每 10~15 d 浇 1 次

10. 种苗出圃

椰子种苗达到规定的要求时，可以出圃。地播苗起苗时，尽量深挖土、多留根；容器苗起苗时将穿出容器的根剪断，保持容器完整不破损。叶片较多的种苗可剪去部分老叶。

三、椰子栽培技术规程

1. 宜林地的选择

年平均温度为 24~27 ℃，最低月平均温度不低于 17~18 ℃或日平均温度 8~15 ℃低温天气连续超过 20 d 的年份出现概率低，并且温差不超过 5 ℃，年降水量 1 000 mm以上，空气湿度不低于 60%，地下水位较高，海拔较低的各类土壤适宜种植椰子。

2. 椰园开荒

椰园如果不间种绿肥、牧草或经济作物，则不需要全垦，以免造成水土流失。间种经济作物最好要全垦，清除杂草，以利间种作物生长。如果是丘陵坡地，则要开垦等高梯田，以免水土流失。

3. 种植密度与形式

椰子的种植密度和形式除了与品种有关外，还应根据椰园是否间种其他作物及间种何种作物而定，一般每公顷种植椰子 165~270 株。

种植形式：可以采用正方形（6 m×6 m，7 m×7 m）、长方形（6 m×8 m、6 m×10 m）和宽窄行密植（宽行 6 m×8 m，窄行 6 m×6 m）的种植形式。

4. 定植季节与种苗选择

定植季节一般在每年春秋两季为宜。种苗的选择按标准 NY/T 353—2012 执行。

5. 植穴与定植

采用深挖浅种的方法，植穴规格 80 cm×80 cm×80 cm，植后穴面离地面 10~20 cm。

6. 基肥

可采用腐熟厩肥、畜肥、土杂肥、塘泥、火烧土等作为基肥，每穴施量 30 kg以上。

7. 补换植株（苗）

椰子定植后，如有死苗或缺株应及时补植，苗龄大小要一致，并加强对补植苗的管理，使林相整齐一致。

8. 植穴覆盖

椰子苗定植后植穴要及时覆盖，材料可用杂草、芒箕、椰糠、树叶残渣等，覆盖穴应随树龄增加而扩大，减少水分蒸发，抑制杂草滋生，促进椰苗生长。

9. 抗旱淋水

椰子种植后 1~2 a 须注意旱情变化及时淋水，确保幼龄树正常生长。

10. 除草松土

植株周围 1~2 m 范围内圆形或带状除草松土，2 m 以外控萌，把除下的杂草作为覆盖物进行覆盖。

11. 植穴清淤和培土

椰子种植后植穴易被大雨冲刷，要及时清除淤泥；树干基部出现圆锥体（俗称"葫芦头"）或出现许多气根时，要及时培土。

12. 幼龄椰园施肥

幼龄椰园施肥主要以促进椰苗生长为主，施肥比例以 $N : P_2O_5 : K_2O$ 等于 $1 : 0.1 : 1$ 为宜，并增施有机肥或喷施叶面肥，单株年施纯 N 0.2 kg、P_2O_5 0.02 kg、K_2O 0.2 kg。

13. 灭荒除草

成龄椰园每年要清除杂草和灌木两次。

14. 中耕松土

成龄椰园每 2~3 a 在椰子行间进行中耕松土 1 次。

15. 成龄椰园施肥

每年要施有机肥，化肥施用量一般比例 $N : P_2O_5 : K_2O$ 等于 $1 : 1 : 1.5$。

16. 病虫害防治

椰子主要虫害和病害症状及防治方法见表5-3和表5-4。

17. 采收期的确定

椰子果实的采收期根据椰子果实的用途而定，用作嫩果直接消费和嫩果产品加工的椰子果，以8~9个月果龄为宜；作为产品综合加工的椰子果，以11~12个月果龄为宜，即充分老熟。

18. 采收方法

椰子的采收以人工采收为主，采收时须注意安全，应避免椰子直接从树上落下，造成椰子破裂或外果皮损伤。

表 5-3　椰子主要虫害症状及防治方法

防治对象	症状	防治方法
二疣犀甲	该虫成虫飞至椰子树顶端钻入树心，食取未展开的心叶，致使心叶舒展后呈扇状或波状缺刻，有时成虫钻入叶柄部为害，使展开后的叶柄出现椭圆形巨洞，一经风吹雨打，叶片极易折断脱落；若穿过叶柄基部，继续向里为害，常伤及花苞，使其干枯。受侵害严重的幼树，也会造成整株死亡。受害椰树叶腋间有孔，虫孔入口处有嚼碎的小块纤维	每年3月成虫羽化前，及时清除椰园内的枯死树干、残茎或腐烂堆积物；定点堆放腐烂椰子树干或牛粪，引诱成虫来产卵，然后定期烧毁杀灭；严重为害时，可用25%的噻虫嗪灌入椰子树心叶消灭入侵虫口；在季风期，可利用绿僵菌、病毒等犀甲病原微生物进行生物防治
红棕象甲	该虫是椰子幼树的毁灭性害虫，是一种毁坏组织的钻蛀害虫。幼虫为害造成的损失比成虫大。成虫常在靠近树冠的树干伤口处产卵，卵孵化后，幼虫则钻进树干食取软组织，虫口多时可致使树干中空。被害植株初期新抽叶片残缺不全，随后心叶干枯，如生长点腐烂，则可致使植株死亡。该虫在海南各椰子产区的为害逐渐加重，并有蔓延趋势	保护树干不受伤害，发现伤口应及时用柏油或泥浆涂抹，以防止雌虫产卵；用棉花蘸40%敌敌畏乳油50~100倍液塞入洞中，封口毒杀；树干注射磷化铝进行防治；800倍稀释45%毒死蜱乳油喷洒受害心叶；采用诱杀方法进行防治，效果更佳。受害严重的植株，应立即砍伐烧毁，以减少虫源
椰圆蚧	若虫和雌虫附着在叶片背面及幼果表面，吸取组织汁液，致使叶腹面呈现不规则的褐绿黄斑；严重时，新叶和嫩果生长发育不良。此虫分泌蜜露招致煤烟病，使叶片呈污黑状	剪除严重被害叶片或果实；于3月下旬至4月及7月，喷施5%吡虫啉乳油2 000倍液
红脉穗螟	幼虫为害花穗及幼果，嫩果受害后造成落果；严重时，整个果穗干枯	释放扁股小蜂或用20%氰戊菊酯乳油3 000倍液，或2.5%溴氰菊酯3 000~5 000倍液，喷洒小花、尚未开放的花穗或幼果
椰心叶甲	成虫和幼虫主要潜藏于未展开的心叶或心叶间取食为害。受害心叶伸展后变为枯黄状，严重为害时，新抽叶片呈火烧枯萎状，不久树势衰败以至整株枯死	化学防治：对低矮的椰子树心部叶片处高压喷施触杀性杀虫剂，如辛硫磷、敌百虫、高效氯氰菊酯等，防治效果可达80%以上；对高大的椰子树，在心部叶片悬挂啶虫脒可湿性粉剂，防治效果可达95%以上。生物防治：在生物防治方面，利用绿僵菌、椰甲截脉姬小蜂和椰心叶甲啮小蜂进行防治

表 5-4 椰子主要病害症状及防治方法

名称	症状	防治方法
椰子灰斑病	该病大多发生于成龄树下层叶片或外轮叶片上。初时小叶片出现橙黄色小圆点，然后扩散成灰白色条斑，边缘黄褐色，长 5 cm 以上，病斑中心灰白色或暗褐色；条斑相聚成不规则的坏死斑块；病情不断发展，可使整个叶片干枯皱缩，如火烧状。近年来，在海南许多椰子苗圃此病发生严重	加强苗圃和大田抚管，施肥要均衡，应增施有机肥和钾肥，避免偏施氮肥；同时，应及时排除苗圃或椰园积水。发病初期，可用 50% 克菌丹可湿性粉剂 300~500 倍液，或 70% 代森锰锌可湿性粉剂 400~600 倍液喷射，每周 1~2 次，连续几次；为害严重叶片，先把病叶剪除，减少病原菌后再喷药，防治效果更好
椰子芽腐病	该病主要为害椰子树冠中央，或椰子小苗的幼嫩叶片和芽的基部。初期心叶停止抽出，幼叶停止生长，随之枯萎腐烂，散发出臭味，外层叶片相继枯萎。在潮湿多雨地区，此病较易发生流行。近年来，在海南许多椰子苗圃此病发生严重	砍除病株，用火烧毁，防止病菌传染。用甲霜灵、多菌灵配液灌心浇叶，能达到很好的疗效
椰子泻血病	此病在我国较严重，且多发生在 20 年左右的成龄椰树。此病发生时，树干基部出现大小长短不一的裂缝，从裂缝处流出铁锈色汁液，形成黑色条斑或块斑；裂缝组织腐烂，并由基部逐渐向上扩展；严重时，冠叶变小，继而树冠凋萎、脱落，终成光干树	建立椰园排水系统，以免积水，而干旱季节应及时灌溉浇水；减施氮肥，增施钾肥、磷肥和有机肥；防止对椰树主干造成损伤；清除病组织后，涂上 5% 的克林菌，待干后再用热煤焦油涂封；每季度在受感染的椰树根部株施 5% 克林菌 100 mL，或每年株施 5 kg 的苦楝饼

四、矮种椰子生产技术规程

1. 园地选择

以年平均温度为 24~27 ℃、最低月平均温度不低于 18 ℃、砂壤土，地下水位浅的土壤为宜，海拔低于 200 m。

2. 园地道路

在平坦或缓坡地块（坡度在 5°以下），至少设置 1 条运输小路（1.5~2 m 宽）；坡度在 10°~15°的地块，带状垂直间设置 1~2 个采摘道路；坡度大于 15°的地块需要配置一条进入园区的运输小路。

3. 排灌设施

在平坦或缓坡地块（坡度在 5°以下），每 2 行椰子树配套 1 条灌溉带；坡度在 10°~15°的地块，根据带状宽度，设置 1 条灌溉带；坡度大于 15°的地块等，设置最近灌溉点。

4. 采收处理设施

每个椰子园区，至少配置一个椰果临时存放的场地或简易工棚，以方便对椰果进行简单分类、前处理作业及包装设计等（包含水池区、工具区、灭菌区、包装区）。

5. 整地

整地在种植前进行。椰园若不间种作物，则不需要全垦。间种经济作物则要全垦。

如果是丘陵坡地（坡度大于 15°），则要开垦等高梯田。

6. 全垦整地

在平坦或缓坡地（坡度在 5° 以下）采用全垦整地，深度 25 cm，清除石块、树根等杂物。

7. 带状整地

在坡度 10°~15° 的地块进行水平带状整地。沿等高线方向按行距开环山行，外高内低，带宽视坡度而定，坡度小带宽，坡度大带窄。

8. 穴状整地

在坡度大于 15° 的地块，或水土保持要求高的山塘、水库和交通沿线等地段，采用穴状整地，按环山水平"品"字形排列定点挖穴，应增加水土保持措施。

9. 种植密度

一般采用 6 m×6 m 或 6 m×7 m 种植密度。

10. 种植方式

一般采用 6 m×6 m 或 6 m×7 m 种植或宽窄行种植（宽行 6 m×7 m，窄行 6 m×6 m）或三角形种植（6 m×6 m×6 m 或 7 m×6 m×6 m）。

11. 定植时期

一年四季均可定植，最佳定植季节为雨季；夏季种植应防晒和浇水，冬季定植应浇水。

12. 定植穴

植穴规格为 80 cm×80 cm×80 cm。

13. 定植深度

种植深度以种果顶部（即茎基）离地面 20~30 cm 为准。

14. 基肥

施腐熟有机肥 25~30 kg/穴，有机肥主要是腐熟的鸡粪或羊粪或沤制的农业废弃物。

15. 回填土

回填土，先填表土，次填心土，覆土深度以恰好盖过种果为度。

16. 定根水

定植后要及时淋透 1 次水，保证椰苗成活。

17. 幼龄椰园植穴覆盖

椰苗种植后应就地取材及时用椰糠（渣）或杂草、树叶等残落物将穴面覆盖。

18. 补换植

椰子定植当年或翌年有死苗缺株的，应及时补植。补植苗应是和该园的品种、苗龄、大小相同的后备苗。

19. 抗旱淋水

定植后 1~2 年尤其是当年，应及时灌水等，注意旱情变化及时淋水。

20. 施肥量

施肥比例以 N：P_2O_5：K_2O 等于 1：0.1：1 为宜，并增施有机肥，单株年施纯 N

0.2 kg、P_2O_5 0.02 kg、K_2O 0.2 kg。

21. 施肥要求

定植后第四个月施一次肥；以后每年施两次肥，分别于每年的雨季开始。采用环状施肥或穴状施肥，要求距根系或树盘 30 cm 处开始施肥。

22. 除草

植株周围 1~2 m 范围内除草松土，2 m 以外控高草。一般采用人工除草和农药除草两种方式，2~3 次/a。

23. 松土

一般下雨后一周用锄头等及时松树盘内板结的土。

24. 植穴清淤

植穴被大雨冲刷后，要及时清除淤泥，清除淤泥程度达到定植深度要求（参照本节定植深度技术规定）。

25. 培土

植穴被大雨冲刷后或出现气生根时，要及时培土。培土高度为 5~10 cm，培土所用土为清淤土或扩穴土，不建议异地取土。

26. 成龄椰园灌溉

根据椰园旱情而定，注意旱情变化及时淋水即可。

27. 成龄椰园施肥

一年施两次，3 月中下旬施 1 次，9 月中旬施 1 次。施肥量根据林地肥力及树木生长情况进行选择。施肥比例以 $N : P_2O_5 : K_2O$ 等于 0.5 : 1 : 1 为宜，并增施有机肥，施用复合肥应含有硫酸铵 2 kg/株、过磷酸钙 0.5 kg/株、氯化钾 2 kg/株。采用环状施肥或穴状施肥，采用环沟法时，施肥前应进行块状抚育、疏松土壤，并清除杂草、灌木根系。另外，可以采用水肥一体化，每年 1 次水肥，浇灌在距椰子树盘 10 ~ 15 cm 穴沟内。

28. 辅助授粉

对连续阴雨、低温天气 2 周以上或植株产量较低的椰子树开展辅助授粉。辅助授粉采用点授、喷粉授、抖授等方式。花粉于晴天 08：00—10：00 人工采集将要开放的雄花，脱离后的花粉干燥保存于干燥箱内备用。

29. 疏花疏果

除冬季不疏花外，其他季节均应适当疏花。以人工疏花为主，在整个花穗雌花全部开放后，待自然落花结束后疏花，保留单雌花小穗，剔除并生、多生雌花，在雌花开放后 10~15 d 内完成，保留雌花数量。除冬季不疏果外，其他季节均应适当疏果。当果实呈鸡蛋大小的时候进行疏果，保留每串果穗在 10~15 个为宜。

30. 采收成熟度

椰子果实的采收期根据椰子果实的用途而定，用作鲜食嫩果和初加工嫩果的椰子果，以椰果外皮清亮、果肉刚刚形成的椰果为宜；作为留种育苗以及椰肉加工用椰子果，以椰果外皮枯黄或干褐、椰肉生长饱满、摇动有响水的椰果为宜。

31. 采收方法

椰子的采收以人工采收为主，采收时须注意安全，应避免椰子直接从树上落下，造成椰子破裂或外果皮损伤。人工采收工具有长杆镰刀、长绳索和攀爬梯等。

五、椰子汁加工技术规程

（一）以新鲜椰子为原料

1. 工艺流程

椰子→破壳、取水→刮丝→烘干→干椰丝→磨浆→分离→配料→均质→灌装→压盖→杀菌→成品。

2. 操作要点说明

（1）椰子破壳、取水、刮丝　将成熟的椰子洗净后，沿中部剖裂，使椰水流出，椰水收集后过滤备用。将椰子分裂成两块，用特制的带齿牙刮丝器刮出椰肉，使之成为疏松的椰肉，然后摆盘放入烘干机中，控制温度 70~80 ℃，烘干成具有浓郁椰香的干丝，贮存备用。

（2）加水磨浆　将自来水经净水器过滤后，再流经快速热水器升温至 70 ℃，在热水罐中配入 0.04%氢氧化钠，搅拌，按椰丝：水等于 1∶10（重量比）将椰丝和热水搅拌均匀，放入砂轮磨中磨浆。椰浆经第一台浆渣分离机 120 目筛分离，然后再用第二台分离机 180 目分离得头道汁，椰渣可加入少量热水过滤得二道汁。将头道汁、二道汁混合，泵入贮罐中备用。

（3）配料　白砂糖用夹层锅煮溶，制成浓度 50%的浓糖浆，经过滤机过滤后备用。打开贮罐出料阀，让椰汁下流至配料罐，定容以后将滤净的椰水按 10%配入，然后加柠檬酸调料液 pH 至 6~7，再加入 18%浓糖浆、0.05%食盐、0.2%乳化剂（60%单甘酯+10%山梨醇酐脂肪酸酯+30%聚氧乙烯醇酐脂肪酸酯），加入适量稳定剂（黄原胶），加热到 80 ℃，再加入少量香精（或不加）。

（4）高压均质　两级均质，第一级均质压力为 23 MPa，第二级均质压力 30 MPa，均质温度 80 ℃左右。

（5）杀菌　121 ℃下杀菌 15 min。

3. 产品质量指标

（1）感官指标　色泽方面，外观呈乳白色，无沉淀和分层现象；风味方面，具有新鲜椰子汁特有的风味和香味，无异味。

（2）理化指标　总糖（以还原糖计）＞8 g/100 mL；蛋白质≥0.6 g/100 mL；总酸（以乳酸计）≤0.1 g/100 mL；总固形物＞8 g/100 mL。

（二）以浓缩椰汁为原料

1. 工艺流程

浓缩椰浆热水溶解→与处理后的添加剂混合→高速搅拌→调配→胶磨→均质→预热→装瓶→杀菌→贮存检验→贴标入库

2. 操作要点说明

（1）椰浆溶解　浓缩椰浆在室温下呈凝固状态，采用 70 ℃左右的热水溶解。

（2）添加剂处理　按配方要求称取各种添加剂、乳化剂单独处理，其余一起处理后混合。

（3）混合与高速搅拌　将溶解后的椰浆与处理后的添加剂混合后高速搅拌 5 min，使其混合均匀。

（4）调配　加入经过处理的水和糖液，调配至达到产品质量指标的要求，pH 值控制在 6.5 左右。

（5）胶磨　将胶体磨调整至最小间隙，使料液一次通过胶体磨。

（6）均质　采用二级均质，第一级均质压力为 30 MPa，第二级均质压力为 15 MPa。

（7）预热装瓶　将料液恒温在 75 ℃，快速装瓶封盖。

（8）杀菌　采用高压杀菌，121 ℃下保持 10 min，升温和降温时间依据设备条件尽可能缩短。

3. 产品质量指标

（1）感官指标　色泽：乳白色；香气：具有椰子特有的气味，香气协调柔和；外观形态：呈均匀的液体状态，无分层现象；杂质：无肉眼可见的外来杂质。

（2）理化指标　蛋白质≥0.35%；脂肪 1.60%~2.00%；总固形物 8%~10%。

六、椰子粉加工工艺规程

1. 工艺流程

椰子肉及椰汁→打浆→胶磨→均质→配料→二次均质→喷雾干燥→贮存检验→贴标入库。

2. 操作要点说明

①将椰子肉及椰汁打浆制成椰子酱。

②用研磨机对椰子酱进行磨浆，先进行 2 次粗磨，再进行 1 次细磨。

③用高压均质机对椰子酱在 20 MPa 压力下均质 1 次。

④向椰子酱中加入乳化剂和乳化淀粉进行配料混合，椰子酱、乳化淀粉、乳化剂的质量比为 85∶10∶7；其中乳化剂由单甘酯、乳酸酯及 DATEM 组成，其质量比为单甘酯∶乳酸酯∶DATEM＝2∶1∶0.7。

⑤将配料混合后的溶液进行两级高压均质处理，第一级采用 20 MPa 压力均质 2 次，第二级采用 5 MPa 压力均质 1 次，得到乳化状态良好的溶液。

⑥对两级高压均质处理后的溶液进行喷雾干燥，将溶液中的水分迅速汽化，得到椰子粉。

七、椰子油加工工艺规程

（一）干法加工

1. 工艺概述

用椰子干作原料，从碾碎机或螺旋榨油机中提油的机械提取，机械取油是用溶剂进行第二次萃取作为补充，以回收椰油粕中的残油，取油时，将含水量为 10%～12% 的椰子干输送到自动秤并通过磁室除去碎铁，磨细成直径大约为 0.3 cm 的颗粒，将颗粒压成薄片，以扩大表面积。

2. 流程

椰子干→自动秤→磁铁→研磨机→蒸炒调质装置→螺旋榨油机→沉淀罐→过滤机→毛椰子油。

3. 操作要点

将料坯置于 115 ℃ 水平蒸炒锅中蒸炒调质 20 min，在这种条件下，由于脂肪细胞破裂，磷脂沉淀，水分降到 3%。将大小一致蒸炒后的料坯送到榨油机中连续不断地压榨取油。沿榨膛内截面到锥形末端出口，油脂在多数情况下按照均匀递减特性曲线排出。一般来讲，处理后的椰饼残油为 7%。

一台维护操作良好的螺旋榨油机生产的椰油粕的特征包括：油品色浅 8/50（R/Y 用罗维朋法测）；椰饼显浅褐色，最高残油为 8%；椰子饼的厚度一致，大约 0.6 cm，细粉不超过 6%。

螺旋榨油机的高效运作需要蒸炒和调质，椰子坯的温度控制在 91～93 ℃，在温度 91 ℃ 以下、水分在 4% 以上的条件下，椰子坯出油率低，而在温度 93 ℃ 以上、含水量低于 3% 的条件下，从椰子坯提出暗色的油和焦饼，随之得到的椰子油出油率较低。筛选掉和沉淀的细粒不要超过鲜原料的 10% 以免在蒸炒与调质阶段形成细粒，继而进行压榨处理。

后压榨处理工序：从螺旋榨油机出来的油运输向筛网和澄油箱，开始分离出颗粒，后者将与原料混合均匀后进入系统再处理，每吨上层清油需要与 10 kg 的白土混合，通过安全过滤机后得到清油，贮存或进一步加工处理压滤后的椰油粕（饼），经过造粒、装袋运送到动物饲料厂。

（二）湿法加工

在湿法加工过程中，原料采用鲜椰肉。除了得到的产品油，从椰油中得到的其他食用副产品有椰子粉、蛋白质、碳水化合物和维生素等。为了使这个加工过程得到更加广泛的商业化应用，需强调具有能够得到高质量油品和回收得到有营养（成分）副产品的优点，而后者在椰子干生产中则已丧失。

成熟的椰子去壳，分离得到椰子肉，接着削皮去除外种皮，将外种皮提取皮油，可作为副产品。削好的椰子肉被楔子、牙板式破碎机和滚筒粉碎机碾碎，碾好的粉块通过螺旋压榨机榨出椰子汁。椰子汁通过筛孔输送机过滤，经离心分离出油层，通过空气加热使油中少量水分降低到 0.1%～0.2%。一般来说，从 25 t 的鲜椰肉中可以提取 6.8 t "天然"椰子油，去油的乳汁通过喷雾干燥，回收得到蛋白质和碳水化合物。将螺旋压榨机得到的皮渣混合磨成粉，可以回收椰油和制成椰子粉。

溶剂浸出的单元操作作为机械压榨法的补充步骤，最后能使椰子油中的残油量降至最低，椰子饼经过快速初提后，残油量控制在 14%～18%；螺旋榨油机的产量几乎翻倍。广泛应用正己烷（沸点 68.7 ℃）作为浸出溶剂，在逆流浸出单元操作中，椰油粕先是与混合油（正己烷+油）充分接触，离开浸出器时被纯正己烷洗涤，经溶剂浸过的椰油粕残油大约为 3.5%。将混合油和粕中的正己烷回收，可重新用于后续操作，溢出的正己烷蒸汽被冷矿物油喷淋捕集，以避免危险和提高溶剂的回收率。

（三）椰子油精炼

粗油脂的精炼包括一系列步骤，以去除甘油酯中的不纯物，使产品可食用和延长货架寿命。杂质含有脂肪酸、磷脂、金属离子、色素、氧化物、固体颗粒及令人讨厌的挥发性气体，毛椰子油可用下列方法进行精炼：化学精炼（间歇或连续）、物理精炼。

天然椰子油中的游离脂肪酸（FFA）用氢氧化钠稀溶液中和，得到皂化物。皂化物和其他水相中的杂质混合称为皂脚。在间歇式精炼过程中，利用重力将含有的皂脚吸附而增加损失。连续精炼比间歇式精炼有以下主要优点：一是由于油与氢氧化钠的接触时间极短（30~45 s），中性油的皂化程度可减少到最低；二是通过离心机的作用，油里分离出皂脚及废水的时间明显减少。

碱炼之后要脱色，油脂中的色素可被白土和活性炭颗粒的表面吸附。对某些油来说，混合时存在的少量水可提高脱色效率。脱臭是化学精炼的最后一步，挥发性臭味物质（包括低分子量的脂肪酸）在负压下可用蒸汽汽提除去，最终的产品叫作精制椰子油。

八、椰子汁饮料质量标准要求

（一）技术要求

（1）水 应符合 GB 5749—2006 的要求。

（2）白砂糖 应符合 GB 13104—2014 的要求。

（3）乙基麦芽酚 应符合 GB 1886.208—2016 的要求。

（4）椰纤果 应符合 NY/T 1522—2007 的要求。

（5）蔗糖脂肪酸酯 应符合 GB 1886.27—2015 的要求。

（6）羧甲基纤维素钠 应符合 GB 1886.232—2016 的要求。

（7）三氯蔗糖 应符合 GB 25531—2010 的要求。

（8）甜蜜素 应符合 GB 1886.37—2015 的要求。

（9）安赛蜜 应符合 GB 25540—2010 的要求。

（10）阿斯巴甜 应符合 GB 1886.47—2016 的要求。

（11）食品用香精 应符合 GB 30616—2020 的要求。

（12）酪蛋白酸钠 应符合 GB 1886.212—2016 的要求。

（13）黄原胶 应符合 GB 1886.41—2015 的要求。

（14）氯化钾 应符合 GB 25585—2010 的要求。

（15）单，双甘油脂肪酸酯 应符合 GB 1886.65—2015 的要求。

（16）硬脂酰乳酸钠 应符合 GB 1886.92—2016 的要求。

（17）碳酸氢钠 应符合 GB 1886.2—2015 的要求。

（18）其他 椰子肉及以上原料还应符合 GB 2762—2017、GB 2761—2017、GB 2763.1—2018 的要求。

（二）感官要求

应符合表5-5的规定。

表5-5 感官要求

项目	要求
色泽	呈乳白色中略带微黄色或黄白色
气味及滋味	具有椰果椰子汁饮料特有的气味与滋味，无异味
外观	呈均匀乳浊液，允许有椰纤果悬浮
杂质	无肉眼可见的外来杂质

（三）理化指标

理化指标应符合表5-6的规定。

表5-6 理化指标

项目	指标
蛋白质/%	≥0.5
pH	5.0~7.5
可溶性固形物/%	≥0.2
铅（以Pb计）/（mg/L）	≤0.25
锡（以Sn计）[a]/（mg/L）	≤150

注：[a] 仅适用于镀锡包装的产品。

（四）微生物指标

以罐头加工工艺生产的灌装产品应符合商业无菌的要求。其他包装的产品微生物应符合表5-7、表5-8的规定。

表5-7 指示菌指标

项目	取样方案及限量			
	n	c	m/（CFU/mL）	M/（CFU/mL）
菌落总数	5	2	10^2	10^4
大肠菌群	5	2	1	10
霉菌	≤20			
酵母	≤20			

注：样品的采样与处理按GB 4789.1—2016和GB/T 4789.21—2003执行。n为同一批次产品应采集的样品件数；c为最大可允许超出m值的样品数；m为致病菌指标可接受水平的限量值；M为致病菌指标的最高安全限量值。

表 5-8　致病菌限量

致病菌指标	采样方案及限量（若非指定，均以/25 g 表示）			
	n	c	m/(CFU/g)	M/(CFU/g)
沙门氏菌	5	0	0	—
金黄色葡萄球菌	5	1	100	1 000

注：样品的采样与处理按 GB 4789.1—2016 执行。n 为同一批次产品应采集的样品件数；c 为最大可允许超出 m 值的样品数；m 为致病菌指标可接受水平的限量值；M 为致病菌指标的最高安全限量值。

（五）食品添加剂要求

（1）食品添加剂质量　应符合相应的标准和有关规定。

（2）食品添加剂品种及其使用量　应符合 GB 2760—2016 的规定。

（3）净含量及允许短缺量要求　定量包装产品应符合国家质量监督检验检疫总局《定量包装食品计量监督管理办法》的规定。

（4）生产加工过程的卫生要求　应符合 GB 14881—2013 的规定。

（六）试验方法

1. 感官要求检验

取被检测样品置于洁净玻璃容器中，在自然光线处，目测、鼻嗅、口尝的方法进行检测。

2. 理化指标检验

（1）蛋白质　按 GB 5009.5—2016 进行测定。

（2）铅　按 GB 5009.12—2017 进行测定。

（3）锡　按 GB 5009.16—2014 进行测定。

（4）pH　按 GB 5009.237—2016 进行测定。

（5）可溶性固形物　按 GB/T 12143—2008 进行测定。

3. 微生物指标检验

（1）菌落总数　按 GB 4789.2—2016 进行测定。

（2）大肠菌群　按 GB 4789.3—2016 进行测定。

（3）沙门氏菌　按 GB 4789.4—2016 进行测定。

（4）金黄色葡萄球菌　按 GB 4789.10—2016 第二法进行测定。

（5）霉菌、酵母　按 GB 4789.15—2016 第二法进行测定。

（6）商业无菌检验　按 GB 4789.26—2013 进行测定。

4. 食品添加剂检验

（1）甜蜜素　按 GB 5009.97—2016 的规定进行测定。

（2）安赛蜜　按 GB 5009.140—2003 的规定进行测定。

（3）阿斯巴甜　按 GB 5009.263—2016 的规定进行测定。

（4）三氯蔗糖　按 GB 22255—2014 的规定进行测定。

5. 净含量检验

按 JJF 1070—2019 进行。

6. 检验规则

（1）原辅材料入库检验　原料入库前应由生产单位技术检验部门按原料质量标准验收，合格后方可入库使用。

（2）产品检验　每批产品应由本厂质检部门按出厂检验项目进行检验。检验合格后，应附有合格证方准出厂。

（3）组批和抽样　同一批原料、同一生产线、同一班次生产的同一生产日期、同一规格的产品为一批。每批抽样数独立包装应不少于 12 个最小独立包装（不含净含量抽样），样品量总数不少于 3 L，检样应一式两份，供检验和复检备用。

（4）出厂检验　出厂检验项目为感官要求、净含量、蛋白质、pH、可溶性固形物、商业无菌（以罐头加工工艺生产的产品）、菌落总数和大肠菌群。

（5）判定规则　出厂检验项目全部符合标准时，判定为合格。检验结果中如微生物指标不合格，则判该批产品为不合格品，不得复检。如其他项目不合格，允许加倍抽样对不合格项目进行复检，如仍有 1 项指标不合格，则判该批产品为不合格品。

7. 型式检验

（1）基本要求　正常生产每季度进行 1 次，有下列情况之一，亦应进行型式检验：新产品投产前；原辅材料产地或供应商发生改变时；停产 3 个月以上，恢复生产时；出厂检验的结果与上次型式检验的结果有较大差异时；食品安全监督部门提出要求时；更换生产设备时。

（2）组批和抽样　同一批原料、同一生产线、同一班次生产的同一生产日期、同一规格的产品为一批。每批抽样数独立包装应不少于 12 个（不含净含量抽样），样品量总数不少于 3 L，检样应一式两份，供检验和复检备用。

（3）判定规则　型式检验项目全部符合标准时，判定为合格。检验结果中如微生物指标不合格，则判定该批产品为不合格品，不得复检。如其他项目不合格，允许加倍抽样对不合格项目进行复检，如仍有 1 项指标不合格，则判该批产品为不合格品。

8. 标签、标志、包装、运输、贮存

（1）标签、标志　标签应符合 GB 7718—2016、GB 28050—2011 和《食品标识管理规定》的规定。运输标志应符合 GB/T 191—2016 的规定。

（2）包装　包装材料和容器应符合相应的卫生要求及管理办法。包装材料应符合 GB 4806.5—2016、GB 4806.7—2016、GB 4806.8—2016 或 GB 4806.9—2016 的规定，外包装用纸箱应符合 GB/T 6543—2008 规定。

（3）运输　产品在运输过程中应轻拿轻放，防止日晒雨淋，运输工具应清洁卫生，不得与有毒、有污染的物品混运。

（4）贮存　包装箱不得直接接触地面，应放在地台板上，离墙、离地存放。产品应贮存在干燥、通风良好的场所，不应与有毒、有害、有异味、易挥发、易腐蚀的物品同处贮存。

在符合上述的贮运条件下，灌装产品保质期为 18 个月，其余包装形式的产品保质期为 12 个月。

九、椰子干质量标准要求

（一）产品分类

根据形状不同分为块状、片状、条状、丝状、粒状。根据添加辅料不同分为果汁椰子干、咖啡椰子干等。

（二）技术要求

1. 原料及辅料

（1）新鲜椰子　应选用成熟适度、无病虫害、无霉变的鲜果。

（2）白砂糖　应符合 GB 317—2018 的规定。

（3）焙炒咖啡粉　应符合 NY/T 605—2006 的规定。

（4）果汁　应符合相应的产品质量标准的规定。

（5）生产加工用水　应符合 GB 5749—2006 的规定。

（6）其他辅料　应符合相应产品质量标准的规定，不得添加非食品原料和辅料。

2. 感官要求

应符合表 5-9 的规定。

表 5-9　感官要求

项目	要求
色泽	具有该品种固有的色泽
气味与滋味	具有该品种固有的香气和滋味，无异味
组织形态	呈块状或者片状、条状、丝状、粒状，同一品种的厚薄、长短、大小基本均匀
杂质	无肉眼可见的外来杂质

3. 理化指标

应符合表 5-10 的规定。

表 5-10　理化指标

项目	指标
水分/%	≤7.0
总糖（以葡萄糖计）/%	≤65.0
总砷（以 As 计）/（mg/kg）	≤0.5
铅（以 Pb 计）/（mg/kg）	≤1.0
铜（以 Cu 计）/（mg/kg）	≤10.0
二氧化硫残留量/（g/kg）	按 GB 5009.34—2016 执行

4. 微生物指标

应符合表 5-11 的规定。

表 5-11　微生物指标

项目	指标
菌落总数/(CFU/g)	≤1 000
大肠菌群/(MPN/100 g)	≤30
霉菌/(CFU/g)	≤50
致病菌（沙门氏菌、志贺氏菌、金黄色葡萄球菌）	不得检出

5. 净含量

应符合《定量包装商品计量监督管理办法》的规定。

6. 食品添加剂

（1）质量要求　食品添加剂的质量应符合相应的标准和有关规定。

（2）使用范围及使用量　食品添加剂的使用范围及使用量应符合 GB 2760—2016 的规定。

7. 生产加工过程的卫生要求

应符合 GB 8956—2016 的规定。

8. 试验方法

（1）感官要求　打开包装，将被测样品置于洁净的白色搪瓷盘中，在自然光下目测、鼻嗅、口尝。

（2）水分　按 GB 5009.3—2016 规定的方法测定。

（3）总糖　按 GB/T 10782—2021 规定的方法测定。

（4）总砷　按 GB 5009.11—2014 规定的方法测定。

（6）铜　按 GB 5009.13—2017 规定的方法测定。

（7）二氧化硫残留量　按 GB 5009.34—2016 规定的方法测定。

（8）菌落总数　按 GB 4789.2—2016 规定的方法测定。

（9）大肠菌群　按 GB 4789.3—2016 规定的方法测定。

（10）霉菌　按 GB 4789.15—2016 规定的方法测定。

（11）致病菌　按 GB 4789.4—2016、GB/T 4789.5—2012、GB 4789.10—2016 规定的方法测定。

（12）净含量　按 JJF 1070—2019 规定的方法测定。

9. 检验规则

（1）组批　以同一品种的原料、同一次投料、同一工艺所生产的同一规格产品为一批。

（2）抽样　从同一批产品中随机抽取，抽样基数不得少于 20 kg，抽样数量为 6 个包装单位，抽样数量为 2 kg，分为 2 份，1 份检验，另 1 份留样备查。

（3）出厂检验　产品须经质量检验部门检验合格并签发合格证后方可出厂。检验项目为：感官要求、净含量、水分、总糖、二氧化硫残留量、菌落总数、大肠菌群。

（4）型式检验　型式检验每半年至少进行 1 次，型式检验项目为技术要求中的全部项目。有下列情况之一时，亦要进行型式检验。

①当原料、生产工艺、生产设备发生较大变化时。

②停产半年以上重新恢复生产时。

③出厂检验结果与上次型式检验结果有较大差异时。

④国家质量监督机构提出型式检验要求时。

（5）判定规则　检验结果中微生物指标有任何 1 项不合格时，则判该批产品为不合格品。其余项目不符合的，可以从同批产品中加倍抽样对不合格项进行复检，以复检结果为准。

10. 标志

（1）包装标签、标识　应符合 GB 7718—2011 的规定。

（2）包装图示标志　应符合 GB/T 191—2016 的规定。

11. 包装

外包装采用符合卫生要求的纸箱，封装应严密、捆扎牢固，外形整洁美观；内包装采用符合食品包装材料卫生标准要求的材料进行包装，包装应严密，封口牢固。

12. 运输

运输工具应清洁、卫生、无异味、无污染。运输过程中应防挤压、防雨、防潮、防晒，装卸时应轻搬、轻放。运输时严禁与有毒、有害、有异味、有腐蚀性、易污染的货物混装混运。

13. 贮存

原料、辅料、半成品、成品应分开放置，应贮存在清洁、卫生、阴凉、干燥、通风、无异味的库房内。产品离地离墙 20 cm 以上，禁止与有毒、有害、有异味、有腐蚀性、易污染的物品混贮、混放。

十、椰子粉质量标准要求

（一）椰浆粉

椰子取肉经磨浆、压汁、均质、干燥、过筛制得的粉状制品。

（二）椰子粉

以椰浆粉为主要原料添加辅料（植脂末、麦芽糊精、白砂糖等）经配料、混合、包装等工序加工制成的粉状产品。

（三）技术要求

1. 原辅料要求

（1）椰浆粉　符合 GB 7101—2015 的规定。

（3）其他辅料　符合国家相关标准的规定。

2. 感官要求

应符合表 5-12 的规定。

表 5-12 感官要求

项目	要求
色泽	具有该品种应有的色泽
组织状态	均匀粉状，无结块
气味滋味	具有该品种应有的气味及滋味，无氧化油哈喇味
冲调性	冲调后呈均匀的乳浊液，30 min 内无沉淀、无分层
杂质	无肉眼可见杂质

3. 理化指标

应符合表 5-13 的规定。

表 5-13 理化指标

项目	等级		
	特级椰子粉	一级椰子粉	普通级椰子粉
水分/（g/100 g）	≤5.0		
蛋白质/（g/100 g）	≥4.0	≥2.0	≥1.0
粗脂肪/（g/100 g）	≥20.0	≥12.0	
总糖（以葡萄糖计）/（g/100 g）	≤75.0		
溶解度/（g/100 g）	≥95.0		
灰分/（g/100 g）	≤5.0		
总砷（以 As 计）/（mg/kg）	≤0.5		
铅（Pb）/（mg/kg）	≤1.0		
铜（Cu）/（mg/kg）	≤5		

4. 微生物指标

应符合表 5-14 的规定。

表 5-14 微生物指标

项目	等级		
	特级椰子粉	一级椰子粉	普通级椰子粉
菌落总数/（CFU/g）	≤30 000	≤1 000	
大肠菌群/（MPN/100 g）	≤90	≤40	
霉菌/（CFU/g）	≤50		
致病菌（沙门氏菌、志贺氏菌、金黄色葡萄球菌）	不得检出		

5. 净含量

符合《定量包装商品计量监督管理办法》。

6. 食品添加剂

（1）食品添加剂质量　应符合相应的标准和有关规定。

（2）食品添加剂的品种和使用量　符合 GB 2760—2016 规定。

7. 食品生产加工过程中的卫生要求

应符合 GB 12695—2016 的规定。

8. 试验方法

（1）色泽及组织状态　取 20 g 椰子粉样品于洁净白瓷器皿中，在漫射日光或接近日光的人造光下，肉眼观察其色泽及组织状态。

（2）气味　取 20 g 椰子粉样品于无味洁净器皿中，鼻子靠近器皿边缘吸气，鉴别气味。

（3）滋味、冲调性、杂质　取 20 g 椰子粉样品加入 200 mL 热开水冲溶后品尝、观察。

（4）水分　按 GB 5009.3—2016 中第一法规定测定。

（5）蛋白质　按 GB/T 5009.5—2016 规定测定。

（6）脂肪　按 GB 5009.6—2016 规定测定。

（7）总糖　按 GB/T 5009.7—2016 及 GB/T 5009.8—2016 规定测定。

（8）溶解度　按 GB/T 5009.46—2003 中 4.7 规定测定。

（9）灰分　按 GB 5009.4—2016 规定测定。

（10）砷　按 GB 5009.11—2014 规定测定。

（11）铅　按 GB 5009.12—2017 规定测定。

（12）铜　按 GB 5009.13—2017 规定测定。

（13）微生物指标　按 GB/T 4789.21—2003 规定测定。

（14）净含量　按 JJF 1070—2019 规定测定。

9. 检验规则

（1）组批　同一品种、同一等级、同一批投料生产的产品，以同一生产日期为一检验批次。

（2）抽样　在全批产品的不同部位，按 1/1 000 的比例随机抽取样品，抽样量不少于 6 个包装单位（总量不少于 2 kg）。

（3）出厂检验　产品出厂须经逐批检验，检验合格后并签发合格证、注明生产日期、检验员代号等方可出厂。出厂检验项目为：感官要求、净含量、水分、菌落总数、大肠菌群。

（4）型式检验　正常生产时每年应进行 1 次型式检验。有下列情况之一时，亦应进行型式检验：原料来源变动较大时；正式投产后，如配方、生产工艺有较大变化，可能影响产品质量时；产品停产半年以上，恢复生产时；出厂检验结果与上次型式检验有较大差异时；国家质量监督部门提出型式检验的要求时。

（5）判定规则　检验结果全部项目符合本标准规定时，判该批产品为合格品；若微生物指标不符合本标准规定时，判该批产品为不合格品，不得复检。除微生物指标外，其他项目检验结果不符合本标准要求时，可以在原批次产品中双倍抽样复检一次，判定以复检结果为准。复检后仍有 1 项不符合标准，则判该批产品为不合格品。

10. 标志与标签

（1）标志　外包装除应按 GB/T 191—2016 的规定执行外，还应注明产品名称、企业名称、生产日期、净含量、贮存条件。

（2）标签　产品标签除应符合 GB 7718—2011 规定外，还应标注蛋白质含量、脂肪含量、总糖含量、产品等级及食用说明。

11. 包装、运输与贮存

（1）包装　本产品必须严格包装，封口严密，不得裸露。所用的包装材料和容器必须符合相应食品卫生标准要求。产品的包装形式、包装规格可由厂家根据市场需求而定。内包装材料应清洁、无毒、无异味，不影响椰子粉品质，符合相应的食品卫生标准。外包装用的瓦楞纸箱所用材料应符合 GB/T 6543—2008 的规定。

（2）运输　运输工具及车辆应符合食品卫生要求，严禁与有毒、有害、有异味等其他有碍食品卫生的物品混装混运。产品运输过程时，车、船应遮盖，应保持清洁卫生和干燥，应防雨淋、防日晒、防潮湿。同时要小心轻放，避免生物挤压、撞击、剧烈震动。运输时要采取有效措施，防止产品及包装的损坏。

（3）贮存　产品要存放在清洁卫生、通风良好、保持干燥、防日晒，并具有防止外物侵害和污染设施的专用成品仓库。堆放时与周围墙壁隔离 20 cm 以外，离地面 10 cm 以上，堆放层数不应超过 6 层，不得与潮湿、有异味的物品堆放在一起。

12. 保质期

在本节质量标准要求规定的运输贮存条件下，保质期由企业在严格保障产品质量情况下根据产品包装情况自定。

十一、椰子油产品质量标准要求

（一）椰子油种类

椰子原油是指以椰肉为原料、经压榨或浸出工艺制取的油。

精炼椰子油是指椰子原油经过脱胶、脱酸、脱色、脱臭等精炼工艺处理制取的椰子油。

（二）技术质量要求

技术质量要求见表 5–15。

表 5–15　技术质量要求

项目	指标
折光指数 n^{40}	1. 448 0~1. 450 0
相对密度 d_{20}^{40}	0. 908~0. 921

（续表）

项目	指标
碘值（I）/（g/100 g）	7.0~12.5
皂化值（以氢氧化钾计）/（mg/g）	250~264
不皂化物/（g/kg）	≤15
脂肪酸组成/%	
己酸（$C_{6:0}$）	ND
辛酸（$C_{8:0}$）	4.6~10.0
癸酸（$C_{10:0}$）	5.5~8.0
月桂酸（$C_{12:0}$）	45.1~50.3
豆蔻酸（$C_{14:0}$）	16.8~21.0
棕榈酸（$C_{16:0}$）	7.5~10.2
棕榈-烯酸（$C_{16:1}$）	ND
十七烷酸（$C_{17:0}$）	ND
十七碳一烯酸（$C_{17:1}$）	ND
硬脂酸（$C_{18:0}$）	2.0~4.0
油酸（$C_{18:1}$）	5.0~10.0
亚油酸（$C_{18:2}$）	1.0~2.5
亚麻酸（$C_{18:3}$）	ND~0.2
花生酸（$C_{20:0}$）	ND~0.2
花生一烯酸（$C_{20:1}$）	ND~0.2
花生二烯酸（$C_{20:2}$）	ND
山嵛酸（$C_{22:0}$）	ND
芥酸（$C_{22:1}$）	ND
二十二碳二烯酸（$C_{22:2}$）	ND
木焦油酸（$C_{24:0}$）	ND
二十二碳二烯酸（$C_{24:1}$）	ND

注：ND 表示未检出，定义为 0.05%。

（三）质量指标

椰子油的质量指标见表 5-16。

表 5-16　椰子油质量指标

项目		质量指标	
		椰子原油	精炼椰子油
色泽	罗维朋比色槽 25.4 mm		黄≤30　红≤3
	罗维朋比色槽 133.4 mm	黄≤50 红≤15	
气味、滋味		只有椰子油固有的气味和滋味，无异味	具有椰子油固有的气味和滋味，滋味正常，无异味
水分及挥发物/%		≤0.20	≤0.10
不溶性杂质/%		≤0.2	≤0.1
酸值（以氢氧化钾计）/（mg/g）		≤8.0	≤0.3
过氧化值/（mmol/100 g）		≤7.5	≤5.0

（四）卫生指标

精炼椰子油的卫生指标按 GB 2716—2018、GB 2760—2016 和国家有关规定执行。

（五）其他

椰子油中不得掺有其他动植物油脂；精炼椰子油在 40 ℃时观察不含沉淀物和悬浮物。

（六）检验方法

1. 气味、滋味、色泽检验

按 GB/T 5525—2008 执行。

2. 相对密度检验

按 GB/T 5526—2007 执行。

3. 折光指数检验

油温在 40 ℃的条件下，按 GB/T 5527—2010 的方法进行测定，结果以仪器读数表示。

4. 水分及挥发物检验

按 GB/T 5528—2008 执行。

5. 不溶性杂质检验

按 GB/T 15688—2008 执行。

6. 酸值检验

按 GB/T 5530—2005 执行。

7. 碘值检验

按 GB/5532—2008 执行。

8. 皂化值检验

按 GB/T 5534—2008 执行。

9. 不皂化物检验

按 GB/T 5535—2008 执行。

10. 过氧化值检验

按 GB/T 5538—2005 执行。

11. 脂肪酸组成检验

按 GB/T 17376—2008 和 GB/T 17377—2008 执行。

12. 卫生指标检验

按 GB 5009.37—2003 执行。

（七）检验规则

1. 抽样

椰子油的抽样方法按照 GB/T 5524—2008 的要求执行。

2. 出厂检验

应逐批检验，并得出具体的检验报告。按照表 5-16 规定的项目进行检验。

3. 型式检验

当原料、设备、工艺有较大的变化或质量监管部门提出要求时，均应进行型式检验。

4. 判定规则

产品未标注椰子油类别时，按不合格判定；检验结果中有 1 项指标不符合相关标准的要求时，即判定该类产品不合格；如对检验结果有争议，可加倍抽样复验 1 次，如仍不合格，则判定该类产品不合格。

5. 标签

需要进行标示的椰子油应符合 GB 7718—2011 的要求。

6. 包装、贮存和运输

（1）包装　椰子油包装容器的类型、规格尺寸、外观要求由供需双方商定。

（2）贮存　椰子油应贮存于阴凉、干燥及避光处。不得与有害、有毒物品一同存放。

（3）运输　运输过程中应注意安全，防止日晒、雨淋、渗透、污染和标签脱落。

十二、椰子奶固体饮料质量标准要求

（一）原料要求

1. 奶粉

应符合 GB/T 5410—2008 的规定。

2. 椰浆粉

感官呈乳白色，该产品具有椰香味、符合相关标准要求。

3. 植脂末

感官呈乳白色，粉末，细度均匀，无结块，冲溶后呈均匀混悬液。

（二）感官指标

见表 5-17。

表 5-17　感官指标

项目	指标
色泽	呈白色
滋味及气味	具有椰子特有的香气和滋味，无刺激、焦煳、酸败及其他异味
形态	粉末，细度均匀，无结块，冲溶后呈均匀混悬液
杂质	无肉眼可见的外来杂质

（三）理化指标

见表 5-18。

表 5-18　理化指标

项目	指标
锌/（mg/100 g）	≥0.8
钙/（mg/100 g）	≥100
铁/（mg/100 g）	≥0.80
水分/%	≤5.0
蛋白质/%	≥5.0
脂肪/%	≥18.0
总糖（以蔗糖计）/%	≤30.0
溶解度/%	≥95.0
总砷（以 As 计）/（mg/kg）	≤0.5
铅（以 Pb 计）/（mg/kg）	≤1.0

（四）微生物指标

见表 5-19。

表 5-19　微生物指标

项目	指标
菌落总数/（CFU/g）	≤3 000
大肠菌群/（MPN/100 g）	≤90
霉菌/（CFU/g）	≤50
致病菌（沙门氏菌、志贺氏菌、金黄色葡萄球菌）	不得检出

（五）净含量

应符合《定量包装商品计量监督管理办法》规定。

（六）食品添加剂

食品添加剂质量应符合相应的标准和有关规定。

食品添加剂的使用量和使用范围应符合 GB 2760—2016 的规定。

（七）生产加工过程

应符合 GB 12695—2016 的规定。

（八）试验方法

1. 感官要求

按 GB/T 7101—2015 的规定进行。

2. 理化指标

（1）蛋白质　按 GB 5009.5—2010 规定进行。

（2）脂肪　按 GB 5009.6—2016 规定进行。

（3）总糖　按 GB 5009.7—2016 规定进行。

（4）总砷　按 GB 5009.11—2003 规定进行。

（5）铅　按 GB 5009.12—2010 规定进行。

（6）溶解度　按 GB/T 5413.29—2010 规定进行。

3. 微生物指标

按 GB/T 4789.21—2003 规定进行。

4. 净含量允许偏差

应符合 JJF 1070—2019 规定。

（九）检验规则

1. 组批

同一批原料、同一班次生产的同一规格产品为一批。

2. 抽样

在每批产品中随机抽取样品 1 000 g，分成 2 份，一份用于检验，另一份留样备存。

3. 出厂检验

须经工厂检验部门逐批检验，并签发产品合格证后方能出厂。出厂检验项目包括感官要求、菌落总数、大肠菌群、净含量、水分、蛋白质。

4. 型式检验

正常生产时每半年进行 1 次型式检验，有下列情况之一时也应进行：新产品试制鉴定；正式生产后，如原料、工艺有较大变化，可能影响产品质量时；产品长期停产后，恢复生产时；出厂检验的结果与上次型式检验有较大差异时；国家质量监督机构提出要求时。

型式检验项目包括技术要求的全部项目。

5. 判定规则

若检验结果中微生物指标有 1 项不合格，则判定该批产品不合格，其余项目若有任一项不合格，可从同批产品中加倍抽取样品进行复检，如复检后仍有不合格项目，则判定为不合格品。

（十）标志、包装、运输、贮存

1. 标志

产品标签应符合 GB 7718—2011 的规定，外包装标志应符合 GB/T 191—2008 的规定。

2. 包装

包装容器应用干燥、清洁、无异味和不影响品质的材料制造，包装材料应符合 GB 4806.7—2016 的规定。

3. 运输

运输时应注意清洁、干燥、防雨、防暴晒，小心轻放，严禁与有毒、有异味、易污染的物品混装混运。

4. 贮存

贮存于清洁、干燥、防潮、无毒、无污染、无异味的仓库内，仓库要有防老鼠设施。地面应铺有 20 cm 以上的垫板，垛位间距不小于 20 cm，与墙壁距离 20 cm以上。

5. 保质期

产品在上述的贮存条件下，保质期为 12 个月。

十三、椰子浆质量安全标准要求

（一）原辅料要求

1. 椰子果

符合 NY/T 490—2002 的要求。

2. 生产用水

符合 GB 5749—2006 的要求。

3. 其他辅料

符合国家相关标准要求。

（二）感官要求

应符合表 5-20 的规定。

表 5-20　感官要求

项目	要求
色泽	为乳白色或浅白色
组织形态	乳浊状，久置允许有轻微分层，但经搅拌后能均匀一致
气味、滋味和口感	具有椰子特有的气味及滋味，无异味
杂质	无肉眼可见的杂质

（三）理化指标

应符合表 5-21 的规定。

表 5-21　理化指标

项目	指标		
	优级	一级	二级
水分/%	≤74.0	≤87.0	≤93.0
脂肪/%	≥20.0	≥10.0	≥5.0
蛋白质/%	≥2.5	≥1.2	≥0.8
月桂酸/%	≥7.0	≥3.5	≥1.5
pH	≥5.9		
总砷（以 As 计）/（mg/kg）	≤0.5		
铅（Pb）/（mg/kg）	≤0.5		
锡*（Sn）/（mg/kg）	≤250		

注：＊项目仅适用于金属罐装。

（四）微生物指标

以罐头加工工艺生产的罐装产品应符合罐头食品商业无菌要求。其他包装的产品微生物指标应符合表 5-22 的规定。

表 5-22　微生物指标

项目	指标
菌落总数/（CFU/g）	≤1 000
大肠菌群/（MPN/100 g）	≤30
霉菌/（CFU/g）	≤20
酵母/（CFU/g）	≤20
致病菌（沙门氏菌、志贺氏菌、金黄色葡萄球菌）	不得检出

（五）净含量

符合《定量包装商品计量监督管理办法》规定。

（六）食品添加剂

食品添加剂质量应符合相应的标准和有关规定。食品添加剂的品种和使用量应符合 GB 2760—2016 规定。

（七）食品生产加工过程中的卫生要求

应符合 GB 14881—2013 的规定。

（八）试验方法

感官按 GB/T 10786—2006 的规定执行。

水分按 GB 5009.3—2003 的规定执行。

脂肪按 GB 5009.6—2003 的规定执行。

蛋白质按 GB 5009.5—2003 的规定执行。

月桂酸按 GB/T 17377—2008 的规定执行。

pH 按 GB/T 10786—2006 的规定执行。

总砷按 GB 5009.11—2003 的规定执行。

铅按 GB 5009.12—2010 的规定执行。

锡按 GB 5009.16—2014 的规定执行。

商业无菌按 GB/T 4789.26—2003 的规定执行。

菌落总数按 GB/T 4789.2—2008 的规定执行。

大肠菌群按 GB/T 4789.3—2016 的规定执行。

致病菌按 GB/T 4789.4—2016、GB/T 4789.5—2012、GB/T 4789.10—2010 的规定执行。

霉菌和酵母菌按 GB/T 4789.15—2016 的规定执行。

净含量按 JJF 1070—2019 的规定执行。

（九）检验规则

1. 组批

同一品种、同一等级、同一批投料生产的产品，以同一生产日期为一检验批次。

2. 抽样

在全批产品的不同部位随机抽取样品，抽样量不少于 6 个包装单位（总量不少于 2 kg）。

3. 检验类别

（1）出厂检验　产品出厂须经逐批检验，检验合格后并签发合格证、注明生产日期、检验员代号等方可出厂。出厂检验项目：感官要求、净含量、水分、菌落总数、大肠菌群、商业无菌（金属罐装）。

（2）型式检验　型式检验项目包括上述全部项目。正常生产时每年应进行 1 次型式检验。有下列情况之一时亦应进行型式检验：原料来源变动较大时；正式投产后，如配方、生产工艺有较大变化，可能影响产品质量时；产品停产半年以上，恢复生产时；出厂检验结果与上次型式检验有较大差异时；国家质量监督部门提出型式检验的要求时。

4. 判定规则

检验结果全部项目符合本节质量要求时，判该批产品为合格品。

微生物指标不符合本节质量要求时，判该批产品为不合格品，不得复检。

除微生物指标外，其他项目检验结果不符合本节质量要求时，可以在原批次产品中抽样复检 1 次，判定以复检结果为准。复检后仍有 1 项不符合要求，则判该批产品为不合格品。

（十）标志、包装、运输与贮存

1. 标志

产品销售包装标签应符合 GB 7718—2011 的规定。外包装除按 GB/T 191—2008 的规定执行外，还应注明产品名称、企业名称、生产日期、净含量、防日晒、防碎和向上等标志。

2. 包装

包装材料应符合相应的国家卫生标准。产品的包装形式、包装规格可由厂家根据市场需求而定。各种包装应完整、紧密、无破损，且适应水路运输。

3. 运输

运输工具及车辆应符合食品卫生要求，严禁与有毒、有害、有异味等其他有碍食品卫生的物品混装混运。产品运输过程中，车、船应遮盖，应保持清洁卫生和干燥，应防雨淋、防日晒、防潮湿，同时要小心轻放，避免生物挤压、撞击、剧烈震动。运输时要采取有效措施，防止产品及包装的损坏。

4. 贮存

产品要存放在清洁卫生、通风良好、保持干燥、防日晒，并具有防止外物侵害和污染设施的专用成品仓库内。堆放时与周围墙壁距离不小于 20 cm，离地面 10 cm 以上，堆放层数以不使产品包装变形、损坏为限，不得与潮湿、有异味的物品堆放在一起。

（十一）保质期

在本节质量要求规定的运输贮存条件下，建议最短保质期为：金属罐装 12 个月，其他包装形式 6 个月。工厂可根据技术水平、卫生条件自行确定不低于建议值的保质期。

十四、糖渍椰肉质量安全标准要求

（一）产品介绍

糖渍椰肉是指以椰子肉为原料，经成型、糖渍等加工工艺制成的块状、片状和丝状等干态制品，分为椰角、椰片和椰丝等产品。

（二）原料要求

1. 椰子肉

应具有新鲜椰子肉的气味和滋味，呈白色，无腐败变质，无不良气味和异味，无异物。

2. 食糖

白砂糖应符合 GB 317—2018 的规定；液体葡萄糖应符合 QB/T 2319—1997 的规定；其他食糖应符合相应国家标准或行业标准的规定。

3. 水

应符合 GB 5749—2006 的规定。

4. 食品添加剂

应选用 GB 2760—2014 规定的食品添加剂，并应符合相应的产品标准。

（三）感官要求

感官要求应符合表 5-23 的规定。

表 5-23　感官要求

项目	要求
色泽	呈白色或浅黄色，较均匀，无异常颜色，无霉变
组织与形态	表面干燥，边缘整齐
口感与风味	有韧性和咀嚼性，不粘牙，具有椰子特有的滋味，无异味，无哈喇味
杂质	无肉眼可见的外来杂质

（四）理化指标

理化指标应符合表 5-24 的规定。

表 5-24　理化指标

项目	指标		
	椰角	椰片	椰丝
水分/%	≤15	≤10	
总糖（以葡萄糖计）/%	≤65		
酸值（以氢氧化钾计）/（mg/g）	≤0.3		

（五）卫生指标

卫生指标应符合表 5-25 的规定。

表 5-25　卫生指标

项目	指标
二氧化硫残留量	按 GB 5009.34—2016 执行
总砷（以 As 计）/（mg/kg）	≤0.5
铅（Pb）/（mg/kg）	≤0.5
铜（Cu）/（mg/kg）	≤10
菌落总数/（CFU/g）	≤1 000
大肠菌群/（MPN/100 g）	≤30
霉菌/（CFU/g）	≤50
致病菌（沙门氏菌、志贺氏菌、金黄色葡萄球菌）	不得检出

（六）净含量

应符合国家质量监督检验检疫总局《定量包装商品计量监督管理办法》的规定。

（七）试验方法

1. 感官

将样品置于清洁、干燥的白瓷盘中，检查色泽、形态、组织、滋味、气味和杂质。

2. 水分

按 GB 5009.3—2016 的规定执行。

3. 总糖

按 GB 5009.8—2016 的规定执行。

4. 酸值

按 GB 5009.229—2016 的规定执行。

5. 二氧化硫残留量

按 GB 5009.34—2016 的规定执行。

6. 总砷

按 GB 5009.11—2014 的规定执行。

7. 铅

按 GB 5009.12—2017 的规定执行。

8. 铜

按 GB 5009.13—2017 的规定执行。

9. 菌落总数、大肠菌群和致病菌

按 GB/T 4789.24—2013 的规定执行。

10. 净含量

按 JJF 1070—2019 的规定执行。

11. 生产加工过程的卫生要求

应符合 GB 8956—2016 的规定。

（八）检验规则

1. 组批

以同一天、同一班次生产的同一类型产品为一批。

2. 抽样

按 GB/T 10782 第 8 条执行。

3. 检验分类

（1）出厂检验　产品出厂前应由生产技术检验部门逐批检验，检验合格方可出厂。出厂检验项目为感官要求、净含量、二氧化硫残留量、菌落总数和大肠菌群。

（2）型式检验　正常生产时每 6 个月应进行 1 次型式检验。当有下列情况之一时也应进行型式检验：长期停产后，恢复生产时；当原料、工艺及设备有较大改动可能影响产品质量时；出厂检验结果与上次型式检验结果差异较大时；国家质量监督检验机构认为需要时。

型式检验项目为上述全部项目。

4. 判定规则

出厂检验项目或型式检验项目全部符合要求时，判定该批产品为合格产品。

卫生指标有1项检验结果不符合要求时，判为不合格品，不得复验。

除卫生指标外，对其他项目检验结果如有异议时，可以在原批次产品中加倍抽样复验1次，判定以复验结果为准，若仍有1项指标不合格，则判该批产品为不合格品。

（九）包装、标签和标志、贮存与运输

1. 包装

包装容器和材料应符合相应的卫生标准和有关规定。

2. 标签和标志

标签按 GB 7718—2011 执行，标志按 GB/T 191—2008 执行。

3. 贮存

产品应贮存在清洁、干燥、通风良好的场所，并有防尘、防蝇、防虫、防鼠设施，不得与有毒、有害、有异味、易挥发、易腐蚀或其他影响产品质量的物品一同贮存。

4. 运输

产品运输时，运输工具必须清洁、干净，应避免日晒、雨淋，不得与有毒、有害、有异味或其他影响产品质量的物品混装混运。

（十）保质期

在符合上述标准规定的条件下，保质期不少于3个月。

十五、椰子糖果质量安全标准要求

（一）产品介绍

椰子糖果指以椰子原汁、白砂糖、淀粉糖浆、凝胶剂等为原料，按照一定工艺加工而成的糖块，包括硬质椰子糖果、乳脂椰子糖果、充气椰子糖果和凝胶椰子糖果4种产品。

硬质椰子糖果指以椰子原汁、白砂糖和淀粉糖浆为主料，经熬煮浓缩加工而成的硬、脆、无定形或微晶形固体糖块。

乳脂椰子糖果指以椰子原汁、白砂糖、淀粉糖浆为主料，经高度乳化，并在加热熬煮过程中形成具有焦香风味的固体糖块。

充气椰子糖果指以椰子原汁、白砂糖、淀粉糖浆为主料，熬制至一定浓度，与发泡剂混合，经搅打而成的内部均匀分散细密气泡的固体糖块。

凝胶椰子糖果指以一种或多种亲水性凝胶与椰子原汁、白砂糖、淀粉糖浆为主料，经加热融化至一定浓度，在一定条件下形成的水分含量较高、质地柔软的凝胶状糖块。

（二）原料要求

1. 椰子原汁

利用新鲜椰子肉压榨而成的椰子原汁，无腐败变质，无不良气味和异味，无异物。

2. 食糖

白砂糖应符合 GB/T 317—2018 的规定；液体葡萄糖应符合 GB/T 20882.2—2021 的规定；其他食糖应符合相应国家标准或行业标准的规定。

3. 水

应符合 GB 5749—2006 的规定。

4. 食品添加剂

应选用 GB 2760—2016 规定的食品添加剂，并应符合相应的产品标准。

（三）感官要求

感官要求应符合表 5-26 的规定。

表 5-26 感官要求

项目		要求
色泽	硬质椰子糖果	光亮或微有光泽，色泽均匀一致，符合品种应有的色泽
	乳脂椰子糖果	色泽均匀一致，符合品种应有的色泽
	充气椰子糖果	色泽均匀一致，符合品种应有的色泽
	凝胶椰子糖果	色泽均匀一致，符合品种应有的色泽
形态	硬质椰子糖果	块形完整，表面光滑，边缘整齐，大小一致，厚薄均匀，无缺角、裂缝，无明显变形
	乳脂椰子糖果	块形完整，表面光滑，边缘整齐，大小一致，厚薄均匀，无缺角、裂缝，无明显变形
	充气椰子糖果	块形完整，表面光滑，边缘整齐，大小一致，厚薄均匀，无缺角、裂缝，无明显变形
	凝胶椰子糖果	块形完整，表面光滑，边缘整齐，大小一致，无缺角、裂缝，无明显变形，无粘连
组织	硬质椰子糖果	糖体坚硬而脆，不粘牙，不粘纸
	乳脂椰子糖果	糖体表面、剖面光滑，组织紧密，口感细腻，有韧性和咀嚼性，不粘牙，不粘纸
	充气椰子糖果	糖体表面及剖面细腻滑润，软硬适中，有弹性，内部气孔均匀，表面及剖面不粗糙，口感柔软
	凝胶椰子糖果	糖体光亮、稍透明（加不透明辅料或充气的除外），略有弹性，不粘牙，无硬皮
滋味、气味		符合品种应有的滋味及气味，富有椰子风味，无异味
杂质		无肉眼可见的外来杂质

（四）理化指标

理化指标应符合表 5-27 的规定。

表 5-27 理化指标

项目	指标			
	硬质椰子糖果	乳脂椰子糖果	充气椰子糖果	凝胶椰子糖果
干燥失重/%	≤4.0	≤4.0	5.0~9.0	8.5~18.0
还原糖（以葡萄糖计）/%	12.0~29.0	12.0~29.0	≥17.0	≥19.0
脂肪/%	≥3.0	≥10.0	≥8.0	—
酸值（以氢氧化钾计）/（mg/g）	≤0.5	≤1.0	≤1.0	—
月桂酸（以脂肪计）/%	≥28.0			—

（五）卫生指标

卫生指标应符合表 5-28 的规定。

表 5-28 卫生指标

项目	指标
二氧化硫残留量/（mg/kg）	≤50.0
总砷（以 As 计）/（mg/kg）	≤0.5
铅（Pb）/（mg/kg）	≤0.5
铜（Cu）/（mg/kg）	≤10
菌落总数/（CFU/g）	
硬质椰子糖果	≤750
乳脂椰子糖果、充气椰子糖果	≤20 000
凝胶椰子糖果	≤1 000
大肠菌群/（MPN/100 g）	
硬质椰子糖果	≤30
乳脂椰子糖果、充气椰子糖果	≤440
凝胶椰子糖果	≤90
致病菌（沙门氏菌、志贺氏菌、金黄色葡萄球菌）	不得检出

（六）净含量

应符合国家质量监督检验检疫总局《定量包装商品计量监督管理办法》的规定。

（七）试验方法

1. 感官

将样品置于清洁、干燥的白瓷盘中，剥去所有包装纸，检查色泽、形态、组织、滋味、气味和杂质。

2. 干燥失重

按 GB 5009.3—2016 的规定执行。

3. 还原糖

按 GB 5009.7—2016 的规定执行。

4. 脂肪

按 GB 5009.6—2016 的规定执行。

5. 酸值

按 GB 5009.229—2016 的规定执行。

6. 月桂酸

按 GB/T 17377—2008 的规定执行。

7. 二氧化硫残留量

按 GB 5009.34—2016 的规定执行。

8. 总砷

按 GB 5009.11—2014 的规定执行。

9. 铅

按 GB 5009.12—2017 的规定执行。

10. 铜

按 GB 5009.13—2017 的规定执行。

11. 菌落总数、大肠菌群、致病菌

按 GB/T 4789.24—2003 的规定执行。

12. 净含量

按 JJF 1070—2019 的规定执行。

（八）生产加工过程的卫生要求

应符合 GB 14881—2013 的规定。

（九）检验规则

1. 组批

以同一天、同一班次生产的同一类型产品为一批。

2. 抽样

在生产线或成品仓库内随机抽取样品，抽样件数见表 5-29。

表 5-29 抽样规则

每批生产包装件数（指基本包装箱）	抽样件数（指基本包装箱）
200（含 200）以下	3
200~800	4
801~1 800	5
1 801~3 200	6
3 200 以上	7

在抽样件数中任意取 3 件，每件取 100 g，混匀；从其中取 1/3 用于感官检验、1/3 用于净含量检验、1/3 用于卫生检验、干燥失重和还原糖检验。

（十）检验分类

1. 出厂检验

产品出厂前应由生产技术检验部门逐批检验，检验合格方可出厂。出厂检验项目为感官要求、净含量、干燥失重、还原糖含量和菌落总数。

2. 型式检验

正常生产时每 6 个月应进行 1 次型式检验。当有下列情况之一时也应进行型式检验：长期停产后恢复生产时；当原料、工艺及设备有较大改动可能影响产品质量时；出厂检验结果与上次型式检验结果差异较大时；国家质量监督检验机构认为需要时。

型式检验项目为上述全部项目。

（十一）判定规则

出厂检验项目或型式检验项目全部符合本节质量要求时，判定该批产品为合格产品。

微生物指标有 1 项检验结果不符合本节质量要求时，判为不合格品，不得复验。

除微生物指标外，对其他项目检验结果如有异议时，可以在原批次产品中加倍抽样复验 1 次，判定以复验结果为准，若仍有 1 项指标不合格，则判该批产品为不合格品。

（十二）标志、标签、包装、运输、贮藏

1. 外包装箱标志

外包装箱标志应符合 GB/T 191—2008 和 GB/T 6388—1986 的规定。

2. 单件包装标签

单件包装标签应符合 GB 7718—2011 的规定，还应标明产品类型。

3. 包装

包装材料应符合有关标准的规定。

4. 运输

运输产品时应避免日晒、雨淋。不得与有毒、有害、有异味或影响产品质量的物品混装运输。

5. 贮存

产品应贮存在干燥、通风良好的场所。不得与有毒、有害、有异味、易挥发、易腐蚀的物品同处贮存。

6. 保质期

在符合上述标准规定的条件下，保质期不少于 6 个月。

十六、椰青产品质量标准

（一）椰青种类

1. 椰青

以新鲜、未响水、无腐烂的椰子嫩果为原料、经加工整形或去皮抛光后再经过保鲜处理生产的椰子产品。

2. 圆锥形椰青

指除去少部分椰子外衣，外表形状下部为圆柱形、上部为圆锥形的椰青。

3. 未抛光椰青

指除去全部或大部分椰子外衣，未对硬壳进行抛光处理的椰青。

4. 抛光椰青

指除去全部或大部分椰子外衣，并对硬壳进行抛光处理的椰青。

（二）原料要求

1. 椰子

应为表皮光滑、新鲜、未响水的椰子嫩果。

2. 加工辅料与加工助剂

椰青的加工辅料与加工助剂应符合 GB 2760—2016 的规定，质量应符合相应的标准和有关规定。

（三）感官要求

应符合表 5-30 的规定。

表 5-30　感官要求

项目		要求
外观	圆锥形椰青	呈圆锥形，无霉变，浅褐色，允许有少量其他色斑，无裂痕
	未抛光椰青	无霉变，浅褐色，无明显黑色和红褐色，无裂痕
	抛光椰青	外表光滑，无霉变，浅褐色，无明显黑色和红褐色，无裂痕
风味、质地		椰子肉和椰子水具有其特有的气味和滋味，无异味；椰子肉质地柔软，咀嚼无渣

（四）理化指标

应符合表 5-31 的规定。

表 5-31　理化指标

项目	指标（椰子水部分）
pH 值	4.3~6.0
总糖（以葡萄糖计）/%	≥3.0

（五）卫生指标

应符合表 5-32 的规定。

表 5-32　卫生指标

项目	指标	
	椰子外衣	椰子水
总砷（以 As 计）/（mg/kg）	—	≤0.2

项目	指标	
	椰子外衣	椰子水
铅（Pb)/（mg/kg)	—	≤0.05
铜（Cu)/（mg/kg)	—	≤10
二氧化硫残留量/(mg/kg)	—	≤50
菌落总数/(CFU/g)	—	≤100
大肠菌群/（MPN/100 g)	—	≤30
霉菌/(CFU/g)	≤100	—
致病菌（沙门氏菌、志贺氏菌、金黄色葡萄球菌）	不得检出	

（六）试验方法

1. 感官

将样品平铺于清洁白纸上，在自然光线下，用肉眼观察其外观、形状，嗅其风味，并对椰子水和椰子肉进行品尝。

2. pH

按 GB/T 10468—1989 执行。

3. 总糖

按 GB/T 8210—2011 执行。

4. 二氧化硫

按 GB 5009.34—2016 执行。

5. 总砷

按 GB 5009.11—2014 执行。

6. 铅

按 GB 5009.12—2017 执行。

7. 铜

按 GB 5009.13—2017 执行。

8. 菌落总数

按 GB 4789.2—2016 执行。

9. 大肠菌群

按 GB 4789.3—2016 执行。

10. 沙门氏菌

按 GB 4789.4—2016 执行。

11. 志贺氏菌

按 GB 4789.5—2012 执行。

12. 金黄色葡萄球菌

按 GB 4789.10—2016 执行。

13. 霉菌

按 GB 4789.15—2016 执行。

（七）检验规则

1. 组批

以同一天、同一班次生产的产品为一批。

2. 抽样

每批产品按 0.3% 的比例进行随机抽样，但不得少于 12 个。

3. 出厂检验

产品出厂前由生产厂的检验部门按产品标准逐批进行检验，符合标准方可出厂。出厂检验项目为感官指标、pH、总糖、二氧化硫残留量。

4. 型式检验

当有下列情况之一时，应进行型式检验：长期停产后恢复生产时；当原料、工艺及设备有较大改动可能影响产品质量时；出厂检验结果与上次型式检验结果差异较大时；国家质量监督检验机构认为需要时。

5. 判定规则

检验结果全部项目符合本节质量要求时，判定该批产品为合格产品。

卫生指标有 1 项检验结果不符合本节质量要求时，判定该批产品为不合格品，不得复验。

除卫生指标外，对其他项目检验结果如有异议时，可以在原批次产品中加倍抽样复验 1 次，判定以复验结果为准，若仍有 1 项指标不合格，则判该批产品为不合格品。

（八）包装、标志和标签、贮存、运输和保质期

1. 包装

包装材料及方式以确保产品的安全和卫生为原则，由供需双方确定。

2. 标志和标签

标志按 GB 191—2008 执行；标签按 GB 7718—2011 执行，并对最小销售单元标明食用方法。

3. 贮存

贮存库内应清洁、卫生、干燥、通风良好，室温 25 ℃以下。不应与有毒、有异味、发霉、易于传播病虫的物品同处贮存。产品堆放不应直接落地、靠墙，应留有通道，并注意防鼠、防虫。

4. 运输

运输工具应清洁、卫生、防雨、防潮、隔热。产品不应与有毒、有异味、有害物品混装混运。

5. 保质期

在符合本节质量要求规定的条件下，保质期不少于 20 d。

十七、椰纤果质量安全标准要求

（一）产品分类

1. 椰纤果

椰纤果指以椰子水或椰子汁（乳）等为主要原料，经木葡糖酸醋杆菌（*Gluconacetobacter xylinus*）发酵制成的一种纤维素凝胶物质，也称为椰果、椰子纳塔或高纤椰果。椰纤果分为粗制椰纤果、杀菌椰纤果、酸渍椰纤果、蜜制椰纤果、压缩椰纤果5类。

2. 酸渍椰纤果

指加食用酸保存的椰纤果。

3. 蜜制椰纤果

指经蜜制工序加工而成的椰纤果。

4. 压缩椰纤果

指利用机械等方法脱去一定水分的椰纤果。

5. 杀菌椰纤果

指以加热煮沸等方式杀菌、密封保存的椰纤果。

6. 粗制椰纤果

指发酵形成凝胶后未经压缩、酸渍、蜜制、杀菌等处理的椰纤果。

（二）原料要求

1. 椰子水

椰子水应具有正常的色泽，无异物，允许有正常发酵产酸的气味，无霉变，无腐臭味。

2. 椰子汁（乳）

应具有新鲜椰子汁（乳）的气味和滋味，无腐败变质，无不良气味和异味，无异物。

3. 水

应符合 GB 5749—2016 的规定。

4. 加工辅料与加工助剂

椰纤果的加工辅料与加工助剂必须是食品原料或符合 GB 2760—2016 规定的食品添加剂（加工助剂），质量应符合相应的标准和有关规定。

5. 发酵菌种

椰纤果发酵菌种为木葡糖酸醋杆菌（*Gluconacetobacter xylinus*），若改变菌种，则应在投入生产前经过菌种鉴定和安全性评价。

（三）感官要求

感官要求应符合表5-33的规定。

表5-33 感官要求

项目	要求
气味（杀菌椰纤果、酸渍椰纤果、粗制椰纤果、蜜制椰纤果、压缩椰纤果）	具有该产品应有的气味，无异味

（续表）

项目		要求
色泽（杀菌椰纤果、酸渍椰纤果、粗制椰纤果、蜜制椰纤果、压缩椰纤果）		应具有该产品正常的色泽，色泽均匀，无异常颜色
外形	杀菌椰纤果、酸渍椰纤果、粗制椰纤果、蜜制椰纤果	呈凝胶状，质地结实，有弹性，无霉变
	压缩椰纤果	呈薄片状，外形干瘪，质地柔韧，无霉变
杂质（杀菌椰纤果、酸渍椰纤果、粗制椰纤果、蜜制椰纤果、压缩椰纤果）		无肉眼可见的外来杂质

（四）理化指标

理化指标应符合表 5-34 的规定。

表 5-34　理化指标

项目	指标			
	粗制椰纤果	酸渍椰纤果	压缩椰纤果	杀菌椰纤果与蜜制椰纤果
过氧化氢/（mg/kg）	—	≤7.0	≤7.0	≤3.5
粗纤维/%	≥0.05			

（五）卫生指标

卫生指标应符合表 5-35 的规定。

表 5-35　卫生指标

项目	指标	
	粗制椰纤果、酸渍椰纤果、压缩椰纤果	杀菌椰纤果、蜜制椰纤果
总砷（以 As 计）/（mg/kg）	≤0.5	
铅（Pb）/（mg/kg）	≤0.5	
铬（Cr）/（mg/kg）	≤1.0	
亚硝酸盐/（mg/kg）	≤2.0	
菌落总数/（CFU/g）	不得检出	≤100
大肠菌群/（MPN/100 g）	不得检出	≤30
霉菌/（CFU/g）	不得检出	≤20
致病菌（沙门氏菌、志贺氏菌、金黄色葡萄球菌）	不得检出	

（六）净含量

应符合国家质量监督检验检疫总局《定量包装商品计量监督管理办法》的规定。

（七）检验方法

1. 基本要求

凡含有浸泡液的椰纤果或经复水的压缩椰纤果，应进行试样处理，再取样测定。

2. 感官

将样品倒入白瓷盘内，嗅其风味，在明亮的自然光处观察其色泽、外形及杂质。

3. 粗纤维

按 GB 5009.10—2010 执行。

4. 总砷

按 GB 5009.11—2014 执行。

5. 铅

按 GB 5009.12—2017 执行。

6. 铬

按 GB 5009.123—2014 执行。

7. 亚硝酸盐

按 GB 5009.33—2016 执行。

8. 菌落总数

按 GB 4789.2—2016 执行。

9. 大肠菌群

按 GB 4789.3—2016 执行。

10. 沙门氏菌

按 GB 4789.4—2016 执行。

11. 志贺氏菌

按 GB 4789.5—2016 执行。

12. 金黄色葡萄球菌

按 GB 4789.10—2010 执行。

13. 霉菌

按 GB 4789.15—2016 执行。

14. 净含量

按 JJF 1070—2019 执行。

（八）检验规则

1. 组批

以同一天、同一班次生产的同一类型产品为一批。

2. 抽样

每批产品按3%随机抽样，最低不得少于3件，从抽样件数中每件抽取 1 kg，样品总重量不得少于 3 kg。

3. 出厂检验

产品出厂前应由生产技术检验部门按本节质量要求检验，检验合格方可出厂。

酸渍椰纤果、粗制椰纤果和压缩椰纤果出厂检验项目为感官指标和净含量，杀菌椰纤果和蜜制椰纤果增加检验菌落总数和大肠菌群项目。

4. 型式检验

当有下列情况之一时，应进行型式检验。型式检验项目为本节质量要求规定的全部项目：长期停产后，恢复生产时；当原料、工艺及设备有较大改动、可能影响产品质量时；出厂检验结果与上次例行（型式）检验结果差异较大时；国家质量监督检验机构认为需要时；菌种改变时，在投入生产前必须经过菌种鉴定和安全性评价。

5. 判定规则

检验结果全部项目符合本节质量要求时，判定该批产品为合格产品。

卫生指标有一项检验结果不符合本节质量要求时，判为不合格品，不得复验。

除卫生指标外，其他项目检验结果如有异议时，可以在原批次产品中加倍抽样复验1次，判定以复验结果为准，若仍有 1 项指标不合格，则判该批产品为不合格品。

（九）包装、标志、标签、贮存、运输及保质期

1. 包装

包装材料应符合有关标准的规定。

2. 标志、标签

标志按 GB 191—2016 执行；标签按 GB 7718—2011 执行，粗制椰纤果的标签由供需双方确定。

3. 贮存

产品应贮存在清洁、干燥、通风良好的场所，不应与有毒、有害、有异味、易挥发、易腐蚀或其他影响产品质量的物品一同贮存。

4. 运输

产品运输时，运输工具必须清洁、干净，应避免日晒、雨淋，不应与有毒、有害、有异味或其他影响产品质量的物品混合装运。

5. 保质期

在符合本节质量要求规定的条件下，粗制椰纤果保质期不少于 24 h。其他种类的椰纤果，保质期不少于 3 个月。

第二节　香蕉

一、香蕉产业与产品特点

1. 香蕉产业

香蕉是仅次于柑橘类的世界第二大水果，我国是世界第三大香蕉生产大国。根据联合国粮食及农业组织（FAO）统计，2017 年我国香蕉收获面积 35.1 万 hm^2，居世界第

三位，仅次于印度和菲律宾，香蕉总产量1 117万 t。据国家统计局数据，2018 年我国香蕉产量为 1 122万 t，2019 年我国香蕉产量达到 1 166万 t，同比增长 3.87%。香蕉产业主要分布在亚热带地区，在亚热带地区经济和农村社会发展中发挥着重要作用，我国香蕉种植区主要分布在海南、广东、广西、云南、福建五大省份。标准化是农业产业化、规模化、现代化的必经之路。香蕉产业标准化程度十分重要，不仅影响整个产业的质量和产业化发展，而且香蕉标准对攻克国际贸易中技术性贸易壁垒具有重要作用，已成为贸易各国特别是发达国家进出口、限制进口、抢占贸易制高点、调解贸易争端的重要手段和依据。因此，有必要分析研究我国香蕉产前、产中、产后全过程标准，分析我国香蕉产业标准化现状及存在问题，针对存在的问题提出对策建议。

我国早在 20 世纪 80 年代就已开始制修订香蕉标准。随着产业的发展，香蕉质量水平的高低也受到了社会广泛关注和重视，香蕉标准制定项目的数量越来越多，质量也在逐步提高。截至目前，我国已制定 81 项现行有效的相关香蕉的国家、行业、地方标准，其中国家标准 7 项、行业标准 39 项、地方标准 35 项。

按香蕉生产的产前、产中、产后全过程进行分类，涉及繁殖、种植生产、采收加工、运输、贮藏等各个环节。但是，我国香蕉产业标准仍存在与实际生产加工脱离，不能满足市场需求的情况。

香蕉产前标准包括香蕉种质、种苗、品种和香蕉园地规划等方面。香蕉种类繁多，变异较为复杂，香蕉种质管理等种植管理水平，直接影响到香蕉生长、产量及营养价值。我国是香蕉种植大国，在农业科技领域较先进，多年来，从香蕉选种、种苗繁育等方面共制定 NY/T 1319—2007《农作物种质资源鉴定技术规程 香蕉》等 15 项产前标准，促进我国香蕉种植产业的健康发展。

香蕉产中标准涉及田间管理的各个过程，如除草、培土、追肥、防寒害、防治病虫等，直接影响香蕉的收成，香蕉的产中标准包括生产技术规程、病虫害防治等标准。在香蕉产中标准方面，我国共制定了 NY/T 5022—2006《无公害食品 香蕉生产技术规程》等生产技术规程标准和 GB/T 24831—2009《香蕉穿孔线虫检疫鉴定方法》等病虫害防治标准共 26 项。

目前，我国发布的香蕉产后标准包括产品、采收加工、运输、贮藏、检验检疫和其他等标准共 37 项。在香蕉产品标准方面，我国制定了 GB/T 9827—1988《香蕉》1 项国家标准和 NY/T 3193—2018《香蕉等级规格》等 7 项行业标准和地方标准。这些标准从感官品质、品种、营养等指标，对食用香蕉、青香蕉、香蕉脆片产品进行规范。香蕉的贮运技术水平影响香蕉产品的品质、贮存时间，因而对加工过程、包装、运输、贮存等进行规范化管理对提升我国香蕉加工标准化生产水平具有重要意义。目前，我国已制定了香蕉加工相关标准如 NY/T 1395—2007《香蕉包装、贮存与运输技术规程》等 6 项。香蕉相关加工标准数量过少，不利于香蕉产业的健康、可持续发展。在香蕉检验检疫标准方面，我国发布的 GB 2763—2021《食品安全国家标准 食品中农药最大残留限量》涵盖了目前香蕉相关的所有质量安全标准限量，规定了香蕉中包括杀虫剂、杀菌剂、除草剂等农药的 54 项最高残留限量，部分还专门针对香蕉设定残留限量。此外，还制定了 SN/T 0885—2000《进出口鲜香蕉检验规程》等满足检验检疫需求的行业标准、地方标准，满足进出口鲜香蕉的贸易需求，强化香蕉流行病虫害的鉴定、检测和防治。

虽然我国现行有效的香蕉标准已达 81 项，但标准的构成还不够合理，标准体系不够完善。在现行的标准中产中标准多为病虫害防治管理标准，缺少延长产业链的标准，农技和售后等服务类标准不足，香蕉套种其他农作物标准等不足，加工、包装、贮运标准不足，深加工产品标准仍然偏少，难以适应市场发展的需要。需完善香蕉相关标准，包括深加工标准、香蕉套种其他农作物等标准。

我国虽然是香蕉种植大国之一，但香蕉的规模化程度不大，散种、农户加小企业一直是我国大部分省份香蕉的主要生产经营模式，个别种植大企业虽然已有一定程度的规模化，但标准重视程度不够，整体上没有制定有效的生产技术规程和管理制度，未能做到统一规划布局、统一栽培技术、统一管理、统一经营、统一品牌，未形成连片大面积生产的经营模式。散种种植农民文化程度低，思想意识相对落后，获取香蕉标准信息渠道不通畅，不能有效地贯彻和实施标准，影响香蕉相关标准的实施和香蕉产品质量的提高，影响香蕉产业的健康发展。企业参与标准制定工作少，企业中标准化工作经费投入很少或没有。

标准是科研成果和实践经验的结合。香蕉生产技术标准主要包括种苗生产技术标准、栽培技术标准、蕉果护理技术标准等。以广西为例，广西作为香蕉种植大省和农业大省之一，对香蕉种植管理，特别是病虫害防治管理研究方面有较多的科技成果，加上随着广西政府对果蔬深加工业的重视，香蕉深加工成香蕉酱、香蕉粉、香蕉果干、香蕉果汁、香蕉酒等产品，这些深加工产品提高了广西香蕉产品的综合利用率，深加工方面也有了一定的进展，但转化为标准体系内的标准如行业标准等的少，多为企业标准。我国香蕉种植以家庭式小规模分散种植为主，绝大部分果农没有经过系统的香蕉栽培技术培训，没有完整的种植管理等技术措施，多数凭借经验种植管理，方式粗放，滥用化肥、农药和激素等，病虫害严重，大多数农户不注意香蕉的无伤采收和采后处理，影响香蕉产品贮藏期和产品档次，导致香蕉产量和质量水平不高。

2. 产品特点

苹果、葡萄、柑橘和香蕉并称为世界四大水果，作为元老之一的香蕉，主要位于热带和亚热带地区。我国是香蕉主产国之一，也是世界上栽培香蕉历史最悠久的国家之一，已有多年的栽培历史。但是，在 20 世纪 50 年代以前，由于生产技术低下，我国生产的香蕉几乎没有能够出口，香蕉的种植也呈现小面积零星种植。随着改革开放和科技水平的提高，我国香蕉产业得到了发展，2020 年我国香蕉的年产量已达 1 151.3 万 t。加之我国生态条件复杂，香蕉的品种资源丰富，对世界的香蕉产业做出了重大贡献。

20 世纪 80 年代以前，由于技术落后、香蕉产品单一，大多数香蕉仅进行了简单的加工；从 20 世纪 80 年代开始，香蕉干、香蕉脆片、罐头等香蕉深加工产品逐步推向市场，受到广大消费者的喜爱；随后，香蕉泥、香蕉原汁饮料等产品多次获全国性食品交易会金奖、银奖。通过政府大力提倡香蕉加工，香蕉加工业渐渐发展开来，产品香蕉果酱、香蕉粉、香蕉软糖、香蕉汁等香蕉高附加值产品逐渐增多，香蕉产业品种逐步多元化，带动了香蕉产业的发展。

香蕉富含果胶、糖类及各种酶类的特点，促使香蕉的保存和运输成本、香蕉生产技术等不断提高。不少科研机构针对香蕉这一特点，在香蕉科技成果转化、创立香蕉品牌、保存和运输技术方面都有了一定的突破。例如，"大唐香蕉"等国内一流的名牌制定并执行香蕉保鲜配套技术规程，其产品质量可与进口香蕉相媲美。由中国热带农业科学院研发的"香蕉及其他热带亚热带水果主要水果保鲜技术研究"，可提高香蕉商品附加值。香蕉保鲜技术的增强同时会给香蕉的运输带来极大的便利。

二、影响香蕉产品质量的安全因素

当前水果市场供应体系存在着运输物流成本高、流通环节复杂等问题，消费者无法得到高质量、新鲜的水果。以物流因素对香蕉品质安全的影响为例，利用主成分分析法对包装、运输、贮藏等因素进行研究发现，香蕉的安全包装时间为 0~3 d，运输最佳时间为 0~2 d，贮藏保质期为 35 d。并根据试验结果提出了包装、保鲜、运输及贮藏方面的物流模式优化建议，以期为行业相关部门制定标准提供参考。

研究结果表明，短时期内，香蕉的品质受包装、运输和贮藏等环节影响较大，随着时间的推移，影响程度逐渐下降。为了保证香蕉品质，选择 0~3 d 内完成包装，运输香蕉的最佳时间为 0~2 d。香蕉的贮藏保质期为 35 d，贮藏期间香蕉的品质趋于平稳。我国物流技术标准目前还不够全面和完善，存在部分技术标准欠缺的情况。该研究通过主成分分析法得出包装、运输、贮藏等对香蕉的影响，但由于试验数据获取的局限性，实例范围有限，还须采用更为完备的物流技术进一步验证。

随着我国物流水平的迅速发展，水果物流技术的标准也处于不断完善中。针对水果包装、运输、贮藏等多个环节技术提出如下建议：一是包装技术处理，运用新型环保包装材料对水果进行包装，加强对包装材料的规格化和标准化，并加强监督；二是水果保鲜技术处理，加强水果保鲜剂的透明化，提高对水果农药残留的检测率；三是运输技术处理，针对不同水果选定最佳的水果运输方式，并配备冷藏设备，以保证水果新鲜度；四是贮藏技术处理；针对不同水果选择合适的贮藏温度及湿度，保证水果的品质优良以及外观的美观。

三、香蕉质量安全生产技术规程

1. 产地选择

种植基地选择在产地周边环境优良、空气清新、有灌溉水源保证的土壤。该区域土壤未受污染，具有良好农业生态环境，符合 NY/T 391—2000《绿色食品　产地环境技术条件》的要求。

2. 土壤条件

香蕉属喜温作物，根群细嫩，对土壤要求较严，园地应选择土质疏松、排水畅通、物理性状良好、孔隙较多、pH 在 5~7 的冲积壤土、黏壤土、砂壤土类。

3. 品种及苗木选择

高产、优质、抗病、商品性好、耐贮运的巴西、威廉斯等香蕉组培（试管）苗。

选好种苗是获得早实、丰产、优质的前提，优质种苗应该是品种纯正、生长健壮、根系发达、茎干粗壮、苗高 15~25 cm。

4. 定植时间与方法

香蕉是热带水果，性喜高温多湿。气温在 29~31 ℃时生长最快；3—7 月高温多湿，适合香蕉生长，这时生长最快；定植时间以春（3 月）、秋（9 月）两季为宜，栽植密度可根据品种、土壤肥力等因素确定，每亩栽 105~110 株（株行距 2.5 m×2.7 m）。定植前 1 个月深耕后挖塘，塘深 80 cm、宽 80 cm，每亩施腐熟农家肥 5 000 kg，与塘土充分混合后回填。定植时，在塘中央确定位置后挖好定植穴，将苗木扶正，回填土应低于地面 5~8 cm，浇透定根水，以便提高地温，保持水分，杀灭杂草，使苗木迅速进入生长期。

5. 水分管理

苗期植株尚矮小，需水量不多。白昼畦面不焦白，手摸表土感觉湿润凉快，即能满足植株吸收利用。在生长旺盛期，植株生长速度快，尤其是花芽分化期，对水分反应最敏感，蕉园土壤水分保持田间持水量的 90%~100%，畦泥松软（易黏附脚底），方能满足暴生茎叶的需水量。也可以利用稻草、杂草、蔗叶等覆盖物长期覆盖畦面，这在夏季可以降温保湿，减少水分蒸发，对调节蕉园空气湿度有良好的效果，同时也抑制杂草生长。现蕾之后，植株由营养生长转为生殖生长，叶面积随下部叶的衰老而减少，蒸腾量减少，同时根的吸收能力也逐渐减弱，需水量不多。水的管理和苗期一样，经常保持土壤湿润即可。若遇大雨，必须及时排水，避免烂根，整个生长期水的管理概括为苗期润、中期湿、后期润。灌溉方法可根据实际情况，因地制宜。气温高、阳光强烈的季节，应在夜间或早上引水灌溉，以防土温骤然变化。灌溉要勤灌、适量，以免导致畦面板结和肥料流失。

6. 蕉园施肥

香蕉没有主根，根系在表土 10~25 cm 的范围分布最多。吸芽在每年 2 月以后开始萌芽，要经常做好选芽和除芽工作。苗期：以吸芽萌发出土至抽出大叶之前，历时 2~3 个月，此期植株生长量不大。

香蕉是典型的喜钾作物，其需钾量高于其他任何一种果蔬。

不同香蕉品种全生育期氮、磷、钾养分吸收比例大致相同，平均为 1:19:3.72。

香蕉对氮、磷、钾养分需要量，不仅与产量有关，而且与香蕉株型有关。例如，中秆品种每生产 1 000 kg 香蕉吸收 N 5.9 kg、P_2O_5 1.1 kg、K_2O 22 kg。矮秆香蕉吸收 N 4.8 kg、P_2O_5 1.0 kg、K_2O 18 kg。

香蕉对钙、镁的需求量也很高，氮钙吸收比为 1:0.69，氮镁吸收比为 1:0.2，均大于氮磷吸收比。

香蕉各生育阶段氮、磷、钾吸收量：第一造以孕蕾期（分别占全生育的 0.5%、45.5%、52.6%）＞果实发育成熟期（分别占全生育期的 40.2%、37.2%、31.0%）＞营养生长期（分别占全生育期的 19.3%、17.8%、16.4%）；第二造以果实发育成熟期（分别占全生育期的 42.0%、43.0%、37.0%）＞孕蕾期（分别占全生育期的 31.9%、32.1%、35.9%）＞营养生长期（分别占全生育期的 26.1%、24.3%、27.1%）。

香蕉全年不同生育阶段对氮、磷、钾吸收比例大致相同，$N：P_2O_5：K_2O$ 为 $1：0.2：(3.5\sim4.5)$。香蕉吸肥的这个特点，使香蕉施肥在养分比例搭配上比较容易把握，即可以在香蕉全生育期内施用同一种配方的肥料。

香蕉一般每亩需要施用氮肥 $30\sim50$ kg，高产香蕉需要 $70\sim90$ kg。氮、磷、钾养分施用比例为 $1：(0.3\sim0.6)：(1\sim2)$。不同地区因土壤条件不同差异。例如广东的香蕉，全年每亩需施 N 70 kg，$N：P_2O_5：K_2O$ 为 $1：0.3：1.3$；海南的香蕉每亩需施 N 90 kg，$N：P_2O_5：K_2O$ 为 $1：0.6：2$。各地可根据产量要求、土壤养分状况，灵活掌握。

香蕉在其生长年周期中，需要多次施肥，全年为 $10\sim15$ 次。冬春一般施用有机肥，可在离香蕉头 50 cm 左右挖 $20\sim30$ cm 深的沟与穴，沟施或穴施。随着在抽蕾期追施 1 次，施肥量占总量的 15%，在初果期再追施 1 次，施肥量占施肥总量的 10%。一般南方酸性土壤易缺镁，每亩施硫酸镁或硫酸钾镁 $25\sim30$ kg。土壤缺硼时，在香蕉生育期中，前期喷施 0.2% 硼砂溶液 $2\sim3$ 次，增产效果显著。

香蕉的施肥量与土壤肥力、气候特点、肥料性质、施肥方法、品种、生育期、种植密度有密切关系。土壤肥沃，少施肥料也可获得好收成。如海南岛部分山区的蕉园，不施肥也有 30 kg 的单株产。降水量大、高秆、高产品种、种植密度大，施肥量应多一些。根外追肥比较省肥，穴施和淋施比撒施省肥。国外流行的肥灌是较省肥的施肥方法。

也许是施肥方法及雨量较多的关系，我国香蕉的施肥量普遍比国外的要高得多。高产蕉园每年每公顷的施用量：氮肥 $900\sim1\,200$ kg、磷肥 $270\sim360$ kg、钾肥 $1\,200\sim1\,500$ kg，比例大约是 $1：0.3：1.5$。土壤偏酸性的旱地、山地，每年每公顷可施熟石灰 $2\,000$ kg。内陆坡地蕉园每年每公顷可施镁肥 $100\sim150$ kg。

香蕉施肥应注意以下几点。

①施足基肥及几次关键性的追肥。

②实行有机肥与化肥相结合。

③前期以氮肥为主促进营养生长，后期增施钾肥，保证青叶数及果实发育所需。

④前期勤施、薄施，$10\sim15$ d 施 1 次，结合施叶面肥。

⑤高温多湿季节应勤施、薄施，减少肥料流失，避免造成下游河流富营养化。

大田定植的最佳时间为春植，结合香蕉基地土壤情况，定植方法可采用沟植和坑塘定植。水田采用沟植，要求对土壤进行深耕后起畦，一畦两行，每畦间沟深 0.5 m，宽 0.3 m，畦长 100 m，设二级排水沟，以利于旱季灌水，雨季排水，定植规格按 1.7 m× 2.2 m 的宽窄行，每亩种植 176 株；旱地采用坑塘植法，定植规格按 1.7 m×2.6 m 的宽窄行，每亩种植 150 株。

定植后，随着植株生长，要及时除去根部的新芽。抽蕊结果期，根据植株的长势，确定适宜留果数，断其花蕾，以确保植株营养的充足供应。

7. 植株管理

(1) 除芽　环生于母株球茎上的吸芽很多，这些吸芽都可能生长、发育、结果，但在栽培上只选留其中合适的一个或两个作为下一代结果母株，多余的吸芽要及时除去，以免消耗养分。除芽的方法是在留定接替母株之后，见到新芽露土立即除掉，这时吸芽幼小，和母株着生面较小，除芽时对母株球茎的伤害较轻。除芽时，根据吸芽的位置和深浅程度，准确地把吸芽的生长点切断，尽量减少伤害母株球茎和附近根群，防止因机械操作而引起腐烂。

（2）断蕾　香蕉抽蕾后，基部的雌花先开，接着开中性花，最后开雄花，中性花和雄花不能结果，如任其自然地生长，必然延迟采果期，明显降低产量，因此，在发现已有二、三梳不结果时，应用镰刀将花蕾上部割断，让养分集中供应果实发育，这种方法为断蕾。断蕾不宜在阴雨天或早上有浓雾时进行，因这时树液流动迅速，断口不易愈合，细菌易侵入而引起腐烂。应在晴天午后叶片边缘下垂、植株水分不足时进行断蕾。

（3）套袋　套袋的目的是避免昆虫或啮齿动物对蕉指的损伤，使蕉指果色亮丽。视所有蕉把都露出时进行套袋，同时对边行果实用纸遮挡防果穗晒伤。

（4）掘旧　蕉头香蕉球茎为多年生，连续收获两三年后，便有两三个球茎遗留在地里，应及时掘出，以免发生大量叶芽生长出土，消耗养分，增加管理上的困难。

（5）除芽与留芽　一是除芽与留芽时间。单造蕉：一年只收一造的单造蕉，应将吸芽及时去除；计划留芽生产下一造的，则在蕉株抽蕾前，把吸芽及时挖除，抽蕾后选留1个壮芽生长，其余吸芽及时去除。多造蕉：两年收两造或三年收五造的多造蕉，在留芽与除芽时，应掌握母株刚挂果时，选留吸芽（子代）；当子代吸芽接近花芽分化（约长出20片大叶）时，再选留1个吸芽（孙代），多余的吸芽应及时去除。二是除芽方法。机械除芽：当吸芽长到15~30 cm高时，用锋利的钩刀齐地面将其切除，然后破坏其生长点。化学除芽：当吸芽长到15~30 cm高时，在吸芽中心（由叶片形成的喇叭口）或生长点中，注入煤油2~3 mL或其他有效药剂。

（6）割除枯叶、病叶、旧假茎　当植株上的叶片黄化或干枯面积占该叶片面积2/3以上或病斑严重时，应及时将其割除，并清出蕉园。当采收3个月后，应及时断除旧假茎，可将砍下的假茎切碎后就地铺于畦面，但应在其上撒施石灰，并喷洒防治香蕉象鼻虫的杀虫剂。

（7）校蕾、绑叶　当植株抽蕾时，应经常检查蕉株，如花蕾下垂的位置刚好在叶柄之上的，应及早将花蕾小心移到叶柄一侧，使花蕾下垂生长。同时，将靠近或接触至花蕾的叶片绑于假茎上，避免擦伤雌花子房（果皮）。

（8）抹花　在果指末端小花期花瓣刚变褐色时，将小花花瓣和柱头抹除；抹花宜选择晴天10：00以后进行，雨天或早上露水不干时不宜抹花。

（9）疏果　每穗果选留6~9梳果为宜，果梳过多时，可将果穗下部果梳割除，如头梳果的果指太少或梳形不整齐时也应将其割除。具体留果梳多少，要根据挂果季节、蕉株功能叶片数及新植或宿根等情况而定；同时，应疏除双连或多连果指、畸形果或受病虫为害的果指。果穗最后一梳果应保留1个果指。

（10）调整果穗轴方向　对果穗轴不与地面垂直的，宜用绳子绑住果穗的末端，拉往假茎方向并固定在假茎上，使其与地面垂直。

8. 立桩防风

可选用坚硬的竹子或木条作蕉桩。立桩在抽蕾前或抽蕾后进行。抽蕾前立桩时，一般在距蕉兜 20 cm 处打洞，洞深 40 cm，将蕉桩竖入洞中并压紧，然后用塑料片绳等将假茎绑牢于蕉桩上，在抽蕾后应调节蕉桩达到不与花蕾（果穗）接触；抽蕾后立桩时，应将蕉桩立于假茎与蕉蕾（果穗）的另一侧或蕉蕾的侧边，避免蕉桩与果实接触，蕉桩上部绑牢于果轴上。

9. 主要病虫草害防治

香蕉主要病害为叶斑病、炭疽病，主要虫害为象甲虫、卷叶虫、蚜虫，主要草害为狗牙根（铁链草）。防治原则认真贯彻"预防为主，综合防治"的植保方针。以农业防治和物理防治为基础，提倡生物防治，按照病虫害的发生规律和经济阈值，科学使用化学防治技术，有效控制病虫害。按照农药产品标签和 NY/T 393—2020《绿色食品 农药使用准则》的规定，严格控制农药的施药剂量（或浓度）、安全间隔期和施药次数，非全园性发病时可进行局部喷药防治。

选用适应性好、抗病虫能力强的优良品种，实行轮作制度。加强土肥水管理，特别应增施有机肥，以增强树势，提高树体自身抗病虫能力。控制杂草生长，以减少病源和虫源。及时清除园内花叶心腐病、束顶病或枯萎病的病株，并割除病残老叶，保持蕉园的田间卫生。物理机械防治使用诱虫灯诱杀夜间活动的害虫。采用果实套袋技术防止病虫直接为害果穗。农业防治措施主要有选用抗病虫害品种，经常清园，保持叶片通风透光良好，保持树体健壮。采取清除病虫株（叶）、人工捕捉以及清除枯枝叶、挖除旧蕉头，科学施肥等措施抑制或减少病虫害发生。通过蕉园中耕的方式铲除杂草。

生物防治优先使用微生物源、植物源生物农药，选用对捕食螨、食螨瓢虫等天敌杀伤力小的杀虫剂。保护或人工释放捕食螨、食蚜蝇等天敌。

化学防治推荐使用植物源杀虫剂、微生物源杀虫杀菌剂、昆虫生长调节剂、矿物源杀虫杀菌剂以及低毒、低残留化学农药，限制使用中等毒性的化学农药。不应使用未经国家有关部门登记和许可生产的农药。禁止使用剧毒、高毒、高残留或具有致畸、致癌、致突变的农药。使用化学农药时，参照 GB/T 8321（所有部分）中有关的农药使用准则和规定，严格掌握施用剂量、施药次数和安全间隔期。对标准规定的农药，要严格按照该农药说明书中的规定进行使用，不得随意加大剂量和浓度。对限制使用的中等毒性农药，应针对不同病虫害防治对象，使用其浓度允许范围的下限。在香蕉生产中，提倡将不同类型农药交替使用和合理混用，防止病原菌和害虫产生抗药性。

化学防治叶斑病在病害发生初期，每亩选用 50% 硫磺·多菌灵可湿性粉剂 240 g 兑水 50 kg 喷雾防治，喷至叶面滴水，尽量喷及叶背，安全间隔期 25 d。炭疽病在病害发生初期，选用 80% 代森锰锌可湿性粉剂 800 倍液进行喷雾防治，安全间隔期 10 d。选用蕉苗时严格检查，防止蕉苗带虫。冬末除去虫害鞘深埋或烧毁。发现假茎有虫孔时，每亩用 40% 氯虫·噻虫嗪水分散粒剂 8 g 兑水 50 kg 喷雾防治，安全间隔期 21 d。蚜虫每亩用 70% 吡虫啉可湿性粉剂 3 g 兑水 50 kg 喷雾防治，重点喷洒心叶，安全间隔期 7 d。

10. 适时采收

采收是按果实生长的大小及其饱满的程度来确定，应在饱满度七至九成时才采收。

饱满度的判断是以蕉果棱角的大小为依据。随着果实的发育果肉的增多，棱角由锐角变为钝角，果身愈圆，果皮绿色愈淡，果肉发育愈充分。一般以果穗中部果梳的果实饱满程度为依据，上部果梳果实的饱满度大一些，下部果梳果实的饱满度小一些。也可以根据抽蕾后果实生长的天数决定采收期，一般5—8月抽蕾的蕉果生长65~90 d采收；10—12月抽蕾则要经110~130 d才能采收。采收时尽量避免机械损伤及雨天，最好两人合作，一人砍蕉株，一人扛蕉果。

11. 果实包装、贮运

蕉果采收后进行手工分选，剔除病虫果、日灼果、伤果和畸形果，不进行保鲜和其他处理，采用无毒、无味、干净、符合绿色食品包装要求的纸质包装材料定量包装。包装场地要求清洁，明亮通风，有防晒、防雨设施，不得与有毒、有害、有异味的物品或其他物品混放；堆放和装卸时要轻搬轻放。产品包装后及时组织调运外销。

12. 包装、运输、贮存

（1）适宜的采收成熟度　根据香蕉采后运输时间的长短、贮运条件及采收季节不同确定适当的采收成熟度，具体要求见表5-36。

表5-36　香蕉采后贮运

季节	运输时间/d	采收成熟度/%
冬季和春季	≥6	75~80
	3~5	80~90
	1~2	90
夏季和秋季	≥6	70~75
	3~5	75~80
	1~2	80~90

采用目测果穗中部果指的果棱和果皮颜色来判断果实的成熟度。果实棱角明显高出，果面凹到平，果色浓绿，果实成熟度不足70%，不宜采收；果身近于平满，果实棱角较明显，果色青绿，横切面果肉发白，成熟度达70%；果身较圆满，尚现果棱，果色褪至浅绿，果肉大部分变黄，横切面果肉中心微黄，发黄的部位直径不超过1 cm，成熟度达80%；果身圆满，基本无果棱，果色褪至黄青，果肉大部分变黄，发黄面积超过横切面的2/3，果实成熟度达90%。采收前控水，成熟期整齐的蕉园，采收前7 d停止灌水；成熟期不齐的蕉园，采收前7~10 d应适当控制灌水量。

（2）包装　包装场地条件要求：包装场地应通风、防晒、防雨，干净整洁，没有异味物品，远离有毒、有刺激性气味的物品。包装场地的地面、流水线、水池边缘、不合格果堆积处、落梳刀、修梳刀、挂蕉绳、果盘等应于每天上午、下午的开工前后各消毒1次。可选用50%多菌灵可湿性粉剂500倍液、70%甲基硫菌灵可湿性粉剂600~800倍液喷洒。果串运至包装房后，将挂果期没有抹花的果串，由内向外轻轻地抹净果指末端上的残花，然后用一定压力的清水冲洗，洗去枯花、乳汁与尘土等污物，重点清洗抹花所留下的切口。将过饱满、黄熟、病虫害、机械伤、双胞果、多胞果、畸形果、裂果等不合格果指切除。用专用落梳刀将果梳逐梳脱离果轴，切口距果指分叉口为 3~4 cm；落梳后，随即将果梳放进一级水池中，浸泡 20~30 min，并用一定压力的清水冲洗。泡后的果梳按其果指大小分级，也可把合格的果梳切割成小果梳，一般每小果梳具 6~8 个果指，具体可按合同双方约定是否将果梳分成小梳；对果柄切口修整平滑后，将合格的果梳放入隔开的二级水池中漂洗干净。漂洗后的果梳按等级单层平放于浅果盘中，果柄切口朝上，按每箱装蕉净质量要求过秤，每盘对应一箱，不能偏离标准箱净质量的 ±0.2 kg。将果盘通过输送带送到特制的喷雾装置下，用配好的杀菌剂均匀喷洒果梳或将果梳浸泡于配好的杀菌剂中。推荐的杀菌剂及其使用方法见表 5-37。果梳防腐处理后用风扇吹干或晾干，然后进行包装。

表 5-37　香蕉果梳推荐的防腐杀菌剂及使用方法

通用名称	使用浓度/%	使用方法
噻菌灵	0.05~0.1	喷雾 4~6 s 或浸果 30~60 s
噻菌灵+咪鲜胺锰盐	0.05+0.025	喷雾 4~6 s 或浸果 30~60 s
噻菌灵+异菌脲	0.05+0.05	喷雾 4~6 s 或浸果 30~60 s
咪鲜胺	0.2~0.3	喷雾 4~6 s 或浸果 30~60 s
咪鲜胺锰盐	0.1	喷雾 4~6 s 或浸果 30~60 s
抑霉唑	0.05	喷雾 4~6 s 或浸果 30~60 s

采用天地盖式瓦楞纸箱包装，下套（底箱）和上套（天盖）分别由双瓦楞和单瓦楞纸板制成。用于制作纸箱的瓦楞纸板应符合 GB/T 6544—2008 的规定。推荐的瓦楞纸箱尺寸、装蕉容量及允许堆码层数见表 5-38。客户对瓦楞纸箱的尺寸有特殊要求的，按合同约定执行。瓦楞纸箱的抗压强度应符合 GB 6543—2008 的规定。

表 5-38　香蕉包装瓦楞纸箱尺寸、装蕉容量与允许堆码层数

下套（底箱）内壁尺寸/mm			最大内装香蕉质量/kg	允许堆码层数/层
长	宽	高		
480~490	320	215	13.5	≤13

注：纸箱上套外壁尺寸比下套的内壁尺寸大 10 mm。

瓦楞纸箱的两端、两侧可开直径为 30 mm 的通气孔，其面积一般占纸箱表面积的 5% 左右，数量、位置根据需要确定。瓦楞纸箱的制作、黏合、钉合、压线及其外观要求，应分别符合 GB 6543—2008 的有关规定，并根据运输情况做好防潮处理。瓦楞纸箱等包装物应清洁、无毒、无污染、无异味，符合国家卫生标准的规定。内包装用的聚乙烯薄膜厚度为 0.03~0.04 mm，其卫生指标应符合 GB 4806.6—2016 的规定。一般每箱装蕉容量为 12.0~13.5 kg，也可根据合同双方的约定执行。一般气温高于 25 ℃ 常温运输或运输时间较长（＞6 d）时，宜在密封包装内放入乙烯吸附

剂和二氧化碳吸附剂，具体使用见 5-39。短期贮运（≤6 d），不用放入乙烯吸附剂及二氧化碳吸附剂。

表 5-39　香蕉贮运期间乙烯和二氧化碳吸附剂的使用

吸附剂种类	药剂	载体	载体配制	包装	使用量
乙烯吸附剂	高锰酸钾	红砖碎块（新出窑）、蛭石、珍珠岩、硅藻土、泡沫砖、活性炭或沸石等	将饱和的高锰酸钾溶液倒入多孔性物质中，并搅拌均匀，晾干	透气的无纺布袋、涤纶袋或扎有数个小孔的塑料小袋、棉纱小袋；每包 20 g	配制后的载体约占香蕉果品质量的 0.8%，即每箱放入配制后的载体 5~6 包（每箱需高锰酸钾 3~4 g）
二氧化碳吸附剂	熟石灰（消石灰）	不用载体	—	透气的小布袋、扎有数个小孔的塑料小袋；每包 20 g	药剂占香蕉果品质量的 0.5%~0.8%，即每箱放入 5~6 包熟石灰

　　装箱时，先将薄膜袋垫于箱内，再将果梳反扣在箱内，果柄切口朝下，果指弓部朝下，果梳之间摆放应整齐紧凑，并用珍珠棉等材料隔开，最后抽真空并用橡皮筋扎紧袋口。采收的香蕉应于 24 h 内处理包装，并及时运走或进行预冷。包装过程中，操作人员应剪短指甲，戴上手套。除应符合 GB 191—2016 中的规定外，包装箱上应标明品名、产地、净含量、质量等级、日期、生产单位或经销商名称和地址等，对取得农产品质量安全、地理标志保护等证书的按有关规定执行。按 GB/T 6388—1986 的规定执行。

　　（3）运输　运输工具应清洁、卫生、通风、无毒、防雨、防晒。在同一个车厢、船舱内不应与有毒、有害、有异味的物品混运，也不应与其他果蔬等产品混运。在夏秋季节，长途运输（≥6 d）应采用冷藏运输，可采用水运（船运）、陆运（车运），后者分铁路和公路运输两种方式。长途水运（船运）、火车运输宜设置机械制冷系统，货厢（舱）等均应有隔热绝缘、温度控制系统、空气交换系统等；而冬春季节一般不用冷藏运输。冷藏运输期间，车厢、船舱内温度应控制在 13~14 ℃，不低于 13 ℃，而相对湿度应为 85%~90%。在无控温条件的夏季运输，应适当减少载运量，适当开窗，留有更多的通风空间，必要时采取隔热措施；而在冬季运输，应关闭好车厢的门窗，必要时在车厢内悬挂保温材料，应保持车厢内温度不低于 13 ℃。香蕉运抵目的地后，应及时装卸转入库房贮存。装卸时应轻拿轻放，不得横置，避免冲击。

　　（4）贮存场地　贮存场地应清洁、卫生、阴凉、通风、无毒、无异味、防雨、防晒，不应与有毒、有害、有异味的物品混存。贮存前应对场地进行消毒，可选用 50% 多菌灵可湿性粉剂 500 倍液或 70% 硫菌灵 600~800 倍液等喷洒场地，或用硫磺粉 10 g/m³ 密闭熏蒸消毒 24 h。在贮存前 24 h 开窗通风换气。对贮存过果蔬产品的场所，在贮存香蕉之前应进行通风，清除可能残留的乙烯气体。堆码方式参照 GB/T 4892—2008 的规定执行；应分品种、等级堆放，批次应分明；包装件堆放要整齐，室内贮存距地面高度应≥15 cm，宜呈"品"字形堆码，堆码间留有通道，距库顶需要留有 50~100 mm 的空间。香蕉包装入库后，应在 48 h 内温度冷却到 11 ℃，待降温达到平衡后，再将温度控制在 13~14 ℃；贮存期间应使用通风设备进行通风，促使空气循环，均衡与稳定库内温度。库内相对湿度应控制在 80%~90%。

四、香蕉相关产品质量标准概述

1. 香蕉产前标准

香蕉产前标准涉及香蕉种质、种苗、品种以及香蕉园规划 4 个方面。已有农业行业标准从资源描述（NY/T 1689—2009）、离体保存（NY/T 1690—2009）、资源鉴定（NY/T 1319—2007）及评价规范（NY/T 2025—2011）4 个环节规范香蕉种质；针对种苗的标准也较为完善，国家标准、行业标准及地方标准均有体现，NY/T 357—2007 侧重于香蕉组培苗的术语和定义、要求、试验方法、检验规则、包装、标志、运输和贮存，NY/T 2120—2012 侧重于组培苗生产技术的规范。另有地方标准对各地香蕉园规划（DB 53/T 187.2—2010）等进行规范。

2. 香蕉产中标准

香蕉生产技术规程均为地方标准，分别来源于海南省（DB 46/T 66—2006、DB 46/T 87—2007）、广东省东莞地区（DB 441900/T 07—2006）及云南省金平县（DB 53/T 187.1—2006）。病虫害管理标准数量占产中管理标准总数的 3/4 以上。其中，国家标准 4 项，分别为针对香蕉烂根病（GB/T 24831—2009）和枯萎病（GB/T 29397—2012）的虫害及病菌检疫鉴定方法、香蕉苞片花叶病毒（GB/T 28984—2012）的检疫鉴定方法以及利用抗菌剂防治叶斑病（GB/T 17980.95—2004）的方法；农业行业标准 6 项，包括通用技术规程（NY/T 1475—2021），防治技术规范以烂根病（NY/T 1485—2007、NY/T 2049—2011）、黑星病（NY/T 1464.11—2007）为主，虫害检测技术规范（NY/T 2160—2012）等，个别涉及检疫方法（NY/T 1485—2007）。出口行业标准均为检疫标准（SN/T 1390—2004、SN/T 1822—2006、SN/T 2034—2007、SN/T 3075—2012）。

3. 香蕉产后标准

香蕉的产后标准可归纳为产品、贮存运输及检验检疫 3 类标准。产品标准中，国标 GB 9827—1988 规定了香蕉收购的等级规格、质量指标、检测规则方法及包装要求，适用于条蕉、梳蕉的收购质量规格；农业行业标准 NY/T 517—2002 规定了青香蕉的术语和定义、质量要求、试验方法、检验规则、包装、标志，该标准还从包装材料、摆放方式、包装容量、封箱方式及乙烯吸附剂投放量等方面对青香蕉的包装做出了具体的规定。由于我国香蕉鲜食比例高达 95% 以上，因此对应的加工产品标准也较少，仅有针对香蕉脆片（NY/T 948—2006）与香蕉干（NY/T 1041—2018）产品的 2 项标准。贮存运输标准方面，农业行业标准 NY/T 1395—2007 规定了香蕉运输过程中对运输工具、温度、相对湿度、放置等条件的要求；同时由于香蕉在贮存过程也容易受到病害，GB/T 1798096—2004 规定了防治香蕉贮藏期轴腐病和炭疽病药效试验的方法和基本要求。此外，商业行业标准 SB/T 10885—2012 也对香蕉的流通环节进行了规范。农药残留是水果检验检疫的重要指标。GB 2763—2021 规定了香蕉农药的最大残留限量。此外，国家质量监督检验检疫总局先后制定了香蕉进出口检验检疫规程（SN/T 0885—2000、SN/T 1807—2006、SN/T 2455—2010），其中 SN/T 0885—2000 引用了 GB 9827—1988，规定了进出口鲜香蕉的检验方法，可用于规范进出口鲜香蕉包装、品质及质量的检验；SN/T 1807—2006 则更侧重于进出境香蕉、大蕉等芭蕉科果实的现场检疫、实验室检验及结果评定程序。

4. 国内外香蕉标准比对分析

查阅整理了 29 项香蕉相关的国际标准，在此不逐一分析，仅选择重点标准与国内对应标准进行比对分析。

香蕉产品标准比对。将 GB 9827—1988 与 CODEX STAN 205—1997 进行比较发现，国内外产品标准的分级方式不同，GB 9827—1988 将香蕉分为条蕉和梳蕉两大类，按质量将香蕉分为特等品、一等品和合格品 3 个等级，而 CODEX STAN 205—1997 按照香蕉的品种特性、形态、发育情况、成熟度等指标综合考量，把香蕉质量划分为特等、一等和二等 3 个等级。由于香蕉品种较多，不同品种其果指的质量差异较大，CODEX STAN 205—1997 标准中的分级方式更科学。

香蕉贮运标准比对。将 NY/T 1395—2007 与 ISO 931—1980 进行比较，发现后者更具可操作性。如 NY/T 1395—2007 对香蕉贮藏温度的规定仅有"香蕉入库后，应在 48 h 内将库内温度冷却到 11 ℃，待温度降温达到均衡后，再将温度控制在 13～14 ℃；贮存期间应使用通风设备进行通风，促使空气循环，均衡与稳定库内温度。"这样的简单描述，而 ISO 931—1980 不仅说明了贮藏前快速冷却的重要性，而且详细地介绍了影响冷却速度的各种因素，同时，根据不同的香蕉品种，确定了对应的适宜贮藏期和贮藏温度等，这些具体的规定为实际操作提供了很重要的指导和帮助。

香蕉催熟标准比对。为方便运输和贮藏，香蕉一般在绿熟坚硬期采收，运抵目的地后再进行催熟上市。催熟是香蕉采后处理的重要步骤。ISO 3959—1977 中详尽地规定了香蕉催熟的操作规程，介绍了影响香蕉催熟度的各种因素，如催熟室中香蕉的摆放方法、放置密度、香蕉催熟室的预热环节及温度的维持；详细描述了香蕉的两个催熟阶段；给出了快速催熟、正常催熟以及缓慢催熟 3 种常见催熟方式的推荐温度、空气湿度、空气循环以及乙烯、氮气的用量等，并介绍了乙烯对香蕉催熟的影响及使用方法。值得一提的是，近年来，国内有关香蕉催熟环节的安全问题屡见报道，但是目前我国仍没有制定香蕉催熟技术规范等标准。

香蕉检验检疫标准的比对。我国香蕉农药残留标准落后于国外标准，对香蕉产品的出口有较大的影响。国外机构属挂牌性质，是非独立法人机构，所以质检中心从公益性和经营性角度划分，应从属于研究所分类改革。对未来划分为公益性的研究所，依托该研究所建设的质检中心经营性业务自然就必须剥离或舍弃；质检中心应该根据业务的性质和运营的状况区分公益性和经营性，具有较强市场能力的中心应借此机会走向社会。另外，对教学科研单位的质检中心评价，应与法人单位的主体业务区分开来，实行分类评价。

通过对国内外香蕉相关标准的对比，不难看出，我国香蕉标准体系不够健全，特别是产后环节中的分级标准、催熟标准等亟待完善；同时，我国产前、产中及产后各环节的标准应彼此衔接呼应，形成从种植到市场销售全过程的标准体系，只有这样才能充分发挥标准之间的协同作用；此外，还应加强基础研究，在制定标准时应充分考虑到品种的特异性，充分调动企业积极性，使标准来源于生产实际和市场需求，切实提高我国标准的可执行性。依据完善的标准体系、进一步提升推行优质认证，强化监督检查，为全面提升我国香蕉产业、加强我国香蕉国际竞争力提供有力保障。

五、香蕉质量安全标准要求

1. 质量指标

香蕉依品质分为优等品、一等品和合格品 3 个等级（表 5-40）。

表 5-40　质量分级

	成熟度/成	果实规格	不可接受的缺陷	果面缺陷
优等品	7.3~8.2	梳型完整，蕉果直径在 3~4 cm，果指长度≥19 cm，果指数≥12 个，每一批中不符合规格的果指数≤3%	成熟斑、晒伤、虫害斑、共轭、象鼻虫斑、钻石头、锈斑、化学伤害、果经折软、黑柄、双胞胎、畸形果、异品种霉斑、熟、烂、裂果	新机械伤：轻微的不超过 2 个果指，面积不超过 0.25 cm²。旧机械伤：每把不能超过 3 个果指，面积不能超过 0.25 cm²，而且不能相邻。蓟马斑、黑星斑：面积不能大于总面积的 1/6，且不能太集中。去根：每把不能超过 2 个果指，内侧不超过 1 个，外侧不超过 1 个。锈斑：无。结疤：每把不能超过 3 个果指，不能相邻，面积不能超过 0.25 cm²，长度不能超过 1 cm。虫害斑：无。日灼：无。共轭：无。缺陷共存：上述缺陷每把不能超过 2 种，每个果指不能超过 1 种
一等品	7.5~8.0	梳型较完整，蕉果直径在 3~4 cm，果指长度≥19 cm，果指数≥12 个，每一批中不符合规格的果指数≤8%	虫害斑、炭疽、果经折软、黑柄、双胞胎、畸形果、异品种霉斑、熟、烂、裂果	新机械伤：轻微的不超过 3 个果指，并且不相邻，面积不超过 0.25 cm²。旧机械伤：每把不能超过 3 个果指，面积不能超过 0.25 cm²，而且不能相邻。蓟马斑、黑星斑：面积不能大于总面积的 1/5，且不能太集中。去根：每把不能超过 2 个果指，内侧不超过 1 个，外侧不超过 1 个。锈斑：每把不能超过 3 个果指，每个果指面积不超过 1 cm²。结疤：每把不能超过 3 个果指，不能相邻，面积不能超过 0.5 cm²，长度不能超过 1 cm。虫害斑：每把不能超过 3 个果指，单个面积不能超过 0.25 cm²。日灼：无。共轭：每把不能超过 2 个果指，每个果指不能超过 1 cm。缺陷共存：上述缺陷每把不能超过 3 种，每个果指不能超过 2 种

（续表）

	成熟度/成	果实规格	不可接受的缺陷	果面缺陷
合格品	7.2~8.5	梳型基本完整，蕉果直径在3~4 cm，果指长度≥19 cm，果指数≥12个，每一批中不符合规格的果指数≤10%	果经折软、黑柄、双胞胎、畸形果、削肩、异品种，熟、烂、裂果	新机械伤：轻微的不超过4个果指，并且不相邻，面积不超过0.25 cm²。旧机械伤：每把不能超过4个果指，面积不能超过1.00 cm²，而且不能相邻。蓟马斑、黑星斑：面积不能大于总面积的1/4，且不能太集中。去根：新的每把不能超过2个果指，内侧不能超过1个，外侧不能超过1个，新加旧不能超过4个。锈斑：每把不超过3个果指，每个果指面积不超过1.00 cm²。结疤：每把不能超过3个果指，不能相邻，面积不能超过0.5 cm²，长度不能超过1 cm。虫害斑：每把不能超过3个果指，单个面积不能超过1.00 cm²。日灼：每把不能超过2个果指，单个面积不能超过1.00 cm²。共轭：每把不能超过2个果指，每个果指不能超过2.00 cm。缺陷共存：上述缺陷每把不能超过3种，每个果指不能超过2种

2. 卫生指标

按有关食品卫生的国家规定执行。对产品的检疫，按国家植物检疫有关规定执行。

3. 检验规则与方法

（1）每一级的果实必须符合该等级标准　其中任何一项不符合规定者，降为下等级，不合格者为等外品。凡是药害、冻、黄熟蕉、浸水蕉一律不收购。

（2）条蕉收购后，需要竖直，轴尾向上，轴头向下，只准放一层，不允许叠堆乱放，并及时加工、包装。

（3）收购站　成件商品送到收购站，应按规定的堆码方法，存放于指定的地方。点清件数，并进行外包装和标志检验。

（4）取样　取条蕉或每件数的10%，必要时酌情增加或减少取样比例。所取样品仅供重量和质量检验。

（5）重量检验　条蕉以缺（片）称重，求计重量。成件样品检验净重。

（6）感官检验　对样品逐条逐梳进行检查，按照本节质量要求规定将果实形状、皮色、长度及伤害等逐一检验。

4. 包装要求

（1）包装　盛香蕉的容器纸箱、竹篓等必须清洁、无异味，内部无尖凸物，无虫孔及霉变现象，牢固美观。

（2）纸箱　用牛皮纸板或瓦楞纸加工制成，容量净重12 kg或18 kg。

（3）竹篓　用青白篾片制成，容量净重20 kg或25 kg。

（4）装箱方法　用纸箱盛装香蕉，箱装套装薄膜袋，蕉果弓形背部不得向下，只装同等级果实。

（5）装篓方法　篓内壁用草纸垫一层或多层，蕉果弓形背部不得向下，只装同等级果实。篓盖用铁丝拴牢。

5. 标志

包装上应标明品名、等级、毛重、净重、包装日期、产地以及收购站检查人员姓名。

6. 主要理化成分指标

（1）果实硬度　$15 \sim 16 \ \mathrm{kg/cm^2}$

（2）可食部分　$\geqslant 57\%$

（3）果肉淀粉　$\geqslant 19.5\%$

（4）总可溶性糖　$0.1\% \sim 0.4\%$

（5）含水量　$\leqslant 75\%$

（6）可滴定酸含量　$0.2\% \sim 0.5\%$

7. 理化检验方法

（1）取样　取代表条蕉各部位香蕉 5 梳，从每梳蕉中间部位取果 2 个（共 10 个）为检验样品。

（2）可食部分的检测　果实去除果柄后称重，然后将果肉和果皮仔细分开，称果皮重量。按式（5-1）进行计算。

$$可食部分占整果的百分率（\%）= \frac{W_0}{W_0 + W_1} \times 100 \qquad (5\text{-}1)$$

式中：W_0——果实重量，g；

　　　W_1——果皮重量，g。

（3）硬度检测

①仪器。TG-2 型水果硬度计。

②方法。取 10 个样果，在果实背中处，用硬度计测硬度。

（4）含水量检测

①原理。香蕉所含水分能在一定温度下蒸发掉。

②仪器。分析天平，烘箱，50 mL 烧杯。

③方法。准确称量已于 105 ℃烘至恒重的烧杯，切取香蕉果实的中间部分若干果肉薄片（约 0.1 cm）于已知的烧杯中，称重（准确到 0.001 g），放于 800 ℃下烘至恒重并称重。结果按式（5-2）进行计算。

$$可食部分占整果的百分率（\%）= \frac{W_2 - W_3 - W_1}{W_2 - W_1} \times 100 \qquad (5\text{-}2)$$

式中：W_1——烧杯重，g；

　　　W_2——烧杯+样品鲜重，g；

　　　W_3——烧杯+样品干重，g。

（5）总可溶性糖的检验

①原理。糖和硫酸作用生成糠醛，糠醛和蒽同作用生成蓝色络合物，这种络合物颜

色的深浅和糖含量成正比。

②仪器。分光光度计、恒温水浴锅、带直玻管的锥形瓶、布氏漏斗及抽滤瓶、15 mL 玻璃试管。

③试剂。85%乙醇、0.2%蒽酮硫酸溶液（0.2 g 蒽酮加入 5 mL 蒸馏水中，再加 1.18 g/cm³ 的浓硫酸至 100 mL，用时新配）、100 μg/mL 葡萄糖标准溶液。

④标准曲线的绘制。分别取葡萄糖标准溶液 0.2 mL、0.6 mL、1.0 mL、1.4 mL、1.8 mL 于玻璃试管中，并加蒸馏水至 2 mL，空白加 2 mL 蒸馏水，然后于冰浴中各加 6 mL、0.2%蒽酮试剂，摇匀，于沸水中煮 10 min，迅速以自来水冷却后，倒入 1 cm 比色杯，于 620 nm 波长处测吸光度，以吸光度为纵坐标，糖浓度为横坐标，绘出标准曲线。

⑤提取方法。5 g 果肉磨成糊状，加 40 mL 85%乙醇移入锥形瓶中，800 ℃水浴提取 30 min，稍冷后抽滤，残渣再加 30 mL 乙醇，继续提取 30 min，再抽滤，滤液倒入蒸发皿，85 ℃蒸去乙醇，用蒸馏水定容至 100 mL，残渣待测定淀粉用。

⑥取样液 1 mL，加蒸馏水至 2 mL，再按制作标准曲线的方法测定其吸光度。结果按式（5-3）进行计算。

$$总可溶性糖含量（\%）=\frac{CKV_0}{W}\times100 \qquad (5-3)$$

式中：K——样品定容后稀释倍数；

V_0——测定样品体积，mL；

C——从标准曲线上查得的糖浓度，g/mL；

W——样品组织鲜重，g。

（6）粗淀粉含量的检测

①原理。淀粉酸解转化成葡萄糖，测其葡萄糖含量，然后换算成淀粉含量。

②试剂。5%盐酸、10%氢氧化钠、碘-碘化钾溶液（碘：碘化钾 = 0.3 : 1.3）、0.15 mol/L 氢氧化钡、5%硫酸锌。

③提取方法。将提取糖的残渣烘干，集于带波管的锥形瓶内，加 30 mL 5%盐酸，沸水浴中使淀粉完全水解（用碘-碘化钾试剂检测至不产生蓝色）。冷却后加适量的 10%氢氧化钠中和残余的酸，并加 5%硫酸锌和 0.15 mol/L 氢氧化钡溶液各 5 mL，去除干扰物，过滤定容至 100 mL。

④检测和计算。用测可溶性糖的方法测定粗淀粉含量。结果按式（5-4）进行计算。

$$粗淀粉含量（\%）=水解后可溶性糖含量（\%）\times0.9 \qquad (5-4)$$

式中：0.9 为葡萄糖换算成淀粉的因数。

（7）滴定酸的检测

①原理。根据可滴定酸在水中的易溶性，用酸碱中合法测定可滴定酸的含量。

②仪器。离心机。

③试剂。0.001 g/L 酚酞溶液，约 0.1 mol/L 氢氧化钠标准滴定溶液。结果按式（5-5）进行计算。

$$\text{氢氧化钠标准滴定溶液浓度（mol/L）} = \frac{1\,000W}{45V} \qquad (5\text{-}5)$$

式中：W——用于标定的草酸量，g；

V——滴定时消耗的氢氧化钠标准滴定溶液体积，mL；

45——1 mL 氢氧化钠标准滴定溶液（NaOH = 0.001 mol/L）相当的草酸的质量，g。

④提取及检测。5 g 果肉研磨，加 25 mL 蒸馏水，500 ℃水浴提取 30 min，然后以 4 000 r/min离心 15 min，留上清液，沉淀用 25 mL 蒸馏水搅匀后，再离心，重复 2 次，合并上清液，定容至 100 mL，取 25 mL，以氢氧化钠溶液滴定，加 2 滴 0.001 g/L 酚酞作指示剂。

结果（以 100 g 鲜重中含苹果酸的量来表示）按式（5-6）进行计算。

$$\text{苹果酸（g/100 g 鲜重）} = V \times K \times 0.0067 \times 20 \times 4 \qquad (5\text{-}6)$$

式中：V——滴定 25 mL 样液所用的氢氧化钠体积，mL；

K——滴定的氢氧化钠浓度与 0.1 mol/L 氢氧化钠的校正值；

C——滴定的氢氧化钠溶液浓度，mol/L；

0.0067——于 1 mL 氢氧化钠标准滴定溶液（NaOH = 0.1 mol/L）相当的苹果酸的质量，g；

20——样品重量换算成 100 g 的比例；

4——总体取液与样液的体积比。

六、香蕉的贮藏保鲜技术规程

（一）香蕉采后贮前处理

贮藏保鲜前，将香蕉采收回来，随即进行质量挑选、去轴切梳和消毒防腐处理工作，对贮藏保鲜效果关系很大。

（1）确定成熟度　判断蕉果的成熟度以果肉的饱满程度来确定。首先，目测蕉果棱角的变化为最可靠而又易行的方法。习惯上是以果穗中部的蕉果为准，蕉身棱角明显高出，是七成以下的饱满度；果身近于平满时为七成饱满度；果身圆满，但尚能见棱形为八成饱满度；果身圆满无棱形，则为八成饱满度以上。其次，可按断蕾后的天数来确定蕉果成熟度。一般夏秋两季自断蕾后经 70~80 d 即达七八成的饱满度，而冬春两季则需 140~150 d，并结合目测饱满度的方法来确定果实的成熟度（饱满度）。

（2）适时采收　根据香蕉采后的用途来掌握。采后须远销和贮藏的蕉果，以七八成的饱满度为宜；近销和就地销，按八成以上的饱满度采收为宜。另外，在采收时将整条蕉穗割下来，可按梳蕉果采割，即不割断果轴，只采割饱满度符合要求的梳蕉，其余的让再生长一段时间，待符合收购熟度标准时再采，利于掌握适时采收和提高蕉果质量。

（3）无伤采收　用于贮藏和远销的蕉果，最怕碰压、撞击和摩擦，稍微重压和碰撞就会损伤果实，降低品质，影响色泽，又降低商品价值。因此，采收香蕉果时最好两人协同操作。果穗上留果轴长约 20 cm，方便搬运。采下的果穗不要乱扔、抛掷、应小心放置阴凉处，地面垫上蕉叶或薄膜布。

（4）质量挑选　去轴落梳，质量挑选主要是鉴别机械操作损伤程度和是否有严重病虫害的果实，有应除掉，这些果实易产生大量乙烯，促早成熟，会因消毒不好而腐烂，催熟后受伤的果实会出现黑斑，同时，尾梳也要除掉。装篓打包要轻拿轻放，严防损伤，保证质量。

蕉果落梳时，采用半月形专用落梳刀落梳，既快又好，一般留果柄 2~3 cm，刀口要平整，避免刀伤蕉果，有条件的可在水池中落梳，远销梳蕉一般不带轴。一是因为蕉轴含水量多，易染病而腐烂。二是因为去轴梳蕉易包装、贮运，节省包装费、运输费。但近销或短途运输是采用条蕉（整条果穗），由于条蕉伤口小，发病面积小。

（二）防腐保鲜处理

采下的香蕉经质量挑选后，按果实的大小、成熟度进行分级，用来贮藏保鲜的果实个头大小、成熟度要基本一致，然后进行修整、漂洗和药物浸泡。

1. 修整

在进行漂洗前，用半月形切刀，对梳蕉柄切口处进行小心修整，重新切新，以防原切口带病菌，影响贮藏效果。经修整的切口要平整光滑，不能留有尖角和纤维须，防止在贮运时尖角刺伤蕉果和病菌从纤维须侵入。

2. 漂洗

经修整后，应立即将梳蕉放入 0.1%~0.2% 的明矾水或清洁水中漂洗，将梳蕉洗干净，然后晾干。

3. 药物浸泡

香蕉在贮运过程中的主要病害是轴腐病，药液处理是防止轴腐病的一项重要措施。将漂洗后晾干的梳蕉，用 1 000~2 000 倍液的甲基硫菌灵或多菌灵溶液浸泡 30 s，后捞出放入竹篓内滤干。可在药液里加入 1% 左右的蔗糖酯，效果更好。药液用大罐（池）盛装，即配即用，48 h 更换一次新药液。

经上述药液浸泡过的蕉果，在夏天可保持 2~3 个星期不发霉，冬天 1~2 个月不发霉。药物处理要及时，最好应在当天采果当天处理，最迟不超过 2 d。当天处理防腐效果最显著。

（三）香蕉的贮藏方式

香蕉贮藏方法有多种，这里介绍两种贮藏方法。

1. 冷藏

采收后的香蕉，由于其本身产生乙烯，自我催化而成熟，在成熟过程中，产生更大量的乙烯而刺激周围的香蕉成熟，这样连锁反应以致大量成熟，成熟的香蕉不能继续存放很久。对青绿硬实（未熟）的香蕉采用冷藏的方法，可降低其呼吸高峰的到来，延迟乙烯的大量产生，从而达到延长贮藏寿命的目的。据试验，75%~80% 饱满度的香蕉，在 11~12 ℃温度下贮藏，效果较好。温度低于 10 ℃，则发生冷害。香蕉冷害症状：首先果皮变为暗灰色，严重时则变为灰黑色，当大部分果皮已变灰黑色时，催熟后皮色更深黑，并迅速出现白霉，以手指触摸感觉黏滑，肉皮难以分离，果肉仍坚实，有时也会在一个果指中部分果肉变软,食之淡薄无味,并有如食生淀粉的感觉。香蕉冷藏期间另一个关键措施就是通风换气,因为只有极微量的乙烯存在就足以使贮藏的香蕉在短时间内黄熟,因此要注意经常通风换气,降低乙烯浓度。冷库干燥时,可用淋湿、喷雾等方法提高湿度。若库内二氧化碳积累过多,可给库内装置空气洗净器,也可用7%的烧碱水吸收二氧化碳。冷库出蕉时,应使果温逐渐上升至室温再出蕉,否则果实表面发汗,呼吸大增,容易发软和腐烂。

2. 气调贮藏

(1) 自发性调节气体贮藏 利用聚乙烯薄膜袋包装香蕉,通过改变袋内气体成分来延长其贮藏寿命,该项技术效果良好。在常温下,聚乙烯袋内二氧化碳和氧气的含量变化范围分别为 0.5%~7.0% 和 0.5%~10.0%。具体做法:塑料薄膜厚度 0.04~0.06 mm,每袋装用 1 000~2 000 倍液甲基硫菌灵浸蘸过的香蕉 10 kg,放入经饱和高锰酸钾水溶液浸过的砖块或蛭石 200 g、消石灰 100 g,初期半封袋,中后期全封袋,以保证二氧化碳含量稳定在 1%~7%。贮藏期间,温度保持在 11~13 ℃,相对湿度 90%~95%,贮藏 100 d 左右,果皮仍为绿色。

(2) 调节气体贮藏 试验报道:利用气调库调节气体成分,保证 5% 的二氧化碳和 3% 的氧气,在 20 ℃ 的温度条件下贮藏,单个果实保存到 182 d,直至转移到自然空气前仍未开始成熟。如果采用适宜的贮藏温度,完全可以预料贮藏期限还可延长。在气调过程中,乙烯发生量随着氧气含量的增加而升高,随着二氧化碳含量的增高而下降。因此,必须做好换气工作,降低乙烯浓度。

七、香蕉的催熟技术规程

(一) 催熟概况

香蕉与别的水果有个较大的不同点,香蕉的成熟一般都是人工催熟,当然蕉果留在蕉株上,也可完全成熟。但风味远不如经过人工催熟的好,且不能远运,又易受鸟虫侵害。香蕉采收后,放置一定时间,也可完成后熟,但需时较长,成熟不整齐。且果柄果轴易腐烂。故香蕉采后都要进行人工催熟,这不但可缩短香蕉采后上市的生产周期,且有利提高果实品质,增加香味。

(二) 催熟原理

香蕉的催熟原理,是利用外加乙烯激素使香蕉后熟。后熟后的果实,淀粉含量由 20% 左右锐减为 1%~3%,而可溶性糖则突增至 18%~20%。果皮由绿转黄,肉质由硬转软,出现香味物质和一定的有机酸,果皮易与果肉分离,果实可食。

香蕉催熟的代谢过程主要是呼吸作用,催熟时香蕉果实出现呼吸高峰,呼吸强度很大,二氧化碳达 100~150 mg/(kg·h),故影响果实呼吸作用的因素也影响香蕉的催熟。

1. 温度

14~38 ℃ 均可使香蕉催熟,但温度太低时后熟缓慢,太高时后熟快,以致使果皮不转黄色。最适宜的温度是 18~20 ℃,后熟后果皮金黄色,果肉结实。催熟温度以果肉温度为准，催熟房的温度往往与果实温度有一定的差异，尤其是长期低温贮藏或外界温度太低时，须让果肉温度上升到一定的温度（16~18 ℃）再行催熟。适当低温催熟，可提高果实的货架期，但温度低，催熟时间长，催熟房的利用率不高。我国目前常用的温度为 18~20 ℃，6 d 催熟。

2. 湿度

湿度太低香蕉难催熟。催熟的前中期（前 4 d 刚转色），需要较高的湿度，以 90%~95%的相对湿度为宜，高湿环境下果皮色泽鲜艳诱人。但后期（后 2 d 转色后）湿度宜较低，以 80%~85%为宜，这样有利于延长货架期。

3. 乙烯利的浓度

乙烯利 500~4 000 mg/L 溶液均可把香蕉催熟，通常用的浓度为 800~1 000 mg/L。浓度每降低 500 mg/L，成熟时间相应推迟 1 d。浓度低，催熟时间长；浓度高，后熟快，但果肉易软化，果皮易断，货架期较短。乙烯利浓度对催熟时间的效应不如对温度的大。

4. 氧气和二氧化碳的浓度

香蕉催熟过程中呼吸强度很大，尤其是呼吸高峰期，需要大量的氧气，并放出大量二氧化碳。氧气不足或二氧化碳浓度过高，会抑制延迟香蕉的黄熟，严重缺氧和二氧化碳中毒时，香蕉会产生异味。故香蕉数量大时，催熟房应适当通气。国外先进的催熟房，装有抽气机及乙烯气体进气机，恒定供给乙烯量和氧气量，并抽出房内的二氧化碳等。

5. 果实的饱满度和采收季节

果实的饱满度越高，对催熟处理越敏感，后熟时间相对较短。但饱满度过高（90%以上），果实后熟时果皮易爆裂，货架期也较短（表 5-41）。

表 5-41　不同饱满度的蕉果对催熟的反应

果实饱满度/%	呼吸峰值/［mg/（kg·h）］	成熟所需时间/d
70~75	102	6~7
80~85	122	5
≥90	135	3~4

注：催熟温度为 21 ℃，乙烯利浓度为 1 000 mg/L（陈维信等，1993）。

不同季节采收的果实，对催熟处理的反应不同，9 月采收的蕉果比 2 月采收的成熟要快 2~3 d（表 5-42）。

表 5-42　不同季节的蕉果对催熟的反应

采收月份	呼吸强度/［mg（kg·h）］	后熟天数/d
9	118	5
2	90	6~8

注：饱满度为 80%，催熟温度为 21 ℃，乙烯利浓度为 1 000 mg/L（陈维信等，1993）。

（三）催熟方法

1. 乙烯催熟

乙烯是一种无色、有微甜气味的气体，它是植物五大激素之一，在植物体内具有多种生理作用，主要是促进果蔬的成熟和衰老。在密闭的塑料帐篷或房间里，把香蕉堆码好，按容积 0.1%~0.2% 的乙烯气体充气。密闭 1~2 d 后取出香蕉，2~3 d 香蕉逐渐黄熟。此法缺点是要求密闭严格，充气浓度不易掌握，数量也有限。在国外，有采用专门的乙烯气瓶经过减压阀，通入催熟房。根据催熟果蔬的不同，控制进入的乙烯量，在催熟房内，利用小风扇来使房内的乙烯混合均匀。

新型"芳托"催熟剂，使用非常方便，只要把 2 瓶药混合，所释放的气体就能代替乙烯把香蕉催熟。凡是利用气体作催熟剂的，一般可免去重新打开包装的烦琐，但是对放有乙烯吸附剂的包装，则要先取出吸收剂。

2. 乙烯利催熟

乙烯利是一种人工合成的植物激素，其化学成分为 2-氯乙基膦酸，对水果的成熟有明显的促进作用。现在许多地区和单位都采用这种方法，简便易于操作。乙烯利含量为 40%。香蕉的催熟浓度为 0.2% 即 500 kg 水兑配 40% 乙烯利 2.5 kg。乙烯利为微酸性，须在微碱的情况下才能起作用，因此，须在乙烯利溶液里加入 0.05% 的洗衣粉。先将洗衣粉溶解后再按比例加入乙烯利。香蕉数量少可以直接放入乙烯利溶液里浸泡一分钟，沥去药液，装入塑料袋里放在适宜的温度下。香蕉数量多可用喷淋的方法，最后用塑料布覆盖香蕉，使其产生乙烯，才能起到催熟作用。1~2 d 把塑料布揭除，2~3 d 即黄熟。

3. 熏香催熟

这是民间常用的催熟方法。选用普通的棒香，点燃后插置在催熟房中或直接插在蕉头上，关闭门窗 10~24 h 后再打开门窗通气，几天后果实自然成熟。此法是利用燃烧的棒香所产生的乙烯气体催熟了香蕉，简单易行。棒香的用量视蕉果的数量及催熟的温度而定。例如，容量为 2 500 kg 的催熟房，催熟温度约 30 ℃ 时用棒香 10 支，密闭 10 h；温度在 25 ℃ 时，用棒香 15 支，密闭 20 h；温度降到 20 ℃ 时要用棒香 20 支，密闭 24 h 后才能打开通气。

4. 混果催熟

将青香蕉同成熟的苹果、梨、熟香蕉混放在一起也可将青香蕉催熟。此法特别适宜家庭小量香蕉催熟。

无论用哪一种方法，要获得颜色鲜黄、优质高档的香蕉，都必须控制好催熟房的温度湿度，最好使用能控制温度的冷库。温度低，催熟时间长效果差。温度过高，如超过 30 ℃，叶绿素不能消失，叶黄素和胡萝卜素显现不出来，香蕉虽然软了，但果皮仍然是绿色的。最适宜的催熟温度是 20~22 ℃。空气相对湿度低于 80%，香蕉不能正常后熟，最适宜的湿度为 85%~90%。

八、香蕉包装、贮存与运输技术规程

(一) 采收

1. 采收成熟度

(1) 适宜的采收成熟度　根据香蕉采后运输时间的长短、贮运条件及采收季节不同确定适当的采收成熟度，具体要求见表 5-43。

表 5-43　香蕉采收成熟度

运输时间/d	采收成熟度/%	
	冬春季节	夏秋季节
≥6	75~80	70~75
3~5	80~90	75~80
1~2	90	80~90

(2) 成熟度的判断　采用目测果穗中部果指的果棱和果皮颜色来判断果实的成熟度。果实棱角明显高出，果面凹至平，果色浓绿，果实成熟度不足 70%，不宜采收；果身近于平满，果实棱角较明显，果色青绿，横切面果肉发白，成熟度达 70%；果身较圆满，尚现棱角，果色褪至浅绿，横切面果肉中心微黄，发黄的部位直径不超过 1 cm，成熟度达 80%；果身圆满，基本无果棱，果色褪至黄绿，果肉大部分变黄，发黄面积超过横切面的 2/3，果实成熟度达 90%。

2. 采收条件

(1) 采收前控水　成熟期整齐的蕉园，采收前 7 d 应停止灌水；成熟期不齐的蕉园，采收前 7~10 d 应适当控制灌水量。

(2) 采收方法　按 NY/T 5022—有关规定执行。

(二) 包装

1. 包装前处理

(1) 包装场地条件要求　包装场地应通风、防晒、防雨，干净整洁，没有异味物品，远离有毒有刺激性气味的物品。

(2) 包装场地与工具消毒　包装场地的地面、流水线、水池边缘、不合格果堆积处、落梳刀、修梳刀、挂蕉绳、果盘等应于每天上午、下午的开工前后各消毒 1 次。可选用 50% 多菌灵可湿性粉剂 500 倍液、70% 硫菌灵 600~800 倍液或 10% 的氯化钙溶液喷洒。

(3) 抹残花与清洗　果串运至包装房后，将果串悬挂吊起，对挂果期没有抹花的果串，由内向外轻轻地抹净果指末端上的残花，然后用一定压力的清水冲洗，洗去枯花、乳汁与尘土等污物，重点清洗抹花所留下的切口。

(4) 检查质量　将过饱满、黄熟、病虫害、机械伤、双胞果、畸形果、裂果等不合格果指切除。

（5）落梳与清洗　用专用落梳刀将果梳逐梳脱离果轴，切口距果指分叉口为3~4 cm；落梳后，随即将果梳放进一级水池中，浸泡20~30 min，并用一定压力的清水冲洗。

（6）水源质量　所用水源的卫生指标应符合 NY/T 5010—2016 的规定。

（7）修梳与分级　浸泡后的果梳按其果指大小分级，也可把合格的果梳切割成小果梳，一般每小果梳具6~8个果指，具体可按合同双方决定是否将果梳切分成小梳；对果柄切口修整平滑后，将合格的果梳放入隔开的二级水池中漂洗干净。

（8）装盘配秤　漂洗后的果梳按等级单层平放于浅果盘中，果柄切口朝上，按每箱装蕉净质量要求过秤，每盘对应箱，不能偏离标准装箱净质量的±0.2 kg。

（9）喷药处理　将果盘通过输送带传送到特制的喷雾装置下，用配好的杀菌剂均匀喷雾果梳或将果梳浸泡于配好的杀菌剂中。推荐的杀菌剂及其使用方法见表5-44。果梳防腐处理后用风扇吹干或晾干，然后进行包装。

表 5-44　推荐的防腐杀菌剂及使用方法

通用名称	使用浓度/%	使用方法
噻菌灵	0.05~0.1	
噻菌灵+咪鲜胺锰盐	0.05+0.025	
噻菌灵+异菌脲	0.05+0.05	喷雾4~6 s 或浸果30~60 s
咪鲜胺	0.2~0.3	
咪鲜胺锰盐	0.1	
抑霉唑	0.05	

2. 包装容器

采用天地盖式瓦楞纸箱包装，下套（底箱）和上套（天盖）分别由双瓦楞和单瓦楞纸板制成。用于制作纸箱的瓦楞纸板应符合 GB/T 6544—2008 的规定。

推荐的瓦楞纸箱尺寸、装蕉容量及允许堆码层数见表5-45。客户对瓦楞纸箱的尺寸有特殊要求的，按合同规定执行。瓦楞纸箱的抗压强度应符合 GB 6543—2008 的规定。

瓦楞纸箱的两端、两侧可开直径为30 mm 的通气孔，其面积一般占纸箱表面积的5%左右，数量、位置根据需要确定。

表 5-45　瓦楞纸箱尺寸、装蕉容量与允许堆码层数

下套（底箱）内壁尺寸ᵃ/mm			最大内装香蕉质量/kg	允许堆码层数/层
长	宽	高		
480~490	320	215	13.5	≤13

注：a 指纸箱上套（天盖）外壁尺寸比下套的内壁尺寸大10 mm。

瓦楞纸箱的制作、黏合、钉合、压线及其外观要求，应分别符合 GB 6543—2008 和 GB/T 6980—1995 的有关规定，并根据运输情况做好防潮处理。

瓦楞纸箱等包装物应清洁、无毒、无污染、无异味，符合国家卫生标准的规定。

内包装用的聚乙烯薄膜袋厚度为 0.03~0.04 mm，其卫生指标应符合 GB 9691—1988 的规定。

3. 包装容量

一般每箱装蕉容量为 12.0~13.5 kg，也可根据合同双方的规定执行。

4. 包装方法

一般气温高于 25 ℃的常温运输或运输时间较长（＞6 d）时，宜在密封包装内放入乙烯吸附剂和二氧化碳吸附剂，具体使用见表 5-46。短期贮运（≤6 d），不用放入乙烯及二氧化碳吸附剂。

表 5-46 香蕉贮运期间乙烯和二氧化碳吸附剂的使用

吸附剂种类	药剂	载体	载体配制	包装	使用量
乙烯吸附剂	高锰酸钾	红砖碎块（新出窑）、蛭石、珍珠岩、硅藻土、泡沫砖、活性炭或沸石等	将饱和的高锰酸钾溶液倒入多孔性物质中，并搅拌均匀，晾干	透气的无纺布袋、涤纶袋或扎有数个小孔的塑料小袋、棉纱小袋；每包 20 g	配制后的载体约占香蕉果品质量的 0.8%，即每箱放入配制后的载体 5~6 包（每箱需高锰酸钾 3~4 g）
二氧化碳吸附剂	熟石灰（消石灰）	不用载体		透气的小布袋、扎有数个小孔的塑料小袋；每包 20 g	药剂占香蕉果品质量的 0.5%~0.8%，即每箱放入 5~6 包熟石灰

装箱时，先将薄膜袋垫于箱内，再将果梳反扣在箱中，果柄切口朝下，果指弓部朝上，果梳之间摆放应整齐紧凑，并用珍珠棉等材料隔开，最后抽真空并用橡皮筋扎紧袋口。

采收的香蕉应于 24 h 内处理包装，并及时运走或进行预冷。

包装过程中，操作人员应剪短指甲，戴上手套。

（三）标志

1. 包装标志

除应符合 GB 191—2016 中的规定外，包装箱上应标明品名、产地、净含量、质量等级、日期、生产单位或经销商名称和地址等，对取得农产品质量安全、地理标志保护等证书的按有关规定执行。

2. 运输收发货标志

按 GB/T 6388—1986 的规定执行。

（四）运输

运输工具应清洁、卫生、通风、无毒、防雨、防晒。

在同一个车厢、船舱内不应与其他有毒、有害、有异味的物品混运，也不应与其他果蔬等产品混运。

在夏秋季节，长途运输（≥6 d）应采用冷藏运输，可采用水运（船运）、陆运（车运），后者分铁路和公路运输两种方式。长途水运（船运）、火车运输宜设置机械制冷系统，货厢（舱）等均应有隔热绝缘、温度控制系统、空气交换系统等；而冬春季节一般不用冷藏运输。

冷藏运输期间，车厢、船舱内温度应控制在 13~14 ℃，不低于 13 ℃，而相对湿度应为 85%~90%。在无控温条件的夏季运输，应适当减少载运量，适当开窗，留有更多的通风空间，必要时采取隔热措施；而在冬季运输，应关闭好车厢的门窗，必要时在车厢内悬挂保温材料，应保持车厢内温度不低于 13 ℃。

香蕉运抵目的地后，应及时装卸转入库房贮存。装卸时应轻拿轻放，不得横置，避免冲击。

（五）贮存

1. 贮存场地要求

贮存场地应清洁、卫生、阴凉、通风、无毒、无异味、防雨、防晒，不应与有毒、有害、有异味的物品混存。

2. 贮存场地消毒

贮存前应对场地进行消毒，可选用 50%多菌灵可湿性粉剂 500 倍液或 70%甲基硫菌灵可湿性粉剂 600~800 倍液等喷洒场地，或用硫磺粉 10 g/m³ 密闭熏蒸消毒 24 h。在贮存前 24 h 开窗通风换气。对贮存过果蔬产品的场所，在贮存香蕉之前应进行通风，清除可能残留的乙烯气体。

3. 堆放

堆码方式参照 GB/T 4892—2008 的规定执行；应分品种、等级堆放，批次应分明；包装件堆放要整齐，室内贮存距地面高度应≥15 cm，宜呈"品"字形堆码，堆码间留有通道，距库顶须要留有 50~100 mm 的空间。

4. 库内的温度与湿度

香蕉包装入库后，应在 48 h 内将库内温度冷却到约 11 ℃，待温度降温达到均衡后，再将温度控制在 13~14 ℃；贮存期间应使用通风设备进行通风，促使空气循环，均衡与稳定库内温度。库内相对湿度应控制在 80%~90%。

九、香蕉粉加工技术规程

1. 原料处理

需要充分成熟的香蕉，只有达到食用成熟度的香蕉，其色、香、味俱全，褐变程度也会减弱。将香蕉剥除果皮后，要进行护色处理。

2. 护色处理

香蕉可立即切成薄片浸于有抗氧化剂及漂白剂的溶液中，或者未切片就浸于上述溶液中 10~15 min，漂白剂用 0.2%亚硫酸氢钠，或者进行熏硫处理，在 1 m³ 容积内燃烧纯净硫磺 15 min，硫磺需 10~15 g，其二氧化硫浓度约是 1%，便能达到护色目的。

3. 干燥

在 60 ℃下进行干燥，在此温度下干燥时间很长，对芳香物质损失太大。有条件的工厂，采用低温真空冷冻干燥设备，把香蕉片放在浅盘上，装入急冻室，在-28 ℃下冻结 1 h，再在低温真空干燥机内，在 5~0.1 mm 水银柱真空度下，干燥温度在 10~40 ℃下，香蕉水分进行升华，在短时间内达到干燥目的，产品含水量在 3%以下。

4. 粉碎

置于有除湿装置的环境下磨碎成粉状，再经过筛和细磨，即得紫色或浅黄色香蕉粉成品。

5. 包装

此种制品因含水量低、易吸潮，需要抽真空或充氮密封包装，在贮存或流通中需要低温低湿条件。

6. 食用方法

食用时直接加入经消毒的水冲成饮料，或者是作为保健食品原料定量加入其他食品中去。

第三节　荔枝

一、荔枝产业与产品特点

荔枝属无患子科荔枝属常绿乔木，享有"岭南佳果""果中之王"的美誉，作为一种亚热带水果，深受消费者喜爱。其适宜种植范围比较狭窄，世界上主要荔枝产区分布在南北纬 18°~24°，海拔 1 100 m 以下。但也有例外，如四川位于北纬 26°03′~34°19′，因受到盆地气候影响，成为我国荔枝栽培的最北缘地区，也是最晚熟荔枝产区。荔枝气味甘、平，无毒、止渴、益人颜色、通神、益智、健气。研究表明，荔枝富含多种维生素和酚类物质，有美容养颜、益智补脑的功效。从世界范围来看，荔枝生产区主要是集中在发展中国家，主产国有中国、印度、越南、泰国等，其中全球约 95%的荔枝产于东南亚地区。

荔枝种植管理水平往往与地块的土地所有权性质存在高度相关性。目前，农民获得土地的方式主要分为两种类型：一类是按家庭人口数量所分的土地，大部分散户都是利用这种类型的土地进行种植，这种类型的耕地最大的缺陷是面积小而分散，不利于集约化管理，例如开展植保作业时需要兼顾所有的分散地块，难以统一施药，病虫防治效果差，机械化作业难，生产成本高；另一类则是通过土地流转承包土地，此耕地通常具有一定规模，配套蓄水池和喷药机器，有供运输车辆进出的通道，有利于实现轻简栽培和机械化，减少人工投入。

大多数果农均未受到过专业系统的培训，在生产实践中学习是农民掌握生产技术的重要途径，当地政府和合作社组织的荔枝生产技术培训同样起到不可或缺的作用。农资店是果农获取植保相关知识的重要途径，偶尔也会有相关农资企业为农民讲解相关知识，但是这种方式往往带有盈利和销售的目的，而且覆盖范围不广，主要对象是种植大户。

荔枝具有收获时间短、保鲜技术要求高的特点。相关基础设施的完善为荔枝产业发展奠定了基础。近年来，乡村道路、国道、高速公路等交通道路网不断完善，使交通运输越来越方便，缩短了运输时间，加上荔枝保鲜技术的发展，有效减少了鲜果损耗，吸引大批收购商前来收购；发达的物流使鲜果运输距离加大，荔枝北运或者出口增加，有较大的消费市场。随着国家综合实力的增强，人们生活水平不断提高，有了更高的购买力，这也是荔枝近年来价格向好的原因，使农民种植积极性增强。

各国荔枝以内销为主，现阶段果农的销售方式以收购商设点收购为主。每年的荔枝收获季节都会吸引大批荔枝收购商前来收购，荔枝收购商在乡镇主要道路设临时收购点，对果农而言，只需要把果摘下来运输到荔枝收购点交果，而包装、保鲜、冷藏、运输等环节是由收购商自行协调完成，相当于把保鲜和运输外包给专业的收购商。收购商将荔枝运输到各地的批发市场分销，如广州的江南水果批发市场。除了设置临时收购点，对于面积比较大的果场，也会有收购商联系上门收购，可通过整园估价或摘果称量的方式收购。随着淘宝、京东、顺丰等电商平台的发展，线上销售荔枝也成为一种重要的销售渠道，有效拓展了荔枝产业的销售渠道。

农民的荔枝种植技术水平往往跟种植规模成正比。种植规模较大的果农，一般具有较高的文化水平和丰富的种植经验，管理统筹能力更强，对于种植技术有较高的认知水平。专业化经营型农民会请临时工人解决修剪、施肥、摘果等繁重的工作，而兼职经营型农民则一般不请工人，由家庭成员共同完成作业。专业化经营型农民会比兼业经营型农民有更多的精力投入果园的经营管理，因此，种植技术水平更高。同时，当种植面积达到一定规模，就对管理者合理统筹农药、化肥、用工、栽培技术等生产要素提出了更高的要求。而零散经营型农民则更多依赖经验和模仿进行管理，往往管理比较精细，也容易获得高产，但是对于技术细节和突发情况缺乏应对能力。

不同经营方式对管理者的要求不一样，种植面积越大，往往对管理者要求越高。零散经营型农民主要是耕种自家土地，土地不集中，人工投入繁重，但没有土地租金压力；兼职经营型农民通过承包果园经营，土地集中，有利于机械进入和施展，以家庭形式管理；专业化经营型农民也是通过承包集中土地进行经营，在人力需求较大的管理环节需要请临时工人，经营者需要协调各个生产环节来有序合理进行。

近年来，伴随乡村振兴战略的落实，农田水利建设成效显著，但山地果园的基础设施建设也不可忽略。山地挖水井成本较高，农户往往不愿意投入。但是许多果园远离小溪、河流，尤其在旱季，取水配药成为农民的一大难题，农用水井作为公共设施能够惠及附近的果农。部分农民有直接利用井水配药（硬水降低了农药的有效性）的习惯，不仅增加了成本，还造成了农药资源浪费和环境污染。因此有必要增设公共农用水井。在农业害虫防治方面，目前主要的防治方法仍然是化学防治，而生物防治（如释放寄生蜂等）和物理防治（如捕虫灯等）同样作为害虫物理防治的有效措施，对降低部分农业害虫的虫口密度作用明显，对害虫综合防控有重要作用。但这种公益性项目在缺乏政府主导的情况下难以实现。

据统计，我国 2000—2018 年有 40 个荔枝品种通过审定，但是这些新品种的出现并没有撼动妃子笑、桂味、白糖罂等传统荔枝品种的地位。优质新品种的选育离不开丰富的种质资源，但在荔枝主产区，荔枝种质难以得到有效的保护，除了几个主栽品种外，混杂在栽培种里面的其他品种或生长在非耕地的野生荔枝树容易遭到砍伐，形成了只有推广栽培品种种质的情况，可能会造成优良种质资源的流失。对农民而言，他们没有意识对荔枝资源进行保护，若不注重保护，长此以往，必然导致基因多样性的丧失，制约新品种的培育。

近年来，荔枝生产过程中一些工具，如喷雾器、枝剪、运输车辆等的更新换代，对减轻农民负担起到一定作用，但是并没有改变荔枝种植业为劳动密集型产业的本质。如大部分零散型经营农民使用的基本上都是背负式喷雾器，对于专业化经营型农民而言，摘果和剪枝等都是必须雇用临时工人的生产环节。地形复杂、果园规模小、园区规划不合理等是机械化程度低的主要原因，因此果园机械化仍然有巨大的发展空间。

城市的蓬勃发展，吸引了大量农村人才和劳动力，同时也造成了农村劳动力特别是高素质人才的流失。果农年龄趋于老龄化，年轻群体比例偏少，也侧面反映了年轻群体不愿意从事农业这个严峻的事实。目前大部分果农为散户，农民普遍受教育程度低，对于新技术的接受比较被动，缺乏技术意识和管理意识，喜欢模仿学习，过度依赖经验。传统农户仍然占主体地位，鼓励传统农户向专业大户过渡，使种植更加规模化、组织化，加大科技投入，才能提高农民的经济效益。

政府应当加大农业公共基础设施的投入，根据不同地区的农民实际需要，高效地发挥社会责任。如增设公共农用取水井，并配套相应的蓄水池用以软化水质；在较为集中的作物区构建物理防治或生物防治的绿色防控体系，如投放太阳能捕虫灯、释放害虫天敌等。

品牌化经营对于农业产业现代化至关重要，深度挖掘荔枝历史文化，对现有荔枝古树、原始荔枝群落进行保护和合理开发利用，发展观光农业，依托观光旅游平台，进行产品推介宣传，提升品牌影响力；申请农产品地理标志，打造地区性的荔枝品牌，增强竞争力，注重产品和产品品牌的同时输出；定时定期主办荔枝文化节，积极参与各地举办的农业展览会等，提高知名度和影响力。

重视种质资源的搜集和保护，建立各级种质资源库。果树新品种培育和推广需要一个漫长的过程，因此应建设稳定的科研人才队伍，建立全国性的荔枝协作育种体系，避免重复工作，提高育种成效。传统育种手段与现代分子生物育种手段结合，精确定向地培育符合育种目标的新品种。结合未来发展趋势，选育具有矮化、耐修剪、高光合效能、适应机械化等品种特性及适于鲜食、加工、出口等不同用途需求的各类品种。

在农村劳动力短缺、人工成本逐年上升的大背景之下，实现机械化对于荔枝生产环节有着重要意义。荔枝产业现代化的实现，需要在喷药、修剪、采摘、肥水管理等方面进行机械化或半机械化的探索，不断提高果园机械化程度。树冠层复杂、地形崎岖等一直是限制植保无人机在部分果树上应用的重要原因，但是随着技术的发展，有望实现植保无人机在荔枝园的普遍应用。技术的进步将是果园机械化程度不断提高的重要突破口。

随着从事农业人口老龄化不断加剧，加上越来越多的农村人口向第二、第三产业转移，传统农民会渐渐退出历史舞台，荔枝种植业将面临经营模式变革和经营人才更迭，才能满足荔枝产业现代化的需要，因此培养一批有文化、懂技术、善管理、热爱农业的新型职业农民显然非常重要。应通过高等农业院校农科类人才培养、农村劳动力再培训和农业专门人才短期培训，使高校成为职业农民培养的基地，使职业农民培养成为高等农业院校人才培养的重要组成部分，实现理论知识与实践技能在教学中的融合。加大农民培训的覆盖率，不应局限于合作社的社员和龙头企业，应更多覆盖到镇政府下辖的各村委会，使社会资源分配更加合理。

二、影响荔枝产品质量安全因素

据统计，2010 年我国荔枝种植面积 55.26 hm^2，产量 177.74 万 t，产值达 110 亿元。虽然 2010 年我国荔枝总产量创历史新高，售价回升，产业效益明显改善，但荔枝生产中仍存在不少问题，特别是农药等化学投入品的不合理使用，造成荔枝果品污染，农药残留超标，带来产品质量安全隐患，影响了人们的消费心理，常出现滞销情况，严重影响出口。我国荔枝出口量少、国际市场占有率低的主要原因是多数国家针对进口我国荔枝的安全质量设置"绿色壁垒"，从而限制我国出口荔枝。

（一）我国荔枝质量安全现状与存在问题

1. 安全现状

我国热区高温高湿，荔枝病虫害种类繁多，采后保鲜和贮运困难。据统计，荔枝病害种类有 43 种，荔枝害虫种类有 193 种，常发的病虫害主要有：霜疫霉病、炭疽病、酸腐病、蒂蛀虫、荔枝蝽象、介壳虫和瘿螨等，其中霜疫霉病、炭疽病和蒂蛀虫是影响荔枝生产的三大病虫害。这两病一虫常常同时发生，喷施化学农药防治荔枝病虫害已成为保障荔枝正常生产的必要措施。加上荔枝生产绝大多数为分散经营，栽培技术不规范，不合理使用农药等化学投入品现象普遍存在，带来了质量安全隐患。从近年来开展的荔枝质量安全抽检结果看，我国荔枝农残抽检合格率呈逐年上升趋势，但仍存在农残超标现象。2007 年广东省农药检定所在广东省 5 市县抽检荔枝样品，合格率为 94%。抽检发现，除了毒死蜱、氰戊菊酯等非禁用农药超标外，还发现甲胺磷、甲基对硫磷等禁用农药超标。2020 年对海南、广东、广西、福建等我国荔枝主产区的基地和部分大城市水果批发市场进行抽样检测，样品合格率为 96.5%。

2. 存在问题

抽检发现，虽然荔枝农残合格率处于较高水平，但仍存在不容忽视的质量安全隐患，主要存在以下几方面问题。

（1）生产过程中用药种类多，使用禁用农药的现象仍然存在　抽检结果显示，检出的农药共有 7 种，分别是多菌灵、除虫脲、敌敌畏、甲胺磷、甲拌磷、氧乐果、三唑磷；样品总超标率为 3.5%。超标的全部是禁用农药：甲胺磷、甲拌磷和氧乐果。

（2）使用未登记农药的现象普遍存在，安全风险无法评价　实地调研中发现，目前荔枝生产中使用的农药多达40余种，但荔枝生产登记的农药不到20种，使用未登记农药的现象非常普遍。在此次抽样检出的农药中，噻菌灵、除虫脲和丙溴磷没有登记，国家没有制定相应的限量标准，因此无法对这些农药残留的安全性进行评价。

（3）采后处理存在质量安全隐患，应该进一步加以关注　荔枝的贮藏保鲜一直是影响荔枝产业发展的世界性难题，目前大多采用保鲜剂浸泡处理结合低温贮运，保鲜剂中大多含有杀菌剂和其他化学物质，对其安全风险也缺乏了解，如使用多菌灵、除虫脲及不明成分的保鲜剂进行采后处理的情况也存在。

（二）荔枝病虫害及科学防治关键技术

荔枝病虫害防治必须树立无公害生产的意识，掌握无公害生产技术。要积极贯彻落实"预防为主，综合防治"的植保方针，重视农业和物理防治，逐步应用生物防治，按照病虫害发生规律和经济阈值，科学使用化学防治技术，有效控制病虫为害。

1. 荔枝病虫害

（1）霜疫霉病　主要为害花穗、嫩梢和近成熟的果实。该病常引起大量落果、烂果，严重影响荔枝的商品价值，在高湿条件下，损失率达30%～80%，造成重大经济损失。

（2）炭疽病　主要为害嫩梢和叶片、花穗、果实，造成花枝干枯，在果实采后严重腐烂。

（3）酸腐病　主要为害采后的果实，使果实褐变、腐烂，产生污水和恶心的酸臭。为害率一般为10%。

（4）蒂蛀虫　主要以幼虫为害，在营养生长期，幼虫蛀食新梢、新叶，致使嫩梢干枯、新叶中脉变褐；在开花结果期为害花穗和果实，致使花穗干枯、果实落果和造成"虫粪果"，严重影响果实质量。

（5）荔枝蝽象　荔枝蝽主要以成虫、若虫刺吸幼果、花穗和嫩梢为害，导致落果落花、嫩梢凋萎，未掉落的果常常在被害处产生褐斑，不可恢复。

（6）介壳虫　荔枝上的介壳虫种类很多，发生普遍，大量刺吸寄主汁液，致使营养及水分损失严重，同时诱发煤烟病，影响光合作用，致使树势衰退，产量下降。

（7）瘿螨（毛毡病）　为害枝叶、花序和幼果实。叶片畸形，影响光合作用，果实畸形脱落。一般为害率为10%～12%，严重时达45%以上。

2. 农业及物理防治

农业及物理防治方法广泛用于荔枝病虫害的防治，其特点是容易掌握、成本低、安全无污染、防治效果明显。各有关部门应大力提倡应用农业及物理防治技术，可从各种示范区开始示范应用，进而推广应用。

（1）修剪　通过修剪，修除病虫枝和弱枝，降低果园病虫基数；通风透光，改善果园环境，提高植株对病虫的抗性，减少病虫为害。

（2）人工捕杀　越冬的荔枝蝽象在春天刚开始活动取食时，人工捕杀，产卵期人工摘除虫卵，降低虫源。

（3）生草栽培　采用生草栽培技术，保护害虫天敌，寄生蜂、蜘蛛、螳螂等，可以寄生或捕食害虫，达到控制害虫作用。

（4）套袋 第三次生理落果后用专用荔枝袋套袋，降低病虫为害。

（5）立网 挂果后期在果园四周立网，捕杀吃果实的金龟子和蝙蝠。

（6）杀虫灯 在果园安装杀虫灯诱捕蒂蛀虫等鳞翅目害虫的成虫。

3. 生物防治

荔枝病虫害防治生物防治技术的研究取得了一定进展，虽应用相对较少，但已越来越受重视。生物防治的优缺点都很明显：防治效果期长，但见效慢；安全性高但成本也高；受环境因素影响较大，效果不稳定。另外，农药的频繁使用严重影响了生物防治的效果。生物防治技术可倡导应用，选择部分示范单位进行示范，逐步推广应用。

（1）天敌 荔枝蝽象产卵始盛期释放平腹小蜂，每隔 10~12 d 释放 1 次，1~2 次，即可达到最佳防治效果。

（2）病原菌 采用对荔枝病害的病原菌有拮抗作用的芽孢杆菌等防治荔枝病害，采用绿僵菌等防治荔枝害虫。

4. 化学防治

化学防治是荔枝病虫害防治的重要手段，占有重要地位，具有效果好、方法简便、经济有效的优点，特别是在病虫害发生高峰时期使用，能及时控制病虫害的发生为害，避免减产或绝收的发生。荔枝病虫害的化学防治要科学使用农药，不能施用高毒、高残留等禁用农药，不同的农药交替使用，并注意农药的安全间隔期，避免出现抗药性、残留超标等安全问题。

（1）霜疫霉病防治常用杀菌剂 王铜、代森锰锌、烯酰吗啉、精甲·百菌清等。

（2）炭疽病防治常用杀菌剂 多菌灵、甲霜·锰锌、百菌清、咪鲜胺等。

（3）荔枝蝽象防治常用杀虫剂 氯氰菊酯、敌百虫、毒死蜱、三氟氯氰菊酯等。

（4）蒂蛀虫防治常用杀虫剂 敌百虫、杀虫双、三氟氯氰菊酯、敌灭灵、毒死蜱、阿维菌素等。

（5）介壳虫防治常用杀虫剂 毒死蜱等。

（7）瘿螨防治常用杀虫剂 溴氰菊酯、敌百虫、辛硫磷等。

（三）提高荔枝产品质量安全的对策和措施

1. 加大质量安全隐患监测力度，全面提升产品质量安全水平

充分发挥政府监督和质检机构职能，加大荔枝质量安全危害因子的监测力度，扩大质量安全监测面，并使质量安全监测长期化、制度化，及时掌握我国荔枝质量安全状况，促使生产企业和农户提升安全意识，采用先进技术，不断提高产品质量安全水平。

2. 采取有效措施加强培训工作，提高荔枝从业人员质量安全意识

从普查情况看，我国相当部分荔枝从业人员包括生产者、技术推广人员对荔枝质量安全生产相关标准和规范了解很少，对科学用药知识缺乏了解，质量安全意识较淡薄。应该采取切实有效措施，通过各种途径加强荔枝从业人员的培训和指导，使他们增强质量安全意识，在生产过程中自觉、主动采取科学措施，有效提高我国荔枝质量安全水平。可充分发挥正在加快建设的农业农村部热作标准化生产示范园、农垦农产品质量追溯系统建设等各种示范项目的示范带动效应，通过田间课堂、专家讲座、技术培训、印发资料等形式，运用示范园创建经验和成果，帮助周边荔枝果农解决生产中的实际问

题，提高果农的素质，提升质量安全意识。

3. 大力促进合作组织建设，提高荔枝产业化水平

我国荔枝产业化水平不高，生产普遍存在规模小、分散经营、组织化程度低、"单打独斗"的状况，既无力应对市场，也不利于先进技术推广应用和标准宣贯实施。目前虽成立了一些荔枝专业协会等专业化合作组织，但大多属于松散的社团组织，所起的作用总体上是有限的。应大力鼓励和扶持包括农民专业合作社在内的各种荔枝产业化组织建设，加快建立信贷扶持和保险机制，依靠各种龙头企业将产前、产中、产后各环节有机结合起来，按统一标准组织生产，有效提高荔枝产业的组织化生产水平，降低市场风险，拓展市场空间，提高荔枝的国内外市场竞争力。

三、荔枝的安全生产技术规程

（一）培育优良苗木

1. 嫁接育苗

（1）育苗地准备　选土壤肥沃、疏松、排灌及交通方便的缓坡地或平坡地，育苗前先进行翻耕犁耙，施基肥后，起畦，然后用定制的下部开 4~5 对小孔的 15 cm×20 cm 的塑料薄膜营养袋装泥育苗，10 个摆成一排，畦间隔 30 cm。

（2）采种及催芽、播种　用作砧木的种子要选择充分成熟、无病虫害的果实，取出种子，用清水搓洗，挑选粒大、饱满的种子用湿河沙催芽至种子露芽后播种至营养袋中，芽离泥面 2~3 cm，淋水保持泥土湿润。

（3）播种后管理　幼芽叶片开张时，将多余的芽剪去，每坯保留 1 株健壮芽，幼苗真叶转绿后开始施肥，每月薄施水肥 1 次，同时做好除草防虫工作，在砧木苗茎粗 0.8 cm 以上时便可进行嫁接。

（4）嫁接　包括如下内容。

嫁接时间：春、秋两季进行。

选接穗：在品种纯正的荔枝母树上，选取无病虫、生长充实、芽眼饱满的一年生老熟枝条，剪除叶片，用半干湿布巾或湿卫生纸包好待用，最好当天采摘当天嫁接。

嫁接方法：在砧木高出地面 15~20 cm 处用切接、合接等多种方法嫁接。

嫁接后管理：嫁接约 3 周后及时抹除砧木芽，1 个月后检查成活情况，不成活的及时补接，在接穗萌发第一次新梢老熟后开始施肥，以后检查嫁接口愈合情况，早愈合早解绑。

2. 圈枝育苗

（1）圈枝时间　春、秋两季。

（2）圈枝条选择　选品种纯正、质优丰产、生长势健壮、直径 3.5 cm 左右、枝身较平直与光滑、枝龄 2~3 a 的枝条。

（3）剥皮包泥团　在较平直、光滑部位用刀环状割两刀，深达木质部，两刀口相距 2~3 cm，刀口间用胶钳去皮，待剥口裸露 15~30 d，有明显愈伤组织生成后，用半干湿泥团敷在剥口上，泥团长度约 10 cm、直径 6~8 cm（泥团可加入木屑、禾草等混

合），再用薄膜包好泥团，两端用尼龙绳扎紧。

（4）落苗及假植　包扎生根基质 2~3 个月，剥口泥团密布新根即可落苗假植。圈枝苗木剪下后，短截留 30~40 cm 进行假植，留 2~3 个分枝，将包生根基质的塑料纸解去，用直径 18~20 cm、高 25~30 cm 的小竹箩或塑料袋假植，填满松软园土，置荫棚内淋水保持土壤湿润，抽 2 次新梢老熟后便可定植大田。

3. 苗木出圃标准

（1）嫁接苗要求　砧穗亲和性好、嫁接口上下发育均匀，表皮光滑，接口无肿大，苗木生长健壮，嫁接口上 3 cm 处直径 0.8 cm 以上，叶片生长正常，无病虫害；嫁接后至少抽出 2 批新梢老熟，苗高 40 cm 以上。

（2）圈枝苗要求　苗高 45 cm 以上，生长健壮，根系发达，无病虫害，假植苗至少有 2 次新梢老熟。

4. 出圃时间或定植大田时间

2—5 月或 9—11 月。

（二）建园

1. 产地环境

应符合无公害食品的生产标准（NY 5010—2016）的规定，选择地势平缓（小于 30°），坐北向南，排灌方便，土层深厚、疏松（不板结）、肥沃，远离污染源的丘陵山地建园。

2. 果园设置

建立较大型荔枝园，要做好分区（1.33 hm²/小区）、道路系统（连通办公室、宿舍、仓库、肥料基地，路宽度 8 m）、排灌系统（山塘、水池）、肥料基地及田间辅助建筑（包括房舍、仓库、水塘、粪池等）、电力设施。

3. 定植密度

新垦果园先密植，封行后逐年间伐。每亩定植 30 株左右，株行距 4.5 m×5 m，丰产期后间伐成 9 m×10 m。

4. 定植前准备

在丘陵山地果园修筑水平梯田或沿等高线定好植穴位置。定植穴规格为 1 m×1 m×0.8 m；平地水位较高的果园应起深沟大畦，畦宽（包沟）为 5 m，畦深 40 cm 以上。以腐熟的禽（畜）粪、肥沃塘泥等农家肥和绿肥为基肥。单个植穴可施禽（畜）粪 15~20 kg（或塘泥 50~100 kg）、绿肥（或杂草、秸秆、土杂肥）30~40 kg、过磷酸钙或钙镁磷肥 2 kg、石灰粉 1 kg。植穴回填时基肥与穴土分层填埋，表土放在植穴上层，并筑起直径 0.8~1 m、高 0.3 m 左右的定植墩，该项工作宜在定植前 30~60 d 完成。

5. 定植时间和方法

可选择春植（2—5 月）或秋植（9—10 月），在苗木新梢老熟后至萌芽前，选择无大风的阴天进行定植，其中春植比秋植成活率高。营养坏苗移植不受季节限制（移植时去除塑料袋）。定植时淋足定根水，树盘用禾草或柴草覆盖保湿。每隔 3 d 复淋 1 次水，连续淋 2 次。

（三）幼树管理

1. 肥水管理

幼树宜勤施、薄施，腐熟粪水以 1 :（5~10）的肥水比例稀释，复合肥每次每株施 0.15~0.25 kg。

2. 整形修剪

培养 30~50 cm 高的主干，3~5 个分布均匀的主枝，整个树冠通透，能接受一定的光照，修剪使枝条粗壮，无徒长枝、交叉枝、过密枝、拖地枝及病虫枝。使幼树及早形成紧凑、立体结果的树冠。幼树修剪要求在第三年后进行，修剪在生长季节的各个时期皆可进行。

3. 土壤管理

苗木定植后的翌年起，每年于滴水线处结合施用有机肥深翻扩穴压青改土，有机质肥料因地制宜选择各种农家肥、麸肥、鱼肥和绿肥等，并加入过磷酸钙 1~2 kg/株。

（四）结果树管理

1. 培养结果母枝

（1）合理肥水　土壤施肥每年以株产 100 kg 计施入腐熟动物粪便 40 kg。另外，在花前、花后、果实发育期、采果前 20 d，秋梢抽生期配合淋施适量腐熟花生麸加适量复合肥。叶面追肥以喷含多种微量元素的复合型叶面肥和有机类营养叶面肥为主。结合施肥进行灌水，夏秋季攻梢期要注意灌水。

（2）采后回缩修剪　采后回缩修剪除了更新修剪外，主要是对上年的结果母枝进行短截，截去龙头丫，至上年结果枝的中下部。另外，剪除下垂枝、病虫枝和树冠外围过密的枝条。使新抽芽健壮及疏落有致，通风透光。在新梢抽出 5~10 cm 进行疏芽疏枝，第一秋梢每基枝留 2 条，其他次秋梢留 1 条。

2. 控冬梢促花

（1）促熟　对抽生偏迟的晚秋梢按正常管理难以在花芽分化期前老熟的，用有机和无机叶面肥相结合的方法喷洒叶面 1~2 次，促其快老熟。

（2）控梢　在末次秋梢或早冬梢老熟时（11 月下旬至 12 月上旬），用 1.5 号或 2 号环剥刀在主干或主枝上螺旋环剥 1.2~1.8 圈，深达木质部，树势好、土壤肥沃或雨水相对较多时环剥的圈数多些，反之则少些。如果秋梢老熟稍迟，环剥时间也推迟，则用 1.5 号环剥刀环剥。

（3）杀梢　对不能在 12 月前老熟转入花芽分化期的冬梢要及时处理。方法可用人工摘除，或结合化学药物杀梢素在冬梢 5~6 cm 至转绿前杀除冬梢。

3. 花果管理

（1）壮花　抽花期，保持土壤湿润有利于花穗的抽出，如遇干旱要及时淋水促其抽出。花穗若带小叶，可人工摘小叶，或药物杀除。桂味荔枝花穗较长、花量较大，适当进行控制，可提高花质，提高坐果率，在花穗抽出 5~6 cm 时，使用多效唑喷施，使花穗短壮、雌花多，坐果理想。

（2）辅助授粉　扬花期果园放养蜜蜂辅助授粉，遇沤雨天气，雨后及时摇树防积水沤花，旱天则要及时喷清水防花柱干枯凋萎。

（3）保果壮果　谢花后结合防虫，喷施叶面肥保果壮果。

（五）病虫害防治

（1）农业防治　采果后结合修剪，剪除病虫枝、枯枝、阴枝，清除落地枝、落叶、落果，翻土压青，做好冬季清园，以减少越冬虫源。合理施肥，增强树势，提高植株的抗病、抗逆性。

（2）生物防治　避免喷洒剧毒农药，保护和利用自然界的天敌，控制病虫害发生数量。

（3）物理防治　利用金龟子、荔枝蝽象的假死性进行人工捕杀，应用频振式杀虫灯诱杀金龟子、吸果夜蛾等害虫；采用果实套袋等护果措施。

（4）化学防治　根据荔枝主要病虫的发生规律，坚持做好田间预测预报（表5-47、表5-48、表5-49）。

表 5-47　荔枝果实的病虫害防治

名称	症状/为害状	病原/害虫	化学防治措施
荔枝霜疫病	病部呈水渍状，褐色，上生有白霉状病原菌，果实腐烂脱落	荔枝霜疫霉菌	做好药剂防治，在花蕾期、幼果期和果实成熟前喷药保护，可取得很好的防病效果。常用药剂有25%甲霜灵可湿性粉剂800倍液，75%嘧菌·百菌清可湿性粉剂500~800倍液等
荔枝炭疽病	果实成熟时容易侵染果实，病部褐变、腐烂，雨水充足时，病部密布小粒点，溢出粉红色黏液	胶孢炭疽菌	喷药保护在春梢及花穗期各喷药1次，保护幼果避免炭疽病菌侵入（应在落花后1.5个月内进行，每隔10 d左右喷1次连续喷2~3次）。药剂可用20%咪锰·多菌灵悬浮剂500倍液；70%乙铝·代森锌可湿性粉剂600倍液
蒂蛀虫	受害嫩梢枯梢；受害嫩叶可成端半叶乃至全叶枯死；幼果被害造成落果；成熟期被害，果蒂与果核之间充满虫粪	鳞翅目细蛾科荔枝蒂蛀虫	化学防治。虫口密度大的果园，落花后至幼果期，在幼虫初孵至盛孵期喷洒80%敌百虫可溶粉剂800倍液可减轻为害
荔枝小灰蝶	以幼虫蛀害荔枝果核，偶尔也食害龙眼果核。被害果常不脱落，蛀孔多朝向地面，孔口较大，近圆形，除1龄幼虫有时在孔口有少许虫粪外，一般果核蛀道和孔口无虫粪	鳞翅目灰蝶科荔枝小灰蝶	重点抓好荔枝早熟品种第二次生理落果高峰后酌情喷药1~2次。掌握在羽化前喷在树干裂缝处，羽化始盛期后均匀喷在树冠。可用80%敌百虫可溶粉剂700倍液喷雾。防治蒂蛀虫、异形小卷蛾的多种药剂可兼治小灰蝶
吸果夜蛾	以成虫口器尖锐而角质化的端部穿刺荔枝果皮，插入果内吸食汁液为害，使荔果外呈小孔，内部果肉腐烂，不堪食用		生物防治和物理防治等综合防治，很少用到化学防治

表 5-48 荔枝叶片病虫害和化学防治

名称	症状/为害状	病原/害虫	化学防治措施
叶瘿蚊	以幼虫生箍,受害的点痕逐渐向叶片下背两侧突起,形成瘤状虫瘿。严重时一片叶上有十多个虫瘿、一张复叶虫瘿可达100以上,致使叶片扭曲。幼虫老熟钻出化蛹后,残留的虫瘿随着受害叶老化逐渐干枯。有些叶片呈穿孔状	双翅目瘿蚊科荔枝瘿蚊	施洒药剂触杀幼虫和成虫。每亩用2.5%溴氰菊酯乳油100~150 mL,或22%高氯·辛硫磷乳油1 kg,分别与20 kg细沙或泥粉拌匀后,均匀撒在树冠下和四周表土,并覆盖薄土或浅耘园土,使药混入土壤。此外,新梢抽发期,尤其是夏、秋梢期,在虫瘿出现前,选用40%毒死蜱乳油800~1 000倍液,加80%敌百虫可溶粉剂700倍液混用,喷洒树冠1~2次
叶斑病	常有灰斑病和斑点病两种。灰斑病自叶尖向叶缘扩展,初期生赤褐色或椭圆形病斑后扩大成不规则形灰白色斑,表面散生黑色粒点。斑点病为害叶片形成圆形、近圆形病斑,中央灰白色,边缘褐色,其上生有数个黑色小点	灰斑病病原是疏毛拟盘多毛孢菌,斑点病病原是荔枝盾壳霉菌	发病初期可选用20%咪锰·多菌灵可湿性粉剂600~800倍液,或25%咪鲜胺乳油1 000~1 200倍液,或560 g/L咪菌·百菌清悬浮剂500~1 000倍液,或58%甲霜·福美双可湿性粉剂600~800倍液防治
煤烟病	表面产生一层暗褐色至黑褐色霉层,以后霉层增厚成为煤烟状。由于病原种类不同,后期霉状物各异	煤炱菌	用药防治介壳虫、白蛾蜡蝉、粉虱等刺吸式口器的害虫,减少发病因素。对发病较重的果园,掌握在发病初期,连续用药2次,相隔10 d左右喷1次。选用药剂有560 g/L咪菌·百菌清悬浮剂500~1 000倍液等

表 5-49 荔枝树干、枝条病害以及化学防治

名称	症状/为害状	病原/害虫	化学防治措施
荔枝溃疡病	发病初期,枝皮无光泽,色暗,以后逐渐皱缩,树皮粗糙龟裂,随着龟裂扩大加深,部分皮层翘起、剥落。严重时病害延及木质部,当病斑扩展环绕枝条时,使患部以上枝条叶片变黄脱落,致使树势衰退,甚至整株枯死	荔枝溃疡病的病原尚未明确,有可能由病原真菌侵染所致	对2~3 a生幼树,加入560 g/L咪菌·百菌清悬浮剂500~1 000倍液,均匀喷洒树冠枝条和主干。对发病较重的大树主枝,先用小刀刮除病斑,用毛巾抹除干净,用0.5:0.5:5波尔多液加90%敌百虫可溶粉剂10 g加少许食盐拌匀成浆,涂刷树干、大枝和有病小枝,每隔15~20 d涂1次,连用3次或多次直至病状消失

(六)适时采收

荔枝果皮向光面转为鲜红色,背光面转为白色;可溶性固形物20%以上时采收,一般在6月中下旬。

四、荔枝的环境标准要求

1.《鲜荔枝》（GH/T 1185—2017）

该标准于 2017 年发布实施，适用于荔枝类的三月红、黑叶、糯米糍、桂味、淮枝、灵山香荔、元红、大造等鲜果的收购（其他未列入的品种可参照使用），规定了鲜荔枝收购的等级规格、质量指标、检验规则、试验方法及包装要求。

2.《荔枝》（NY/T 515—2002）

该标准于 2002 年发布实施，适用于荔枝鲜果（包括三月红、妃子笑、圆枝、白糖罂、电白白蜡、糯米糍、状元红、桂味、黑叶、陈紫、怀枝、灵山香荔、鸡嘴荔、兰竹等品种）的生产和销售。规定了优等品、一等品、二等品的等级规格指标，理化指标包括果实可食率、可溶性固形物、可滴定酸等，卫生要求规定了敌敌畏、乐果、马拉硫磷、氰戊菊酯、敌百虫、亚胺硫磷、双甲脒、三氟氯氰菊酯、毒死蜱 9 种农药的残留最大限量。

3.《绿色食品　热带、亚热带水果》（NY/T 750—2020）

于 2003 年发布实施，规定了荔枝等绿色食品热带和亚热带水果的术语和定义、要求、检验规则、标签、包装、运输和贮存。该标准感官要求包括果实外观、病虫害、气味、成熟度等项目，理化指标有可食率、可溶性固形物、可滴定酸 3 项，卫生要求规定了铅、镉 2 种有害元素和滴滴涕、氧乐果等 15 种农药的残留最大限量。同时规定，其他农药限量的要求应符合《绿色食品　农药使用准则》（NY/T 393—2020），产地环境应符合《绿色食品　产地环境技术条件》（NY/T 391—2013），化肥使用应符合《绿色食品　肥料使用准则》（NY/T 394—2021）；标签按《食品标签通用标准》（GB 7718—2011）的规定，包装材料按《绿色食品　包装通用准则》（NY/T 658—2015）的规定执行。

4.《出口荔枝检验规程》系列标准

2010 年中华人民共和国出入境检验检疫局发布实施了《出口荔枝检验规程　新鲜荔枝》（SN/T 0796—2010），规定了出口新鲜荔枝、速冻荔枝、保鲜荔枝的抽样、包装、重量、感官、理化项目的检验方法和结果判定，并对结果判定、不合格处置、检验有效期做了明确规定。

五、生产过程的标准要求

（一）选地建园

选择有机质丰富、保水保肥力强、排水良好、地下水位能降至 1.5 m 以下、开阔向阳、避风寒的地段建园。有霜冻地区应避免在西北方向及容易沉聚冷空气的低洼谷地建园。面积大的果园宜营造防护林带，所用树种不应与荔枝具有相同的主要病虫害。根据园地地形，分成若干小区，平缓地小区面积宜 3～8 hm²，丘陵山地小区面积宜 1～2 hm²。丘陵山地沿等高线种植，坡度大于 20°的坡地不宜种植挂绿荔枝。根据园地规模、地形地势设立能排能灌的排灌系统和完善的道路系统。

（二）定植

挂绿荔枝宜春植或秋植。采用宽行窄株或"品"字形或近正方形定植。根据园地环境条件、栽培管理水平等确定定植密度，一般株行距 5~6 m。

（三）土壤管理

1. 扩穴深翻

改土幼年树秋梢老熟后在树冠滴水线外围开深 40~60 cm、宽 50 cm 左右的条状沟或环形沟，每年每株分层压入腐熟有机肥、绿肥、杂草、树叶及土杂肥等 50~100 kg、过磷酸钙 1 kg，土壤酸性大的园地加施生石灰 0.5 kg。深翻时挖出的土分层堆放，回填时先填表土，后填底土。3~4 a 内完成全园扩穴深翻改土。

2. 土壤覆盖

植后 1~2 a，树盘覆盖干草 5~10 cm，株行间间种绿肥、牧草、豆科作物等短期植物。间种植物应避免与荔枝发生明显的肥、水、光的竞争，无共同的主要病虫害。

3. 中耕除草、培土园地

杂草采用人工、机械或生物源除草剂控制。结合施肥，每年中耕除草、培土 2~3 次。提倡生草法，保留良性杂草。

（四）施肥

1. 施肥原则

化学肥料的使用执行 NY/T 496—2010 的规定，微生物肥料的使用执行 NY/T 798—2015 的规定。

2. 幼树施肥

（1）基肥　定植前 3~6 个月挖穴施基肥。常规植穴为深 80~100 cm、长 100 cm、宽 100 cm，每穴每年分层压入腐熟有机肥、绿肥、杂草、树叶及土杂肥等 50~100 kg、过磷酸钙 1 kg，土壤酸性大的园地加施生石灰 0.5 kg。

（2）追肥　定植后待第一次新梢老熟后萌发第二次新梢时开始追肥。采用"一梢二肥"的方法，即枝梢顶芽萌动时及新梢伸长基本停止、叶色由红转绿时各施肥 1 次。一般定植后第一年每次每株施复合肥 25~30 g 或 10%~20%腐熟麸水 2~3 kg，翌年起施肥量相应提高，比上年增加 50%~100%。

3. 结果树施肥

结果树施肥以有机肥为主、化学肥料为辅，按可挂果 50 kg 树面计施花生麸粉 5 kg、过磷酸钙 2.5 kg，分 3 期施用。

（1）促梢肥　采果后至秋梢抽发前每株施花生麸粉 5 kg、过磷酸钙 1.5 kg。

（2）花前肥　花穗抽出 3~5 cm 时每株施花生麸粉 2.5 kg、过磷酸钙 1 kg。

（3）壮果肥　第二次生理落果（果实绿豆大时）前后，根据树势、结果量适当增施腐熟有机肥。

（4）根外追肥　在枝梢转绿、抽穗期、花蕾期、幼果期、果实膨大期等物候期，可采用根外追肥，迅速补充树体养分和预防缺素症，施用时间以早晨露水干后或傍晚为佳，施用部位以叶背为主。常用肥料及浓度：磷酸二氢钾 0.2%~0.3%，硼砂（或硼酸）0.05%，硫酸锌、硫酸镁0.1%~0.2%以及国家批准生产的根外肥等，施用间隔期为7~10 d。

（五）水分管理

在荔枝秋梢抽生期、花穗抽生期、盛花期、果实生长发育期遇干旱应及时灌水，保持土壤湿润。灌水、喷水量应达到田间持水量的60%~70%。除地面灌溉外，尽量采用滴灌、穴灌、喷灌等节水灌溉方法。

（六）整形修剪

1. 幼树整形

一般采用多主枝自然圆头形或多主枝自然半圆头形，在定植后2~3 a内完成。定干高度40~60 cm，选留3~4条分布均匀、长势均衡的一级分枝培养成主枝，主枝与主干的夹角以45°~60°为宜。在每一主枝距主干30~40 cm处短截，抽枝后选留向外、位置及长势较好的2~3条二级分枝培养成副主枝。按主枝、副主枝的培养方法依次培养各级枝组，用拉、撑、顶、吊等方法调整枝条生长角度和方位。

2. 幼树修剪

修剪与整形同步进行，用短截、疏删、拉枝等方法调节枝梢生长和促进分枝，修剪量宜少。

3. 结果树修剪

主要包括采果后修剪和花穗抽生前的修剪。采用疏删、短截等方法，合理剪除过密枝、阴枝、弱枝、交叉枝、重叠枝、下垂枝、病虫枝、落花落果枝、枯枝等，尽量保留阳枝、强壮枝及生长良好的水平枝。

（七）培养结果母枝

1. 放梢次数

应根据树势强弱确定当年的放梢次数，幼树采果后一般放3次秋梢，青壮年结果树放2次秋梢，老树视树势放1~2次秋梢。

2. 末次梢抽出时间

放2次或以上秋梢的树，末次梢抽出的最佳时间是9月下旬至10月上旬。

（八）控冬梢促花

通过科学管理肥水，促使优良秋梢适时老熟后不再抽生冬梢，或选用晒根、断根、环割、环扎、人工摘除、化学药物控杀等方法控杀冬梢促花，但贯彻措施时一定要注意树龄、树势、立地条件、气候等影响。控杀冬梢的常用药物主要有：25%多效唑可湿性粉剂600~800倍液，喷施，控梢促花；10%萘乙·乙烯利水剂1 000~1 200倍液，喷施，杀嫩梢、嫩叶，控梢促花。

（九）壮花保果

1. 促进授粉受精

盛花期采用放蜜蜂、人工辅助授粉、雨后摇花、高温干燥天气果园喷水等措施促进授粉受精。

2. 疏花和疏果

对于花量大的树，在花穗抽生5~10 cm时进行疏删或短截花穗。谢花后30~40 d

进行第一次疏果，每穗保留 8~10 个果谢花后 50~60 d 进行第二次疏果，每穗保留 4~6 个果。

3. 环割保果

生长壮旺的幼龄树、中年树在雌花谢花后的 10~15 d 进行环割保果。

4. 摘除夏梢

当夏梢抽出 3~5 cm 时及时摘除。

（十）病虫害防治

挂绿荔枝的主要病害有霜疫霉病、炭疽病等，主要害虫有蒂蛀虫、荔枝蝽象、尺蠖类、瘿螨等。贯彻"预防为主，综合防治"的植保方针，坚持以"农业防治为基础，物理防治、生物防治、化学防治相结合"的综合防治原则。选用高效、低毒、低残留合成农药，提倡选用生物源、矿物源等对环境友好、对人畜低毒、对害虫天敌较安全的农药品种。

六、包装与标签设计要求

1. 荔枝包装保鲜技术设计

目前，我国荔枝保鲜包装大多采用泡沫箱加冰的这种运输方式，这并不符合当前可持续发展的社会要求，相较于国外，他们已经使用新型材料和新型技术制作出能够便于贮运的果蔬包装，在结构上也是变化多端。另外，国内市场的荔枝包装装潢设计零散且不具审美性，没有把荔枝自身的高贵品质体现出来，应采用新颖的包装形式来增加其果品的价值。

荔枝保鲜包装在货运时主要是采用气调包装，这种气调包装的方式是在包装内放入适当比例的氮气、氧气和二氧化碳气体来抑制荔枝的呼吸作用，延缓酶的生长速度从而达到保鲜目的。气调包装不仅能便捷地对荔枝进行包装，同时能使荔枝直接放于货架上售卖，实现销售与保鲜一体化的包装形式。气调包装能延长荔枝的货架保鲜期，但是在运输中还需控制包装内的温度才能更好地延长荔枝保鲜保质期。因此，在运输包装中加入凝胶蓄冷剂来控制包装内的温度是必不可少的环节，使其在运输途中使荔枝不会褐变和腐烂。而这种凝胶蓄冷剂是可自然降解且能重复利用的，近几年国内外已经逐步开始使用这种蓄冷剂，并把它应用到各种海鲜及果蔬包装。

2. 荔枝保鲜包装标志设计

当年唐玄宗为让爱妃杨玉环吃上她心仪的荔枝，命人日夜兼程为爱妃送来荔枝，此番不知浪费多少人力与财力，但这一切都只为博得红颜知己一笑。由此，荔枝的名声大噪，从而使杜牧创作出"一骑红尘妃子笑，无人知是荔枝来。"的千古佳句，这就是人们心中的荔枝形象，它象征着爱情也寓意着浪漫。标志的颜色采用要给人带来一种新鲜的感觉，同时把荔枝的外形用抽象的形式印透在品牌名上，形成标志的图形。

3. 荔枝保鲜包装色彩图形设计

首先，在配色上体现出荔枝文化。荔枝的果实成熟于炎炎的夏日中，它的果实汁多且甘甜，是夏日的一股清凉，也是清凉解渴的圣果。因此，暖色调的红色与冷色调的蓝色搭配就如同夏日的气候一般沉闷难耐，白色就是它们之间的调和色，白色的介入瞬间给人带来清新凉意的感觉，就如同在夏日中能吃上甘甜解渴的荔枝一样，瞬间神清气爽。

4. 荔枝保鲜包装盒型设计

荔枝的售卖流程，先要由总代理进行大型的囤货集成运输，再分配到各种零售商及超市里售卖。在集成运输中需要大型的贮藏保鲜库，还需要堆码运输，因此，在货运包装中要采用可以固定堆码运输的纸箱。这样的包装方式有利于在货运中堆码和搬运，能达到事半功倍的作用。荔枝的包装开孔率有大于12.3%的规定，开孔率对荔枝的通风作用及降温效果有着很好的帮助。因此，盒顶与盒底都应有开孔，这样便于荔枝的通风及散热。再者，根据消费者的需求量，2.5 kg的荔枝包装是必不可少的，把它设计成手提盒的形式，便于消费者拿放，同时可不再需要手提袋或塑料袋装盛，减少包装的过度浪费，实现销售与运输包装一体化。

随着科技的不断发展，网络遍布全球，网购逐步融入人们的日常生活中。消费者也越来越多地在网上购买荔枝。因此，荔枝的快递包装是不可或缺的。快递包装不仅需要方便拿放、易打包、能承重，而且荔枝快递包装的关键是保鲜，在快递包装内气调包装与蓄冷剂应该相互结合。快递包装在运输中可能会遭到暴力运输，会对荔枝造成一定的伤害，因此，在快递包装的内部置放一个内衬，使其荔枝的气调包装得以固定，且能够把蓄冷剂与荔枝分割开，避免蓄冷剂破损而造成对荔枝的污染。

此外，除上述的盒型之外还有相应的礼盒包装、托盘包装、销售包装等。例如，礼盒包装内能够放置托盘包装，这样就可以根据消费者的需求量进行自由组装。

现代包装艺术设计是一门以文化为本位、以生活为基础、以现代为导向的统一体。因此，我们无论是在理论上，还是在实践中，都应把包装艺术设计作为一种文化形态来对待。荔枝是我国特有的名稀特优水果，也是我国在国外市场最具有吸引力的品种，同时它也承载着我国几千年的农耕文化历史。但是，荔枝在运输和销售途中常因保鲜不妥当造成比较严重的经济损失。只有在包装上解决荔枝保鲜问题，同时设计出具有荔枝文化特色的荔枝包装，才能将荔枝文化传播到全国各地，同时给我国带来可观的外来经济。科技是人类进步的阶梯，科技是改变人类生活的方向，包装不会总是停滞在落后的装载方式上，它会随科技的进步而进步，会与时俱进。因此，荔枝保鲜的包装方式会在将来逐步发展并融入市场中。保鲜是所有的果品必须要解决的问题，这也是未来果蔬行业发展的趋势，只有不断地研究新的保鲜技术才能更好地抢占果蔬市场，并带来巨大的经济效益。我国五千年文化史中"食"文化占据了一席之地，而"民以食为天"这句古老的俗语也验证了"食"文化的地位，因此，把一种人们喜爱吃的食物作为一种艺术文化进行传承，也可视为一种文化延续。荔枝的文化历史底蕴是深厚的，深入挖掘它的历史，会发现它与整个历史时代相接轨，因此它完全可作为一种文化传承的符号。

七、荔枝产品质量标准要求

（一）外观要求

果实新鲜；具有该品种成熟时固有的色泽、正常的风味及质地；果的形状为扁心脏形；龟裂片隆起，呈狭长形，纵向排列，裂片峰平滑，缝合线明显；果较大，果肩一边隆起，果顶浑圆；果皮鲜红，软而较薄；鲜果表面无残留药物、煤烟、尘土，无机械伤，无病虫斑、水渍斑，无裂果、腐烂，无异味。

（二）质量要求

1. 等级规格

荔枝分为优等品、一等品和二等品 3 个等级，各等级的规格指标见表 5-50。在上述总体要求范围内，按表 5-50 规格，质量分为优等、一等、二等共 3 个等级，其中二等果所允许的缺陷，总共不超过 3 项。

表 5-50　荔枝果实质量分等规格

项目	优等品	一等品	二等品
鲜果外观	鲜果新鲜、果形正常，无变色、无褐斑	鲜果大小均匀，无缺陷果	鲜果大小较均匀，基本无严重缺陷果。一般缺陷果和严重缺陷果合计不大于 8%，其中严重缺陷果不大于 3%。
病虫害	无	无	不得侵入果肉。
损伤	无刺伤、划伤、压伤、擦伤等机械损伤	无刺伤、划伤、压伤、无严重擦伤等机械损伤	稍有刺伤、划伤、压伤、擦伤等机械损伤。
果肉颜色	具有该品种最佳肉色	基本具有该品种肉色	基本具有该品种肉色。
可溶性固形物	18%~21%		
可滴定酸	0.15%~0.21%，种子小者居多		
可食率	78%~83%		
总酸/（g/100 g）	1.5		

2. 鲜果规格指标

鲜果规格指标见表 5-51。

表 5-51　鲜果规格指标

项目	指标		
	优等品	一等品	二等品
果实规格/（个/kg）	≤45	46~55	56~65
病虫果率/%	≤1	≤3	≤5
焦核果率/%	≥75		

3. 卫生指标

卫生指标见表 5-52。

表 5-52　卫生指标　　　　　　　　　　　　　　单位：mg/kg

项目	指标	项目	指标
砷（以 As 计）	≤0.50	氰戊菊酯	≤0.2
铅（以 Pb 计）	≤0.20	氯氰菊酯	≤2
镉（以 Cd 计）	≤0.03	氟氯氰菊酯	≤0.2
汞（以 Hg 计）	≤0.01	敌百虫	≤0.1
氟（以 F 计）	≤0.50	乐果	≤1
溴氰菊酯	≤0.1	敌敌畏	≤0.2

根据《中华人民共和国农药管理条例》，剧毒和高毒农药不得在水果生产中使用。

（三）试验方法

1. 等级规格

（1）感官检验　将样品铺放在检验台上，在正常光线下采用感官检测方法对鲜果新鲜度、成熟度、均匀度、洁净度、缺陷果、异品种和品质风味等项目进行评定，并做记录。要求参与检验的人感官正常和具有相当的鉴评经验，参与品味的人数应不少于 3 人，其中至少 1 人为专业人员。

（2）鲜果规格　在样品中随机抽样鲜果 2~3 kg，称量，数粒计算鲜果千克数。

（3）理化指标检验

①可食率。在样品中随机取样果 10~20 个，用感量为 0.01 g 的架盘天平称总重，然后仔细将果皮、果肉和种子分开，称量果皮加种子的重量。计算百分率，算至小数点后 1 位。

②可溶性固形物。按 NY/T 2637—2014 的规定执行。

③可滴定酸。按 GB/T 12293—1990 的规定执行。

2. 卫生要求的检测

卫生标准按 GB 5009—2016 等有关国家规定执行。出口产品卫生检疫按国家有关规定执行。

（四）检验规则

1. 检验项目

包装、标志、重量、鲜果外观、鲜果规格、品质风味、卫生指标。荔枝鲜果的可食率和可滴定酸检测要求，仅作为判明荔枝品质的参考指标。

2. 组批

凡同产地、同等级、同一日采收的荔枝鲜果可作为一个检验批次。

3. 抽样

按 GH/T 1185—2020 的规定执行。

4. 检验分类

（1）型式检验　型式检验是对产品进行全面考核，即对本节质量要求规定的全部要求（指标）进行检验。有下列情形之一者应进行型式检验：前后两次抽样检验结果差异较大；因人为或自然因素使生产环境发生较大变化；国家质量监督机构或主管部门提出型式检验要求。

（2）交收检验　每批次产品交收前，生产单位都应进行交收检验，交收检验内容包括包装、标志、基本要求。卫生指标由交易双方根据合同选测，检验合格方可交收。

5. 判定规则

（1）容许度　每件包装的重量与标示重量相符，其差异不得超过1%，若超过，则应重新包装。各等级荔枝容许度规定允许的不合格果，只能是邻级果，不允许隔级果。优等品和一级品不允许有明显严重缺陷的鲜果包括在容许度内。

优等品：按重量计，允许不符合该质量等级要求的荔枝为5%。

一等品：按重量计，允许不符合该质量等级要求的荔枝为10%。

二等品：按重量计，允许不符合该质量等级要求的荔枝为15%。

（2）判定　判定规则如下。

①凡卫生指标中1项不合格者，判为不合格产品。

②凡包装材料不符合卫生要求，判为不合格产品。

③整批产品不超过某级别规定的容许度，则判为某级级别产品。若超过，则按下一级规定的容许度检验，直到判出级别为止。如果容许度超出"二等品"的范围，则判为等外品。

④无标志或有标志但缺"等级"内容，判为未分级产品。

6. 复检

如果对检测结果产生异议，允许用备用样品（或条件允许可再抽1次样）复检1次，复检结果为最终结果。

（五）包装、标志、贮存和运输

1. 包装

（1）包装材料　各等级荔枝均可选用牢固、通气、洁净、无毒、无异味的纸箱、塑料水果筐等作为外包装，包装容器应大小适宜，以利产品的搬运、堆垛、贮存和出售；内包装可用聚乙烯塑料薄膜（袋）；如用小竹篓包装，允许在篓底及篓面垫少量洁净的新鲜树叶，树叶重量控制在毛重的2%以内。

（2）包装容量　纸箱、小竹篓容量不超过 5 kg，塑料水果筐容量一般不宜超过 10 kg，也可根据签订的合同规格执行。

2. 标志

每个包装必须有下列标志，并以清晰、不易褪色、无毒的文字形式标注于包装的外侧：产品名称、品种名称及商标；执行的产品标准编号、产品标识登记备案号；生产企业（或经销商）名称、详细地址、邮政编码及电话；产地（包括省、市、县名，若为出口产品，还应冠上国名）；等级；采收日期、保质期、贮存方法。

3. 贮存

荔枝采收宜选择晴天上午进行，在烈日中午、雨天或雨后即采收均不适宜。采下的鲜果不宜日晒，应放在树荫下，及时进行挑选、分级、包装、预冷、低温贮藏等产品后处理。荔枝贮存场地应阴凉通风、防晒、防雨、无毒、无异味、无污染源。

4. 运输

运输工具应清洁、无毒、无异味、无污染；有防晒、防雨、防压设施；最好采用冷藏运输。

新鲜荔枝应当尽可能随采随销。贮运荔枝要注意堆叠问题，打孔的包装箱堆叠时要留一定空隙，以利气体交换。鲜果从果园运至冷库或水果采后处理加工厂（场），或直接从果园运至水果批发市场及水果销售点，如属于短途运输或利用空运等快速运输条件，贮运时间在24 h之内者，允许在常温条件下进行；凡超过24 h以上者必须经过预冷并在低温冷藏条件下进行运输。控制温度在5~7 ℃，贮运期可达20~35 d。低温贮运切忌温度波动，否则易烂。

九、荔枝果粉生产工艺规程

（一）工艺流程

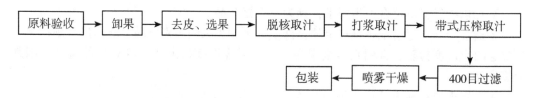

（二）工艺操作说明

1. 原料验收

①检验合格的原料方可进行生产。

②每天收购的原料量要以工厂生产线24 h加工量相差小于5 t，这才能保证产品的风味和色泽。

③原料停留太久出现烂果多的情况应按以下方法处理：一是去皮前，经过200 mg/kg余氯消毒2 min，二是整批产品和正常产品隔开，待后面对质量审核。

2. 卸果

对原料装卸要轻，不可蛮力作业。原料卸下后，对原料的批次进行标识，果场管理员要根据原料的进场顺序和成熟情况安排加工的秩序。出现烂果较多的原料优先考虑加工。

3. 选果、去皮

①将原料中的枝条、叶片拣出并剥皮，同时挑拣烂果。此步骤达到将不合格原料剔除的目的。

②去皮的带核果肉（存放不得超过2 h）收集后运送至脱核机脱核。

③去皮场地工作4 h，用消毒水冲洗地板，所使用的工器具、台凳4 h清洗1次。

④循环用塑料袋和工人用的塑料盆每次用完后须清洗消毒，才可以正常使用。

⑤要求去皮后的果肉须在3 h内进入生产线生产。

⑥果肉不能在3 h内脱核打浆，则将果肉经过100 mg/kg的余氯消毒，再进入脱核工序；预计超过5 h以上不能加工的，将果肉经过消毒后进入-5 ℃以下冷库存放。

4. 机械脱核

①使用机械去核，对荔枝进行脱核。

②脱核后的荔枝已经被破碎成5 mm以内的果粒浆，允许含有少部分果核也被打成碎粒混入果粒浆里。

③每隔2 h使用清水彻底清洗设备。每次生产停机，都要清洗设备。

5. 打浆取汁、带式压榨取汁

①荔枝果肉泵至打浆机，以0.5 mm筛网进行分筛。

②渣再过带式榨机压榨，果汁收集后经板式冰冷到10~15 ℃后，泵至脱水机。

③每隔2 h使用清水彻底清洗设备。

6. 过400目滤网

①在脱水机过400目滤网，将粗纤维和果肉及大颗粒杂质分离掉，此时将排出的果肉人工用工具排出，可延缓滤网损坏。

②监控滤网是否被打烂。

③每隔2 h使用清水彻底清洗设备。准备2台脱水机和20张以上400目滤网，以便出现滤网烂时及时更换。

7. 喷雾干燥

对经400目过滤后的果汁进行喷雾干燥，控制水分含量在5%以下。

8. 包装

按客户要求的包装规格对荔枝果粉进行包装。

(三) 感官指标

感官指标见表5-53。

表5-53 荔枝粉感官指标

项目	指标
色泽	冲溶后应呈乳白色的色泽
滋味及气味	荔枝自身所特有的风味，气味方面无异味
组织状态	疏松的粉末，无颗粒、结块，冲溶后呈混浊或澄清液
杂质	无肉眼可见的外来杂质

(四) 理化指标

理化指标见表5-54。

表5-54 荔枝粉理化指标

项目	指标
水分/%	≤5
溶解时间/s	≤60
酸度（以适当酸度计)/%	1.0~2.5
铅（以Pb计)/（mg/kg）	≤1.0

（续表）

项目	指标
砷（以 AS 计）/（mg/kg）	≤0.5
铜（以 Cu 计）/（mg/kg）	≤10.0

（五）卫生指标

卫生指标见表 5-55。

表 5-55　荔枝粉卫生指标

项目	指标
菌落总数/（CFU/mL）	≤1 000
大肠菌群/（MPN/100 mL）	≤30
霉菌、酵母菌/（CFU/mL）	≤20
致病菌（沙门氏菌、志贺氏菌、金黄色葡萄球菌）	不得检出

十、糖水荔枝罐头工艺规程

（一）技术要求

1. 感官指标

（1）色泽　果肉为白色至微红色，果尖允许带有轻微的黄褐色；果核室内壁非木质化组织允许带有红褐色；糖水较透明，允许含有不引起混浊之少量果肉碎屑。

（2）滋味及气味　具有糖水荔枝罐头应有的风味，酸甜适口，无异味。

（3）组织及形态　果肉组织软硬适度，保持应有的弹性；整果果型完整，同罐中大小大致均匀，洞口较整齐，不带核屑，允许有轻度的脱膜、裂口和缺口等。

2. 物理化学指标

（1）净固重　按生产和客户要求，允许有公差，但每批平均都不能有负公差。

（2）糖水浓度　开罐时按折光计检测是否符合客户的生产要求。

（3）pH、酸度　pH 3.7~4.1，酸度在 0.18%~0.22%。

（4）重金属　每千克成品中，锡不超过 200 mg，铜不超过 1 mg，铅不超过 2 mg。

3. 微生物指标

无致病菌及因微生物作用所引起的腐败现象。

4. 空罐

按生产客户要求规定的罐型，罐身采用电素铁，底盖采用内二涂。

（二）辅料要求

辅料都要求来源于经国家有关部门批准生产的企业，有出厂合格证书的产品。

（1）白砂糖　用碳化糖，要求洁白、干燥；纯度 99% 以上；SO_2 不超过 20 mg/kg。

（2）柠檬酸　干燥、洁净，呈颗粒状结晶，纯度99%以上，无异味。

（三）荔枝原料质量标准和验收办法

1. 质量标准

①当天采摘，当天进厂。

②果粒饱满，成熟度八成以上；剥开底部无红肉现象，果表变褐色部分不超过总面积的1/3。

③果径32 mm以上占45%以上，其余部分30 mm以上。

④小果、不饱满果、隔夜果、病虫害果、裂果等不予收购。

⑤枝叶含量不超过3%。

2. 验收办法

随机取样，按卸车前、中、后取5~8箱/车，如果质量太差可以加倍取样。

样品枝叶摘开，计算枝叶重量和比例。

进厂原料发现喷水或者车厢果粒有水渍扣5%重量（产地雨天另行考虑）。

（四）工艺流程

原料验收→洗果→去核、去壳、分级处理→半成品检验、过磅→漂洗→洗罐→装罐→配汤→封口→杀菌冷却→擦水、入库→打检包装。

（五）操作要点

1. 原料验收

按"荔枝原料质量要求"验收，合格率应达到规定的质量指标。

2. 洗果

①将荔枝原料倒入桶中，用流动水漂洗，除去附在表面的杂质。

②要求漂洗水每2 h要更换1次，保持漂洗水干净。

③原料定量装篮送处理工段。

④做到先进厂的原料先洗果并先送处理工段。

⑤按处理工段的处理速度进行洗果，不要漂洗太多产生积压。

⑥漂洗过的荔枝原料每班都要送处理加工，不能留到下午、晚班或者隔天再用。

3. 去核、去壳、分级处理

①处理的原料也是要做到先送来的先处理，等整篮都处理完了才能再领用第二篮，以此类推。

②用专用的三用刀挑去荔枝的果蒂，然后用穿心筒从果蒂处对准果蒂的中心处插入，稍微左右转动使果肉和果核分离，再用夹子夹出果核，最后用手从洞口周围剥去果壳，小心取出果肉，修整木质化纤维并剔除残留在果肉内的核屑。

③不能把果肉直接放在处理桌上以防变色。

④处理时应小心，注意保持洞口完整、不破裂，不压伤果肉。

⑤剥出来的果肉按要求分整果大粒、小粒和碎果3种规格分别放置不同的容器里。

⑥及时送检验交果，每次交果过磅要求整果不超过1 kg、碎块不超0.5 kg。

⑦要求从处理到装罐不超过15 min，以防果肉变色。

⑧过磅后按不同规格送漂洗,严防混装。

⑨每次送漂洗后装果肉的容器都要用清水清洗 1 遍,包括工人的手。

⑩处理桌每 2 h 左右要清空原料 1 次,并洗桌面,严禁新旧原料交叉。

⑪果壳、果枝、果核等下脚料要放在规定的篓里,并保持地面干净卫生。

4. 半成品检验、过磅

（1）整果要求 果肉为白色,果尖允许带有轻微的黄褐色;果肉组织好,除尽木质化纤维,允许轻度脱膜;洞口圆整,允许轻微的小缺口,面积不超过 5 mm×10 mm;允许果肉裂口在 2 条以内,裂口长度达果高 1/2 者不超过 1 条,长度达果高 1/3 不超过 2 条;风味正常,无异味;无果核、果壳、核屑、杂质等异物。

（2）碎果 不能做整果的、颜色比较好的大碎块部分,异色果要去掉变色的部分;风味正常;不能有果核、果壳、核屑、杂质等异物。

检验好的产品按以上 3 种不同规格分别过磅送漂洗。

5. 漂洗分级

①检验过磅好的果肉分别经 3 道流动水漂洗干净,去除核屑、果壳、杂质等。

②整果按处理后的大小再分别分大、中、小 3 种规格,并再挑出碎果、黄尾巴等。

③黄尾巴的再经修剪后,如果尾巴还能包着的可以作为整果,否则只能作为碎果。

④碎果经漂洗后再挑出烂肉、杂质等。

6. 洗罐

空罐使用前须经水温到 82 ℃以上的热水清洗消毒,并剔除碰伤、翻边损伤等缺陷罐。

7. 装罐

①漂洗后的果肉按不同的规格进行装罐。

②一、二级整果按果径的大小分别进行装罐,同罐中大小大致均匀,整果分＜18 粒/罐、18~25 粒/罐、25~30 粒/罐和≥30 粒/罐;剔除严重缺口、裂口、扁果,剔除异色果、核屑和杂质等。

③碎果装罐同样要剔除异色果、核屑和杂质等。

④用于装罐的空罐要逐个挑选,剔除外观缺陷罐。

⑤装罐量按车间的生产通知装罐,装罐量不允许超过关键限值。

⑥装罐要做到先漂洗过来的先装罐,先装罐的先加糖水、先送封口。

⑦其他的须严格按 HACCP 要求操作。

8. 配汤

①按工艺要求生产通知和每批半成品实际测出来的糖酸度加入适量的白砂糖（13%~20%）,煮沸并添加适量的柠檬酸（0.15%~0.25%）,搅拌均匀后备用。

②开始生产时均要测原料和漂洗后的果肉糖酸度（糖度 11%～17%,酸度 0.13%~0.3%）。

③各个进水管、糖水出水管的出口都要安装过滤网,过滤水及白砂糖等里面的杂质。

④罐头注加糖水时温度应到 80 ℃以上,每罐加糖水后应用不锈钢小棍稍微搅动,

使罐内空气逸出，再补加汤水后及时送封口机封口。

⑤要求自灌糖水到封口完毕不超过 8 min。

9. 罐码喷字

①逐个选盖，剔除注胶不均、断胶、起泡、机械擦伤等缺陷盖。

②用耐高温油墨喷码打印生产日期产品代号、工厂卫生注册号等，喷印方式按生产通知要求喷，喷字要求完整、正确、清晰可见。

10. 封口

①装罐加糖水后送真空封口机封口，真空度 0.02~0.03 MPa。

②如果是大罐的采用排汽床排汽的，要使罐内中心温度控制在 68~72 ℃。

③封口前及过程中应按要求对封口机进行调试，并进行三率检测及外观目测，逐个选罐，剔除外观缺陷罐。

④其他的须按 HACCP 计划表监控操作。

11. 杀菌冷却

①每篮第一罐封口出来的罐头加贴热敏试纸以区别杀菌与否，并记录封口时间。

②把罐头罐盖一律向下装进杀菌笼内，层与层用隔板隔开。

③及时杀菌，测定每锅第一罐的初温，控制从封口出来的时间到进杀菌锅杀菌的时间不超过半小时，越快越好；封口机如果发生故障时，要求封口多少就先杀菌多少。

④不同规格按照相应的杀菌公式进行杀菌，汽杀要求如下：100 ℃，20 min；110 ℃，15 min。

⑤杀菌如果用水杀的，要求水应淹过最上层罐头 15 cm 以上。

⑥杀菌结束后采用反压冷却，要求充分及时冷却到 35 ℃以下，防止果肉变红。

⑦冷却水池含氯量控制在 2.5～5.0 mg/kg，确保杀菌后排放的冷却水余氯＞0.5 mg/kg。

⑧其他的须严格按 HACCP 要求操作。

12. 擦罐入库

①冷却后的罐头要及时擦去罐体表面的水分，防止生锈，要求轻拿轻放，防止罐体碰伤。

②擦罐后按规格、日期、批次等不同分别装箱并及时放入仓库内，要防止日晒或者仓库高温引起罐头内果肉红变。

③堆放过程中发现胀罐、漏罐等应马上检出，以免污染旁罐、倒塌等。

13. 打检包装

①包装前先打检剔除假胖罐、胖罐、瘪罐、锈罐等缺陷罐，按包装通知书要求贴商标包装入箱。

②纸箱外面印刷上跟罐面一致的罐码日期、卫生注册号及包装批次等，然后分批堆放供商检检验。

第四节　龙眼

一、龙眼产品与产业特点

(一) 龙眼产品特点

龙眼又叫桂圆，是著名的热带水果之一。新鲜龙眼果肉呈乳白色、半透明，味甜如蜜，干后果肉变为暗褐色、质柔韧，称桂圆，食药两用。龙眼主产于福建、广东、广西、四川等地，此外台湾、云南和贵州南部也有出产，其中福建产量占全国总产量的50%。世界上可以栽培龙眼的国家和地区还有泰国、越南、老挝、缅甸、斯里兰卡、印度、菲律宾、马来西亚、印度尼西亚、马达加斯加、澳大利亚的昆士兰州、美国的夏威夷州和佛罗里达州等，但品质我国为最佳。

龙眼树是常绿乔木，高通常可超过10 m，间有高达40 m、胸径达1 m、具板根的大乔木；小枝粗壮，被微柔毛，散生苍白色皮孔。叶连柄长15~30 cm或更长；小叶4~5对，很少3或6对，薄革质，长圆状椭圆形至长圆状披针形，两侧常不对称，长6~15 cm，宽2.5~5 cm，顶端短尖，有时稍钝头，基部极不对称，上侧阔楔形至截平，几乎与叶轴平行，下侧窄楔尖，腹面深绿色，有光泽，背面粉绿色，两面无毛；侧脉12~15对，仅在背面凸起；小叶柄长通常不超过5 mm。花序大型，多分枝，顶生和近枝顶腋生，密被星状毛；花梗短；萼片近革质，三角状卵形，长约2.5 mm，两面均被褐黄色茸毛和成束的星状毛；花瓣乳白色，披针形，与萼片近等长，仅外面被微柔毛；花丝被短硬毛。果近球形，直径1.2~2.5 cm，通常黄褐色或有时灰黄色，外面稍粗糙，或少有微凸的小瘤体；种子茶褐色，光亮，全部被肉质的假种皮包裹。花期春夏间，果期夏季。

龙眼的栽培品种不如荔枝的多，比较常见的有如下几种。

石硖龙眼。石硖龙眼又名十叶、石圆、脆肉等。原种出自我国广东南海平洲，是栽培历史悠久的鲜食名种，广泛传播至广东、广西等地。1829年清代赵古农《龙眼谱》记述"粤之龙眼，当十叶为第一，十叶之名，俗化作石硖，石与十音类，硖与叶音似，其实此种则名十叶，盖凡龙眼叶或七片八片一桠不等，而此则一桠不等，故因以别其种也。"

草铺种龙眼。草铺种果实圆球形或略扁圆形，中等大。果皮赤褐色或黄灰褐色，有龟状纹。果肉白蜡色至浅黄蜡白色，半透明，离核较易。品质上等，可食率63.76%，可溶性固形物18.9%~19.8%。果实成熟期8月下旬至9月下旬，中迟熟种。草铺种龙眼树冠圆头形，树势壮旺，树势半开张。草铺种龙眼采收期较长，可在树上留果至中秋节前后采收，仍不影响其鲜食品质。

储良龙眼。储良龙眼原产于我国广东高州分界镇储良村，母树系村民莫耀坤1942年用圈枝苗种植。1976年高州进行水果优稀品种资源调查时发现记载。1987年母树高

8.1 m，树冠覆盖面积约 180 m²，主干周长 1.78 m。在广东沿海大、中城市近年的水果市场上是唯一可与泰国进口龙眼抗衡、品质优于泰国龙眼的品种。储良龙眼是鲜食与加工兼优的良种，加工后的龙眼肉黄净半透明，肉身厚，干爽耐储，可制出一级至特级龙眼肉。

东边勇龙眼。东边勇龙眼原产于我国广东吴川，其果粒大，黄褐色，不裂果，平均单果重 12.5～15.0 g，最重达 20.9 g，果肉干脆不流汁，清甜常蜜，可溶性固形物 20.2%～23.9%，可食率 69.0%～70.8%，该品种早结、丰产、稳产、果大、质优。

古山二号龙眼。古山二号龙眼母树来源于我国广东揭东县云路镇北洋村古山，是该县近年来大力推广的龙眼优良品种（株系）。古山二号龙眼树势较强，树冠半圆形，开张，分枝密度中等。果实圆形略歪，平均单果重 9.4 g。果皮黄褐色，较薄。果肉乳白色，果肉易离核，肉质爽脆，味清甜。果实可食率 70%，果汁含可溶性固形物 20%，品质上等。种子中等大，棕褐色。果实在 8 月上旬成熟，是早熟优质鲜食品种。

（二）龙眼产业现状

1. 果园设施

多数龙眼果园普遍基础设施陈旧，不具有机械化生产能力，自动化灌溉条件不足。由于大部分果园选址条件较差，后期所需投入改造的成本较大，直接造成龙眼产量低、效益差。而部分果园选址条件好，土层肥厚、疏松，且保水保肥，容易丰产稳产。

2. 生产经营形式

龙眼生产经营的形式，以家庭生产方式为主，个人承包土地经营的果园，中小型果园居多。此类往往专业化管理技术不足，经营效益差。而较大型的果园数目极少，因为成本大，管理难度高，而且种植技术落后，造成产量与面积不成正比。在近年福建龙眼市场竞争激烈、价格偏低的情况下，各龙眼果园普遍存在经营亏损。

3. 果园管理水平

我国龙眼各产区果园生产管理水平普遍不高。人工成本约占果园总生产成本的 40%，大多数龙眼园不具备机械化生产条件，施肥、喷药、除草、修剪、灌溉、采收等园区管理，基本以手工劳作为主，多数龙眼园简单设有原始灌溉设施（如水泵、蓄水池），基本没有果园设置自动灌溉系统，需要人力拉管定时浇灌，工时花费多。龙眼种植对水肥条件的要求高，根据先进地区经验，丰产果园的肥料成本，占整体生产成本的 45% 以上。

4. 龙眼采后处理

龙眼鲜食为主，保鲜技术应用不佳。当前的产业环境既在于缺少先进的龙眼保鲜技术，又在于龙眼产业缺少经营者理念的转变。龙眼干是传统的龙眼加工产品，龙眼干货制品约占本地产量的 10%，绝大部分还是停留在家庭作坊水平，尚未形成统一质量标准的产品。

5. 产品深加工

在我国龙眼加工有着悠久的历史，龙眼肉、龙眼干等加工产品享誉海内外，深加工为产业持续健康发展提供了能量，深加工的处理方法可以有效地延长龙眼的保存期，拉长市场供应时间，提高龙眼的经济价值，龙眼果实利用率提高，销售周期变长，产值提升。但是，目前情况是，龙眼加工产业十分落后，龙眼加工企业十分缺乏，基本都以家庭作坊的方式进行加工，龙眼干则大多数采用直接太阳晒或者炭火炉焙烘的方式。这种生产加工形式面临许多问题。

（1）加工工艺和技术落后，装备技术开发严重不足　龙眼加工除了杀菌、罐装等工序有机械装备外，其余工序基本上都是依赖手工作业，加工工艺和技术简单，尤其是果肉加工环节中的剥壳工序，一般都是人工逐步进行剥壳，不仅效率低、不卫生、劳动量大，而且经济效益低。

（2）加工产品质量不保证　我国龙眼加工由于缺乏规范化的加工工艺和采后处理程序，产品质量差。从福州市场上出售的龙眼肉中随机选择2个样品到农业农村部食品质量监督检验中心检验，其结果细菌总数远远超过国家规定的凉果类食品标准要求。

（3）加工产品目前还没有一个统一的国家质量标准　龙眼产品深加工是近几年迅猛发展起来的产业之一。以前，龙眼园区种植面积小、区域不广、加工产品附加值低，导致龙眼产品质量标准一直没有引起有关部门重视，龙眼加工产品具有药食两用的功能，却缺乏标准化法规，缺乏监督与管理，龙眼加工质量难以提高，因而不利于龙眼加工业的发展。

（4）加工精细产品少，综合利用率低　龙眼产业发展存在的问题：龙眼干、龙眼肉、果肉罐头等传统产品，多数作为药用和保健品等，综合利用率低，容易造成壳、果核等白白浪费。近年来研究发现，龙眼果核淀粉含量高达60%，是酿酒和加工饲料等好材料，应合理开发利用，让龙眼采收后加工的经济和社会效益得到充分发挥。

（5）加工科研技术工作薄弱　我国对龙眼种植技术的研究已有过不少的文献资料，但对其产品深加工利用方面的资料和研究却不多。落后于种植业的发展，亟待加强和重视。

（6）规模小且分散　龙眼加工企业规模小而众多，缺乏名牌企业与优势产品。企业规模不集中，普遍效益差，没有建立品牌认知，只在原有的狭窄范围销售，产品基本没有加工附加值。龙眼加工企业基本以家庭作坊式经营，传统家族式管理方法，闭门造车，龙眼园区产地分散，优秀龙眼品种没有建立统一的品牌，市场上无法形成光环效应，在市场上与同期同质水果相比缺乏竞争力。从经济发达地区农产品品牌创建的经验看，多为先有规模，后有品牌，规模支撑品牌，而欠发达地区农产品品牌开发以规模小、杂、弱，经营分散的农户为主要依托。农业企业小规模分散经营的生产特点，使农产品品牌不论在地域上还是在产业链环节上，都存在一定的分散性和分割性，难以形成组团出击、抱团联合、集中打响品牌的合力，缺乏区域和集约化生产，不能满足市场化需求，经济效益不高。

（7）生产加工技术落后　龙眼产品生产、加工技术、装备落后，缺乏质量监管监督，无法形成科技含量高的优势产品，缺少坚持以质量为核心的技术人才，无法将地区特色优势产品转化为市场认可的统一加工包装的核心产品。大部分龙眼产品的生产加工方式都还处于原始自发阶段，只能以初级天然产品销售。龙眼产业效益低，产品价值无法得到充分的提升。从生产条件看，农产品对自然环境的依附性较强，许多品牌产品依赖于独具的地域特征，离开自然条件，农产品品牌就无从依托，失去根本。因而，许多农产品的品质质量较难稳定。现有农产品企业生产经营很大程度处于简单粗放状态，产品大多粗加工，精深加工产品、二次增值产品少，高科技产品更少，农产品品牌科技含量低，缺乏统一的经营模式和要求，产品数量和产品质量都还比较低下。

（8）品牌营销层次低　龙眼产业整体的科技含量很低，品牌营销缺乏技术支持，限制龙眼品牌价值的提升。品牌知名度和美誉度的提高是品牌价值得以实现的必要前提，由于龙眼产品属性，单位价值较低，需求价格弹性较低，品牌效益短期内难以显现，同时龙眼品牌认知和识别困难，建设费用投入大，见效慢，这也是制约龙眼产品品牌快速成长的重要原因。

二、影响龙眼产品质量安全的因素

（一）品种退化

龙眼果实品质下降、良种性减弱的现象称为果树品种退化，主要表现为同一品种各个单株的产量变化、品质不同、形态性状变异、成熟度不同或对恶劣条件的抵抗能力减弱等。龙眼果树品种退化主要包括如下原因。

1. 龙眼品种劣化突变

龙眼果树产生突变的频率因树种、品种和树龄而异，但多数情况下，劣化程度多于优化程度。劣化突变的龙眼果树，其形态特征难以分辨，因此育种时容易将劣变材料混用，引起龙眼树种的退化。

2. 繁殖材料选择性

龙眼树嫁接种植，如果使用衰老树枝进行嫁接，由于衰老芽条在生理上趋于衰退，细胞之间的生物活性降低，更新能力衰退，会使龙眼树后代更易产生退化。因此，选择强壮的幼枝作为接穗是必须的。

3. 病毒感染

繁殖材料如果被病毒感染，其生理功能被破坏，也会引起遗传变异，造成品种的改变，产生品种退化的结果。因此，应对繁殖材料选优，同时加强苗木检疫，选用无病毒苗。

（二）存在大小年结果现象

龙眼的生长习性让它一年多次抽芽。当环境适宜龙眼树生长时，枝条可以得到充分的发育成熟，那时在春天便能开花，开花之后结果，俗称大年。龙眼梢具有强烈的顶端优势，顶端会大量开花然后结果，这样会消耗树体大量的养分，使树体基部缺乏营养物质来抽发新芽。这就造成龙眼果实采摘后抽发的新梢营养不足而发育不良，到了翌年春天，花穗不抽或者少量抽发，导致结果少而成为小年。这就是造成龙眼产生大小年现象的主要原因。龙眼种植会出现大小年结果的情况，并不是龙眼果树原本属性。这个现象的主因一方面是树体营养不平衡造成的，另一方面也受到当地自然环境的影响。龙眼果树大小年结果现象的产生与交替，与养分均衡吸收和花芽抽发长成有直接的关系。总之，激素失调是形成龙眼果树大小年结果的内因，落后的园艺管理技术和外部条件等是形成这种现象的外因。

（三）树体营养失调

在树体营养集聚充分之后，龙眼树才会开花结果，营养和生殖生长之间动态平衡，在产量保持稳定的龙眼果树中一直进行。大年的大量开花结果，透支了树体本身可以承载的范围，营养生长和生殖生长的平衡被打破，大量养分物质被消耗，翌年抽芽明显减少。尤其夏梢、秋梢抽发变少，长势变弱，营养物质的积累和形成不足，特别是碳水化合物、氮化合物供应稀缺。大年果实多产生更多种子，随之产生大量赤霉素，翌年花芽数量不足，使得结果数量减少而形成小年现象。大年果树果实较多，往往在果实采摘后，秋梢抽发不出，或抽发不充实，翌年无法形成良好结果母枝，翌年结果少，小年必然形成。小年时则相反，开花结果较少，树体养分更集中，抽发的夏、秋梢多而强壮，营养物质的积累丰富，就会促成翌年树体开花结果多，成为大年。

（四）贮藏保鲜

龙眼的采收时期正是在温度高、湿度大且多种微生物活跃的季节，此时果实基本成熟，含水、含糖量较高，采收后果实代谢快速，非常容易产生质变、褐变和腐烂等问题。龙眼采后处理水平普遍落后，基本上鲜果未经过处理上市，果品外观质量低，果实易腐烂，影响产品的价格和销售。贮藏、保鲜能力不足，龙眼在室温 28 ℃下贮藏 7 d 左右，就会全部腐烂。保鲜期如此之短，使龙眼果实采后损失严重，大部分果实存放在普通农户家中或者露天存放。调查发现，龙眼鲜果在流通过程中的烂果率高达 23% 左右，损失惨重。

1. 龙眼果实腐败的原因

（1）水分丧失　龙眼果实容易失去水分而导致养分流失。如果暴露在空气中，果皮水分丧失，快速干燥，造成果肉发软、萎缩，流出类似酒精味道的果水，最后果皮破坏，导致果肉完全腐烂。

（2）代谢旺盛　龙眼采后具有旺盛的代谢过程，果实容易发生褐变。龙眼成熟期都是在高温高湿季节，一般为每年的 8—9 月。果实这时候有着强烈的呼吸作用，生理代谢发展迅速，果皮极易产生褐变现象。龙眼褐变现象是其贮藏过程中果实发生衰老腐烂的重要表现之一。研究表明，龙眼果实果皮褐变是果肉产生氧化作用形成的黑色高聚物。除了氧化作用促进褐变外，失水褐变和病菌感染致褐也是果皮褐变的原因。

（3）低温　龙眼适宜在常温的环境中，对温度极其敏感，低温容易产生冻害，果树生理代谢过程紊乱，损伤细胞结构，继而降低病虫害抵抗能力、褐变、出现水渍斑等现象。冻害不仅直接破坏龙眼果实的外观，还损害龙眼鲜果质量，影响食用感知，在需要长时间、长距离冷藏时，也较其他水果困难。

2. 龙眼贮藏保鲜面临的问题

（1）病虫害控制措施不足　采收前病虫害控制措施不够，虫害侵染较严重，不利于采收后贮藏保鲜。龙眼在采收前管理粗放，没有充分控制病虫害，导致龙眼果实往往在生长期间就存在着虫害的伤害，不利于采后保存。

（2）缺乏预冷处理　预冷处理是龙眼贮藏保鲜环节的重要操作。但目前，龙眼贮藏保鲜普遍缺乏预冷处理，而是直接用防腐合剂浸果、晾干后运输。

（3）保鲜处理弱　贮藏保鲜处理能力严重不足，贮运设备落后。目前龙眼果品贮藏能力仅占果品产量的 10% 左右。而龙眼种植区域由于交通设施落后，贮藏能力更显不足，容易造成龙眼变质。

（4）缺乏计划　主要是靠农户和个体商贩，没有计划进行市场销售，大多摆在马路边零散出售，因而间接影响龙眼保鲜技术的发展。

（5）龙眼贮藏保鲜科研工作基础薄弱　我国对龙眼贮藏保鲜研究大多数仍处于试验阶段，且各地方各单位分散进行研究，由于科研资金投入有限等因素影响，没有深入研究和多学科联合攻关，因此在龙眼贮藏保鲜技术上至今尚未有重大突破。

三、龙眼生产技术规程

（一）生产技术要求

1. 园地选择

园地环境符合 NY 5023—2002 的要求，土壤和气候等条件适合龙眼生长。坡度在 20 ℃ 以下；土壤质地良好，有机质含量 1% 以上，pH 5.5~6.5；年均温 20~23.5 ℃，最低月平均温度高于 11 ℃，多年平均极端低温高于 -1.5 ℃。

2. 园地规划

建设必要的道路（主干路、支干路和田间小路）、排灌和蓄水等设施，营造防护林，防护林应选择速生抗风树种，且与龙眼不存在相同的主要病虫害。

以道路、防护林等将园地划为小区，依照园地实际情况安排小区大小。坡度 5° 以下的坡地采纳等高撩壕种植，5°~20° 的山地、丘陵应建梯田种植。

3. 品种选择

依照种植区气候特点和品种适应性，选择优质、高产、抗逆性强的品种。

4. 栽种

（1）苗木质量　苗木质量按 NY/T 354—2020 执行。

（2）种植时间　嫩梢老熟后于天气等条件适合时种植。

（3）栽种密度　可采纳株行距为 5 m×6 m、4 m×6 m 或 4 m×5 m 的种植密度，平地和土壤肥力较好的园地宜疏植，坡度较大的园地可适当缩小行间距，密植的园地后期视植株生长情况进行疏伐。

5. 栽种方法

（1）定植穴预备　植穴大小约为 1.0 m×1.0 m×0.8 m，挖穴时将表土和底土分开，回填时混以绿肥、秸秆、腐熟的人畜粪尿、火烧土、饼肥等有机肥及钙镁磷肥或过磷酸钙，每穴下绿肥、秸秆、腐熟的人畜粪尿、火烧土等有机肥 30~40 kg、磷肥 2.0~3.0 kg、饼肥 2.0~3.0 kg、石灰 0.5~1.0 kg。绿肥、秸秆、腐熟的人畜粪尿、火烧土、饼肥等有机肥及钙镁磷肥或过磷酸钙和石灰等置于植穴的下层和中层，表土覆盖于植穴的上层，并培成土丘。植穴应于定植前 1~2 个月完成。

（2）定植　将龙眼苗置于穴中间，根茎结合部与地面平齐或稍高于地面，扶正、填土、压实，再覆土，在树苗周围做成直径 0.8~1.0 m 的树盘，淋够定根水，并用稻草等覆盖保湿。

6. 土壤治理

（1）扩穴改土　种植 1~2 a 后，每年的 10—11 月，交替于植株的一侧或相对两侧树冠的滴水线位置挖 100 cm×60 cm×60 cm 的深沟，回填时混以绿肥、秸秆、落叶和人畜粪尿、火烧土、饼肥等有机肥和钙镁磷肥或过磷酸钙。每株施绿肥、秸秆、落叶等 20~25 kg，人畜粪尿、火烧土等 15~20 kg，饼肥 2.0~3.0 kg，钙镁磷肥或过磷酸钙 1.0~2.0 kg，石灰 0.5~1.0 kg。表土放在底层，心土回在表层。

（2）中耕松土　在秋季的雨后或灌水后及冬季进行中耕，每年 2~3 次，中耕深度为 5~10 cm。

（3）培土　每年在疏通灌、排水沟时将土培到畦面，或用垃圾土、塘泥等进行培土。

（4）覆盖　在龙眼树盘覆盖稻秆、甘蔗渣或干草等，盖草厚度为 10~20 cm，或覆盖黑色或银灰色可降解地膜。

（5）间种　在幼龄龙眼园，间种花生、西瓜、柱花草等作物和牧草。

（6）生草　果树封行前在植株树冠滴水线以外可全部生草，可选择藿香蓟等良性杂草，适时刈割用于覆盖或填埋改土。

（7）果园化学除草　龙眼果园化学除草主要是针对白茅、莎草、狗牙根等恶性宿根杂草。可使用草甘膦等灭生性除草剂。禁止使用草枯醚、除草醚等除草剂。

7. 水肥治理

（1）施肥原则　依照龙眼对养分需求特点和土壤肥力状况科学配方施肥，选用肥料种类以有机肥为主，适量使用无机肥，施用肥料要求不对环境和产品造成污染。

（2）统一使用的肥料种类及质量　按 NY/T 394—2000 所规定的选择肥料种类，叶面肥等商品肥料应有农业农村部的登记注册，微生物肥料应符合 NY/T 227—1994 的规定。有机肥堆肥必须通过 50 ℃以上高温发酵 7 d 以上，沼气肥需经密封贮存 30 d 以上。

8. 施肥方法和数量

（1）基肥　按扩穴改土方法进行，施肥数量可依照植株大小和土壤肥力状况进行调整，一般每株施肥量为绿肥、秸秆、落叶等 20~25 kg，人畜粪尿、火烧土等 15~20 kg，饼肥 2.0~3.0 kg，钙镁磷肥或过磷酸钙 0.5~1.0 kg，石灰 0.5~1.0 kg。表土放在底层，心土回填在表层。

（2）追肥　幼树分 4~6 次进行，分别于春、夏、秋梢抽生期施用，一般"一梢两肥"，即芽眼萌动时第一次施肥，新梢叶片展开转绿时施第二次肥。植后第一年单株每次施尿素 25~30 g、氯化钾 15~20 g、过磷酸钙 50~70 g，或施 50%腐熟人畜粪尿 3~5 kg、复合肥 30~50 g。以后每年增加 50%~100%的施肥量。

结果树全年施肥分花前肥、壮果肥和结果母枝培养肥 3 个主要时期，推荐的肥料使用配比为 $N : P_2O_5 : K_2O = 1 : (0.38~0.45) : (1.0~1.5)$。

花前肥：在秋梢老熟后，花穗开始抽生至开花前视树势施 1 次促花肥。按每生产 50 kg 果施复合肥 1.0~2 kg、尿素 0.50 kg、氯化钾 0.25 kg。

壮果肥：谢花第一次生理落果后，幼果黄豆般大小时依照树势及结果量可适当施肥1 次，假种皮迅速生长期施肥 1 次。每次施肥量按每生产 50 kg 果施复合肥 1.5~2.0 kg、氯化钾 1.5~2.0 kg、尿素 0.5 kg。

结果母枝培养肥：结果量多的植株于采果前 10~15 d 施肥 1 次，结果量少的植株于采后施肥 1 次，按每生产 50 kg 果施复合肥 1.0~2 kg、尿素 0.5 kg，或饼肥 2.0~3.0 kg，或厩肥 15~20 kg。新芽萌动时施肥 1 次，按每生产 50 kg 果施复合肥 0.5~1.0 kg。新梢转绿时施肥 1 次，按每生产 50 kg 果施复合肥 1.0 kg、过磷酸钙 0.5~1.0 kg、钾肥 0.50~0.75 kg。

结果树和幼树采用于树冠滴水线下开环沟施肥方法，沟深 15~20 cm，施后回土并及时灌水。最后一次追肥在距果实采收期 10~15 d 前进行。

（3）根外追肥　全年 4~5 次，依照植株生长状况而定，选用的肥料种类和浓度分别为尿素 0.3%~0.5%、磷酸二氢钾 0.2%~0.3%、绿旺－N 0.1%、绿旺－K 0.1%、硼砂 0.1%~0.2%。在新梢叶片展开至转绿前使用。最后一次叶面施肥在距果实收获期 20 d 前进行。

9. 水分治理

（1）灌溉　要求灌溉水无污染，水质符合 NY 5023—2002 要求。春梢、夏梢和秋梢抽发期、花芽形态分化期、花期和果实发育期发生干旱时，需适量灌水，每 7~10 d 灌溉 1 次，灌水量以湿透根系主要分布层（10~50 cm）为限。

（2）排水　多雨季节或果园积水时，疏通果园排水渠道，及时排水。

10. 树体治理

（1）幼树整形与修剪　1~3 a 生幼树以整形为主，在幼树高 30~50 cm 处定干，在主干留 3~5 条分布均匀、着生角度为 45°~60°、生长差不多一致的一级分枝培养成主枝。在主枝的 30~40 cm 处截顶，培养位置向外、粗壮、分布均匀的副主枝 2~3 条。按副主枝的培养方式培养下一级分枝。修剪以轻剪为主，剪去弱枝、密生枝、隐蔽枝和病虫枝。

（2）成年结果树修剪　成年结果树的修剪主要在采果后进行，采果后视结果枝的强弱进行适当回缩修剪。植株长势好的宜采果后立即进行，植株长势弱的宜在梢期生长稳定后修剪。修剪时每基枝留 2~3 条新梢，长度为 25~30 cm。春季疏剪花穗时剪除弱枝、密生枝、隐蔽枝和病虫枝；夏季修剪主要剪除空穗或结果少的弱穗及抽生过多的夏梢，一般每基枝留 2~3 条新梢。对内膛枝条较密的植株，可疏去一些较光秃的枝条，即开"天窗"，使透光良好。

（3）衰老树修剪　树势衰弱的老树须进行回缩更新修剪。视衰弱程度可进行回缩更新修剪、轮换更新或重新修剪，重新培养树形。进行轮换修剪时可在 4~8 a 生部位留健壮枝进行回缩更新。同一株树上逐年分期轮换完成。

11. 花果治理

（1）控冬梢促花　包括以下 3 个方面。

①药物和人工控梢。合理安排秋梢，使末次秋梢抽生时不致过早老熟而萌发冬梢。末次秋梢老熟后，利用乙烯利进行第一次操纵冬梢，乙烯利的使用浓度为 0.03%~0.05%，

或可选用 0.03%~0.05%的多效唑喷洒叶面。隔 15~20 d 后，进行第二次操纵冬梢，可用 0.02%~0.03%的乙烯利喷洒叶面。乙烯利等的使用浓度可依照龙眼品种和气候温度而适当调整。

假设有冬梢萌发，当冬梢萌发至 3~5 cm 时可人工摘除冬梢。

②环割或环剥。末次秋梢老熟后，可对长势旺盛的结果树进行环割或环剥操纵冬梢。

③控水控肥。秋梢老熟后，停止施用水肥和灌水，或沿滴水线挖 20~30 cm 深的环状沟，通过断根操纵水肥。

（2）壮花保果　包括以下 3 个方面。

①防止冲梢。花穗冲梢初期，可通过人工摘除花穗、小叶及摘心，也可用 0.03%~0.05%的乙烯利溶液喷洒花穗。

②疏花疏果。花穗过多过长的树，可疏去一些花量大、坐果率低的长穗花，也可在花穗 15~20 cm 时，将花穗主轴顶端过长部分摘掉。

生理落果后，将坐果好、挂果量大的果穗适当疏除，使果穗分布均匀、果与果之间分布均匀。

③果实套袋。在龙眼第二次生理落果结束后，将病虫为害果剪除，并全园喷药，再用尼龙或塑料网袋进行果穗套袋。

12. 植物生长调节剂使用

（1）使用原则　使用的植物生长调节剂能够有效改善植株长势，提高果实产量和质量，并对环境和产品无不良影响。

（2）乙烯利　主要用于操纵冬梢、防止花穗冲梢和促花，推荐使用浓度为 0.02%~0.05%，应依照品种和温度条件而定。

（3）多效唑　主要用于控梢促花，推荐使用浓度为 0.03%~0.05%。

（4）防落素　用于操纵落果，推荐使用浓度为 0.002%~0.003%，喷施时可与叶面肥混合于叶面喷施。

（5）赤霉素　可用于操纵落果、促进果实生长发育和减少采后果粒脱落，推荐使用浓度为 0.002%~0.004%，叶面或果穗喷施。

13. 病虫害治理

（1）病虫害防治原则　按照"预防为主，综合防治"的植保方针，以农业防治为基础，鼓励应用生物和物理防治，科学使用化学防治，实现病虫害的有效操纵，并对环境和产品无不良影响。

（2）植物检疫　禁止新种植区从疫区调入苗木、接穗和种子，一经发现，立即销毁。

（3）农业防治　种植高产优质抗性强的品种，培育种植无毒良种、壮苗；实行小区单一品种栽培，操纵小区栽种品种梢期和成熟期一致；进行平衡施肥和科学灌水，提高作物抗病虫能力；及时修剪病虫造成的干枯枝条并集中烧毁，将田间落叶、落果清除填埋，减少田间病虫侵染来源。

（4）生物防治　人工释放平腹小蜂防治蝽象，释放钝绥螨防治螨类和蓟马，助迁捕食性瓢虫控制蓟马和蚧类等；保留或扩种藿香蓟等杂草，营造适合天敌生存的果园生态环境；使用对天敌低毒或无毒的防治药剂，选择对天敌影响小的施药方法和时间；应用生物源农药，如阿维菌素、苏云金杆菌等生物源农药（表5-56）。

表5-56 推荐使用的杀虫、杀螨剂

农药品种	毒性	稀释倍数与使用方法	防治对象
苏云金杆菌	低毒	500 倍液，喷雾	龙眼卷蛾类等
1.8%阿维菌素乳油	低毒	2 000~4 000 倍液，喷雾	叶螨、瘿螨、卷蛾类、蒂蛀虫、小灰蝶等

（5）物理和机械防治 利用诱虫灯等诱杀害虫；利用塑料或尼龙丝网拦捕蝙蝠，并用尼龙或塑料网袋进行果穗套袋；化学防治；杀虫杀螨剂；使用杀菌剂，常用杀菌剂及使用方法见5-57。

表5-57 推荐使用的杀菌剂及使用方法

农药品种	毒性	稀释倍数和使用方法	防治对象
50%咪鲜胺锰盐可湿性粉剂	低毒	1 000~2 000 倍液，喷雾	炭疽病、采后病害
25%咪鲜胺乳油	低毒	1 000~1 200 倍液，喷雾	炭疽病、采后病害

（6）禁止使用的农药名单 六六六、滴滴涕、毒杀芬、二溴氯丙烷、杀虫脒、二溴乙烷、除草醚、艾氏剂、狄氏剂、汞制剂、砷、铅类、敌枯双、氟乙酰胺、甘氟、毒鼠强、氟乙酸钠、毒鼠硅、甲胺磷、甲基对硫磷、对硫磷、久效磷、磷胺、甲拌磷、甲基异柳磷、特丁硫磷、甲基硫环磷、治螟磷、内吸磷、克百威、涕灭威、灭线磷、硫环磷、蝇毒磷、地虫硫磷、氯唑磷、苯线磷。

（7）科学合理使用化学农药 依照病虫发生程度和进展趋势选择防治时间，最后一次用药与收获期的时间间隔应符合 NY/T 1276—2007、GB/T 8321（所有部分）规定的木本果树上的安全间隔期。严格按照药剂推举使用浓度进行使用。选择不同类型、不同作用机理的农药轮换使用。选用作用机制不同、残效期接近、混用后可增效、降低成本但不增毒的药剂进行混用。

14. 龙眼病虫害的防治

龙眼病虫害防治方法见表5-58。

表5-58 龙眼病虫害防治

防治对象	推荐药剂及使用方法	其他防治方法
龙眼炭疽病	25%咪鲜胺乳油 1 000~1 200 倍液，于嫩梢期、花穗期、幼果期和果实后期喷雾防治	加强田间治理，及时剪除、烧毁病叶和枯枝

（续表）

防治对象	推荐药剂及使用方法	其他防治方法
龙眼酸腐病	25%咪鲜胺乳油1 000~1 200倍液，于采收的安全间隔前期喷雾防治	清除落果集中烧毁；注意防治蝽象、蒂蛀虫等虫害
龙眼采后其他病害	25%咪鲜胺乳油1 000~1 200倍采前田间喷雾，250~500倍液采后浸果	加强田间治理，降低果实的病原菌埋伏侵染程度；注意防治蝽象、蒂蛀虫等虫害
荔枝蝽象	25%氯氰·毒死蜱乳油800~1 000倍液，于越冬后开始交尾而未产卵和卵孵化高峰期防治	成虫羽化期进行人工捕杀；成虫产卵期释放平腹小蜂
蒂蛀虫与尖细蛾	25%氯氰·毒死蜱乳油800~1 000倍液，重点于秋梢期和果实生长期喷雾防治	结合修剪清除虫害枝梢，清除虫害落果，减少虫源数量
小灰蝶	25%氯氰·毒死蜱乳油800~1 000倍液，加强观看，于卵孵化期及时喷雾防治	结合疏果除虫
卷叶蛾类	25%氯氰·毒死蜱乳油800~1 000倍液，重点于嫩梢、花穗抽生和结果期喷雾防治	及时剪除严重受害枝梢；开释松毛虫、赤眼蜂
瘿螨类	25%氯氰·毒死蜱乳油800~1 000倍液，重点于花蕾期、幼果期和秋梢抽发时喷雾防治	结合修剪，剪除严重受害梢叶；人工释放钝绥螨；田间保留或扩种藿香蓟等杂草，爱护捕食螨等天敌的繁育
龙眼角颊木虱	25%氯氰·毒死蜱乳油800~1 000倍液，重点于嫩梢抽生期喷雾防治	加强栽培治理，促使梢期一致，便于防治；操纵冬梢抽生
蓟马类	25%氯氰·毒死蜱乳油800~1 000倍液，于新梢抽生期喷雾防治	加强栽培治理，使梢期一致，便于防治；人工释放钝绥螨；田间保留或扩种藿香蓟等杂草，爱护捕食螨等天敌的繁育
龙眼亥麦蛾	25%氯氰·毒死蜱乳油800~1 000倍液，于新梢抽生初期喷雾防治	结合修剪清除虫害枝梢，清除虫害落果，减少虫源数量
蚧类	25%氯氰·毒死蜱乳油800~1 000倍液，于幼蚧孵化高峰期喷雾防治	结合修剪清除有虫枝叶
叶瘿蚊	25%氯氰·毒死蜱乳油800~1 000倍液，拌制5%辛硫磷毒土于树冠下越冬成虫羽化出土前撒施	采后结合修剪清除严重受害枝叶，集中烧毁

四、龙眼产期调节生产技术规程

（一）采果后的管理

1. 树体管理

（1）修剪 对植株行间及株间过密的枝条进行修剪，使行间外围树冠枝条间隔至少 1.5 m 以上，株间外围树冠枝条间隔至少 1 m 以上。同时修剪植株内部的直立大枝、过密枝、内膛阴枝、衰老枝、下垂枝、病虫枝，并对当年结果枝进行短截，剪去当年结果枝果穗基部以下 2~4 片叶的疏节部位。

（2）结果母枝的培养　修剪后抽生的第一次梢及第二、第三次梢的抽发期要抹去过多的侧芽，每条基枝留 1~2 条新梢让其培养成理想的结果母枝。每次梢停止生长后要短截过长枝梢，疏去徒长枝及位置不当枝条。

2. 土壤管理

（1）树盘管理　采后应对树冠滴水线以内的树盘进行浅松土，以后每 10~15 d 松土 1 次；株间可以一次性松土，深度以 20~30 cm 为宜；并结合除草，行间可用除草剂除草，保持树盘、株间、行间无杂草。

（2）施肥管理　有机肥、化肥施用。采果后，成年大树在树冠滴水线挖 2 条对称的条形沟，小树则沿着树冠滴水线周围挖圆形沟，然后埋入腐熟有机肥，50 kg/株，再撒施钙镁磷肥 1~2 kg/株，最后覆土。覆土要高出地面 20 cm 左右，以土壤下沉后施肥沟与地面平行为准每抽一次梢施速效肥 1 次，在前一批新梢老熟后、下一批新梢萌动前施用。肥料种类以速效氮肥及钾肥为主。每次梢施尿素 250 g/株、硫酸钾或氯化钾 300 g/株。施肥量依树冠大小、土壤肥沃程度及叶色而定。施肥方法：将化肥先溶于水中，浇于树盘下，再适量淋水冲淡，使化肥在土壤中的总浓度不超过 0.3% 为宜。修剪后每次新梢抽生至转绿前，每 7~10 d 用氨基酸植物营养素等叶面喷施 1 次，连喷 2~3 次。

3. 水分管理

修剪后至每次新梢抽发时，均应保持土壤湿润，遇旱及时灌水，连续大雨则应深挖排水沟。

4. 产期调节催花

（1）控梢期的管理　控梢时期施药期在 10 月左右为宜。

（2）土施控梢药与用量　土施控梢药有效成分为氯酸钾。以树冠直径计算，储良品种用量 150~200 g/m，石硖品种用量 100~150 g/m，壮旺树或高温多雨季节采用高量，长势中庸的树或低温干旱季节采用中低量。

（3）施药方法　用锄头扒开树冠外围滴水线向内 30~50 cm 的表土至露根，然后将土施控梢药兑水 10~20 kg，浇施于树盘内，并覆土保湿。

5. 施药后促花期的管理

（1）保持树盘土壤湿润　施药后 20 d 内保持树盘土壤湿润。

（2）控梢　常用叶面控梢药剂为乙烯利、多效唑或复合型控梢促花药剂。乙烯利和多效唑的安全使用浓度分别为 200~300 mg/kg 和 500~800 mg/kg，叶面喷施，均在叶片完全转为深绿色时喷施。多效唑不宜连续多次使用，一般与其他不含多效唑的控梢药剂轮换使用。

物理控梢方法常用的有环剥和环割两种。树势壮旺，且高温多雨季节催花，在末次梢叶片刚好完全转绿时进行环剥；温度较低的季节催花，在末次梢叶片完全转为深绿色时进行。在主干或主枝上螺旋环剥 1.5~2 圈，螺距 3~4 cm，剥口宽度 0.2~0.3 cm。对控梢药剂敏感且树势中庸的，使用闭口环割一圈，即对弱树或干旱较严重时则不宜环割或环剥。环割、环剥深度以达木质部为宜。

综合方法控梢。生产上通常是物理、化学方法综合运用。具体做法：在3—9月控梢催花的，在末次梢叶片淡绿色时土施控梢药，对于壮旺树，同时还在主干或主枝上进行环剥或环割处理，在叶片完全转绿，或发有个别枝条有叶芽萌动时，再用化学药剂进行叶面控梢。在10月至翌年2月控梢催花的，在末次梢完全转绿时，在主干或主枝上进行环剥或环割处理，待叶片充分老熟后土施控梢药，发现有个别枝条芽萌动时，再用化学药剂进行叶面控梢。

6. 促花

（1）促花时间　3—9月控梢，施控梢药30~40 d后未及时萌动，或10月至翌年2月控梢，施控梢药40~50 d后未及时萌动，应促花唤醒。

（2）促花方法　一是灌水。以每株灌水25~35 kg计算用水量，3~5 d灌1次，连灌2次。二是土壤施肥。以每株挂果30 kg计，株施尿素300 g、三元复合肥250 g，兑水10~20 kg浇施，在灌水后叶面喷施氨基酸、核苷酸等叶面肥，每隔5~6 d喷1次，连喷2~3次。

（二）花果期管理

1. 重施花前肥

在花穗骨架已形成且刚现蕾时施花前肥，肥料种类为有机肥与速效化肥。如10 a生树，每株可施腐熟厩肥20 kg、尿素0.75 kg、钙镁磷肥2 kg、硫酸钾或氯化钾1.5 kg，同时叶面喷施核苷酸加氨基酸植物营养素2~3次，间隔期7~10 d。

2. 防寒

花穗抽生期进行树盘覆盖、树干涂白，或在降温前对果园进行适当灌水等。

3. 防病防虫

谢花后，根据病虫害发生规律，每10~15 d喷1次农药进行防虫和防病。

4. 花量调控与提高花质

（1）化学控穗　对壮旺树，在花穗抽出4~5 cm长时，用250 mg/kg的多效唑喷施花穗。

（2）人工短截花穗　在花穗主轴长12~15 cm时剪顶，剪顶后15 d左右，再短截侧花穗，控制花穗长度在18 cm左右。

5. 疏花

（1）疏花时期　在花蕾已完全显露但花尚未开放时进行。

（2）疏花方法　采用人工疏花或疏花机疏花，每穗留3~5条分布均匀的小花枝为宜。

（3）提高花质量　花期叶面喷施含硼、锌的保花药剂2次，间隔期7~10 d。

6. 疏果

（1）疏果时期　从果实黄豆大时开始，一直到采收前均可进行。先剪去挂果稀疏的果穗和病虫穗，然后按照"去上留下，去外留内，去大留小"的原则对留下的果穗进行疏果，最后是果粒，疏去果穗上的孖果、小果、畸形果和过密果，使果穗、果粒分布均匀，大小基本一致。

（2）疏果量　壮树少疏，弱树多疏，挂果稀疏的少疏或不疏。对于单穗来讲，大果穗每穗留果 60~70 粒，中果穗 50 粒左右，小果穗 20~30 粒。

7. 保果壮果

（1）施壮果肥　在谢花后至第一次生理落果期，即果长到绿豆大时施，以每株挂果 30 kg 计，每株施尿素 0.5 kg、钙镁磷肥 0.5 kg、硫酸钾或氯化钾 0.8 kg、复合肥 0.6 kg。挂果多的树 1 个月后再施 1 次肥，用量与第一次相同。

除土壤施肥外，在果实膨大期，即龙眼坐果后 70 d 左右，应适当喷施叶面肥。常用叶面肥有氨基酸植物营养素、腐植酸等。

（2）灌水保果　在整个果实发育期，应保持土壤湿润，遇旱及时灌水，防止过度干旱后一次性灌水过多而导致大量落果或裂果。

（3）拉网护果　为防止蝙蝠、金龟子等食果性害虫为害，应采取拉网护果。具体方法：果实采收前 10~15 d，在果园生产小区周围拉起渔网，渔网下端离地面高度 1.2~1.5 m，顶端比树冠顶部高出 1~1.5 cm。

8. 果实防裂

果实发育期间遇高温干旱天气时对树冠喷水，雨天注意排水。平衡供应果实发育期所需要的营养，不要偏施和过量施用一种肥料，导致果实猛长，引起裂果。龙眼催花药含高钾，要从花穗期起适量施些氮肥以平衡氮钾比例，尽量避免单施钾肥。配合应用生理调控技术，调控果实的正常生长。在果实发育前中期，喷施细胞分裂素，提高果皮发育质量，减少裂果。在果实发育期喷防裂素 2~3 次防裂果。

9. 病虫害防治

参照 NY/T 1479—2007 的规定执行。

（三）果实采收

1. 采收标准

适宜采收的龙眼，应要保证具备本品种之甜度和果实外观颜色，果实由坚硬变为柔软有弹性，果肉饱满，果核变黑或褐色。在阴天或晴天 10：00 前或傍晚进行为宜。

采果时自下而上，由外到内分层采摘。采摘时用采果剪在龙头丫杈以下 1 cm 处剪断，切勿用手直接折断。树高的应在采果梯上作业。采下来的果实放在干净的果篮或塑料筐内。采收过程中应尽可能避免机械损伤和日晒雨淋。

2. 分级包装

按 NY/T 516—2002 的规定执行。

五、龙眼质量标准要求

（一）感官要求

感官要求应符合表 5-59 的规定。

衡量龙眼质量的感官因素包括如下几个方面。

（1）果形正常　果实具有该品种特有的形态特征。

表 5-59 龙眼感官要求

项目	特级	一级	二级
特征	具有龙眼品种的固有特征		
夹杂物	洁净，除果实外的物质质量不应超过果实质量的10%		
果体表面水分	非冷藏果体表面无异常水分		
气味	无异味		
腐烂变质	无		
成熟度	果实饱满具弹性，果壳表面鳞纹大部分消失而种脐尚未隆起		
果肉新鲜度	肉质新鲜，风味正常，厚度均匀，有弹性		
果实大小	均匀	较均匀	较均匀
机械伤	无	基本无	少量
果形	正常	较正常	尚正常，无严重畸形果
病虫害	无	基本无	少量
缺陷果	无	基本无	少量
异品种	无	＜2.0%	＜5.0%
容许度	允许有5%的产品不合该等级的要求，但应符合一级的要求	允许有10%的产品不符合该等级的要求，但应符合二级的要求	允许有10%的产品不符合该等级的要求，但应符合基本要求

（2）果面洁净　果实表面无药物残留、煤烟、尘土等外来污物。

（3）异味　果实吸收了其他物质的不良气味或因果实本身变质而产生不正常的气味和滋味。

（4）机械伤　果实采摘时或采摘前后受外力碰撞或受压迫、摩擦等造成的损伤。

（5）缺陷果　外界力量如机械伤、病虫害对果实造成的创伤及畸形果。

（6）一般缺陷　龙眼果皮受到介壳虫等为害或轻微机械伤或一般自然环境因素的影响，果实外观受到影响，但果实品质尚未受到影响。

（7）严重缺陷　龙眼果实受到蛀果虫、龙眼蜻缘、吸果夜蛾、龙眼霜疫霉病等病虫的为害或严重机械伤或严重寒害等自然环境因素的影响，从而导致果实外观和品质受到严重影响。

（8）裂果　果皮破裂，露出果肉或流出果汁的果实。

（9）品种　龙眼分类上相互不同的品种或品系。

（10）果实横径　果实最大横切面的直径。

（二）规格

龙眼大小规格分级按重量或果实中部最大直径测定，共分5个级别，各规格的划分应符合表5-60的规定。

表5-60 龙眼规格

项目	规格代号				
	1	2	3	4	5
每千克果粒数	≤70	71~85	86~100	101~115	116~130
果实横径/mm	≥29	≥27	≥25	≥22	≥20
容许度	每个规格的龙眼允许有10%的产品不符合该规格的要求，但要符合相邻规格果的要求				

（三）理化指标

理化指标应符合表5-61的规定。

表5-61 龙眼理化指标

品种	可食率/%	可溶性固形物/%
石硖	65~71	21~22
储良	69~74	20~22
双孖木	66~72	20~22
古山二号	67~70	19~21
乌龙岭	65~69	21~22
大乌圆	70~74	16~19
大广眼	63~74	18~21
东壁	62~67	19~22
草铺种	63~65	18~20
水南一号	69~71	18~21

注：表中未能列入的其他品种，可根据品种特性参照近似品种的有关指标。

（四）卫生指标

卫生指标应符合 GB 2762—2017、GB 2763—2021 等有关国家标准和规定的要求。

（五）试验方法

1. 感官要求

（1）果体表面水分、气味、腐烂变质、成熟度、果肉新鲜度、果形、病虫害、缺陷果 在正常光线下采用眼观、手捏、口尝等直观的方法对果体表面水分、气味、腐烂变质、成熟度、果肉新鲜度、果形、缺陷果、均匀度、洁净度、异品种和品质风味等项目进行评定，并做记录。在同一果实上兼有两项及其以上不同缺陷者，可只记录其中对品质影响较重的一项。

果实病虫害主要用目测或用 10 倍放大镜（超过 10 倍时，应当在检验报告中说明）检验其外观症状。若发现果实外部有病虫害症状，或外观尚未发现变异而对果实内部有怀疑者，应随机抽取样果数个用小刀进行切剖检验，如发现果蒂内部有虫粪或果实有内部病变时，应加倍切剖数量，予以严格检查。

（2）夹杂物　抽取 3 kg 龙眼样品，用感量 0.1 g 天平分别称量样品和除果实外的物质质量，夹杂物以占样品总质量的百分率计，按式（5-7）计算。

$$X = m_1/m_2 \times 100 \tag{5-7}$$

式中：X——夹杂物占样品总质量的百分率，%；

　m_1——果实外的物质质量，g；

　m_2——样品总质量，g；

计算结果表示到小数点后 1 位。

（3）异品种　用天平称取 1 kg 龙眼样品，分别计数样品果粒总数和异品种果粒数，异品种果粒数占样品果粒总数的百分率按式（5-8）计算。

$$Y = G_1/G_2 \times 100 \tag{5-8}$$

式中：Y——异品种果粒数占样品果粒总数的百分率，%；

　G_1——异品种的果粒数，个；

　G_2——样品的总果粒数，个；

计算结果表示到小数点后 1 位。

2. 规格划分

（1）千克果粒数　采用四分法对角取样，用感量 0.1 g 天平称取 1 kg 样品，将试样放在白色瓷盘中，计数果实的每千克颗粒数。

（2）果实横径　采用四分法对角缩分到取出 10 个果粒样品，用 0.1 mm 精度的计量工具（如卡尺）分别测量果实最大横切面的直径，计算平均值，单位以 mm 计，计算结果表示到小数点后 1 位。

3. 理化指标

（1）可食率　在样品中随机取样果 10~20 个，用感量为 0.01 g 的天平称总果质量，然后仔细将果壳、果肉和果核分开，称量果壳和果核的质量，结果按式（5-9）计算。

$$Y = (m_0 - m_3)/m_0 \times 100 \tag{5-9}$$

式中：Y——可食率，%；

　m_0——指总果质量，g；

　m_3——指果壳和果核的总质量，g。

计算结果表示到小数点后 1 位。

（2）可溶性固形物　按 NY/T 2637—2014 的规定执行。

（六）检验规则

1. 组批

同一产地、同一品种、同一等级、同一采收日期的龙眼鲜果作为一个检验组批。

2. 抽样方法

按 GB/T 8855—2008 的规定执行。

3. 交收检验

每批产品交收前，应进行检验，检验合格并附有合格证的产品方可交收。交收检验项目为感官要求、规格、理化指标规定的项目。

4. 型式检验

型式检验对产品质量进行全面考核，有下列情形之一者应对产品进行型式检验：因人为或自然因素使生产环境发生较大变化；前后两次抽样检验结果差异较大；有关行政主管部门提出型式检验要求。

5. 判定规则

经检验符合本节技术规定要求的产品按规定等级要求定为相应等级。

6. 复检

如果对检测结果产生异议，允许用备用样品复检 1 次，条件允许可加倍抽样，复检结果为最终结果。

（七）标签、标志、包装、运输与贮存

1. 标签

包装箱（篓）外应标明品名、等级、规格、净重、毛重、产地、采摘和包装的日期、生产者、联系地址、邮政编码、联系电话。标注内容要求字迹清晰、完整、准确且不易褪色。

2. 标志

包装、贮运、图示应符合 GB/T 191—2008 的要求。

3. 包装

纸箱包装材料应符合 GB/T 6543—2008 的规定；塑料水果筐应符合 GB/T 5737—1995 的规定；内包装用的聚乙烯塑料薄膜（袋）应符合 GB 4806.7—2016 的规定。

4. 运输与贮存

①运输工具应清洁，有防晒、防雨设施。

②运输过程不得与有毒、有害物品混运，应轻装轻卸，严禁重压。

③贮存场所应清洁、通风，应有防晒、防雨设施，产品应分等级堆放。不得与有毒、有异味的物品混存。

六、龙眼分级标准要求

龙眼干，也称桂圆干。由鲜果经日晒或人工烘焙而成。日晒制法时间长，且受天气限制，故多用人工烘焙。大量水分蒸发后，干果可以久存。

烘烤加工方法：原料选择→剪果→分级→清洗→过摇（磨皮）→初焙→再焙→三焙→剪蒂→再分级→包装。

1. 原料选择

焙干用的龙眼，以果大、皮稍厚、肉质厚，制干后摇动不响，肉有皱纹的品种最佳，如大乌圆、大广眼、福眼、乌龙岭等品种用于制干品较好。

2. 剪果

原料进厂后用果剪逐粒从果穗剪下，留果梗长约 1.5 mm，不要剪太深，以防果壳破裂。

3. 分级

用分级机或分级筛按果实大小分为 4 级或 6 级，并清除病虫果、裂果、小果。

4. 清洗

果实装入竹篓中，浸入清水 3~4 min，洗除果面灰尘等脏物。

5. 过摇（磨皮）

将浸湿的鲜果倒入特制的腰子形竹摇笼中。摇笼的大小是：底长 148 cm，两头底宽 62 cm。中部深 47 cm，两头深 57 cm，横杆长 74 cm，口长 100 cm，口宽 27 cm，每笼约装果 35 kg。加工时，将摇笼吊挂在梁上或树上，约与胸部齐高，便于操作。每笼龙眼加入细沙 250 g，然后两人各握住笼端上下对摇 6~8 min，使果实在笼中不断滚动，互相摩擦，将果皮磨去一层，使皮面光滑，增加透性，易于焙干，果实烘干后外观呈黄褐色，比较美观。没有经过磨皮的龙眼烘干后果皮呈黑褐色。

6. 初焙

龙眼过摇后，将果实倒入焙灶上进行初焙。焙灶用黏土、木条、竹屏筑成，灶面长 220 cm、宽 210 cm，灶前高 80 cm、灶后高 110 cm，自后向前倾斜。燃料用无烟干柴，如荔枝、龙眼干枝，或者用无烟煤、木炭、焦炭。

果实倒入焙灶后，用木耙耙平，每个焙灶 1 次可焙龙眼 300~350 kg。上焙灶后，初焙温度可高些，控制在 70~80 ℃，隔 6~8 h 当炉顶部最热处果实外壳变硬时翻焙 1 次。翻动时分上、中、下 3 层起焙，即上层先耙起装入竹篓中，中、下层也分别装放，然后把上层的倒入焙席上，耙平后倒入中层，又耙平倒入原来的下层，耙平后继续烤焙。此时焙温适当调低至 70 ℃ 左右。再经 6~8 h 又以同样方法翻动 1 次。过后在 60 ℃ 左右每隔 3~5 h 翻动 1 次。烘烤 30~35 h、炉中果壳全部变硬时就可起焙装篓。

7. 再焙、三焙

初焙的龙眼干经放置 2~3 d 后，果核、果肉内部水分逐渐向外扩散，果肉表面比刚烘后湿润，须再行烘焙。这时可将初焙龙眼干分成大、小果 2 个等级，分别烘焙。再焙方法与初焙相同，温度控制在 60 ℃ 左右，烘焙时间 4~6 h。每烘焙 2 h 翻动 1 次。一般龙眼经过再焙即可烘干。

果大肉厚的一、二级果，经再焙后须放置 5~7 d，待果肉内部水分继续扩散渗出后进行三焙，时间 2~3 h，烘法同上，烘至果梗用手指轻推就脱落时即可。此时，果肉呈现细密皱纹，深褐色，表面干燥，用手指压无果汁流出，牙咬果核易裂开，断面呈草木灰色，即为烘干适度，一般烘干率为 33%~36%。

8. 剪蒂

一、二级果经三焙后，用剪刀将果梗剪平。

9. 第二次分级

龙眼干的分级，各地标准不同。传统上，兴化桂圆分为 4 级：三圆、四圆、五圆、中圆；泉州泡圆也分大泡、中泡、小泡、底泡 4 级。现商业上将其分为 6 级：一级果径：>2.90 cm；二级果径：2.89~2.75 cm；三级果径：2.74~2.60 cm；四级果径：2.59~2.45 cm；五级果径：2.44~2.30 cm；六级果径：<2.30 cm。

10. 干燥标准及质量要求

干燥标准：果壳用手轻压能平断，果肉干爽呈赤褐色，发亮、有皱纹，果核用牙咬易裂开，断面呈草木灰色。

质量要求：同等级龙眼要干爽均匀，果蒂完整，外形光滑，果肉无焦味、无霉变、无虫蛀，破壳率不超过 5%。

11. 包装

用密封性较好的胶合板箱包装，内衬塑料薄膜，边装果边摇动，装填充实，每箱重 30 kg。然后密封塑料袋口、钉紧并密封箱盖，防止返潮。

七、龙眼荔枝贮运技术规程

（一）采收

1. 产品质量安全要求

龙眼和荔枝的生产应按 NY/T 5176—2019 和 NY/T 5174—2002 的规定进行，产品安全质量标准按 NY 5173—2005 执行。

2. 成熟度

（1）成熟度要求　龙眼和荔枝的采收成熟度应根据销售市场远近及贮藏期间长短而定，一般以八成至九成熟为宜。

（2）判断标准

①龙眼。果皮光滑，黄褐色，果实柔软而富有弹性，果肉浓甜或清甜，果核充分硬化，呈棕红色或褐红色，具有该品种所特有的风味。

②荔枝。外果皮已基本转红，内果皮基本为白色，具有该品种果实特有风味。

3. 采收时间

龙眼和荔枝采收应在晴天上午露水干后或阴天进行，不宜在烈日中午、雨天或雨后采收。

4. 采收方法

整穗采收，用枝剪将成穗果实剪下。对于成熟度不均匀的树，可分批采收。采收时应轻采轻放，尽可能避免机械损伤。也可根据客户要求单果采收，采收后果实不要堆放在烈日下暴晒，采后应放在阴凉处，尽快运到加工厂进行处理。

（二）采后处理

1. 挑选

挑选时应剔除病果、虫果、褐变果、腐烂果、裂果、未成熟或过熟果、无果蒂果及其他缺陷果。

2. 分级

龙眼果实的分级标准按 NY/T 516—2002 规定执行。荔枝果实的分级标准按 NY/T 515—2002 规定执行。

3. 清洗及防腐处理

龙眼和荔枝经挑选分级后，可用 0.1% 的漂白粉溶液清洗。防腐处理可用 500 mg/kg 的味鲜胺类杀菌剂、500 mg/kg 的抑霉唑或 100 mg/kg 的噻菌灵溶液浸果 1 min，然后取出晾干。杀菌剂的残留应符合 GB 2763—2021 的有关规定。

（1）包装材料　龙眼和荔枝的外包装可根据市场要求选用纸箱、塑料箱、泡沫箱、竹篓等。内包装可使用聚乙烯薄膜袋（0.02～0.03 mm）或防雾聚乙烯袋（0.02～0.03 mm）。

（2）包装要求　牢固、通气、洁净无毒。纸箱包装应符合 GB/T 6543—2008 的规定，塑料筐应符合 GB/T 5737—1995 的规定，聚乙烯薄膜袋应符合 GB 4806.7—2016 的规定。所有包装材料均应符合国家相关规定。

（3）包装容量　纸箱、小竹篓容量一般不超过 5 kg，塑料筐容量和泡沫箱包装容量一般不超过 10 kg，也可根据签订的合同规定包装。

（4）标志与标签　包装上应有如下标志：产品名称、品种名称及商标、执行的产品标准编号、生产企业（或经销商）名称、详细地址、邮政编码及电话、产地（包括省、市、县名，若为出口产品，还应冠上国名）、等级、净含量、采收日期，标注文字应清晰，不易褪色，无毒。

4. 预冷

（1）预冷要求　龙眼和荔枝采后应尽快进行预冷。要求采收后 6 h 内进行预冷，24 h 内使果心温度降低到 10 ℃以下。

（2）预冷方法　可根据当地实际情况，采用强制通风预冷、冰水预冷、冷库预冷等方法进行预冷，尽快排除田间热，降低果实的温度。

①强制通风预冷。将果实按包装的通风孔对齐堆叠好，以强力抽风机让冷风经过果实货堆，在 30～50 min 内让果心温度降低到 10 ℃以下。

②冰水预冷。将果实浸泡在 0～2 ℃的冰水中 10～15 min，使果心温度降至 10 ℃以下（包装需要使用塑料筐、竹篓等耐水材料）。

③冷库预冷。将果实包装堆放于 0～3 ℃的冷库中，堆垛高度不应超过 5 层，堆垛方向应顺着冷库冷风的流动方向，在 24 h 内使果心温度降至 10 ℃以下。

（三）贮藏

1. 贮藏条件

龙眼和荔枝最适贮藏条件为 3～5 ℃，相对湿度为 90%～95%。

2. 贮藏库管理

贮藏前应先对库内外进行彻底的消毒。货位堆码方式按 GB/T 8559—2008 的要求执行。根据不同包装容器合理安排货位，其堆码形式、高度、垫木和货垛排列方式、走向应与库内空气环流方向一致。

果实入库前，应先将库温降到 3 ℃左右。贮藏期间冷库温度应避免波动，保持温度的稳定。

3. 贮藏期

在适宜的低温下，龙眼的贮藏期约为 30 d，荔枝 20~30 d，货架期 24~48 h。可根据市场需求灵活掌握贮藏时间，但不应超过其最长贮藏期限。在贮藏期限内，好果率在 90% 以上，自然损耗率应不超过 2%。贮藏后应基本保持果实原有的色泽和风味。

4. 果实质量检验

应定期检验龙眼、荔枝果皮颜色、好果率、自然损耗率、品质等。

（四）运输

1. 运输方法

（1）常温运输　适于短途运输，时间 1~2 d。到达目的地市场后及时销售。可使用普通货车或保温车进行运输。如果采用保温汽车运输，应在车厢内加冰降温。包装可使用普通竹篓、纸箱包装，也可使用泡沫箱加冰的方式。泡沫箱加冰方式运输时间可延长到 3~4 d。

（2）低温运输　可采用冷藏车、冷藏集装箱进行运输。适宜的低温运输条件为温度 3~5 ℃。适用于 20 d 以内的运输。

2. 运输要求

装车卸车速度要快，要轻装轻卸，运输途中应避免温度的大幅度波动，避免果实被日晒雨淋。

八、龙眼干生产工艺规程

龙眼干的加工焙制技术比较传统，至今已形成一套较为成熟的技术。焙制方式有日晒和烘焙两种。日晒较为简单，适于家庭少量制作；烘焙是利用焙灶进行人工烘制，为目前生产上大量焙制龙眼干所用。现代烘焙方法有流动式烘干生产线、固定式烘干生产线。

（一）烘焙法

工艺流程：原料选择→剪粒→浸水→摇沙擦皮→烘焙→剪蒂→挂黄→复焙→分级包装。

1. 原料选择及处理

①选果。用于烘焙制干的龙眼品种要求果大、肉厚、果壳稍厚或厚薄适中、果肉含糖量高。乌龙岭、油潭本、赤壳、双孖木、储良、大乌圆等的龙眼果实要求充分成熟并采摘及时。

②剪梗。果实送到加工场后，用平口小剪刀逐粒剪去果梗，要从果梗基部剪齐。

③浸水。剪梗后的果实装入竹篓内浸入水中 5~10 min，洗去果面污物并使果壳松软，然后提起沥干水分，以备摇沙。

2. 摇沙擦皮

将浸过水的龙眼果实倒入特制的摇笼中加细沙摇揉，以磨去果壳外面的粗糙表层。经过摇沙的龙眼易焙干，也较均匀，成品表面光滑，色泽美观。

具体做法：摇笼悬挂，两边各站 1 人，来回对摇。每个笼子装果 35~40 kg，加入河沙 0.5 kg，来回急速摇荡，使果实在笼中不断滚动，相互摩擦，将果壳表面磨光，一般要摇 300~400 个来回，待果皮转棕色干燥时即可。摇沙后，倒出龙眼果粒，用清水洗净黏附在果壳表面的沙粒及磨下来的粉屑。

3. 烘焙

烘焙是加工龙眼干工艺流程中的一个重要环节。焙灶多用砖头或土坯砌成，前后长 2.1 m，左右宽 2.2 m，前面高度约 1 m，后面高度约 1.2 m，整个灶面呈向前倾斜状态，便于烘果时操作及火力均匀。前面灶墙上开一个高、宽各 50 cm 的灶门，烧柴的灶门呈等腰三角形，燃煤的灶门呈四方形。距灶墙顶 25 cm 处架焙梁 5~6 根，上铺竹帘，棚面呈向前倾斜状态。擦皮后的龙眼果粒摊在棚面上，厚约 20 cm。一个焙灶每次可以烘果 300~400 kg；如果将 2~4 个灶并排连在一起，做成连体焙灶，1 次可以烘果 800~1 200 kg。

烘焙分 2 次进行，即初焙和复焙，技术关键在于掌握火力的大小与均匀，翻焙也要及时、均匀。初焙约经 24 h，温度控制在 65~70 ℃，使底层龙眼果壳迅速受热变硬，以免受压凹陷。烘 6 h 后进行第一次翻焙，将果实按上、中、下 3 层分别取出，放在竹篓内，然后上下层对调，中层不动，再摊上棚面，继续烘干。烘 6 h 后进行第二次翻焙，这时中层作底层，上层作中层，下层作上层。以后每隔 4 h 进行第三、第四次翻焙。第三次是上下两层对调，第四次是前后分两段对调。如只翻焙 3 次的，则约每 6 h 翻焙 1 次，把第三、第四次的翻焙作业合并，即一面上下层对调，一面前后段对调。这时，初焙完成的优良成品外壳坚硬，果肉呈黄褐色或赤褐色并带油光，有细小皱纹，果核外皮易脱落，核仁淡白色。

经过初焙的龙眼干放在竹篓内，拣出破壳果干，每天翻篓 1 次，经 4~5 d 后可进行复焙。烘焙的温度控制在 60 ℃左右，时间为 6 h，每 2 h 翻焙 1 次。烘至果蒂用手指轻推即脱落为好，此时果肉呈现细密皱纹，深褐色，表面干燥；用牙咬果核，极易裂开，而且很脆，断面呈草木灰色。龙眼烘干率因品种而异，一般为 33%~37%。

4. 剪蒂

烘焙后用小剪刀将龙眼干果梗剪平。

5. 挂黄

挂黄这道工序依需要而定。对于外销及一、二级龙眼干，为了改善果实外观还需挂黄，即在龙眼干的果面染上黄色的姜黄粉，既能提高商品外观，又有一定的防虫蛀作用。挂黄的药料由 70%的姜黄粉和 30%的白土配成。挂黄时将 12~14 kg 的龙眼干装入摇笼，用少许清水淋湿，边摇边淋水，待果面均匀湿润后，加 300~400 g 姜黄粉配成的药料，来回摇动 300~400 次，使果面均匀着色。然后再将果干摊放在焙灶上进行烘干，温度 40~50℃，时间 1~2 h，以烘干为度。

6. 分级、包装

（1）分级　龙眼干的分级，各地有不同的标准。传统兴化桂圆分三圆、四圆、五圆、中圆 4 级，现商业上将其分为 6 级，每级别的果径分别为：一级>2.90 cm；二级 2.75~2.90 cm；三级 2.45~2.75 cm；四级 2.45~2.60 cm；五级 2.30~2.45 cm；六级＜2.30 cm。

（2）包装　龙眼圆干的包装可用胶合板箱或纸箱包装。内衬塑料薄膜，边装果边摇动，装实每箱约 30 kg，最后将袋口密封，并密封箱盖，防止返潮。此外，也有多种小包装。

（二）日晒法

在晴朗的天气，将成穗的果实放在晒盘上暴晒 1 d，其间翻动 1 次，然后单果剪下，晒至翌日 13：00，将晒盘叠起，用麻袋或草包盖住，进行回潮，存放一至数日，再摊开暴晒，中午叠起再回潮，连续 1~2 次，逐渐干到果皮一击即破为度。

日晒也可与烘制法结合起来，即日晒兼烘制法。将成穗果实摊在晒盘上晒 1~2 d，每天翻 1 次，待果皮变软后放在烘床上，在 60~65 ℃下烘 12 h，翻动后移出静放 1~2 d，进行回潮，再烘 2~4 h，到果皮一击即破为度。

九、龙眼干包装工艺规程

（一）工艺流程

1. 龙眼肉生产工艺流程

2. 生产操作过程与工艺条件

（1）领料　按照"生产过程物料管理程序"，凭填写品名、编码、领料量、数量的指令单到原料库领取龙眼肉原料。领料过程中必须核对原料品名、编码、件数、数量、合格标志等内容。

（2）净制　取原料，置于不锈钢挑选台上，手工挑选，除去杂质。将净龙眼肉置净料袋或周转箱。净制结束后，称量，标明品名、批号、总件数、总数量。将净制后的龙眼肉运至车间中转间，及时清场并填写生产记录。填写请验单，通知质量检验人员取样检验，检验合格后方可流入下道工序。

生产操作过程中，不得直接接触地面。物料必须每件有正确的标识，设备必须有运行标志。

（3）净制标准　取样方法：随机取样 3 次，每次 500 g，检查杂质数量。合格标准：按照《杂质检查法》（检验操作规程附录 12）测定，杂质不得过 3%。

（4）净药材物料平衡限度　指标：95%~100%。计算公式见式（5-10）。

$$净药材物料平衡指标(\%) = \frac{净药材量 + 杂物量 + 取样量}{投料量} \times 100 \qquad (5-10)$$

（5）偏差处理　投料量按领料数量计算。如有质量风险则进行纠正和预防，按质量事故处理。

（6）包装　各种包装内包装指标及重量偏差应符合表 5-62、表 5-63 的规定。

表 5-62　内包装指标

项目	塑料袋、PE 罐	编织袋
贴标签	在塑料袋、PE 罐的指定固定位置贴上标签	编织袋的合格证在封口时一并缝上，位置：袋口左侧 10 cm 处，上边与袋子上边缘平齐，缝制深度 1~2 cm
分装	分装	分装
称量	包装的重量应为：净重+皮重	包装的重量应为：净重+皮重
复核	应符合内包装装量偏差允许值	应符合内包装装量偏差允许值
封口方式	热封袋口、封罐	用手提高速封包机线缝

表 5-63　内包装装量偏差允许值表

项目	技术参数				
装量/kg	≤0.5	1	2	5	10~50
偏差/g	±1	±5	±10	±10	±30

（7）内包装标准　抽样方法：随机取样 5 袋。复核重量、检查标签和封口质量。合格标准：标签位置端正一致，内容准确；装量误差符合要求，封口严密。

（8）物料平衡限度

①内包装物料平衡。标准：98%~100%。计算公式见式（5-11）。

$$内包装物料平衡(\%) = \frac{合格品数量 + 废弃物量 + 取样量}{投料量(半成品)} \times 100 \qquad (5-11)$$

②合格证和包装袋物料平衡。标准：100%。计算公式见式（5-12）。

$$包装袋(标签、包装材料)物料平衡(\%) = \frac{使用量 + 损坏量 + 剩余量}{领用量} \times 100$$

$$(5-12)$$

③偏差处理。如有偏差，启动生产过程的偏差，直到得出无潜在风险为止。如有质量风险，则进行纠正和预防，按质量事故处理。

（9）外包装　按规定的包装规格，领取外包装材料与标签，检查核对，装箱或装袋后封口，挂签，包装完毕后，入成品库待验。

（10）外包装标准　抽样方法：随机取样 3 件。复核数量、检查标签和封口质量。合格标准：标签位置端正一致，内容准确；装量误差符合要求，封口严密。合格证和包装材料物料平衡标准：100%，计算公式见式（5-13）。

$$包装材料物料平衡限度(\%) = \frac{使用量 + 损耗量 + 剩余量}{领用量} \times 100 \qquad (5-13)$$

（11）总收率　控制标准：≥70%。计算公式见式（5-14）。

$$总收率(\%) = \frac{成品量}{投料数量} \times 100 \qquad (5-14)$$

（12）工艺环境卫生及过程要求

①设备、容器、器具、生产场所、进入生产区的人员、物料必须按程序净化。

②产品生产结束后按各岗位清场标准作业程序要求，严格清洁、清场，并由 QA 监督检查合格后颁发清场合格证。

③生产全过程，由 QA 质量管理员监督。

十、龙眼干质量安全标准要求

（一）龙眼肉

以鲜龙眼果为原料，经除壳、去核、取肉、干制等工艺制成的果肉产品。

（二）原料要求

鲜龙眼应新鲜、洁净、无腐烂、变质，符合 GB 12049—1989 的要求，污染物限量应符合 GB 2762—2017 的规定，农药最大残留限量应符合 GB 2763—2021 的规定。

生产加工用水应符合 GB 5749—2006 的规定。

（三）感官要求

应符合表 5-64 的规定。

表 5-64　感官要求

项目	要求
组织形态	囊状或片状，无虫蛀、无霉变，形态完整，干爽，柔韧适度
色泽	黄褐色或棕褐色，有光泽，色泽均匀
滋味和气味	味甜，具有龙眼特有的香味，无异味
杂质	正常视力下无肉眼可见的外来杂质

（四）理化指标

应符合表 5-65 的规定。

表 5-65　理化指标

项目	指标
总糖（以葡萄糖计）/（g/100 g）	≤65.0
水分/（g/100 g）	≤20.0
总酸（以柠檬酸计）/（g/100 g）	≤1.5
总砷（以 As 计）/（mg/kg）	≤0.5
铅（以 Pb 计）/（mg/kg）	≤1.0
镉（以 Cd 计）/（mg/kg）	≤0.1
二氧化硫残留量/（g/kg）	≤0.03

项目	指标
其他污染物限量	应符合 GB 2762—2017 的规定
农药最大残留限量	应符合 GB 2763—2021 的规定

（五）微生物指标

应符合表 5-66 的规定。

表 5-66　微生物指标

项目	指标
菌落总数/（CFU/g）	≤1 000
大肠菌群/（MPN/g）	≤3.0
致病菌（沙门氏菌、金黄色葡萄球菌）	不得检出

注：微生物指标仅适用于即食龙眼肉。

（六）食品添加剂

食品添加剂的使用应符合 GB 2760—2016 的规定。

（七）生产加工过程的卫生要求

应符合 GB 14881—2016 的规定。

（八）检验方法

1. 感官要求

取适量样品平摊于白色洁净的瓷盘中，在自然光线下，观察其色泽、组织形态和杂质，嗅其气味，品其滋味。

2. 理化指标

（1）总糖　按 GB 5009.7—2016 和 GB 5009.8—2016 规定的方法测定。

（2）水分　按 GB 5009.3—2016 规定的方法测定。

（3）总酸　按 GB/T 12456—2008 规定的方法测定。

（4）总砷　按 GB 5009.11—2014 规定的方法测定。

（5）铅　按 GB 5009.12—2017 规定的方法测定。

（6）镉　按 GB 5009.15—2017 规定的方法测定。

（7）二氧化硫残留限量　按 GB 5009.34—2016 规定的方法测定。

（8）其他污染物限量　按 GB 2762—2017 规定的方法测定。

（9）农药最大残留限量　按 GB 2763—2021 规定的方法测定。

（10）微生物指标

①菌落总数。按 GB 4789.2—2016 的规定执行。

②大肠菌群。按 GB 4789.3—2016 的规定执行。

③沙门氏菌。按 GB 4789.4—2016 的规定执行。

④金黄色葡萄球菌。按 GB 4789.10—2016 的规定执行。

（九）检验规则

1. 组批

同一批原料、同一班次、同一包装规格的产品为一批。

2. 出厂检验

每批产品应进行出厂检验，检验项目为感官指标、水分、净含量、菌落总数、大肠菌群。

3. 型式检验

有下列情况之一应进行型式检验：

①原材料来源、设备或生产工艺有重大改变，可能影响产品质量时；

②正常生产每半年，或停产一个月以上，重新开始生产时；

③出厂检验结果与上次型式检验结果有较大差异时。

4. 抽样方法及数量

每批产品按生产批次及数量比例随机抽样，抽样数量应满足检验要求。

5. 判定规则

检验项目全部符合本节技术规定要求时，判定该批产品合格。

检验结果中微生物指标不符合本节技术规定要求时，判定该批产品不合格，不得复检。其他项目如有任 1 项不符合本节技术规定要求时，应重新从该批产品中抽取两倍样品进行复检。复检结果全部符合本节技术规定要求时，该批产品判为合格。如果复检结果仍有 1 项不符合本节技术规定要求时，判定该批产品为不合格。

（十）标签、标志、包装、运输、贮存和保质期

1. 标签、标志

产品销售包装标签应符合 GB 7718—2011 和 GB 28050—2017 的规定。包装贮运图示标志应符合 GB/T 191—2008 的规定。

2. 包装

内包装材料应清洁、干燥、无毒、无害、无异味、防透水性好，并应符合国家的有关规定。外包装材料应符合有关规定。净含量按国家有关规定执行。

3. 运输

运输设备应洁净卫生、无异味，产品不得与有毒、有害、有腐蚀性、易挥发或有异味的物品混合运输。运输时不得碰撞、挤压，不得暴晒、雨淋、受潮。

4. 贮存

产品应贮存在干燥、阴凉、清洁、通风良好、卫生安全的场所，有防尘、防蝇、防鼠、防晒、防雨等设施。应离地离墙存放，不得与有毒、有害、有异味、易挥发、易腐蚀性物品，或其他影响产品质量的物品同库贮存。

5. 保质期

企业可以根据自身产品质量状况确定保质期。

第五节　菠萝

一、菠萝产品与产业特点

1. 菠萝产品

菠萝与凤梨在生物学上是同一种水果。市场上，凤梨与菠萝为不同品种水果：菠萝削皮后有"内刺"，需要剔除；而凤梨削掉外皮后没有"内刺"，不需要刀划出一道道沟。通常菠萝的栽培品种分4类，即卡因类、皇后类、西班牙类和杂交种类。

卡因类：又名沙捞越，法国探险队在南美洲圭亚那卡因地区发现而得名。栽培极广，约占全世界菠萝栽培面积的80%。植株高大健壮，叶缘无刺或叶尖有少许刺。果大，平均单果重1 100 g以上，圆筒形，小果扁平，果眼浅，苞片短而宽；果肉淡黄色，汁多，甜酸适中，可溶性固形物14%~16%，高的可达20%以上，酸含量0.5%~0.6%，为制罐头的主要品种。

皇后类：系最古老的栽培品种，有400多年栽培历史，为南非、越南和中国的主栽品种之一。植株中等大，叶比卡因类短，叶缘有刺；果圆筒形或圆锥形，单果重400~1 500 g，小果锥状突起，果眼深，苞片尖端超过小果；果肉黄色至深黄色，肉质脆嫩，糖含量高，汁多味甜，香味浓郁，以鲜食为主。

西班牙类：植株较大，叶较软，黄绿色，叶缘有红色刺，但也有无刺品种；果中等大，单果重500~1 000 g，小果大而扁平，中央凸起或凹陷；果眼深，果肉橙黄色，香味浓，纤维多，供制罐头和果汁。

杂交种类：是通过有性杂交等手段杂交种育的良种。植株高大直立，叶缘有刺，花淡紫色，果形欠端正，单果重1 200~1 500 g。果肉黄色，质爽脆，纤维少，清甜可口，可溶性固形物11%~15%，酸含量0.3%~0.6%，既可鲜食，也可加工罐头。

菠萝原产于巴西、阿根廷及巴拉圭一带干燥的热带山地，但未发现真正的野生。大概在公元1600年以前传至中美和南美北部栽培。由于菠萝的芽苗较耐贮运，因而在短期内，即迅速传入世界各热带和亚热带地区。16世纪末至17世纪，传入中国南部各地区。世界约有61个国家和地区有栽培。除中国外，以泰国、美国、巴西、墨西哥、菲律宾和马来西亚等栽培较多。

中国菠萝栽培主要集中在台湾、广东、广西、福建、海南等地，云南、贵州南部也有少量栽培，已有400多年的历史。台湾菠萝主产区在台南、台中及高雄一带。广东菠萝栽培面积较大，目前广东菠萝种植面积约51.6万亩，年产量达102.34万t，约占全国总产量的63%，产地集中在汕头、湛江、江门等地区及广州市郊。广西主产区在南宁、武鸣、邕宁、宁明、博白等县市。

广东徐闻县位于中国大陆最南端，是农业大县，更是闻名遐迩的"中国菠萝之乡"。2018年徐闻县菠萝种植面积达2.33万 hm²，年产菠萝近70万t，产量约占全国的1/3，是我国主要的菠萝产区。徐闻县目前种植的菠萝品种主要是巴厘、台农16号（甜蜜蜜凤梨)、台农20号（牛奶凤梨）等品种，其中巴厘占到了近95%。80%的菠萝鲜果通过市场销售，仅有百分之十几到百分之二十被加工厂消化，其中最主要加工产品为菠萝罐头。

菠萝含有一种叫"菠萝蛋白酶"的物质，它能分解蛋白质，帮助消化，溶解阻塞于组织中的纤维蛋白和血凝块，改善局部的血液循环，稀释血脂，消除炎症和水肿，能够促进血循环。尤其是吃了肉类及油腻食物之后，吃些菠萝更为适宜，可以预防脂肪沉积。此外，菠萝蛋白酶能有效分解食物中蛋白质，增加肠胃蠕动。这种酶在胃中可分解蛋白质，补充人体内消化酶的不足，使消化不良的病人恢复正常消化机能。这种物质可以阻止凝胶聚集，可用来使牛奶变酸或软化其他水果，但这种作用在烹饪中会被减弱。

2. 菠萝产业

菠萝全身都是宝，随着工业技术的发展，菠萝深加工不仅仅局限于菠萝果身上。菠萝加工产品主要以生产菠萝罐头为主，伴有菠萝汁、菠萝干、菠萝蛋白酶、菠萝酒等的生产，菠萝加工产能达13万t。主要将新鲜优级菠萝加工为菠萝罐头、菠萝干和菠萝果馅等，其中优级菠萝加工种类以菠萝罐头为主；次级菠萝则加工为菠萝果汁；菠萝残渣和菠萝皮则加工为家畜饲料，处理菠萝残渣的方法是通过烘干进行生产饲料再利用。

受资金和菠萝季节性产量制约，菠萝加工厂规模都不大，加工企业小、散、弱情况突出。加工链条短，绝大多数的菠萝加工厂，加工产品仍为菠萝罐头、果馅、菠萝干等传统的科技含量较低的加工物，其中以菠萝罐头占比最多，而其在加工为罐头时，仅利用了约40%的果肉，综合利用率不高。美国菠萝产品的加工能力约占总生产能力的70%，而我国当前的加工能力只有15%，附加值产品的加工能力严重滞后。目前菠萝蛋白酶提取等高技术含量的深加工还未真正地得到运用，仍处在试验时期，年总产量不及1t，菠萝产品的加工生产没有形成规模化和集成化效应。

"互联网+"的模式为产业带来巨大的优势，但从菠萝深加工产业上看，其惯用传统的订单生产销售模式推销产品，并未能利用互联网的优势为自身带来效益，深加工产品与现代销售市场脱离。据调查，由于市场的消费偏好，国内菠萝销售多以鲜食为主，对菠萝深加工产品尤其是产业链长、附加值高的菠萝蛋白、菠萝纤维等产品消费少，市场化程度低。如早在2006年国内就有研究用菠萝叶纤维制成袜子，此后还研发出衣服、席子等菠萝叶纤维系列产品，款式和品种达到几百种。作为全国最大的菠萝产区，在湛江生产的"菠萝衣袜"可谓得天独厚，然而这么多年，菠萝叶纤维织品在湛江一直鲜为人知，在国内超市货架上更是难觅踪影。如果能引导建成产业集聚群，不仅能促进菠萝产业形成规模化，也能为加工厂提供廉价和丰富的原材料。

据统计，我国现有菠萝产业相关标准25项，其中国际标准1项、国家标准1项、行业标准14项、地方标准9项，内容涵盖菠萝育苗、栽培、田间管理、贮运及加工5个方面。总体来看，我国菠萝产业相关标准数量较少，且大部分是生产种植标准，菠萝的精、深加工及副产物利用标准相对缺失，产业标准体系发展滞后，严重制约了我国菠萝产业的发展壮大。

在菠萝栽培种植方面制定的行业标准有菠萝种苗、菠萝组培苗生产技术规程、菠萝栽培技术规程及菠萝病虫害防治技术规程等一系列标准，这些标准基本涵盖了菠萝种植栽培的整个生产过程，但是针对一些种植关键技术环节的标准较少，比如组培苗繁育基地建设、水肥管理、催熟、防霜冻、壮果、壮花、机械化生产等标准缺失。近年来，为了满足菠萝产业快速发展对技术标准的需求，广东、广西、海南、云南等菠萝主产区不断加大菠萝产业标准制定力度，研制了一系列菠萝种植及田间管理标准，例如 DB 53/T 144—2005《西双版纳菠萝综合标准》、DB 46/T 65—2006《菠萝生产技术规程》、DB 44/T 965—2011《地理标志产品 愚公楼菠萝》、DB 45/T 657—2010《菠萝栽培技术规程》、DB 46/T 210—2011《台农 16 号菠萝生产技术规程》等，推动了菠萝产业标准化发展进程。

菠萝精深加工方面仅有菠萝罐头、菠萝汁、菠萝蛋白酶 3 类加工产品标准，这与菠萝产业的发展现状严重脱节。目前，我国菠萝产业链主要有良种选育、菠萝种植、市场销售、鲜食菠萝消费；鲜菠萝、简单粗加工、菠萝罐头或菠萝汁加工、菠萝加工品销售；菠萝生产及加工废弃物精深加工，菠萝酒、菠萝蛋白酶、菠萝纤维、菠萝饲料等产业链。因此，菠萝产业链方面亟须制定一批能满足产业发展的技术标准，如菠萝酒酿造技术规程，菠萝蛋白酶生产技术规程，菠萝加工机械，菠萝皮、渣饲料化利用技术规程等。

3. 菠萝产业标准化体系建设的发展方向

（1）加快菠萝优质品种技术标准的研究 在已制定的菠萝标准中，仅有 NY/T 451—2011《菠萝种苗》、NY/T 2253—2012《菠萝组培苗生产技术规程》是菠萝育苗标准，由于受到区域及品种销售目的的限制，这些标准的实际可操作性不强，不能很好地指导种植户开展新品种的育苗工作。因此，菠萝种植企业应加强与高校农业科研机构的合作，善用专业农技人才，解决好菠萝新品种的技术瓶颈，研制适宜本地种植的菠萝育苗技术规程。

（2）加大菠萝种植机械标准研究的扶持力度 我国菠萝种植大多是采用个体户形式，虽然拥有面积广阔的土地，但由于缺乏足够的资金，无法有效地将先进的机械化生产技术用于农业生产，导致农业生产效率普遍低下。发展菠萝机械化或半机械化种植可以减少人力成本，方便作业管理，降低劳动强度，但现有标准中并没有菠萝种植机械标准，因此政府要加大对研发机构的支持力度，特别是在对口政策和资金扶持方面。

（3）完善菠萝种植田间管理相关标准 2019 年在全国闹得沸沸扬扬的菠萝滞销事件，事件发生的原因是当年极端恶劣天气"倒春寒"的突袭，果农缺乏事先的准备，没有相关的预防管理经验，导致大量菠萝受冻产生"黑心"，影响了菠萝的质量。而制定菠萝防寒害管理规范可以帮助种植户有效规避菠萝冻伤风险，保证菠萝品质与产量。与之相类似，需要制定的田间管理标准还有菠萝节水灌溉技术规程、菠萝主要病虫害防治技术规程等。

（4）加快菠萝深加工及副产物综合利用技术标准的研究与制定 现在以菠萝为原料的粗加工产品主要有菠萝汁、菠萝罐头，精深加工产品有菠萝蛋白酶、菠萝纤维、菠萝果脯、菠萝饲料、菠萝酒和菠萝生物有机肥等。我国现已有菠萝粗加工产品标准 GB/T 13207—2011《菠萝罐头》和 NY/T 873—2004《菠萝汁》及菠萝深加工产品地方标准 DB 44/T 498—2008《菠萝蛋白酶》。相比于东盟各国的自然资源优势及人力资源优势，我国在菠萝深加工方面具有自身的科技优势，拓展菠萝产业链条，大力发展菠萝深加工，增加产品附加值是我国菠萝产业发展的趋势，而与之相矛盾的是，菠萝深加工标准数量较少，并不能满足产业发展的需要，因此，研究菠萝酒酿造、菠萝饲料、菠萝果脯等深加工技术标准是一件迫在眉睫的事情。

二、质量追溯在菠萝产业中的应用

1. 质量追溯系统目标

菠萝罐头的产品质量安全受到种植环境、种植工艺、投入品使用和管理、生产加工工艺、包装材料等因素的影响，特别是在加工过程中由于存在因等级分类造成原料混合的问题，因此一旦发现存在质量问题的产品，难以追溯到问题的源头。随着经济的发展，人们的生活水平提高，健康和安全意识也逐步提高，同时，国际市场对农产品质量的要求也在不断提高，建立食品的可追溯系统不仅可以提高产品质量安全全程监管和保障能力，对提高市场竞争能力和体现企业社会责任等方面也具有重要意义。菠萝罐头质量追溯体系以数据库技术和计算机网络技术为支撑，以生产企业各部门、各环节档案数据为基础，对菠萝罐头生产过程中种植、采收、进厂加工、装罐、包装、入库、销售等流程进行分析，对其生产环境、生产活动、质量安全管理及销售状况实施电子化管理。同时在企业建立电子化的跟踪技术体系的基础之上，构建便于生产管理及消费者查询的、以条码技术为支撑的可追溯技术体系，实现对上市产品从产地环境到投入品管理，从生产过程控制到加工管理、物流管理的全程信息追溯，实现互联网、手机短信以及电话语音信息查询，同时建立完善的产品质量追溯管理制度，从而达到提高企业管理水平，提高产品质量和安全的目的。

2. 菠萝罐头质量追溯系统的建立及管理

（1）菠萝罐头生产工艺流程 菠萝从种植到加工销售的具体生产环节如下：种植→采收→进厂（鲜果混合）→加工→灌装→包装→入库→销售。菠萝种植活动包括田间耕作、催花、壮果、催熟、采收等，然后将鲜果运送到罐头厂，经几十道加工工序，最后加工成糖水罐头，关键的工序有冲芯除皮，菠萝由生果变成果肉；切片后，变成各种片型；装罐再加糖水，变成糖水菠萝，发生成分的改变；经封罐和杀菌，变成罐装的成品，检验合格后，贴上标签，成为合格产品。其中，收果分级、切片选片和装罐等工序，会使鲜果产生混合，需对相关工艺进行改进。加糖水、封罐和杀菌这3个步骤是罐头生产质量控制关键点（CCP）；需记录生产数据。

（2）菠萝罐头质量追溯关键点管理 在菠萝罐头的生产过程中，有两个方面是产品质量追溯的关键：一是土地的分片登记，土地的轮作与检测，菠萝分期催花、壮果的差异协调；二是不同批的菠萝在工厂收果分级、切片选片和装罐等工序中的混合问题。两者都关系到追溯的精度，其关键点的分布及管理见图5-1。

第一个问题，把追溯的精度定在农户（或生产队）上，给每个农户和同样条件的土地进行编码，农户编号及信息存放在 IC 卡上，农户凭 IC 卡交货；同时要求农户严格按规定的时间进行催花，从而控制采收时间，使每一批次的菠萝都属于同一时

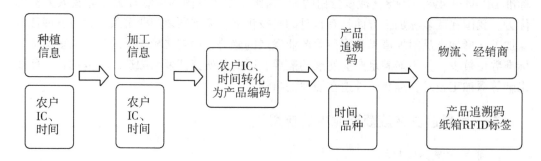

图 5-1 菠萝罐头的追溯信息流动示意图

间催花和收割，拥有相同的产品属性。第二个问题，涉及生产工艺和设备的改进，管理制度的改变。解决的具体思路是在鲜果收购分级时设置隔离区（网），使不同生产单位的菠萝不发生混合；其次对同一批（生产队）菠萝进行单独投料、洗果分级、冲芯除皮，然后安排在同一条生产线进行挑目、切片，通过在生产中引进带有农户信息 RFID 编码的周转箱，把同一个生产队的菠萝产生的片型放在带有农户编码的 RFID 电子标签流通箱中；装罐时通过 RFID 读写器读出产地信息，同时电脑控制喷码机将农户的信息、时间、产品编码喷在包装罐上，带有上面信息的包装罐，经排气、封罐和杀菌后，在罐上的追溯信息包括田间种植信息、菠萝加工信息、菠萝产品的物流信息，这些信息间的联系和关联，通过农户的 IC 卡及编号、生产时间、产品种类和编码关联。包装时由读码器读出罐上的编码，调用数据库资料，打印相应的追溯条形码，并有专人负责，专人记录，确保各生产环节及工序能正常进行，从而保证产品质量安全。

消费者购买产品后，需要追溯产品的信息，其信息的流动是从产品追溯号开始，进入中心数据库，从数据库中的不同子库中，调出和此追溯号有关的产品信息，从而完成一次追溯查询。从产品追溯号到产品生产和种植相关的信息流动见图 5-2。

（3）追溯产品信息记录管理　菠萝罐头信息记录的内容、格式和信息的传递方式，见图 5-3。共有 19 个工序设有追溯信息记录点，信息的传递方式有局域网、纸质记录、广域网、条形码、RFID 电子标签等，要求有相应的制度和管理来保障信息传递的准确、及时和真实。

（4）质量追溯信息管理平台建设　和追溯信息关联的产品信息的记录、保存、查取和呈现的技术手段也是实现产品质量追溯的一个重要方面。通用的方法就是通过数据服务器，记录下追溯信息，消费者通过互联网访问和数据服务器相连的网络服务器，获取该产品的追溯信息。系统为生产者、检验者、监督者和消费者提供了一个以手机短信、网络、电话为支撑的公共信息交互平台，能满足多用户、多角色、多权限的使用需求。企业是系统的主角，企业将产品生产流程数据录入系统，便于企业管理并为产品追溯提供数据支持；政府监督部门对企业和产品进行及时有效的监督；检验检疫部门对企业产品进行检验，消费者可以通过系统了解符合卫生安全的生产和流通过程，使信息更加透明地展示给公众，从而保证了系统追溯的真实有效。

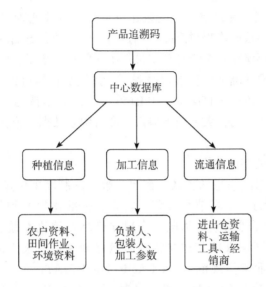

图 5-2 菠萝罐头追溯路径示意图

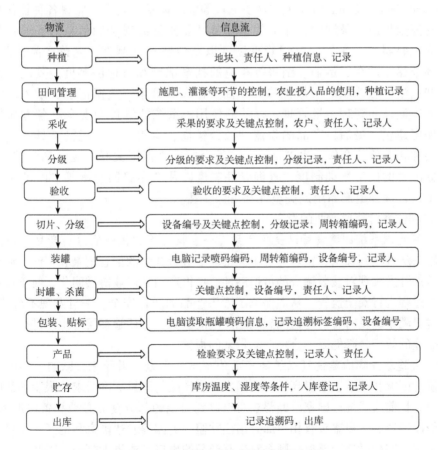

图 5-3 菠萝罐头物流及信息流示意图

（5）质量追溯系统的网络建设　网络建设是为了有效地管理产品的追溯信息，并且通过互联网向省中心数据库提供产品追溯资料，为了使各方面的信息能无缝衔接和流动，有必要在公司内部建立一个管理系统进行统一管理。质量追溯局域网可在公司原有的企业管理系统局域网基础上增设数据服务器、数据交换器（24 端口）、硬件防火墙、系统管理终端计算机、条形码打印机、RFID 读写器、IC 卡读写器、喷码机等，局域网通过宽带路由器连入互联网，数据服务器每天和省中心数据库连接 1 次，更新省中心数据库内容。

3. 产品质量追溯的制度建设

为了实现产品和追溯信息的关联，需要一整套的制度来保障。这种制度建设横贯从农田到消费者之间的各个环节和过程。首先，标准化生产和管理保证数据记录和录入格式的一致，是实现追溯的基础。为建立产品可追溯系统，主要从以下几方面进行制度建设：在种植采收环节建立各种质量保障制度、投入品管理制度和信息采集制度，推行良好农业操作规范（Good Agricultural Practice，GAP）管理体系，保证原材料的质量安全和信息的完整准确；在加工生产环节，根据良好生产操作规范（Good Manipulate Practice，GMP）管理体系和危害分析及关键点控制（Hazard Analysis and Critical Control Point，HACCP）等管理体系的要求，完善各种操作规范制度，建立健全生产记录制度，保证加工环节产品质量的安全和信息的畅通；在包装环节建立包装材料的采购、标识管理制度以及包装规范制度，完善产品检测制度；在流通环节建立贮存、运输、销售等相应的档案记录和可追溯制度。其次，为了保证产品和追溯信息关联的有效性和唯一性，在人员管理、数据记录和录入、农业投入品出入库记录和管理、批管理、标签的使用、系统的维护和安全等各方面都需要配套的制度建设。最后，产品的物流涉及经销商、运输企业、运输工具、仓储和超市，需要和相关单位合作，也需要建立一整套制度来保证关联的延续和完整。此外，还要建立配套的员工培训制度、查询管理制度以及产品召回制度等，以迅速解决突发安全事件，保证追溯系统的完整性和可操作性。

4. 追溯体系对菠萝产业的意义

（1）可追溯系统的建设可以提高产品安全全程监管和保障能力　产品可追溯系统对菠萝罐头从种植到加工、销售等各个关键环节进行详细的信息记录和存储，通过网络建设和软件开发实现对菠萝罐头的可追溯性，使得产品的产业链透明化，便于对产品开发的整个过程进行安全监管，从而保障了罐头产品的质量安全。一旦发现不合格产品，可以通过追溯系统及时有效地追溯到问题产生的源头，方便管理层对生产进行整改，从而提高企业的效率，降低因不合格产品带来的损失。

（2）可追溯系统的建设可以提高产品的市场竞争力　近年来，欧盟、美国、日本等主要发达国家和地区逐渐提高了对我国出口农产品的质量标准要求，限制了我国农产品的出口。目前这些发达国家已经要求对出口到当地的部分食品必须具备可追溯条件，否则不予以进口。菠萝罐头有相当部分销往欧盟、美国等发达国家和地区，一旦他们提出对菠萝罐头实行可追溯要求，则将对现有产品的出口造成重大打击。因此，建立菠萝罐头的可追溯系统具有紧迫的必要性，可以打破发达国家对食品安全设置的"绿色壁垒"，从而提高产品的市场竞争力。此外，由于可追溯系统的建立可以方便消费者对产品信息的查询，使消费者可以放心食用，提高企业的形象和产品的信誉度和知名度，从而也可以提高企业的竞争力。

（3）可追溯系统的建设可以体现企业的社会责任　建立菠萝罐头的可追溯系统可以提高产品的质量，并防止不合格的产品流入市场，避免问题产品对消费者带来的身体健康危害，保障消费者的利益，体现企业的社会责任感。另外，由于可追溯系统的建立可以起到带头示范作用，促进相关产业和行业的发展，提供更多的就业机会，促进地区经济的发展，也为加工过程中会发生原料混合的罐头食品的质量追溯提供借鉴。

三、菠萝质量安全生产技术规程

（一）果园选址与整理

宜选择在交通便利、水源充足、避风向阳、冷空气不易沉积、坡度小于15°的地块建园，果园土壤要求疏松通气、排水良好、土层深厚，土壤 pH 4.5~5.5。避开低洼地块建园。种植前进行田园清理、平整土地，对地上灌木、作物茎叶、杂草等进行清理，晾晒 10~15 d 后，进行第一次机耕，按照堆沤腐熟农家肥 15 000 kg/hm^2、过磷酸钙 750 kg/hm^2 的标准配合施入，深翻 30 cm 以上，土壤晾晒 3~5 d，以便第二次机耕耙，使较大土块容易粉碎和耙平。

（二）定植

菠萝在 4—11 月均可种植，可根据区域气候特点、种苗类型与登记、上市时间等灵活安排定植时期。种植以宽窄行种植为宜，即 1 个种植行上实行双行单株排列种植，种植规格为（0.30 m×0.55 m）~（0.40 m×0.55 m），双行间设置大行距，行间距设置为 0.80 m，折合种植密度为 37 500~43 500 株/hm^2。

以 1 200 kg/hm^2 和 750 kg/hm^2 的标准分别将磷肥和三元复合肥（N∶P∶K=15∶15∶15）混匀，均匀施于种植行上，再进行第二次机耕（人工方式亦可），将肥土混匀，后覆以 5~8 cm 厚的土层形成高为 25~40 cm 的种植畦。有条件的果园可结合供水管设置膜下供水系统。具体方法是在种植畦一端设置供水开关，畦面基肥覆土完成后，于种植畦中央放置与畦平行的微喷带，而后用宽 90~120 cm、按拟定种植株行距打好孔（孔口直径 10 cm）或工厂定制好种植孔的黑色农用塑料地膜平铺于畦面上，四周用土压紧备用。选取叶片较宽、叶片较肥厚、茎粗、叶片色泽青绿、无病虫害和操作伤、生长健壮、根系发达的冠芽苗、裔芽苗、吸芽苗或组培苗为定植种苗，按芽苗级别分区、分畦种植，保证种苗的整齐性和科学管理。吸芽苗、裔芽苗或冠芽苗均要求植前晒苗，将种苗分级分类后，捆绑成束，根部朝上，于阳光充足的场地进行日晒，至种苗部分失绿脱水而不发黄时即可用作大田种苗。

组培苗则需要经苗床炼苗、大田苗圃壮苗培养至种苗大小规格达到定植标准时方可定植。剥除种苗基部干枯黄叶老叶和果瘤，剪除过长叶片。用 25%甲霜灵可湿性粉剂 800 倍液或 18.7%烯酰吗啉·吡唑醚菌酯水分散粒剂 500~600 倍液或 70%甲基硫菌灵可湿性粉剂 800~1 000 倍液或 25% 多菌灵可湿性粉剂与 20% 啶虫脒可溶粉剂等杀虫剂，按照适宜比例混匀后浸泡种苗基部 10~15 min 以消杀隐藏病虫，倒置晾干后种植。菠萝种苗种植要求种稳、种浅，不同类型种苗种植深度分别为冠芽苗 5~7 cm、吸芽苗 10~12 cm，切记要将种苗生长点露于地面之上。定植过程中要求动作轻柔，确保土不盖心，避免由于操作不当而将泥土误带到种苗心部。

（三）水肥管理

菠萝须根浅生，生长期视种苗大小和管理水平在 14~18 个月不等，苗期、花蕾抽生期、果实发育期和吸芽抽生期遇旱应及时灌水，台风雨季应加强防涝，及时排尽园内积水，排灌以满足植株正常生长发育为宜，切忌沤根。田间追肥要求勤施、薄施。幼苗期以氮肥为主，配施磷钾肥，促进返青复壮；旺盛生长期讲求氮钾并重，提升植株抗（耐）逆性；花芽分化和果实生长发育期应重施钾肥，促进花芽分化、果实生长发育和产品质量形成。在返青期（定植后 40~120 d），按复合肥 300 kg/hm²、尿素 300 kg/hm²、磷肥 375 kg/hm²、钾镁肥 225 kg/hm² 的标准，待新根长出后分 3 次于行间埋施或叶面喷施；进入快速生长期（定植后 120~270 d），按复合肥 750 kg/hm²、尿素 450 kg/hm²、磷肥 450 kg/hm²、钾镁肥 450 kg/hm² 的标准，分 2 次于行间埋施或叶面喷施；花果期（现蕾至采收前），按复合肥 150 kg/hm²、尿素 105 kg/hm²、磷肥 75 kg/hm²、钙硅肥 225 kg/hm²、钾镁肥 375 kg/hm² 的标准，分别于谢花后、中果期叶面喷施。催花前、采收前 2 个月应停施化肥，中、大果期可适度施用微量元素肥料提升果品质量。

（四）植株管理

与其他植物吸芽多于果实成熟期前后大量抽发不同，菠萝自抽蕾期开始便会陆续抽发吸芽，从小果期起冠芽、托芽、腋芽和地下吸芽齐发的情况亦屡见不鲜。除花蕾期抽发、可能影响花果发育的需要及时抹除外，对达到种苗标准的吸芽、托芽等应及时进行采收，作为后续生产用种苗，同时抹除的多余芽体亦可用作组织培养外植体材料。

（五）花果管理

1. 催花

菠萝催花成功率较高，当菠萝植株叶长超过 40 cm、叶片数量达到 45 片以上时，即可根据生产和市场需求进行催花。宜于晴天 9：00 前或 19：00 后，以 1.5%~2.0% 的碳化钙溶液、或 40% 乙烯利水剂 500~800 倍溶液加 1% 尿素灌淋植株心部，30~80 mL/株，施药后 4 h 内遭遇雨水则需补催，隔夜后再施 1 次。用药量因季节和植株而异，冬春季推荐浓度低于夏秋季，大株用量高于小株用量（表 5-67）。

表 5-67　催花药剂、浓度及用量和施药方法

序号	品种	催花药剂、浓度及用量	施药方法
1	巴厘	以 40% 乙烯利 500~800 倍溶液加 1% 的尿素灌心为宜，每株灌药液 50~60 mL	灌心，每次间隔期 3 d，共灌 2~3 次

（续表）

序号	品种	催花药剂、浓度及用量	施药方法
2	台农 16 号、台农 17 号	以 1.5%~2% 碳化钙（电石）溶液进行催花。其中电石应先溶于水，待没有气泡冒出时使用，催花应在 9：00 前或 17：00 后进行。每株灌心 50~80 mL	灌心，每次间隔期 1~2 d，共灌 2~3 次
3	金菠萝、台农 11 号	以 40% 乙烯利 500~800 倍溶液加 1% 的尿素或以 1.5%~2% 碳化钙（电石）溶液灌心催花。每株灌药 30~50 mL	灌心，每次间隔期 1~2 d，共灌 2~3 次
4	沙捞越	以 40% 乙烯利 500~800 倍溶液加 1% 的尿素灌心，每株灌药液 50~80 mL	灌心，每次间隔期 3~5 d，共灌 2~3 次

注：催花后 4 h 内遇强降雨应补催。

2. 除芽

用于鲜食的商品果菠萝顶芽不宜摘除，用于加工的菠萝果实可摘除顶芽作种苗。果柄上裔芽可留 2~3 个作为种苗，其余的要及时分批摘除，种苗充足时应全部摘除。

3. 壮果

菠萝果实发育阶段可进行壮果，以期获得较高产量和端正美观的果实外观。生产上推荐采用 75% 920 结晶粉剂或 75% 920 水剂壮果 2 次，即盛花期以 75% 920 结晶粉剂或水剂 15 000 倍+0.5% 尿素溶液喷果，沿果实四周均匀喷施，至果面喷湿、有液体滴落时为止；间隔 5~7 d 至谢花后，以上述药剂 7 500 倍+0.5% 尿素溶液按前述方法再施 1 次，切忌随意加大用药浓度和增加用药次数。

4. 套袋护果

中果期即可使用牛皮纸袋、无纺布袋或网袋等及时套袋护果，既可阻隔病虫侵入，又能抵御日灼、冷害等。

5. 果实采收与处理

菠萝果实成熟和采收标准因季节而有所不同，冬春季成熟果果实由基部到顶端有 1/2 果面变黄、夏季成熟果果实由基部到顶端有 1/4 果面变黄，即可采收。鲜食商品果采收时应保留冠芽，并保留 2~3 cm 长的果柄；采收过程动作应尽量规范轻柔，避免造成果实机械伤。宜于晴天上午或阴天采收，避免雨天采果。果实采收后应及时搬运至鲜果包装房或通风透气、阴凉避阳的场所存放；按照果实大小、色泽、成熟度进行分级分类，以定制网袋套果、装箱并悬挂标签或做好相关标识后统一装运。包装全过程所有操作、场所、工具等必须严格遵循水果行业清洁卫生标准，确保果品质量安全。果园采果及母株园采苗完毕后及时做好果园卫生，仔细清理病果、病叶、病株，统一运出园外进行无害化处理，消除残存病虫，降低来年病虫源。

6. 病虫害综合防控

菠萝受害较重的病虫害主要有心腐病、叶斑病、粉蚧和蟋蟀。生产上应严格贯彻"预防为主，综合防治"原则，对菠萝病虫害进行经济、安全、有效、简便的控制，将病虫害控制在经济阈值下，保证菠萝果品质量符合 NY 5177—2020 的规定，其主要防控措施具体如下。

（1）通用措施　植前严格做好果园深耕晒土，杀灭土壤中的残存病菌和虫体虫卵等，减少菌源虫源；设置科学的排灌系统，做到旱能灌、涝能排，确保菠萝植株不受干旱和涝害，科学合理用水用肥，增强植株长势和综合抗（耐）性；结合日常巡查和采后清园，捕杀害虫，及时清除病虫体、受害严重植株和病残体，按照每病穴施 1~2 kg 生石灰的标准处理病穴以消杀残存病虫，保持清洁田园环境；使用化学药剂时应严格执行推荐浓度和安全间隔期要求，严禁切忌随意加大用药浓度和增加用药次数；科学合理轮换使用不同作用机制的药剂，延缓病虫抗（耐）药性产生；不建议使用除草剂除草，推荐人工除草和行间覆盖地布的方式防控杂草，行间距较大的可考虑机械除草；注意保护利用草蛉、螳螂等捕食性天敌昆虫、小蜂等寄生性天敌昆虫以及捕食性蜘蛛等，营造有利于天敌繁衍生息的果园生态环境。

（2）心腐病　该病是世界各大菠萝产区为害最重、破坏力最大的病害，其在多雨季节和地势低洼的果园发生严重，雨季排水不畅、灌溉不当造成菠萝植株根部被长时间浸渍或苗基部受伤进而导致其发病和扩散，其主要防控措施如下。

①优化种植操作。避免在阴雨天气定植；定植过程严格执行深耕浅种，规范操作避免土粒掉入种苗心部；中耕除草、施肥施药时严格避免损伤茎基造成伤口而为病菌侵染提供有利条件。

②科学用肥。增施有机肥，避免偏施或过施氮肥；发现病株及时拔出处理，病穴撒生石灰消毒后填换新土、补植。

③药剂防治。台风季或发病初期选择 58%锰锌·甲霜灵可湿性粉剂 800 倍液，或 70%甲基硫菌灵可湿性粉剂 2 000 倍液，或 50%多菌灵可湿性粉剂 1 000 倍液等喷雾或灌根，10~15 d 施药 1 次，连续 2~3 次。

（3）叶斑病　主要由炭疽菌、弯孢菌、镰刀菌等真菌引起，多在苗期和雨季为害菠萝叶片，严重时造成叶片干枯腐烂。

①合理施肥、排灌。增施磷钾肥，避免偏施氮肥，增强植株抗（耐）逆性。

②规范操作。田间农事操作过程中应尽量避免植株各部位受伤，否则易受病菌侵染为害。

③药剂防治。发病初期施以 10%苯醚甲环唑可湿性粉剂 1 500~2 500倍液、或 70%锰锌·百菌清可湿性粉剂 500~700 倍液、85%波尔·甲霜灵可湿性粉剂 500~800 倍液、或 50%福美双可湿性粉剂 800~1 000倍液等进行防控。

（4）黑心病　菠萝黑心病是菠萝采后贮运期的重要病害，目前病因尚不清楚，有人认为是由低温或养分不平衡引起的生理病害，也有人认为是由真菌和细菌引起的。菠萝黑心病的发生与果实收获季节、收获期及气候、品种、采前管理水平关系密切。夏果或温度高于 25 ℃的自然环境下，一般不产生黑心，黑心主要发生在秋、冬果上，冬果发病率最高。在 20~25 ℃的温度范围，尤其是变温条件最易引起病害的发生。在 7~20 ℃范围内，温度越高，发病越重，因此，相对低湿和变温是此病发生流行的主导因素。在 7 ℃以下，发病程度大大减轻。果实采收时的成熟度越高，越利于发病，一般成熟度低于六成即果肉未转黄、无菠萝特有的芳香味前不发生为害。该病在巴厘、无刺卡因等品种上发生重，但南园5号具有中等抗性。偏施或迟施氮肥、赤霉素和乙烯利等植物激素使用次数过多或浓度过大也会加重病害的发生程度。此外，光照不良、凹地或向北地段的果实发病也较重。

防治措施：

①合理施肥。施足有机基肥，注意氮磷钾平衡施肥，前期以氮为主，后期以磷、钾为主。

②控制激素用量。严格控制赤霉素、乙烯利催果时的使用浓度和次数。从谢花期开始使用，每隔10~15 d滴施或喷施1次，一个果季使用不超过2次。

③在果实增大期，宜追施一些氯化钙等钙质肥，以提高果实的抗黑心能力。氯化钙可根施或喷施，喷施浓度应控制在1%~2%。

④适时采收和合理贮运。根据季节和运输距离适时采收。雨天或露水未干时不宜采收。贮运温度宜控制在10 ℃左右。

（5）炭疽病 菠萝炭疽病由胶孢炭疽菌引起，主要为害叶片。病菌以菌丝体和分生孢子盘在病株和病残体上存活越冬，以分生孢子借风雨传播完成，其周年侵染循环。炭疽病病菌的分生孢子在水膜中萌发，产生芽管，形成吸器侵入寄主组织；温暖、多雨、重雾或湿度大有利于发病，发病最适温度为25~28 ℃、相对湿度在90%以上。夏季30 ℃以上高温对该病发生有一定抑制作用。植株偏施氮肥会加重发病。

防治措施如下。

①清除病残老叶，集中烧毁。

②加强田间巡查，田间出现病情，且出现温暖、多雨、高湿度天气情况时使用药剂防治，保护新叶。

③推荐使用的主要杀菌剂及方法。选用氢氧化铜、多菌灵、甲基硫菌灵、百菌清、咪鲜胺等喷洒叶片。10 d左右1次，可连用2~3次。

（6）粉蚧 菠萝整个生长期各器官均可受该虫为害，主要以成虫、若虫刺吸植株组织为害，零星为害多，造成叶片出现针尖大小黄斑，聚集为害常造成受害叶小黄斑连接成片、叶片黄萎，光合作用受抑并易引致其他病虫侵害，其可在蚂蚁的协助下在不同植株间转移为害，在一定程度导致防控难度加剧。

防治措施如下。

①把好调苗关。种植新区应从无粉蚧为害的果园调苗，防止粉蚧传入。

②种苗处理。严格按照要求处理种苗，杀灭残留虫体、虫卵；或将种苗堆放整齐后用80%敌百虫可溶粉剂1 000倍液喷湿种苗后盖上薄膜、压紧，密闭24 h熏杀害虫，除膜1~2 d后再定植。

③药剂防治。加强田间巡查，实时关注粉蚧生长发育历期，于虫卵孵化盛期喷施或淋施25%喹硫磷乳油800~1 000倍液，或30%吡虫·噻嗪酮悬浮剂2 000倍液，或70%吡虫啉水分散粒剂1 500倍液等，每7~15 d施用1次，连续2~3次。有条件的果园应根据传播媒介体蚂蚁的种类，选择使用专用特效药配置毒饵诱杀蚂蚁，切断粉蚧传播途径。

（7）蟋蟀 整个生长期均可为害，以成虫、若虫咬食菠萝根、茎、叶、花、果实，砂土果园受害更重，根部受害多导致植株生长发育不良，叶片受害多影响植株光合效率并为其他病虫为害提供便利。受害果实通常失去经济和食用价值。用 90% 敌百虫可溶粉剂 800 倍液，或以 2.5% 溴氰菊酯：80% 敌敌畏乳油以 1∶5 比例混合稀释 5 000 倍喷雾，每 7~10 d 施药 1 次。虽然农药防治效果较好，但对环境和人体都存在安全隐患。因此最好采用综合防治，以栽培基质消毒、选择抗性品种、清除虫卵、除草和天敌保护等为主，化学防治为辅。

（8）菠萝凋萎病　也称"菠萝瘟"，其病原目前尚无定论，有人认为是菠萝粉蚧为害所致，也有人认为是一种生理病害，还有人认为是由粉蚧传播的病毒病引起。由于病原尚无定论，所以初侵染源也未清楚。有观点认为病株和带毒种苗是菠萝凋萎病的初侵染源，其通过菠萝粉蚧来传毒和扩散。该病周年发生，但一般以高温、干旱的秋季和冬季易发病，在海南多发生于 11 月至翌年 1—2 月；肥水足、生长旺盛的植株易发病；田间积水、种植密度过高的果园往往发病严重；蛴螬、线虫等地下根部害虫为害严重也可加重凋萎病的发生。

防治措施如下。

①加强检疫，控制病区和病田的种苗作为种植材料输入新植区或新园。同时，加强巡查，对携带有该病可能媒介菠萝粉蚧的种苗，在定植前应使用药剂浸泡晾干方可种植。

②改良园地环境，加强管理，采用高畦种植，避免积水；高岭土或重黏土区应增施有机肥。

③加强田间巡查，发现零星病株时，在使用药剂杀灭菠萝粉蚧等害虫后及时拔除烧毁；当在菠萝凋萎病发生园区发现菠萝粉蚧发生时，使用药剂进行防虫控病。

④推荐使用的防治药剂及方法。选用乐果、敌敌畏、辛硫磷、毒死蜱等药液浸泡菠萝种苗基部。选用乐果、敌敌畏、辛硫磷、毒死蜱等药液浇淋菠萝植株或将药剂制成有效成分为 0.3%~0.5% 的毒土进行畦上撒施。

四、有机菠萝栽培技术规程

（一）土壤的选择
应选择土层较深、疏松透气、有机质含量高、pH 4.5~5.5 的土壤。

（二）整地
定植前应提早 2~3 个月备耕、两犁两耙、深度 30~35 cm。

（三）定植
1. 基肥用量

农家肥每亩施 2 000 kg（以畜栏肥为主发酵）。

2. 施肥方法

施肥前先开种植沟，撒入农家肥，沤制发酵有机肥与种植沟内的土壤混匀后定植。

3. 品种的选择

可选巴厘、无刺卡因，也可选台农 17 号和剥粒菠萝等新优品种。

4. 种苗的规格

选择叶片宽、叶片肥厚、茎粗、叶片色泽青绿、无病虫害、生长健壮的新苗。其规格如下。

巴厘品种：冠芽苗的高度 20~25 cm；托芽苗的高度 25~30 cm；吸芽苗的高度 35 cm。

无刺卡因品种：冠芽苗的高度 25~30 cm；托芽苗的高度 30~35 cm；吸芽苗的高度 35~40 cm。

5. 定植时间

选用大吸芽苗种植后 14 个月左右可以收果。选用经假植的冠芽、托芽、中吸芽种植后 18 个月左右可以收果。全年均可种植，但以气候温和、雨水充足的季节种植为好。确定种植时间应根据季节和市场需要灵活安排。采用假植苗种植宜雨后种植。

6. 定植密度

合理密植是充分利用土地、充分利用光能、减少水分蒸发、增加产量的有效措施，其种植密度如下。

巴厘品种：每亩 3 800 株左右。

无刺卡因品种：每亩 2 800~3 000 株。

7. 种植方法

采取深耕浅种的方法，种植时必须选择晴天，植前先开深沟下底肥与土混合均匀后再开小沟，然后开始下苗，用手扶正植株，培土压实植位土壤。大苗种植深度 8~10 cm，小苗种植深度 6~8 cm。

为了种植后芽苗生长平衡，便于田间管理，必须严格种苗的不同品种、不同芽苗，按大小分级种植；种植行向平地用东西向，斜坡地按等高线走向种植。

（四）田间管理

1. 查苗补苗

植后要查苗补苗，发现缺株及时补株，发现倒株要及时扶正。

2. 除草

植后注意除草，保持田间无杂草，可人工拔出。

3. 中耕培土

植后如雨水冲刷植根裸露，土壤板结，要及时进行中耕，结合施肥培土。

4. 排灌

菠萝地忌积水，在雨季要及时开沟排除积水。菠萝耐旱性虽强，但需保持土壤湿润，因此，干旱要及时灌溉并结合根外追肥，满足生长发育需要。

5. 施肥

（1）施肥原则 坚持以氮、磷、钾配合施用，以农家肥为主。

（2）施肥方式 根际追肥（沟施、穴施、撒施）、根外追肥。

（3）越冬肥 入冬前应增施越冬肥，促植株生长健壮，增加抗寒能力。

（4）防晒、防冻 菠萝果在高温季受强烈阳光暴晒后灼伤果体；冬末春初常出现低温霜冻，幼果会被冻伤，因此，必须用秸秆、稻草、树叶、地膜等覆盖或用植株数片叶束扎遮盖果实，防晒防冻。

（五）收获

用消毒后的剪刀剪下成熟的菠萝。

1. 成熟度

根据果面色泽，自然成熟的夏果可分成 4 种外观成熟度。

成熟度 1：果眼饱满，全果仍以绿色为主，但果缝已微现黄色。

成熟度 2：果眼饱满，果底部开始出现橘黄色。

成熟度 3：从果实下部 1/4 处为橘黄色发展到果实的一半为橘黄色。

成熟度 4：从果实的一半为橘黄色发展到整个果实均为橘黄色。

有时根据果面色泽不能可靠地确定菠萝成熟度。确定菠萝实际成熟度的最好方法是在果实中部横切面检查果肉状况。达到成熟度 4 的果实，其横断面表面（不包括核心部分）有一半以上呈半透明，果肉弹性较好。半透明的区域越小，成熟度就越低。

2. 采收

宜在晨雾干后或阴天无雨干爽时采收。避免在强烈阳光下采收。采收时用锋利弯刀割断果柄，除去苞叶后再将多余的果柄截去，留下部分不超过 2 cm。如要求留顶芽，则在平顶处截去顶芽，但不要伤及果皮。

采收时应轻采轻放，避免一切机械损伤，不要堆叠过高，并尽快汇集到处理场地。

五、菠萝质量安全标准要求

（一）质量基本要求

各等级的菠萝除要符合各自等级的特定要求和安全卫生要求外，还应满足表 5-68 的要求。

表 5-68　菠萝质量基本要求

序号	要求
1	完整的
2	新鲜的
3	完好的，产品没有影响其食用的损害或腐烂
4	几乎无可见异物
5	无黑心病
6	几乎无寄生物损害
7	无明显沾污物
8	无低温造成的损害
9	果实表面干燥

（续表）

序号	要求
10	无异味
11	带果柄时长度不超过 2 cm，且切口平整
12	发育充分，生长良好，无因滥用生长调节剂引起的不正常现象
13	结实，能经受得起运输和装卸

（二）等级及指标

菠萝分为"优级""一级""二级"3 个等级。具体指标见表 5-69、表 5-70。

表 5-69 感官指标分级表

项目		优级	一级	二级
果形		果实端正；无影响外观的果瘤及瘤芽		果实较端正
果面		具有相似的品种/品牌特征，果眼发育良好。无裂口，果面洁净，无伤害。允许有不影响外观和贮藏质量的其他缺陷，但总面积不得超过果面总面积的 2%	具有相似的品种/品牌特征，果眼发育良好。无裂口，果面洁净。在不影响外观和贮藏质量的前提下，允许有轻微伤害，但总面积不能超过果面总面积的 4%。允许有少量不明显的非细（真）菌或/和非毒害性的污染物，但总面积不得超过果面总面积的 5%	具有相似的品种/品牌特征，果眼发育较好。无裂口，果面洁净。在不影响外观和贮藏质量的前提下，允许有轻度伤害，但总面积不能超过果面总面积的 6%。允许有不明显的非细（真）菌或/和非毒害性的污染物，但总面积不得超过果面总面积的 10%
果肉		具有该品种/品牌特定的成熟度、特征色泽和风味		
果柄		修整良好，切口干爽，无发黑腐败现象，长度不超过 2 cm		
冠芽	有	单个，直形，长度为 10 cm 至果实长度的 1.5 倍	单个，允许稍有弯曲，长度为 10 cm 至果实长度的 1.5 倍	单个，允许稍有弯曲和个别双芽
	无	摘冠芽留下的伤口应该愈合良好（可以带有簇叶）。如是加工用果，冠芽可用刀具削去，但不能伤及果皮		
一致性		每箱产品（或一批散果）应来自相同产地，品种、品质和规格亦要相同。优级果的颜色和成熟度应该一致		

表 5-70 理化指标分级

项目	优级	一级	二级
可食率/%（无顶芽、成熟度 3）	≥62	≥58	≥55
可溶性固形物/%（成熟度 3）	≥12	≥11	

（续表）

项目	优级	一级	二级
可滴定酸度/%（成熟度3）		0.6~1.1	
可溶性总糖/%（成熟度3）		≥9	

（三）果实大小

菠萝果实大小分级见表5-71。

表5-71 菠萝果实大小分级

重量法		横径法	
规格	重量/g	规格	横径/cm
A	500~1 000	I	<10
B	1 001~1 200	II	10~11
C	1 201~1 500	III	11~12
D	1 501~1 800	IV	>12
E	>1 800		

（四）卫生指标

各级果实的卫生指标按 GB 2762—2017、GB 14928.7—1994、GB 14935—1994 的规定执行。

（五）抽样

按 GB/T 8855—2008 的规定执行。

（六）检验方法

1. 感官项目

①用眼观法进行果形、果面、果柄病虫害、一致性和标志的检验。

②用口尝法检验风味。

③用剖切法进行果肉特征色泽、黑心病及其他伤害程度的检验。

④用量尺直接量度顶芽和果柄的长度。

⑤在果实中部用卡尺直接量度横径。

2. 果实称量

①测单果重用感量在 2 g 以下、称量在 2 500 g 以上的托盘天平直接称量。

②测净重用普通台秤直接称量。

3. 可食率

主要设备：托盘天平、不锈钢刀、白瓷盘。具体方法：取已除去顶芽的样果 5 个，称重（准确到 2 g），去皮、刺，并称量，按式（5-15）进行计算。

$$X = (m_1 - m_2 - m_3)/m_1 \times 100 \tag{5-15}$$

式中：X——样品可食率，%；

　　m_1——总果质量，g；

　　m_2——果皮质量，g；

　　m_3——果刺质量，g。

4. 可溶性固形物

按 GB/T 10470—2008 的规定测定。

5. 可溶性糖

按 NT/Y 2742—2015 的规定测定。

6. 可滴定酸度

按 GB/T 12293—1990 的规定测定。

7. 铅

按 GB/T 5009.12—2017 的规定测定。

8. 汞

按 GB/T 5009.17—2014 的规定测定。

9. 克百威

采用丙酮提取，用二氯甲烷萃取，采用凝结或柱层析法净化，用具有氮磷检测器的气相色谱仪，在恒定的柱温下测定，一次可很好地分离 6 种氨基甲酸酯类农药。

（1）检测原理　氨基甲酸酯农药使用氮磷检测器检测时，对净化要求不严格，且在偏酸性条件下稳定，可采用凝结净化法进行净化。

（2）试剂　主要包括如下试剂。

二氯甲烷：分析纯，重蒸。

丙酮：分析纯，重蒸。

乙酸乙酯：分析纯，重蒸。

石油醚（60~90 ℃）：分析纯，重蒸。

乙醚：分析纯，重蒸。

磷酸：分析纯。

无水硫酸钠：分析纯，高温干燥处理。

弗罗里硅土：经活化。

助滤剂：Celite 545。

氯化钠：分析纯。

氯化铵：分析纯。

（3）混合标准溶液的配制　用丙酮将速灭威、异丙威、巴沙、间异丙威、克百威、甲萘威分别配成 0.8 mg/mL 的标准溶液。按顺序分别吸取 2 mL、2.5 mL、4.0 mL、5.0 mL、6.5 mL、12 mL，分别置于 100 mL 容量瓶中，用丙酮定容至 100 mL。

凝结液：将 20 g 氯化铵和 85% 磷酸 40 mL 溶于 400 mL 蒸馏水中混合均匀，临用时稀释 5 倍。

（4）操作方法　准确称取经制备的水果或蔬菜样品 50 g 于组织碎机中，加水量为 50 mL（含样品中的水分含量），再加 100 mL 丙酮，捣碎 2 min，浆液经铺有两层滤纸及一薄层 Celite 545 的布氏漏斗减压抽滤转入 500 mL 分液漏斗中，加入 10 mL 凝结液和 1 g 助滤剂，振荡 10~15 次，静止 5 min，过滤后再如此凝结净化 1~2 次。过滤液转入另一 500 mL 分液漏斗中，加入 3~5 g 氯化钠，用（50×3）mL 二氯甲烷萃取 3 次，合并有机相，过一装有 40 g 无水硫酸钠的筒形漏斗干燥，收集于 250 mL 圆底烧瓶中，加入 1 mL 乙酸乙酯，用旋转蒸发仪浓缩至 1~2 mL，转移入 5 mL 刻度试管中，用丙酮定容至 5 mL，待测。

用具有氮磷检测器的气相色谱仪，色谱柱 3 mm×1 mm，内填 3% 或 5% OV−17 Chrom Q（80~100 目）。柱温 200 ℃，汽化室 230 ℃，检测器 250 ℃，氮气 37 mL/min，氢气 45 mL/min，空气 65 mL/min。

样品中氨基甲酸酯农药含量按式（5-16）计算。

$$X=（F_a×W_{st}×V×1\,000×1\,000）/（F_{st}×V_i×G×1\,000）\tag{5-16}$$

式中：X——样品中氨基甲酸酯农药的含量，mg/kg；

F_a——注入色谱仪的样品峰高，cm；

W_{st}——标准溶液中农药的质量，g；

V——样品的定容体积，mL；

F_{st}——注入色谱仪的标准溶液峰高，cm；

V_i——样品的注入量，L；

G——样品量，g。

（七）检验规则

1. 检验

包装、净重、容许度、均匀度、一致性、标志和感官项目应尽量就地检验，余下的项目，在实验室完成样品检验。到实验室后，在样果中随机抽取 5 个果实，按重量、感官、可食率、理化、卫生的顺序进行检验（抽样现场已进行的项目除外）。

2. 判定规则

菠萝果实的大小并不能真正代表菠萝的优劣。本节技术规定采用双项指标的方式表示菠萝的优劣，表示形式为"X 级 x"。第一个 X 是表示质量指标的"优"或"一"或"二"；第二个 x 是表示果实大小，在重量法中是"A"或"B"或"C"或"D"或"E"，在横径法中是"Ⅰ"或"Ⅱ"或"Ⅲ"或"Ⅳ"。例如：优级 B 级。

3. 均匀度

以重量计时，每件包装净重与标示重的误差，优级：不得超过 5%；一、二级：不得超过 10%。散装果（一批）中，每个单果重与标明值的误差，优级：不得超过 10%；一、二级：不得超过 15%。

以横径计时，每件包装（散装果为一批）中每个单果与标明值的误差，优级：不得超过 5%；一、二级：不得超过 10%。只要整批产品的均匀度在规定的等级均匀度以内，批量中的单位包装根据抽样检验，允许某些单件误差不超过均匀度的 1.5 倍。

4. 容许度

按个数计在任一批产品中除了烂果不得超过 1% 外，各等级还要允许有下列的情况。

①优级：允许不超过5%的果实不符合本级要求，但要符合"一级"的要求。

②一级：允许不超过10%的果实不符合本级要求，但要符合"二级"的要求。

③二级：允许不超过10%的果实不符合本级要求，但要符合基本要求。

5. 容许度的采用

只要整批产品的容许度在规定的等级以内，批量中的包装件根据抽样检验，对于容许度在10%以上者，允许某些单件包装不超过容许度的1.5倍；容许度在10%以下者，允许某些单件的误差不超过容许度的2倍。以上两种情况都允许某些单件有一个烂的或有其他缺陷的果实。

6. 判定

①凡卫生指标不合格者，判为不合格产品。

②凡包装材料沾有有毒物质者，判为不合格产品。

③整批产品不超过某规格规定的均匀度，判为某规格产品。若超过，判为均匀度不合格产品。

④整批产品不超过某级别规定的容许度，判为某级别产品，若超过则按下一级规定的容许度检验，直到判出级别为止。如果容许度超出"二级"的范围，可判为等外品。

⑤无标志或有标志但缺"等级"内容，判为未分级产品。标志内容不全的判为标志内容不全。

⑥凡同时被判为"标志内容不全"和"均匀度不合格"的同批产品，判为未分级产品。

7. 复检

如果对检测结果持异议，允许用备用样（如果条件允许亦可再抽1次样）复检1次，复检结果为最终结果。

8. 包装、标志、贮存和运输

（1）包装材料　包装应采用新的洁净、无毒、无异味的材料，并且它们还具有不会造成产品内外伤的品质，除了符合上述要求外，还应符合透气和强度的要求，大小适宜且一致，以保证产品的搬运、堆码、保存和出售，容器种类可根据需要和当地的条件选择，可选用纸箱、板条箱、竹藤（树枝条）等。容器的容量以容纳不超过25 kg为宜。

鲜菠萝的包装应装满、装紧，以不致损伤为宜，通常采用下述方法包装，果实以竖装为好，有冠芽者装放二层为宜；无冠芽者，可装放2~3层，果间、层间、果与箱壁（纸箱除外）间用保护性材料衬垫。

（2）零售用容器标志　如果容器内产品无法从外界直接可看见，每个容器都应标注产品名称、品种、级别、规格和产地。

（3）非零售用容器标志　每个包装容器应有下列标志，并以清晰不易褪色的文字形式置于容器外侧或者附在随货同行单上。

①合格证。

②产品证书，包括：产品的名称、种类（或商品名）、标准编号、商标；生产单

位（或批发商或进口商）名称、详细地址；产地（包括省、市、县名，如果是进出口产品，还应冠上国名）；等级；规格（重量或横径）；净重（或个数）；采收及发货日期。

9. 贮藏

（1）贮藏场地　贮藏场地的最低要求：阴凉通风，相对湿度不低于70%，无毒、无异味、无污染。冷贮藏是菠萝贮藏的最适方法之一。其操作如下。

①冷藏前处理。果实清洗干净，用法规允许的消毒、杀菌剂消毒，再用果蜡处理，最后分级包装好。

②冷却。菠萝应尽快冷却，可按下述要求进行冷却：冷藏间功率为每吨菠萝800～930 W；冷风温度为8 ℃，不得降到8 ℃以下；冷风循环率为80%～100%；菠萝包装件有规则地堆垛，使冷风最大限度地流经它们；有效的冷风循环系统。

③贮藏温度。冷却后，不同成熟度菠萝的贮藏温度：成熟度1：10 ℃左右；成熟度2～4：8～9 ℃。此温度为冷库温度，在最冷点（蒸发器冷风出口）测定。温度高于此值会缩短贮藏寿命。

④相对湿度。冷藏设备的设计应满足：菠萝完全冷却，温度稳定，贮藏间最冷点的相对湿度保持在90%～95%。

⑤冷风循环。推荐冷却期间的冷风循环率为80%～100%。冷却结束后的运输期间，冷风循环率可降低一半。推荐冷风循环系统为垂直升降式，使冷风能连续均匀地流过风道末端的货物表面。

⑥换气率。推荐每小时换气1次，在冷却期间减半。

⑦最适运输方法。冷藏车（船）是最适的运输工具。产品装车（船）前应冷却到8 ℃左右。装车耗时应尽可能少，并保证产品内部温度不会升至12 ℃以上。到达目的地后，应立即卸入当地冷库或零售商的冷柜。

（2）入贮菠萝的质量要求　入贮菠萝除了要符合基本要求外，还要符合如下要求：无碰伤或未愈合的损伤；无生理病害或真菌病害，除少量介壳虫外，无可见的其他昆虫；除"皇后"类品种外，果实无凸出的果眼；果顶愈合好，无冠芽。

（3）入贮前的准备　清洁果面，并用有关法规准用的杀菌剂（如苯甲酸盐粉剂）处理果柄的切口及茎侧浅伤，以保持切口清洁，防止腐烂。

（4）入贮　菠萝采收后与贮入库房（冷库、通风库、运输工具等）之间的间隔应在24 h内，最长不超过48 h，如果采后的菠萝待运，应放置在有防晒、防雨设施的阴凉通风处，待运期要尽量缩短。

10. 运输

运输工具应清洁、通风，有防晒、防雨设备，最好有冷藏设施。待运菠萝调离贮地后应尽快装上运载工具发货，最迟不超过48 h。小心装卸，堆垛牢靠，严禁重压。不得与有毒、有异味的物品或重金属等混运。到达目的地后，应尽快卸货入库或分发销售或加工。

六、金菠萝的分级包装标准

（一）金菠萝的分级标准

金菠萝的分级主要根据果面、内在品质及其他方面，可分为一级品（标准商品果AA）、二级品（准商品果A）、三级品（次品C）及废品（表5-72）。

表5-72　金菠萝分级标准

品相	分项	一级品（AA）	二级品（A）	三级品（C）
果面	冠头	单个冠头、青褐色、叶冠正常	不超2个冠头	多冠头或无冠头
	果形	果形正常	果形正常，略微偏头	果形不正或畸形果、病果。
	果皮	有光泽	光泽差	无光泽
	果目	果目饱满，无缺目，无虫眼	尖不饱满、果目深而大，缺目及虫眼小于2个而且不相连。	有虫眼，有轻微果眼开裂
	裂果	无	无	轻微
	日灼果	无	轻微，未伤及果肉，日灼部位皮色与其他部位相差不大	严重，皮色明显受伤，伤及果目发育但对果肉无影响
内在品质	黑心果	无	无	无
	机械损伤果	无	无	轻微
	果肉	无糖化透明状、呈淡黄色，组织致密，果肉厚而果芯细小	无糖化透明状、呈淡黄色，果肉薄而果芯粗大	糖化、透明
	果重	1.1~2.1 kg（5~9粒装）	0.8~1.1 kg，>2.2 kg（10~12粒装，3~4粒装）	<0.8 kg（12粒以上）
	糖度	>15°	13°~14°	<12°
	贮存期	10~15 d	7~10 d	6 d以下
其他	其他情况			果尾长芽、肉生果、虫咬果、无头果、畸形果

注：果面和内在品质低于次品的果属于废品。

（二）金菠萝分级装箱的标准

根据金菠萝的分级标准，分出一级品、二级品、三级品及废品。一、二级品按照果的单粒重及成熟度分别装箱，三级品用杂箱统装（表5-73）。

表 5-73　金菠萝分级装箱标准

等级	粒数/粒	单粒重/kg	每箱净重/kg	备注
一级品	5	1.9~2.1	10	装箱时，应选择成熟度相近的果装箱，禁止混装。根据《商品编码管理制度》，在纸箱正面加盖指定编码。用指定的悠甜菠萝纸箱，果体使用白色网套保护。果粒交叉摆放，在箱体外对应规格打勾
一级品	6	1.7~1.9	10	
一级品	7	1.4~1.6	10	
一级品	8	1.2~1.4	10	
一级品	9	1.1~1.2	10	
二级品	10	1.0~1.1	10	
二级品	12	0.8~0.9	10	
三级品	不分粒数，不分单粒重，统装后过磅			

七、浓缩菠萝汁的加工技术规程

1. 工艺流程

原料选择→清洗→切端、去皮→榨汁→过滤→脱气→杀菌→冷却→浓缩→装瓶。

2. 操作要点

①原料选择。选用二坐果和一坐小果，或生产罐头和果脯的下脚料，充分利用不能进行其他加工用的果。剔除腐烂果、病虫果。成熟度八成以上。

②清洗、切端、去皮。洗净果皮表面的污物，切端，除去果皮。

③榨汁。去皮后的菠萝送入螺旋榨汁机中榨汁，第一次榨汁后的果渣，可以再加点水重压一次，以提高出汁率。

④过滤。先用孔径为 0.5 mm 的刮板过滤机粗滤，以除去粗纤维和其他杂质。再用筛网为 120 目的卧式离心过滤机精滤，以除去全部悬浮物和容易产生沉淀的胶粒。

⑤脱气。在真空度为 64 000~87 000 Pa 的条件下脱气，然后在出口处用螺杆泵吸出已脱气的果汁。

⑥杀菌。果汁采用瞬间杀菌法。温度为（93±2）℃，保持 15~30 s。

⑦冷却。杀菌后的果汁在换热器内进行冷却，已杀菌果汁与原果汁之间进行热交换，将已杀菌果汁冷却到 50 ℃ 左右，同时使原果汁预热。

⑧浓缩。将苯甲酸钠按 0.5 g/kg 的比例加入果汁中，送入真空浓缩器中浓缩，将真空度控制在 85 000 Pa 左右，温度为 48~55 ℃，加热蒸汽压力为 50 000~150 000 Pa。当浓缩至总糖量达到 57.5%~60%（以转化糖计）时，即可出锅。

⑨装瓶。装瓶前对瓶子等容器进行清洁、消毒。当果汁冷却到瓶子能承受的温度

时，就在无菌室内装瓶、密封，除去瓶外水分，贴标、入库。

3. 质量标准

①感官指标。果汁呈半透明，淡黄色至褐黄色；浓缩果汁冲淡 6 倍后，具有与菠萝汁相似的芳香味，无苦涩味，无异味。

②理化指标。总糖量（以转化糖计）达到 57.5% ~ 60%；总酸度（以柠檬酸计）在 31% 以上；苯甲酸钠含量不超过 0.1%，重金属含量为：铅≤3 mg/kg，铜≤10 mg/kg，锡≤200 mg/kg。

八、菠萝汁质量安全标准要求

（一）原理要求

1. 菠萝

果实新鲜，成熟适度，风味正常，无病虫害和腐烂。

2. 加工用水及其他辅料

应符合 T/FSAS 26—2018 的规定。

（二）感官要求

应符合表 5-74 的规定。

表 5-74 菠萝汁感官要求

项目	要求
色泽	果汁呈淡黄色或浅黄色，有光泽，均匀一致
滋味与气味	具有菠萝汁应有的滋味和芳香，酸甜适口，无异味
组织形态	混浊度均匀一致，久置后允许有微量果肉沉淀
杂质	无肉眼可见的外来杂质

注：缺陷包括异味和杂质。

（三）理化指标要求

应符合表 5-75 的规定。

表 5-75 菠萝汁理化指标要求

项目	指标/%
可溶性固形物（折光法，20 ℃）	≥10
总酸（以柠檬酸计）	≥40

（四）菠萝汁卫生指标要求

应符合表 5-76 的规定。

表 5-76 菠萝汁卫生要求

项目	指标
砷（以 As 计）/（mg/kg）	≤0.2
铅（以 Pb 计）/（mg/kg）	≤0.3
铜（以 Cu 计）/（mg/kg）	≤5
锌（以 Zn 计）/（mg/kg）	≤5
铁（以 Fe 计）/（mg/kg）	≤15
锡（以 Sn 计）/（mg/kg）	≤250
铜锌铁总量/（mg/kg）	≤20
二氧化硫/（mg/kg）	≤10
山梨酸钾/（g/kg）	≤0.5
苯甲酸钠/（g/kg）	≤1.0
菌落总数/（CFU/mL）	≤100
大肠菌群/（MPN/100 mL）	≤3
致病菌（系指肠道致病菌及致病性球菌）	不得检出

注：不得使用糖精钠、日落黄、柠檬黄。

（五）实验方法

1. 感官检测

（1）色泽、组织形态和杂质　将被检样品摇匀后取 100 mL 倒入 200 mL 烧杯中，置明亮处观察其色泽、组织形态。静置 0.5 h 以上，观察有无可见杂质及沉淀。每种包装规格随机抽取 2~3 个样品作试样，样品容器开启后，立即闻其气味、品其滋味，检查有无杂质和沉淀。

2. 理化指标检测

（1）可溶性固形物　按 GB/T 12143—2008 规定执行。

（2）总酸　按 GB 12456—2021 规定执行。

3. 卫生指标检测

（1）砷　按 GB 5009.11—2014 规定执行。

（2）铜　按 GB 5009.13—2017 规定执行。

（3）锌　按 GB 5009.14—2017 规定执行。

（4）铁　按 GB 5009.90—2016 规定执行。

（5）二氧化硫　按 GB 5009.34—2016 规定执行。

（6）山梨酸钾、苯甲酸钠　按 GB 5009.28—2016 规定执行。

（7）菌落总数　按 GB 4789.2—2016 规定执行。

（8）大肠菌群　按 GB 47893—2016 规定执行。

（9）致病菌　按 GB 4789.4—2016、GB/T 4789.5—2016、GB/T 4789.10—2016 及 GB/T 4789.11—2016 规定执行。

（10）商业无菌　按 GB 4789.26—2013 规定执行。

4. 检验规则

同一生产日期、同一生产线生产的包装完好的产品为一组批。

5. 取样方法

在成品库同一组批产品中随机抽取至少 1.5 L 样品供出厂检验，或至少 4 L 样品供型式检验。每样品不应少于 6 个零售包装。

6. 出厂检验

每组批产品出厂前应按上述标准对感官、可溶性固形物、总酸、微生物净含量及负偏差等项目进行检验，检验合格后签发合格证，方可出厂。

7. 型式检验

型式检验的项目应包括本节技术要求规定的全部项目。出现下列情况之一者，应进行型式检验：新产品定型鉴定时；原材料、设备或工艺有较大改变，可能影响产品质量时；停产半年以上，又恢复生产时；出厂检验结果与上次型式检验有较大差异时；国家质量监督机构或主管部门提出型式检验要求时。

8. 判定

若感官要求中的缺陷、卫生指标有 1 项不符合本节技术要求，则判定该批产品为不合格产品，并且不进行复验。

9. 复验

若理化指标、净含量负偏差不符合本节技术要求时，可从该批中抽取 2 倍样品，对不合格项目进行复验 1 次。若复验结果仍有指标不符合本节技术要求则判定该批产品为不合格产品。

（六）标签、标志

按 GB 7718—2011 执行。运输包装应注明：产品名称、规格数量、厂名、厂址、生产日期、保质期、标准号等。包装、贮运图示标志应符合 GB 191—2008 规定。

（七）包装、运输和贮存

1. 包装

销售包装要求外表清洁、无变形损伤，标签内容的字迹和图形清晰整洁、端正，容器密封完好、无漏。

2. 运输

运输工具应清洁、干燥。搬运时应轻拿轻放，并有防雨、防晒设施。不应与有毒、有害或有腐蚀、有异味物品混运。

3. 贮存

贮存库房应清洁、干燥、通风。箱体堆放距墙和地面 10 cm 以上。不应与有毒、有害或有腐蚀、有异味物品混放。

九、菠萝罐头质量安全标准要求

（一）菠萝罐头

以新鲜（或经冷藏）的成熟菠萝为原料，经去皮通芯、修整、切片（块）等预处理（或直接以半成品罐装菠萝为原料），经装罐、添加糖水或菠萝原汁、排气、密封、杀菌而制成的罐头食品。

（二）产品分类

1. 整片

去果皮、果芯、果眼的圆筒形萝横切成的片状，包括全圆片、旋圆片和雕目圆片，其中，全圆片用整个圆柱形波萝的轴向横切而成，旋圆片用有螺旋形沟纹的圆柱形波萝的轴向横切而成；雕目圆片用果目位置有凹陷的圆柱形波萝的轴向横切而成。

2. 扇形块

将整片等分的切块，果边允许有雕目沟纹，其中，小扇块是用直径为 63~83 mm、厚度为 8~18 mm 的旋圆片（或雕目圆片）切成的 1/10、1/12、1/14、1/16 的有少量沟纹的小块。

3. 长块

将去果皮、果芯、果眼的圆筒形波萝切成厚度和宽度大于 13 mm、长度小于 38 mm 的菠萝块。

4. 方块

切成均匀适度的方形果块，最长边的尺寸不大于 14 mm。

5. 长条

将去果皮、果芯、果眼的圆筒形波萝沿放射形或纵向切成约 65 mm 以上的细长片或条。

6. 碎块

大小和（或）形状不规则的小块。

7. 碎米

形状如米粒大小的菠萝粒。

（三）产品代号

1. 装罐介质为糖水的菠萝罐头产品

代号见表 5-77。

表 5-77　装罐介质为糖水的菠萝罐头产品代号

菠萝品种	全圆片	旋圆片	扇形块	长块	方块	长条	碎块	碎米
深目品种	6 021	6 022	6 023	60 211	60 212	60 213	6 024	6 029
浅目品种	6 025	6 026	6 027	60 214	60 215	60 216	6 028	60 210

2. 装罐介质为菠萝原汁（包括原汁加糖）的菠萝罐头产品

代号见表 5-78。

表 5-78 装罐介质为菠萝原汁（包括原汁加糖）的菠萝罐头产品代号

产品类别	产品代号				
	原汁	低浓度	中浓度	高浓度	特高浓度
全圆片、旋圆片、雕目圆片	602SN	602SL	602SM	602SH	602S
扇形块	602TN	602TL	602TM	602TH	602T
碎块	602BN	602BL	602BM	602BH	602B
长块	602CN	602CL	602CM	602CH	602C
小扇块	602PN	602PL	602PM	602PH	602P
方块	602DN	602DL	602DM	602DH	602D
长条	602FN	602FL	602FM	602FH	602F
碎米	602RN	602RL	602RM	602RH	602R

（四）技术要求

1. 菠萝

果实新鲜良好，成熟适度，风味正常，无畸形，无病虫害及机械伤所引起的腐烂现象。

2. 白砂糖

应符合 GB/T 317—2018 的要求。

3. 水

应符合 GB 5749—2016 的要求。

4. 果汁

应符合 GB 17325—2015 等相应标准的要求。

（五）感官要求

产品的感官要求应符合表 5-79 的要求。

表 5-79 感官要求

项目	优级品	一级品
色泽	果肉呈淡黄色至金黄色，色泽较一致；允许有轻度白色射状条纹；填充液较透明，允许含有不引起混浊的少量果肉碎	果肉呈淡黄色至黄色，色泽较一致；允许有轻度白色放射状条纹；填充液较透明，允许有少量果肉碎
滋味与气味	酸甜适口，具有菠萝罐头应有的芳香味，无异味	

（续表）

项目	优级品	一级品
组织形态	果肉软硬适度，略有纤维感，同一罐中果芯硬化部分不得超过固形物质量的7%（实芯菠萝罐头除外），块形完整，切削良好；不带机械伤或虫害斑点。同一罐（瓶）中，菠萝片/条的缺陷数应符合以下要求。全圆片：圆周完好，切边整齐，果边无雕目沟纹，片径、芯径与片厚较均匀，装罐片数在10片或10片以下者，过度修整片数不超过1片，瑕疵数不超过1个；50片以上者，过度修整片数不超过总片数的6.5%，瑕疵数不超过总片数的5%。旋圆片：果边有雕目沟纹，其他同全圆片。雕目圆片：果边有雕目凹陷，其他同全圆片。长条：瑕疵数不超过1个，扇形块、长块、碎片或碎块，瑕疵块数不超过总片（块）数的5%。碎米：带有瑕疵的碎米其果肉质量不超过固形物质量的1.0%	果内软硬适度，略有纤维感，同一罐中果芯硬化部分不得超过固形物质量的13%（实芯菠萝罐头除外），块形完整，切削良好；不带机械伤或虫害斑点。同一罐（瓶）中，菠萝片/条的缺陷数应符合以下要求。全圆片：圆周完好，切边整齐，果边无雕目沟纹，片径、芯径与片厚大致均匀，装罐片数在10片或10片以下者，过度修整片数不超过2片，瑕疵数不超过2个；50片以上者，过度修整片数不超过总片数的10%，瑕疵数不超过总片数的9%。旋圆片：果边有雕目沟纹，其他同全圆片。雕目圆片：果边有雕目凹陷，其他同全圆片。长条：瑕疵数不超过2个，扇形块、长块、碎片或碎块，瑕疵块数不超过总片（块）数的9%。碎米：带有瑕疵的碎米其果肉质量不超过固形物质量的1.5%
规格大小	同一罐（瓶）中菠萝片/条的形态应基本一致，大小应符合以下要求。全圆片、旋圆片或雕目圆片：最大片的质量不能超过最小片质量的1.4倍。长条：最大片的质量不能超过最小片质量的2.0倍。扇形块：修整后质量小于未修整扇形块质量的3/4，这些扇形块总量应小于总固形物质量的15%。长块：小于5 g的果肉总量应不大于总固形物质量的15%。方块：大小能通过8 mm×8 mm滤网的方块总质量应小于固形物质量的10%，大于3 g的方块应小于固形物质量的15%	同一瓶中菠萝片（/条）的形态应一致，大小应符合以下要求。全圆片、旋圆片或雕目圆片：最大片的质量不能超过最小片质量的1.8倍。长条：最大片的质量不能超过最小片质量的3.0倍。扇形块：修整后质量小于未修整扇形块质量的1/2，这些扇形块总量应小于总固形物质量的25%。长块：小于5 g的果肉总量应不大于总固形物质量的25%。方块：大小能通过8 mm×8 mm滤网的方块总质量应小于固形物质量的15%，大于3 g的方块应小于固形物质量的25%

注：白色放射状条纹指切片上呈现的白色放射状纤维；果芯硬化部分指菠萝果芯残留的硬质部分；雕目沟纹指由于果目较深，雕目后果块上留下的沟纹；过度修整指修整后失去原有的正常形状，有明显的刀痕，或修整的果肉量超过未修整菠萝片5%（按质量计）的修整（限于全圆片、旋圆片、雕目圆片和长条）；瑕疵指与正常菠萝色泽、组织形态有明显区别或渗透到果肉的斑点，包括深陷的果眼、硬果皮、褐斑、病虫害的痕迹、皮下损伤以及其他异常部分；破损指整片菠萝破裂成几部分，但仍能拼成原来的形状（限于全圆片、旋圆片、雕目圆片）。

（六）理化指标

1. 净含量

应符合 JJF 1070—2019 的相关要求。

2. 固形物含量

产品的固形物含量应符合表 5-80 的要求。

表 5-80　固形物含量要求

类型	含量/%
除碎米和玻璃瓶装罐型的所有装罐类型	≥58
玻璃瓶装罐型（不包括碎米）	45
碎米	≥62

3. 固形物偏差要求

罐头固形物质量在 245 g 以下的单罐允许偏差为 ±11%；固形物质量在 246~1 600 g 时的单罐允许偏差为 ±9%；固形物质量在 1 600 g 以上的允许单罐偏差为 ±4%；每批产品平均固形物含量不低于标示值。

4. 可溶性固形物含量（糖水浓度）

原汁菠萝罐头开罐时可溶性固形物含量按折光计法，要求：8%~12%。

糖水菠萝罐头开罐时可溶性固形物含量要求如下。

低浓度：10%~14%（不包括 14%）；

中浓度：14%~18%（不包括 18%）；

高浓度：18%~22%（不包括 22%）；

特高浓度：22%~35%。

5. 产品的 pH

应在 3.2~4.0。

（七）卫生指标

1. 锡、总砷、铅的限量

产品中锡、总砷、铅的限量应符合 GB 7098—2015 的规定。

2. 微生物指标

产品的微生物指标应符合罐头食品商业无菌要求。

3. 加工过程卫生要求

加工过程卫生要求应符合 GB 8950—2016 和 GB/T 20938—2007 的规定。

4. 食品添加剂

食品添加剂的使用应符合 GB 2760—2016 的规定。

5. 食品营养强化剂

食品营养强化剂的使用应符合 GB 14880—2012 的规定。

（八）试验方法

1. 感官要求

按 GB 5009.237—2016 规定的方法检验。

2. 理化指标

（1）净含量　按 GB 5009.237—2016 规定的方法检验。

（2）固形物含量　按 GB/T 13207—2011 规定的方法检验。

（3）可溶性固形物含量　按 GB 5009.237—2016 规定的方法测定。

3. 卫生指标

（1）铅、总砷、锡的含量 按 GB 7098—2015 规定的方法分别测定。

（2）微生物指标 按 GB/T 4789.26—2003 规定的方法检验。

4. 检验规则

产品的感官和物理要求不符合规定时，应记作缺陷。缺陷分类见表 5-81。

表 5-81 缺陷分类

类别	缺陷
严重缺陷	存在明显异味；存在有害物质，如碎玻璃、毛发、昆虫、金属屑等
一般缺陷	存在一般杂质，如黑点、纸、棉线、合成纤维等；感官要求超过允许的指标；固形物含量超过允许负偏差

5. 其他要求

应符合 QB/T 1006—2014 的规定。其中，感官要求、净含量、固形物含量、pH、可溶性固形物含量、微生物指标为出厂检验必检项目。

（九）标签、包装、运输和贮存

产品的标签应符合 GB 778—2008 及有关规定，产品名称可标示为原汁菠萝或糖水菠萝。标签上应标明固形物含量，以质量（g）计或以质量分数（%）计。

产品的包装、运输和贮存要求应符合 QB/T 4631—2014 的有关规定，包装材料应符合相关标准要求。

十、菠萝原浆质量安全标准要求

（一）菠萝原浆产品

以菠萝为原料，经削皮、清洗、破碎、打浆、过滤、杀菌、灌装、包装等工艺加工制成的用于兑制饮料或加工食品的菠萝原浆。

（二）要求

1. 原辅料要求

应符合 NY/T 750—2011 的要求。污染物限量应符合 GB 2762—2017 的规定，农药最大残留限量应符合 GB 2763—2021 的规定。

2. 生产用水

应符合 GB 5749—2006 的要求。

3. 感官要求

应符合表 5-82 的规定。

表 5-82 感官指标

项目	要求
色泽	呈淡黄色至金黄色

（续表）

项目	要求
滋味与气味	具有菠萝固有的香气与滋味，无异味
组织形态	浆体久置后有果肉上浮或沉淀属正常现象
杂质	每100 g菠萝原浆中菠萝本身的皮屑、菠萝花等杂质25个，无其他杂质

4. 理化指标

应符合表5-83的规定

表5-83　理化指标

项目	指标
可溶性固形物（20 ℃，折光计）/%	8~13
总酸（以柠檬酸计）/（g/100 g）	0.26~0.8
pH	3.2~4.2
固形物/（g/100 g）	10（3 000 r/min×10 min）
铅（以Pb计）/（mg/kg）	≤0.04
其他污染物限量	应符合GB 2762—2017的规定

5. 微生物指标

应符合表5-84的规定。

表5-84　微生物指标

项目	采样方案及限量（若非指定，均以/25 g表示）			
	n	c	m（CFU/mL）	M（CFU/mL）
菌落总数	5	2	10	10
大肠菌群	5	2	1	10
沙门氏菌	5	0	0	—
金黄色葡萄球菌	5	1	10	10
霉菌和酵母菌	≤20			

注：n为同一批次产品应采集的样品件数；c为最大可允许超出值的样品数；m为微生物指标可接受水平的限量值；M为微生物指标的最高安全限量值。

6. 食品添加剂

食品添加剂的使用应符合GB 2760—2016的规定。

7. 生产加工过程卫生要求

应符合GB 12695—2016的要求。

（三）检验方法

1. 感官要求

取混合均匀的菠萝原浆样品 50 g 于洁净、无色、透明的烧杯中，置于明亮处，用正常视力迎光观测其色泽、组织形态及杂质，充分搅拌，鼻嗅其气味，用温开水漱口，品尝其滋味。

2. 理化指标

（1）可溶性固形物　按 GB/T 12143—2016 中规定的方法进行测定。

（2）总酸　按 GB 12456—2016 中规定的方法进行测定。

（3）pH　按 GB 5009.237—2016 中规定的方法进行测定。

（4）固形物　将果浆（汁）搅拌均匀后，倒入已称重 M 离心管中，再称重果浆（汁）和离心管的重量为 M_1，放入离心机中在 3 000 r/min（或 4 000 r/min）的速度高速离心 1 min。取出，然后快速倒掉上清液，称重果肉和离心管重为 M_2。结果计算见式（5-17）。

$$X = (M_2-M)/(M_1-M) \times 100 \tag{5-17}$$

式中：X——菠萝原浆试样中的固形物，%；

　　　M——空离心管重量，g；

　　　M_1——空离心管和样品重量，g；

　　　M_2——倒掉上清液后果肉与离心管重量，g。

（5）铅　按 GB 5009.12—2016 中规定的方法进行测定。

（6）农药最大残留　按 GB 2762—2017 中规定的方法进行测定。

3. 微生物指标

（1）菌落总数　按 GB 4789.2—2016 中规定的方法进行检验，样品的分析及处理按 GB 4789.1—2016 和 GB/T 4789.21—2003 执行。

（2）大肠菌群　按 GB 4789.3—2016 中规定的方法进行检验，样品的分析及处理按 GB 4789.1—2016 和 GB/T 4789.21—2003 执行。

（3）霉菌和酵母　按 GB 4789.15—2016 中规定的方法进行检验，样品的分析及处理按 GB 4789.1—2016 和 GB/T 4789.21—2003 执行。

（4）致病菌指标（沙门氏菌、金黄色葡萄球菌）　沙门氏菌和金黄色葡萄球菌分别按 GB 4789.4—2016、GB 4789.10—2016 平板计数法规定的方法检验，样品的分析及处理按 GB 4789.1—2016 和 GB/T 4789.21—2003 执行。

（四）检验规则

1. 组批

以同一批投料、同一生产日期、同一生产班次生产的包装完好的同一品种、同一规格产品为一组批。

2. 抽样

每批产品取样 3 次，分别在第一桶/箱、中间桶/箱、最后一桶/箱灌装完后取样，每次取样 16 个以上小无菌袋，每袋不少于 0.5 kg，并在标签上注明生产厂名、产品名称、批号、数量及取样日期，一部分样品做检验用，另一部分样品留作备查，对每次所取样品按出厂检验项目检验。

3. 出厂检验

产品出厂前，须经企业质量检验部门按本节技术要求规定逐批进行检验，检验合格后签发质量证明书方可出厂。出厂检验项目为：感官要求，净含量、可溶性固形物、总酸、固形物、菌落总数、大肠菌数。

4. 型式检验

正常生产时，每年至少进行 1 次型式检验，型式检验包括本节技术要求规定的所有项目，有下列情况之一时亦应进行型式检验：产品试制、正式投产时；更换设备或长期停产再恢复生产时；出厂检验结果与上次型式检验结果有较大差异时；食品安全监管部门提出要求时。

5. 判定规则

所检项目检验结果全部符合本节技术要求规定时，判该批产品为合格，微生物指标不符合本节技术要求时判该批产品为不合格，不得复检。除微生物指标外，其他项目检验结果不符合本节技术要求时，可以在原批次产品中双倍抽样复检 1 次，以复检结果为准。复检后仍有 1 项或 1 项以上不符合标准，则判该批产品为不合格。

（五）标签、标志、包装、运输、贮存

1. 标签、标志

产品标签应符合 GB 7718—2011 的规定。运输包装的贮运标志应符合 GB/T 191—2008 的要求。

2. 包装

产品内包装材料为液体食品无菌包装用复合袋，应符合 GB/T 18454—2009 的要求，外包装材料为铁桶或纸箱产品规格为（200±1）kg/桶或（25±0.5）kg/箱，桶身或纸箱外表清洁干净；标签清晰、整洁、完整；桶盖、纸箱封口必须完好，不松懈、无胀包等现象存在。

净含量应符合国家相关规定。

3. 运输与贮存

常温运输或冷冻。运输工具必须清洁、卫生、干燥，不得与有毒、有害、有腐蚀性、易挥发性或有异味的物品混装混运，必须轻装轻卸，防止污染，并有防雨、防晒设施，堆放平稳，不得摔撞。

十一、菠萝酒质量安全标准要求

（一）技术要求

1. 原料及辅料

（1）菠萝 应新鲜成熟度好、无腐烂、无霉变。

（2）酵母 应符合 GB/T 20886.1—2007 的规定。

（3）生产加工用水 应符合 GB 5749—2006 的规定。

（4）其他辅料 应符合相应的产品质量标准的规定，不得添加非食品原料和辅料。

2. 感官要求

应符合表 5-85 的规定。

表 5-85　菠萝酒感官要求

项目	要求
色泽	无色至浅黄色
澄清度	清亮透明，无明显悬浮物、沉淀物
香气	具有菠萝香味和酒香气，酒香协调
口感	醇和、甘洌，酒体丰满，回味怡畅
风格	具有本品典型的风格

3. 理化指标

应符合表 5-86 的规定。

表 5-86　菠萝酒理化指标要求

项目	指标
酒精度（20 ℃，v/v）/%	25.0~72.0
甲醇/（g/100 mL）	0.12
氰化物（以 HCN 计）/（mg/L）	2
铅（以 Pb 计）/（mg/L）	1.0
锰（以 Mn 计）/（mg/L）	2.0

注：酒精度实测值与标签标示值允许差为：瓶装酒±1%（体积分数）、散装酒±2%（体积分数）。

4. 食品添加剂

食品添加剂的质量应符合相应的标准和有关规定。食品添加剂的使用范围和使用量应符合 GB 2760—2016 的规定。

5. 净含量

应符合《定量包装商品计量监督管理办法》的规定。

6. 生产加工过程的卫生要求

应符合 GB/23544—2009 的规定。

（二）试验方法

1. 感官要求

按 GB/T 10345—2007 规定的方法测定

2. 理化指标

（1）酒精度　按 GB/T 10345—2007 规定的方法测定。

（2）甲醇、氰化物、铅、锰　按 GB 5009.48—2003 规定的方法测定。

（3）净含量检验　按 JJF 1070—2019 规定的方法测定。

（三）检验规则

1. 组批及抽样

（1）组批 同一次投料、同一工艺所生产的同一规格的产品为一批。

（2）抽样 从同一批产品中随机抽取样品为：净含量＜500 mL，抽取 8 瓶，净含量≥500 mL，抽取 6 瓶，总量不得少于 3 000 mL，分为 2 份，1 份检验，另 1 份留样备查。

2. 出厂检验

产品须经企业质量检验部门检验合格并签发合格证后方可出厂。出厂检验项目：感官、净含量、酒精度、甲醇。

3. 型式检验

型式检验每半年进行 1 次，其项目为本节技术要求规定的全部项目。有下列情况之一者，亦进行型式检验：当原料、生产工艺、生产设备发生较大变化时；停产半年以上重新恢复生产时；出厂检验结果与上次型式检验结果有较大差异时；国家质量监督机构提出型式检验要求时。

4. 判定规则

检验结果中有任 1 项不符合本节技术要求的，可以从同批产品中加倍抽样对不合格项进行复检，以复检结果为准。

（四）标志、包装、运输、贮存

1. 标志

包装标签、标识应符合 GB 7718—2011 的规定。

外包装图示标志应符合 GB/T 191—2008 的规定。

2. 包装

包装材料和容器应符合相关产品质量标准及食品安全要求。

3. 运输

运输工具应清洁、卫生、无异味、无污染。运输过程中应防挤压、防雨、防潮、防晒、严防火种，装卸时应轻搬、轻放，避免强烈震。运输时严禁与有毒、有害、有异味、有腐蚀性、易污染的货物混装混运。

4. 贮存

原料、辅料、半成品、成品应分开放置，成品应贮存在清洁、阴凉、干燥、通风、无异味的库房内，严防日晒、雨淋、严禁火种。产品离地离墙 20 cm 以上，禁止与有毒、有害、有异味、有腐蚀性、易挥发、易污染的物品混贮、混放。

十二、菠萝膳食纤维质量安全标准要求

（一）产品种类

1. 菠萝膳食纤维（湿粉）

菠萝加工过程中产生的菠萝渣，经纤维提取、软化、分离、打浆、压滤等处理而成的产品。

2. 菠萝膳食纤维（干粉）

菠萝食纤维（湿粉）经干燥、粉碎（过孔径 0.15 mm 的筛）等处理而成的产品。

3. 可溶性膳食纤维

溶于温水或热水的膳食纤维。

4. 非溶性膳食纤维

不溶于热水的膳食纤维，包括纤维素、半纤维素、木质素、植物蜡等。

（二）原辅材料要求

1. 菠萝

应具有正常的色泽，无腐烂、霉变，并符合相应的质量标准。真菌毒素限量、污染限量及农药残留限量应分别符合 GB 2761—2014、GB 2762—2017 和 GB 2763—2021 的规定。

2. 柠檬酸

应符合 GB 1886.235—2016 的规定。

3. 氢氧化钠

应符合 GB 1886.20—2016 的规定。

4. 生产用水

应符合 GB 5749—2016 的规定。

（三）感官要求

应符合表 5-87 的规定。

表 5-87　菠萝膳食纤维感官要求

项目	要求	
	膳食纤维（湿粉）	膳食纤维（干粉）
色泽	深黄色至黄色	黄褐色或乳白色粉末
滋味及气味	具有菠萝膳食纤维固有的气味、滋味，无异味	

（四）理化指标要求

应符合表 5-88 的规定。

表 5-88　菠萝膳食纤维理化指标要求

项目	指标	
	膳食纤维（湿粉）	膳食纤维（干粉）
总膳食纤维/（g/100 g）	≥10.0	≥80.0
水分/（g/100 g）	80.0	10.0
灰分/（g/100 g）	1.0	5.0
总砷（以 As 计）/（mg/kg）	0.4	
铅（Pb）/（mg/kg）	0.8	

（五）微生物指标要求

应符合表 5-89 的规定。

表 5-89　菠萝膳食纤维微生物指标要求

项目	指标
菌落总数/（CFU/g）	≤10 000
大肠菌群/（MPN/100 g）	≤40
霉菌/（CFU/g）	50
酵母/（CFU/g）	50
致病菌（沙门氏菌、志贺氏菌、金黄色葡萄球菌）	不得检出

（六）食品添加剂

食品添加剂质量应符合相应的标准和有关规定。食品添加剂品种及其使用量应符合 GB 2760—2016 的规定。

（七）生产加工过程的卫生要求

应符合 GB 14881—2013 的规定。

（八）试验方法

1. 水及试剂要求

试验所用水为去离子水或蒸馏水，所用试剂除特别说明外均为分析纯。

2. 感官要求

取被检样品 25 g 于洁净的玻璃器皿上，于明亮处用肉眼观察，目测并嗅其香味，判断是否符合表 5-87 的要求。

3. 理化指标

（1）总膳食纤维　按 GB 5009.88—2014 规定的方法测定。

（2）水分　按 GB 5009.3—2016 规定的方法测定。

（3）灰分　按 GB 5009.4—2016 规定的方法测定。

（4）总砷　按 GB 5009.11—2014 规定的方法测定。

（5）铅　　按 GB 5009.12—2017 规定的方法测定。

4. 微生物指标

（1）菌落总数　　按 GB 4789.2—2016 规定的方法测定。

（2）大肠菌群　　按 GB/T 4789.3—2003 规定的方法测定。

（3）霉菌和酵母　按 GB 4789.15—2013 规定。

（4）致病菌（沙门氏菌、志贺氏菌，金黄色葡萄球菌）　按 GB 4789.4—2016、GB 4789.5—2016、GB 4789.10—2016 规定的方法测定。

（九）检验规则

1. 组批规则

同一工艺、同一生产线、同一品种、同一批投料连续生产的产品为一批次，按批号抽样。

2. 抽样方法和抽样数量

按每批产品的万分之五抽取样品，每批取样膳食纤维粉量不少于 1.5 kg、膳食纤维湿渣量不少于 5 kg。注明产品名称、生产日期、批号、取样人、取样日期，分成 2 份，1 份供检验，1 份供复检。

3. 出厂检验

产品出厂须经工厂检验部门逐批检验，并签发合格证。出厂检验项目为：感官要求、净含量、总膳食纤维含量、水分、灰分、菌落总数、大肠菌群、酵母和霉菌。

4. 型式检验

正常生产时每 12 个月应进行型式检验，有下列情况之一时也应进行型式检验：新产品试制鉴定时；正式生产后，如原料、工艺有较大变化，可能影响产品质量时；产品长期停产后，恢复生产时；出厂检验的结果与上次型式检验有较大差异时；国家食品安全监管部门提出要求时。

型式检验项目包括上述全部项目。

5. 判定规则

检验结果全部项目符合本节质量要求规定时，判该批产品为合格品。

检验结果中微生物指标有 1 项不符合规定时，判该批产品为不合格品。检验结果中除微生物指标外，其他指标不符合本节质量要求时，可在原批次产品中加倍抽样复检 1 次。复检结果全部符合本节质量要求时，判该批产品为合格品；复检中仍有 1 项结果不符合，则判该批产品为不合格。

（十）包装、标签、标志

1. 包装

本产品采用蒸煮袋包装，蒸煮袋放到纸箱内包装，包装材料和容器符合相应国家卫生标准要求。净含量应符合《定量包装商品计量监督管理办法》等国家相关规定。

2. 标签、标志

产品标签标注内容应符合 GB 7718—2011 和 GB 28050—2011 的规定。

包装贮运图示标志应符合 GB/T 191—2018 的规定。

（十一）贮存、运输、保质期

1. 贮存

成品仓库应保持干燥，地面有防潮设施，菠萝膳食纤维（湿粉）贮放温度 0~5 ℃，菠萝膳食纤维（干粉）常温贮存，产品离地面高度不少于 15 cm，与墙距离不少于 30 cm，仓库环境保持清洁，不得与有毒、有害和其他异味物一起存放。

2. 运输

运输工具应清洁卫生、干燥，不得与有毒、有害物或腐蚀性、有异味之物混装。装卸及搬运时，轻拿轻放，防止污染，并有防雨防晒设施，堆放平稳，严禁摔撞。

3. 保质期

产品在符合以上条件下保质期应为 12 个月以上。

第六节　番木瓜

一、番木瓜产品及产业特点

(一) 番木瓜产品

番木瓜树是一种常绿软木质小乔木，高达 8~10 m，具乳汁；茎不分枝或有时于损伤处分枝，具螺旋状排列的托叶痕。叶大，聚生于茎顶端，近盾形，直径可达 60 cm，通常 5~9 深裂，每裂片再为羽状分裂；叶柄中空，长达 60~100 cm。花单性或两性，有些品种在雄株上偶尔产生两性花或雌花，并结成果实，亦有时在雌株上出现少数雄花。植株有雄株、雌株和两性株。雄花：排列成圆锥花序，长达 1 m，下垂；花无梗；萼片基部连合；花冠乳黄色，冠管细管状，长 1.6~2.5 cm，花冠裂片 5 枚，披针形，长约 1.8 cm，宽 4.5 mm；雄蕊 10 枚，5 长 5 短，短的几乎无花丝，长的花丝白色，被白色茸毛；子房退化。雌花：单生或由数朵排列成伞房花序，着生叶腋内，具短梗或近无梗，萼片 5 枚，长约 1 cm，中部以下合生；花冠裂片 5 枚，分离，乳黄色或黄白色，长圆形或披针形，长 5~6.2 cm，宽 1.2~2 cm；子房上位，卵球形，无柄，花柱 5 枚，柱头数裂，近流苏状。两性花：雄蕊 5 枚，着生于近子房基部极短的花冠管上，或为 10 枚，着生于较长的花冠管上，排列成 2 轮，冠管长 1.9~2.5 cm，花冠裂片长圆形，长约 2.8 cm，宽 9 mm，子房比雌株子房较小。浆果肉质，成熟时橙黄色或黄色，长圆球形，倒卵状长圆球形、梨形或近圆球形，长 10~30 cm 或更长，果肉柔软多汁，味香甜；种子多数，卵球形，成熟时黑色，外种皮肉质，内种皮木质，具皱纹。花果期全年。

番木瓜别名石瓜、万寿果、蓬生果、番瓜、木瓜、树冬瓜等，番木瓜在世界热带、亚热带地区均有分布。原产于墨西哥南部以及邻近的美洲中部地区，现主要分布于马来西亚、菲律宾、泰国、越南、缅甸、印度尼西亚以及印度和斯里兰卡；中、南美洲，西印度群岛，美国的佛罗里达、夏威夷，古巴以及澳大利亚也有分布。我国主要分布在广东、海南、广西、云南、福建、台湾等地。

番木瓜果实成熟可作水果，未成熟的果实可作蔬菜煮熟食或腌食，可加工成蜜饯、果汁、果酱、果脯及罐头等。种子可榨油。果和叶均可药用。木瓜蛋白酶，能帮助蛋白消化，可用于慢性消化不良及胃炎等，亦可用于腹腔注射防治粘连，动物试验证明其防治粘连再发的效果比胰蛋白酶好。未成熟果实的浆汁在炭疽病灶中能消化损坏的组织，而健康的组织不受影响；成熟的果实效果较差。木瓜蛋白酶水溶液可溶解小血块，如加入微量谷胱甘肽则溶解更快，也能溶解黏稠的脓；土霉素、金霉素、氯霉素、链霉素可延缓这一作用，青霉素、磺胺及 Gastrisin 对之则无影响。因此，木瓜蛋白酶可用于有坏死组织的创伤、慢性中耳炎，用作溶解白喉伪膜以及烧伤时的酶性清创。木瓜蛋白酶是有效的抗原，无论吸入、内服、注射及局部应用均能发生过敏。它可释放组织胺，静脉注射毒性很大。

（二）番木瓜产业

全球番木瓜产量最多地区为印度，占全球番木瓜产量的40%以上；其次是加勒比，番木瓜产量占全球番木瓜产量的10%左右；再次是多米尼加，番木瓜产量占全球木瓜产量的8%左右。2020年印度番木瓜种植面积约为15.3万 hm^2，番木瓜产量约为615.9万 t；同年，我国番木瓜种植面积约为1.48万 hm^2，番木瓜产量为16.7万 t左右。

我国不是番木瓜起源国家，遗传资源相对缺乏，自育品种极少。美国和我国台湾已经培育了抗病品种，台湾还筛选了抗根腐病和抗根结线虫材料，并作砧木繁育番木瓜种苗。马来西亚培育的抗寒品种延长了番木瓜的露天栽培时间，给番木瓜产业带来了巨大的效益。马来西亚还培育了成熟缓慢的耐贮品种，为针对性开拓我国北方市场和俄罗斯市场带来了良机。我国目前主栽品种主要是外来品种，自育品种尚不能主导市场。除广东省农业科学院果树研究所选育和改良的部分品种外，其他番木瓜主栽品种大多是我国台湾地区的"台农系列"和"改良日升"系列、马来西亚的"马来红"系列、夏威夷的"日升"和"苏罗"等品种。番木瓜进口种子价格昂贵，达5.5万元/kg，约1元/粒，是番木瓜生产成本的主要构成。因此，只有大量引进番木瓜种质和优良品种，为新品种培育奠定基因资源基础、培育具有自主知识产权的新品种，才是我国番木瓜产业持续健康发展的根本出路。

我国番木瓜种植的繁殖方式仍以种子实生苗为主。实生苗必须一穴双株，等待开花后辨认性别，再留下商业价值高的两性株。这种栽培模式既浪费了种子，又增加了投入。番木瓜组培苗生产技术在我国虽已有应用但由于生产成本高、种苗售价高，难以大面积普及。我国台湾地区利用组培技术大量繁殖芽体，然后用抗根腐病和根结线虫病的砧木嫁接繁殖种苗，称为微嫁接技术。该技术不同于组培苗生产技术，它同组培苗一样克服了番木瓜种子繁殖两性株比例低的缺点，同时还克服了组培苗结果部位高、节间长的不足，提高了番木瓜品种更新换代频率，大大缩短了组培苗繁殖时间，降低了种苗繁殖成本，单株繁殖成本可由2元降低到0.5元。该技术将改变我国番木瓜种子繁殖的局面，替代组培苗生产，提高两性株比例，克服实生苗和组培苗的诸多缺点，大大节约种苗投入成本。

我国番木瓜标准化生产技术体系相对落后，主要体现在番木瓜PRSV病毒病、根腐病、根结线虫病和炭疽病综合防治技术，精准施肥技术和采后保鲜处理技术相对落后，农药化肥滥用，单产低，采后损失严重，不仅使生产成本大幅增加，降低了收益，还污染了农业生产环境，有的甚至因PRSV病毒病的为害而绝产。因此，实行先进的标准化生产技术，提高单产和水果质量安全系数，是促进番木瓜产业健康发展的保证。

我国番木瓜生产产业化和信息化程度低，生产与市场脱节，信息不畅，产业技术覆盖面小，标准化生产技术难以大面积推广，农户利益得不到保障。番木瓜产业组织化程度低还表现在我国品牌番木瓜多是贴牌生产，由销售商从不同农户收购后经销售商统一的包装和品牌，导致商品质量不稳定，价格波动较大，增加了市场风险。而国外番木瓜产业组织基本采用"协会+公司+农场主（农户）"的组织机制，产业化和组织化程度较高。世界番木瓜主产国巴西，90%的番木瓜出口贸易由巴西番木瓜协会组织完成。美国夏威夷的番木瓜从制种、生产到销售，也由番木瓜协会组织，番木瓜协会每年根据市场需求量确定种植面积，并计算需种量，然后委托美国夏威夷热带农业研究中心制种，再通过协会分发到农场主手中。只有形成先进的产业组织机制，形成紧密的产业链，番木瓜产业才能根据市场需求，有针对性地组织农户生产，从而提高抵御市场风险的能力。当前，我国番木瓜产业正处在发展壮大初期，是引进先进产业组织机制，提高产业化和信息化的最好时机。

发展我国番木瓜产业应重点解决的问题：构建番木瓜现代产业技术体系，针对产业中存在的关键问题开展协同攻关，集成关键技术，提高番木瓜标准化生产水平和番木瓜质量安全水平，建立全国性番木瓜产业专业协作组织，提高我国番木瓜产业的组织化和信息化程度。具体包括：一是引进番木瓜优异基因资源和优良品种，丰富我国番木瓜基因资源，建立全国协作的新品种选育体系，重点开展番木瓜抗 PRSV 病毒病、耐贮和抗寒新品种选育，培育具有自主知识产权的新品种，提高我国番木瓜品种自育化水平；二是消化吸收番木瓜种苗微嫁接技术，提高我国番木瓜繁育技术水平和组培苗覆盖范围；三是研究开发番木瓜标准化生产技术，重点是番木瓜 PRSV 病毒病、根腐病、根结线虫病和炭疽病综合防治技术、精准施肥技术和采后保鲜处理技术，提高番木瓜标准化生产水平和番木瓜质量安全水平；四是借鉴国外番木瓜产业的组织和运行机制，建立全国性番木瓜专业协会，构建完善的番木瓜现代产业技术体系，提高我国番木瓜产业的组织化和信息化程度，促进番木瓜产业的健康持续发展。

二、小果番木瓜生产技术规程

(一) 概念及术语

1. 小果番木瓜

指果实达到成熟时的单果重为 200~1 000 g的番木瓜。

2. 花性

指依花的雌雄蕊数目及发育情况、花形、花瓣大小、形状区分的花的性别类型。

3. 雌花

指花单生或以聚伞花序着生于叶腋，花型大，花瓣 5 裂，相互分离；子房肥大，由 5 个心皮组成；雄蕊完全退化。

4. 雄花

指花型小，花瓣上部 5 裂，下部成管状，具 10 枚雄蕊，子房完全退化成针状，缺柱头，不能结果。

5. 两性花

指花具雌蕊和雄蕊，依花朵大小、形状以及雌蕊或雄蕊的发育情况划分长圆形两性花、雌型两性花和雄型两性花 3 个类型。

6. 长圆形两性花

指雌蕊和雄蕊发育正常，花朵大小中等，花瓣 5 裂，雄蕊 5~10 枚，子房长圆形，为主要结果花。

7. 雌型两性花

指花较大，比雌花略小，花形不正，花瓣 5 裂，雄蕊 1~5 枚、退化，子房有棱或畸形，所发育成的果实带棱或畸形。

8. 雄型两性花

指花较小，比雄花稍大，花瓣 5 裂，下部连成管状。子房发育成圆柱形或退化；雄蕊 10 枚，所发育成的果实多呈牛角状。

9. 株性

指根据植株主要开放的花性区分的植株类型。

10. 雌株

指只开雌花、花性稳定的植株类型。

11. 雄株

指基本开雄花，分短柄雄花株和长柄雄花株。短柄雄花株其雄花聚生在叶腋处，长柄雄花株其雄花着生在由叶腋抽出的长 10~90 cm 的花梗上，为总状花序，极少结果。

12. 两性株

指开两性花类型植株，在不同的外界条件影响下，开各种类型的花。

（二）园地选择

1. 产地环境条件

应符合 NY/T 5010—2016 的规定。

2. 土壤

宜选择土壤疏松、土层深厚、富含有机质、地下水位 50 cm 以下、pH 6.0~6.5、通气良好的轻壤土、中壤土，重壤土建园应进行土壤改良。旧园不宜连作，新园与旧园相距 1 km。园地以选择背北向东南，北部有山丘防风为好。

3. 水分

有可靠的水源和有效的灌溉设施，地势低洼的园地应具备良好的排水设施。

（三）育苗

1. 苗地选择

应选择交通方便、地势稍高、背北向南、阳光充足、排水灌溉方便、选取新地或远离旧番木瓜园的地方育苗，与葫芦科的瓜园间隔 1 km 以上，使用清洁的水源。

2. 育苗器皿及准备

采用新的营养袋（杯）和新的基质育苗。用直径 7~9 cm、高 16~18 cm 的营养袋（杯），在底部开 2~4 个直径约 1 cm 的小孔，以便排水，营养袋（杯）泥应混有充分腐熟的基肥，以每个营养袋（杯）重 1 kg 计算，基质的基肥包括：腐熟花生麸 3 g、复合肥（N：P：K=15：15：15）2 g、磷肥 2 g。营养袋（杯）排成不超过 100 cm 的宽度，便于田间管理。

3. 种子消毒与催芽

种子先用甲基硫菌灵溶液消毒 20 min 后洗净，再用 1% 的小苏打溶液浸种 4~5 h，洗净后用清水浸种 20 h，于 35~37 ℃ 的温度中进行催芽，也可露天沙藏盖薄膜且保持湿润进行催芽，待种壳破裂见白时即可进行播种。亦可采用直播法，即浸种后直接播到营养袋中，盖一层薄土后上放稻草再盖薄膜。

4. 播种

播前先淋透杯泥，每杯播 2~3 粒种子于杯面，播后覆盖一层薄细泥土或火烧土，厚度约 1 cm，后淋水，再盖薄膜，以加快出苗。幼苗出土时及时将幼苗置于已搭好的小拱棚中，并控制苗棚温度在 20～30 ℃。秋播苗应于 10 月中下旬至 11 月上旬播，苗期约 120 d。

（四）苗期管理

播种后要经常保持土壤湿润。当幼苗长出 2～3 片真叶时，要适当减少水分，防止徒长或感染病害。

苗棚内适温为 20～25 ℃，不能高于 35 ℃ 和低于 4 ℃。在强烈阳光照射的情况下，要把薄膜揭开通风，使苗棚内温度不会太高，傍晚重新把薄膜盖上，使晚上棚内温度有所提高，达到防寒保温效果。当幼苗长出 2～3 片真叶时要进行间苗和补苗。

当幼苗抽出 4～5 片真叶后开始施薄肥，每 10 d 左右施 1 次，用 0.2%～0.3% 肥液喷施或淋施，喷施可用磷酸二氢钾或尿素，淋施可用复合肥。

幼苗长到 5 片真叶后开始逐步炼苗，在夜间气温不低于 7～8 ℃ 时不盖膜，并适当减少肥水，尤其是氮肥。有寒潮及霜冻时应根据霜情加盖禾草保暖。太阳猛烈时要及时揭膜通风，防止灼伤，长期低温后转暖时应该先揭两头薄膜，最后揭全膜让幼苗逐步适应。

幼苗期还应注意防治猝倒病、白粉病、炭疽病及红蜘蛛、蚜虫、鼠害等，并及时拔除病株。

（五）建园

1. 园地规划

开园时要设置好排灌系统，低地平原应选地势较高的田块，深挖排灌沟，以做到排灌迅速，使地下水位经常保持在离地面 50 cm 以下。园地面积较大时根据地形划分作业小区，小区一般长不超过 200 m、宽 40～50 m。行向尽量采用南北向，以充分利用太阳光能。应根据种植面积配置工作房、作业道、水粪池等。

2. 整地

全园犁松，晒白土壤。先整好种植畦，种植畦高 20～30 cm，畦面宽度为 90～100 cm，畦面中央挖 1 条深 30～40 cm 的施基肥沟，先在肥沟表面均匀撒施生石灰粉，再将腐熟花生麸或腐熟鸡屎、复合肥、磷肥等按要求分量［每株施放腐熟花生麸 1.5 kg 或腐熟鸡屎 5 kg、复合肥（N：P：K = 15：15：15）0.15 kg、磷肥（过磷酸钙）0.5 kg］均匀施于沟内，然后将基肥与沟内泥土混匀之后回土，将畦面整成龟背状，覆盖地膜后准备定植。

3. 定植

定植适期在 2 月下旬至 3 月中旬，栽培方式采用宽行窄株，种植规格一般为株行距1.5 m×2.35 m，每亩种植 190 株，也可选用株行距为 1.5 m×2.4 m（每亩种植 185株）或 1.5 m×2.5 m（每亩种植 178 株）进行定植。定植前一天番木瓜苗袋（杯）泥要淋透水，定植时剥除营养袋（杯），并尽量不要弄松袋（杯）泥植下，苗木不能种植过深，填土时营养袋（杯）面与畦面持平为宜，植后淋透定根水，并做到不伤根、不露根、不积水。最好在气温回升或回暖阴天时种植，降雨时定植易引起根腐。种后如刮北风或阳光过强，应遮盖护苗。

（六）大田管理

1. 施肥管理

施肥位置应在树冠外缘，即滴水线以外 10~15 cm 处，以穴施为主，适当喷施叶面肥，叶面喷肥在阴天或傍晚进行，切忌在阳光猛烈时喷肥。

2. 促生肥

在定植后 10~15 d 开始施肥，以速效肥料为主，每株施尿素 15~20 g，以后每隔 10~15 d 施肥 1 次，由稀至浓，逐渐加大肥量。同时结合根外追肥，叶面喷 0.2%~0.3% 磷酸二氢钾溶液。

3. 催花肥

小果番木瓜于 26~28 片叶龄时现蕾，现蕾前后要及时施催花肥，肥量宜稍重，每株可施尿素 50 g、复合肥（N∶P∶K＝15∶15∶15）25 g、钾肥（K_2SO_4）25 g。另外，在花蕾期喷施 0.5% 硼砂或每株加施 3~5 g 硼砂，每隔 30 d 施 1 次，连续 3~4 次，以防瘤状病发生。

4. 壮果肥

进入坐果期，宜施较重的肥，满足基部果实发育和顶部开花坐果的需要，在 6—9 月每月施重肥 1 次，以复合肥（N∶P∶K＝15∶15∶15）和钾肥（K_2SO_4）为主，每次每株施复合肥 75 g、钾肥 75 g。8 月应加施有机肥以提高果实品质，如沤制腐熟的花生麸等。

（七）土壤管理

1. 除草、培土

在定植后 3 个月内，注意除草。一年培土 3~4 次，每次培土厚 3~5 cm，避免露根。

2. 排灌

营养生长盛期和果实膨大期需要较多的水分，要勤灌溉。汛期要做好排水，防止积水。

3. 树体管理

（1）疏芽及疏花果　叶腋处的侧芽应及时摘除。每 1 叶腋留果 1 个，最多不超过 3 个果，雌株坐果率高，可留 1~2 个果；长圆形两性株若间断结果明显，则可部分留 2~3 个果，多余的花在开花前应及时疏去。若只收当年果实的，留果至 9 月初即可，单株平均留果 22~27 个，以后的花果全部疏去。疏果在晴天午后进行。

（2）人工授粉　应选择晴天进行授粉，每天 10∶00 之前，对当天开放的花朵进行授粉，用镊子将当天散粉花朵上的花粉收集于玻璃器皿上，然后用毛笔将花粉授在雌花或两性花柱头上。大面积生产可以不进行人工授粉，而让其自然授粉。

（3）防风　沿海地区在台风季节要做好防风工作，以尼龙绳拉紧或竹、木支撑固定树体。

（4）催熟　采收的番木瓜果计划就近销售的，可以在果皮由绿色转黄绿色时进行树上催熟，用软毛帚或布条将 1 500~2 000 倍的乙烯利（含量为 40%）水溶液涂于果实表面，不可涂到果柄上、不可喷洒，否则会引起落果。而采收的番木瓜果实计划远距离运输销售的，则可不进行催熟。

（八）病虫害防治

1. 防治原则

贯彻"预防为主，综合防治"的植保方针，对各种病虫害实行以农业防治为基础，应用物理防治和生物防治，必要时使用生物源和矿物源杀虫、杀菌剂，进行综合防治。

科学合理使用农药，加强病虫害的预测预报，做到有针对性地适时用药；农药交替使用和合理混用，以延缓病原菌和害虫产生抗药性，提高防治效果；掌握农药的正确使用方法，严格按使用浓度施药，施药力求达到均匀、有效、安全。

2. 几种主要病虫防治

（1）番木瓜环斑花叶病　主要包括如下措施。

①采取轮作制，增强植株抗、耐病能力，改变耕作方式，即改秋植为春植，当年种植，当年收果及砍伐，以保产量。

②发现病株及时清除。

③消灭病原，适当隔离。老果园在植前清除附近病株，并休耕或轮作，新果园距离老果园 1 km 以上。

④药剂防治。传播花叶病的蚜虫，在蚜虫初发期喷药灭蚜。

⑤采用网室大棚育苗及种植，防蚜虫传病。

⑥采用脱毒组培苗。

（2）番木瓜炭疽病　包括冬季清园、药剂防治等措施。

冬季清园：彻底清除病残体，集中烧毁或深埋，用波尔多液消毒 1 次。

药剂防治：8—9 月，在高温高湿的发病季节，可用甲基硫菌灵、硫磺·多菌灵、多菌灵等交替使用，喷 2~3 次，并及时清除病果。

适时采果，避免过熟采果。

（3）白粉病　该病在高温潮湿时易发病。防治方法：避免过度密植，注意通风、透光、降低湿度；发病初期，喷 1~2 次胶体硫或石硫合剂防治。

（4）番木瓜根腐病　防治方法如下。

①苗棚内通风、透气、透光，降低温湿度，苗地和种植地排水良好，避免积水。

②避免与葫芦科作物连作。

③避免在下雨天种植。

④发现病株及时拔除，病穴要灌药液后翻晒，后再补种。

（5）番木瓜瘤肿病　在植株旁挖一小穴，每穴施 3~5 g 硼砂，通常 3~4 次。根外施硼可喷 0.2% 硼酸水，每隔 1 周喷 1 次，共喷 3~5 次，就可以预防瘤肿病的发生，在番木瓜植株现蕾时进行施用。

（6）红蜘蛛　包括生物防治及药剂防治等措施。

生物防治。发现红蜘蛛为害可喷水 3~4 次，减少虫口，保护自然天敌，如利用小黑瓢甲捕食红蜘蛛。还可人工饲养捕食螨散放番木瓜植株上捕食红蜘蛛。

发生高峰期药剂防治。选用低毒、低残留杀螨剂，连续喷施 3~4 次，每次间隔 7~10 d，交替用药。

（7）蜗牛　取食幼苗、嫩心和花蕾。每年 4—6 月为害。防治方法如下。

①选无杂草处育苗。

②人工捕捉。

③幼苗定植后，用大塑料袋围套保护。

（8）蚜虫　是番木瓜环斑病的主要昆虫媒介之一。防治方法如下。

①育苗应远离桃园。

②砍除蚜虫较多的病株。

③清除番木瓜园附近桃树等作物上的蚜虫。

④蚜虫发生初期用药剂防治。

（9）地下害虫　主要有蛴螬、小地老虎、土狗幼虫等。防治方法如下。

①人工捕捉，在清晨天未亮前用手电筒照射捕捉。

②药剂喷洒或撒施毒土，药剂可选用敌百虫、乐果等。

（九）采收、包装及贮藏

1. 采收

在果皮出现黄色条斑，果肉未变软时即可采收，也可按照客户要求提前采收。采下的果实要轻放，避免碰撞挤压而碰伤果皮。

2. 包装

采用无毒、无污染、洁净的包装材料，按不同等级分级包装。

3. 贮藏

常温贮藏，在通风、阴凉、干净、经消毒的仓库贮藏。

低温贮藏，采用 12~15 ℃的贮藏温度。果端现黄的果实，可贮藏 10 d 以上。贮存温度不宜低于 10 ℃，以防果实品质下降和损坏。

（十）清洁田园

在采收完商品果后，在冬季清园时将植株砍除，将果园内所有的植株、果实清除干净，最后用甲基硫菌灵全园喷药消毒 1 次。园地不宜连作，可轮种水稻等禾本科作物。

三、无公害番木瓜生产技术规程

（一）园地选择

环境质量符合 NY/T 5010—2016 的要求，远离污染源，且选择有机质丰富、水源充足、避风抗寒的坡地或旱田建园，不宜选择瓜类作物连作地，新木瓜园与旧木瓜园相距 2 000 m 以上。

（二）园地规划

1. 防护林带

园地四周宜设有防护林带，林带宽度要根据果园的地理位置及风害情况确定。

2. 分区

根据园地规模和地形地势，可将园地分成若干小区，缓坡地小区面积 3~5 hm²。

3. 基础设施

要建立完善的排灌系统和道路系统。

（三）育苗

1. 品种选择

宜选用抗病、早熟、丰产、品质佳、适应我国内陆及港澳市场需求的品种。主要选择梭罗（Eksotika）、梭罗 2 号（Eksotika Ⅱ）等。

2. 种子处理

（1）常温浸种　把种子放入常温水中清洗干净，再换水浸种 20~22 h。

（2）温汤浸种　把种子放入 55 ℃的恒温水中，浸泡 30~45 min，取出在清水下洗净，再放入常温水浸 18~20 h。

（3）药物浸种　先用清水浸种 1~2 h，再放入 50%多菌灵可湿性粉剂 800 倍液中浸泡 10 min，捞出洗净，放入清水中浸泡 15~20 h；或用 4%宁南霉素水剂 600 倍药液浸种 4~5 h，捞出洗净用清水浸种 10~15 h。

3. 催芽

种子消毒浸种后，捞出用清水洗净，用干净纱布毛巾包裹好，置于 35~37 ℃恒温箱里催芽。在种子尚未萌发前，每天用清水冲洗种子 1 次。

4. 营养土制备

因地制宜选用无病虫源的表土过筛后与腐熟农家肥，按 7∶3 配制营养土，并加 1%的氮、磷、钾（15-15-15）复合肥溶液和 70%敌磺钠（按 1 m³ 营养土配 0.5 kg 敌磺钠）充分混匀。要求 pH 6~7。

用 25%的有机肥加 25%的干净河沙以及 50%无病虫源的过筛表土，加入多菌灵（1 m³ 土加 0.5 kg 多菌灵）。

5. 播种量

每亩需播种子量 10~15 g。

6. 育苗方法

采用规格 13 cm×13 cm 的育苗袋育苗，把萌发露白的种子按 1 粒 1 袋平放入育苗袋内，覆盖 1 cm 厚的土，轻轻压实，浇透底水，盖上薄膜和遮阳网。

7. 温度调控

苗期温度主要靠塑料薄膜和遮阳网调节。烈日高温用遮阳网覆盖降温，遇低温在小拱棚上覆盖薄膜加温。白天控制在 20~28 ℃，夜间控制在 15~20 ℃。

8. 光照调控

露地苗床处于向阳地方，靠自然光照进行光合作用，若光线过于强烈，可选用不同透光率的遮阳网覆盖。

9. 水分管理

苗期保持苗床土壤湿润。一般正常情况下每天傍晚浇水 1 次，但若遇上干旱高温或大风天气时可早上、傍晚各浇水 1 次。阴雨天用塑料薄膜覆盖防雨。

10. 施肥

勤施薄施，可用 0.5%三元复合肥（15-15-15）浇施。

11. 防病虫

用 80%代森锰锌可湿性粉剂 600 倍液 2~3 次喷雾防猝倒病、炭疽病；用 10%吡虫啉可湿性粉剂 3 000 倍液防治蚜虫和蓟马。

（四）大田栽培管理

1. 定植

（1）整地　园地要做到一犁一耙，深耕晒垡，清除杂草杂物。坡地宜挖穴种植，规格为 60 cm×60 cm×60 cm；旱田宜起高畦种植，畦面 200 cm，畦沟宽 40 cm，畦沟深 30~50 cm。

（2）施基肥　每亩施腐熟农家肥 2 000 kg 以上，加入豆饼 30~50 kg、过磷酸钙 40~50 kg，经过堆沤腐熟拌匀后，进行穴施或沟施，并与泥土充分混合均匀。

（3）选苗　选择株高 18~20 cm、茎粗 0.5 cm 以上、10~13 片叶、苗龄 30~40 d 的叶厚色绿、无病虫害的壮苗。

（4）定植时间　天气晴朗的 10：00 前或 16：00 后定植，且浇足定根水。

（5）定植方法及密度　移植时将袋全取。采用每穴双株植，株行距 200 cm× 250 cm，每亩植 266 株。

2. 施肥管理

宜采用平衡施肥和营养诊断施肥，推荐使用的肥料种类见表 5-90。

表 5-90　无公害食品梭罗番木瓜生产推荐使用肥料种类

肥料种类	名称	简介
有机肥料	堆肥	以各类秸秆、落叶、人畜粪便堆积而成
	沤肥	堆肥的原料在淹水的条件下进行发酵而成
	积肥	猪、羊、牛、鸡、鸭等禽畜的粪尿与秸秆垫堆积而成
	绿肥	栽培或野生的绿色植物体作肥料
	沼气肥	沼气液或残渣
	秸秆	作物秸秆
	泥肥	未经污染的河泥、塘泥、沟泥等
	饼肥	菜籽饼、棉籽饼、芝麻饼、茶籽饼、花生饼、豆饼等
	灰肥	草木灰、木炭、稻草灰、糠灰等
商品肥料	商品有机肥	以生物物质、动植物残体、排泄物、废原料加工制成
	腐植酸类肥料	甘蔗滤泥、泥炭土等含腐植酸类物质的肥料、环亚氨基酸等
	微生物肥料	
	根瘤菌肥料	能在豆科植物上形成根瘤的根瘤菌剂
	固氮菌肥料	含有自身固氮菌、联合固氮菌的肥料
	磷细菌肥料	含有磷细菌、解磷真菌、菌根菌剂的肥料
	硅酸盐细菌肥料	含有硅酸盐细菌、其他解钾微生物制剂
	复合微生物肥料	含有 2 种以上有益微生物，它们之间互不拮抗微生物制剂
	有机-无机复合肥	以上有机物质和少量无机物质复合而成的肥料如畜禽粪便加入适量锰、锌、硼等微量元素制成

（续表）

肥料种类	名称	简介
商品肥料	无机肥料	
	氮肥	尿素、氮化铵
	磷肥	过磷酸钙、钙镁磷肥、磷矿粉
	钾肥	氯化钾、硫酸钾
	钙肥	生石灰、石灰石、白云石粉
	镁肥	钙镁磷肥
	复合肥	二元、三元复合肥
	叶面肥	
	生长辅助类	青丰可得、云苔素、万得福、绿丰宝、爱多收、迦姆丰收、施尔得、奥普尔、高美施、惠满丰等
	微量元素类	含有铜、铁、锰、硼、钼等微量元素肥料
其他肥料	海肥	不含防腐剂的鱼渣、虾渣、贝蚧类等
	动物杂肥	不含防腐剂的牛羊毛废料、骨粉、家畜加工废料等

（1）促苗肥　定植 10~15 d 长出新叶后，薄施促苗肥，待植株叶片伸展正常，每株施三元复合肥（15-15-15 或 20-10-10）或尿素 10 g，兑水淋施；每隔 10 d 施 1 次，共淋施 4 次，施用量每株分别为 10 g、20 g、30 g、30 g，以氮为主，结合喷杀菌剂，每隔 7~10 d 叶面喷施 0.3%磷酸二氢钾。

（2）促花肥　开始现蕾，每株追施三元复合肥（15-15-15）100 g 加硼砂 5 g，以供花芽分化需要。氮、磷、钾施肥比例为 1：2：1，其中表层土壤有机质含量 1%以下的每株施纯 N 25~30 g，土壤有机质含量 1%以上的施纯 N 15~20 g，并喷施硼砂 0.3%~0.5%。

（3）促果肥　盛花始果期，每月追肥 1 次。在土壤有机质含量 1%以下的番木瓜园地，每株施纯 N 25~30 g、P_2O_5 15~20 g、K_2O 15~20 g、CaO 5~10 g、MgO 5~10 g；在土壤有机质含量 1%~2%的番木瓜园地，每株施纯 N 20~25 g、P_2O_5 15~20 kg、K_2O 15~20 g、CaO 5~10 g、MgO 5~10 g；在土壤有机质含量 2%以上的番木瓜园地，施纯 N 10~15 g、P_2O_5 20~30 g、K_2O 20~30 g、CaO 5~10 g、MgO 5~10 g。每隔 3 个月应施 1 次腐熟的有机肥，每株施 10~15 kg。

3. 土壤管理

（1）土壤覆盖　移植后初期，宜用稻草等植物残秆或塑料薄膜覆盖畦面。

（2）除草中耕　植后 2~3 个月内进行中耕除草培土，既可以消除露根现象，防止水土流失，又能保持土壤保肥保水能力。宜用化学除草剂除草。

4. 水分管理

要保持土壤温润。旱田园地要勤灌溉，土壤含水量以田间持水量的 70%为宜；在水田种植番木瓜要注意排水，避免受淹。

5. 斜植

定植后株高 35~40 cm 开始将其拉斜。

6. 保留两性

番木瓜分为雄株、雌株、雌雄同株（即两性株），商品瓜是两性果。一般砍掉雌株和雄株，留两性株。

7. 疏花疏果

及时摘除叶腋的侧芽，并进行疏花疏果。每一个叶腋上只留 1 个椭圆形的果。

（五）病虫害防治

1. 防治原则

贯彻"预防为主，综合防治"的植保方针，坚持"以农业防治、物理防治、生物防治为主，化学防治为辅"的无害化治理原则。

2. 农业防治

一是实行检疫，培育无病壮苗。

二是加强肥水管理，增施腐熟的有机肥，少施化肥，适施有机液肥。

三是清除病虫枝、枯枝、叶、花、烂果，并集中进行无害化处理（烧毁），减少传染源。

3. 物理防治

一是使用诱虫灯和收集器等诱杀害虫。

二是砍除花叶病和介壳虫为害严重的植株，以清除病虫传染源。

4. 化学防治

（1）主要病害　主要病害有环斑花叶病、炭疽病、疮痂病、霜疫病、根腐病、瘤肿病等。其防治技术见表 5-91。

表 5-91　无公害食品梭罗番木瓜生产推荐防治病害农药种类

病害名称	为害部位	农药种类与浓度	方法	备注
环斑花叶病	叶片	40%乐果乳油 1 000 倍液	喷施	选择耐病毒品种，加强水肥管理，不偏施氮肥；定期喷杀虫药。采用网室大棚种植，远离传染源；及时发现，及时砍掉；喷施增抗剂、植物生长调节剂和微量元素
炭疽病	叶片、果实	50%多菌灵可湿性粉剂 500~800 倍液；50%咪鲜胺锰盐可湿性粉剂 1 000倍液；75%百菌清可湿性粉剂 800~1 000倍液；70%甲基硫菌灵可湿性粉剂 800~1 000倍液	定期在叶片和果实上喷施	保持瓜园内清洁，及时清除杂草和腐烂植株、叶片和果实等

（续表）

病害名称	为害部位	农药种类与浓度	方法	备注
疮痂病	叶背、果实	25%咪鲜胺乳油3 000倍液；50%多菌灵可湿性粉剂500～800倍液	喷施	清除病叶、收集病残物烧毁
霜疫病	叶片、果实	66.5%霜霉威水剂800～1 000倍液 72%氢氧化铜悬浮剂800～1 000倍液 58%锰锌·甲霜灵可湿性粉剂500倍液	喷施	及时清除病残体，雨季节和潮湿时注意加强喷药
根腐病	根系、茎部	50%多菌灵可湿性粉剂500～800倍液	灌根	及时排水和避免积水；不宜栽植过深，不与蔬菜连种；发现病株时要拔除
瘤肿病	果实	0.2%硼酸溶液根外追肥或每株穴施3～5 g硼砂	喷施或穴施	

（2）主要虫害　主要虫害有蚜虫、红蜘蛛、介壳虫、毒蛾、斜纹夜蛾、蜗牛、地下害虫等。其防治技术见表5-92。

表5-92　无公害梭罗番木瓜生产推荐防治农药种类

虫害名称	为害	农药种类与浓度	方法	备注
蚜虫	叶片	3%吡虫啉可湿性粉剂1 500倍液	喷施叶片、果实	有条件可采用网室种植
红蜘蛛	叶片	5%噻螨酮乳油2 000倍液	喷施连喷2～3次，每隔5～7 d喷1次	保持园间清洁及时清除脱落叶片
介壳虫	果实、叶片	40%丙溴磷乳油800～1 000倍液	喷施	
毒蛾	叶片、果实	25%灭幼脲悬浮剂1 000～1 500倍液	喷施	
斜纹夜蛾	叶片	90%敌百虫可溶粉剂800～1 000倍液；50%敌敌畏乳油800～1 000倍液；45%马拉硫磷乳油500～800倍液	喷施	
蜗牛	果实、叶片	6%四聚乙醛（蜗牛敌）颗粒剂	撒施果园诱杀	
地下害虫	主要为害苗期	90%敌百虫可溶粉剂800倍液 40%辛硫磷乳油800倍液	喷施，做成毒土诱杀	

（六）采收

1. 采收标准

果实成熟度 75%～85% 时采收，即果实从出现黄色条斑直到全果变黄这段时间内都可以采收，但从运输、贮藏角度来考虑，如长途运输，供应外地市场则在果皮出现黄色条斑，亦即常说的一画黄时就可采收，如供本地市场销售则在果皮出现 3 条黄色条纹（三画黄）采收。

2. 采收方法

采收时手握果实向上掰或向一个方向旋转，连果柄一起摘下。成熟的果实，由于皮薄、质软、容易碰伤，所以在采收的过程中要小心操作，采摘时要戴手套，防止手指甲刮伤果皮，采下的果实要轻放，果柄朝下，使滴下的乳汁不污染果皮。另外，还要避免碰撞挤压而碰伤果皮。

3. 采后处理

将鲜果用清水洗净，晾干，然后用 0.1% 噻菌灵溶液浸果 3 min，可起防腐作用。最后用牛皮纸或报纸包好放入纸箱中待运。

四、番木瓜病虫害防治技术规范

（一）番木瓜主要病害

1. 真菌病害

（1）胶孢炭疽果腐病　病原为胶孢炭疽菌，果实上产生圆形、近圆形病斑，褐色，水渍状，中央凹陷，湿度大时果实表面密生橙红色黏质粒或小黑点，即病原菌的黏孢团或分生孢子盘，子实体呈同心轮纹排列，果肉褐色，腐烂。具有潜伏侵染的特性，果实采收后继续为害，造成采前大量落果，采收后贮藏中严重果腐。

（2）辣椒炭疽果腐病　病原为辣椒炭疽菌。果实受害后，病害发展初期，病部为污黄色水渍状的小斑点，随后扩大为 5～6 mm 的鲜黄色圆斑，其上吐露许多小颗粒，病斑继续扩展并相互愈合成不规则条带形，后期病斑部位果实硬化，容易脱落。果实成熟期和贮藏期严重为害。

（3）匍枝根霉果腐病　病原为匍枝根霉，为害果实，初期形成圆形水渍状病斑，边界明显，稍凹陷，病斑上有浓密的灰白色至灰色的棉状菌丝体，后期病斑迅速扩展，边界不明显，菌丝体上密被小黑点即病原菌的子实体。一般为害采后果实，田间果实较少受害，一旦发生容易扩展，造成较大损失。

（4）黄曲霉果腐病　病原为黄曲霉。果实受害后，初期形成圆形至不规则形水渍状病斑，病斑处凹陷，病斑上生白色霉层，后病斑扩大并愈合，形成大的不规则病斑，病斑的边缘霉层白色，病斑中央白色霉层变成黄绿色，即病原菌的子实体，后期果实腐烂，不能食用。主要发生在果实成熟期、贮运期，为害不严重。

（5）生枝孢果腐病　病原为生枝孢。为害果实时，病斑圆形，具灰绿色霉层，后期连接成片至不规则形，成熟果实较容易感病，青果不易感病。叶片病斑呈多角形灰褐色，毛绒状，点状分布，叶背面密生橄榄褐色点状霉层，引起叶霉病。

（6）可可球二孢果腐病　病原为可可球二孢，寄主范围非常广泛，可导致叶斑、溃疡、根腐、蒂腐等症状。在番木瓜果实上主要引起果腐，症状主要表现为果皮棕褐色、果肉软化、变质、不可食用。

（7）球腔菌果腐病　病原为球腔菌。此病在不同环境下侵染表现有所差别。在印度和巴西主要表现为果实表面病斑，而在夏威夷则主要表现为蒂腐病。也有报道本病可侵染叶片、花和幼果。果实表面病斑略似日灼伤状，圆形，黑色，直径约 4 cm，边缘亮褐色，透明，表面干燥，老化病斑表面皱缩，黑色，覆盖有子实层。潮湿条件下可见器孢子流出。受感染果实组织干瘪，开始时亮色，最终变为黑色。蒂腐病的病斑形态与上述相似。侵染花絮、幼果以及幼嫩组织时的症状类似于炭疽病。

2. 番木瓜炭疽病

病原为胶孢炭疽菌。在叶尖叶缘形成不规则形病斑，在叶片内部形成圆形病斑，直径 1~5 cm，中央黄色，边缘褐色，病健分界明显，水渍状。为害叶柄时，叶柄上密生轮纹排列的小黑点，即病原菌的子实体。此病是番木瓜最主要的真菌病害，可以严重为害叶片、叶柄、花和幼苗。

3. 番木瓜叶斑病

（1）色二孢叶斑病　病原为色二孢。在叶片正面形成圆形至不规则形病斑，病斑中央黄褐色，边缘有明显的浅黄色褪绿晕圈，病斑背面褐色。后期可见小黑点，即病原菌的子实体。本病在秋季常发生，但一般不严重。

（2）橘生棒孢叶斑病　病原为橘生棒孢。该病害为害植株叶片，在叶片上形成灰白色的圆形、椭圆形或不规则形病斑，病斑褐色，边缘水渍状，分界明显，病斑形成同心轮纹，叶片背面也形成同心轮纹斑，湿度大时可见灰褐色霉层。本病主要发生于植株叶片，接种果实后在果实上形成圆形病，其上被灰褐色霉层，扩展较慢，为害不大。未见田间侵染成株期叶片和果实。

（3）山扁豆生棒孢叶斑病　病原为山扁豆生棒孢。为害叶片、叶柄和茎秆，形成圆形、椭圆形或梭形枯黄病斑，表面具灰褐色霉层；也可为害果实，多发生于果蒂附近，病斑圆形、水渍状，具褐色霉层，成熟的果实和下部叶片比幼嫩果实和叶片更容易被侵染。

4. 番木瓜白粉病

（1）番木瓜粉孢白粉病　病原为番木瓜粉孢，病斑叶两面生，圆形，白色，粉状，边缘不明显，后期可联合。一般发生在旱季，严重时植株生长不良。

（2）番木瓜生粉孢白粉病　病原为番木瓜生粉孢。番木瓜生粉孢引起的白粉病常从番木瓜植株下部叶片正面开始出现黄绿斑，边界不明显，病斑多出现在叶脉附近，有时也侵染上部叶片，叶片背面可见白色粉状物，叶片正面没有白粉，后期病斑可愈合，叶片、花梗、茎和果实均可被侵染，温室内的秧苗容易被侵染，造成顶部坏死。一般为害老叶，在适宜的雨水和温度条件下也侵染秧苗，并造成严重为害，每年的 10 月、11 月，光照较弱，湿度较高，雨水和温度条件都比较适宜，发生严重，严重时引起落叶。

5. 番木瓜根腐病

病原菌为瓜果腐霉和钟器腐霉（幼苗受害，在茎基部出现水渍状病斑，病斑处皱缩,迅速扩展一周后,幼苗猝倒死亡,湿度大时地下根部腐烂。春季多雨,或淋水较多容易造成营养杯幼苗猝倒死亡。为害果实,形成圆形水渍状病斑,边界不明显,病斑处稍凹陷,病斑上长满浓厚的白色菌丝,病斑扩展迅速,引起果实腐烂。贮藏期为害果实,病情扩展快,易造成较大损失。

6. 番木瓜疫病

病原菌为棕榈疫霉。可以为害果实、根以及茎基部。果实受害初期形成水渍状、圆形至不规则形病斑,边缘褐色,其后迅速扩展至整个果实引起软腐,果肉变褐色,湿度稍大时病斑上密被白色棉絮状霉层即病原菌的菌丝体和子实体。根、茎基部受害后,初期地上部分中部叶片发黄、然后蔓延形成半边黄、半边绿,植株停止生长,生长点(顶中心)皱缩成团,使顶部外围叶片明显高于顶中心,后期由顶部枯萎蔓延至整株萎蔫枯死。地下根部变红腐烂,须根稀少,根部及茎基部维管束变褐坏死。本病在我国发生较严重,为害根、茎基部后造成整株死亡,为害果实病情扩展迅速,造成较大损失。高温多雨季节,发病严重。

7. 番木瓜黑腐病

(1)番木瓜酵母黑腐病 病原菌为番木瓜酵母菌。病斑开始呈水渍状,以后逐渐转变为枯斑。多个病斑会合成直径约 4 mm 的圆形病斑,病斑周围常可见黄色晕圈。对应于病斑处的叶片背面分生孢子堆黑色,清晰可见。主要为害受伤、老龄叶片,一般不为害健康嫩叶。其为害造成的落叶可达 50%,导致树体长势严重减弱。在果实上也可以为害,导致的病斑形态与叶片上非常相似,但大小稍微大些(直径约 1 cm),且不会导致组织枯死。

(2)尾孢黑腐病 病原菌为尾孢属。本病可为害果实和叶片。果实受害,开始呈黑色小点,而后逐渐扩大成直径约 3 mm 的病斑,病斑表生,略凸起。切开病斑处的果实表皮,可见下面组织呈软木状,但这些组织不会腐烂。病斑在果实绿色的时候有点模糊,但随着果实颜色转黄,病斑清晰可见。叶片上的病斑形状不规则,灰白色,直径 1~5 mm,本病主要影响果实外观,对树体长势和产量一般没有太大影响。但在管理不良、湿度大的果园,仍然会导致叶片黄化、叶片组织枯死和落叶。

8. 番木瓜霜疫病

番木瓜霜疫病的病原菌为荔枝霜疫霉。主要为害番木瓜幼苗,引起不规则形、水渍状的褐色叶斑,潮湿时对应于病斑处的叶片背面产生白霉状物。茎干发病呈深褐色,水渍状腐烂,表面也有白霉状物。

9. 番木瓜细菌性叶斑病

番木瓜细菌性叶斑病已报道的病原菌有胡萝卜欧氏杆菌黑胫亚种和番木瓜假单胞菌,主要为害叶片。病斑呈多角形,暗褐色到黑色,油质,水渍状,在叶片背面可见,比较容易辨别。最典型的症状是整张叶片黄化、枯萎甚至死亡,为害叶柄时表现为水渍状斑,与在叶脉表面上的症状特点相同。本病严重时可导致落叶,主芽腐烂甚至整株死亡。蜗牛对本病起传播作用。

10. 线虫病害

由根结线虫引起的线虫病,严重为害植株地上部分表现为矮化,叶片组织枯死,有的甚至枯萎。根部呈不同程度的根结，根系发育不良。雌虫完全埋藏于根组织内。本病在砂壤土为害比较严重，苗期比成龄树严重。由小肾状线虫、双宫螺旋线虫和穿刺短体线虫引起的线虫病，在根部取食导致根形态严重变形，但不大范围形成枯死病斑。地上部分表现为叶片黄化、整株矮化和早衰。为害症状主要表现为叶片黄化、叶片组织坏死、根系稀疏、植株矮化，严重为害的，整个植株死亡。主要为害症状是根系上出现大量、清晰的病斑，病斑长条形，浅黄色到棕色，多个病斑沿根的纵向方向平行排列，受害根系总体颜色呈锈色，形态呈"鬼帚"状。整个植株长势弱、矮化、早衰，干旱时枯萎。果实偏小。

11. 病毒病害

番木瓜环斑病毒引起的病毒病。植株发病初期，在茎、叶脉及嫩叶的支脉间出现水渍状，在病果表皮上出现水渍状圆斑，几个圆斑可连合成不规则形状。在温暖、干燥年份，该病发生严重。一年可出现两个发病高峰期和一个病株回绿期。4—5月及10月至11月上旬，月平均温度分别为20℃、25℃，发病最多，症状最明显。7月、9月，月平均温度分别为27℃、28℃，病株回绿，病状消失或减缓。据研究证实，西葫芦、南瓜、黄瓜、丝瓜、西瓜等瓜类为其中间寄主。本病传播快，为害大，是番木瓜的一种毁灭性病害。

12. 生理性病害

主要指番木瓜瘤肿病。在嫩叶、花、茎秆、果实上有乳汁流出，并在流出部位有白色干结物。果实在幼果期乃至成熟初期均有乳汁流出症状，果皮流出汁液后会慢慢溃烂，溃烂部分变褐色。没有溃烂的果实，有瘤状突起。病株花穗干枯脱落，有些花及小果未变烂、已黄化脱落。在砂质土和干旱天气此病发生较多。

（二）番木瓜主要害虫

1. 桃蚜（别名：烟蚜、菜蚜、桃赤蚜、波斯蚜）

（1）形态特征 成虫：有翅胎生雌蚜体长2 mm左右，翅展6.6 mm，头胸部黑色，触角黑色，丝状，共6节，第三节有一列圆形感觉孔9~11个。复眼赤褐色。腹部绿色、黄绿、红褐色或褐色。腹部背面中央有1个方块形斑纹，两侧各具有1列小黑斑。腹管圆筒形，黑色，中后部膨大，尾端明显收缩，具瓦片纹。尾片黑色，圆锥形，中部收缩，有曲毛3对。无翅胎生雌蚜体长约2 mm，体宽约1 mm，体型近卵圆形；体色有绿色、青绿色、黄绿色、淡粉红色、橘红色或褐色。额瘤明显，其他体征与有翅胎生雌蚜相似。卵：长椭圆形，长0.44 mm。初产时淡黄色后变黑色，有光泽。若蚜：似无翅胎生雌蚜，粉红色，体形较小，有翅若蚜胸部发达，有翅芽。

（2）为害特征 成虫、若虫群集植物芽、嫩叶、嫩梢上为害，刺吸汁液，被害虫叶片背面弯曲，植株受害后生长缓慢，并可传播病毒病，蚜虫排出的蜜露可引致煤烟病的发生，使作物产量下降，产品质量变差。

2. 棉蚜（别名：瓜蚜、草绵蚜虫）

（1）形态特征 成虫：有翅胎生雌蚜体长1.2~1.9 mm，头部黑色，触角6节，丝状，第六节鞭节长度为基节部的3倍，第三节有感觉圈4~10个，多为6~7个。腹部黄色、黄绿色、深绿色或棕色。腹部末端具1对腹管，较短，圆筒形，暗色、黑色或青色，有复瓦状纹，尾片乳头状，青绿色，两侧各有刚毛3根。无翅胎生雌蚜，体长

1.5~1.9 mm，体色多变，为黄色、绿色、深绿色、蓝黑色、黑色或棕色，前胸背板黑色，前胸背板两侧各有一锥状小突起，第三、第四节无感觉孔，第五节末端及第六节膨大处各有 1 个感觉孔。腹管、尾片及触角同有翅胎生雌蚜。卵：椭圆形，长 0.5~0.7 mm，初产时橙黄色，后变深褐色，有光泽。若虫：与无翅胎生雌蚜相似，体形较小，尾片相对较短。有翅若蚜胸部发达，具翅芽。

（2）为害特征　成蚜、若蚜群集于植株芽、叶、幼果刺吸汁液，被害叶片变形弯曲。棉蚜排泄的蜜露导致煤烟病发生。棉蚜为害使植物生长缓慢、产量下降、质量变劣。

3. 橘二叉（别名：茶蚜、茶二叉蚜、可可蚜）

（1）形态特征　成虫：有翅胎生雌蚜体长 1.6 mm，翅展 2.5~3.0 mm，黑褐色，触角蜡黄色，第三节具 5~6 个感觉孔。翅无色透明，前翅中脉仅有 1 个开支，形成二叉状。腹背两侧各有 4 个黑斑，腹管黑色，长度比尾片长。无翅胎生雌蚜体长 2 mm，近圆形，体色暗褐色或黑褐色，胸腹部背面有网纹，足淡黄色。卵：长椭圆形，黑色，有光泽。若虫：若虫与无翅胎生雌蚜相似，无翅，体较小，淡黄绿色或淡棕色。

（2）为害特征　成蚜、若蚜群集于嫩芽、嫩叶上为害，刺吸汁液，被害叶片大多扭曲变形，受害严重新梢不能抽出。排泄蜜露引致煤烟病发生。

4. 苜蓿蚜（别名：花生蚜、蚕豆蚜、菜豆蚜、槐蚜）

（1）形态特征　有翅胎生雌蚜：体长 1.5 mm、1.8 mm，黑色或黑绿色，有光泽。触角 6 节，淡黄色，与体长约等同，第三节具感觉孔 4~7 个，多数具 5~6 个，第一、第二节黑褐色，第三、第六节黄白色。复眼黑褐色，翅为橙黄色。足黄白色，前足胫节端部、跗节和后足基节、转节、腿节、胫节端部褐色。腹部第一、第六节背面各有条纹斑，第一节和第七节各有 1 对腹侧突。腹管细长，圆筒状，端部稍细，为尾片的 3 倍，漆黑色。尾片乳突状，黑色，茎部缢缩，两侧各有刚毛 3 根。

无翅胎生雌蚜：体长 1.8~2 mm，黑色、黑绿色，有亮光，体被薄的蜡粉，有的胸部和腹部前半部有灰色斑。触角 6 节，长度为体长的 2/3，第一、第二节和第五节端部和第六节黑色，其余白色。腹管圆筒形，长为尾片的 2 倍。尾片与有翅胎生雌蚜相似。

卵：长椭圆形，较肥大，初产淡黄色，后变草绿色，最后至黑色。

有翅胎生若蚜：体黄褐色，体被蜡粉。腹管细长，黑色，为尾片的 5~6 倍。

无翅胎生若雌蚜：黑褐色或灰紫色，体节明显。

（2）为害特征　成蚜、若蚜聚集在植物嫩茎、嫩梢、嫩芽上刺吸为害，严重时植株生长停滞、矮小，叶片卷曲，分泌蜜露引致煤烟病。

5. 番木瓜圆蚧（别名：东方肾圆蚧、东方片圆蚧、番木瓜蚧）

（1）形态特征　成虫：雌成虫圆形或近圆形，暗紫色。具 2 个蜕皮壳，第一个在介壳中央，深紫色，第二个蜕皮壳褐色，与第一个蜕皮壳重叠。雌成虫在介壳下面，虫体圆形，体长 1 mm，体色鲜黄色，头胸部较宽，呈马蹄形。翅、触角及足退化，口器可见。臀板上有 3 对，臀叶外侧的臀栉梳状分裂仅 1 瓣。雄虫介壳比雌成虫小，长椭圆形，第一次蜕皮在介壳的一侧，虫体淡橙黄色，体长约 1 mm，触角丝状，有半透明前翅 1 对，腹末有产卵器。

卵：较小，生产于介壳之下。

（2）为害特征　成虫、若虫在植株主干、果实、嫩芽、叶、果柄上为害，刺吸组织汁液，被害部位不转黄色。被害植株长势不良，生长缓慢，抗寒性下降；受害果不能正常成熟，味淡肉硬，品质变劣。

6. 朱砂叶螨（别名：棉红蜘蛛、棉叶螨、红叶螨）

（1）形态特征　成螨：雌螨体长 0.48~0.55 mm，体宽 0.32 mm。椭圆形，体色随不同寄主而不同，大多为锈红色或深红色，体背两侧各具 1 对黑斑，肤纹突三角形至半圆形。雄螨体长 0.36 mm，体宽 0.2 mm，虫体两侧各具 1 条长形条斑，有时断开分成 2 段。前端圆形，腹末稍尖，体色较淡。足 4 对，无爪，足及虫体前具毛，虫体背面具长毛 4 列。

卵：圆球形，直径 0.13 mm，淡黄色，孵化前为淡红色。

幼螨：足 3 对，近圆形，透明，取食后变绿色。

若螨：足 4 对，与成螨相似，后期体色变红。

（2）为害特征　成螨、幼螨、若螨群聚在植株叶、果实、叶芽、果柄吸食汁液。被害部位出现无数灰白斑点，使植株长势减弱，影响植物光合作用，严重为害会出现落果、落叶现象。

7. 双线盗毒蛾（别名：棕衣黄毒蛾、黄尾毒蛾）

（1）形态特征　成虫：体长 10~13 mm，翅展 20~38 mm，体色黄褐色，头部橙黄色，胸部棕褐色，腹部褐色，前翅赤褐色，略带紫色闪光，胸部有 2 条黄色弧状曲横线，前缘、外缘和缘毛柠檬黄色，外缘和缘毛被 3 个浅黄色斑分割。后翅黄色。

卵：近扁圆形，直径约 0.7 mm，卵粒排列成块状，覆盖有黄褐色或棕色绒毛，初时白色，后变为红褐色。

幼虫：体长约 22 mm，大多灰黑色，有长毒毛。头浅褐色，前胸橙红色，后胸红色，体色黄黑相间，背面中央贯穿有红色线，各腹节两侧各有黑色毛瘤。

蛹：褐色，长约 13 mm，圆锥形，化于疏松薄茧中。

（2）为害特征　以幼虫为害植株的嫩芽、嫩叶、花蕾和幼果，取食叶片形成缺刻或孔洞，甚至将叶片完全食光，仅留叶脉，啃食嫩芽及幼果，使果皮粗糙木栓化。

8. 柑橘小实蝇（别名：橘小实蝇、东方果实蝇）

（1）形态特征　成虫：体长 7~8 mm，虫体黄色与深黑色相间。复眼之间黄色，单眼 3 个，排列成正三角形单眼区，黑色。胸部背面大部分黑色，前胸肩胛鲜黄色，中胸背板两侧各有 1 黄色纵线，与黄色小盾片成一鲜黄色"U"字。翅透明，翅脉黄褐色，翅前缘中部至翅端有带状灰褐色斑纹。腹椭圆形，黄色至赤黄色，第一、第二节背面各有一黑色横带，从第三节开始腹部背面中央有 1 条纵带直抵腹端，形成一明显"T"字形斑纹。雄虫腹部 4 节，雌虫腹部 5 节，雌虫产卵器发达，由 3 节组成。

卵：乳白色，梭形。

幼虫：蛆形，体长约 10 mm。

蛹：椭圆形，体长约 5 mm，宽 2.5 mm，淡黄色。

（2）为害特征　成虫产卵于果实，幼虫孵化后在果实中蛀食。被害果常未熟先落，常常造成严重落果。

(三) 防治原则

贯彻"预防为主,综合防治"的植保方针,以改善番木瓜园生态环境为核心,加强栽培管理为基础,搞好果园清洁,选用抗病虫、耐病虫的优良品种,注意保护天敌,综合应用各种防治措施。

1. 农业防治

①选用抗病虫能力强的优良品种。

②培育健苗壮苗。

③搞好果园清洁。经常巡查,及时灭除果园内外杂草,摘除枯枝、残叶、残果,集中烧毁或深埋,减少初侵染源。

④园内合理间作,适当疏植(推荐株行距:1.5~2.35 m)。注意瓜园内通风、透光,避免过度密植,创造良好的生态环境,利于保护天敌。

⑤加强田间肥水管理,搞好果园的排水系统,避免积水。氮、磷、钾肥应合理搭施,避免偏施氮肥,增施有机肥和复合微生物肥。促进植株健壮生长,增强植株抗病虫害的能力。

⑥番木瓜瘤肿病属于缺硼的生理性病害,要及时补充硼元素。在植株现蕾时,于植株旁挖一小穴,每穴施硼砂2~5 g或硼酸3 g,1~2次。或用0.12‰硼酸喷洒叶面,每隔7 d喷1次,连喷3~5次。

2. 生物防治

保护和利用天敌。采用助育和人工饲放天敌控制害虫,利用昆虫性外激素诱杀或干扰成虫交配。

3. 物理防治

通过灯光诱杀、人工捕捉、果实套袋等措施防治病虫害。

4. 化学防治

本节质量要求推荐的药剂是经我国农药管理部门登记允许使用的。当新的有效农药出现或者新的管理规定出台时,以最新的规定为准。

宜使用生物源农药、矿物源农药以及低毒、低残留农药。具体如下。

杀虫剂:啶虫脒、苏云金杆菌、马拉硫磷、氯氰菊酯·毒死蜱、敌百虫、阿维菌素、多虫清、鱼藤酮、除虫菊、吡虫啉等。

杀菌剂:甲基硫菌灵、多菌灵、三唑酮、腈菌唑、戊唑醇、甲霜灵·锰锌、波尔多液、乙磷·锰锌、霜霉威、代森锰锌、咪鲜胺锰盐、噻菌灵、咪鲜胺、丙环唑、百菌清等。

限用中等毒性有机农药:毒死蜱、抗蚜威、敌敌畏、溴氰菊酯、乐果、氯唑磷、杀虫双、速螨酮等。

不应使用国家严令禁止的农药:敌枯双、二溴氯丙烷、普特丹、培福朗、18%蝇毒磷乳粉、六氯化苯、滴滴涕、二溴乙烷、杀虫脒、氟乙酰胺、艾氏剂和狄氏剂、汞制剂、毒鼠强、甘氟、甲胺磷、甲基对硫磷、对硫磷、久效磷、磷胺、甲拌磷、甲基异柳磷、特丁硫磷、甲基硫环磷、治螟磷、内吸磷、克百威、涕灭威、灭线磷、硫环磷、蝇毒磷、地虫硫磷、氯唑磷、苯线磷等。

主要病害的化学防治如下。

①真菌病害。采后果腐病果实用 46~48 ℃、含 1 000 g/L 噻菌灵或 50 g/L 咪鲜胺的热水浸泡 20 min，也可用含这些药剂剂量的 54 ℃热水喷雾处理 3 min。

②炭疽病。用 70%甲基硫菌灵可湿性粉剂 800~1 000 倍液，或 40%硫磺·多菌灵悬浮剂 250~300 倍液，或 50%多菌灵可湿性粉剂 800 倍液，或 50%咪鲜胺可湿性粉剂 1 500~2 500倍液，在发病季节每隔 10~15 d 喷药 1 次，连续 3 次。药剂轮换使用。

③叶斑病。发病初期用 80%代森锰锌可湿性粉剂 500~600 倍液，或 70%甲基硫菌灵可湿性粉剂 600 倍液喷雾，每隔 7~10 d 喷 1 次，连施 2~3 次。

④白粉病。发病期间定期喷 25%三唑酮可湿性粉剂 1 500 倍液，或 43%戊唑醇悬浮剂 4 000 倍液，或 12.5%腈菌唑乳油 1 000 倍液。

⑤根腐病。用 75%敌磺钠可溶性粉剂 800~1 000 倍液，50%多菌灵可湿性粉剂 500 倍液对初发病植株灌根，每隔 10 d 施 1 次，连续 2~3 次。

⑥疫病。发病初期喷洒 58%甲霜灵·锰锌可湿性粉剂 600 倍液或 72%霜脲·锰锌可湿性粉剂 500 倍液。

⑦黑腐病。用 72.2 g/L 霜霉威水剂 4 000 倍液，或 50%多菌灵可湿性粉剂 500 倍液对初发病植株灌根，每隔 10 d 施 1 次，连续 2~3 次。

⑧霜疫病。发病初期喷洒 58%甲霜灵·锰锌可湿性粉剂 600 倍液，或 70%乙铝·锰锌可湿性粉剂 500 倍液，或 72%霜脲·锰锌可湿性粉剂 600 倍液，或 50%烯酰·锰锌可湿性粉剂 800 倍液。

⑨细菌病害化学防治。发病初期喷施波尔多液或喷施石硫合剂。

⑩线虫病害化学防治。发病严重的果园用杀线虫剂施药 2 次，每隔 10 d 施 1 次。可用 10%噻唑膦颗粒剂，用量 12.5~15 kg/hm^2，在离番木瓜茎基部 20 cm 左右处的东、南、西、北 4 个方位拨开 5 cm 表土后埋施。

⑪病毒病害化学防治。蚜虫是病毒病传播的主要媒介，药剂防除传播花叶病的蚜虫，在蚜虫初发期喷药灭蚜。

主要害虫的化学防治如下。

①蚜虫类。用 50%抗蚜威可湿性粉剂 2 000~3 000 倍液，或 20%啶虫脒可湿性粉剂 4 000~6 000倍液喷雾，或 10%吡虫啉可湿性粉剂 1 500~2 000 倍液。

②朱砂叶螨。用 5%噻螨酮乳油 2 000 倍液喷雾，或 50%苯丁锡可湿性粉剂 2 000~2 500倍液喷雾。注意尽可能选用对朱砂叶螨的天敌食螨瓢虫、亚非草蛉及塔六点蓟马、钝绥螨和蜘蛛类等杀伤作用小的化学药剂。

③双线盗毒蛾。用 2.5%溴氰菊酯乳油 3 000~5 000 倍液，或 16 000 IU/mg苏云金杆菌可湿性粉剂 500 倍液，或 5%氟啶脲乳油 1 000 倍液，或 50%氯氰·毒死蜱乳油 1 500倍液，或 1%甲氨基阿维菌素苯甲酸盐乳油 3 000 倍液喷雾。

④蚧类。在若虫初孵期，用 80%敌敌畏乳油 1 500~2 000 倍液，或 25%噻嗪酮可湿性粉剂 1 500~2 000 倍液喷雾防治。

⑤柑橘小实蝇。用 80%敌敌畏乳油，或与 90%敌百虫可溶粉剂轮用，用水稀释

800～1 000倍液喷雾。

五、番木瓜长尾实蝇检疫鉴定方法

(一) 番木瓜长尾实蝇基本信息

中文曾用名：弯尾托实蝇、木瓜驮实蝇、美洲番木瓜实蝇、长尾实蝇、美洲木瓜实蝇。

分类地位：双翅目实蝇科实蝇亚科驮实蝇属。

成虫飞行，卵、幼虫等随果实传带是主要传播途径；蛹可随土壤或栽培介质传带。包装物、集装箱、邮包和交通工具等均可成为该虫远距离传播的载体。

该属现已知共有7种实蝇，但除番木瓜长尾实蝇和驮实蝇有形态方面的描述外，其余种类均未见有描述。

(二) 方法原理

根据番木瓜长尾实蝇的为害状，通过检疫发现疑似番木瓜长尾实蝇的幼虫、蛹或成虫幼虫或蛹需饲养至成虫，用体视显微镜观察成虫形态特征，根据成虫形态特征对种类进行判定。

1. 地理分布

主要分布在新热带界和新北界部分区域，包括：美国（得克萨斯南部和佛罗里达）、加勒比地区、印度（西部）、巴哈马、伯利兹、哥伦比亚、哥斯达黎加、古巴、多米尼加共和国、萨尔瓦多、危地马拉、海地、洪都拉斯、墨西哥、荷属安的列斯群岛、加拉瓜、巴拿马、波多黎各、特立尼达和多巴哥、委内瑞拉。

2. 寄主植物

该虫主要为害番木瓜，也可为害杧果。

3. 生物学特性

番木瓜长尾实蝇的单雌产卵量可达100粒以上，单雌单次产卵可达10粒或以上。卵通常产在直径为5.0～7.6 cm的青果中，雌虫通过产卵器刺穿果肉产卵，卵细长，产于果实中间，卵期为15～16 d，虫孵化后取食果肉补充营养。幼虫由内向外取食果肉，老熟后穿透果皮，掉土中化蛹，2～6周后蛹羽化为成虫。雌雄成虫交配后即可寻找合适的果实产卵。

4. 番木瓜长尾实蝇的为害

果实受该虫为害后，颜色逐渐变黄，果肉被食，并导致落果。在佛罗里达州，该虫的为害高峰发生于春季和夏季，果实受害率可达2%～30%。

(三) 器材和试剂

1. 器材

手持放大镜、体视显微镜、干燥箱、冰箱、养虫箱、防虫网罩、玻璃棉、养虫杯、载玻片、盖玻片、解剖刀、解剖针、昆虫针、指形管、三级台、标签、量筒、烧杯、白瓷盘（大号、小号）。

2. 试剂

10%氢氧化钠（或10%氢氧化钾）溶液、封片胶、苯酚、75%乙醇、丙三醇、阿拉伯树胶、蒸馏水、保存液（量取75%乙醇100 mL，加入1 mL丙三醇）。

3. 现场检疫

在检疫现场检查腐烂果和变色果等。用手持放大镜观察果实表皮有无蛀孔，检查果实表面和附近有无成虫活动，如发现果实上有为害孔时，用解剖刀将果实剖开，检查果实内是否有幼虫。检查包装材料、集装箱和残留栽培介质有无幼虫或蛹。如发现有幼虫、蛹或成虫，用指形管盛装。指形管加标签或编号，记录时间、地点、寄主、采集人等，带回实验室。成虫的标本制作方法如下。

（1）成虫标本制备　如果成虫虫体已干硬，在制备标本前应进行软化处理。取一小型干燥器，加入干净细沙约2 cm，加水至漫过细沙表面约1 cm，并滴加苯酚以防标本腐烂，上层放待软化的成虫标本，密闭1 d，制成针插标本。制作针插标本时，用微型昆虫针从虫体腹面插入，不穿透背板，并将昆虫针末端插在小三角纸上，另用2号针反向插上用于固定小三角纸，用解剖针对实蝇触角、足、腹部、产卵管等细心进行整姿并通过三级台固定标本高度，再插上标签。标签宜采用白色硬质纸，并应记录标本的采集时间、地点、寄主及采集者等信息。

（2）成虫外生殖器玻片标本制备　用解剖刀取成虫标本腹节，置于10%氢氧化钠（或10%氢氧化钾）溶液中，浸泡12 h（或煮沸3 min）后取出，用蒸馏水洗净，在体视显微镜下，用解剖针挑取阴茎或产卵器，制成玻片标本。

（3）幼虫玻片标本制备　用昆虫针在幼虫体壁上刺戳数个小孔，置于10%氢氧化钠（或10%氢氧化钾）溶液中浸泡12 h（或煮沸3 min）后取出，用解剖针将幼虫体中的残留物挤压出并用蒸馏水洗净；在体视显微镜下挑取口钩、前气门和后气门等部位，制成玻片标本。

（4）浸泡标本　可用无水乙醇浸泡并冷冻保存成虫标本以用于分子生物试验。

（四）实验室鉴定

1. 实蝇科成虫的形态特征

实蝇科成虫翅上常具有精致的斑纹，体上装饰华丽，下侧额相当发达。前缘脉在前缘室段具2个断裂处。亚前缘脉的端段几乎呈直角朝前缘脉弯曲，弯曲段变弱或消失。亚前缘脉完整并与R1脉分离，R1脉上具钝毛；R脉不分支。后气门的下缘无钝毛。足不延长，胫节无端前。雌虫产卵器3节；其基节由第七腹节背腹相合而成，并呈管状。雄虫第五腹节腹板后缘具凹陷；具发达的侧尾叶和抱握器。

2. 实蝇亚科成虫的形态特征

中胸背板具肩板（在某些种类中如在Phytalmini族中该鬃甚退化）cup室后端角延伸段中等长，或甚短。bm室与cup室近等宽。小盾片背面平坦。具3个受精囊。翅脉R4+上小常较少，且小鬃分布远不及rm横脉处。眼后鬃细直且黑褐色。上前侧片的后缘缝明显。

3. 驮实蝇属成虫的形态特征

驮实蝇属实蝇形似姬蜂。体形细长，黄色，伴有暗棕色斑纹。翅面上仅有宽阔的前缘带和沿着肘室（cup）的淡色条带背板中部有纵向凹陷；翅脉R2+3具3个锐弯，并伴有杂散脉；头部和胸部的毛短小或无；雄虫翅的前缘毛粗壮、腹部细长具柄，第一、

第二腹节中部收窄。背中和翅后的大小相似；侧尾叶短；产卵器基节管状，长度不短于腹部长，基部具凸缘状的侧叶；翻转膜基部宽；产卵管细长，具 3 个受精囊。

4. 番木瓜长尾实蝇的形态特征

（1）成虫　雌、雄成虫鉴定特征如下。

①雌成虫。体型似姬蜂，体长 8.4～12.5 mm，具褐色和黄色斑。

头部：具上侧额 1 对（较弱），下侧额 3 对；单眼短小或缺如；具内、外顶和颊鬃；额颜角近直角；触角与颜面近等长。

中胸背板：淡黄色或褐色，无背中，具 1 对始于背板前缘的黑色中纵条，该纵条不伸达背板基部，故与基部黑色斑不相连；背板基部黑色斑与小盾片基部黑色横带相连；横缝前与横缝后两侧各具黑色斑；小盾片上无分离斑，小盾 1 对。

足：前足、中足和后足腿节的暗色斑段占各自腿节长的比例分别为 30%～100%、40%～50% 和 50%～60%。

翅：翅前缘带覆及 R+脉，bm 室狭窄，呈三角形，长是宽的 3.5 倍，宽是 cup 室宽的 1～1.5 倍。

腹部：具柄状结构。产卵器基节长，且弯曲上拱，长 11～20 mm，是第五腹背板长的 20 倍。

②雄成虫。体长 11～13.5 mm，翅长 8.5～11 mm，腹部无明显柄状结构，无长而弯曲的产卵器，其余特征和雌成虫相似。

（2）卵　卵长约 2.5 mm，最宽可达 0.2 mm，细长，黄色，并具圆柱状的长柄。

（3）幼虫　低龄幼虫白色，蛆形，细长，前段收窄，并具口钩，尾端扁平。老熟幼虫体长 13～15 mm，口脊齿 1～15 排，前气门具 22～28 个指突。

（4）蛹　围蛹长 8.5～12 mm，黄色、深棕色或者近黑色，蛹体粗壮，长椭圆形，两端钝圆；围蛹的颜色与老熟程度无关，一些围蛹羽化前仍为浅色。

5. 术语

（1）颜面　头部的前面，复眼间介于触角和口上片之间的区域。

（2）顶鬃　位于头顶、两复眼与单眼三角区之间的 2 对鬃。

（3）内顶　靠近单眼的 1 对顶鬃。

（4）外顶鬃　靠近复眼的 1 对顶鬃。

（5）颊　着生于颊上的。

（6）上侧额鬃　位于额区靠头顶的 1 对。

（7）下侧额　位于额区，并在上侧额下方的 2 对或 3 对。

（8）中胸背板　中胸胸节的背板。

（9）小盾片　中胸板后缘被刻痕分开的三角形骨片。

（10）小盾　小盾片上的 1 对或 2 对。

（11）横缝　横走于中胸背板，自背侧板胛内缘向背板中部延伸的刻痕。

（12）产卵器　雌成虫腹端用于产卵的结构。

（13）口钩　位于幼虫头咽骨的前部，为成对的曲状骨化钩状结构，在其腹缘上常附有小齿。

（14）前气门　位于幼虫第一胸节侧面，外缘具有数量不定的管状突起的结构。

（15）后气门　位于幼虫末节中线到背缘间，由 2 对或 3 对各自近平行的气门裂组成的结构。

（五）标本保存

1. 成虫标本及玻片标本的保存

已鉴定完成的成虫标本或相应的用封片胶封片后的玻片标本，贴上注明时间、地点、寄主、采集人、学名和鉴定人等信息的标签，置于干燥箱中干燥数日，然后移入标本柜中保存，保存过程中注意防虫和防潮。

2. 幼虫和围蛹标本的保存

将采集到的幼虫或围蛹用蒸馏水清洗后，投入（60±5）℃热水中浸泡杀死，置于室温下冷却，再将冷却后的幼虫或围蛹置于保存液中保存，并贴上注明时间、地点、寄主、采集人、学名和鉴定人等信息的标签。每 6 个月更换保存液，更换数次之后可永久保存。

六、出口番木瓜蒸热处理操作规程

（一）处理前要求

1. 出口番木瓜鲜果要求

①番木瓜须产自经检验检疫机构考核取得注册登记资格的番木瓜果园。

②番木瓜须是经过挑选、清洗，剔除损坏或感染病虫害的果实，并且不杂带其他植物组织或器官（叶、枝等）。

③番木瓜果实测量或称重的设备须经校准。每处理批至少测量或称重 30 个可疑番木瓜。若番木瓜果实不符合输入国要求，须重新评估和选果。

④不同批次出口番木瓜的果心温度差别不应超过 3 ℃。

2. 蒸热处理设施要求

①蒸热处理设施应设在经检验检疫机构登记注册的包装厂内。

②首次出口前，蒸热处理设施须经进出口国双方检验检疫机构注册、审核和认可。

③蒸热处理场所应保持卫生洁净，有专门的防虫措施，并及时清除损伤果、劣果或受感染的果实。

④蒸热处理操作员需经过专门培训和考核。

⑤蒸热处理前，蒸热处理设施须经检疫官进行 1 次设备检查，确保蒸热处理设施和蒸热室处于良好工作状态，所有安全和检疫措施到位，温度探针工作正常。设备检查后，检疫官协助蒸热处理操作员进行温度探针校正。

⑥每次蒸热处理鲜果体积不低于蒸热处理室体积的 1/3。

⑦所有量度仪器需定期校正且保留记录以备审核。

（二）处理技术指标

在升温和处理温度期间，温度记录仪每 5 min 自动记录 1 次探针温度、湿度，整个蒸热处理过程（包括升温、处理和冷却）时间不少于 4 h。

果心温度 47 ℃，处理时间 0 min。检疫处理有效指标为死亡率 99.996 8%；蒸热处理中 3 万只试虫全部死亡，无一活虫。

（三）蒸热处理

1. 装载

①出口番木瓜鲜果以专用塑料筐装载后，均匀排列于蒸热托盘上，把盛载的蒸热托盘推入蒸热处理室内相应的蒸热堆位。

②核查每批进入蒸热处理室的番木瓜数量，热处理室内果实盛载量应不少于最大盛载限量的 1/3。

2. 温度探针安插

①每个蒸热托盘至少安插 1 个探针，安插位置根据温度测试结果确定，一般最低温度分布区在货物顶层的中间或边角温度最低部位。每一批蒸热处理至少要使用 9 个温度探针。

②取较大的番木瓜，将探针从果实末端纵向插入至果实中心附近，但探针尖端不能处于果腔中。

③插探针的测温果实置于该筐最上层，探针线须固定。

3. 实施蒸热处理

①操作员关闭蒸热处理室门，上锁，开始运行蒸热处理设备。

②检疫官启动温度自动记录仪，蒸热处理期间须检查蒸热处理室有无漏气或其他问题，确保处理按认可的方法进行。

③在升温期间，每 5 min 温度记录仪自动记录 1 次探针温度。

④在蒸热处理室中，相对湿度 60%~90%，使用饱和热蒸汽由室温在 3.5 h 内缓慢加热至果心温度 43 ℃，此过程约占整个处理时间的 2/3；当果心温度达到 43 ℃时，蒸热处理室相对湿度 >90%，继续使用饱和蒸汽快速加热至果心温度 47 ℃。

⑤当所有的果心温度达到指定处理温度 47 ℃时，蒸热处理结束，同时开启蒸热处理室门。

⑥继续在蒸热处理室中以冰水喷雾方式降温，使果实中心温度自 47 ℃迅速降至 30 ℃或以下。

4. 蒸热处理结果确认

①每批出口番木瓜蒸热处理结束后，检疫官应检查温度记录数据，确认升温时间、处理温度、处理时间和记录间隔等数据符合要求，并确认升温时间和处理时间是连续的。

②当检疫官确认整个处理过程符合规定要求，须在温度记录纸上签名，标明处理批次和日期，未使用的温度探针应于温度记录表上注记。

③有以下情况者判定蒸热处理无效，由检验检疫机构与出口商确定是否须重新处理该批出口番木瓜，或将该批番木瓜从蒸热处理室移到未处理区。

一是包括升温和冷却整个过程时间以及记录间隔不符合必需条件；二是温度探针没有温度记录资料；或在处理时，任何测温果实的果实中心温度低于规定的处理温度。

5. 记录保存

①蒸热处理完成后所有温度记录须在蒸热处理厂至少保存 2 年。

②保存蒸热处理室发现故障和维修记录。

③记录并保存番木瓜从运到蒸热处理场所至出口这一时间内的移动情况的工作日志。

④保存所有量度仪器定期校正的记录。

⑤记录资料须妥善保存，以备溯源。

（四）贮存

处理后的果实在 15~16 ℃环境下冷藏存放。

经蒸热处理后的番木瓜在出口前，在冷藏设施单独贮存，或与销售到其他地区或国家的水果隔离贮存，或已包装好的出口番木瓜从包装厂直接转移到冷藏运输集装箱中。

贮存有效期限为自蒸热处理之日起 6 d 内。

（五）蒸热处理设施注册许可

1. 蒸热设施规划要求

①蒸热处理场所应包括检疫区、集货区、选别区、蒸热处理区、冷藏区、包装区和存储区等场所，这些场所在出口前的整个处理、包装、贮存和运输过程能够与其他水果分开或隔离。

②包装区须紧邻蒸热处理区，其窗口或其他通往外界的通道、开口必须用孔径小于 1.6 mm 防虫网隔离。

③蒸热处理场所应有适当处理烂果和废果安全卫生措施。

④蒸热设施应有差压蒸热装置，能在 4 h 连续升温时间内使蒸热处理室空间温度上升至 50~52 ℃，果心温度达 46~48 ℃。

⑤蒸热设施具有自动温度、湿度记录仪，并且须能容纳足够数量的温度、湿度探针以测定蒸热处理室内设置在上、中和下层每层 1 个以上位置的果心温度，以及 1 个以上位置的空间温度、湿度。

⑥自动温度、湿度记录仪能记录所有温度、湿度探针测定的数据；温度记录显示的精确度为±0.1 ℃，并能按一定的时间间隔（如每隔 5 min）打印输出每个探针记录的时间和温度、湿度数据。

2. 温度探针校正

（1）校正方法　蒸热处理室温度探针由植物检疫官员校正。

（2）校正频次　具体如下。

①在蒸热处理季节，每隔 14 d 须校正温度探针。

②当自动温度记录仪发生故障或零件更换时须校正温度探针。

③检疫官认为必要时须校正温度探针。

3. 温度测定

①所有温度探针须进行温度测试，以确认探针对蒸热处理室内温度变化能否准确感应。

②根据温度测定结果确定蒸热处理室内温度分布状况，温度探针将安置于蒸热处理室内最低温度区。

③温度测定时蒸热处理室内番木瓜重量不少于 750 kg，且大小、成熟度和品种与出

口季节处理一致。

④温度探针放置于蒸热处理室内上、中、下层以及每一层的前、后、左、右、中方向共 15 个位置进行温度测试。

4. 蒸热处理测试

①在每一个处理季节开始时，须对蒸热处理设施进行测试，确认其处于有效状态，各项技术指标符合输入国规定的蒸热处理要求。

②蒸热处理测试须在最大装载量下进行。

③温度探针根据温度测定结果放置于最低温度区。

④蒸热处理测试期间，应检查蒸热处理室密封性能和安全保护措施，确认蒸热处理每一工作程序处于正常工作状况。

⑤处理结束后，检查温度记录数据，所有温度探针温度须达到处理温度。

5. 测试频次

蒸热处理设施应每年验证测试 1 次，通常在进行蒸热处理季节开始时。当蒸热处理设施因损坏或故障而改变性能时应重新验证测试。

七、番木瓜种苗质量安全标准要求

（一）要求

1. 外观

植株生长正常，无机械性损伤，叶片浓绿；种苗的苗龄春夏播苗 40 d，秋播苗 60 d，炼苗时间不少于 10 d；出圃时营养袋（杯）完好，营养土完整不松散。

2. 疫情

无检疫性病虫害。

3. 质量

种苗质量应符合相关标准的规定。

（二）试验方法

1. 外观检验

植株外观、营养袋（杯）、营养土的完整度用目测法检验，苗龄根据育苗档案核定。

2. 疫情检验

按中华人民共和国国务院令 1992 年第 98 号和中华人民共和国农业部令第 5 号中有关规定进行。

3. 质量检验

（1）种苗高度　用钢卷尺测量营养土面至种苗顶端的高度，单位为 cm，保留 1 位小数。

（2）种茎粗度　用游标卡尺测量离营养土面 1 cm 处种苗的直径，单位为 cm，保留 2 位小数。

（3）叶片数　用目测法观测，记录叶片的数量。

4. 纯度检验

按照 GB/T 3543.1—1995 的规定执行。

（1）组批　同品种、同一产地、同一批种苗作为一个检验批。种苗在出圃前现场检验。

（2）抽样　按 GB 9847—2003 的规定进行，采用随机抽样法。

5. 判定规则

（1）一级苗评判　同一批检验种苗中，允许有5%的种苗低于一级苗标准，但应达到二级苗标准，超过此范围，则为二级苗。

（2）二级苗评判　同一批检验种苗中，允许有5%的种苗低于二级苗标准，但应达到三级苗标准，超过此范围，则为三级苗。

（3）三级苗评判　同一批检验种苗中，允许有5%的种苗低于三级苗标准，超过此范围，该批种苗为不合格种苗。

（4）复检规则　如果对检验结果产生异议，允许采用备用样品（如条件允许，可再抽一次样）复检1次，复检结果为最终结果。

（三）包装、标签和运输

1. 包装

种苗销售或调运时应包装完好，包装容器应方便、牢固。

2. 标签

种苗销售或调运时应附有质量检验证书和标签。

3. 运输

种苗在运输、装卸过程中，应注意防止日晒、雨淋，用有篷车运输。当运到目的地后立即卸苗，置于荫棚或阴凉处，并及早定植。

第七节　番石榴

一、番石榴产品及产业特点

番石榴（*Psidium guajava* Linn.）桃金娘科乔木，高达 13 m；树皮平滑，灰色，片状剥落；嫩枝有棱，被毛。叶片革质，长圆形至椭圆形，先端急尖或者钝，基部近圆形，上面稍粗糙，下面有毛，侧脉常下陷，网脉明显；叶柄长 5 mm。花单生或者 2~3 朵排成聚伞花序；萼管钟形，有毛，萼帽不规则裂开；花瓣白色；雄蕊长 6~9 mm；子房下位，与萼合生，花柱与雄蕊同长。浆果球形、卵圆形或梨形，顶端有宿存萼片，果肉白色及黄色，胎座肥大，肉质，淡红色；种子多数。

番石榴是一种适应性很强的热带果树。原产于美洲热带，16 —17 世纪传播至世界热带及亚热带地区，如北美洲、大洋洲、太平洋诸岛、印度尼西亚、印度、马来西亚、北非、越南等。约在 17 世纪末传入中国。印度是全球最大的番石榴生产国，番石榴种植面积为 203 万 hm²。番石榴在过去的 40 年中增长了 64%。目前，印度番石榴产量估计为 1 765万 t。中国平均每年生产 436.63 万 t 番石榴，番石榴种植主要在南部地区，包括台湾、海南、广东、广西、福建、江西、云南等地均有栽培，有的地方已逸为野生果树。

番石榴维生素含量很高，是一种营养比较丰富的水果，而且最让人意外的是其热量出奇得低，比苹果的热量都要低 25%，脂肪含量更是可以忽略不计，仅为 0.1%，所以说这种口感虽然不讨好的番石榴，营养成分并不少，而且热量、脂肪却很低，是一种很保健的水果。但现在番石榴种植前景实际上不是很乐观，主要有 3 个原因。一是目前番石榴的市场价格不高；二是番石榴分布广泛，种植规模大，产量高；三是番石榴目前的市场需求和产量比较稳定，而且有供过于求的迹象。

番石榴品种很多，常见的红心芭乐、珍珠番石榴、白心番石榴、西瓜芭乐、红宝石芭乐、胭脂红芭乐、巴西番石榴等，市场上较热门的品种是红宝石芭乐。提高果实品质是产业发展的可循之道。

番石榴园地所在处也是其品质的关键。阳光充足、附近有足够的水源、周边要有防护林避免强风影响，且土壤肥沃、排水良好之壤土，此为番石榴树最佳生长环境所在。如果不能满足以上几点，番石榴生长及产果的品质直接受到影响。这就需要对果园周边环境进行改造，不过这会增加资金投入的成本。若果农自身果园环境及资金有限，无法在前期完成环境改造，就需在种植后视生长挂果的品质，进行各种必要的改进工作。

依番石榴的施肥标准，在施肥前要根据土壤、园内不同方位的果树叶片的营养分析、每季的结果数量去施肥，且要将土壤 pH 调整在合适的范围内。同时应通过土壤分析仪，检测土壤理化性质及土壤排水等性质，可有效地提高肥料施用效率。

尤其要注意，番石榴根系浅，果园应排水良好或于种植前先建好排水设施，以免因浸水造成植株生长不良。对土壤的改良要依据它们最适合的土层肥沃、pH 5.5~6.5 范围去进行；南方土壤则较酸，因此 pH 的调整是种植前首先要进行的步骤。

番石榴周年多次产果，产量又高，如此果树的养分消耗较为迅速。可通过有机肥的施用，维持养分的供应，又能达到改善土壤的目的。可施用饼肥、堆肥等富含有机质的肥料，每年施 2~3 次，每次有机肥的种类，应要与上次不同，可防止营养要素不均衡进而影响产果的品质。

以 4~5 年生的番石榴为例，每棵每年施 15 kg 堆肥，以每亩平均 50 棵的密度，则每年施用 1.5 t 堆肥。施用的时间可在中耕时进行，将堆肥加少量的化学肥料翻耕入土。若不是自己腐熟的有机肥，而是购买的，需确认是不是发酵完全，有没有已经添加过化学肥料。如若是添加过的，就不可再加入化学肥料，以防造成肥害。

番石榴加工技术发展较缓慢，目前可见的加工产品包括果脯、果汁和果粉，但市售范围都较小。

二、番石榴栽培技术规程

（一）建园

1. 园地选择

园地环境质量应符合 NY 5010—2016 的规定。选择最低月平均温度 10 ℃（15 ℃以上为栽培最适宜区）以上，土层深厚、富含有机质的砂壤土，排灌水良好的平地，或坡向东南到西南向的坡地，pH 5.5~7.5。

2. 苗木选择

品种纯正，砧穗愈合良好，嫁接口以上 6 cm 处枝干直径 0.8 cm 以上，苗高 45 cm。

（二）繁殖

番石榴可用实生、扦插、圈枝（空中压条）和嫁接法育苗。由于根系能发生根蘖，也可以用分株法。但实生繁殖有变异性，最好用营养袋繁殖。

1. 嫁接

一般选用本砧，当苗木直径达 0.7 cm 时，即可嫁接。可用芽接或枝接法。时间以冬春季为宜。接穗不宜过老或过嫩，以刚脱皮的枝条为宜。在接穗采集前 10~15 d，摘去叶片，待芽将要萌发时剪取，效果最佳。砧木粗壮，积累养分多，有利于嫁接成活。一般芽接后 1 个月解绑，接芽愈合成活后剪砧，促使接穗萌发生长，1 年后可出圃定植。

2. 圈枝

选直径 1.2~1.5 cm 的 2~3 a 生枝条，在距枝梢顶端 40~60 cm 处环剥，环剥宽 2~3 cm，包上生根介质。包生根介质前用吲哚丁酸（IBA）水溶液或羊毛脂涂环剥口，能促使早发根，根量多，成活率也高。2 个月后，新根生长密集时将其锯离母株假植。发二次新梢并转绿后种植。

要提高圈枝成苗率应注意 4 点：一是待发 3 次新根时再锯下假植；二是最好用营养袋假植培育；三是假植时剪去大部分枝叶，但不要全剪，防止发新芽太快，导致新梢回枯，苗木枯死；四是适当遮阴，调控水分。

3. 扦插

剪取茎粗 1.2~1.5 cm 的 2~3 a 生枝，长 15 cm，于 2—4 月扦插。用 0.2%吲哚丁酸处理插穗基部，能促进发根，加 2%蔗糖更好。也可以用 0.2%萘乙酸（NAA）处理并带叶扦插，在喷雾的条件下效果更佳。处理后于 28~32 ℃插床中培育，发根快而好。

（三）栽植

1. 扦插苗木移栽

春秋两季均可进行。移栽前整地挖穴，施足基肥。密度：山地庭院行株距 500 cm×（300~400）cm，平地庭院 500 cm×400 cm。一般第三年结果。将根际萌蘖连同根条挖起也可。

2. 一般有营养钵育苗和扦插育苗移栽

前者在 4—5 月将苗带钵土移栽即可，可扦插如经外地调运，时间较长，应立即在清水中露枝浸泡 2~3 d 后再种植。如果大苗移栽，移栽前应剪去冗枝，主分支留 4~5 cm 枝杈。秋植时间可在落叶后进行。

番石榴栽植宜采用南北行向，以利通风透光，按快速成园要求，每亩可栽 200 株，单株行距为 150 cm×200 cm；丛植株行距为 300 cm×350 cm，每亩可栽 66 株，每丛 3 株，呈三角形，南二北一，株间距 70 cm、穴深 60 cm、直径 50 cm 左右，植完每天施 10 kg 腐熟农家肥，并与穴土混合后覆原土 3~5 cm 再栽植，盖土、踏实、浇透水，天旱时，1 周后再浇水 1 次。

3. 田间管理

（1）中耕　月后进行中耕。幼树园内行间可秋季间作豆类，夏季不宜间作，特别是不能种小麦，否则会导致落叶。

（2）灌溉　突尼斯软籽石榴在生育季节，需水分充足，旱时应注意适度浇水。大果突尼斯软籽石榴在雨水少的旱地 1 年需灌 3 次水，第一次在冬季，以保护冬季免受冻害，第二次在花前灌水，第三次在幼果期灌水。栽植后注意挖沟排水。

（3）施肥　初栽幼树是以氮肥为主，适当施磷、钾肥。茎肥 1 年分 2 次使用，时间分别在冬季土壤结冻前和翌年早春 2 月底前，用量依树的大小而定。主施有机肥，幼树每株 10 kg 左右，中、大树 20~25 kg，有条件时，幼树成长期内每月追施 0.5 kg 尿素和人畜尿 20~25 kg。进入结果期后，每年施肥 3 次。开花前施腐熟人畜尿或速效氮肥。果实膨大期和采果后各施 1 次速效性肥料。冬季休眠期施腐熟饼肥、人畜尿、草木灰及过磷酸钙等。施肥方法用沟施或穴施，但距树不能过近，以免伤根，并且每次施肥的量应与后施肥的量错开。有机肥必须腐熟后兑水使用。大果突尼斯软籽石榴还应该注意结合施肥，每株树施 3 g 硼砂粉。

（4）结果树施肥　一是促梢壮花肥，每次剪梢促花后，施三元复合肥（氮、磷、钾含量均为 15%），占全年施肥量的 30%，石灰粉 1 kg；二是保果肥、壮果肥，果实生长期，施三元复合肥加硫酸钾，占全年施肥量的 30%；三是采果期肥，采果前，施腐熟的畜禽粪肥、农家肥或花生麸，占全年施肥量的 40%，此时停施化肥；四是叶面肥，在新梢转绿期、花蕾期、幼果发育期各喷 1~2 次 0.5% 硫酸镁、0.1% 硼酸或 0.2% 硼砂溶液，间隔期 7~10 d，或根据元素缺乏情况根外追肥。雨季注意排水，旱季注意灌水，冬季果园深沟蓄浅水，入冬后畦面可覆盖地膜保温保墒。

（5）剪枝　一般突尼斯软籽石榴苗木栽植后，在离地面 80 cm 处剪截定干，翌年发枝后留 3~4 枝作主枝，其余剪掉，冬季再将各主枝留 1/3~1/2 剪顶。每主枝上选留 2~3 枝作副主枝，其余枝条剪去。经过 2~3 a 后形成心形树形，骨架下疏定成。当进入果期后，只需剪除过密枝、徒长枝、枯枝、病枝。

三、无公害番石榴栽培技术规程

（一）园地选择与规划

1. 园地选择

产地选择按 NY/T 5010—2016 规定执行。选择通风，向阳、无冷空气沉积、极端最低温度 4 ℃以上，土壤肥沃、土质疏松，土层深厚、pH 5~7、土壤清洁、无检疫性病虫对象、交通方便、水源充足的壤土或砂壤土的区域建设果园。

2. 园地规划

根据园地大小建设必要的道路、排灌、附属建筑物等设施。

（二）定植

1. 品种选择

根据市场需求选择种植世纪拔、珍珠拔、水晶拔等优良品种。

2. 定植时间

根据需要春植或秋植，一般春植在 3—5 月、秋植在 8—10 月，株行距 2 m×3 m，种植穴深 60 cm、穴径 50 cm，每亩种植 110 株。

3. 苗木要求

品种纯正，整齐一致，根系发达，生长健壮，无检疫性病虫害，株高 35~50 m，有 2~3 个分枝。

4. 定植技术

种植前深翻晒白，然后挖种植穴，施足基肥，每穴施腐熟有机肥 15~20 kg、过磷酸钙或钙镁肥或复合肥 1~1.5 kg，与表土拌匀填回穴后高出地面 20 cm 以上，避免植后植株下沉，导致种植过深。种植深度以泥土盖过树根 2 cm 左右为宜，定植时苗木要立正压实，定植后浇足定根水并用秸秆覆盖。

5. 覆肥与揭膜

冬季日平均温度降至 15 ℃以下（在每年 11 月中下旬），采用塑料薄膜大棚防寒保温，翌年春季日平均温度升至 15 ℃以上时（在每年的 3 月中旬），开始揭膜。

防寒期间如遇高温须开启棚室两端的门以通风降温。防寒期田间管理同露地栽培。

6. 露地栽培防寒措施

熏烟，有条件的提倡连续喷灌、覆盖。

（三）土壤管理

1. 中耕与扩穴改土

果园每年中耕除草 3~4 次，中耕深度 8~15 cm，保持土壤疏松、无杂草。并有计划地沿树冠外围滴水线向外深挖扩穴，回填时混以绿肥、秸秆腐熟的有机肥等，表土放在底层，心土放在表层，树盘内用秸秆或干草覆盖。

2. 生草栽培

番石榴树矮化密植，采用果园生草覆盖栽培技术，在番石榴园内株行间人工种植圆叶决明子、平托花生等豆科绿肥或牧草，当果园植被长到 30~40 cm 时人工或机械割除，覆盖于树盘下或挖穴深埋。通过适时生草栽培技术，创造良好的果园生态环境。

（四）水肥管理

1. 施肥原则

按 NY/T 496—2010 规定执行。番石榴生长快，全年都可开花结果，为取得较好的效益，须进行产期调节栽培。因此，把握"修剪后开始萌芽以及果实开始膨大时进行施肥"的肥水管理，促进早生快长。幼龄果树应掌握每月施肥 1 次。结果树每年重施肥 3~4 次，以农家肥或商品有机肥为主。

2. 肥料种类和质量

按 NY/T 394—2021 和 NY/T 496—2010 中的规定选择肥料种类，叶面肥必须使用经农业农村部登记注册的产品，人畜粪尿等农家肥应经充分腐熟方可使用，微生物肥料中有效活菌数量必须符合 NY 410—2000、NY 411—2000、NY 412—2000、NY 413—2000 的规定。严禁使用未经无害化处理的农家肥、污泥和城市垃圾等。

3. 施肥方法

采用环状沟施、条沟施和地面撒施。环状沟施，在树冠滴水线处挖沟，深度 10~15 cm。条沟施，挖沟深度 20~25 cm，采用东西、南北对称轮换位置施肥。

（1）叶面追肥　不同生长发育期，选择不同种类的肥料进行叶面追肥，以补充树体营养的需要。

（2）幼树肥　薄肥勤施，以氮肥为主，磷、钾肥配合。一般定植成活后开始追肥，每月 1 次，每亩腐熟人畜粪尿 500~1 500 kg，加 5~22.5 kg 的尿素或复合肥，肥量由稀到浓，逐次增加。

结果期的番石榴一般于 3 月、6 月、9 月深施，重施基肥，以腐熟农家肥或商品有机肥为主，辅以化肥，每株每次施肥 5~10 kg，施肥量占全年施肥量的 2/3。追肥视树势强弱及挂果量分 4~5 次施入，以化肥为主，搭配适量腐熟人畜粪尿，每株每次施化肥 0.25~0.5 kg，腐熟人畜粪尿 2.5~7.5 kg，也可结合叶面喷多元素微肥 800~1 000 倍液。

4. 水分管理

遇干旱天气应及时灌水、浇水，特别是开花结果期应及时补充水分，雨天应及时排水防渍。

（五）树体管理

1. 整形修剪

（1）适宜的树型　树冠以自然开心型为主。

（2）修剪要点　幼龄树：定植后苗高 40~60 cm 时定干，选留 3~4 条分枝角度适宜的斜生枝条培养为主枝，待其长到 40~50 cm 后短截，促发分枝，各选留 2~3 条副主枝，待副主枝长到 30~40 cm 后短截，培养成为结果母枝。经过短截、拉枝和摘心使其形成自然开心型的丰产树。

结果初期：番石榴的花主要着生在新梢的 2~4 节位上，因此，若植株长势旺，须加以控制，在坐果节位之后摘心；若植株长势较弱，须增强树势，扩大树冠，在坐果节位之后留 2~4 节再摘心。对未结果的枝条留 30 cm，采果后，剪去结果枝或留基部 1~2 节短截，枯枝、弱枝、病虫枝等要及时剪除。

结果盛期：整形修剪、矮化树冠是调节番石榴生长发育的重要措施，盛产期营养枝上如有新梢发生，应在留果节上的 3~4 节处及时摘心；生长过旺的徒长枝要及时剪除，过密树冠实行"开天窗"，回缩长枝，培养适中的结果枝条，防止结果部位外移。

更新树：番石榴结果若干年后，结果层逐渐上移，内部枝干上抽枝很少，趋向衰退，这时应于春季 50~100 cm 处短截回缩，更新树冠，并注意加强肥水管理，加快新树冠形成。

3. 人工疏花疏果

（1）疏花　疏花时，一般掌握单生花保留，双花去除小花，三花去其左右花，保留中央无柄花。

（2）疏果　疏果量要因树势而定，及时疏除过密果、畸形果、病虫果，一般每个结果枝留 1~2 个果，以集中养分供给，提高果实品质。为提高栽培效益，疏果时应注意控正造果，适当增加翻花果。

4. 果实套袋

谢花后尽早套袋，套袋前，喷施一次杀虫、杀菌混合药液，药液干后，即可套袋，袋内先套上一个网状泡沫袋，以增加透气性，一般套到成熟采收时为止。

（六）病虫害防治

病虫害防治上应贯彻"预防为主，综合防治"的植保方针，以改善果园生态环境、加强栽培管理为基础，综合应用各种防治措施，优先采用农业防治、生物防治和物理防治，配合使用高效、低毒、低残留农药，不用高毒、高残留的化学农药。番石榴病虫害有十多种，如炭红病、黑腐病、褐腐病、立枯病、叶斑病、果蝇、粉蚧、红蜘蛛、蚜虫、天牛、刺毛虫、蜗牛等病虫。其中，为害较严重的有炭疽病和橘小实蝇。

1. 农业防治

一是选用抗病力较强的优良品种。

二是随时清除田间枯枝、病枝、落叶和病果，带出田外，集中烧毁。

三是注意增施钾肥，提高抗病能力。

2. 药剂防治

药剂使用应执行 GB/T 8321（所有部分）的规定。在幼果期喷药防治，预防真菌性病害可选用 50%多菌灵可湿性粉剂 500 倍液、70%甲基硫菌灵可湿性粉剂 1 000 倍液、80%代森锰锌可湿性粉剂 600~800 倍液等轮换使用，喷雾防治。

3. 橘小实蝇

（1）诱杀雄性成虫　在园中按每亩设置 3~5 个内装诱蝇醚和敌敌畏或马拉硫磷等的诱捕器诱杀雄性成虫。

（2）诱杀雌性成虫　在园中按每亩设置 4~5 个 0.1%水解蛋白+0.1%敌百虫的诱集盆诱杀雌性成虫。

4. 物理防治

套袋护果。

（七）采收

当果实转黄白带绿即可依市场需求、按不同成熟度分别采收，轻摘轻放，避免机械损伤，保持果实新鲜，及时上市。番石榴不耐贮存，在常温下 2~3 d 就失去新鲜的风味并降低维生素含量。因此，果实不宜过熟采摘。采摘后应尽量避免太阳直晒，缩短运输时间，减少机械损伤。

（八）生产档案

建立田间生产技术档案。对生产技术、病虫害防治和采收各环节所采取的主要措施进行详细记录。

四、番石榴嫁接苗要求

（一）要求

1. 砧木

①适应当地气候条件，抗逆性强。

②与接穗品种嫁接亲和力强，嫁接成活率高，生长一致。

③生长健壮，根系发达，无检疫性病虫害。

④不能使用老、病砧木。

⑤种源丰富，方便易得。

⑥砧木繁育过程中，其生长环境中无根结线虫为害。

⑦推荐使用本品种砧木。

2. 接穗

①接穗须来自经确认的纯正品种，优质丰产的母本园或母株。

②应选取无病虫害、生长充实，芽饱满、叶片全部老熟的当年生向阳新梢作接穗，采接穗前 5~7 d 应摘去新梢茎尖和叶片使芽充实。

③从外地引进接穗，除严格要求品种纯正外，还应经检疫部门检验，取得"植物检疫证书"后方能引入。

④推荐接穗珍珠、新世纪、酮脂红等。

3. 嫁接方法

可用切接、芽接、腹接等嫁接方法。

4. 质量要求

（1）基本要求

①嫁接口愈合程度：上下平滑，愈合良好，无隆起或瘤状肿大，解除绑带无绞现象。

②嫁接苗高度≥45 cm。

③嫁接苗生长情况：生长正常健壮，叶片绿色，稍有光泽。

④病虫害：无线虫等病虫害发生于根部，茎干、枝叶无检疫性病虫害，具有各种病害的叶片数量不超过单株叶片总数的 20%，病叶在苗木出圈时应进行消毒，茎干不得有病害病斑。

⑤袋装苗：土球直径＞15 cm，高度＞20 cm，育苗袋不严重破损，土团不松散。

⑥裸根苗：主根和在主根上分生的一级侧根长度大于 20 cm，用泥浆浆根，并用保湿材料包裹良好，根部捆绑牢固。

⑦地栽土团苗：同袋装苗。

⑧根系要有 3 条或以上侧根，侧根粗度大于 0.15 mm，须根新鲜，色淡黄色。

（2）等级要求　各等级番石榴嫁接苗质量要求应符合表 5-93 的规定

表 5-93　番石榴嫁接苗质量等级标准

项目	级别	
	一级	二级
品种纯度/%	≥98	≥95
嫁接口高度/cm	10~30	10~30
接穗生长长度/cm	≥40	25~39
种苗茎粗/cm	≥0.6	≥0.4

（二）试验方法

1. 外观检验

①根据质量要求目测检验病虫为害程度，嫁接口愈合情况、侧根数量、须根颜色。

②用直尺等测量嫁接口高度、种苗高度、接穗生长长度。

③用游标卡尺测量种苗茎粗和根粗度。

④按照嫁接口高度、梢高度、种苗茎粗、侧根数量、侧根粗度、种苗高度等判定级别。

2. 纯度检验

观察所抽检样品苗木的叶片形态和茎干形态等特征，确定所报批品种的种苗数。品种纯度按式（5-18）计算。

$$X = m_1 / m_2 \times 100 \tag{5-18}$$

式中：X——纯度，%；

m_1——样品中指定品种种苗株数，株；

m_2——抽检菌木总数，株。

计算结果精确到小数点后1位。

3. 疫情检验

应按《植物检疫条例》、《植物检疫条例实施细则（农业部分）》和 GB 15569—2009 的规定进行。

（三）检验规则

1. 组批

同一批苗木作为一个检验批次。

2. 抽杆

按 GB 9847—2003 规定进行。

3. 苗木检验

应在苗圃苗木出圃时进行，苗木出圃时，要附有质量检验证书。

4. 判定规则

①一级苗：同一批检验苗木中，允许有5%的苗低于一级苗标准，但应达到二级苗标准。超过此范围，则为二级苗。

②二级苗：同一批检验苗木中，允许有5%的苗低于二级苗标准，超过此范围则视该批苗为不合格苗。

③不符合上述①、②中任何一项的种苗不准出圃；达不到二级苗标准的种苗不准出圃。

④侧根数量、侧根粗度、须根颜色3个指标仅用于裸根苗质量等级鉴定，不作为袋装苗、地栽土团苗的质量等级鉴定。

⑤苗木出圃时要具有检验或检疫部门颁发的档次、当批种苗有效的检疫合格证书，无此证书的种苗不准出圃。

⑥当贸易双方对检验结果持有异议时，要加倍抽样复检1次，以复检结果为最终结果。

（四）包装、标志

1. 包装

（1）袋装苗　如果育苗袋不严重破损，袋里土团不松散，一般不需要包装。如袋破损而土团完好，则应换袋包装，再用塑料绳、麻绳等绑牢；如土团松散，则按裸根苗处理，包装前嫩枝叶和露出袋外的根系要剪除。

（2）提根苗　起苗前一天灌水湿润土壤，起苗后剪除病虫枝叶、嫩枝叶和大部分老叶，叶片保留约 1/3，对过长的侧根进行适当修剪；将修剪好的苗木根部放入混有生根剂和保湿剂的泥浆中浆根，用塑料薄膜、稻草、麻袋、蒲包等一种或几种铺在地上，填入椰糠等保护材料，按 50 株一捆进行包裹绑牢。

（3）地栽土团苗　起苗前 2~3 d，灌水湿润土壤，以苗木树干为中心用起苗器起苗，土团直径大于 10 cm、高度大于 20 cm 时用一定规格的塑料袋或覆膜等包覆物包装，再用塑料绳、麻绳等绑牢，同时剪去部分嫩枝叶，其余同袋装苗。

2. 标志

种苗出圃要附有种苗标签。项目栏内用不脱色的记录笔填写。

（五）运输、贮存

1. 运输

菌木要按不同品种、级别尽快装运，用有顶帆布车运输。

装车时小心轻放，防止土球和绑捆物松散。运输途中注意保持一定的湿度和通风透气。

运到目的地后尽快假植或定植。

2. 贮存

袋装苗置于荫棚中，并注意淋水，保持湿润。

在棚中挖宽 50 cm、深视苗高确定的沟，铺上细沙，把提根苗斜立假植于沙中，注意淋水，保持湿润。

地栽土团苗在荫棚中或荫蔽处挖宽 30 cm、深 25 cm 的浅沟，将种苗假植于沟中，并注意淋水，保持湿润。

五、番石榴病虫害防治技术规程

（一）防治总则

贯彻"预防为主，综合防治"的植保方针，针对番石榴病虫害种类及发生特点，综合考虑影响病虫发生与为害的各种因素，在防治中以农业防治为基础，协调生物防治及物理防治措施，配合化学防治，适当使用高效、低毒、低残留和低污染的药剂控制番石榴病虫的为害。

1. 农业防治

种植抗性品种，减少病虫害的发生；加强果园管理，抓好修剪、清园；清理果园病枝、落叶、落果并集中烧毁，以减少侵染源及虫口基数；加强肥水管理，增强植株长势，提高抗病能力。

2. 物理防治

推广套袋技术，采用黑光灯、频振式杀虫灯、色板等物理装置诱杀各类害虫。

3. 化学防治

推荐的杀菌、杀虫剂是经我国农药管理部门登记允许使用的。农药使用应符合GB/T 8321（所有部分）的规定。不得使用国家严格禁止使用的农药和未登记的农药。当新的有效农药出现或者新的管理规定出台时，以最新的规定为准；合理轮换交替使用不同作用机理或具有负交互抗性的药剂以克服或延缓病虫害产生抗药性。

（二）番石榴主要病害的识别

1. 番石榴枝橘病

（1）症状识别　被害枝梢初现褐色斑点，后逐渐扩大并绕茎扩展致使一段枝梢变褐色至灰褐色坏死，斑面现小黑粒（病菌分生孢子器或子囊壳），病斑以上的枝梢也枯死，严重发生时致树势衰退。

（2）侵染来源及发生特点　病菌以菌丝体及其子实体（分生孢子器或子囊壳）在病株上和病残体上存活越冬，以分生孢子器或子囊孢子作为初侵与再侵染接种体，借风雨传播，侵染致病。温暖潮湿的天气有利于发病。

2. 番石榴炭疽病

（1）症状识别　叶斑近圆形或椭圆形，褐色至暗褐色，边缘色较深，斑面微现轮纹，潮湿时其上还可见朱红色针头大黏质小液点（分生孢子盘及分生孢子），病斑互相连合成斑块致叶片干枯、易脱落。枝梢受害部现短条状稍下陷黑褐色斑，绕茎扩展后致枝梢枯死，果实受害，果面现不定形黑褐色病斑，中部下陷，病斑连合成斑块，果肉亦变褐腐烂，严重时果实部分或大部分变软腐烂，降低或完全失去商品价值。

（2）侵染来源及发生特点　病菌以菌丝体和分生孢子盘在病株和病残体上存活越冬，分生孢子盘产生的分生孢子为初侵染与再侵染接种体，借风雨传播，从伤口侵入致病。病菌具潜伏侵染特性，初侵染的患部尤其是青果，往往要待近成熟时才表现症状。故果实成熟期病害较普遍，贮运或销售时通过病果与健果接触继续侵染发病。新梢嫩叶易感病。

3. 番石榴立枯病

（1）症状识别　初期顶端叶片呈缺水现象，并产生红色小斑点，后来整枝叶片皆如此且易脱落，慢慢地菌体在被害株内分布呈系统性，被害枝条树皮凸出破裂，着生乳白色后呈粉红色之菌体，上有分生孢子，引起落叶、落果进而枝条枯萎。病势慢慢扩及全株，使被害株死亡。

（2）侵染来源及发生特点　以菌丝体和菌核在土中越冬，可在土中腐生 2~3 a，通过雨水、喷淋、带菌有机肥及农具等传播，病原菌为绝对伤口寄生菌，没有伤口无法感染，多由摘心或剪枝伤口侵入。病原菌由伤口进入植物体，由导管向健康枝条蔓延呈系统性分布，菌丝在导管中繁衍而使组织失水，致叶片凋萎并脱落，高温适合本病活动，菌丝在 30 ℃生长最好，高于 40 ℃或低于 16 ℃皆不能生长，以 26~34 ℃为生长最适温度，病组织在 16~36 ℃的产孢量最高。湿度亦影响产孢，湿度愈高产孢愈多。高温时病势进展迅速，台风后发病严重。

4. 番石榴疫病

（1）症状识别 受害的幼苗感染后，先由顶部新芽发生暗绿病症，无光泽，后脱水倒伏。幼苗如被害严重，则后期植株落叶、黑化、全株仅余主枝残留田间。幼苗新长出的枝条因接近地面极易受害，受害枝条的绿色表皮会转黑褐色，而叶片褐化萎凋。番石榴果实受病菌为害，果实初呈现水渍状，褐色，表面上有一层薄菌丝，果实患部切开后，内部组织不变色或淡褐色，与健全部位的白色易区分，但患处的维管束变褐色或黑色，极为明显，如果长期留在袋中或落果在潮湿地表时，患处菌丝大量生长，形成一层白色膜状包住患病部位，并伴随有酸味。

（2）侵染来源及发生特点 病菌主要在土壤中的病残体上越冬，靠雨水、灌溉水传播，侵入无需伤口。此病在适温高湿的条件下发生严重，其中湿度对发病影响最大。该菌喜高温、高湿，菌丝生长温限 10~36 ℃，最适温度 28~32 ℃，孢子囊产生最适温度 24~28 ℃。在春天湿度大的条件下，病害发生严重。

5. 番石榴藻斑病

（1）症状识别 叶面初生淡黄色、近圆形小斑，直径 1~3 mm，后病斑逐渐扩展成圆形或椭圆形，或不定形灰绿色毛毡状斑，直径 3~10 mm，藻斑稍隆起，边缘不整齐，细视可见呈放射状扩展。稍后在藻斑上现橙色茸状物，为藻菌子实层。后期藻斑中央有的现灰白色小点，如眼点状，斑面渐渐变得平滑，严重时病斑可连合成块，本病病征呈毛毡状物和橙色茸状物，为病原藻类的营养体和子实体。

（2）侵染来源及发生特点 病原绿藻以营养体和子实体在病叶上和落叶上存活越冬，以孢子囊产生的游动孢子作为初次侵染和再次侵染的接种体，借水溅射传播侵染致病，通常园圃低洼、株间郁密利于病原绿藻的繁殖而发病。

6. 番石榴煤烟病

植株部分树叶表面被煤烟状霉层覆盖而变黑。由于病原种类的不同，煤烟颜色有深有浅，在黑色霉层中常混有由刺吸式口器害虫排出的带反光性黏质的蜜露。

病菌以菌丝体在病株及病残体上存活越冬。它们属于表面寄生菌，仅在寄主表面繁殖扩展，靠刺吸式口器害虫（如介壳虫、蚜虫等）排泄的"蜜露"为养料而繁殖。番石榴受垫囊绿绵蜡蚧为害时往往易诱发煤烟病。

7. 番石榴线虫病

（1）症状识别 病原为根结线虫，虫体很小，肉眼看不到，雌、雄成虫形状不同。成虫呈鸭梨形固定在寄主根内，乳色，表皮有环纹，头部与身体接合部往往弯侧一边。雄成虫线状，尾端稍圆，无色透明，幼虫细长，船虫，共 4 龄，2 龄幼虫线形，尾部鞍形，卵产在尾端分泌的胶质卵囊内，卵囊长期留在衰亡的作物侧根、须根上。卵圆球形，一个卵囊内有卵 100~300 粒。番石榴线虫病为害番石榴根系，根受侵染后形成棱形或锥形的瘤状物。瘤状物初期呈白色，后期黑色，严重的主根和侧根上布满瘤状物，有的串生，整个根系肿胀畸形，后期老的根瘤及其侧根逐步腐烂，最终整个根系腐烂。番石榴初被病原线虫侵染为害时，植株地上部病状不明显。随着病原线虫的不断繁衍，受害的吸收根逐渐增多，地上部逐渐呈现生长不良，长势弱叶片变小、黄化、无光泽，叶片稀少，结果少，有的新芽变黑色，新梢叶片呈现黄白色。受害较重时枝枯叶落，严重的会引起整株枯死。

（2）发病条件　番石榴线虫病的传播途径主要是果园农事操作和灌水等，远距离传播主要靠罹病苗木的移植和调运。环境因素对根结线虫的生长繁殖有很大的影响，根结线虫主要分布在 5~35 cm 的土层中，适宜其生长繁殖的地温为 10~35 ℃，最适地温为 20~30 ℃；其生长繁殖的土壤相对湿度为 40%~70%，干燥的土壤较适宜其繁殖，潮湿的土壤内缺氧，线虫不宜生存。土壤 pH 为 5.5~7.5 有利于其繁殖。砂壤土、红壤土番石榴园根结线虫病发生较严重，因为其土壤较干燥、通气性好、结构疏松，有利于线虫的活动、侵染和为害。旱地番石榴园比水田发病严重，地势高的比地势低的严重。土壤有机质含量较低的番石榴园根结线虫病发生较严重，因为缺乏有机质不利于根际线虫拮抗微生物的生长繁殖，根结线虫不受天敌抑制。

8. 橘小实蝇

（1）形态特征　成虫：体长 7~8 mm，深黑色和黄色相间。胸部背面大部分黑色，但黄色的"U"字形斑纹十分明显。腹部黄色，第一、第二节背面各有一条黑色横带，从第三节开始中央有一条黑色的纵带直抵腹端，构成一个明显的"T"字形斑纹。卵，菱形，长约 1 mm，宽约 0.1 mm。乳白色。幼虫：蛆形，老熟时体长约 10 mm，黄白色。蛹：为嗣蛹，长约 5 mm，黄褐色。

（2）为害特点　华南地区每年发生 3~5 代，无明显的越冬现象，田间世代发生重叠。成虫羽化后需要经历较长时间的营养补充（夏季 10~20 d；秋季 25~30 d；冬季 3~4 个月）才能交配产卵，卵产于将近成熟的果皮内，每处 5~10 粒。卵期夏秋季 1~2 d，冬季 3~6 d。幼虫孵出后即在果内取食为害，被害果常变黄、早落，对果实产量和质量影响极大。老熟后脱果入土化蛹，蛹期夏秋季 8~14 d，冬季 15~20 d。

9. 番石榴介壳虫

（1）形态特征　成虫：雌雄异型，雌成虫无翅，体长椭圆形，腹部扁平，背面隆起，附有蜡丝，体腹末有垫状椭圆形卵囊，雄成虫具 1 对白色半透明翅。若虫：椭圆形，扁平，腹末具蜡丝。卵：卵粒小，淡黄色。

（2）为害特点　每年发生 2~3 代，以若虫群集枝叶越冬。翌年 3—4 月变为成虫，并形成白色蜡质卵囊，产卵其中，孵出若虫先群集后分散为害，并排泄"蜜露"，诱发烟煤病。

10. 星天牛

（1）形态特征　成虫大中型，体长 19~139 mm，漆黑色，触角超过体长，第三至第十一节基部有淡蓝色的毛环鞘翅，漆黑色，基部密布颗粒，表面散布许多白色斑点，长椭圆形，长 5~16 mm，宽 22~124 mm，初产时白色，以后渐变为淡黄白色。幼虫：老熟幼虫体长 38~160 mm，乳白色至淡黄色，头部褐色，长方形，中部前方较宽，后方缢入。蛹：为裸蛹，纺锤形，长 30~138 mm，蛹初为淡黄色，羽化前各部分逐渐变为黄褐色至黑色，翅芽超过腹部第三节后缘。

（2）为害特点　星天牛每年发生 1 代，以高龄幼虫在树干基部或主根蛀道内越冬。5—6 月羽化盛期，成虫羽化后在室内停留 5~8 d，外出，飞向树冠，咬食细枝皮层并交尾产卵。卵多产于接近地面的树干处，产卵处伤口呈"L"形，卵期 9~14 d，幼虫孵化后在皮下蛀食 2~4 个月后深入木质部蛀成隧道。幼虫期约 300 d，树干靠近地面部位常可见从隧道中排出的虫粪，老熟幼虫在蛀道中化蛹。隧道多与树干平行，虫粪部分堵塞坑道入口，部分推出坑外堆积在地面，易于发现和识别。

11. 棉蚜

（1）形态特征　无翅胎生雌蚜：体长 1.5~1.9 mm，春秋两季蓝黑色、深绿色或棕色，夏季黄色或黄绿色，腹管长筒状，黑色。有翅胎生雄蚜：体长 1.2~1.9 mm，浅绿色、深绿色或黄色，触角第三节上有感觉孔 4~10 个，前胸背板黑色。余同无翅胎生雌蚜。

无翅有性雄蚜：体长 1.0~1.5 mm，灰褐色、墨绿色或暗红色，触角 5 节，腹管较小，黑色。有翅有性雄蚜：体长 1.3~11.9 mm，体赤褐色、灰黄色或绿色，触角第三、第四节上各有感觉孔 20 多个，腹管较小，灰黑色。

卵：椭圆形，长 0.5 mm，初产下时为橙黄色，后变为漆黑色，有光泽。

若蚜：共 5 龄。无翅若蚜夏季为黄色或黄绿色，春秋为蓝灰色，复眼红色，有翅若蚜在第三龄后可见翅芽 2 对，体节两侧有白色蜡质圆斑。

（2）为害特点　成虫、若虫均喜群集于嫩芽、幼叶上吸食汁液，造成叶片卷缩，萎凋变形或畸形，严重时蔓延至蓓蕾或幼果上，其所分泌之"蜜露"会诱引蚂蚁来取食，使其分布范围扩大。其分泌物常滴沾在叶面、果实上，诱引空气中的黑霉菌来寄生，而呈黑霉状，不但阻碍叶片的光合作用与呼吸作用，而且污染果实，降低品质。此外，有翅型蚜虫因具有刺吸型口器到处吸食，成为植物毒素病的重要媒介昆虫。

12. 咖啡木蠹蛾

（1）形态特征　成虫体长 22 mm，整个虫体生有灰色绒毛。雌蛾触角丝状，雄蛾羽状且先端细长如丝。翅上散生椭圆形深蓝色斑纹数十个，胸背具纵向排列的黑点 5 个，腹部黑色。雌体较雄体大。

卵：圆形，淡黄色。

幼虫：老熟时体长 35~45 mm，头部黑褐色，具光泽，略扁平，坚硬。胸、腹部紫红色或灰褐色，各体节上有小黑点 4~7 个，每个小黑点上着生有短细毛数根，背线黑色。

蛹：长圆筒形，红褐色，长 14~27 mm，常具有锯齿状横带，尾端具短刺 12 根。

（2）为害特点　一年发生 2 代，第一代成虫在 3 月底至 4 月初、第二代成虫在 7 月底至 8 月上旬出现。以幼虫在被害枝条的虫道越冬，翌年 3 月中旬化蛹，随之羽化产卵，4 月上旬可见幼虫在嫩梢为害，嫩梢很快枯萎，症状明显。蛹期 16~130 d，成虫寿命 3~16 d，羽化后 1~12 d 内交尾产卵，卵产于羽化孔口，数粒成块。卵期 10~111 d，孵化后蛀入茎内向上钻，幼虫蛀食茎干可达木质部，里面蛀成 30~60 cm 道，表面有大的排粪蛀孔，在地面可见落的粪便。幼虫有转裸为害习性。

（三）番石榴主要病害的防治措施

1. 番石榴枝枯病的防治

（1）农业防治　加强果园管理，抓好修剪、清园，改善果园通透性，收集病枯枝，集中烧毁，以减少菌源、防止病害传播及蔓延；适当增施肥料（有机肥、磷肥、钾肥），增强植株长势，提高抗病能力；在冬季应做好防冻工作，预防植株受冻，以减轻发病。

（2）化学防治　及时防治害虫，以免造成各种机械伤口，减少病菌侵染机会；新梢抽发期开始连续喷药预防，可选用75%百菌清可湿性粉剂500倍液、30%王铜悬浮剂800倍液、70%甲基硫菌灵可湿性粉剂1 000倍液喷雾、75%百菌清+69%烯酰·锰锌可湿性粉剂800倍液等清毒伤口。

2. 番石榴炭疽病的防治

（1）农业防治　搞好果园卫生，剪除和收集病叶、病枝、病果及枯枝落叶，集中烧毁；加强果园管理，使番石榴树长势健壮；多施有机肥，适当施用化肥，不偏施氮肥，增施磷肥、钾肥；改善果园排灌系统，多雨季节，果园及时排水，干旱季节及时灌溉。

（2）化学防治　在新梢嫩叶期及幼果期开始喷药防治。推荐使用以下任一种药剂：75%百菌清可湿性粉剂800倍液、50%福镁锌可湿性粉剂500倍液、50%咪鲜胺可湿性粉剂600倍液、50%多菌灵可湿性粉剂600倍液、70%甲基硫菌灵可湿性粉剂800倍液、10%苯醚甲环唑水分散粒剂2 000倍液。视天气和病情喷药，10~15 d喷药1次，共3~4次。

3. 番石榴立枯病的防治

（1）农业防治　补植新苗时，应清除原病株附近旧土壤，换用无病新土后，再种植新苗；植株枝条发病，由分枝处予以锯除，随即涂上柏油或油漆；烧毁病枝及落叶。

（2）化学防治　摘心及修剪后，立即喷施广谱杀菌剂保护伤口。推荐使用以下任一种药剂：50%多菌灵可湿性粉剂1 000倍液、70%甲基硫菌灵可湿性粉剂1 000倍液、80%波尔多液可湿性粉剂200~300倍液、50%苯菌灵可湿性粉剂1 200倍液。

4. 番石榴疫病的防治

（1）农业防治　加强果园管理，搞好果园卫生，清除被风雨打落或因其他病虫弃置果园的番石榴果实。注意果园排水；植株新芽感病并造成枯萎，应剪除病枝烧毁及喷药保护；苗圃发现新苗感染疫病，及早将病株移开烧毁，且施药预防病菌蔓延。

（2）物理防治　推广果实套袋技术，对于果实疫病的防治，以套袋为最佳的保护措施，果实袋套时，袋子上方应扎紧；另外，留果的果位，应注意成熟时果实会过重，枝条下降，果实靠近地面摩擦，套袋可能破损而造成疫病病菌的感染。

（3）化学防治　发病较多的果园应喷药保护。推荐使用以下任一种药剂：65%代森锌可湿性粉剂600倍液、70%乙铝·锰锌可湿性粉剂300倍液、25%甲霜灵可湿性粉剂500倍液，80%波尔多液可湿性粉剂200倍液。每隔10~15 d喷药1次，共3~5次。

5. 番石榴藻斑病的防治

（1）农业防治　新果园要加强水、肥、土、密度等全面规划工作，为预防及防治病害打下良好基础；幼龄树果园要通过合理施肥、增施有机肥，做好培肥改土，整治排灌系统，消除旱涝威胁。老龄树果园着重抓好修剪，改善果园通透性，以增强植株长势；搞好果园清洁，清理果园病枝落叶并集中烧毁，以减少侵染源，减轻发病。

（2）化学防治　发病重的果园，应于冬春清园后喷药1~2次，每隔15 d喷1次，对减轻当年和翌年藻斑病的发生有较好的预防作用。推荐使用以下任一种药剂：30%氧氯化铜悬浮剂 600 倍液、80%波尔多液可湿性粉剂 200 倍液、30%王铜悬浮剂 500 倍液。

6. 番石榴煤烟病的防治

（1）农业防治　加强栽培管理，合理修剪，疏除交叉阴枝，改善果园通透性，加强肥水管理，增强树势以减轻发病；搞好果园卫生，清除病残物，集中烧毁，以减少菌源。

（2）化学防治　喷药以减少传播，对已发病的果园或植株，可用 75%百菌清可湿性粉剂 800 倍液，80%波尔多液可湿性粉剂 200 倍液、40%三唑酮可湿性粉剂 1 000 倍液等防治。

7. 番石榴线虫病的防治

（1）农业防治　用健康无病番石榴苗，增施有机肥；及时清除病残体，果园的病死植株彻底清出园，集中烧毁，植穴挖开翻晒并用石灰清毒。切忌采用病根沤肥或用病土垫圈沤肥。干旱季节经常淋水，保持根部湿润，可有效抑制线虫的侵染和繁殖；用塑料薄膜平铺地面并压实保持，使土壤 10 cm 深处地温达 30～40 ℃，可有效杀灭各种线虫。

（2）化学防治　对种植穴用三唑磷进行土壤消毒；必要时可以用低毒、高效杀线虫剂防治，除药次数视线虫密度而定，一般发病的果园每年 2—3 月施药 1 次即可，可以在树冠滴水线下挖深 15 cm、宽 20 cm 的环形，沟里施药剂，然后覆土，也可选用 1.8%阿维菌素乳油 10.2 kg/hm²，配水 200 kg 浇施于土层。

8. 橘小实蝇的防治

（1）农业防治　合理调整种植结构，避免把不同成熟期的水果安排在同一园内，在番石榴园内或附近尽量不种番木瓜、番茄、辣椒、瓜类等寄主作物，尽早隔断实蝇的寄主食物来源。做好清园工作，果实采收后，清除园内枯枝落果、落叶、烂叶；有条件的果园，冬春灌水 2～3 次，以破坏越冬幼虫、卵、蛹、成虫生存环境，促进其死亡。做好虫果的处理，果实成熟期间，每隔 3～5 d 收集田间烂果、落果进行集中浸沤，可加杀虫剂浸泡 7 d，或深埋虫果，深度至少 50 cm 以上，以杀死果肉内的幼虫，减少虫源。

（2）物理防治　推广套袋技术，在幼果期尚未被虫为害时直接在果实外套袋，可有效阻止实蝇在果上产卵与繁殖。

（3）化学防治　在成虫盛发期在果园悬挂装有性诱剂（甲基丁香酚）的诱瓶，诱瓶之间相距 10 m，每亩挂 15 个，诱瓶距地 5 m，可直接引诱和杀灭橘小实蝇雄虫，有效降低橘小实蝇的繁殖能力，从而达到压低虫源基数的目的。挂果园中，诱杀成虫数每周达 10 头以上时，选用低毒、高效农药，按 30∶1 比例加入红糖稀释液，每隔 2 行喷 1 行，果实收获前 20 d 停用。在落叶较多园内，以药剂喷施树冠滴线内地面杀死入土孵化的幼虫或刚从土中羽化的成虫，喷药后再淋水，效果更佳。药剂可选用 90%敌百虫可湿性粉剂 800 倍液，或 50%辛硫磷乳油 1 000 倍液，或 45%毒死蜱乳油 100 倍液。

9. 介壳虫防治

（1）农业防治　加强肥水管理，增强树势；清除、烧毁虫枝、虫叶；平时注意植株修剪，使植株通风及日照良好。

（2）化学防治　春梢抽发期及第一代若虫孵化出囊扩散高峰期喷药杀虫 2~3 次，隔 7~15 d 喷 1 次，前密后疏，喷匀、喷足，推荐使用以下任一药剂：5%机油乳剂 70~100 倍液、25%噻嗪酮可湿性粉剂 1 500~2 000 倍液、45%毒死蜱乳油 1 000~1 500 倍液、20%氰戊菊酯乳油 1 000~1 500 倍液。

10. 星天牛的防治

（1）农业防治　用生石灰 1 份，加清水 4 份，搅拌均匀后，从主干基部围绕树干涂刷 50 cm 高，可阻止星天牛产卵，及时剪除及烧毁被害枝条。

（2）物理防治　成虫羽化盛期，利用星天牛假死性在成虫羽化高峰期组织人工捕杀成虫。成虫产卵高峰期，常检查产卵部分，用小刀刺刮树皮下的卵；发现受害树干或大枝，用小刀或硬铁丝刺刮蛀道中的幼虫。

（3）化学防治　树干基部、地面上发现有成堆虫粪时，利用铁丝将蛀道内虫粪勾出，用棉花蘸 40%敌百虫乳油 100 倍液堵塞虫孔，熏杀蛀道内幼虫，或往虫孔内注射药剂后堵塞虫孔。在当年第一批星天牛羽化出孔高峰期及幼虫孵化高峰期采用 20%氯氰菊酯乳油 1 500 倍液进行树干喷雾。

11. 棉蚜的防治

（1）农业防治　冬春两季铲除田边地头杂草。

（2）物理防治　用板（盆）诱杀成虫，将黄色板（套）塑料膜涂上机油挂于植株之上，定期更换塑料膜；也可用黄色的盆盛清水加一定量的洗衣粉，放置在植株行间，高度略低于生长点，注意定期清除水面漂浮的成虫或卵。

（3）化学防治　在蚜虫发生的初期喷药防治，选用以下任一种药剂喷雾防治：50%辛硫磷乳油 1 500 倍液、20%氰戊菊酯乳油 1 500 倍液、20%甲氰菊酯乳油 1 500 倍液、10%吡虫啉可湿性粉剂 2 500~3 000 倍液、10%氯氰菊酯乳油 150 倍液、5%高效氯氰菊酯悬浮剂 1 500 倍液。

12. 咖啡木蠹蛾的防治

（1）农业防治　7 月上旬开始结合夏季修剪加强检查，根据新梢先端叶片凋零的被害状及枝上或地面上的虫，及时剪除受害枝梢，集中烧毁，消灭枝内幼虫，由于幼虫的发生及为害期延续很长，检查和剪虫枝的工作要反复进行，一直到冬季修剪。

（2）物理防治　捕杀成虫，并于 8—12 月经常检查枝条，发现皮层有半月形产卵点即用小刀刮除卵粒或初辨幼虫，利用铁丝刮刺受害植株主干或大枝中的幼虫和蛹。另外，成虫具有趋光性，可在石榴园内安装黑光灯诱杀成虫。具体方法：黑光灯悬挂距地 1.5 m，黑光灯下放置混有杀虫剂的溶液，每亩装黑光灯 1 盏，番石榴小果时开始装置黑光灯。

（3）化学防治　幼虫为害期，用具有内吸作用的药剂 5%吡虫啉乳油 2~3 倍液注入虫孔，每株树注药 5~10 mL；施药后用湿泥封孔，可毒杀幼虫。成虫产卵或卵化期，喷药防治，选用 90%敌百虫可溶粉剂 1 000 倍液，或 50%辛硫磷乳油 1 000 倍液，每隔 7 d 喷 1 次，连喷 2~3 次。

六、番石榴质量安全标准要求

(一) 要求

1. 基本要求

除各等级的特殊要求和容许度的规定外,番石榴应符合下列要求。

①果形完整。

②未软化。

③完好,无影响消费的腐烂变质。

④清洁,无可见异物。

⑤无碰伤。

⑥没有虫害影响到产品的外观。

⑦无病害产生的损伤。

⑧无异常外部水分,但冷藏取出后形成的冷凝水除外。

⑨无异味。

⑩番石榴的发育和状况适宜运输和处理,抵达目的地时处于良好的状况。

2. 等级要求

番石榴分为优等品、一等品、二等品。

(1) 优等品　优等番石榴须具有优良的质量,具有该品种固有的特征,果形好,没有瑕疵,允许有不影响产品整体外观、质量、贮存性的极轻微的表皮缺陷。

(2) 一等品　一等番石榴须具有优良的质量,具有该品种固有的特征。允许有下列不影响产品整体外观、质量、贮存性的较轻微的表皮缺陷:一是形状和色泽上的轻微缺陷;二是轻微的表皮缺陷,由于碰伤以及其他表面的缺陷,如日灼、瑕疵、结疤,斑痕面积不超过整个果面的5%。

在任何情况下,缺陷都不能影响到果肉。

(3) 二等品　二等番石榴质量次于一等番石榴,但符合基本要求。允许有下列不影响产品整体外观、质量、贮存性的轻微的表皮缺陷:一是果形和色泽方面的缺陷;二是表皮缺陷,由于碰伤以及其他缺陷,如日灼、瑕疵、结疤,斑痕不超过整个果面的10%。

在任何情况下,缺陷都不能影响到果肉。

3. 大小类别

大小由果的重量或横切面的最大直径表示,大小分类应符合表5-94的要求。

表5-94　果实大小分类指标

大小号	重量/g	直径/mm
1	≥450	≥100
2	351~450	96~100
3	251~350	86~95
4	201~250	76~85

大小号	重量/g	直径/mm
5	151~200	66~75
6	101~150	54~65
7	61~100	43~53
8	35~60	30~42
9	<35	<30

4. 容许度

容许度是指每个包装中产品不符合质量和大小要求的量。

（1）质量容许度　优等品允许有5%重量的番石榴不符合优等品的要求，但应符合一等品的要求；一等品允许有10%重量的番石榴不符合一等品的要求，但应符合二等品的要求；二等品允许有10%重量的番石榴不符合二等品的要求，也不符合基本要求，但是腐烂和变质的影响不能使其不适于消费。

（2）大小容许度　允许有10%的番石榴的大小不符合要求。番石榴的大小不符合要求的部分，应该是在该大小类别所示的上下限附近。

5. 卫生指标

各级果实中六六六、滴滴涕不得检出。其他卫生指标按 GB 2762—2017、GB 4810—1994、GB 5127—2018、GB 14869—1994、GB 14870—1994、GB 14928.8—1994、GB 14935—1994 的规定执行。

（二）试验方法

1. 感官检验

异味用嗅或尝的方法检验，果面缺陷、成熟度等要求用目测或用量具测量确定。

2. 大小检验

单果重量用秤称量，横切面的最大直径用量具测量。

3. 容许度计算

检出的不合格果，以果重为基准按式（5-19）计算其百分率；如包装上标有果数时，则百分率应以果数为基准计算。结果精确到小数点后1位。

$$M（\%）= P_1/P×100 \tag{5-19}$$

式中：M——单项不合格果率，%；

P_1——单项不合格果重量或果数，g 或个；

P——样果总重量或果数，g 或个。

各单项不合格果百分率的总和，即该批番石榴不合格果总数的百分率。

4. 卫生检验

取样果洗净，擦干后捣碎，作待测样，按 GB/T 5009.11—2014、GB/T 5009.12—2016、GB/T 5009.17—2014、GB 5009.38—2003、GB 14878—1994、GB/T 14929.3—1994、GB/T 17331—1998、GB/T 17332—1998 规定执行。

（三）检验规则

1. 组批

同一品种、同一产地、同一等级、同一大小、同一批采收的番石榴作为一个检验批次。

2. 抽样

按 GB/T 8855—2008 规定执行。

3. 判定规则

经检验卫生指标有 1 项不合格时判定该批产品为不合格产品。

经检验符合本节质量要求的产品，按本节分类标准判定该批产品为相应等级和大小类别的合格产品。

4. 复验

贸易双方对检验结果有异议时，可重新加倍抽样复验，复验以 1 次为限，以复验结果为准。

（四）标志、标签

标志按照 GB/T 191—2008 规定执行，标签按照 GB 7718—2011 规定执行。

（五）包装、运输和贮存

1. 一致性

每个包装应一致，包装内的番石榴是同一产地、同一品种、同一质量和同一大小。优等番石榴的颜色和成熟度一致。包装中可见部分的番石榴应能代表包装内的全体。

2. 包装要求

番石榴的包装应确保产品不受损伤，包装内应采用新的、洁净的包装材料，并能避免产品受到内部和外部的损伤。所用的材料（特别是贸易说明书或印记）需用无毒的墨水印刷，无毒的胶水粘贴。

容器要求：包装容器应符合质量、卫生、透气和耐压的要求，保证能适合番石榴的包装、运输和贮存。包装不能有外来物和异味。

3. 运输和贮存

（1）运输　运输工具应清洁卫生，有防晒、防雨和通风设施。不得与有毒、有害或有异味的物品混装混运。

（2）贮存　番石榴须贮存于清洁、阴凉、通风，有防晒、防雨设施的库房中，不得与有毒、有异味的物品共存。

七、番石榴果汁质量安全标准要求

（一）番石榴果汁分类

1. 番石榴原果汁

番石榴果用机械方法加工所得的、没有经过浓缩或稀释的、没有发酵过的、具有番石榴果原有特征气味的制品。

2. 番石榴浓缩果汁

用物理方法从番石榴原果汁中除去一定比例的天然水分后所得的、具有番石榴果固有特征气味的制品。

(二) 技术要求

1. 原料要求

(1) 番石榴果　果实新鲜良好、成熟适度、风味正常、无病虫害及霉烂果,不使用任何有毒药物保鲜的果实。

(2) 水　应符合 GB 5749—2006 的规定。

(3) 白砂糖　应符合 GB 317.1—2006 中优等品或一级品和 GB/T 13104—2014 的规定。

(4) 柠檬酸　应符合 GB 1987—2007 的规定。

(5) 其他辅料　应符合 GB/T 10789—2007 的有关规定。

2. 原料产地环境要求

应符合绿色食品产地的环境标准。

3. 感官要求

应符合表 5-95 的规定。

表 5-95　番石榴果汁感官标准要求

项目	指标
色泽	呈乳白色至淡黄色,或部分略带微红色
气味和滋味	具有番石榴原果汁固有的香味和滋味,味感协调、柔和,酸甜适口,无异味
组织形态	汁液混浊度均匀一致,浊度适宜,静置后允许有少许果肉沉淀,但经摇动后仍呈均匀混浊状态
杂质	无肉眼可见的外来杂质

4. 理化指标要求

应符合表 5-96 的规定。

表 5-96　番石榴果汁理化指标要求

项目		指标
可溶性固形物 (20 ℃折光计法)/%		≥81
总酸 (以柠檬酸计)/%		0.0~0.5
净重允许偏差/%		±3
防腐剂	苯甲酸钠/ (g/kg)	不得检出
	山梨酸钠/ (g/kg)	≤0.2
甜味剂	糖精钠、甜蜜素/ (g/kg)	不得检出

项目		指标
着色剂	脂红、苋菜红/（g/kg）	不得检出
	柠檬黄、日落黄/（g/kg）	不得检出
铅（以 Pb 计)/（mg/kg）		≤0.3
砷（以 As 计)/（mg/kg）		≤0.2
铜（以 Cu 计)/（mg/kg）		≤5.0
锡（以 Sn 计)/（mg/kg）		≤200

5. 微生物学要求

（1）金属易拉罐装　应符合罐头食品商业无菌要求。

（2）其他包装　应符合表 5-97 的规定。

表 5-97　番石榴果汁微生物指标要求

项目	指标
细菌总数/（个/mL）	≤100
大肠菌群/（个/100 mL）	≤6
致病菌	不得检出

（三）检验方法

1. 感官检验

（1）色泽、组织形态及杂质　取 50 mL 混合均匀的被测样品倒入洁净的样品杯（100 mL 小烧杯）中，晾于明亮处，用肉眼观察其色泽、组织形态，检查其有无可见杂质。

（2）气味和滋味　被测样品容器开启后，倒入洁净的样品杯中，立即用嗅觉仔细鉴别被测样品的气味，用味觉品尝其滋味，检查有无异味。品尝第二个样品前，须用滑水漱口。

2. 理化指标检验

（1）可溶性固形物的测定　按 GB/T 10470—2008 规定执行。

（2）总酸的测定　按 GB 12456—2021 规定执行。

（3）净重　允许偏差用称重法称量计算。

（4）山梨酸钾、苯甲酸钠的检验　按 GB 5009.29—2003 规定执行。

（5）糖精钠的检验　按 GB/T 5009.28—2016 规定执行。

（6）甜蜜素的检验　按 GB/T 5009.97—2003 规定执行。

（7）着色剂的检验　按 GB 5009.35—2016 规定执行。

（8）铅的检验　按 GB/T 5009.12—2016 规定执行。

（9）砷的检验　按 GB/T 5009.11—2014 规定执行。

（10）铜的检验　按 GB 5009.13—2017 规定执行。

（11）锡的检验 按 GB/T 5009.16—2017 规定执行。

（12）罐头食品微生物的检验 按 GB 4789.26—2013 规定执行。

（13）细菌总数的检验 按 GB 4789.2—2016 规定执行。

（14）大肠菌群的检验 按 GB 4789.3—2016 规定执行。

（15）致病菌的检验 按 GB 4789.4—2016、GB 4789.5—2012、GB 4789.10—2016、GB 4789.11—2014 规定执行。

（16）商业无菌的检验 按 GB 4789.26—2013 规定执行。

（四）检验规则

产品须经生产厂按要求检验合格、签发产品合格证后，方可出厂。

1. 交收检验

交收检验以每班所生产的同一规格产品为一批次，每一批次产品随机抽取 6~10 瓶（罐、盒）。交收检验项目为感官要求、可溶性固形物、总酸、净重、微生物项目。

2. 型式检验

型式检验每半年进行 1 次，有下列情况之一也应进行型式检验：更改主要原料，配方或工艺有较大变化时；产品长期停产后恢复生产时；交收检验结果与上次型式检验有较大差异时。

型式检验包括感官、理化和微生物学要求中规定的全部项目。取样同交收检验取样。

3. 判定原则

检验结果中任 1 项目不符合本节质量要求者，可在该批次中抽取 2 份样品复验，以复验结果为准，但微生物学项目不准复验。若复验结果仍有 1 项指标不符合要求，则判定该产品为不合格品。

4. 仲裁检验

在保质期内，供需双方对产品质量有异议时，可共同协商选定仲裁单位进行检验判定。

（五）标签与标志

按照 GB 7718—2018 的规定和相关标准执行。

（六）包装、运输、贮存

1. 包装

包装材料和容器应符合《中华人民共和国食品卫生法》的有关规定，应按照 GB 9685—2008 的规定执行。

包装材料和容器应对包装产品在保质期内经检验不产生污染才能使用。

销售包装外观形态：瓶身整洁，标签端正，平整，不得有明显的锈斑；罐身外表不得有明显擦伤，封口严密，图案清晰。

2. 运输、贮存

不按标准规定的条件进行运输、贮存而造成的产品变质，应由运输、贮存单位负责。

3. 保质期

复合软包装应为 9 个月，金属易拉罐装应为 12 个月。

第八节 杧果

一、杧果产品及产业特点

1. 杧果产品

杧果为著名热带水果之一，杧果果实含有糖、蛋白质、粗纤维，杧果所含有的维生素 A 的前体胡萝卜素成分特别高，是所有水果中少见的。维生素 C 含量也不低，矿物质、蛋白质、脂肪、糖类等，也是其主要营养成分，可制果汁、果酱、罐头、腌渍、酸辣泡菜及杧果奶粉、蜜饯等。

杧果树是常绿大乔木，高 10~20 m；树皮灰褐色，小枝褐色，无毛。叶薄革质，常集生枝顶，叶形和大小变化较大，通常为长圆形或长圆状披针形，长 12~30 cm，宽 3.5~6.5 cm，先端渐尖、长渐尖或急尖，基部楔形或近圆形，边缘皱波状，无毛，叶面略具光泽，侧脉 20~25 对，斜升，两面突起，网脉不显，叶柄长 2~6 cm，上面具槽，基部膨大。圆锥花序长 20~35 cm，多花密集，被灰黄色微柔毛，分枝开展，最基部分枝长 6~15 cm；苞片披针形，长约 1.5 mm，被微柔毛；花小，杂性，黄色或淡黄色；花梗长 1.5~3 mm，具节；萼片卵状披针形，长 2.5~3 mm，宽约 1.5 mm，渐尖，外面被微柔毛，边缘具细睫毛；花瓣长圆形或长圆状披针形，长 3.5~4 mm，宽约 1.5 mm，无毛，里面具 3~5 条棕褐色突起的脉纹，开花时外卷；花盘膨大，肉质，5 浅裂；雄蕊仅有 1 枚发育，长约 2.5 mm，花药卵圆形，不育雄蕊 3~4 枚，具极短的花丝和疣状花药，原基或缺；子房斜卵形，径约 1.5 mm，无毛，花柱近顶生，长约 2.5 mm。果核，大，肾形（栽培品种其形状和大小变化极大），压扁，长 5~10 cm，宽 3~4.5 cm，成熟时黄色，中果皮肉质，肥厚，鲜黄色，味甜，果核坚硬。

杧果原产于印度，分布于印度、孟加拉国和马来西亚，我国云南、广西、广东、四川、福建、台湾，已广为栽培，并培育出 40 余个品种。

全世界的杧果栽培品种有 1 000 多个，从植物学分有两大种群。一是单胚类型，种子仅有 1 个胚，播种后仅出 1 株苗，实生树变异性大，不能保持母本优良性状。印度芒及其实生后代（如红芒类）、中国的"紫花芒""桂香芒""串芒""粤西 1 号""红象牙"等均属单胚品种。二是多胚类型，种子有多个胚，播种后能长出几株苗，能发育成苗的胚多属无性胚，故实生树变异性小，多数能保持母本性状，菲律宾品种、泰国杧及海南省的土杧多属这一类型（表 5-98）。

表 5-98　杧果品种简介

品种	简介
桂七芒	又名桂热 82 号，俗称桂七芒，树势中等，枝条开张，花期较迟，属晚熟品种，成熟期 8 月中下旬。丰产稳产

（续表）

品种	简介
台农 1 号	台农 1 号芒是我国台湾凤山热带园艺分所用海顿（Hden）和爱文（Irwin）杂交选育的矮生早熟新品种。树矮，节间短，叶窄下，抗风、抗病力强，坐果率高。引入海南后，在三亚试种，表现为较丰产。嫁接苗定植后 3 a 结果，单株产量可以达到 5~10 kg 或更高。4 月底至 5 月上旬成熟，果实呈尖宽卵形，稍扁，单果重 150~200 g。完熟的果实黄色，近果肩半部常带胭脂红色，外观美丽。果肉深黄色，组织较细密，味甜，纤维少，质地较细滑，品质好。根据我国台湾资料介绍：果肉糖度达 22°。华南热带农业大学分析：可溶性固形物 16.8%，总糖 16.76%，有机酸 0.12%，维生素 C 4.5 mg/100 g，可食部分 60.6%。对炭疽病抗性强，耐贮运，货架寿命长。是海南的主栽品种
青皮芒	泰国白花芒又名青皮芒，原产于泰国，其特点是自果实的腹肩至果腹有一条明显的沟槽，果皮多为暗绿色，果肉淡黄色，质腻滑，味浓甜，芳香，纤维少，品质优。种子扁薄，多胚。产量中等，植株易感流胶病。其果皮青色，肉色淡，在一些地方影响其销路和价值
金煌芒	金煌芒是我国台湾自育品种，树势强，树冠高大，花朵大而稀疏。果实特大且核薄，味香甜爽口，果汁多，无纤维，耐贮藏。平均单果重 1 200 g。成熟时果皮橙黄色。品质优，商品性好，糖分含量 17%。中熟，抗炭疽病
凯帝芒	凯帝芒原产于美国，以高产、优质著称，是美国主要栽培品种之一，也是我国台湾的主要栽培品种。1991 年自美国引入华南热带作物学院，高接树 2 a 即结果，单株产量达 10 kg，1993—1994 年连续结果，7—8 月成熟，单果重约 400 g，椭圆形，果皮底色黄色或橙黄色，盖色暗红色。果肉厚，质腻滑，纤维少，味甜芳香，品质优良。种子小，仅占果重的 7.5%~8%，单胚
红象牙芒	该品种是广西农学院自白象牙实生后代中选出。长势强，枝多叶茂。果长圆形，微弯曲，皮色浅绿色，挂果期果皮向阳面鲜红色，外形美观
玉文芒 6 号	果实大，平均单重达 1 000~1 500 g，果形艳丽，呈紫红色，较多纤维质，种核薄，可食率高，果肉细腻，口感佳，可溶性固形物达 17%~19%，丰产性能较好，2002 年从我国台湾引入，有一定面积和产量
彬林 1 号	果形艳丽，呈水蜜桃色，甜度在 19° 左右，口感与风味特佳，果重约 500 g。2002 年从我国台湾引入，有一定的面积和产量
贵妃芒	贵妃芒又名红金龙，我国台湾选育品种，1997 年引入海南。该品种长势强壮，早产、丰产，4~5 a 生嫁接树单株产量为 20~30 kg 或者更高，年年结果，结果性能不亚于台农 1 号，但比之更早熟。果实长椭圆形，果顶较尖小，果形近似吕宋芒，单果重 300~500 g。未成熟果紫红色，成熟后底色深黄色，盖色鲜红色，果皮艳丽吸引人。在收获期天旱而光照充足时，果实较耐贮运，味甜芳香，一般无松香味，糖度 14°~18°，种子单胚。在海南已经成为主栽品种之一
百优 1 号	该品种是由百色市于 2000 年 5 月从中缅边境引进试种成功的杧果单株。树冠卵圆形，树势中等，主干灰白色，裂纹纵裂，下粗上细，枝条较直立，梢长 15~20 cm，叶为单叶，革质，长椭圆形，叶缘全缘，呈小波浪向上卷
台芽	又称黄金煌，为田东新引进品种，丰产、稳产，品质上等，果实成熟时果皮淡红色，果重 500~750 g。田东有一定的面积和产量

（续表）

品种	简介
紫花芒	紫花芒由广西农业大学选育成，植株长势健壮，丰产、稳产。嫁接苗植后 3~4 a 结果，6 龄树亩产可达 1 000 kg 或更高。6—7 月成熟，果实略呈"S"状椭圆形，平均单果重约 200 g，成熟时金黄色，果肉黄色。肉质较细滑，味淡甜带酸，芳香。食用品质中等。种子单胚。在春季有低温阴雨地区可发展此品种
象牙 22 号	树势强壮，花序坐果率较高，果实象牙形，果皮翠绿色，向阳面有红晕，后熟后转浅黄色，单果重 150~300 g，可食部分占 63%，果肉橙黄色，品质佳，成熟期 6 月下旬至 7 月中旬，耐贮运
金穗芒	该品种于 1993 年引进种植，具有早结果、丰产、稳产等特点。果实卵圆形，果皮青绿色，后熟后转黄色。果皮薄，光滑，纤维极少，汁多，味香甜，肉质细嫩，可食部分占 70%~75%。成熟期 7 月中下旬。品质中上，是鲜食、加工均佳品种
桂热 10 号	树势强壮，果实条椭圆形，果嘴有明显指状物突出。单果重 350~800 g，可食部分占 73%，果肉橙黄色，质地细嫩，纤维少，鲜食品质优良。该品种后期果实易感炭疽病
因特芒	该品种树势强壮。果形呈扁圆形，比凯特芒略小，果皮呈淡红色，果实肉质细腻，纤维极少，耐贮运，果核小，可食部分占 95%，气味芳香，含糖分 20%。该品种是于 1999 年引进的新品种
金兴	呈红黄色，显示透明状，有一种透视果肉的感觉，如琥珀色般，肉质与品质属极品，甜度较高，糖度 19°左右，果实特大，为 1 000 g 以上。2002 年从我国台湾引入
文心	该品种树势强壮，果实为圆形，平均单果重 1 000 g，果形艳丽，呈紫红色，挂于树上呈葡萄状，套袋后呈红黄色，果核小，可食部分占 95%，气味芳香，口感佳，含糖分 16%~17%；丰产、稳产。2002 年从我国台湾引入
红苹芒	红苹芒果皮光滑，果点明显，纹理清晰。阳光充足的地方，果皮淡红色，披蜡质，呈粉红色，外形酷似苹果，故得名为红苹芒
水英达	由田东新引进试种，果实中等大，果形美观，成熟后果色呈金黄色
爱文芒	爱文芒，有译作"欧文"芒或"爱尔文"芒，在我国台湾叫"苹果芒"，原产于美国佛罗里达州，1984 年自澳洲引入中国热带农业科学院南亚热带作物研究所，在湛江和海南试种结果较好。果实倒卵形，果皮底色深黄色，盖色鲜红色。果肉黄色，肉质腻滑，纤维少，味甜，品质较好，种子单胚
桂热 3 号	品质中上，果实成熟时呈黄色，甜度高，纤维少，品质优，结果性能不稳。由田东早期引进种植
桂热 120	系广西壮族自治区亚热带作物研究所新推出品种，品质较优，香味好，结果性能稳定
吕宋芒	吕宋芒原名卡拉宝，又称湛江吕宋、蜜芒、小吕宋。原产于菲律宾，为该国的主要商业栽培品种和出口品种。1938 年引入湛江，1987 年引入云南，现广布于全国各产区。墨西哥、美国的吕宋杧果实卵状长椭圆形，平均单果重约 200 g。常有浅短腹沟，果嘴小而尖锐。未熟果浅绿色，成熟后金黄色。果肉深黄色，质腻滑，味甜芳香，无纤维感，品质极佳。种子扁薄、种仁小、多胚，可食部分高。果耐贮运，货架寿命较长。嫁接苗植后 3 a 结果，5~6 龄树亩产可达 400~500 kg。5—7 月成熟

（续表）

品种	简介
椰香芒	椰香芒又名"鸡旦芒"，在我国台湾名为"大益利"，原产于印度，在海南西南部栽培，较早结果和丰产。其嫁接树植后 3～4 a 结果，6 龄树亩产可达 500～600 kg。5—7 月成熟，果实卵形或长卵形，平均单果重 120～150 g，水肥充足者达 200 g。成熟时果皮黄绿色，果肉橙黄色或橙红色，肉质结实、细腻，纤维极少，味甜，有椰乳香气。种子单胚，果皮厚，较抗果实蝇为害。在光照充足环境下较高产，但在丰年施肥、修剪不及时植株易衰竭，导致翌年减产或失收。该品种易感染白粉病与流胶病
粤西 1 号芒	粤西 1 号芒是吕宋芒实生变异株系，由中国热带农业科学院南亚热带作物研究所选育而成。其植株形态酷似吕宋芒，但叶色稍黄，叶尖钝实。嫁接苗植后 2～3 a 结果，树冠达 4 m 直径时单株产量可达 40～50 kg，在海南 5—7 月成熟，果较小，单果重 120～150 g，长卵形，果顶尖小，横切面呈圆形。成熟果金黄色，果肉深黄色至橙黄色，肉较细滑，纤维偏少，味甜带酸，但稍淡，品质比吕宋芒差。种子单胚
龙井	果大，1 500～2 500 g，品质差，低产
田阳香芒	系广西田阳县地方自选品种，花期较早。果柄圆形，单果重 210～290 g。果皮光滑，成熟时黄色。果肉纤维少，品质上等。可溶性固形物 18%～22%，果肉率 70%，不耐贮放。地区性丰产，在右江河谷产量较高
四季蜜芒	四季蜜芒为多次开花结果品种，果长椭圆形，微具果嘴，果顶长，属中果型偏小，单果重 200～250 g。果肉纤维中等，品质中上；可溶性固形物 22%，果肉率 80%
海豹芒	果重 1～1.5 kg，果形似海豹而得名，品质中等，在田东少量种植
关刀芒	品质中等，果形似把刀而得名，低产
印度 1 号	又名秋芒、印度 901，原产于印度，现为海南主要栽培品种和果汁加工品种。其植株矮小、树型紧密、早结果、非生产期短。丰产稳产而品质较好，风害较轻，适应性较强。在适当密植的情况下，植后第三年亩产可达 700 kg，4～5 龄树可达 1 000 kg 以上。果实斜卵形，平均单果重约 200 g 或更大。成熟时果皮金黄色至橙黄色。果肉橙黄色，肉质较细滑，味浓甜而带椰乳芳香，纤维较少，品质较好。较耐贮运，种子单胚。在果实发育期干旱而阳光充足者其外观较好，但在多雨地区果实易得炭疽病、煤烟病和细菌性角斑病，果皮粗，外观差
桂香芒	桂香芒是秋芒和鹰嘴芒的杂交后代。由广西农业大学育成，较丰产。在海南 6—7 月成熟，果实倒卵形至长卵形，果顶较尖，偏向果腹一侧，平均单果重 350～400 g。果皮绿色或黄绿色，果肉深黄色，汁多；纤维长，味淡甜，品质一般。种子单胚
小象牙	单果重 250～500 g，大小年明显，品质中等，在田东有少量种植
串芒	串芒是广西农学院由象牙 22 号的芽变单株中选出，因结果成串而得名。长势强，花期较迟，早结、高产、坐果率高，且有自然二次开花结果现象
斯里兰卡	从斯里兰卡引进，早结、丰产、稳产，品质中下，属加工品种。田东种植渐少
象牙芒	桂冠高，圆头形，干枝分枝较小，直立性强。花序圆锥形，花序轴淡红色。果肾状长卵圆形，果弯明显，果嘴痕迹。果形似初生象牙，故名象牙芒

（续表）

品种	简介
大白玉	又名白玉象牙，原产于泰国，是海南优质商业栽培品种之一，嫁接苗植后 3~4 a 结果，5~6 龄树亩产达 300~488 kg，5—7月成熟。果实而形似象牙，果顶略呈钩状，平均单果重 300~350 g，成熟时果皮浅黄色或黄色，向阳的果实时有粉红色的晕。果肉浅黄色，质腻滑，味清甜，无纤维感，品质上乘。种子弯刀状，约占果重的 1/10，多胚。果实耐贮运，货架寿命较长
红芒 6 号	也称吉禄芒、"吉尔"芒，原产于美国佛罗里达州。在湛江试种结果为较高产稳产。在海南华南热带作物学院试种结果亦良好。6—7月成熟，果实宽椭圆形，稍扁，平均单果重约 200 g，有明显的果嘴，成熟时底色黄色，盖色鲜红色。果肉黄色，肉质较腻滑，纤维少，味甜芳香，品质好。种子单胚

2. 杧果产业

30 多年来，国内杧果的种植面积不断增加，从 1988 年的 3.40 万 hm^2 增长到 2017 年的 20.68 万 hm^2，增幅达到了 508%。主要有海南早熟杧果、雷州半岛早中熟杧果、广西右江河谷中熟杧果、云南西南-云南南-云南中元江流域杧果和金沙江干热河谷流域晚熟杧果。不同产区发展的优势品种也有差异。海南主要以贵妃芒、金煌芒、台农芒、象牙芒、澳芒等为主；广西产区主要以台农 1 号、桂七芒、金煌芒、红象牙芒、玉文芒等为主；广东产区主要是种植金煌芒、紫花芒、东镇红芒、桂查芒、红芒 6 号、夏茅芒、奥西 1 号芒等；云南产区华坪县杧果种植面积大，品种主要有凯特芒、圣心芒、红象牙芒等，元江种植的品种较多，有贵妃芒、台农 1 号、白象牙芒、爱文芒、金煌芒、红芒 6 号等；四川则主要发展晚熟品种，有凯特芒、圣心芒、爱文芒、肯特、红芒 6 号等。

目前杧果产业已成为我国热区多个省份的支柱产业，在带动热区农民脱贫增收方面发挥了巨大作用。我国是世界第四大杧果主产国和第一大杧果消费国，2018 年杧果种植面积 417.34 万亩、产量 226.81 万 t，年产值超过 100 亿元。

我国是杧果生产大国，我国杧果的出口数量远大于进口数量；2018 年我国杧果出口数量为 2014—2019 年首次下降，2019 年出现回升，2019 年我国杧果的出口数量为 29 694.1 万 t，较 2018 年增加 8 529.8 万 t；2019 年我国杧果进口数量为 14 485 万 t，较 2018 年增加 3 570.9 万 t，出口金额为进口金额的 2 倍。

水果是非常难贮存的一个产品，其经济价值不仅仅局限在鲜果市场，深加工也是高附加值的产业。杧果可以加工成杧果干、杧果汁等多种产品，不仅有利于贮存，更是提高了其经济价值。与杧果进出口相反的是，我国杧果汁的进口数量远大于出口数量，我国杧果加工品行业有着巨大的空缺，2019 年我国杧果汁的进口数量为 1 805.7 t，出口数量为 221.5 t，进口数量约为出口数量的 8 倍。

杧果除供鲜食以外，还可加工成杧果汁、杧果干等产品。杧果汁有很好的抗氧化功能，能够起到延迟衰老的作用；杧果汁能提高我们的免疫能力，保护我们的身体；杧果汁能清洁肝脏、肾脏和血液。杧果干则有益胃、止呕、止晕的功效。目前我国经营杧果汁业务的企业有国投中鲁、统一、农夫山泉等多家企业。经营杧果干业务的企业有三只松鼠、好想你、良品铺子、朗源股份、盐津铺子等企业。

同时，我国杧果产业也存在一些可以改进的问题，包括：采后处理水平低，大多以鲜果销售，采后商品化处理技术有待提高；标准化水平不足，市场准入制度尚未建立，市场调节作用缺失，离标准化生产体系尚远；产业化程度低，小农户经营为主，难以统一生产技术，生产过程不规范，生产的果品质量参差不齐，产业化龙头企业数量少；采后贮存、保鲜和运输技术不足，深加工和采后处理技术粗放，影响经济效益；信息化程度低，信息流通不畅，市场信息不足，农民不能及时对产品结构进行调整，无法迎合市场需要，不利于市场发展；基础设施建设薄弱，果农对果园资金投入不足，新技术、新产品得不到广泛推广应用，低产果园面积大，经济效益低；创新不足，投入少，杧果科研呈现头重脚轻局面，重产前与产中，轻产后，产业创新研究与扶持投入少。

二、杧果栽培技术规程

（一）产地环境

杧果产地必须选择在生态环境好，不直接接受工业"三废"及农业、城镇生活、医疗废弃物污染的农业生产区域；产地区域及上风向、灌溉水源上游没有对产地环境构成威胁的污染源；产地必须避开公路主干线，交通便利，坡度在25°以下，具有可持续的生产能力。杧果园选择与规划必须符合杧果对环境条件的要求。园地年均温在19.5 ℃以上，最冷月均温12 ℃以上，基本无霜；果实发育期充足；果园土壤有机质含量1%以上，土层深厚达1.5 m以上，土壤肥沃，结构良好，pH 5.5~7.5；灌溉水要求水源充足。在常有大风吹袭、冬春霜冻严重的地块不宜建立果园。

（二）改土建园

1. 改地

要求选择坡度在25°以下的地方，按等高线把坡地改为台地，台地宽3~4 m。

2. 挖定植穴

按株距台地3 m×4 m［平地（3.5~4）m×（4~4.5）m］，根据地形，每块地选择方向最宽处拉一基线，在基线与台地交叉处，选从台地外到内的1/3处为基点定植穴，然后每一台地按3 m距离以基点定植穴为准，分别向左右确定定植穴（平地确定行宽4 m）。定植穴深80~100 cm，长、宽各100 cm。

3. 回填、施底肥

要求每穴施枯枝落叶或杂草等有机肥20~30 kg，分层回填，底层为有机肥，先填表土再填心土，第三层另加5 kg腐熟有机肥和0.5~1 kg过磷酸钙，要求有机肥与土混匀回填。回填后，定植穴高于台面10~15 cm，做成1 m³的定植盘。

当年由于时间紧不能挖穴回填，又亟须定植的，按以上株行距定植后逐年扩穴深翻、改土。

（三）品种选择

以晚熟品种凯特芒为主，辅以台农1号、金煌芒等早中熟品种。

（四）定植苗的选择和定植

1. 定植苗的选择

定植苗选择适应当地气候和土壤条件、抗病性和抗逆性强、苗高 30 cm 以上、生长健壮、根系发达、无病虫为害的 1~2 a 生实生苗。

2. 定植技术

定植前检查定植穴，下沉的，填平填满到原来的位置，在定植穴中央栽植，不能踩压土团。栽植时注意行列要整齐，要求浇足定根水，以确保成活。

3. 定植时间

5—10 月，新梢停长时定植。

4. 定植后管理

晴天每隔 3~5 d 灌水 1 次直至抽出新梢成活，对未成活的进行补植。成活后，加强肥水管理，及时防治病虫害。进行幼树整形，定植第二年至第三年开始培育树形和嫁接。

5. 施肥

定植成活后，在第一次新梢叶转绿老熟后，可施第一次肥，以后按"一梢一肥"的方式进行，每株每次施肥量：定植当年为 0.05 kg 尿素；定植第二年为 0.05 kg 尿素加氮磷钾复合肥（15∶15∶15）0.05 kg。施肥方法：兑清粪水，开浅沟淋施。

（五）嫁接

1. 嫁接时间

每年 2—8 月。

2. 嫁接幼树要求

嫁接幼树主枝直径在 2~3 cm。

3. 嫁接方法

嫁接采用盖头切接法。

（1）削接穗　靠留芽一面（或留芽侧面）削 45°斜面，相反面沿形成层倒削长切面（2 cm 左右），韧皮部不削断，让其连在接穗上。

（2）削砧木　在砧木平、光滑、高度合适处削（或剪）一个 45°斜切面，相反面沿形成层削长切面（2 cm 左右，与接穗长切面长短基本一致），韧皮部不削断，让其连在砧木上。

（3）插接穗与捆绑　砧、穗长切面对齐，削开的韧皮部分别搭靠在接穗、砧木 45°斜切面上，封严、捆紧即可。

4. 嫁接后管理

嫁接后管理的主要目的为确保嫁接成活率，通过嫁接第二年促梢达到初结果的枝叶量，嫁接第三年开始逐步挂果。

嫁接后注意随时进行查看，对未成活的及时进行补接。及时补充水分。

嫁接后新梢长至 30~40 cm 后进行整形管理。注意防治病虫害。

（六）土肥水管理

1. 土壤管理

（1）中耕除草　树盘及株间杂草要经常铲除，保持土壤疏松。行间杂草，每年中耕翻压 3~4 次，冬季清园时彻底除草，集中压入果树施肥沟。随着树冠扩大，逐渐扩大翻耕除草范围。

（2）覆盖　旱季在树盘进行覆盖，雨季将盖草压入土中。覆盖范围是离主干 10 cm 处至树冠滴水线以外 30 cm 处，厚度 10~20 cm。覆盖材料为杂草、绿肥等。

（3）间作　幼树期可利用行间空地间作花生、绿豆等豆科绿肥，间作西瓜，与树冠滴水线距离须在 50 cm 以上，必须施足肥料，避免与杧果树争夺肥力。进入结果期后不再进行间作。

（4）扩穴改土　嫁接第二年开始，每年 9 月，在树冠滴水线位置开挖长 0.8~1 m、深 0.5~0.6 m 的环沟进行扩穴改土（每年轮换），压入杂草、覆盖草等绿肥，施腐熟优质农家肥 50 kg。

2. 施肥管理

杧果树的施肥以科学配方施肥，增加有机肥用量，逐步达到以有机肥为主，遵循科学、环保和高效的原则进行。

（1）幼树施肥　嫁接成活后，从芽接桩抽发第三台新梢开始追肥。每年用肥 2~3 次；施肥量：嫁接当年为每株每次氮磷钾复合肥（15:15:15）0.1 kg；嫁接第二年施肥量加倍。施肥方法：树盘撒施后淋水。

（2）初结果树施肥　嫁接第三年杧果树逐渐进入结果期，到嫁接后第五年，此期间杧果树被定义为初结果树。此期间施肥结合杧果树开花期、果实膨大期、采果前后等时期，以雨季压青、冬季进行扩穴改土等方式，逐渐增加有机肥施用量。施肥量为：嫁接第三年每次施氮磷钾复合肥（15:15:15）0.15 kg，嫁接第四年、第五年施肥量根据不同树体枝梢长势和挂果量在每次施氮磷钾复合肥（15:15:15）0.15 kg 的基础上酌情增减，确保当年果实品质和形成丰产杧果树势。施肥方式：树冠滴水线挖环状沟撒施覆土后淋水。

（3）结果树施肥　嫁接第五年开始，杧果树进入丰产时期，每年施肥以丰产稳产和高效为原则。以杧果单株产量控制在 50 kg 左右计，单株杧果树年施肥量以纯量计为：氮（以 N 计）1.2 kg、磷（以 P_2O_5 计）0.45 kg、钾（以 K_2O 计）1.5 kg、钙（以 CaO 计）0.6 kg、镁（以 MgO 计）0.25 kg。一年中施肥分为开花肥、壮果肥、采果肥 3 次进行，3 次施肥比例分别为全年施肥量的 20%、30%、50%。施肥方式为土施和叶面喷施。

开花肥：末花期至花时施用。每株施尿素 0.1~0.2 kg、氮磷钾复合肥（15:15:15）0.2~0.3 kg、叶面喷施 0.2%~0.3% 硼砂和 0.2%~0.3% 磷酸二氢钾。

壮果肥：花后 30~40 d 施用。每株氮磷钾复合肥（15:15:15）0.3~0.5 kg、钾肥 0.5 kg、饼肥 0.2~0.5 kg、粪水 1~2 次，每株每次 15~20 kg；结合喷药喷 0.1%~0.2% 磷酸二氢钾或其他叶面肥 2~3 次。

采果肥：在采果前后施用。每株施优质腐熟农家肥 40~60 kg、氮磷钾复合肥（15:

15 : 15) 0.5~1 kg、尿素 0.1~0.2 kg、钙镁磷肥 0.5~1 kg、钾肥 0.25~0.5 kg、石灰 0.5~1 kg。其中，尿素与复合肥在采果前后 7 d 施下，其他肥料在修剪后，结合扩穴改土施。

3. 水分管理

①定植第一年的冬春季每 1~2 周灌水 1 次，翌年及以后的冬春季每月灌水 1~2 次。

②在花序发育期和开花结果期，每 10~15 d 灌水 1 次。

③秋梢期如遇旱每 10~15 d 灌水 1 次。

④在花芽分化期不灌水，雨水过多、土壤湿度过大时及时排水。

⑤在采收后及时灌水，促进秋梢萌发和枝条生长，恢复树势。

（七）杧果病虫害防治

1. 农事操作

农事操作要先健株后病株，并注意用肥皂洗手，防止人为传播病菌。

2. 病枝病叶处理

经常进行田间检查，发现病枝、病叶要及时清除，并带出园外深埋或烧毁。

3. 杀虫灯诱杀

田间安装杀虫灯诱杀害虫成虫。每 2~3 hm² 安装 1 盏。

4. 药剂防治

（1）炭疽病　选用甲基硫菌灵等安全低毒的农药，以预防为主，每个生长季节控制在 1 次。

（2）蚜虫、介壳虫　选用苦参碱等生物杀虫剂，每个生长季节控制在 1 次。

杧果病虫害防治坚持以"预防为主，综合防治"的方针，以改善果园生态环境、保证杧果品质和质量安全为基础，通过综合采用各种防治措施，配合使用甲基硫菌灵、印楝素等高效、低毒、低残留农药以及在防治过程中改进用药技术、减少化学农药用量等手段，保证杧果质量达到杧果质量标准要求，符合国家绿色食品质量安全的规定。

（八）整形修剪

通过合理整形修剪，造就合理的树形，确保杧果树丰产、稳产，延长杧果树的结果年限，提高果实品质。结合当地实际，杧果树树形可采用自然圆头形。

1. 幼树的整形修剪

（1）自然圆头树形特点　没有中心干，主枝 3~4 个，每个主枝上有 3~4 个副主枝，树高控制在 2.5 m 以内。

（2）整形修剪方法　主要包括如下方法。

定干：定植当年定干。定干高度为：平地 60~70 cm，坡台地 50~60 cm。

培养主枝和副主枝：当苗木长到定干高度时剪顶，选留 3~4 条生长均匀、位置适宜的分枝作主枝（平地留 3 个主枝，坡地留 4 个主枝）。主枝要均匀分布在主干周围，与主干的夹角为 45°~70°。主枝长到 40~50 cm 时剪顶，每主枝选留 3 条生长势均匀的二级枝作副主枝。在培育主枝和副主枝时，根据生长情况在主枝或副主枝上适时进行嫁接。

培养结果枝组：当副主枝长到 30~40 cm 时剪顶，抽枝后选留 2~3 条生长均匀的三级枝，在三级枝上再以此类推培养四级枝、五级枝，争取在 2~3 a 培养 50~60 条健壮的末级梢作结果枝，形成一个多次分枝的自然圆头形树冠。

轻修剪与角度调整：此期间修剪以疏枝为主，及时疏除交叉重叠枝、弱枝、病虫枝等，疏通树冠。各级分枝的角度和方向，可通过牵引拉枝、压枝、吊枝等方法控制，培养出开树冠。

2. 结果树的整形修剪

定植后，对于肥水管理、病虫害防治到位的杧果树，通过 2~3 a 的整形，树形基本形成。此时，修剪应与树冠的进一步扩大，结果枝数量、质量，连续结果能力等相联系。

（1）采果后修剪　行间、株间空隙大的，按整形时主枝、副主枝的处理进一步形成树体骨架，扩大树冠。行间、株间已覆盖或基本覆盖的，修剪目的是创造通风、透光的树冠，培育良好的结果枝或结果枝组。其方法主要包括：一是树冠与树冠间的枝条重叠交叉的，回缩到株间、行间能正常进行果园管理（50~60 cm 的空隙）；二是超出2.5 m 高的延长枝，有空间的回缩到 2~2.5 m 处，过密的疏除；三是疏除病虫枝、衰弱枝，扰乱树冠空间的徒长枝、交叉枝、重叠枝；四是在树冠及时短剪结果枝，8 月中下旬以前采果的可根据空间大小、下年结果量多少确定短剪的轻重，空间大、枝组少的短剪轻些，反之重些；9 月以后采果的（如凯特芒），除考虑以上因素外，还可根据枝条轮换结果情况确定短剪轻重，但多采用短剪到抽发有新梢的部位。

（2）生长季节修剪　杧果树的修剪除采果后的一次集中修剪外，在其生长过程中都应根据枝梢生长、分布等情况进行修剪，方法可采用抹芽、摘心、疏枝等。

抹芽：一是重剪刺激后在骨干枝上任何时间萌发的芽，除有空间留下培养枝组的，都应及时抹去；二是短剪结果后的结果枝，当梢抽发到 6~7 cm 时，根据短剪的结果枝大小、空间的稀密情况、着生位置等，选留方向恰当的 2~3 个梢生长，其余的抹去（必须做好病虫害的预防），枝梢的去留遵循抹去强弱梢，留下长势中庸的梢。

摘心或剪顶：在 9 月以前留下的枝梢（特别是骨干枝上留下的），当梢长到 50 cm以上没分枝或未停长的，应在 40 cm 处进行摘心或剪顶促其分枝，培养枝组，以利结果。

疏枝：采果修剪后，当年抽生的 2 次或 3 次枝，在 11 月、12 月疏去过密枝、纤细枝、病虫为害重的枝，在每基枝上留 1~2 条长势中庸的末次梢作为下年结果枝。除以上时期，也可随时对杧果树上的过密枝、病虫为害重的枝、重叠枝等进行疏除。

4—5 月结合果实的选留，短剪或疏除未挂果的枝及空果小穗。

采用撑、拉、吊等方法协调同株枝条方位、长势等，以平衡树冠各方位长势，达到良好的结果树形。

（九）花果管理

1. 疏花疏果

花期对开花率达末级梢数 80%以上的树，保留 70%末级梢着生花序，其余花序从基部摘除，对较大的花序剪除基部 1/3~1/2 的侧花枝。

花后 15~30 d，每条花序保留 2~4 个果，把畸形果、病虫果、过密果疏除。

2. 保花保果

在盛花期和末花期用 0.1% 硼砂+0.3% 磷酸二氢钾各喷 1 次，稳果后适当调整着果数。

花后至果实套袋前，剪除不挂果的花枝以及妨碍果实生长的枝叶。剪除幼果期抽出的春、夏梢。

3. 套袋

在坐稳果后（像鸡蛋大小）进行套袋，套袋前果面喷施 70% 甲基硫菌灵可湿性粉剂 800 倍液。采收前 30 d 停止使用农药。

（十）采收

杧果采收成熟度根据销售市场距离及贮藏时间而定，远销杧果以七八成熟为宜，就地作为鲜果供应的采收成熟度可高些。

1. 成熟度判断

切开果实，种壳已变硬，将果实放入清水中下沉或半下沉，果实基本成熟。贮运外销的鲜果，有 20%~30% 的果实完全下沉，本地销售的鲜果，有 50%~60% 果实下沉或半下沉时采收。

2. 采收时间

在晴天上午露水干后或阴天进行。

3. 采收方法

用枝剪单果采收，一果两剪；对于成熟度不均匀的树，可分批采收。采下来的果实放在采果篮或塑料筐，轻拿轻放，尽可能避免机械损伤。采收后果实放在阴凉处，8 h 内进行商品处理。

三、杧果采收及贮藏技术规程

（一）采收

1. 成熟判断

杧果应在生理成熟阶段采摘，鲜食果应发育至外表橄榄绿或浅绿色，果肉浅黄色，果蒂基部凹或平，果柄流出乳汁较稠，流速较慢，部分果肩部位出现隐黄色（或鲜红色），酸度小于 2.9%，加工果则采摘外表为绿色或橄榄绿，果肉白色，酸度大于 2.9%。

2. 采收方法

果实成熟一批采收一批，选择清晨或傍晚气温较低时采收，避免高温和雨天采收。采收前准备采摘必备的果剪、盛装容器，并进行清洁处理。在盛装容器内侧垫以干净柔软物。采用一果两剪法采果。如有流胶，将果柄朝下置于流胶架上直至流胶停止。果实果柄朝下，倾斜装入盛装容器。盛装容器底部、果实层与层之间垫干净柔软物。采收的果实置于通风阴凉处。采果时留 2~3 cm 果梗，表 5-99 推荐了主要商业品种贮藏的最适采收期特征。

表 5-99　主要品种贮藏最适采收期特征

品种	可溶性固形物的质量分数/%	酸度/%	果皮	果肉	硬度（手感）	果肩	果龄/d
桂热芒10号	6.2±0.5	<2.9	光滑，橄榄绿	米黄色，柔细	硬实	约有1/3果实的果蒂基部发育至平，少部分果实果肩部位出现隐黄色	109~132
紫花芒	7.0	<2.2	光滑，浅绿色，具有白色蜡粉	浅黄色	硬实	果扇饱满，果肩与果蒂平或略高于果蒂，少部分果实果肩褪绿出现隐黄色	95~106
吕宋芒	6.5	<2.5	光滑，浅绿色	浅黄色	硬实	果肩浑圆，果蒂平或微凹，少部分果实果肩出现隐黄色	90~100
台农1号	6.7	<2.6	光滑，浅绿色	浅黄色	硬实	果肩饱满，果肩与果蒂平或略高于果蒂，少部分果实果肩出现隐黄色	95~103
椰香芒	7.8	<2.8	光滑，绿色	黄色	硬实	果肩圆，果肩平或略高于果蒂，少部分果实果肩出现隐黄色	112~120
贵妃芒	7.2	<2.2	光滑，紫红色	浅黄色	硬实	果肩平或略高于果蒂，少部分果实果肩出现鲜红色	110~115
金芒	9.5	<0.76	光滑，绿色，具有白色蜡粉	浅黄色	硬实	果肩浑圆，果肩平或略高于果蒂，少部分果实果肩出现隐黄色	115~120
白象牙芒	7.2	<2.0	光滑，浅绿色	白色	硬实	果肩浑圆，果肩平或略高于果蒂，少部分果实果肩出现隐黄色	108~115

（二）贮藏

1. 果实质量要求

供贮藏的果实应生理发育正常，达到适当的成熟度，硬实，清洁，无病斑、虫口或其他动物及机械伤害的痕迹。

2. 贮藏前的果实处理

采果时留 2~3 cm 果梗，处理前再剪留 0.5 cm 的果梗，清洗，晾干，用 1 mg/L 噻菌灵或 1 mg/L 咪鲜胺处理。

3. 装箱要求

按需要将果实分层设置于大小适宜的包装箱内，保证其不易移动，每箱放置质量为 20 g 左右的吸附剂 2~4 包。

（三）包装箱和贮藏室

1. 包装箱

制作包装箱的材料应符合卫生要求，其强度应能满足装卸、贮藏和运输的要求；包装箱的各箱面应均匀地开数个透气孔，推荐的格式是：顶面和底部各开 6 个孔，长侧面各开 4 个孔，短侧面各开 3 个孔，孔径约为 30 mm。

2. 贮藏室

应是阴凉和防鼠的，室内放置的包装箱的排列方式应使空气能自由流通。在整个贮藏期空气循环率为 20%~30%。

（四）贮藏方法

1. 常温贮藏

经处理后的果实可以贮藏在 26~32 ℃、相对湿度 60%~85% 的通风良好的贮藏室中。主要商业品种常温贮藏期见表 5-100。

表 5-100　各种杧果的常温贮藏期

品种	贮藏期限/d	备注
秋芒	9~13	直到成熟可食为止
桂热芒 10 号	8~10	
桂香芒	16~18	
紫花芒	11~13	
象牙 22 号	20	
台农 1 号	20	
椰香芒	13~15	
贵妃芒	9~12	
金煌芒	13~15	
白象牙芒	8~10	

2. 冷藏

（1）预冷却　预冷温度（14±2）℃，空气循环比率 100∶200，相对湿度 90%，并在 3~4 d 达到终点温度。

（2）冷藏及冷藏期　冷藏室应能换气，主要品种冷藏温度、湿度和冷藏期见表5-101。

表 5-101　主要品种冷藏的推荐温度和贮藏期

品种	推荐温度/℃	相对湿度/%	预期贮藏期/d
桂热芒 10 号	12~15	85~90	15~17
桂香芒	12~15	85~90	25
紫花芒	12~15	85~90	20
秋芒	12~15	85~90	22~25
吕宋芒	9~10	85~90	14~21
爱文芒	10	85~90	21
海顿芒、凯特芒	13	85~90	14~21
青皮芒	10	85~90	21
椰香芒	12~15	85~90	21
台农 1 号	12~15	85~90	22~25
金煌芒	12~15	85~90	22~25

3. 贮藏检查

（1）抽检　贮藏期内应定期进行质量抽检。

（2）指标　贮藏期内果实应保持原有的风味和品质，总损耗率不超过20%。

四、杧果等级规格

（一）基本要求
所有级别的杧果除各个级别的特殊要求和容许度范围外，应满足下列要求。

①果实发育正常，无裂果。

②新鲜、未软化。

③果实无生理性病变，果肉无腐坏、空心等。

④无坏死组织、无明显的机械伤。

⑤基本无病虫害、冷害、冻害。

⑥无异常的外部水分，冷藏取出后无收缩。

⑦无异味。

⑧发育充分，有合理的采收成熟度。

⑨带果柄，长度不能超过 1 cm。

（二）等级
主要杧果品种的果实性状及理化指标见表 5-102。

表5-102 我国主要芒果品种的果实性状及理化指标

品种	单果重量/g			果实尺寸/cm						成熟果实性状			理化指标	
	平均值	最大值	最小值	平均值		最大值		最小值		果皮色泽	果实形状	果肉颜色	可溶性固形物/%	酸度(g/kg)
				长度	宽度	长度	宽度	长度	宽度					
台农1号	245	442	102	11	5	14	7	10	3	黄色至深黄色,近果肩部经常有红晕	宽杯形,果较尖小,果形稍扁	橙黄色	15.20	3.0
金煌芒	755	1 250	301	19	9	30	15	14	7	深黄色或橙黄色	果实特大,长形	深黄色至橙黄色	16.10	2.4
贵妃芒	360	553	100	12	7	16	9	5	4	底色深黄色,盖色鲜红色;套袋果实为黄色	卵状长圆形,基部较大,顶部较小,果身圆厚	金黄色	15.50	0.8
桂热芒82号	324	450	250	13	4	22	14	10	3	浅绿色	长椭圆形	乳黄色	17.60	4.3
凯特芒	660	1 290	246	15	12	21	15	11	8	底黄色,盖色或紫红色	椭圆形有明显的果鼻	橙黄色	13.70	2.1
圣心	301	1 000	100	10	10	18	16	5	4	底色深黄色,盖色鲜红色	宽形,稍扁	深黄色或橙黄色	13.50	0.8
吉禄芒	349	500	100	12	8	16	11	10	5	红色至紫色	宽印形或长稍扁	浅黄色至深黄色	10.14	15.0
红象牙芒	529	1 052	210	25	16	30	18	16	13	向阴面鲜红色	长属形,微弯曲	乳黄色	11.37	3.4
白象牙芒	346	615	183	20	7	26	11	7	5	黄色或金黄色	果较长而顶部呈钩状,形同象牙	乳黄色	11.30	3.1

在符合基本要求的前提下,杧果可划分为一级、二级、三级,各等级杧果应符合表5-103 的规定。

表 5-103 杧果等级指标

指标	一级	二级	三级
果形	具有该品种特征,无畸形,大小均匀	具有该品种特征,无明显变形	具有该品种特征,允许有不影响产品品质的果形变化
色泽	果实色泽正常,着色均匀	果实色泽正常,75%以上果面着色均匀	果实色泽正常,35%以上果面着色均匀
缺陷	果皮光滑,基本无缺陷,单果斑点不超过 2 个,每个斑点直径≤2.0 mm	果皮光滑,单果斑点不超过 4 个,每个斑点直径≤1.0 mm	果皮较光滑,单果斑点不超过 6 个,每个斑点直径≤3.0 mm

（三）容许度

1. 一级品

允许有不超过5%质量或数量的果实不符合一级要求,但符合二级的要求。

2. 二级品

允许有不超过10%质量或数量的果实不符合二级要求,但符合三级的要求。

3. 三级品

允许有不超过10%质量或数量的果实不符合三级要求,但符合基本要求。

对于包装的产品,在同一包装器内,单果质量差不能超过15%。

（四）检验方法

果实的果形、色泽等指标由感官评定。缺陷的斑点直径、果柄长度、单果质量采用随机方法从样品中选择20个果实用量具测定后取平均值。

（五）包装

同一包装容器内的杧果应产地、品种一样,质量和大小均一。

包装容器应符合质量、卫生、透气性和强度要求,以保证杧果的适宜运输。

五、杧果质量安全标准要求

（一）杧果成熟度判定

果实成熟的程度,采摘时杧果成熟应达到一定的程度,以保证有适当的后熟期(杧果在采收后继续发育完成成熟的过程),适应处理、包装和运输的时间要求,杧果的成熟度分为青熟、完熟、过熟 3 级。

1. 青熟

果实已发育成熟,果肉开始变黄但果皮呈青色,果肉硬、味酸,采后经后熟能达到该品种特有的质量。

2. 完熟

发育充分,具有杧果固有的色香味,肉质较硬实,适合短期贮存后销售。

3. 过熟

果实成熟过度，开始软化，品质下降。

（二）基本要求

所有级别的杧果除各个级别的特殊要求和容许度范围外，应满足下列质量要求。

①果形完整。

②未软化。

③新鲜。

④完好，无影响消费的腐烂变质。

⑤清洁，基本不含可见异物。

⑥无坏死块。

⑦无明显的机械伤。

⑧基本无虫害。

⑨无冷害。

⑩无异常的外部水分，但冷藏取出后的冷凝水除外。

⑪无异常气味和味道。

⑫发育充分，达到适当的成熟度。

⑬带柄时，其长度不能超过 1 cm。

根据不同品种特点，杧果的发育和状况应保证后熟能达到合适的成熟度，适宜运输和处理，运抵目的地时状态良好。随成熟度的增加，不同品种的颜色变化会有所不同。

（三）质量等级

杧果可分为优等品、一等品、二等品。

1. 优等品

优等杧果有优良的质量，具有该品种固有的特性。优等杧果应无缺陷，但允许有不影响产品总体外观、质量、贮存性的很轻微的表面瑕疵点。

2. 一等品

一等杧果要有良好的质量，具有该品种的特性，允许有下列不影响产品总体外观、质量、贮存性的轻微的缺陷。对于 A、B、C 3 个类别的杧果（表 5-104），机械伤、病虫害、斑痕等表面缺陷分别不超过 3 cm²、4 cm²、5 cm²。

3. 二等品

不符合优等品、一等品质量要求，但符合基本要求。允许有不影响基本质量、贮存性和外观的下列缺陷：一是果形缺陷；二是对于 A、B、C 3 个类别的杧果，机械伤、病虫害、斑痕等表面缺陷分别不超过 5 cm²、6 cm²、7 cm²；三是一级和二级杧果中零散检化和黄化面积不超过总面积的 40%，且无坏死现象。

4. 大小类别

杧果的重量决定杧果大小，杧果的大小按重量分为 3 个类别，各类别应符合表 5-104 的规定。

表 5-104　杙果大小类别

大小类别	标准大小范围/g
A	200~350
B	351~550
C	551~800

在上述的 3 个类别中，每一包装件内的杙果果重最大允许差分别不能超过 75 g、100 g、125 g。最小的杙果不小于 200 g。

5. 容许度

容许度是指在每一包装内，产品不符合标示质量和大小要求的量。

（1）等级容许度　优等品、一等品、二等品的容许度如下。

优等品：允许有不超过 5% 质量或数量的果实不符合优等要求，但应符合一等要求。

一等品：允许有不超过 10% 质量或数量的果实不符合一等要求，但应符合二等要求。

二等品：允许有不超过 10% 质量或数量的果实既不符合二等要求，也不符合基本要求，但这些果实不能有腐烂、明显伤痕和其他不适合消费的变质。

（2）大小容许度　同一包装内允许有 10% 质量或数量的果实超出（大于或小于）标准大小范围但其范围不超过该类别果重最大允许差的 50%。所有杙果中，最小杙果不少于 180 g；最大杙果不大于 925 g。具体要求见表 5-105。

表 5-105　同一包装内杙果大小容许度要求

大小类别	标准大小范围/g	允许大小范围/g （超出标准规格范围的果不超过 10%）	果重最大允许差/g
A	200~350	180~425	112.5
B	351~550	251~650	150.0
C	551~800	426~925	187.5

（四）卫生指标

六六六、滴滴涕不得检出。其余卫生指标按照 GB 2762—2017、GB 4180—2012、GB 5127—2017、GB 14870—1998、GB 14928.4—1994、GB 14928.5—1994、GB 14935—1994 规定执行。

（五）试验方法

1. 感官检验

①取样的杙果放于洁净的台面上，观察其外观、成熟度、异物、异常外部水分等。

②通过尝或嗅检验果实风味。

③目测或用量具测量果面的机械伤、病虫害、斑痕面积，果柄长度等。

2. 大小类别

用台秤称量果实的重量。

3. 容许度

取同一包装物内全部样果按质量、大小要求检出不合格果，按式（5-20）计算容许度，结果精确到小数点后 1 位。

$$M（\%）= m_1/m_2×100 \tag{5-20}$$

式中：M——不合格果实百分比，%；

　　m_1——不合格果实重量，g；

　　m_2——包装物内果实重量，g。

4. 果重最大允许误差

取同一包装物内最大和最小的果实称重，按式（5-21）计算。

$$D = m_3 - m_4 \tag{5-21}$$

式中：D——果重最大允许差，g；

　　m_3——最大果重量，g；

　　m_4——最小果重量，g。

5. 卫生检验

取样果可食部分作待测样品，然后按照 GB/T 5009.11—2014，GB/T 5009.12—2017、GB/T 5009.17—2014、GB/T 5009.19—2008、GB/T 5009.20—2003、GB/T 5009.38—2003、GB/T 14929.4—1994 规定执行。

（六）检验规则

1. 组批

同一产地、同一品种、同一等级、同一大小、同一批采收的鲜杧果作为一个检验批次。

2. 抽样方法

按照 GB/T 8855—2008 规定执行。

3. 判定规则

经检验符合标准要求的产品，该批产品按标准判定为相应等级和类别的合格产品。

4. 卫生指标

卫生指标 1 项不合格，则该批产品判为不合格产品。

（七）包装、运输和贮存

1. 包装

（1）一致性　同一包装容器内的杧果产地、品种应一样，质量和大小均一。包装可见部分的果实须和不可见部分的果实相一致。

（2）包装方法　杧果的包装应确保产品不受损伤；内包装应采用新的、洁净的包装材料，并能避免产品受到内部和外部的损伤。所用的材料（特别是贸易说明书或印记）须用无毒墨水印刷，无毒胶水粘贴，包装容器应符合质量卫生、透气性和强度要求，以保证杧果适宜处理、运输和贮存。包装（或散装堆放地）要求不能有异物和异味。

2. 运输和贮存

（1）运输　短距离运输可用卡车等一般的运输工具；长距离运输要求有调温、调湿、调气设备的集装箱运输。运输容器通风良好，卫生条件良好，无毒、无不良气味。

（2）贮存　按照 GB/T 15034—2009 规定执行。

六、杧果果脯加工技术规程

（一）产品特点

杧果果脯指以新鲜杧果为原料，经糖渍、干燥等工艺制成的具有杧果风味的蜜饯制品。

（二）加工条件要求

1. 原料

杧果原料应符合 GB 2762—2017、GB 2763—2021 的规定，成熟，无变质、霉变，成熟度控制在 70%～80%。

2. 辅料

加工过程中的水应符合 GB 5749—2006 的要求，白砂糖应符合 GB/T 317—2018 的规定，其他食品辅料质量应符合 GB/T 10782—2006 的规定，食品添加剂的使用应符合 GB 2760—2006 的规定。

3. 加工环境要求

应符合 GB 8956—2016 的规定和 GB 14881—2013 的规定。

4. 加工设备要求

应符合 GB 8956—2016 的规定。

5. 加工工艺及操作要点

（1）工艺流程　工艺流程可采用以下两种。

①杧果→清洗→去皮→去核→切分→烫漂→硬化→护色→漂洗→糖渍→沥糖→干燥→冷却→上糖衣→包装。

②杧果→清洗→去皮→去核→切分→护色→漂洗→糖渍→沥糖→干燥→冷却→上糖衣→包装。

（2）操作要点　主要包括如下 11 个方面。

①清洗。将杧果用流动水冲洗，除去果皮表面沾染的尘土、泥沙、杂质等，沥干。

②去皮、去核与切分。用刀具去除杧果的果皮、果核，将果肉切块或片，大小、厚薄均匀。

③烫漂和硬化。将杧果肉放在 90 ℃以上热水中烫漂 5～10 min，冷却后在浓度为 0.1%～0.2%的氯化钙溶液中浸泡 1～3 h。

④护色。把杧果肉放在含 0.5%～1%食盐、0.2%～0.5%柠檬酸、0.1%～0.2%亚硫酸氢钠的溶液中浸泡 5～8 h。

⑤漂洗。用清水对杧果肉进行冲洗，除去表面的护色液和硬化剂，沥干。

⑥糖渍。采用分段的方法进行糖渍。用一段糖渍：白砂糖∶麦芽糖的比例为 2∶

（1~5）：1、糖度为 40° Bix 的糖液进行糖渍，同时添加 20~50 mg/kg 的焦亚硫酸钠以及 0.2%~0.5% 的盐、0.2%~0.5% 的乙二胺四乙酸二钠和 0.1%~0.2% 的柠檬酸，室温下糖渍时间为 1~2 d；用二段糖渍：白砂糖：麦芽糖的比例为 2：（1~5）：1、糖度为 60° Bix 的糖液进行糖渍，同时添加 0.2%~0.5% 的柠檬酸，室温下糖渍时间为 1~2 d。

⑦沥糖。糖渍完成后，将杧果肉捞出，沥干杧果表面多余的糖液。

⑧干燥。采用热风干燥工艺，将经过糖渍的杧果肉采用分段烘干的方法进行烘烤。第一次烘干过程是保持烘炉温度 50~65 ℃，持续烘干至表面干燥，然后在常温下放置 12~14 h，接着将杧果果肉的另外一面翻过来，便于烘干更加均匀；第二次烘干过程是保持烘炉温度 50~55 ℃，待果脯中水分降至 15%~20% 时即完成干燥。

⑨冷却。将烘干后的杧果肉放置在 20~25 ℃ 的环境中进行冷却，使产品的水分得到充分的平衡。

⑩上糖衣。将干燥冷却后的果脯表面裹一层葡萄糖粉，以保持产品的干爽。

⑪包装。内包装应符合 GB/T 12339—2008 的规定要求，外包装应符合 GB 7718—2011 的规定要求。产品包装过程应符合 SB/T 11025—2013 的规定，卫生环境应符合 GB 14881—2013 的规定。

6. 标志

应符合 GB/T 191—2008 的规定。

7. 标签

应符合 GB 7718—2011 和 GB 28050—2011 的规定。

8. 贮存

贮存应符合 GB 14881—2013 的规定，仓库应干燥、通风、防潮、防蝇、防鼠、防污染。夏季库温不超过 27 ℃，相对湿度不超过 75%。

成品堆放不应与地面及墙体直接接触。地面应用垫板架空，高 20 cm 以上，与墙壁间隔 20 cm 堆放，高度以包装物受压不变形为宜。

七、杧果汁质量安全标准要求

（一）要求

1. 原料

（1）杧果原料　应符合 GB/T 15034—1994 的规定。

（2）加工用水及其他辅料　应符合 GB/T 31121—2014 的规定。

2. 感官指标

杧果汁的感官要求应符合表 5-106 的规定

表 5-106　杧果汁的感官指标

项目	要求
色泽	呈浅黄色至黄色，有光泽，均匀一致，符合鲜杧果汁色泽
滋味与气味	具有杧果的滋味及气味，酸甜适口，无异味

（续表）

项目	要求
组织形态	混浊度均匀一致，静置后允许有微量果肉沉淀
杂质	无肉眼可见的杂质

3. 理化指标

杧果汁的理化指标应符合表5-107的规定。

表5-107 杧果汁的理化指标

项目	指标
可溶性固形物/%	≥5.0
总酸（以柠檬酸计）/%	≥0.2

4. 卫生指标

杧果汁的卫生指标应符合表5-108的规定

表5-108 杧果汁的卫生指标

项目	指标
砷（以As计）/（mg/kg）	≤0.2
磷（以P计）/（mg/kg）	≤0.3
铜（以Cu计）/（mg/kg）	65
锌（以Zn计）/（mg/kg）	5
铁（以Fe计）/（mg/kg）	≤15
锡（以Sn计）/（mg/kg）	≤250
锌铁总量/（mg/kg）	20
二氧化硫/（mg/kg）	≤10
山梨酸/（g/kg）	≤0.5
零甲酸（钠）/（g/kg）	≤1.0
糖精钠/（g/kg）	不得检出
日落黄/（g/kg）	不得检出
柠檬黄/（g/kg）	不得检出
菌落总数/（CFU/mL）	≤100
大肠菌群/（MPN/100 mL）	≤3
致病菌（系指肠道致病及致病性球菌）	不得检出

罐装果汁还应符合商业无菌要求。

（二）试验方法

1. 感官检验

（1）色泽、组织形态及杂质　从样品中随机抽取 50 mL 混合均匀，然后倒入干净的 100 mL 烧杯中，置于明亮处，观察其色泽、组织形态，检验其有无可见杂质。

（2）滋味和气味　每种包装规格随机抽取 2~3 个平行样品作试样，样品容器开启后，立即闻其气味，品其滋味，查有无异味。

（3）理化指标　可溶性固形物按 GB/T 12143—2008 规定执行；总酸按 GB/T 12456—2008 规定执行；净含量及负偏差按 JJF 1070—2019 规定执行。

（4）卫生指标　砷、铅、铜、锌、锡、铁分别按 GB/T 5009.11—2014、GB/T 5009.12—2010、GB 5009.13—2017、GB/T 5009.14—2017、GB/T 5009.16—2014、GB 5009.90—2016 规定执行；二氧化硫按 GB 5009.34—2016 规定执行；糖精钠按 GB/T 5009.28—2003 规定执行；合成着色剂按 GB 5009.35 规定执行。

（5）菌落总数　按 GB/T 4789.2—2010 规定执行。

（6）大肠菌群　按 GB/T 4789.3—2016 规定执行。

（7）致病菌　按 GB/T 4789.11—2014 规定执行。

（8）商业无菌　按 GB/T 4789.26—2013 规定执行。

2. 检验规则

（1）组批　由同一批原料、同一班次、同一生产线生产的包装完好的同一品种、同一规格产品为一组。

（2）抽样方法　在成品库同一组批产品中随机抽取至少 1.5 L 样品供出厂检验，或至少 4 L 样品供型式检验。每批样品不得少于 6 个包装。

（3）出厂检验　每组批产品出厂前应由生产厂的技术检验部门按标准对感官、可溶性固形物、总酸、微生物、净含量及负偏差等项目进行检验，检验合格，签发合格证，方可出厂。

（4）型式检验　型式检验的项目应包括上述全部项目，出现下列情况之一者，应进行型式检验：新产品定型鉴定时；原材料、设备或工艺有较大改变，可能影响产品质量时；停产半年以上，又恢复生产时；正常生产时，定期或积累一定产量后，周期性进行 1 次检验；出厂检验结果与上次型式检验有较大差异时；国家质量监督机构或主管部门提出型式检验要求时；合同规定时。

（5）判定规则　微生物指标、感官指标有 1 项不符合标准要求，则判定该批产品为不合格产品，并且不得复检

（6）复检　检验结果中除感官指标和微生物以外的卫生指标、理化指标、净含量及负偏差不符合标准要求时，可从该批中抽取两倍样品，对不合格项目可进行复检 1 次。若复检结果仍有指标不符合要求则判定该批产品为不合格产品。

（三）标志、包装、贮存和运输

1. 标志

杧果汁产品的标签按 GB 7718—2016 执行。运输包装应注明：产品名称、规格、数量、厂名、厂址、生产日期、保质期、标准编号等。包装贮运图示标志应符合 GB/T

191—2008 规定。

2. 包装

杧果汁产品的包装材料和容器按 GB/T 31121—2014 规定执行。

杧果汁产品的销售包装要求外表清洁、无变形损伤，标签内容的字迹和图形清晰、整洁、端正，容器密封完好，无泄漏，不得污染产品。

3. 运输

输工具应清洁、干燥。搬运时应轻拿轻放，并有防雨、防晒设施。严禁与有毒、有害或有腐蚀、有异味物品混运。

4. 贮存

贮存库房应清洁、干燥、通风。箱体堆放距墙、离地 20 cm 以上。严禁与有毒、有害或有腐蚀、有异味物品混存。

5. 保质期

在上述条件下，保质期：易开盖罐装不低于 6 个月，塑料瓶装不低于 3 个月，玻璃瓶装不低于 4 个月。

八、腌制杧果质量标准要求

（一）腌制杧果分类

脆腌湿杧果，包装内水分含量大于等于 20%（质量分数）；腌制杧果干，包装内水分含量小于 20%（质量分数）。

（二）要求

1. 感官要求

腌制杧果的感官要求应符合表 5-109 的规定。

表 5-109　腌制杧果感官要求

项目	分类	
	脆腌湿杧果	腌制杧果干
色泽	该产品固有色泽，包装内液体为无色或呈浅色	褐色或棕褐色
形态	块状或条状	切条状，细长，果皮干爽，有皱收
滋味和气味	有该产品特有的风味，无苦味及异味	有该产品特有的风味，无苦味及异味
杂质	无外来杂质	无外来杂质

2. 安全卫生要求

腌制杧果安全卫生要求应符合表 5-110 的规定。

表 5-110　腌制杧果安全卫生要求

项目		指标
总砷（以 As 计）/（mg/kg）		≤0.2
总铅（以 Pb 计）/（mg/kg）		≤0.2
总汞（以 Hg 计）/（mg/kg）		20.05
二氧化硫/（g/kg）	脆腌湿杧果	≤0.10
	腌制杧果干	≤0.35
糖精钠/（g/kg）		≤5.0
环己基氨基酸/（g/kg）		≤1.0
山梨酸/（g/kg）		≤0.5
苯甲酸/（g/kg）		≤0.5
菌落总数/（CFU/mL）		≤1 000
大肠菌群/（MPN/100 g）		≤30
致病菌（沙门氏菌、志贺氏菌、金黄色葡萄球菌）		不得检出

（三）试验方法

1. 感官要求

将样本置于自然光下，通过目测色泽、形态、杂质等尝其滋味、嗅其气味进行感官要求的检测。

2. 安全卫生要求

（1）总砷的测定　按 GB 5009.11—2014 规定执行。

（2）铅的测定　按 GB/T 5009.12—2010 规定执行。

（3）总汞的测定　按 GB/T 5009.17—2014 规定执行。

（4）二氧化硫的测定　按 GB 5009.34—2016 规定执行。

（5）糖精钠的测定　按 GB/T 5009.28—2016 规定执行。

（6）山梨酸、苯甲酸的测定　按 GB/T 5009.29—2003 规定执行。

（7）菌落总数的检验　按 GB/T 4789.2—2010 规定执行。

（8）大肠菌群的检验　按 GB/T 4789.3—2016 规定执行。

（9）沙门氏菌的检验　按 GB/T 4789.4—2016 规定执行。

（10）志贺氏菌的检验　按 GB/T 4789.5—2012 规定执行。

（11）金黄色葡萄球的检验　按 GB/T 4789.10—2010 规定执行。

（四）检验规则

1. 检验分类

（1）型式检验　型式检验是对产品进行全面考核，即对上述全部要求进行检验。有下列情形之一者应进行型式检验：国家质量监督机构或主管部门提出型式检验要求时；前后两次抽样检验结果差异较大时；生产环境、生产工艺发生较大变化时。

（2）出厂检验　每批产品交收前生产单位都要进行出厂检验。出厂检验内容包括感官、净含量、标志、标签和包装等。检验合格并附合格证的产品方可交收。

2. 组批

同一生产厂家、同一批号、同一类型的产品作为一个检验批次。按 GB/T 13393—2008 规定进行抽样。

3. 判定规则

按要求进行检验，所检项目的检验结果符合本节质量要求，该批产品判为合格。卫生指标 1 项不合格，该批产品判为不合格。

4. 复检

卫生指标不得复验。

（五）标志、标签

标志按照 GB 191—2008 规定执行，标签按照 GB 7718—2018 规定执行。

（六）包装、运输与贮存

1. 包装

产品的包装材料要符合食品包装的无毒、无害要求。

2. 运输

运输工具应清洁，运输过程中不得与有毒、有异味的物品混运。

3. 贮存

贮存场所应清洁、通风良好，有防晒、防雨设施。

第六章 热带饮料作物质量安全生产关键技术

第一节 咖啡

一、咖啡产品和产业特点

咖啡树属于茜草科植物。日常饮用的咖啡，是将咖啡果实里面的果仁，通过烘焙、研磨而制成的颗粒或粉末。作为世界三大饮料之一，其与可可、茶同为流行于世界的主要饮品。

咖啡树原产于非洲埃塞俄比亚西南部的高原地区。现在大多分布在北纬 28° 至南纬 38° 之间海拔 1 000~2 000 m 的地区，产地包括巴西、越南、哥伦比亚、印度尼西亚、埃塞俄比亚、印度、洪都拉斯、乌干达、墨西哥、危地马拉。我国咖啡主要产区为云南，其次是海南、广东、广西、福建、台湾、四川等。

常见的 3 种咖啡树种：阿拉比卡、罗布斯塔和利比利卡。在高海拔地区，阿拉比卡种咖啡生长得最好，这种咖啡的风味比其他咖啡要精致得多，这种咖啡中咖啡因的含量只占咖啡全部重量的 1%。其产量占全球咖啡产量的 80%~85%。罗布斯塔种咖啡滋味醇厚，抵抗病虫害的能力强，单株产量也很高。该种咖啡生长在低海拔地区，因其能够萃取出丰富且稳定的 crema，所以多半被用在意式拼配豆中，用以制作 Espresso。其产量占全球咖啡产量 15%~20%。利比里卡种在我国极罕见，仅在海南省文昌市迈号镇有少量种植。该地区最早于 1898 年从国外引种种植至今，仍然保留着纯正的利比里卡品种。该品种有较强的焦糖风味，甜感强烈，且有较明显的波罗蜜干风味。由于产量低、浓度高，难以商业化，市场几乎看不到其产品。其产量占全球咖啡产量的 1%~2%。

我国作为世界上最大的咖啡新兴消费国之一，咖啡原料的进口量增长较快。2019年，我国未烤焙咖啡的进口量约 1.06 万 t，年均增长率近 10%；进口额为 2 713 万美元。当下消费能力的提升、咖啡文化的普及、技术和支付等基础设施的便利，加速了咖啡消费的进程。一方面，咖啡品类由最初的速溶咖啡、现磨咖啡，逐渐扩展至如今的胶囊咖啡、挂耳咖啡等，咖啡品类越发丰富。另一方面，随着"互联网+"概念的渗入，"线上消费""办公室咖啡馆""便利店咖啡""新零售咖啡"等创新消费方式正受到市场关注。然而，国内却没有知名的自产咖啡品牌，其原因主要包括如下几个方面。

第一，种植布局低端。我国咖啡种植品种较为单一，整体偏低端，大多为阿拉比卡咖啡种的卡迪姆亚种。这个品种耐病高产，但稍有涩味，而且区分度低，一般只能作为速溶咖啡的原料。目前我国的普通商业咖啡豆占总产量的85%，高级商业咖啡豆占到10%，精品咖啡豆仅为5%。

第二，产业结构不合理。我国咖啡产业以种植为主，模式单一，规模小而散，过度依赖一产，二、三产延伸不足，产值不高，缺乏综合竞争力。由于咖啡加工处理技术和发达国家相比还有差距，所以咖啡的出口主要以原料咖啡豆为主，附加值很低。

第三，产地认知度低。精品少，产业低端，市场认知度就低。咖啡讲产地，很多都加以注明，长期以来，很少有品牌商注明咖啡产地明细，导致人们不知道国产咖啡。当然，随着品牌意识的加强，现在也有越来越多标注国产咖啡的饮品出现。

最主要的是，由于没有确切的行业标准，缺乏深加工的技术，国产咖啡在定价权上处处被动。我们可采取的策略包括如下4个方面。

第一，培养国际格局。咖啡本身是舶来品，又是国际化产业，只有把目光拓远，形成良好的国际贸易关系，才是咖啡产业发展的长远之计。

第二，培养精品意识。精品具有极高的区分度，能带动一个产业的发展。要打造出精品，不仅要有好的咖啡，还需要政府的支持和企业的孵化，以及行业标准和品牌建设，缺一不可。

第三，发展配套产业。在咖啡的产业链上，除了种植之外，还得在加工、仓储、物流、交易等环节，特别是金融服务和精深加工方面下功夫。产业链健全，附加值高，利润才高，行业才能良性发展。

第四，提高技术研发。农作物的产业化从来都有一个标准化的问题，我国咖啡在种植和加工方面的技术还需要突破，保证咖啡产出的标准保持一致。

二、咖啡种植技术规程

(一) 园地选择

1. 气候条件

年平均气温18.5~21 ℃，最低月平均气温≥11.5 ℃，极端最低气温>0 ℃，基本无霜；年平均降水量1 000~1 800 mm，年平均相对湿度>70%，干燥度<1.5；降水量<1 000 mm，花期与幼果期干旱地区应选择具有灌溉条件的土地。静风环境，年平均风速<1.5 m/s。

2. 地貌条件

我国东南部地区选择海拔300 m以下；西部高原地区选择海拔700~1 000 m地区，一般不宜超过1 200 m。宜选低山、丘陵、平缓台地；一般不选冷空气排泄不畅且易于沉积的低凹地、低台地、冷湖区、狭谷及沟箐。冬季气温较高（月均温>13 ℃，极端最低温>1 ℃）地区可选用阳坡、半阴坡、缓阴坡；冬季气温较低（月均温<13 ℃，极端最低温<1 ℃）地区宜选阳坡。冬季强平流型为主降温区宜选背风坡，坡度选用<20°地段；辐射型低温区选用中、上坡位；平流型低温区宜选中、下坡位。

3. 土壤条件

宜选赤红壤、砖红壤；pH 5.5~6.8；土层厚度0.8 m以上，地下水位1 m以下，排水良好；土壤疏松肥沃，壤土或砂壤土，有机质含量1%以上。

4. 环境条件

园地环境条件应符合 NY/T 5010—2016 热带水果产地环境条件的规定。

（二）咖啡园规划

1. 园区道路规划

（1）园区田间道　居民点至咖啡园主要道路，路基宽一般3~4 m，路面宽3 m，纵坡<8%，弯道半径>15 m。

（2）园区生产路　园内作业与运输道路，连接田间道，路面宽一般2 m，纵坡<10%，弯道半径>10 m。

（3）步行道　园中步行道路，山丘坡地在梯地间设置"之"字路，路面宽1 m左右。

2. 排灌系统规划

（1）园地排灌渠系布局　山丘区斗渠一般沿较小的分水岭或等高线布置；农渠一般垂直于等高线或等高梯地布设，并修筑护砌和跌水设施；毛渠为园地直接灌溉渠道，其间距与梯地带距相同，沿种植带布局；排水沟沿山坡凹箐布置。平坦咖啡园斗渠与农渠应成90°布局，农渠间平行布置。每条农渠灌地面积控制在20 hm² 左右。

（2）灌溉类型　缓坡地、平台地可采用沟渠引水沟灌；水源缺乏或不稳定地区，在林段适当位置建造若干水肥池，结合沤肥浇灌。水肥池容积视管理面积而定。地形复杂、坡度较大、水源相对较高的园区，可采用固定或半固定管式喷灌系统，或将水引入园中贮水池浇灌。

（3）排灌工程　根据水源、土壤、降水及其时空分布，确定咖啡灌水定额，计算需水量，按布局进行工程设计，测算工程量，提出主要材料与设备选型，概算投资。

3. 防护林

在山脊、山顶、沟箐、风口等地段和台风较大地区，要保留或营造防护林带；台风或强风暴危害区，必须设置防护林网络。

水土流失严重地段设置水土保持林。水源林应严加保护，禁止砍伐与垦殖。

（三）咖啡园开垦

1. 种植密度

（1）平地或5°以下缓坡地　一般株行距0.8 m×2 m，种植密度6 240株/hm²。

（2）5°~15°坡地　一般株行距（0.8~1）m×2 m，种植密度4 995~6 240株/hm²。

（3）15°~20°坡地　一般株行距0.8 m×（2.5~3.0）m，种植密度4 155~4 995株/hm²。

2. 砍岜、清园

保留防护林、水源林及园中散生独立树。雨季结束后至翌年2月，斩除园内高草灌丛，晒干后清园。防护林宜选速生、抗性强、适应性广、非咖啡病虫害寄主的树种。

3. 修筑梯地

5°以下平缓园地采用十字定标；5°以上坡地修筑等高梯地，梯地面宽1.6~2.0 m，梯面内倾 3°～5°，梯地外缘用心土筑高、宽各 20 cm 的土埂。

4. 挖定植沟

（1）定植沟规格　定植沟的面宽一般为 60 cm，沟深 50 cm，沟底宽 40 cm。

（2）回表土，施基肥　一般每株施农家肥 5～10 kg、磷肥 0.1～0.2 kg。于定植前半个月，将农家肥、磷肥与表土拌匀回填定植沟内，回填后土面应高于沟面 15 cm 以上。

（四）定植

1. 种苗质量

应符合 NY/T 358—2014 的规定。

2. 定植时间

一般 2 月中旬至 8 月。

3. 回土

定植时拆除薄膜袋，分层回土压实，培土至茎基部。

4. 浇水

定植后应浇透定根水，并覆盖根圈。

5. 补植

定植后发现缺苗死苗要及时补植。当年保苗率应达 98% 以上。

6. 小区档案

建立小区档案，记录种植面积、品种、株数、定植时间、管理措施、管理人员、产量、病虫害及自然灾害等。

（五）土壤管理

1. 园地中耕除草

（1）幼龄园　定植当年至投产前每年中耕除草 4～5 次，可结合压青、施肥进行，雨季后深耕 1 次，深度为 10～15 cm。

（2）投产园　每年雨季期间中耕除草 2～3 次，雨季后深耕 1 次，深度为 15～20 cm。

2. 园地覆盖

（1）死覆盖　宜用稻草、甘蔗叶、玉米秆等植物秸秆或塑料薄膜覆盖根圈或种植带，覆盖物须离茎基部 10 cm，覆盖厚度为 5 cm，薄膜覆盖仅用于幼龄园；定植后 1～2 a 内或老树更干当年，雨季结束后的 11—12 月结合中耕进行覆盖。

（2）活覆盖　梯田外缘点播猪屎豆、三叶豆、白花灰叶豆作为荫蔽；幼龄园行间间种花生、黄豆、小饭豆及光叶紫花苕等一年生植物。

（六）水分管理

1. 灌水期

开花和幼果发育期每月灌水 1 次，雨季中较长的间歇性干旱也须灌水。

2. 灌溉方法

灌溉可用沟灌、浇灌、喷灌或滴灌等。

3. 灌溉用水质量

应符合 NY/T 5010—2016 的规定。

（七）施肥管理

1. 施肥原则

第一，采用平衡施肥和营养诊断施肥方法。

第二，幼龄树以氮、磷肥为主；投产树以氮、钾肥为主，适当配施磷肥和其他微量元素肥料。

第三，化肥、有机肥和微生物肥配合使用。

2. 推荐使用的肥料种类

肥料种类详见表 6-1。

表 6-1　咖啡栽培推荐使用的肥料种类

种类	名称	简介
农家肥料	堆肥	以各类秸秆、人畜粪便堆积而成
	沤肥	堆肥的原料在淹水的条件下进行发酵而成
	厩肥	猪、牛、羊、鸡、鸭等畜禽的粪尿与秸秆料堆成
	绿肥	栽培或野生的绿色植物体作肥料
	沼气肥	沼气液或残渣
	秸秆	作物秸秆
	饼肥	桐籽饼、菜籽饼、豆饼
	灰肥	草木灰、草灰等
商品肥料	腐植酸类肥料	滤泥、配炭土等含腐植酸类物质的肥料
	微生物肥料，根瘤菌肥料	能在豆科植物上形成根指的根菌剂
	有机无机复合肥	以有机物质和少量无机物质复合而成的肥料，如畜禽粪便加入适量的微量元素
	无机肥料	
	氮肥	尿素等
	磷肥	过磷酸钙、钙磷肥、磷矿粉
	钾肥	氯化钾、硫酸钾
	钙肥	生石灰、石灰石
	镁肥	钙镁磷肥、硫酸镁
	复合肥	二元、三元复合肥
	叶面肥	
	生长辅助类	高美施等
	微量元素	含有铜、铁、锌等微量元素的肥料

3. 施肥方法

雨季压青 1 次，每株 5~10 kg，加过磷酸钙 0.1 kg。

6—8 月，每月施尿素 1 次，每次株施 0.02 kg，距苗木 20 cm 处沟施，施后盖土；9 月、10 月各施复合肥、硫酸钾 1 次，每次株施 0.025 kg，施法同尿素。

定植后翌年 1—2 月，幼树株施农家肥 5~10 kg、钙镁磷肥 0.1 kg，沿冠幅外围 10 cm 处挖长 40 cm、宽 20 cm、深 30 cm 坑施肥覆土。3—5 月，每月施 1 次沤制水肥，加 1%尿素，每次株施 2~3 kg。7—9 月，各施尿素、复合肥和硫酸钾 1 次，每次株施各 0.05 kg，离冠幅 10 cm 处沟施覆土。

投产树每株年施农家肥 5~10 kg、钙镁磷肥 0.1 kg。每年 3—5 月每月施 1 次沤制水肥，加 1%尿素，每次株施 5 kg。每年 6—7 月每月施尿素 1 次，每次株施 0.075 kg，沟施并覆土。每年 8—9 月每月施肥 1 次，每次株施复合肥、硫酸钾各 0.1 kg，沟施覆土。

（八）整形修剪

1. 单干整形、去顶控高

（1）第一次去顶　株高 120 cm 处，剪去主干顶端 1~2 节嫩梢，待抽出直生枝后，选留 1 条作延续主干，其余修除。

（2）第二次去顶　在株高 180 cm 处，剪去主干顶端 1~2 节嫩梢。

（3）控制株高　株高最终控制在 2 m 左右，第二次去顶后 2~3 个月检查 1 次，将延伸顶芽修除。

2. 修芽、修枝

（1）修芽　一般每条一分枝在离主干 12~15 cm 外均衡保留 3~5 条二分枝，每条二分枝上保留 2 条三分枝，其余及时修除。

（2）修枝　果实采收后 1~2 个月内修除枯枝、病虫枝、下垂枝和纤弱枝。徒长枝、衰老枝、直生枝要及时修除。

3. 梢树改造

（1）严重枯梢树　于 3 月前在离地 30 cm 处切干；有活枝条的则视其部位确定切干高度。

（2）中部枝枯严重、上下部有结果能力的树　将中部枯枝剪去，待下部直生枝生长后代替主干。

（3）中部以上枯梢树　在最下一对枯枝下方截干，保留下层枝为当年结果枝，选留新抽直生枝 1~2 条培养主干。

（九）更新复壮

1. 复壮标准

咖啡园衰老，每公顷咖啡园年产量低于 600 kg，需进行切干复壮。

2. 切干时间

冬季低温过后的 2—3 月进行。

3. 切干复壮方法

在主干离地 20~25 cm 处切干，切口呈马耳形，切口涂封石蜡，并加强水肥管理。切干可采取分区一次截干或隔行隔年轮换截干。切干后每树桩只保留 1~2 条健壮直生枝培育成主干，其余修除。

4. 老咖啡园更新

对投产多年咖啡树呈衰老或长势衰弱且保存株数少、产量低、根系发育不良、无复壮能力的园地进行更新。更新时将老树桩连根挖除，重新垦植。

（十）病虫害防治

1. 防治原则

贯彻"预防为主，综合防治"的植保方针，以改善咖啡园生态环境、加强栽培管理为基础，综合应用各种防治措施对病虫害进行防治。

2. 农业防治

因地制宜选用抗病虫优良品种；合理施肥、灌溉，提高植株抗病能力；修枝整形，及时剪除病虫弱枝，保持咖啡园田间卫生，清除园周病虫野生寄主，减少病虫害侵染；合理间种其他高秆经济作物，营造咖啡生态适生环境。

3. 物理机械防治

采用人工或工具捕杀咖啡天牛等成虫；采取主干及枝条局部刮皮，防治害虫产卵。

4. 生物防治

创造有利于害虫天敌繁衍的生态环境；收集、繁殖、释放咖啡害虫天敌。

5. 药剂防治

宜使用植物源杀虫剂、微生物源杀虫杀菌剂、昆虫生长调节剂、矿物源杀虫杀菌剂及低毒低残留农药。

杀虫剂：鱼藤酮、除虫菊素、苦参碱、印楝素、浏阳霉素、辛硫磷、除虫脲等。

杀菌剂：百菌清、敌克脱、氢氧化铜、石灰半量式波尔多液、代森锰锌、多菌灵等。

除草剂：草铵磷等。

植物生长调节剂：赤霉素等。

注意事项：一是用中等毒性有机农药，如杀螟丹、乐果、氰戊菊酯等；二是禁止使用剧毒、高毒、高残留的农药；三是禁止使用未经国家有关部门登记和许可生产的农药；四是按 NY/T 1276—2007 和 GB/T 8321（所有部分）的规定执行，严格掌握施用剂量、施药方法和安全隔离期。

6. 咖啡主要病虫害防治

（1）咖啡病害防治　咖啡病害主要有叶锈病、炭疽病、褐斑病、幼苗立枯病、枝梢回枯病等。其防治技术见表 6-2。

表 6-2　咖啡病害防治

病害名称	为害部位	药剂防治		其他方法
		推荐使用种类与度	方法	
咖啡锈病	叶片、幼果、枝条	0.5%～1.0%波尔多液或25%三唑酮可湿性粉剂1 000～1 200倍液	病害流行时定期喷洒叶片，每2～3周1次	选用抗病良种

（续表）

病害名称	为害部位	药剂防治		其他方法
		推荐使用种类与度	方法	
咖啡炭疽病	叶片、枝条及果实	0.5%~1.0%波尔多液或50%多菌灵可湿性粉剂1 000倍液	开花后2周喷第1次，后7~10 d喷1次，连喷2~3次	
咖啡褐斑病	叶片、果实	0.5%~1.0%波尔多液或50%多菌灵可湿性粉剂400~500倍液	开花后2周喷第1次，后7~10 d喷1次，连喷2~3次	
咖啡幼苗立枯病	茎基部	0.5%~1.0%波尔多液或50%多菌灵可湿性粉剂1 000倍液	喷洒凹面	增加透光度、减少淋水
咖啡枝梢回枯病	枝条、幼果	50%多菌灵可性粉剂1 000倍液或甲基硫菌灵800~1 000倍液	喷洒枝干	加强园地理，辅以修剪，增加园内通风透光

（2）咖啡虫害防治　咖啡虫害主要有咖啡旋皮天牛、咖啡灭字虎天牛、咖啡绿蚧、咖啡根粉蚧、咖啡木蠹蛾等。其防治技术见表6-3。

表6-3　咖啡虫害防治

虫害名称	为害部位	药剂防治		其他方法
		推荐使用种类与浓度	方法	
咖啡旋皮关牛	树干、茎、基部皮层	10份水+6份石灰+0.5份硫磺+0.2份食盐或80%敌敌畏乳油400~500倍液	混合涂刷咖啡茎基部	清除野生寄主，消灭越冬害虫，人工捕杀，挖除受害植物
咖啡灭字虎天牛	树干、枝条木质部	10份水+6份石灰+0.5份硫磺+0.2份食盐或80%敌敌畏乳油150倍液	混合液刷树干及枝条	人工捕杀，刮去木栓化主干粗糙树皮，利用天敌
咖啡绿蚧	嫩叶	20%乐果乳油600~800倍液或20%杀螟硫磷乳油600~1 250倍液	开花前喷雾，连续2~3次	保护和利用天敌
咖啡根粉蚧	根部	40%毒死蜱乳油1 500~2 000倍液或40%乐果乳油2 000倍液	灌根	挖除受害植株
咖啡木蠹蛾	树干、树枝	50%敌敌畏乳油1 000~1 250倍液	堵虫洞	剪除被害枝条并烧毁

7. 采收、加工、分级、包装、标志、贮存和运输

（1）采收、加工　按NY/T 606—2011的规定执行。

（2）分级、包装、标志、贮存和运输 按 NY/T 604—2020 的规定执行。

三、咖啡黑（枝）小蠹防治技术规程

（一）咖啡黑（枝）小蠹为害特点及识别特征

1. 为害特点

咖啡黑（枝）小蠹以雌成虫钻蛀咖啡枝条及嫩干，导致后期枝条枯死、折断或植株早衰。雌成虫在侵入孔里的穴状交配室内交配后由侵入孔飞出，并在附近枝干上不断咬破寄主表皮，待选择到适宜处便蛀一新侵入孔并由此蛀入枝干髓部，然后纵向钻蛀形成坑道，后产卵于坑道内；幼虫孵化后不再钻蛀新坑道，老熟后即在坑道内化蛹、羽化。侵入孔指咖啡黑（枝）小蠹入侵树枝干时，穿凿树皮后留下的孔口。

咖啡枝条被咖啡黑（枝）小蠹钻蛀后，首先在侵入孔周围出现黑斑；而被蛀枝条是否枯死视其枝条大小及其所蛀坑道长度而定。长度超过 3 cm 时，大约 15 d 后叶片干枯，导致整枝枯死；直径较大的枝条，所蛀坑道长度不超过 3 cm 时，在侵入孔周围长出大量分生组织形成瘤状突起，而使枝条不致枯死，但多数也因后期果实的重量而压折，严重影响咖啡的产量。嫩干被咖啡黑（枝）小蠹钻蛀后，一般不会导致嫩干枯死，但会影响树干水分及养分运输，导致后期植株早衰。

2. 识别特征

（1）成虫 雌成虫体长 1.6~1.9 mm，宽 0.7~0.8 mm，长椭圆形，刚羽化时为棕色后渐变为黑色，微具光泽，触角锤状，锤状部圆球形。前胸背板半圆形，前缘有 1 排刻点，6~8 个。鞘翅上具较细的刻点，刚毛细而柔软。前足胫节有距 4 个，中后足胫节分别有距 7~9 个。雄成虫体长 0.7~1.1 mm，宽 0.4~0.5 mm，红棕色，略扁平，前胸背板后部凹陷，鞘翅上具较细的刻点，刚毛较长而稀少。

（2）卵 卵长 0.5 mm，宽 0.3 mm，初产时，白色透明，后渐变米黄色，椭圆形。

（3）幼虫 老熟幼虫体长 1.3 mm，宽 0.5 mm，全身乳白色。胸足退化呈肉瘤突起。

（4）蛹 裸蛹，白色，雌蛹体长 2.0 mm，宽 0.9 mm，雄蛹长 1.1 mm，宽 0.5 mm。

（二）咖啡黑（枝）小蠹发生规律

1. 田间发生动态

该虫在海南每年发生 6~7 代，全年世代重叠，每个世代历期长短随季节而变化。在整个发生期，旬平均雨量、旬平均湿度变化对虫口数量上升与下降的变化趋势影响不明显，但温度能显著影响虫口数量。田间种群通常在 1 月中旬开始出现，2 月中旬后，随着旬平均温度的波动上升，虫口急剧增加，3 月中下旬为高峰期。高峰期后，随着旬平均温度的继续波动上升，虫口数量于 4 月下旬开始锐减，7—10 月田间虫口极少，11 月以后虫口逐渐回升并有受害枯枝出现。

2. 行为习性

（1）羽化及扩散 咖啡黑（枝）小蠹主要以雌成虫钻蛀为害中粒种咖啡树，很少为害小粒种咖啡树。新羽化的成虫在侵入孔里的交配室内交配，雄成虫继续生活在原坑道内直至死亡，而雌成虫则自侵入孔飞出另找新的场所钻蛀新坑道，飞出时间多在白天12：00—14：00。雌成虫有一定的飞行能力，但其扩散一般以爬行为主。

（2）取食及为害　雌成虫在原侵入孔附近枝条上不断咬破寄主表皮，待选择到适宜处便蛀一新侵入孔并由此蛀进枝条髓部，然后纵向钻蛀形成坑道，此时不断有粉蛀状或粉末状木屑从侵入孔排出，侵入孔几乎全朝下；一般1头雌成虫钻蛀1条坑道，坑道内所有其他个体均为其后代。7~10 d后坑道钻蛀完成，与此同时成虫体上所带真菌孢子在坑道壁萌发出一层白色菌丝，作为幼虫和下代成虫的营养来源。

（3）产卵及个体发育　雌虫产卵于坑道内，卵成堆，产卵量与雌成虫在不同时期所钻蛀的坑道长度有关，在成虫生殖高峰期（3月上旬至3月下旬）坑道长一般为2~4 cm，其中长度3~4 cm的占80%，其产卵量多在15粒以上，最多达40~50粒；而在种群数量锐减阶段，坑道长一般为1 cm左右，产卵量5粒以下，个别达9~10粒。幼虫孵化后即取食坑道壁上菌丝，不再钻蛀新坑道，老熟幼虫即在坑道化蛹、羽化。在整个子代发育过程中雌成虫一直成活，守候在坑道直到子代大部分或全部化蛹，或个别新成虫羽化，老成虫才死亡或爬出坑道。坑道指咖啡黑（枝）小蠹成虫通过侵入孔深入木质部后，在枝干的髓心上下活动形成的亲代和子代共同生活的孔道。

（三）防治原则

应遵循"预防为主，综合防治"的植保方针，根据咖啡黑（枝）小蠹的发生为害规律，综合考虑影响该虫发生的各种因素，以农业防治为基础，协调应用化学防治等措施，实现对咖啡黑（枝）小蠹，的安全、有效控制。

（四）防治措施

1. 严格检疫

严禁从咖啡黑（枝）小蠹发生地引进种苗、接穗或插条；一旦发现引进的种苗、接穗或插条带有咖啡黑（枝）小蠹，应焚烧或用化学药剂处理。

2. 农业防治

（1）培育壮苗　培育健壮种苗，种苗质量应符合NY/T 358—2014的要求。

（2）清除、远离其他寄主　及时清除咖啡园区周边野生寄主植物；园区附近不宜种植可可、杧果、油梨等其他咖啡黑（枝）小蠹寄主植物。

（3）加强田间管理　适量施用磷、钾肥，适当增施有机肥，合理灌溉，提高植株抗性；及时做好除草、修枝整形等田间管理工作，保持咖啡园田间卫生，具体按照DB 46/T 274—2014规定执行。

（4）田间巡查监测　每月巡查1次，重点检查1~2年生的结果枝和嫩干，发现植株上有侵入孔、粉柱或粉末等受害状时，应及时采取物理防治或化学防治等措施处理。

（5）清除受害枝条　及时剪除受害的枝条并带出园外集中烧毁或深埋。每年2月之前，结合冬春修枝整形清除受害枝条。

3. 化学防治

于每年2—4月为害高峰期，使用2.5%溴氰菊酯乳油1 000倍液，或用48%毒死蜱乳油1 000倍液进行喷雾，杀死坑道外活动的成虫。

从咖啡植株枝干的侵入孔注入 48%毒死蜱乳油 500 倍液，或 1.8%阿维菌素乳油 500 倍液，或 2.5%高效氯氟氰菊酯乳油 500 倍液，并用黏土封堵侵入孔。每隔 7 d 注药 1 次，连续注药 2 次。

四、小粒种咖啡育苗

1. 苗圃地的选择

选择地势开阔、光照适度、静风、排水良好、交通方便、靠近水源和定植园地的平地或缓坡地。

2. 沙床催芽

（1）催芽床规格　长 10 m，宽 1 m，深 10 cm，床间距离 40 cm。开成低槽，床面铺 8 cm 厚的干净河沙。

（2）播种量　小粒种咖啡种子每千克 3 400~6 000 粒，采种后两个月内播种催芽，每平方米沙床播种 0.5 kg 种子。

（3）催芽时间　一般在 1—3 月催芽为宜。在干热河谷、气温较高的地区，可在 12 月底催芽。

（4）种子处理　包括浸种和消毒。

①浸种。播种前将种子用清洁冷水浸 24 h，或用始温 40~45 ℃的热水浸 12 h。浸种时可加溶液浓度为 0.3%的硼砂。

②消毒。种子浸泡后，用 1%硫酸铜溶液浸泡 5 min。

3. 播种

（1）播后覆盖　将处理过的种子均匀播于沙床，播后盖细沙，厚度 0.5~0.8 cm，再盖塑料薄膜或厚约 3 cm 的草。

（2）搭小荫棚　幼苗有 10%左右出沙面时，揭除薄膜或干草，搭高 80 cm、荫蔽度为 80%的小荫棚。

（3）病虫害防治　幼苗猝倒病。要及时隔离病区，清除病原菌，再进行消毒处理。大头蟋蟀、地老虎咬断幼苗，可人工捕捉或毒饵诱杀。

4. 营养袋育苗

（1）营养袋规格　当年育苗当年定植的小苗（约 8 个月龄苗），采用 15 cm×20 cm 塑料袋；大苗（苗龄 12~15 个月），可采用 25 cm×30 cm 的塑料袋。

（2）营养土配制　疏松肥土、腐熟有机肥、磷肥按 70∶27∶3 的比例混匀。

（3）育苗圃的规划　规模性的营养袋育苗应进行苗圃的苗床、道路及供水规划。放袋的苗床长 10 m，床间距 0.4 m，按区布置，区间即为道路，宽 1~1.2 m，沿道路布供水系统，在苗圃上方高处设蓄水池。

（4）搭荫棚　棚高 1.8~2.0 m，棚顶采用遮阳网，可分区或整个苗圃连片搭建。

5. 移苗

（1）移苗时期　当幼苗子叶开始伸展至子叶平展时即可移苗。

（2）栽苗　栽苗前将营养袋淋透水。将幼苗主根切去 1/5，栽于袋中央，深 5~6 cm，不可弯根，然后将土轻轻回填压实，并淋足定根水。

6. 移栽苗的管理

（1）补苗　苗移栽后 15 d 以内及时补齐缺株，要求达到苗全、苗齐。

（2）淋水　成活后每 3~4 d 淋 1 次，以保持土壤湿润为宜。

（3）除草、松土　幼苗长出 1 对真叶后可进行松土，松土深度 2~3 cm，松土次数根据袋面土壤结板情况而定。

（4）施肥　幼苗长出 2~3 对真叶时施水肥，以 1∶5 腐熟人粪尿兑清水或绿肥沤成的肥水，或 1% 浓度的尿素水。以后每 1~2 个月追肥 1 次，用 1% 浓度的尿素水或三元复合肥水浇施。根外施肥可加磷酸二氢钾 50 g，兑水 15 kg，每隔 7~10 d 喷 1 次，连续喷雾 2~5 次。

（5）调节荫蔽度　幼苗初期荫棚荫蔽度为 80%，3 对真叶期荫蔽度为 60%，5~6 对真叶期荫蔽度为 40%。幼苗生长到 6~8 对真叶时，在阴天或雨天全部揭开荫棚，增强适应能力。

7. 病虫害防治

（1）病害　幼苗易发生炭疽病、褐斑病，应该调整荫棚的荫蔽度，改善苗床通风透光状况，减轻病症，或用 0.5% 的波尔多喷雾防治。

（2）虫害　主要有蚂蚁、大头蟋蟀等为害，采用 50% 敌敌畏乳油 300~400 倍液防治或制成毒饵诱杀。

五、小粒种咖啡种苗质量要求

（一）咖啡种苗质量指标

咖啡种苗质量指标见表 6-4。

表 6-4　咖啡种苗质量指标

项目		苗龄/月		
		11~12	10~11	8~9
品种纯度/%		≥98		
根	主根弯曲度	主根不弯曲、不卷曲，倾斜度 15°以下		
	主根长度/cm	≥14	≥12	≥10
	侧根数量/条	≥35	≥30	≥25
	侧根长度/cm	≥20	≥15	≥10
	侧根分布	均匀，舒展不卷曲，且布满根毛		
茎	茎干节数/节	≥8	≥6	≥4
	茎粗度/cm	≥0.5	≥0.4	≥0.3
	倾斜度	15°以下		

（续表）

项目		苗龄/月		
		11~12	10~11	8~9
叶	叶片数/对	≥8	≥6	≥4
	非正常叶/%	≤20	≤15	≤10
分枝	一级分枝/对	≥3	≥2	
根皮与茎皮		无干缩皱皮，损伤处的面积不超过 1.00 cm²		

（二）检验

1. 检验方法

同一批苗统一检验。

检验种苗，测量粗度用游标卡尺；测量长度用钢卷尺；计算茎干节数和叶片对数从第一对真叶着生节数起；测量根与茎的倾斜度用量角器。

2. 检验规则

①检验种苗限在苗圃中进行。

②检验种苗的数量，按类别分别计数。

③种苗出圃前生产单位应对一般病虫害加以控制，以防蔓延。

④种苗出圃要附有种苗标签。凡有检疫对象和应控制的病虫害须严格封锁，不得外运。

（三）包装、标志、运输

1. 包装

用营养袋培育的种苗不需要包装可直接运输。

2. 标志

出圃时需包装的种苗，在包外应有苗木标签，标签用不褪色的记号笔填写。

3. 运输

苗木运输途中要做好防晒、防雨、防干旱、防丢失等工作。到达目的地后要及时交接，保养管理，尽快定植。

六、小粒种咖啡初加工技术规程

（一）果实采收

1. 采果标准

咖啡果实表皮由绿色变为红色为熟果的标志。果实成熟后即可分批适时采摘。

2. 采果时期

云南小粒种咖啡，一般在9月至翌年1月分批成熟。在此期间，应做到随熟随采，最后一次采果时，需将成熟和不成熟果全部采完。

3. 采果方法

人工采摘，采时只采红熟果，不能连果柄摘下，并注意勿损伤枝条和折断枝干。

（二）加工方法

1. 湿法加工

在有水的条件下将咖啡鲜果用机械除去外果皮，再通过发酵或其他方法除去全部中果皮，接着进行洗涤及干燥，然后除皮。

2. 干法加工

将咖啡鲜果干燥成干果，用除干果皮制成生咖。

（三）湿法加工

1. 工艺流程

鲜果→清洗→分选→脱皮→发酵→二次清洗→浸泡→干燥→带壳干豆→除杂→脱壳→抛光→分级分拣→商品豆→包装。

2. 工艺说明

（1）脱皮 脱皮过程要有足够的流动清洁水调整好脱皮机，使经脱皮的咖啡豆破损率＜4‰。当天采摘的咖啡鲜果在 24 h 内加工完毕，未能加工完的鲜果应浸泡在水中保鲜，翌日再加工。

（2）发酵脱胶 经过发酵处理的咖啡豆，在洗豆池（槽）充分搅拌搓揉，用清水将豆粒表面的果胶漂洗干净，以手触摸豆粒感到表面有粗糙感为发酵完毕。

（3）洗涤 用水除去残留在咖啡豆表面上的全部果皮。

（4）浸泡 经脱胶后的咖啡豆置于清水池中浸泡 20~24 h。

（5）干燥 把洗净浸泡过的豆粒放置在晒场晾晒。开始时豆粒宜摊薄，一般 5 cm 厚为宜，使豆粒表面水分干得快。晾晒 2~3 d 后的豆粒铺厚些，使豆粒内的水分缓慢蒸发，忌太阳暴晒，以免种壳破裂。晒干的豆粒标准含水量应≤12%。

（5）脱壳 经干燥好的咖啡豆，用脱壳机械脱去种壳。脱壳过程应尽量减少破碎豆。

（6）分级 用粒径分级机将脱壳后不同粒度咖啡豆分级。

（7）人工分拣 用人工拣除缺陷豆及杂质。

3. 加工设备

鲜果清洁机、脱皮机、脱壳抛光机、粒径分级机及其配套设备。

4. 加工设施

虹吸池、发酵池、洗豆池、废水处理池、加工车间、晒场（干燥房）及仓库等。

（四）干法加工

1. 晒果

将咖啡果放在晒场摊薄晾晒，并经常翻动，使之尽快均匀干燥。晴天需 3~4 周，遇雨天应将未干的果实移入室内摊开晾干。

2. 脱皮壳

将干的干果用脱壳机同时脱去果皮和种壳。

3. 自然干燥

将咖啡豆（果）铺摊于晒场，利用太阳的辐射进行干燥，使带壳（皮）的咖啡豆达到标准的含水量。

4. 分拣

用人工方法拣出咖啡豆中的缺陷豆和杂质。

七、草本咖啡叶茶加工技术规程

(一) 定义

1. 摊青 (鲜叶处理)

叶茶鲜叶采回后均匀摊放在干燥机摊青槽上，鼓风翻拌至叶片柔软嫩绿失去光泽，含水量70%左右。

2. 杀青

经摊青的叶茶用滚筒杀青机保持较高温度在炒锅内不断翻炒，使叶色由嫩绿转为暗绿，含水量60%左右，叶片稍带黏性，嫩茎折而不断，青气消失，清香溢出。

3. 揉捻

经杀青的叶茶放入揉捻机内处理，使叶片基本卷曲成条，叶汁不外溢，无短碎茶条和碎末，含水量48%左右。

4. 发酵

将揉捻摊凉的叶茶打堆发酵4~8 h，保持适宜温度，使叶色红匀、散发清香、青草味消失。

5. 提香

经发酵摊凉的叶茶放入提香机进行提香，手捏叶片成粉末，鼻闻有清香，含水量5%以下。

(二) 原料要求

1. 鲜叶质量

叶茶鲜叶硒含量≥0.15 mg/kg，无杂叶、杂草、枝梢、杂质，叶片鲜嫩，表面无水珠、无病斑。

2. 鲜叶贮青

采回的鲜叶应摊放在竹篾垫上进行贮青，堆放厚度不超过20 cm，鲜叶不与地面直接接触。贮青地面应平整、清洁、干净。

(三) 环境卫生要求

加工厂房、设备、人员卫生要求见表6-5。

表6-5 加工厂房、设备、人员卫生要求

项目	卫生要求
加工厂房	大气环境应符合 GB 3095—2012 中的三级质量标准；远离垃圾场、畜禽场、医院、粪池100 m 以上，水源清洁、充足，日照充分；加工用水应符合 GB 5749—2006 的规定；地面平整光洁、排水通畅、厂区绿化、清洁卫生；厂房仓库墙壁清洁、具有采光、防鼠、防虫、防潮、防尘功能；建立更衣、盥洗及无害化处理设施

项目	卫生要求
加工设备	接触叶茶加工的零部件不应用铅及铅锑合金、铅青铜、锰黄铜、铅黄铜、铸铝及铝合金材料制造，定期润滑不漏油，加工时清洁、除锈、保养设备；易燃易爆设施与加工车间保持 3 m 的安全距离，车间内噪声不超过 80 dB；使用竹木、藤条和不锈钢、食品级塑料制成的器具和工具，经常保持清洁卫生
加工人员	上岗前应经过培训，掌握加工技术和操作技能；每年进行健康检查，持健康证明上岗；进入车间应洗手、更衣、换鞋、戴帽，离开时应换下工作服、鞋帽，存放在更衣室内；车间内禁止吸烟、随地吐痰、食用食品、乱丢垃圾；包装、精制车间工作人员应佩戴口罩，禁止有传染性病的人员入内

（四）叶茶加工流程

摊青（鲜叶处理）→杀青→清风、摊凉→揉捻→初干→摊凉→发酵→提香→包装。

（五）工艺说明

1. 摊青（鲜叶处理）

将鲜叶均匀摊放在干燥机摊青槽上，厚度 3~5 cm，用鼓风机鼓风 3~5 h，然后采用间隔鼓风方式，鼓风 0.5~1 h，再停 30 min。期间边鼓风边翻叶，使叶片散发部分水分，含水量保持 70% 左右，叶片萎缩柔软，叶色嫩绿失去光泽。

2. 杀青

经摊青的叶茶用滚筒杀青机，锅温保持 150~200 ℃，在炒锅内不断翻炒。要求锅温稳定，投叶均匀。使叶色由嫩绿转为暗绿，含水量 60% 左右，手握叶片稍带黏性，叶边缘略卷缩，嫩茎折而不断、青气消失、清香溢出。

3. 清风、摊凉

在杀青机出茶口安装一台排风扇，利用风力散热和去除杂质，将杀青叶均匀薄摊于小篾盘或晒垫上散热，厚度不超过 1 cm，迅速降温 15 min 左右，使杀青叶余热散失、杂质清除。

4. 揉捻

经杀青的叶茶放入揉捻机内处理，将揉桶盖旋转至接触叶茶，启动揉捻机揉捻 1 min 左右，再加以轻压揉捻 3 min 左右，最后松压揉捻 1 min 左右。揉捻适度的叶茶下机后，及时用双手搓散叶茶坨块，使叶片基本卷曲成条，叶汁不外溢，无短碎茶条和碎末。

5. 初干

用烘焙机温度控制在 110~130 ℃，将揉捻叶烘焙 5~8 min。要求投叶均匀，厚度不超过 1 cm。烘焙程度为手握茶坯不黏手、略有刺手感，含水量 45%~50%。

6. 摊凉

将初干叶茶均匀薄摊于中性篾盘中，厚度不超过 2 cm，摊放 30~40 min，使热量逐步散去。

7. 发酵

将揉捻摊凉的叶茶打堆发酵 4~8 h，温度保持 35~45 ℃，使叶色红匀、散发清香、青草味消失。然后摊凉至与室温一致。

8. 提香

将发酵摊凉的叶茶逐层放入提香机，温度调控在 100 ℃，提香时间 40~60 min，含水量控制在5%以内，手捏叶茶成粉末，然后下机迅速摊凉，温度与室温相同。

（六）质量指标

经加工后的叶茶质量指标见表6-6。

表6-6　草本咖啡叶茶质量指标

项目	指标
蛋白质/（g/100 g）	≥18.00
脂肪/（g/100 g）	≤8.00
灰分/（g/100 g）	≤15.00
硒/（mg/kg）	≥0.15
水分/%	≤5.00
咖啡因/（mg/kg）	≥200.00
茶多酚/（mg/kg）	≥300.00

（七）检验方法

1. 感官检验

按照标签标示冲调或冲泡方法制备50 mL样品，倒入无色透明的容器中，置于明亮处，观察其状态、色泽，嗅其气味，品尝其滋味。

2. 蛋白质检验

按 GB 5009.5—2016 的规定执行。

3. 灰分检验

按 GB 5009.4—2016 的规定执行。

4. 水分检验

按 GB 5009.3—2016 的规定执行。

5. 硒含量检验

按 GB 5009.93—2017 的规定执行。

6. 咖啡因检验

按 GB 5009.139—2014 的规定执行。

7. 脂肪检验

按 GB 5009.6—2016 的规定执行。

8. 茶多酚检验

按 GB/T 8313—2018 的规定执行。

（八）包装、标签

1. 包装

包装材料与容器应符合 GH/T 1070—2011 的规定和食品安全要求。若采用包装袋，则包装袋应坚固结实，封口应严密。

2. 标签

包装的标签标识应符合 GB 7718—2011 和 GB 28050—2011 的规定。应标注产品名称、商标、产地、净含量、硒含量、出厂日期、保质期及冲调或冲泡方法。标注的净含量应为产品最大允许水分状况下的质量。

（九）贮存、运输、保质期

1. 贮存

包装产品应贮存在清洁、避光、干燥、通风、防雨、防湿、防虫、防鼠、无异味的合格仓库内，不应与有毒、有害、有异味、易挥发、易腐蚀物质或含水量较高的物质混存。贮存应符合 GB/T 30375—2013、GH/T 1071—2011 的规定。

2. 运输

应使用符合食品安全要求的运输工具和容器运送产品，运输过程中应防止日晒、雨淋、重压和被污染。

3. 保质期

在满足上述包装、运输、贮存条件下，保质期 24 个月。

八、咖啡粉质量标准要求

（一）原辅料要求

1. 咖啡豆采摘脱壳

咖啡鲜果成熟后采用人工采摘。咖啡鲜果采摘后以干法加工或湿法加工脱壳去皮衣。

2. 咖啡豆感官要求

咖啡鲜豆应颗粒饱满，成熟度基本相同，色泽一致，干嗅无霉气、发酵味和其他不正常异味，无虫蚀，无杂质。

3. 辅料要求

（1）白砂糖　应符合 GB/T 317—2018 的规定。

（2）油脂　应符合 GB 10146—2015 的规定。

（二）工艺要求

1. 工艺流程

咖啡鲜豆采摘脱壳→陈年存放→挑选分级→调配→烘焙→人工焙炒→冷却→加辅料→磨粉→包装→咖啡粉。

2. 感官指标

咖啡粉的感官指标应符合表 6-7 的规定。

表 6-7　咖啡粉感官指标

项目	指标
色泽	深咖啡色，色泽均匀一致

（续表）

项目	指标
形态	颗粒均匀，无炭化发黑现象，无杂质
气味	具有焙炒咖啡特有的芳香气味，无其他异常气味
滋味	醇和、鲜爽纯正的咖啡特有风味，无焦煳等不正常滋味

3. 理化指标

咖啡粉的理化指标应符合表 6-8 的规定。

表 6-8　咖啡粉理化指标

项目	指标	
水分/%	≤3.0	
灰分/%	≤5.0	
咖啡因/%	1.0~2.5	
总糖/%	≤9.0（加糖型）	≤3.0（不加糖型）
粗脂肪/%	≤10.0	
粗蛋白质/%	≤15.0	
水浸出物/%	≥25.0	
铅（以 Pb 计）/（mg/kg）	≤0.2	
无机砷（以 As 计）/（mg/kg）	≤0.1	
六六六/（mg/kg）	≤0.05	
滴滴涕/（mg/kg）	≤0.05	

4. 微生物指标

微生物指标应符合表 6-9 的规定。

表 6-9　咖啡粉微生物指标

项目	指标
菌落总数/（CFU/mL）	≤1 000
大肠菌群/（MPN/100 g）	≤40
致病菌（沙门氏菌、志贺氏菌、金黄色葡萄球菌）	不得检出

（三）检验方法

1. 感官指标

（1）色泽及形态　取 20 g 咖啡粉样品于洁净白瓷器皿中，于光亮处肉眼观察其色泽及形态。

（2）气味 取 20 g 咖啡粉样品于无味洁净器皿中，靠近器皿边缘吸气，鉴别气味。

（3）滋味 取 8 g 咖啡粉样品（咖啡豆磨碎后取样）加入 200 mL 开水煮沸 1～3 min 后去渣品尝。

2. 理化指标

（1）水分 按 GB 5009.3—2016 的规定测定。

（2）灰分 按 GB 5009.4—2016 的规定测定。

（3）咖啡因 按 GB 5009.139—2014 的规定测定。

（4）总糖 按 GB 5009.8—2016 的规定测定。

（5）粗脂肪 按 GB 5009.6—2016 的规定测定。

（6）粗蛋白质 按 GB 5009.5—2016 的规定测定。

（7）水浸出物 按 GB/T 8305—2013 的规定测定。

（8）铅 按 GB 5009.12—2017 的规定测定。

（9）无机砷 按 GB 5009.11—2014 的规定测定。

（10）六六六、滴滴涕残留量 按 GB 5009.19—2016 的规定测定。

3. 微生物指标

（1）菌落总数 按 GB 4789.2—2016 的规定测定。

（2）大肠菌群 按 GB 4789.3—2016 的规定测定。

（3）致病菌 按 GB 4789.4—2016、GB 4789.5—2012 和 GB 4789.10—2010 的规定测定。

（四）检验规则

1. 批次

产品应以同一批原料、同一班次、同一条生产线上生产的同一规格、包装完好的产品为一批。

2. 抽样

在市场上或者企业成品仓库内的同一批产品中随机抽取足量的样品，每批产品需按千分之一比例随机抽取，尾数不足 1 000 以 1 000 计，但每次抽样不得少于 6 袋样品进行检验。样品分 3 份，1 份作为感官、理化、特征性指标检验，1 份作为微生物、卫生指标检验，1 份留样备查。检样上要注明产品名称、生产日期或批号、抽样日期和抽样人。

3. 出厂检验

产品出厂须经逐批检验，检验合格后并签发合格证，注明生产日期、检验员代号等方可出厂。

出厂检验项目包括感官要求、净含量、微生物、水分、包装要求。

4. 型式检验

全部项目进行检验，正常生产时每年应进行 1 次型式检验。有下列情况之一时，亦应进行型式检验：原料来源变动较大时；正式投产后，如配方、生产工艺有较大变化，可能影响产品质量时；产品停产半年以上，恢复生产时；出厂检验结果与上次型式检验结果有较大差异时；国家质量监督部门提出型式检验要求时。

5. 判定规则

（1）出厂检验判定和复检　出厂检验项目符合本节质量要求，则判定该批产品为合格品。感官检验结果如有异味、污染、外来杂质或微生物指标有 1 项检验不合格时则判定该批产品为不合格品，并不得复检。产品包装、净含量、水分检验不合格时，可以在同批产品中加倍抽样复检。复检后仍不合格，则判定该批产品为不合格品。

（2）型式检验判定和复检　型式检验项目全部符合本节质量要求，则判定该批产品为合格品。型式检验项目不超过 2 项不符合本节质量要求，可以加倍抽样复检。复检后仍有 1 项不符合要求，则判定该批产品为不合格品。超过 2 项或卫生指标有 1 项不符合本节质量要求，则判定该批产品为不合格品。

（五）标志与标签

1. 标志

产品包装标准除按 GB/T 191—2008 的规定执行外，获得批准后，可在咖啡包装上使用地理标志产品专用标志。

2. 标签

产品标签除应符合 GB 7718—2011 规定外，还应标明产品类型、产品食用方式说明。

（六）包装、运输与贮存

1. 包装

本产品必须严格包装，封口严密，不得裸露。所用的包装材料和容器必须符合相应食品卫生标准要求。

2. 运输

运输工具应清洁、干燥、无异气味、无污染；运输时应防潮、防雨、防暴晒；装卸时应轻放轻卸，严禁与有毒、有异气味、易污染的物品混装混运。

3. 贮存

产品要存放在清洁卫生、通风良好、保持干燥、防日晒，并具有防止虫鼠侵害、防污染设施的专用成品仓库内。不得与潮湿、有异味的物品堆放在一起。

在上述运输、贮存条件下，自生产之日起，产品有效保存期限应不低于 6 个月。

九、福山咖啡质量标准要求

（一）咖啡园耕作

1. 种植密度

小粒种咖啡株行距一般为 1.8~2.5 m；中粒种咖啡株行距一般为 2.5~3 m；大粒种咖啡株行距一般为 2.8~3.3 m。

2. 定植方法

带土定植或裸根定植均可，应在阴天挖苗，挖苗前淋足水分，随挖随种，定植深度应与苗木原来深度相同，回土压紧，淋水盖草。

3. 施肥

包括施肥时期和肥料种类两个方面。施肥时期：咖啡定植后 2 个月，进行第一次施肥，以后每隔 1~2 个月施 1 次肥；咖啡树定植后翌年 7—8 月，进行深翻施肥，以后每年进行 1 次；成龄咖啡树每年按果实增长高峰期进行施肥；盛产期咖啡树，每年进行追肥。

肥料种类：基肥以堆肥、腐熟牛栏肥、压青绿肥、腐熟人畜粪尿为主，追肥以尿素、复合肥、火烧土杂肥为主。

（4）农药的使用　不使用化学农药，针对叶锈病，可用 $CuSO_4 \cdot 5H_2O$ 等药剂防治。

（二）鲜果要求

1. 采收要求

果实转红色（小粒种）或红紫色（中、大粒种）时即可采收，采收期为 8 月至翌年 4 月。

2. 采摘方法

采用人工采摘，小心操作，不伤害咖啡树。

3. 鲜果运输、贮存

使用透气良好的竹篮或簸箕盛装鲜果，运输工具应清洁卫生，运输时不得与有毒、有害、有异味物品混运。

（三）咖啡加工

1. 生咖啡豆的加工

主要采用机械湿法加工，主要设备为脱皮脱胶组合机、脱壳机、分选机，加工工艺流程为：鲜果→脱皮、脱胶→日晒→除杂→脱壳→分选分级→装袋入库。

根据情况也可采用干法加工，即日晒干透后贮存，使用时再脱皮脱壳。生咖啡豆品质与分级应符合表 6-10 的要求。

表 6-10　各级福山咖啡生豆品质要求

项目	特级	一级	二级
海拔高度	21~300 m		
筛网	S-7/8	S-5/6	S-4
瑕疵豆比例（300 g 中）	≤2%	≤2%	≤2%

2. 福山咖啡的加工

福山咖啡的传统焙炒工艺流程为：生咖啡豆→陈年存放→调配→人工焙炒→咖啡豆→磨粉→包装→福山咖啡粉。

咖啡的焙炒是福山咖啡的关键工序之一，焙炒设备、温度、时间、调配均按传统工艺的要求进行控制。

（四）咖啡品质

1. 分级

按感官品质分为特级、一级、二级。

2. 感官品质

（1）咖啡豆 各级福山咖啡豆感官品质应符合表 6-11 的规定。

表 6-11 各级福山咖啡豆感官品质要求

项目	特级	一级	二级
色泽	深咖啡色，色泽均匀一致	深咖啡色，色泽均匀	深咖啡色，色泽基本均匀
形态	椭圆形，颗粒均匀完整，无碎粒，无炭化发黑现象	椭圆形，颗粒均匀完整，少许碎粒，无炭化发黑现象	椭圆形，颗粒基本均匀，少许碎粒，无炭化发黑现象
气味	具有纯正的、咖啡特有的、浓郁的芳香气味，无其他异常气味	具有咖啡特有的、浓郁的芳香气味，无其他异常气味	具有咖啡特有的芳香气味，无其他异常气味
口感	具有福山咖啡特有的风味，咖啡味道纯正、浓香，无涩味	具有福山咖啡特有的风味，咖啡味道浓香，无涩味	具有福山咖啡特有的风味，咖啡味道较浓香，无涩味
杂质	无肉眼可见的外来杂质	无肉眼可见的外来杂质	无肉眼可见的外来杂质

（2）咖啡粉 各级福山咖啡粉感官品质应符合表 6-12 的规定。

表 6-12 各级福山咖啡粉感官品质要求

项目	特级	一级	二级
色泽	深咖啡色，色泽均匀一致	深咖啡色，色泽均匀	深咖啡色，色泽基本均匀
形态	粒状粉末，无炭化黑渍	粒状粉末，无炭化黑渍	粒状粉末，无炭化黑渍
气味	具有纯正的、咖啡特有的、浓郁的芳香气味，无其他异常气味	具有咖啡特有的、浓郁的芳香气味，无其他异常气味	具有咖啡特有的芳香气味，无其他异常气味
口感	具有福山咖啡特有的风味，咖啡味道纯正、浓香，无涩味	具有福山咖啡特有的风味，咖啡味道浓香，无涩味	具有福山咖啡特有的风味，咖啡味道较浓香，无涩味
杂质	无肉眼可见的外来杂质	无肉眼可见的外来杂质	无肉眼可见的外来杂质

3. 理化指标和卫生指标

理化指标和卫生指标应符合表 6-13 的规定。

表 6-13 理化指标和卫生指标

项目	指标	
	咖啡豆	咖啡粉
水分/%	≤4.5	≤4.5

（续表）

项目	指标	
	咖啡豆	咖啡粉
灰分/%	≤8	≤8
咖啡因/%	≥0.9	≥0.9
总砷（以 As 计)/（mg/kg）	≤0.25	≤0.25
铅（Pb)/（mg/kg）	≤0.25	≤0.25
硒（Se)/（mg/kg）	0.07~0.3	0.07~0.3
六六六/（mg/kg）	≤0.003	≤0.003
滴滴涕/（mg/kg）	≤0.005	≤0.005
菌落总数/（CFU/g）	≤1 000	≤1 000
大肠菌群/（MPN/100 g）	≤40	≤40
致病菌（志贺氏菌、金黄色葡萄球菌、溶血性链球菌）	不得检出	不得检出

4. 净含量

净含量负偏差应符合《定量包装商品计量监督管理办法》的要求。

（五）检验方法

1. 感官要求

（1）色泽、形态、气味和杂质　取 20 g 样品于洁净白瓷器皿中，在自然光亮处肉眼观察其色泽、形态和杂质。在靠近器皿边缘处用嗅觉器官鉴别气味。

（2）口感　取 6~8 g 样品（咖啡豆磨碎后取样）加入 200 mL 开水煮沸 1~3 min 后去渣品尝。

2. 理化指标和卫生指标

（1）水分　按 GB 5009.3—2016 的规定执行。

（2）咖啡因　按 GB 5009.139—2014 的规定执行。

（3）灰分　按 GB 5009.4—2016 的规定执行。

（4）总砷　按 GB 5009.11—2012 的规定执行。

（5）铅　按 GB 5009.12—2017 的规定执行。

（6）硒　按 GB 5009.93—2017 的规定执行。

（7）六六六　按 GB 5009.19—2016 的规定执行。

（8）滴滴涕　按 GB 5009.19—2016 的规定执行。

（9）菌落总数　按 GB 4789.2—2016 的规定执行。

（10）大肠菌群　按 GB 4789.3—2016 的规定执行。

（11）致病菌　按 GB 4789.5—2016 和 GB 4789.10—2016 的规定执行。

3. 净含量

按 JJF 1070—2019 的规定检验。

（六）检验规则

1. 组批

同一批投料生产加工过程中形成的独立数量的产品为一批，同批产品的品质规格和包装应一致。

2. 抽样

在同一批产品中随机抽取足量的样品，每批产品须按千分之一比例随机抽取，尾数不足 1 000 以 1 000 计，但每次抽样不少于 6 袋样品。样品分 3 份，1 份用于净含量、感官指标、理化指标检验，1 份用于卫生指标检验，1 份留样备查。样品上要注明产品名称、生产日期或批号、抽样日期和抽样人。

3. 出厂检验

产品出厂须经检验，检验合格后并签发合格证，注明生产日期、检验员代号等方可出厂。

出厂检验项目包括感官品质、净含量、水分、菌落总数、大肠菌群、包装质量。

4. 型式检验

全部项目进行检验。正常生产时每年应进行 1 次型式检验。有下列情况之一时，亦应进行型式检验：原料产地的土壤、气候、耕作条件变动较大时；正式投产后，如配方、生产工艺有较大变化，可能影响产品质量时；产品停产半年以上，恢复生产时；出厂检验结果与上次型式检验结果有较大差异时；国家质量监督部门提出型式检验要求时。

5. 判定规则

检验项目全部符合本节质量要求，则判定该批产品合格。

除微生物项目外，其他检验项目如不符合本节质量要求时，可用留存样或从该批次产品中加倍抽样复检不合格项目。若复检结果有任何 1 项不符合本节质量要求，则判定该批产品不合格。

微生物指标任何 1 项不合格，则判定该批产品不合格，不得复检。

（七）标志、标签、包装、运输、贮存、保持期

1. 标志

产品包装的贮运图示标志除按 GB/T 191—2011 的规定执行外，获得批准后，可在福山咖啡包装上使用地理标志产品专用标志。

2. 标签

产品标签除应符合 GB 7718—2011 规定外，还应标明产品类型、产品食用方式说明。

3. 包装

本产品必须严格包装，封口严密，不得裸露。所用的包装材料和容器必须符合相应

食品卫生标准要求。

4. 运输

运输工具应清洁、干燥、无异味、无污染；运输时应防潮、防雨、防暴晒；装卸时应轻放轻卸，严禁与有毒、有害、有异味、易污染的物品混装混运。

5. 贮存

产品应存放在清洁干燥、阴凉、无异味、无虫害、无鼠害的专用仓库内。严禁与有毒、有害、有异味、易污染的物品混放。

6. 保质期

在上述运输贮存条件下，自生产之日起，产品保质期不低于18个月。

十、饮料中咖啡因的测定

（一）原理

可乐型饮料脱气后，用水提取、氧化镁净化；不含乳的咖啡及茶叶液体饮料制品用水提取、氧化镁净化；含乳的咖啡及茶叶液体饮料制品经三氯乙酸溶液沉降蛋白；咖啡、茶叶及其固体饮料制品用水提取、氧化镁净化；然后经 C_{18} 色谱柱分离，用紫外检测器检测，外标法定量。

（二）试剂和材料

1. 试剂

氧化镁、三氯乙酸、甲醇，色谱纯。

2. 试剂配制

三氯乙酸溶液（10 g/L）：称取 1 g 三氯乙酸于 100 mL 容量瓶中，用水定容至刻度。

3. 标准品

咖啡因标准品（$C_8H_{10}N_4O_2$）：纯度≥99%。

4. 标准溶液配制

（1）咖啡因标准储备液（2.0 mg/mL）　准确称取咖啡因标准品 20 mg（精确至 0.1 mg）于 10 mL 容量瓶中，用甲醇溶解定容。放置于 4 ℃冰箱，有效期为 6 个月。

（2）咖啡因标准中间液（200 μg/mL）　准确吸取 5.0 mL 咖啡因标准储备液于 50 mL 容量瓶中，用水定容。放置于 4 ℃冰箱，有效期为 1 个月。

（3）咖啡因标准曲线工作液　分别吸取咖啡因标准中间液 0.5 mL、1.0 mL、2.0 mL、5.0 mL、10.0 mL 至 10 mL 容量瓶中，用水定容。该标准系列浓度分别为 10.0 μg/mL、20.0 μg/mL、40.0 μg/mL、100 μg/mL、200 μg/mL。临用时配制。

5. 仪器和设备

①高效液相色谱仪，带紫外检测器或二极管阵列检测器。

②天平：感量为 0.1 mg。

③水浴锅。

④超声波清洗器。

⑤0.45 μm 微孔水相滤膜。

6. 试样制备

(1) 可乐型饮料 一是脱气。样品用超声清洗器在 40 ℃下超声 5 min。二是净化。称取 5 g（精确至 0.001 g）样品，加水定容至 5 mL（使样品溶液中咖啡因含量在标准曲线范围内），摇匀，加入 0.5 g 氧化镁，振摇，静置，取上清液经微孔滤膜过滤，备用。

(2) 不含乳的咖啡及茶叶液体制品 称取 5 g（精确至 0.001 g）样品，加水定容至 5 mL（使样品溶液中咖啡因含量在标准曲线范围内），摇匀，加入 0.5 g 氧化镁，振摇，静置，取上清液经微孔滤膜过滤，备用。

(3) 含乳的咖啡及茶叶液体制品 称取 1 g（精确至 0.001 g）样品，加入三氯乙酸溶液定容至 10 mL（使样品溶液中咖啡因含量在标准曲线范围内），摇匀，静置，沉降蛋白，取上清液经微孔滤膜过滤，备用。

(4) 咖啡、茶叶及其固体制品 称取 1 g（精确至 0.001 g）经粉碎低于 30 目的均匀样品于 250 mL 锥形瓶中，加入约 200 mL 水，沸水浴 30 min，不时振摇，取出流水冷却 1 min，加入 5 g 氧化镁，振摇，再放入沸水浴 20 min，取出锥形瓶，冷却至室温，转移至 250 mL 容量瓶中，加水定容至刻度（使样品溶液中咖啡因含量在标准曲线范围内），摇匀，静置，取上清液经微孔滤膜过滤，备用。

7. 仪器参考条件

(1) 色谱柱 C_{18}柱（粒径 5 μm，柱长 150 mm×直径 3.9 mm）或同等性能的色谱柱。

(2) 流动相 甲醇+水=24+76。

(3) 流速 1.0 mL/min。

(4) 检测波长 272 nm。

(5) 柱温 25 ℃。

(6) 进样量 10 μL。

8. 标准曲线的制作

将标准系列工作液分别注入液相色谱仪中，测定相应的峰面积，以标准工作液的浓度为横坐标，以峰面积为纵坐标，绘制标准曲线。

9. 试样溶液的测定

将试样溶液注入液相色谱仪中，以保留时间定性，同时记录峰面积，根据标准曲线得到待测液中咖啡因的浓度，平行测定次数不少于 2 次。

10. 分析结果的表述

试样中咖啡因含量按公式（6-1）计算。

$$X = 1\,000CV/\,(1\,000\,m) \tag{6-1}$$

式中：X——试样中咖啡因的含量，mg/kg；

C——试样溶液中咖啡因的质量浓度，μg/mL；

V——被测试样总体积，mL；

m——称取试样的质量，g；

1 000——换算系数。

计算结果用重复性条件下获得的 2 次独立测定结果的算术平均值表示，结果保留 3 位有效数字。

11. 精密度

可乐型饮料：在重复性条件下获得的 2 次独立测定结果的绝对差值不得超过算术平均值的 5%；咖啡、茶叶及其固体、液体饮料制品：在重复性条件下获得的 2 次独立测定结果的绝对差值不得超过算术平均值的 10%。

12. 其他

本方法线性范围为 220～439 μg/mL。检出限：以 3 倍基线噪音信号确定检出限 0.7 ng；可乐、不含乳的咖啡及茶叶液体饮料制品检出限为 0.07 mg/kg，定量限为 0.2 mg/kg；以含乳咖啡及茶叶液体饮料制品取样量 1 g，确定检出限为 0.7 mg/kg，定量限为 2.0 mg/L；以咖啡、茶叶及其固体饮料制品取样量 1 g，确定检出限为 18 mg/kg，定量限为 54 mg/kg。

十一、食品添加剂咖啡因的应用要求

（一）化学名称、分子式、结构式和相对分子质量

化学名称：1，3，7-三甲基黄嘌呤。

分子式：$C_8H_{10}N_4O_2$ 或 $C_8H_{10}N_4O_2 \cdot H_2O$。

结构式：

相对分子质量：194.19（无水物）或 212.21（水合物）——（按 2007 年国际相对原子质量）。

（二）技术要求

1. 感官要求

应符合表 6-14 的规定。

表 6-14　感官要求

项目	要求	检验方法
色泽	白色或带极微黄绿色且有丝光	取适量样品置于清洁、干燥的烧杯中，在自然光线下，观察色泽和组织状态，嗅其气味。用温开水漱口后，品尝滋味
滋味、气味	味苦，无臭	
组织状态	针状结晶或结晶性粉末或颗粒	

2. 理化指标

应符合表6-15的规定。

表6-15　理化指标

项目		指标
咖啡因（$C_8H_{10}N_4O_2$，以干基计)/%		98.5~101.0
干燥减量/%		≤0.5（无水）
		≤8.5（含水）
灼烧残渣/%		≤0.1
其他生物碱		无沉淀产生
色谱纯度/%	单个杂质	≤0.1
	总杂质	≤0.1
砷（As)/（mg/kg)		≤2
熔点/℃		235.0~237.5
澄清度试验（20 g/L溶液）		通过试验
重金属（以Pb计)/（mg/kg)		≤10
易炭化物		通过试验

（三）理化指标检测方法

1. 咖啡因的测定

（1）试剂和材料

乙酸酐、苯、高氯酸标准滴定溶液，0.1 mol/L。

（2）仪器和设备　电位滴定仪。

（3）分析步骤　取约0.4 g实验室样品，精确至0.000 2 g，加40 mL乙酸酐，加热溶解，冷却，加80 mL苯，用高氯酸标准滴定液滴定，用电位法指示终点，并将滴定的结果用空白试验校正。

（4）结果计算　咖啡因的质量分数 W_1，数值以%表示，按式（6-2）计算。

$$W_1 = [(V-V_0) \times C \times M] / [m \times (1-W_2) \times 1\,000] \times 100 \qquad (6-2)$$

式中：V——实验室样品消耗高氯酸标准溶液的体积，mL；

$\quad$ V_0——空白试验消耗高氯酸标准溶液的体积，mL；

$\quad$ C——高氯酸滴定液的摩尔浓度，mol/L；

$\quad$ m——实验室样品的质量，g；

$\quad$ W_2——干燥减量的数值，%；

$\quad$ M——咖啡因摩尔质量的数值，g/mol。

取平行测定结果的算术平均值为测定结果，2次平行测定的绝对差值不大于0.2%。

2. 干燥减量的测定

（1）分析步骤　取1.0 g实验室样品，精确至0.000 2 g，置于已在80 ℃干燥至恒重的称量瓶内,精密称量,置于 80 ℃烘箱中干燥至恒重。

(2)结果计算 样品干燥减量的质量分数以 W_2 计,数值以%表示,按式(6-3)计算。

$$W_2 = (M_1-M_2)/(M_1-M_3) \times 100 \tag{6-3}$$

式中:M_1——干燥前实验室样品和称量瓶总质量的数值,g;

M_2——干燥后实验室样品和称量瓶总质量的数值,g;

M_3——称量瓶质量的数值,g。

取平行测定结果的算术平均值为测定结果,2 次平行测定结果的绝对差值不大于 0.05%。

3. 灼烧残渣的测定

(1)试剂和材料 硫酸。

(2)分析步骤 取 1.0 g 实验室样品,精确至 0.001 g,置于已在 750 ℃±50 ℃烧至恒重的瓷坩埚中,用小火缓缓加热至完全炭化。冷却至室温后,加硫酸 0.5~1 mL,使湿润,低温加热至硫酸蒸汽除尽后,移入高温炉中,在 750 ℃±50 ℃高温炉中灼烧至恒重。

(3)结果计算 灼烧残渣的质量分数以 W_3 计,数值以%表示,按式(6-4)计算。

$$W_3 = (M_4-M_5)/M \times 100 \tag{6-4}$$

式中:M_4——坩埚和残渣总质量的数值,g;

M_5——坩埚质量的数值,g;

M——样品质量的数值,g。

取平行测定结果的算术平均值为测定结果,2 次平行测定结果的绝对差值不大于 0.02%。

4. 其他生物碱的测定

(1)试剂和材料 碘化汞钾试液:取 1.36 g 氯化汞,加 60 mL 水使溶解,另取 5 g 碘化钾,加 10 mL 水使溶解,将两液混合,混合后加水稀释至 100 mL。其他包括无水乙酸钠、乙腈(色谱纯)、四氢呋喃(色谱纯)、冰乙酸、茶碱对照品、咖啡因对照品。

(2)分析步骤 称取 1 g 实验室样品,加 50 mL 水,取 10 mL 该溶液加 3 滴碘化汞钾试液,不得产生沉淀。

(3)色谱分析条件 推荐的色谱柱及典型色谱操作条件见表 6-16。

表 6-16 色谱柱和典型色谱操作条件

色谱柱	十八烷基硅烷键合硅胶色谱柱(填料粒径 5 μm,φ4.6 mm×150 mm 不锈钢柱)
流动相	称取约 1.64 g 无水乙酸钠,加水溶解并稀释至 2 000 mL,混匀。取 1 910 mL,加乙腈 50 mL、四氢呋喃 40 mL,混合后用冰乙酸调 pH=4.5,混匀,过滤,脱气
流速	约 1 mL/min
检测器检测波长	275 nm

(4)分析步骤 具体如下。

①对照品溶液。称取约 2 mg 茶碱对照品，精确至 0.000 1 g，置 100 mL 容量瓶中，加约 50 mL 流动相，振摇，超声溶解，用流动相稀释至刻度，混匀。

②系统适用性试液的制备。称取约 5.0 mg 咖啡因对照品，精确至 0.000 1 g，置 25 mL 容量瓶中，加 5.0 mL 对照品溶液和 10 mL 流动相，振摇，超声溶解，再用流动相稀释至刻度，混匀。

③实验室样品液的制备。称取约 10 mg 咖啡因实验室样品，精确至 0.000 1 g，置 50 mL 容量瓶中，加 10 mL 流动相，振摇，超声溶解，再用流动相稀释至刻度，混匀。

④仪器准备。按照高效液相色谱仪操作规程准备仪器，设定流速为 1 mL/min，检测波长为 275 nm，用流动相平衡仪器后，开始进样操作。

⑤系统适应性试验。取 10 μL 系统适用性试液进样，记录色谱图，茶碱和咖啡因的相对保留时间依次约为 0.69、1.0；两峰间的分离度不得小于 6.0；每个峰的拖尾因子 $T \leqslant 2.0$。

⑥测定。取流动相和样品溶液各 10 μL 进样，记录色谱图至咖啡因主峰保留时间的 2 倍。按面积归一化法计算各杂质含量。

（5）结果计算（面积归一化法）　杂质含量的质量分数以 W_4 计，数值以%表示，按式（6-5）计算。

$$W_4 = A_{杂} / \sum A \times 100 \tag{6-5}$$

式中：$A_{杂}$——杂质峰的峰面积（除溶剂峰及主峰外）；

$\sum A$——所有峰的面积之和（溶剂峰除外）。

5. 砷的测定

取 1.0 g±0.01 g 实验室样品，加 20 mL 水，加热溶解，冷却至室温后转移至 100 mL 锥形瓶中，加 5 mL 盐酸、5 mL 碘化钾试液、5 滴酸性氯化亚锡溶液，按照 GB 5009.76—2014 代替砷斑法的规定进行测定。

6. 熔点的测定

按《中华人民共和国药典》（2020 年版）中"附录Ⅵ C 熔点测定法"第一法进行测定，方法如下。

取实验室样品适量，研成细粉，在 80 ℃烘箱中干燥 4 h 后，分取适量，置熔点测定用毛细管（简称毛细管，由中性硬质玻璃管制成，长 9 cm 以上，内径 0.9~1.1 mm，壁厚 0.10~0.15 mm，一端熔封；当所用温度计浸入传温液在 6 cm 以上时，管长应适当增加，使露出液面 3 cm 以上）中，轻击管壁或借助长短适宜的洁净玻璃管，垂直放在表面皿或其他适宜的硬质物体上，将毛细管自上口放入使自由落下，反复数次，使粉末紧密集结在毛细管的熔封端。装入实验室样品的高度为 3 mm。另将温度计（分浸型，具有 0.5 ℃刻度，经熔点测定用对照品校正）放入盛装传温液（硅油或液状石蜡）的容器中，使温度计汞球部的底端与容器的底部距离 2.5 cm 以上（用内加热的容器，温度计汞球与加热器上表面距离 2.5 cm 以上）；加入传温液以使传温液受热后的液面在温度计的分浸线处。将传温液加热，待温度上升至较规定的熔点低限约低 10 ℃时，将装有实验室样品的毛细管浸入传温液，贴附在温度计上（可用橡皮圈或毛细管固定），位置须使毛细管的内容物在温度计汞球中部；继续加热，调节升温速率为每分钟上升

1.0~1.5 ℃，加热时须不断搅拌使传温液温度保持均匀，记录实验室样品在初熔至全熔时的温度，重复测定3次，取其平均值。

7. 澄清度的测定

（1）试剂和材料　具体如下。

①乌洛托品溶液。浓度10 g/L。

②浊度标准贮备液的制备。称取于105 ℃干燥至恒重的1.00 g硫酸肼，置100 mL容量瓶中，加水适量使溶解，必要时可在40 ℃的水浴中温热溶解，并用水稀释至刻度，摇匀，放置4~6 h；取此溶液与等容量的乌洛托品溶液（100 g/L）混合，摇匀，于25 ℃避光静置24 h，即得。本溶液阴凉处避光保存，可在两个月内使用，用前摇匀。

③浊度标准原液的制备。取15.0 mL浊度标准贮备液，置1 000 mL容量瓶中，加水稀释至刻度，摇匀，取适量，置1 cm吸收池中，按照紫外-可见分光光度法（《中华人民共和国药典》（2005年版）中附录Ⅵ A），在550 nm的波长处测定，其吸光度应在0.12~0.15范围内。本液应在48 h内使用，用前摇匀。

④0.5号浊度标准液制备。取2.50 mL浊度标准原液于100 mL容量瓶中，加97.50 mL水至刻度，摇匀，即得。本液应临用时制备，使用前充分摇匀。

（2）分析步骤　按《中华人民共和国药典》（2020年版）中"附录ⅨB澄清度检查法"进行。称取（1.0±0.01）g实验室样品，加50 mL水，加热煮沸，冷却至室温，与同体积的水或0.5号浊度标准液比较，若显混浊，不得比0.5号浊度标准液更深。

8. 重金属的测定

（1）试剂和材料　具体如下。

①硝酸。

②甘油。

③乙酸铵。

④硝酸铅。

⑤硫代乙酰胺。

⑥盐酸溶液，2 mol/L。

⑦氨水溶液，5 mol/L。

⑧氢氧化钠溶液，1 mol/L。

⑨盐酸溶液，7 mol/L。

⑩乙酸盐缓冲液（pH 3.5）。称取约25 g乙酸铵，精确至0.01 g，加25 mL水溶解后，加7 mol/L盐酸溶液38 mL，用2 mol/L盐酸溶液或5 mol/L氨水溶液准确调节pH至3.5（pH计），用水稀释至100 mL。

⑪硫代乙酰胺试液。称取约4 g硫代乙酰胺，精确至0.01 g，加水使溶解成100 mL，置冰箱中保存。临用前取5.0 mL混合液（由15 mL 1 mol/L氢氧化钠溶液、5.0 mL水及20 mL甘油组成），加上述1.0 mL硫代乙酰胺溶液，置水浴上加热20 s，冷却，立即使用。

⑫铅标准溶液。称取约0.160 g硝酸铅，精确至0.000 2 g，置于1 000 mL容量瓶中，加5 mL硝酸与50 mL水溶解后，用水稀释至刻度，摇匀，作为贮备液。临用前，

移取（10±0.02）mL 贮备液，置于 100 mL 容量瓶中，加水稀释至刻度，摇匀，即得（每 1 mL 相当于 10 μg 的铅）。配制与贮存用的玻璃仪器均不得含铅。

（2）分析步骤　按《中华人民共和国药典》（2020 年版）二部　附录Ⅷ H 重金属检查法第一法进行。方法如下：取 25 mL 纳氏比色管两支，甲管中加入 0.5 mL± 0.005 mL（含铅 5.0 μg）铅标准溶液与 2 mL 乙酸盐缓冲液后，加水稀释成 25 mL，另称取 0.5 g 实验室样品，精确至 0.01 g，置于纳氏比色管乙管中。加 20 mL 水，加热溶解后，冷却至室温，加 2 mL 乙酸盐缓冲液（pH 3.5）与水适量使成 25 mL（必要时滤过），若该溶液带颜色，可在甲管中滴加少量的稀焦糖溶液或其他无干扰的有色溶液，使之与乙管一致；再在甲、乙两管中分别加硫代乙酰胺试液各 2 mL，摇匀，放置 2 min，同置白纸上，自上向下透视，乙管中显出的颜色与甲管比较，不得更深。

9. 易炭化物的测定

（1）试剂和材料　具体如下。

①硫酸溶液。94.5%~95.5%（质量分数）。

②氯化钴液。取氯化钴（$CoCl_2 \cdot 6H_2O$），溶于盐酸溶液中，使成 1 000 mL，取该液 5.00 mL，置 250 mL 碘量瓶中，加入 5 mL 过氧化氢试液和 15 mL 氢氧化钠溶液（200 g/L），煮沸 10 min，冷却，加入 2 g 碘化钾和 20 mL 硫酸溶液，待沉淀溶解，用 0.1 mol/L 硫代硫酸钠标准滴定溶液滴定释出的碘，至近终点时，加 3 mL 淀粉指示剂，继续滴定至蓝色消失。用等量的同一试剂作空白，并做必要的校正，1 mL 硫代硫酸钠（0.1 mol/L）相当于 23.79 mg 氯化钴（$CoCl_2 \cdot 6H_2O$）。在剩余的原溶液中加适量的盐酸溶液，使 1 mL 溶液中含有 59.5 mg 氯化钴（$CoCl_2 \cdot 6H_2O$）。

③三氯化铁比色液。取约 27.5 g 三氯化铁，加适量的盐酸溶液使溶解成 500 mL。量取 10.0 mL，置碘量瓶中，加 2 g 碘化钾与 5 mL 盐酸，密塞，在暗处静置 15 min，加 100 mL 水，用硫代硫酸钠标准滴定溶液（0.1 mol/L）滴定，至近终点时，加 2 mL 淀粉指示剂，继续滴定至蓝色消失。用等量的同一试剂作空白，并做必要的校正。1 mL 硫代硫酸钠（0.1 mol/L）相当于 27.03 mg 三氯化铁（$FeCl_3 \cdot 6H_2O$）。根据上述测定结果，在剩余的原溶液中加适量的盐酸溶液，使 1 mL 溶液中含 45.0 mg 的三氯化铁（$FeCl_3 \cdot 6H_2O$）。

④硫酸铜比色液。取 65 g 硫酸铜（$CuSO_4 \cdot 5H_2O$）（GB 665—2007）溶于盐酸溶液中，使成 100 mL，取该溶液 10.00 mL，置 250 mL 碘量瓶中，加 40 mL 水、4 mL 乙酸、3 g 碘化钾和 5 mL 盐酸，用硫代硫酸钠标准滴定溶液（0.1 mol/L）滴定释出的碘，至近终点时，加 3 mL 淀粉指示剂，继续滴定至蓝色消失。用等量的相同试剂作空白，并做必要的校正。每 1 mL 0.1 mol/L 硫代硫酸钠相当于 24.97 mg 硫酸铜（$CuSO_4 \cdot 5H_2O$）。在剩余的原溶液中加适量的盐酸溶液，使 1 mL 溶液含 62.4 mg 硫酸铜（$CuSO_4 \cdot 5H_2O$）。

⑤比色液。取 0.3 mL 氯化钴比色液、0.6 mL 三氯化铁比色液、0.4 mL 硫酸铜比色液，加水稀释至 5 mL。

（2）分析步骤　取（0.5±0.01）g 实验室样品，加硫酸溶液至 5 mL，振摇使溶解，溶液颜色不得较同体积比色液更深。

十二、固态速溶茶中水分、茶多酚、咖啡因含量的近红外光谱测定法

（一）原理

近红外光谱是由于分子振动的非谐性使分子振动从基态向高能级跃迁时产生的，记录的主要是含氢基团 X—H（X=C、N、O 等）振动的倍频和合频吸收带。利用近红外光谱结合化学计量学方法，可实现利用近红外光谱对固态速溶茶成分进行快速检测。

（二）仪器

1. 近红外光谱仪

带可连续扫描单色器的漫反射型近红外光谱仪或其他类产品，光源为 10 W 钨卤灯，扫描范围为 1 000~1 800 nm，分辨率 10 nm，波长准确性 0.2 nm，波长重复性±0.05 nm。

2. 软件

采用近红外仪器自带的分析软件。

（三）测定

1. 测定前的准备

①样品的采集按照 GB/T 18798.1—2017 的规定执行。

②近红外光谱仪需预热和自检测定。

③在使用状态下，每天至少使用监控样品对近红外光谱仪检测 1 次。

④测定样品的温度应与定标模型样本测定时温度保持一致。

2. 样品的测定

按照近红外光谱分析仪说明书的要求，取适量的固态速溶茶用近红外光谱仪进行测定，记录测定数据。每个样品平行测定 3 次。

3. 定标模型验证及评价

（1）验证的基本要求　有下列情况之一时须对近红外分析仪的已有定标模型进行验证：定标模型首次使用时，或定标模型更新后，或更换仪器时；样品来源发生重大改变时；仪器维修或更换光源等配件后；其他需要验证时。

每年至少进行 2 次验证。对不同型号的近红外分析仪，应使用具有同样变异度的验证样品集验证定标模型。验证样品的测定组分含量应在定标模型中该组分含量范围内，尽量覆盖该范围，且呈较均匀的分布。

（2）样品成分的标准值　按照 GB 5009.3—2016、ISO 10727—2002、ISO 14502：1—2005 规定的方法进行测定并统计确定。样品组分化学分析应与近红外测定同期进行。

（3）物理特性　样品粒度等物理特性应与定标模型使用的样品一致。

（4）温度　验证测试时的温度范围应与定标模型规定的温度范围一致。

（5）适用条件　使用验证样品获得的定标模型验证结果，只适用于验证样品所涉及的范围。

4. 验证的内容及评价

（1）准确评价　采用验证样品集进行定标模型准确性验证，验证的校准标准差（SEP）应符合表6-17的要求。对不符合要求不能通过验证的，应查明原因，重新进行

验证，直至符合要求。

（2）重复性评价　采用验证样品集进行定标模型重复性验证。随机选择 3 个验证样品，分别测定 10 次，各样品测定结果的重复性（s_r）均应符合表 6-17 的要求，对不符合要求不能通过验证的，应查明原因，重新进行验证，直至符合要求。

表 6-17　定标模型评价基本要求

成分	校准标准差（SEP）/%	重复性（s_r）/%
水分	≤0.3	≤0.10
茶多酚	≤2.0	≤0.50
咖啡因	≤0.5	≤0.20

（四）结果处理和表示

3 次测定结果的相对偏差应符合表 6-18 的要求，取 3 次数据的算术平均值为测定结果，测定结果保留小数点后 1 位。

表 6-18　分析的允许误差

成分	平行样间相对偏差小于/%
水分	2.5
茶多酚	4.5
咖啡因	5.0

对于仪器报警的异常测定结果，所得数据不应作为有效测定数据。形成异常测定结果的原因，可能来自以下几个方面。

①该样品水分、茶多酚或咖啡因的含量超过了该仪器定标模型的范围。

②采用了错误的定标模型。

③样品中杂质过多。

④光谱扫描过程中样品发生了位移。

⑤样品温度与定标模型样品测试时温度差异过大。

应对造成测定结果异常的原因进行分析和排除，并进行第二次近红外测定，如仍出现报警，则确认为异常样品。异常样品的水分、茶多酚和咖啡因含量应分别按 GB 5009.3—2016、ISO 14502：1—2005、ISO 10727—2002 规定的方法进行测定。

第二节　可可

一、可可产品和产业特点

可可是锦葵科可可属常绿乔木，是制作巧克力的原料。可可原产于美洲中部及南部，广泛栽培于全世界的热带地区。我国可可产区主要分布在海南万宁、琼海、保亭、文昌、东方、三亚，台湾高雄和云南西双版纳等地，广东徐闻也有少量栽培。其中，海南是我国最大的可可种植基地，目前商业化栽培面积超过 600 hm²。

可可喜生于温暖和湿润的气候和富于有机质的冲积土所形成的缓坡上，在排水不良和重黏土上或常受台风侵袭的地方则不适宜生长。可可树高达 12 m，树冠繁茂；树皮厚，暗灰褐色；叶具短柄，卵状长椭圆形至倒卵状长椭圆形；花排成聚伞花序，花的直径约 18 mm；核果柄圆形或长椭圆形，表面初为淡绿色，后变为深黄色或近于红色，干燥后为褐色；植后 4~5 a 开始结实，10 a 以后收获量大增，到 40~50 a 后则产量逐渐减少。

每棵可可树可以结 50~60 个豆荚，每个豆荚中有 20~40 个可可豆，通常用大砍刀打开收获的豆荚，露出豆子，取出果肉和可可种子，并丢弃果皮。然后将果肉和种子堆成堆，放在晒场地上或者晒架上晾晒数天。随后将湿豆运输到工厂，以便将其进一步发酵和干燥，干燥后的可可豆才能出厂。

可可的 3 个主要品种：克里奥罗、佛拉斯特罗和崔尼塔利奥。克里奥罗是可可中的佳品，香味独特，但产量较低，仅占全球产量的 5%；主要生长在委内瑞拉、加勒比海、马达加斯加、爪哇等地。佛拉斯特罗力产量最高，约占全球产量的 80%，气味辛辣，苦且酸，主要用于生产普通的大众化巧克力；西非所产的可可豆就属于此种，在马来西亚、印度尼西亚、巴西等地也有大量种植。这种豆子需要剧烈的焙炒来弥补风味的不足，正是这个原因使大部分黑巧克力带有一种焦香味。崔尼塔利奥是克里奥罗和佛拉斯特罗的杂交品种，因开发于特立尼达岛而得名，结合了前两种可可豆的优势，产量约占 15%，产地分布同克里奥罗，与克里奥罗一样被视为可可中的珍品，用于生产优质巧克力，因为，只有这两种豆子才能提供优质巧克力的酸度、平衡度和复杂度。

可可富含酚类、纤维素、维生素等营养物质，具有改善心血管循环、缓解情绪低落、加强记忆力等功效，有“世界零食之王”的美誉。当前，我国巧克力人均消费量不足 100 g，远低于全球人均消费量（960 g）。随着天然可可制品的健康功效和独特口感越来越受欢迎，消费者对高质量产品的需求量不断增加，巧克力消费明显升级，天然优质可可市场巨大的增长空间将进一步推动我国可可产业的发展和优化。

在“一带一路”沿线国家开展可可种质资源调查与评价，将充分发挥我国热带作物产业技术优势和规模化平台效应，充分利用各国技术和自然资源，推动热带区域产业和经济发展，具有显著的多赢效应。通过提升“一带一路”沿线国家可可产业可持续发展能力，将加快我国可可产业转型和升级，提高我国热带农业科技对全球农业生产的贡献率，促进国际社会对我国可可产业的了解，提高我国可可的国际地位。

二、可可种植技术规程

(一) 种苗要求

1. 外观

种源来自经确认的品种纯正、优质高产的母本园或母株，品种纯度要求实生苗为

95%、嫁接苗为98%；出圃时营养袋完好，营养土完整不松散，土团直径15 cm、高20 cm；植株主干直立，生长健壮，叶片浓绿、正常，无机械损伤。砧木生长健壮、根系发达，与接穗亲和力强，嫁接成活率高。

2. 检疫

不携带检疫性病虫害，植株无病虫为害。

3. 质量要求

可可种苗分为一级、二级两个级别，各级别的质量要求应符合表6-19的规定。

表6-19 可可种苗质量指标 单位：cm

项目	分级			
	一级		二级	
	实生苗	嫁接苗	实生苗	嫁接苗
苗高	>40.0	>30	30.0~40.0	25.0~30.0
茎粗	>0.6	>0.6	0.4~0.6	0.4~0.6
新梢长	—	>20.0	—	15.0~20.0
新梢粗	—	>0.4	—	0.3~0.4

4. 试验方法

（1）外观检验 用目测法检测植株的生长情况、根系颜色、叶片颜色、病虫害、机械损伤、嫁接口愈合程度。

（2）疫情检验 按中华人民共和国国务院令第98号和中华人民共和国农业部令第5号及GB 15569—2009的有关规定进行检验。

（3）质量检验 具体如下。

①苗高。用直尺或钢卷尺测量土表至苗木最高新梢顶端处的自然高度，精确到小数点后1位。

②茎粗。用游标卡尺测量自土表以上10 cm处茎干的直径。

③新梢长。用直尺或钢卷尺测量接口至新梢顶端的长度。

④新梢粗。用游标卡尺测量接口以上3 cm处新梢直径。

5. 检验规则

（1）检验批次 同一产地、同时出圃的种苗作为一个检验批次。

（2）判定规则 同一批检验的一级种苗中，允许有5%的种苗低于一级标准，但必须达到二级标准，超过此范围，则为二级种苗；同一批检验的二级种苗中，允许有5%的种苗低于二级标准，超过此范围，则视该批种苗为等外苗。对质量要求的判定有异议时，应进行复验，并以复验结果为准。疫情指标不复检。

6. 标识

种苗出圃时应附有标签，项目栏内用记录笔填写。

7. 包装、运输、贮存

（1）包装 可可苗在出圃前应逐渐减少荫蔽，锻炼种苗，在大田荫蔽不足的植区，尤应如此。起苗前停止灌水，起苗后剪除病叶、虫叶、老叶和过长的根系。全株用消毒液喷洒，晾干水分。营养袋完好的苗不需要包装可直接运输。

（2）运输　种苗在短途运输过程中应保持一定的湿度和通风透气，避免日晒、雨淋；长途运输时应选用配备空调设备的交通工具。

（3）贮存　种苗出圃后应在当日装运，运达目的地后要尽快定植或假植。如短时间内无法定植，袋装苗置于荫棚中，并注意淋水，保持湿润。

（二）园地选择

1. 气候条件

适宜可可生长的月平均气温为 22~26 ℃，年降水量为 1 800~2 300 mm。

2. 土壤条件

可可适宜生长的土壤为土层深厚、疏松、有机质丰富、排水和通气性能良好的微酸性土壤。

3. 立地条件

可可适宜种植在海拔 300 m 以下的区域，选择湿度大、温差小、有良好防风屏障的椰子林地、缓坡森林地或山谷地带。

（三）园地规划

确定园地位置之后，应根据地形、植被和气候等情况，周密规划林段面积、道路、排灌系统、防风林带、荫蔽树的设置及居民点、初加工厂的配置等内容。

1. 小区与防护林

小区面积以 2~3 hm² 为宜，形状因地制宜，四周设置防护林。主林带设在较高的迎风处，与主风方向垂直，宽 10~12 m；副林带与主林带垂直，一般宽 6~8 m。平地营造防护林可选择刚果 12 号桉、木麻黄、马占相思、小叶桉等速生抗风树种，株行距为 1 m×2 m。

2. 道路系统

根据种植园的规模、地形和地貌等条件，设置合理的道路系统，包括主路、支路。主路应贯穿全园并与初加工厂、支路、园外道路相连。在山地建园可呈"之"字形绕山而上，上升的斜度不应超过 8°，支路修在适中位置，把大区分为小区，一般主路和支路的宽度分别为 5~6 m 和 3~4 m，小区间设小路，路宽 2~3 m。

3. 排灌系统

在园地四周设总排灌沟，园内设纵横大沟并与小区的排水沟相连，根据地势确定各排水沟的大小与深浅，以在短时间内能迅速排除园内积水为宜。坡地建园还应在坡上设防洪沟，以减少水土冲刷。无自流灌溉条件的可可园应做好蓄水或引堤水工程。

4. 种植密度

在平地或椰子园种植采用 2 m×2.5 m 的株行距，椰子园间种可可时要距离椰子树 3 m；在坡地种植采用 2.5 m×3 m 的株行距。

（四）垦地与定植

1. 垦地

建立可可园时，除按规划保留防护林之外，还应适当地保留原生乔木作为可可的荫蔽树，控制园地的自然荫蔽度在 50% 左右。坡地尽可能采用梯田或环山开垦，以减少水土流失；平地可采取全垦。在椰子园间种可可不宜采用机耕，以免伤及椰树根，直接挖穴定植即可。

2. 荫蔽树的配置

可可在整个生长过程中都需要一定的荫蔽，特别是定植后 2 a 内的幼龄可可树必须有 50% 左右的荫蔽。

（1）临时荫蔽树　可可定植前 6 个月在可可植穴的行间种植临时荫蔽树，一般采用香蕉、木薯、木瓜、山毛豆等作物；可可树长大、结实或永久荫蔽树起作用时，便可将临时荫蔽树逐渐疏伐。

（2）永久荫蔽树　在建立可可种植园时，要根据情况设置永久荫蔽树。除了开垦时保留的原生树外，选择适合当地生长的具有经济价值的树种，如椰子、槟榔、橡胶等。根据树冠的大小按一定规格在可可行间补种完整，最好在定植可可前 1 a 种植荫蔽树。

3. 挖穴

挖穴应在定植前 1 个月进行。要求按株行距挖大穴，植穴规格为 60 cm×60 cm×60 cm。挖穴时，把表土、底土分开放，同时拣净树根、石块等杂物。穴暴晒 15 d 左右后开始回土。

4. 施基肥

每穴投放腐熟有机肥 10~15 kg，与表土混匀后回穴，再回土踩实做成稍高于地面的土堆，等待种植。

5. 定植

（1）种苗要求　按照 NY/T 1074—2006 的规定执行。

（2）定植季节　定植季节一般为 4—10 月，但以雨水较为集中的 7—9 月为宜。

（3）定植方法　按种苗级别分小区定植。定植时把苗放于穴中，除去营养袋并使苗身正直，根系舒展，覆土深度不宜超过在苗圃时的深度，分层填土，将土略微压实，避免有空隙，定植过程中应保持土团不松散。植后以苗为中心修筑树盘并盖草，淋足定根水，以后酌情淋水，直至成活。植后应遮阴并立柱护苗，一般可插入土中直立在苗旁或将棍子斜插在土中与苗的主干交叉，立柱后用绳子把苗的主干适当固定在棍子上，植后约半年苗木正常生长后可除去棍子。

（五）田间管理

1. 土壤管理

（1）间作　植后 1~2 a 的幼龄可可园可在行间间种豆类、绿肥、蔬菜、牧草等短期作物，间作物距可可树冠 50 cm 以上，不宜间作甘蔗、玉米等高秆作物。

（2）土壤覆盖　幼龄可可园周年树盘覆盖，覆盖物厚 10~15 cm，并在其上压少量泥土，覆盖物不应接触树干。行间空地可保留自然生长的草。

（3）中耕除草　除草次数取决于可可园的荫蔽情况和雨量，一般每年进行 2~3 次。在幼龄可可树周围松土可以促进根系的扩展，在可可树成龄后一般不主张在植株附近深耕与松土。

（4）深翻扩穴改土 植后翌年起，于每年夏季或冬季，进行深翻扩穴压青施肥，以改良土壤。沿原植穴壁向外挖宽深各 40 cm、长 80~100 cm 的施肥沟。在沟内施入杂草、绿肥，并撒上石灰，再施入腐熟的畜禽粪肥或土杂肥约 10 kg 和钙镁磷肥或过磷酸钙 300 g，施后盖土。每年扩穴压青施肥 1~2 次，逐年扩大。

2. 水分管理

（1）幼龄树 定植后适时淋水，保持土壤湿润，直至抽出新梢。成活后遇旱需灌水，一般在旱季每月灌水 1~2 次。

（2）成龄结果树 可在抽梢期、开花高峰期、果实生长发育期，如遇旱应及时灌水，一般 10 d 左右灌水 1 次。

3. 排水

可可园雨后应及时排除积水，避免发生涝害。

4. 施肥管理

（1）施肥原则 按照 NY/T 496—2010 的规定执行。

（2）允许使用的肥料种类 包括农家肥、污泥和微生物肥。

农家肥应堆放发酵 2~3 个月，并加入 1%过磷酸钙+0.5%石灰，充分腐熟后才能施用，沼气肥需经过密封贮存 30 d 以上才能施用。

经无害化处理后，达到 GB 4284—2018 规定的污泥可作基肥。

微生物肥料种类与使用按照 NY/T 798—2015 的规定执行。

（3）幼龄树的施肥 幼龄树宜勤施薄肥，以氮肥为主，适当配合磷、钾、钙、镁肥。定植后第一次新梢老熟、第二次新梢萌发时开始施肥，每株每次施腐熟稀薄的人畜粪尿或用饼肥沤制的稀薄水肥 1~2 kg，分别在植株的两侧（距主干 40 cm）轮流穴施 1 次 10 ~ 15 kg 的有机肥，5 月、8 月、10 月每株分别施 1 次硫酸钾复合肥（15：15：15）30~50 g，在树冠滴水线处开浅沟施，施后盖土。

（4）成龄结果树的施肥 每年春季前施 1 次有机肥，结合压可可落叶，在可可树冠幅外轮流穴施，每株 12 ~ 15 kg。5 月、10 月每株分别施 1 次硫酸钾复合肥（15：15：15）80~100 g，在树冠滴水线处开浅沟施，施后盖土。在开花期、幼果期、果实膨大期，可根据树体生长情况每月追施 2~3 次叶面肥：0.4%尿素+0.2%磷酸二氢钾+0.2%硫酸镁、氨基酸叶面肥、微量元素叶面肥、腐植酸叶面肥等，具体施用技术按照说明书要求进行。

5. 整形与修剪

（1）实生树的整形 实生树的主干长到一定高度就会分枝，一般会在同一平面长出 5 条左右的分枝，只留下 3 条间距适宜的健壮分枝作为主枝，使其形成一个生长平衡的树形。如果主干分枝点高度适宜，则须将从主干上抽生的直生枝剪除，以促进扇形枝的生长；如果分枝点部位较低（≤80 cm），则可保留主干分枝点下长出的第一条直生枝，让其生长发育，同样保留 3 条不同方向的分枝，与第一层分枝错开，形成"一干、二层、六分枝"的双层树形。

（2）芽接树的整形 芽接树的分枝低而多，为了使其形成一个较高的树形，低的分枝应当修剪掉，一般只留下 80~100 cm 处的 3~4 条健壮分枝，让其发育形成骨架。

整形应在植后两年开始逐步轻度进行。最好使树枝伸展成框架形，树冠发育成倒圆锥形。

（3）修剪　根据所要培养的树形剪除不需要的枝条，一般是将主枝上离干 30 cm 以内、过密、较弱、受病虫为害的分枝剪除，并经常性除去无用的徒长枝，使树冠能通气、透光。修剪宜在旱季进行，修剪工具必须锋利，剪口要光滑、洁净，修剪次数根据情况而定，一般每年修剪 3~5 次。

（六）主要病虫害防治

1. 防治原则

贯彻农业"预防为主，综合防治"的植保方针，坚持"以农业防治、物理防治、生物防治为主，化学防治为辅"的无害化治理原则。

2. 农业防治

适当降低荫蔽度，加强检疫。严禁从疫区引进可可和其他寄主植物；引种须限制数量，并在植区以外的地方试种、观察和经过病毒检测；发现零星病株及时砍除，以后还要重复检查、清除至 2 a 内不再出现新病株；种植抗病、耐病品种。

3. 物理防治

使用杀虫灯，利用害虫的趋光、趋波特性进行诱杀。

4. 生物防治

保护和释放寄生蜂、蟋蟀、螳螂、猎蝽等天敌。

5. 农药防治

农药的安全使用按 GB/T 8321（所有部分）中有关的农药使用准则和规定执行。推荐使用表 6-20 中的防治病虫草害农药的种类。

表 6-20　推荐可可主要病虫草害防治农药种类

防治对象	为害部位	使用农药	使用量（稀释倍数）或 mL/亩次	施用频率或时间	使用方法	备注
可可肿枝病	整株	烯虫酯	100 倍液	次/15 d	制作毒饵诱杀传毒昆虫	
		硼酸	100 倍液	次/15 d		
可可黑果病	荚果	波尔多液	100~200 倍液	次/（10~15 d）	喷雾	
		三乙膦酸铝	100 倍液	次/（10~15 d）	喷雾	
可可荚果褐腐病	幼果	波尔多液	100~200 倍液	次/（10~14 d）	喷雾	开花坐果期喷施
鬼帚病	嫩梢	波尔多液	100~200 倍液	次/30 d	喷雾	
可可褐蝽	枝条幼果果柄	异丙威	6~7 mL	每年 2 月初	喷雾	
		残杀威	6~7 mL	每年 2 月初	喷雾	
		二嗪磷	10 mL	每年 2 月初	撒施	

（七）采收、运输

1. 采收

（1）采收时间 主要收获期为2—4月和9—11月。

（2）采收标准 不同品种的可可果实成熟时的色泽有所不同，绿果变成黄色或橙黄色、红果变成浅红色或橙色即可采收。

（3）采收方法 采果时须小心地用钩形利刀或枝剪刀从果柄处割断，切忌伤及果枕。不应上树采果，只能用三脚梯子或长柄利刀进行采摘。

2. 运输

采收的果实用竹制箩筐或塑料筐分类盛装，或采收后直接用刀小心切开取出种子分类装入木桶、塑胶桶（种植地与初加工厂的运输时间＜1 h才用此方法），然后集中用车运送到初加工厂的发酵车间。

三、可可初加工技术规程

（一）基本要求

1. 加工场所

加工场所的环境空气质量应符合GB 3095—2012中二类区的要求，周围不应有有害废弃物以及粉尘、有害气体、放射性物质和其他扩散性污染物。

加工场所应平坦防滑、无裂缝，易于清洁、消毒，并有适当措施防止积水。

加工场所应在加工前与结束后进行全面清洁。

2. 加工用水

应符合GB 3838—2002中Ⅲ类水的要求。

3. 果实采收

绿壳果和红壳果达到成熟方可采收。采果时应小心地用钩形利刀或枝剪刀从果柄处割断，高处果实宜用三脚梯子或长柄利刀进行采摘。采摘时不应伤及树体。采收的果实宜用竹制箩筐或塑料筐盛装运到加工场地。

（二）加工方法

1. 工艺流程

果实→破壳取种子→发酵→清洗→干燥→去杂、筛选→分级→包装→商品可可豆。

2. 操作要点

（1）破壳取豆 用刀小心切开果实外壳，尽量减少对种子的损伤，取出种子。

（2）发酵 将种子堆积或者放进发酵木箱（水泥池）进行发酵，每堆或每箱（池）不应少于200 kg。堆积发酵时底部铺垫香蕉叶或木板等，并与地面保持10~15 cm距离，种子堆积厚度宜60~100 cm，宽度60~100 cm，其上覆盖草席或香蕉叶等。发酵箱（池）大小宜为：长度60~100 cm，宽度60~100 cm，高度60~100 cm。

发酵中后期温度应控制在45~50 ℃，发酵期间应进行翻动或者倒箱（池），至少24 h翻动1次。发酵程度以种子外皮颜色呈红褐色为宜，时间一般5~8 d。

（3）清洗 发酵完全后拣出杂物，在洗涤机或水槽中用清洁的流动水清洗，至种子表面胶质洗净为止。

（4）干燥　将洗净的种子放于倾斜木板、竹席等上面沥干表面水分后，再置于干净晒场上摊晒，摊放厚度不宜超过 5 cm，期间应经常翻动，并防止淋雨；也可置于温度为 50~70 ℃的干燥箱（室）或其他干燥设备中干燥，摊放厚度不宜超过 10 cm，经常翻动。当用手可搓掉种皮时即可停止干燥。干燥后的种子含水量应不大于 7.5%。

（5）去杂、筛选　采用人工或机械方法除去泥块、碎石、金属等杂质，并挑拣出霉豆、僵豆、虫蛀豆、发芽豆、扁瘪豆、残豆、碎粒、壳片和烟熏豆。

（6）分级　按照 LS/T 3221—1994 的要求执行。

（三）包装、标志、贮存和运输

1. 包装

可可豆应按不同等级分别包装。包装物应牢固、干燥、洁净、无异味和完好，且不影响可可豆质量。

2. 标志

包装袋正面和放置在包装内的标识卡应标明下列项目：产品名称、产品标准编号；企业名称、详细地址、产品原产地；净重、毛重；产品等级；收获年份及包装日期。

3. 贮存

贮存仓库应清洁、干燥，通风良好，并有防虫、防鼠设施。产品应离墙离地存放，离墙距离大于 20 cm，离地距离大于 14 cm，地面应有垫仓板；堆垛应整齐，堆垛间有适当的通道。

4. 运输

运输工具应清洁、干燥、无异味、无污染；运输时应注意防潮、防雨、防暴晒。严禁与有毒、有异味、易污染的物品混装混运。

四、可可豆质量安全标准要求

（一）可可豆相关术语

1. 可可豆

经过发酵和干燥的可可树的种子。

2. 完好豆

表面完整、籽仁饱满的可可豆。

3. 霉豆

内部发霉的可可豆。

4. 僵豆

一半或一半以上表面呈青灰色或玉白色的可可豆。

5. 虫蛀豆

被昆虫侵蚀、显示损坏痕迹的可可豆。

6. 发芽豆

种子胚芽生长顶破外壳，引起破裂的可可豆。

7. 扁瘪豆

瘪薄得看不到豆仁的可可豆。

8. 烟熏豆

被烟熏染过的可可豆。

9. 残豆

大于半粒的不完整的可可豆。

10. 碎粒

等于或小于半粒的可可豆。

11. 壳片

不含可可仁的可可豆外壳。

（二）技术要求

1. 感官指标

（1）气味　成批可可豆中，不得含有烟熏豆或其他异味的豆。

（2）纯度　成批可可豆中，不得含有非可可豆成分的植物种子。

（3）活虫　成批可可豆不得有活虫。

2. 质量指标

质量指标见表6-21。

表6-21　可可豆质量指标

项目	等级		
	一级	二级	三级
水分/%	≤7.5		
杂质/%	≤1		
碎粒/%	≤3		
霉豆/%	≤3	≤4	≤4
僵豆/%	≤3	≤8	≤8
虫蛀豆、发芽豆、扁瘪豆/%	≤2.5	≤5	≤6
百克粒数/（豆粒数/100 g）	≤100	101~110	111~120

注：①当某粒可可豆有几种缺陷时，按最差的一种缺陷分级，其严重程度递减顺序为：霉豆，僵豆，虫蛀豆、发芽豆、扁瘪豆。②质量指标中，有1项不符合等级要求，即降级处置，三级豆以外的应作为等外豆。

3. 卫生要求

应符合 GB 2715—2016 的规定。

（三）试验方法

1. 可可豆样品的制备

（1）取样工具　具体如下。

①取样器。铁制或不锈钢制沟槽式样扦，槽长450 mm、槽宽20 mm、槽深13 mm。

②混样板。金属或有机玻璃制，长 150~200 mm，宽 80~120 mm，厚 3~5 mm。

③混样布。塑料或油布制，800 mm×800 mm。

④天平。感量 0.1 g。

⑤盛样袋：塑料制，大小不限。

（2）原始样品的抽取　按每一检验批总件数，不少于 30% 抽取。必须从完好包件中随机抽取，每袋取样 20~25 g（20~30 粒）。

（3）平均样品的抽取　将原始样品置于混样布上，用混样板充分混匀，以四分法连续缩分至 7~8 kg，装入盛样袋，携回实验室。

（4）试样的制备　将平均样品置于检验台上，用混样板拌匀，以四分法连续缩分至约 2 000 g 为试样。

2. 水分测定

（1）原理　可可豆经碾碎后，在规定的温度下，烘干一定的时间，测定失重，以百分率表示。

（2）仪器和用具　具体如下。

①天平。感量 0.000 1 g。

②研杵和研钵。可以碾碎可可豆，但不产生热量。

③电热烘箱。温度能较好地控制在（103±2）℃。

④称量皿。金属或玻璃制，最小有效面积 35 cm²，内径为 70 mm，高 20~25 mm。

⑤干燥器。内装有有效硅胶干燥剂。

（3）操作程序　包括常规法和快速法。

①常规法。取试样 10 g 左右，在 1 min 内将其粗略碾碎，最大颗粒应小于 5 mm，不能碾成浆状。将预先烘干的带盖皿称重，迅速称入约 10 g 碾碎的试样 2 份，精确至 0.001 g，将装有试样的烘皿及皿盖置于（103±2）℃的电热烘箱中，保持（16±1）h 后，将烘皿加盖后立即取出，移入干燥器内。待其冷却至室温（需 30~40 min）后称重，精确至 0.001 g，上述试样的碾碎、称重的操作过程必须在 5 min 内完成。结果计算见式（6-6）。

$$水分（\%）=（m_1-m_2）/（m_1-m_0）\times100 \qquad (6-6)$$

式中：m_0——为空皿（连盖）的质量，g；

$\quad m_1$——为空皿（连盖）和烘前样品的质量，g；

$\quad m_2$——空皿（连盖）和烘后样品的质量，g；

双实验结果允许误差不超过 0.3%，取平均值，测定结果取小数点后 1 位。

②快速法。取试样 10 g 左右，在 1 min 内将其粗略碾碎，最大颗粒应小于 5 mm，不能碾成浆状。将预先烘干的带盖皿称重，迅速称入约 10 g 碾碎的试样 2 份，精确至 0.001 g，将装有试样的烘皿及皿盖置于 130 ℃的电热烘箱内，在 2~3 min 内调整温度至 130 ℃时起，保持（130±2）℃烘干 40 min，将烘皿加盖后立即取出，移入干燥器内，冷却至室温，称重，精确至 0.001 g。结果计算见式（6-6）。

3. 杂质测定

（1）仪器和用具　天平；感量 0.1 g；样品盘；分级筛；镊子。

（2）操作程序　称取试样 1 000 g，用分级筛对试样进行筛选，拣出筛上物中的泥块、石块、金属、植物茎叶等非可可豆物质及壳片与筛下物合并，一起称重。结果计算见式（6-7）。

$$杂质（\%）= m_1/m×100 \qquad (6-7)$$

式中：m_1——非可可豆物质、壳片、筛下物的质量，g；

　　　m——试样的质量，g；

双试验结果允许误差不超过 0.3%，取平均值，测定结果取小数点后 1 位。

4. 碎粒测定

（1）仪器和用具　天平，感量 0.1 g；样品盘；镊子。

（2）操作程序　称取试样 1 000g，从中拣出碎粒，称重。结果计算见式（6-8）。

$$碎粒（\%）= m_2/m×100 \qquad (6-8)$$

式中：m_2——非可可豆物质、壳片、筛下物的质量，g；

　　　m——试样的质量，g。

双实验结果允许误差不超过 0.3%，取平均值，测定结果取小数点后 1 位。

5. 霉豆、僵豆和虫蛀豆、发芽豆、扁瘪豆的测定（剖切试验）

（1）仪器和用具　样品盘；剖切刀；银子。

（2）操作程序　从试样中取 300 粒完整可可豆置于样品盘中，用剖切刀逐粒从豆的正中沿纵向剖切，获得可可豆的最大剖切面。在充足的日光或人造灯光下，凭视觉检验每粒可可豆的两个剖切面。分别拣出霉豆、僵豆和虫蛀豆、发芽豆、扁瘪豆等各类次豆，分别称重，并做好记录。如果同一粒可可豆存在两种或两种以上缺陷时，只记录其中最严重的一种。结果计算见式（6-9）。

$$次豆（\%）= m_1/m×100 \qquad (6-9)$$

式中：m_1——霉豆、僵豆和虫蛀豆、发芽豆、扁瘪豆的质量，g；

　　　m——试样的质量，g。

双实验结果允许误差不超过 0.3%，取平均值，测定结果取小数点后 1 位。

6. 百克粒数测定

称取一定量的完整可可豆，对豆粒计数，计算每 100 g 重量可可豆中所含豆粒数。结果计算见式（6-10）。

$$百克粒数 = m_1/m×100 \qquad (6-10)$$

式中：m_1——试样总豆粒数；

　　　m——试样的质量，g；

双实验结果允许误差不超过 0.3%，取整数。

7. 卫生指标

检验按 GB 5009.36—2016 执行。

（四）检验规则

可可豆出仓（交货）必须进行出仓交收检验，以提货单或发票列明数量为一检验批次。

可可豆由质量检验部门按本节技术要求对感官指标、质量指标实行全检。对每一进货批次进行卫生指标抽检。检验（含复验）结果有 1 项不符合规定，则判定该批可可豆不合格。

检验样品应妥善保存，以备复验。对检验的结果有异议时，样品及时送法定或双方同意的仲裁机构复验仲裁。

（五）标志、包装、运输和贮存

1. 标志

每袋可可豆应有签封、生产国制、产品名称和必要的标志。做标志用的墨水和油漆不得融袋中的可可豆。

2. 包装

包装袋必须卫生清洁、缝线良好，具有足够的强度，采用对人体无害的材料制成。

3. 运输

运输车、船应卫生清洁，具有防湿、防污染的设施。

4. 贮存

贮存仓库应清洁、干燥，具有防潮、防污染、防虫害的设施。

五、可可脂质量安全标准要求

（一）可可脂

以纯可可豆为原料，经清理、筛选、焙炒、脱壳、磨浆、机榨等工艺制成的产品。

（二）技术要求

1. 感官要求

应符合表 6-22 的规定。

表 6-22　可可脂感官要求

指标	要求
色泽	溶化后的色泽呈明亮的柠檬黄至淡金黄色。
透明度	澄清透明至微浊
气味	溶化后具有正常的可可香气，无霉味、焦味、哈喇味或其他异味。

2. 理化指标

应符合表 6-23 的规定。

表 6-23　可可脂理化指标

项目	指标
色价/（g/100 mL）	≤0.15
折光指数/ng	1.456 0~1.459 0
水分及挥发物/%	≤0.20

（续表）

项目	指标
游离脂肪酸（以油酸计）/%	≤1.75
碘价（以碘计）/（g/100 g）	33~42
皂化价（以氢氧化钾计）/（mg/g）	188~198
不皂化物/%	≤0.35
滑动熔点/℃	30~34

3. 总砷要求

应符合表 6-24 的规定。

表 6-24 可可脂总砷要求　　　　　　　　　　　单位：mg/kg

项目	指标
总砷（以 As 计）	≤0.5

（三）试验方法

1. 感官

（1）仪器　具体如下。

①天平。感量 0.1 g。

②比色管。50 mL，直径 25 mm。

③乳白灯泡。

④电热恒温培养箱。

⑤烧杯。200 mL。

⑥玻璃棒。

（2）分析步骤　包括以下两个方面。

①气味。称取 50 g 试样，加热至 50 ℃，用玻璃棒边搅拌边嗅气味，具有可可脂特有香气且无异味的为合格，不合格的应注明异味情况。

②透明度、色泽。趁热量取 50 mL 上述试样，注入比色管中，放置 50 ℃ 恒温培养箱中 24 h，然后移至乳白色灯泡前（或在比色管后衬白纸），观察其透明度和色泽，记录观察结果。透明度结果以"透明""微浊""混浊"表示。

2. 色价

按 GB/T 5525—2008 中重铬酸钾溶液比色法的方法测定。

3. 折光指数

按 GB/T 5527—2010 规定的方法测定。

4. 水分及挥发物

按 GB 5009.236—2016 规定的方法测定。

5. 游离脂肪酸

按 GB 5009.229—2016 规定的方法测定，结果按式（6-11）计算。

$$Y = X/1.99 \qquad\qquad (6-11)$$

式中：Y——游离脂肪酸（以油酸计），%；

X——酸价；

1.99——游离脂肪酸的换算系数。

6. 碘价

按 GB/T 5532—2008 测定。

7. 皂化价

按 GB/T 5534—2008 规定的方法测定。

8. 不皂化物

按 GB/T 5535.1—2008 或 GB/T 5535.2—2008 规定的方法测定。

9. 滑动熔点

将样品熔化后不断搅拌，让潜热散发，冷却至 20 ℃左右，插入熔点毛细管，吸取样品达 10 mm 高度，放置 4~10 ℃冰箱中 12 h 以上，然后按 GB/T 5536—1985 规定的方法测定。试样在熔化前发生软化状态，继续加热至试样上升时，立刻读取当时的温度，即为其滑动熔点。

10. 总砷

按 GB 5009.11—2014 规定的方法测定。

（四）检验规则

1. 批次

产品出厂前应由质量检验部门进行出厂检验，出厂检验的项目包括感官和理化指标，但不皂化物指标除外。

2. 型式检验

每半年进行 1 次型式检验，型式检验的项目包括上述全部项目。发生下列情况之一时亦应进行型式检验：更改原料时；更改工艺时；长期停产后恢复生产时；出厂检验结果与上次型式检验结果有较大差异时；国家质量监督机构提出进行型式检验的要求时。

3. 批次

以同一配方、同一批次的产品作为一个检验单位。

4. 判定规则

检验结果全部项目符合本节技术要求时，判该批产品为合格品。

检验（含复验）结果中若有 1 项指标不符合本节技术要求，则判该批产品为不合格品。

检验样品应妥善保存，以备复验，对检验结果有异议时，样品应送法定或双方同意的仲裁机构复验仲裁。

5. 标签

产品标签上应标示产品名称、净含量、制造者或经销者的名称和地址、生产日期（或包装日期）、保质期、产品标准号，其他参见《产品标识标注规定》。

六、可可粉质量安全标准要求

(一) 可可粉

可可饼块经粉化制成的产品。按碱化工艺分为天然可可粉和碱化可可粉。按可可脂含量分为高脂可可粉、中脂可可粉和低脂可可粉。

(二) 技术要求

1. 原料

可可饼块应符合 GB/T 20705—2006 的规定。

2. 感官指标

应符合表 6-25 的规定。

表 6-25 可可粉感官指标要求

指标	要求	
	天然可可粉	碱化可可粉
粉色	呈棕黄色至浅棕色	呈棕红色至棕黑色
汤色	呈淡棕红色	呈棕红色至棕黑色
气味	具有正常可可香气，无烟焦味、霉味或其他异味	

3. 理化指标

应符合表 6-26 的规定。

表 6-26 可可粉理化指标要求

项目	天然可可粉			碱化可可粉		
	高脂	中脂	低脂	高脂	中脂	低脂
可可脂（以干物质计)/%	≥20.0	14.0~20.0	10.0~14.0	≥20.0	14.0~20.0	10.0~14.0
水分/%	≤5.0			≤5.0		
灰分（以干物质计)/%	≤8.0			≤10.0（轻碱化）；≤12.0（重碱化）		
细度/%	≥99.0			≥99.0		
pH	5.0~5.8（含5.8）			5.8~6.8（含6.8，轻碱化）；＞6.8（重碱化）		

注：通过孔径为 0.075 mm 标准筛的百分率。

4. 总砷和微生物指标

应符合表 6-27 的规定。

表 6-27 可可粉总砷和微生物指标

项目	指标
总砷/（mg/kg)	≤1.0

项目	指标
菌落总数/（CFU/g）	≤5 000
大肠杆菌群/（MPN/100 g）	≤30
酵母菌/（个/g）	≤50
霉菌/（个/g）	≤100
致病菌（沙门氏菌、志贺氏菌、金黄色葡萄球菌）	不得检出

（三）试验方法

1. 试样的制备

（1）取样用具　具体如下。

①灭菌不锈钢匙。

②灭菌磨砂广口瓶。500 mL。

③灭菌塑料袋。长 31 cm，宽 22 cm。

④灭菌刀或剪刀。

⑤70%～75%乙醇棉球。

（2）取样数量　随机抽取样品，抽样数量按式（6-12）计算。

$$A = \sqrt{B/3} \tag{6-12}$$

式中：A——应取样品包数；

B——待检产品总包数。

计算 A 时取整数，小数部分向上修约。抽样量应不少于 500 g。

（3）分析步骤　用剪刀拆开样包的缝线、烫口，用不锈钢匙逐包扦取样品于磨砂广口瓶和塑料袋中，紧闭瓶盖和塑料袋口。将塑料袋中样品充分混合，分为 2 份，1 份做理化检验，1 份作保质期留样，磨口瓶中样品送无菌实验室做微生物检验，将样品贴上标签，标明品名、规格、批号、数量、生产日期。

微生物检验应有专用冰箱存放样品。一般阳性样品，发出报告 3 d 后（特殊情况可适当延长），方能处理样品；进口阳性样品，需保存 6 个月，方能处理，阴性样品可及时处理。取样人员应穿戴洁净工作服、帽和口罩，扦样前用 70%～75%乙醇棉球擦洗双手及用具。

2. 可可脂

按 GB 5009.6—2016 规定的方法测定。

3. 水分

按 GB 5009.3—2016 规定的方法测定。

4. 灰分

按 GB 5009.4—2016 规定的方法测定。

5. 细度

（1）试剂　石油醚：分析纯，沸程 60～90 ℃。

（2）仪器　具体如下。

①电热恒温干燥箱。

②烧杯：500 mL。

③标准筛。φ50 mm，高50 mm，筛孔0.075 mm。

④分析天平。感量0.000 1 g。

⑤干燥器。

⑥玻璃棒。

（3）分析步骤　称取10 g试样（精确至0.000 1 g）置于已称量的标准筛中，在通风柜内将标准筛依次放入4只盛有250 mL石油醚的杯中，并使石油醚全浸没样品，然后用玻璃棒轻轻搅拌，直至洗净为止。取出标准筛放入通风柜内，待溶剂挥发后，移入（103±2）℃的电热恒温干燥箱内，1 h后取出，放入干燥器内冷却至室温，称量筛网上残留物质量，按实际水分和脂肪折算细度百分率。

（4）结果计算　结果计算见式（6-13）。

$$X = [m_0 - m_1/(1 - c_1 - c_2)]/m_0 \tag{6-13}$$

式中：X——细度，%；

　　m_0——试样的质量，g；

　　m_1——筛网上残留物的质量，g；

　　c_1——试样的脂肪含量，%；

　　c_2——试样的水分含量，%。

（5）允许差　同一试样2次测定值之差，不得超过平均值的0.5%。

6. pH

（1）试剂　邻苯二甲酸氢钾、磷酸二氢钾、无水磷酸氢二钠、硼酸（分析纯）。

（2）仪器　具体如下。

①pH计。量程范围pH 1~14，最小分度值0.01。

②天平。感量0.1 g。

③刻度烧杯。50 mL、150 mL。

④定性滤纸。15 cm。

⑤玻璃漏斗。内径9 cm。

（3）标准缓冲溶液制备　包括如下3种。

①pH=4.01标准缓冲溶液（20 ℃）。准确称取经（115±5）℃烘干2~3 h的优级邻苯二甲酸氢钾10.12 g，溶于不含二氧化碳的蒸馏水中，稀释至1 000 mL，摇匀。

②pH=6.88标准缓冲溶液（20 ℃）。准确称取经（115±5）℃烘干2~3 h的磷酸二氢钾3.31 g和无水磷酸氢二钠3.53 g，溶于不含二氧化碳的蒸馏水中，稀释至1 000 mL，摇匀。

③pH=9.22标准缓冲溶液（20 ℃）。准确称取3.80 g纯硼酸，溶于不含二氧化碳的蒸馏水中，稀释至1 000 mL，摇匀。

（4）分析步骤　称取10 g试样，置于150 mL烧杯中，加90 mL煮沸蒸馏水，搅拌至悬浮液无结块，即倒入放有滤纸的漏斗内进行过滤，待滤液冷却至室温，即用pH计测定其 pH。测定前先按 pH 说明书按测定需要选用 pH 标准缓冲液进行仪器校正。

（5）允许差　同一试样 2 次 pH 测定值之差，不得超过 0.1。

7. 总砷

按 GB 5009.11—2014 规定的方法测定。

8. 菌落总数

按 GB 4789.2—2016 规定的方法检验。

9. 大肠菌群

按 GB 4789.3—2016 规定的方法检验。

10. 酵母和霉菌

按 GB 4789.15—2016 规定的方法检验。

11. 致病菌

按 GB 4789.4—2016、GB 4789.5—2016 和 GB 4789.10—2010 规定的方法检验。

（四）检验规则

1. 出厂检验

产品出厂前应由质量检验部门进行出厂检验，出厂检验的项目包括感官、理化、菌落总数、大肠菌群、酵母和霉菌。

2. 型式检验

每半年进行 1 次型式检验，型式检验的项目包括本节技术要求中规定的全部项目。发生下列情况之一时亦应进行型式检验：更改原料时；更改工艺时；长期停产后恢复生产时；出厂检验结果与上次型式检验结果有较大差异时；国家质量监督机构提出进行型式检验的要求时。

3. 批次

以同一配方、同一批次的产品作为一个检验单位。

4. 判定规则

检验结果全部项目符合本节技术要求规定时，判该批产品为合格品。

检验（含复验）结果中若有 1 项指标不符合本节技术要求，则判该批产品为不合格品。

检验样品应妥善保存，以备复验，对检验结果有异议时，样品应送法定或双方同意的仲裁机构复验仲裁。

5. 标签

产品标签上应标示产品名称、产品类型、净含量、制造者或经销者的名称和地址、生产日期（或包装日期）、保质期、产品标准号，其他参见《产品标识标注规定》。

七、可可液块及可可饼块质量安全标准要求

（一）产品分类

1. 可可仁

以可可豆为原料，经清理、筛选、焙炒、脱壳而制成的产品。

2. 可可液块

以可可仁为原料，经碱化（或不碱化）、研磨等工艺制成的产品。

3. 可可饼块

以可可仁或可可液块为原料，经机榨脱脂等工艺制成的产品。可可饼块按碱化工艺分为天然可可饼块和碱化可可饼块。可可饼块按可可脂含量分为高脂可可饼块、中脂可可饼块和低脂可可饼块。

（二）技术要求

1. 原料

可可仁中的可可壳和胚芽含量，按非脂干物质计算不应高于 5%，或按未碱化干物质计算不应高于 4.5%（指可可壳）。

2. 感官指标

应符合表 6-28 的规定。

表 6-28　可可液块、可可饼块感官指标要求

项目	要求		
	可可液块	可可饼块	
		天然可可饼块	碱化可可饼块
色泽	呈棕红色到深棕红色	呈棕黄色至浅棕色	呈棕红色至棕黑色
气味	具有正常的可可香气，无霉味、焦味、哈败味或其他异味		

3. 理化指标

应符合表 6-29 的规定。

表 6-29　可可液块、可可饼块理化指标要求

项目	指标					
	可可液块	可可饼块				
		天然可可饼块			碱化可可饼块		
		高脂	中脂	低脂	高脂	中脂	低脂
可可脂/%	>52.0	20.0	14.0~20.0	10.0~14.0	20.0	14.0~20.0	10.0~14.0
水分/%	≤2.0	≤5.0			≤5.0		
细度/%	≥98.0	—			—		
灰分/%	—	—			10.0（轻碱化），12.0（重碱化）		
pH	—	5.0~5.8			5.8~6.8（轻碱化），>6.8（重碱化）		

注：检测结果以干物质计。

4. 总砷和微生物指标

应符合表 6-30 的规定。

表6-30 可可液块、可可饼块总砷和微生物指标要求

项目	指标
总砷（以As计)/（mg/kg）	＜1
菌落总数/（CFU/g）	＜5 000
大肠菌群/（MPN/100 g）	＜30
酵母菌/（个/g）	＜50
霉菌/（个/g）	＜100
致病菌（沙门氏菌、志贺氏菌、金黄色葡萄球菌）	不得检出

5. 试验方法

（1）可可仁中可可壳和胚芽含量 随机抽取200 g具有代表性的样品，保存于金属罐中。用四分法分样，称取100 g试样（精确到0.1 g），放入分样筛中过筛，称量筛下物的质量。然后将筛网上的物质倒在分样板上，用镊子钳将可可壳和胚芽全部挑出，用分析天平称其质量。结果计算见式（6-14）。

$$X（\%）= （m_1×0.25+m_2）/m_0×100 \qquad (6-14)$$

式中：X——可可壳和胚芽含量，%；

m_0——试样的质量，g；

m_1——筛下物的质量，g；

m_2——可可壳和胚芽的质量，g；

0.25——筛下物中残留可可壳的常数。

（2）感官分析 称取50 g试样，加热至50 ℃，用玻璃棒边搅拌边嗅其气味，用肉眼观察熔化试样的色泽。

（3）可可脂 索氏抽提法，按GB 5009.6—2016规定的方法测定。

（4）水分及挥发物 按GB 5009.3—2016规定的方法测定。

（5）细度 同可可粉细度的测定。

6. 灰分

按GB 5009.4—2016规定的方法测定。

7. pH

同可可粉pH的测定。

8. 总砷

按GB 5009.11—2012规定的方法测定。

9. 菌落总数

按GB 4789.2—2016规定的方法检验。

10. 大肠菌群

按GB 4789.3—2016规定的方法检验。

11. 酵母和霉菌

按GB 4789.15—2016规定的方法检验。

12. 致病菌

按 GB 4789.4—2016、GB 4789.5—2016 和 GB 4789.10—2016 规定的方法检验。

（三）检验规则

1. 出厂检验

产品出厂前应由质量检验部门进行出厂检验，出厂检验的项目包括感官、理化、菌落总数、大肠菌群、酵母和霉菌。

2. 型式检验

每半年进行 1 次型式检验，型式检验的项目包括本节技术要求中规定的全部项目。发生下列情况之一时亦应进行型式检验：更改原料时；更改工艺时；长期停产后恢复生产时；出厂检验结果与上次型式检验结果有较大差异时；国家质量监督机构提出进行型式检验的要求时。

3. 批次

以同一配方、同一批次的产品作为一个检验单位。

4. 判定规则

检验结果全部项目符合本节技术要求规定时，判该批产品为合格品。

检验（含复验）结果中若有 1 项指标不符合本节技术要求，则判该批产品为不合格品。

检验样品应妥善保存，以备复验，对检验结果有异议时，样品应送法定或双方同意的仲裁机构复验仲裁。

5. 标签

产品标签上应标示产品名称、产品类型、净含量、制造者或经销者的名称和地址、生产日期（或包装日期）、保质期、产品标准号，其他参见《产品标识标注规定》。

八、巧克力、代可可脂巧克力及其制品质量安全标准要求

（一）产品分类

1. 巧克力

以可可制品（可可脂、可可块或可可液块/巧克力酱、可可油饼、可可粉）和（或）白砂糖为主要原料，添加或不添加乳制品、食品添加剂，经特定工艺制成的在常温下保持固体或半固体状态的食品。

2. 巧克力制品

巧克力与其他食品按一定比例，经特定工艺制成的在常温下保持固体或半固体状态的食品。

3. 代可可脂巧克力

以白砂糖、代可可脂等为主要原料（按原始配料计算，代可可脂添加量超过 5%），添加或不添加可可制品（可可脂、可可块或可可液块/巧克力酱、可可油饼、可可粉）、乳制品及食品添加剂，经特定工艺制成的在常温下保持固体或半固体状态，并具有巧克力风味和性状的食品。

4. 代可可脂巧克力制品

代可可脂巧克力与其他食品按一定比例，经特定工艺制成的在常温下保持固体或半固体状态的食品。

5. 可可脂

可可豆中的脂肪。

6. 代可可脂

可全部或部分替代可可脂，来源于非可可的植物油脂。

（二）原料技术要求

1. 原料要求

原料应符合相应的食品标准和有关规定。

2. 感官要求

感官要求应符合表 6-31 的规定。

表 6-31　巧克力、代可可脂巧克力及其制品原料感官要求

项目	要求	检验方法
色泽	具有产品应有的色泽	取适量试样置于 50 mL 烧杯或白色瓷盘中，在自然光下观察色泽和状态。闻其气味，用温开水漱口后品尝其滋味
滋味、气味	具有产品应有的滋味、气味	
状态	常温下呈固体或半固体状态，无正常视力可见的外来异物	

3. 污染物限量

污染物限量应符合 GB 2762—2017 的规定。

4. 微生物限量

致病菌限量应符合 GB 29921—2021 的规定。

5. 食品添加剂和营养强化剂

（1）食品添加剂的使用　应符合 GB 2760—2016 的规定。

（2）营养强化剂的使用　应符合 GB 14880—2012 的规定。

6. 其他

代可可脂添加量超过 5%（按原始配料计算）的产品应命名为代可可脂巧克力。巧克力成分含量不足 25% 的制品不应命名为巧克力制品。

（三）产品技术要求

1. 感官要求

感官要求应符合表 6-32 的规定

表 6-32　巧克力、代可可脂巧克力及其制品感官要求

项目	要求	检验方法
色泽	深棕色	取适量试样置于清洁、干燥的白瓷盘中，在自然光线下观察其色泽和状态
状态	粉末	

2. 理化指标

理化指标应符合表 6-33 的规定。

表 6-33　巧克力、代可可脂巧克力及其制品理化指标要求

项目	指标
pH 值	6.0~7.5
干燥失重/%	≤5.0
灼烧残渣/%	≤20.0
吸光度（400 nm）	≥20.0
砷（以 As 计)/（mg/kg）	≤2.0
铅（以 Pb 计)/（mg/kg）	≤4.0

（四）检验方法

1. 一般规定

本节所用试剂和水在没有注明其他要求时，均指分析纯试剂和 GB/T 6682—2016 规定的三级水。试验中所用标准溶液、杂质测定用标准溶液、制剂和制品，在没有注明其他要求时均按 GB/T 601—2016、GB/T 602—2002、GB/T 603—2002 的规定制备。实验中所用溶液在未注明用何种溶剂配制时，均指水溶液。

2. 鉴别试验

（1）色泽　0.1%试样水溶液呈澄明、棕色；1%试样置于 6 mol/L 氢氧化钠溶液中，色泽加深，呈深棕色；0.1%试样置于 6 mol/L 盐酸溶液中，产生棕色沉淀，上清液变为棕黄色。

（2）最大吸收峰　0.01%（质量分数）试样水溶液以可见-紫外光分光光度计检测，在紫外部分有 2 个吸收峰，在波长 195 nm 处有 1 个最大吸收峰，在波长 275 nm 处有 1 较小的吸收峰。

3. pH 的测定

称取 1.0 g 试样，用水溶解并转移至 100 mL 容量瓶，定容，用酸度计测定溶液的 pH。

4. 干燥失重的测定

（1）分析步骤　称取约 2 g（准确至 0.000 2 g）试样，置于已烘干至恒重的称量瓶中，试样厚度约 5 mm，铺均，开盖于 105 ℃干燥箱干燥至恒重，放入干燥器内冷却，称量。

（2）结果计算　干燥失重的质量分数 w_1，按式（6-14）计算。

$$w_1 = (m_2 - m_1)/m \qquad (6-15)$$

式中：m_2——干燥前称量瓶及试样的质量，g；

　　　m_1——干燥后称量瓶及试样的质量，g；

　　　m——试样的质量，g。

实验结果以 2 次平行测定结果的算术平均值为准。在重复性条件下获得的 2 次独立测定结果与算术平均值的绝对差值不得超过 0.2%。

5. 灼烧残渣的测定

（1）分析步骤　称取约 3 g 试样（准确至 0.000 2 g），置于已在 700~800 ℃烘干至恒重的瓷坩埚中，缓缓加热直至试样完全炭化。将炭化的试样冷却，移入高温炉中，在 800 ℃下烧灼至恒重。

（2）结果计算　灼烧残渣的质量分数 w_2，按式（6-15）计算。

$$w_2 = (m_4 - m_3)/m \tag{6-16}$$

式中：m_4——坩埚加残渣的质量，g；

　　　m_3——坩埚质量，g；

　　　m——试样的质量，g。

实验结果以 2 次平行测定结果的算术平均值为准。在重复性条件下获得的 2 次独立测定结果与算术平均值的绝对差值不得超过 0.5%。

6. 吸光度 $OD_{400\,nm}$ 的测定

（1）仪器和设备　分光光度计。

（2）分析步骤　将试样置于干燥器中，在室温下干燥 24 h，称取 1 g（准确至 0.000 2 g），用水溶解并定容至 100 mL，摇匀。用移液管在摇匀状态下吸取 2 mL 试样溶液，再定容至 100 mL（即为 0.02%水溶液），用分光光度计，以水作参比液，于 1 cm 比色皿中，在 400 nm 波长处测其吸光度。

（3）结果计算　吸光度 $OD_{400\,nm}$，按式（6-16）计算。

$$X = Af/100\,m \tag{6-17}$$

式中：A——实测试样的吸光度；

　　　f——稀释倍数；

　　　m——试样的质量，g。

九、纯可可脂巧克力质量安全标准要求

（一）产品分类

纯可可脂巧克力指不添加非可可植物脂肪的巧克力。按照添加成分不同，可分为纯可可脂黑巧克力、纯可可脂牛奶巧克力、纯可可脂白巧克力。

（二）基本要求

1. 原材料

（1）可可粉　选用天然香型可可豆加工制成的可可粉、可可脂、可可液块，并符合 GB/T 20706—2006 的规定。

（2）食品添加剂　不应使用可可壳色、焦糖色食品添加剂。

2. 工艺及设备

应采用粗磨、精磨、精炼、调温工艺，控制产品细度、口感、风味、保质期。环境温度应控制在 22 ℃以下，相对湿度应控制在 65%以下。

3. 检测

应开展游离脂肪酸、固体脂肪含量、灰分等原料进厂检测。应开展细度、感官、大肠菌群、菌落总数、霉菌、酵母等成品检测。

（三）技术要求

1. 感官

具有巧克力具体产品应有的色泽、形态、组织、香味和滋味，无异味，无正常视力可见的外来杂质。

2. 理化指标

纯可可脂巧克力的基本成分，按原始配料计算各项指标，应符合表 6-34 的规定。

表 6-34　纯可可脂巧克力的基本成分及理化指标

项目	纯可可脂巧克力		
	纯可可脂黑巧克力	纯可可脂白巧克力	纯可可脂牛奶巧克力
可可脂/（g/100 g）	≥23	≥25	—
非脂可可固形物/（g/100 g）	≥12	—	≥2.5
总可可固形物/（g/100 g）	≥30	—	≥25
乳脂肪/（g/100 g）	—	≥2.5	≥2.5
总乳固体/（g/100 g）	—	≥11	≥12
细度/μm	10～25		

注：结果以干物质计。

3. 安全指标

（1）微生物　微生物限量应符合表 6-35 的规定。

表 6-35　纯可可脂巧克力微生物限量　　　　　　　　　单位：CFU/g

项目	检测值
大肠菌群	≤10^2
菌落总数	≤10^4
霉菌	≤10^2
酵母菌	≤10^2

（2）致病菌　致病菌限量应符合 GB 29921—2021 的规定。

（3）污染物限量　污染物限量应符合 GB 2762—2017 的规定。

（4）食品添加剂　食品添加剂的使用应符合 GB 2760—2016 的规定。

4. 净含量

应符合《定量包装商品计量监督管理办法》的规定。

（四）检验方法

1. 感官

取适量试样置于 50 mL 烧杯或白色瓷盘中，在自然光下观察其色泽和状态。闻其气味，用温水漱口后品尝其滋味。

2. 理化指标

（1）可可脂　按原始配料计算。

（2）非脂可可固形物　按原始配料计算。

（3）总可可固形物　按原始配料计算。

（4）总乳固体　按原始配料计算。

（5）乳脂肪　按原始配料计算。

（6）细度　按 GB/T 19343—2016 附录 A 规定的方法测定。

3. 微生物安全指标

（1）大肠菌群　按 GB 4789.3—2016 中第一法规定的方法测定。

（2）菌落总数　按 GB 4789.2—2016 规定的方法测定。

（3）霉菌和酵母计数　按 GB 4789.15—2016 中第一法规定的方法测定。

4. 净含量负偏差

按 JJF 1070—2019 的规定执行。

（五）检验规则

1. 出厂检验

产品出厂前应进行逐批检验，检验合格后方可出厂。同一品种不同包装的产品，不受包装规格和包装形式影响的检验项目可以一并检验。出厂检验的项目包括感官、净含量和细度。

2. 型式检验

正常生产的产品，应半年进行 1 次型式检验，有下列情况之一时亦应进行型式检验：新产品试制鉴定；正式生产后，如原料、工艺有较大变化，可能影响产品质量时；长期停产后恢复生产时；出厂检验结果与上次型式检验结果有较大差异时；国家质量监督机构提出进行型式检验的要求时。

3. 组批

同一班次、同一品种、同一规格的产品为一批。

4. 抽样方法

在成品仓库内或在生产线上随机抽取样品，每批抽样量不少于 0.5 kg。

5. 判定和复检

（1）出厂检验判定和复检　检验结果全部符合本节技术要求，判为合格产品。出厂检验项目有 1 项不符合本节技术要求，可以加倍抽样复验。复验后仍有 1 项不符合本标准，判为不合格产品。

（2）型式检验和复检　型式检验结果全部符合本节技术要求，判该批产品为合格产品。型式检验结果有 2 项不符合本节技术要求，可以加倍抽样复验。复验后仍有 1 项不符合本节技术要求，判该批产品为不合格产品。致病菌中有 1 项不符合本节技术要求，则判该批产品为不合格产品，不应复检。

（六）标志、包装、运输、贮存和销售

1. 标志

定量预包装产品的标签应符合 GB 7718—2011 和 GB 28050—2011 的规定，应按要求标示产品的类别或类型。

纯可可脂黑巧克力、纯可可脂牛奶巧克力应标注总可可固形物含量。

贮运图示标志应符合 GB/T 191—2008 的规定。

2. 包装

包装材料和包装容器应符合相关国家标准的规定。各种包装应完整、紧密、无破损。

3. 贮存和销售

产品应贮存在与其相适应的温、湿度环境条件下，必要时，库房应设温、湿度控制装置，温度不应超过 25 ℃，相对湿度不宜超过 65%。不应与有毒、有害、有异味的产品混贮。

产品应堆码在垛垫上，离地、离墙距离不少于 10 cm。

运输时产品应符合产品适宜的温、湿度条件要求，不应与有毒、有害、有异味的产品混运。

产品应在温、湿度适宜的环境中销售。计量销售的散装产品应符合 GB 31621—2014 的规定。

十、巧克力及巧克力制品、代可可脂巧克力及代可可脂巧克力制品质量安全标准要求

（一）产品名称

1. 可可脂

以纯可可豆为原料，经清理、筛选、焙炒、脱壳、磨浆、机榨等工艺制成的产品。

2. 代可可脂

可全部或部分代替可可脂，来源于非可可的植物油脂（类可可脂）。

3. 巧克力

以可可制品（可可脂、可可块或可可液块、可可油饼、可可粉）为主要原料，添加或不添加可可植物脂肪、食糖、乳制品、食品添加剂及食品营养强化剂，经特定工艺制成的在常温下保持固体或半固体状态的食品。

4. 巧克力制品

由巧克力与其他食品按一定比例，经特定工艺制成的在常温下保持固体或半固体状态的食品，其中巧克力部分质量分数≥25%。

5. 代可可脂巧克力

以代可可脂为主要原料，添加或不添加可可制品（可可脂、可可液块或可可粉）、食糖、乳制品、食品添加剂及食品营养强化剂，经特定工艺制成的在常温下保持固体或

半固体状态，并具有巧克力风味和性状的食品。

6. 代可可脂巧克力制品

由代可可脂与其他食品按一定比例，经特定工艺制成的在常温下保持固体或半固体状态的食品。

7. 非脂可可固形物

巧克力中不包括可可脂的可可干物质。

8. 总可可固形物

巧克力中可可制品的总和。

9. 总乳固体

乳中的干物质。

10. 乳脂

乳中的脂肪。

（二）产品分类

1. 巧克力

（1）黑巧克力 呈棕褐色或棕黑色，具有可可苦味的巧克力。

（2）牛奶巧克力 在巧克力中添加了乳制品，呈棕色或浅棕色，具有可可和牛奶风味的巧克力。

（3）白巧克力 不添加非脂可可物质的巧克力。

（4）其他巧克力 上述未包括的巧克力。

2. 巧克力制品

（1）混合型巧克力制品 巧克力与其他食品混合制成的制品，如榛仁巧克力、杏仁巧克力等。

（2）涂层型巧克力制品 巧克力作涂层的制品，如威化巧克力、蜜饯水果巧克力等。

（3）糖衣型巧克力制品 带有糖衣的巧克力制品，如巧克力豆等。

（4）其他型巧克力制品 上述未包括的巧克力制品。

3. 代可可脂巧克力

（1）代可可脂黑巧克力 呈棕褐色或棕黑色，具有可可苦味的代可可脂巧克力。

（2）代可可脂牛奶巧克力 添加乳制品，呈棕色或浅棕色，具有可可和牛奶风味的代可可脂巧克力。

（3）代可可脂白（风味）巧克力 不添加非脂可可物质的代可可脂巧克力。

4. 代可可脂巧克力制品

（1）混合型代可可脂巧克力 代可可脂巧克力与其他食品混合制成的制品，如榛仁代可可脂巧克力、杏仁代可可脂巧克力等。

（2）涂层型代可可脂巧克力 代可可脂巧克力作涂层的制品，如威化代可可脂巧克力、蜜饯水果代可可脂巧克力等。

（3）糖衣型代可可脂巧克力 带有糖衣的代可可脂巧克力制品，如代可可脂巧克力豆等。

（4）其他型代可可脂巧克力　上述中未包括的代可可脂巧克力制品。

（三）原辅料

1. 原料

（1）可可脂　应符合 GB/T 20707—2021 的规定。

（2）可可液块　应符合 GB/T 20705—2006 的规定。

（3）可可粉　应符合 GB/T 20706—2006 的规定。

（4）白砂糖　应符合 GB 317—2018 的规定。

（5）乳粉　应符合 GB 19644—2014 的规定。

（6）乳糖　应符合 GB 19644—2014 的规定。

（7）乳清粉　应符合 GB 25595—2018 的规定。

（8）稀奶油、奶油和无水奶油　应符合 GB 19646—2010 的规定。

（9）植物油　应符合 GB 2716—2018 的规定。

2. 其他原辅料

品质应符合相关的国家标准或行业标准的规定。

3. 食品添加剂

品质应符合相关的国家标准或行业标准的规定。

4. 食品营养强化剂

品质应符合相关的国家标准或行业标准的规定。

（四）技术要求

1. 巧克力及巧克力制品

（1）感官要求　具有巧克力、巧克力制品具体产品应有的色泽、形态、组织、香味和滋味，无异味，无正常视力可见的外来杂质。

（2）理化指标　巧克力及巧克力制品的基本成分，按原始配料计算各项指标，应符合表 6-36 的规定。

表 6-36　巧克力及巧克力制品的基本成分及理化指标

项目	巧克力			巧克力制品
	黑巧克力	白巧克力	牛奶巧克力	
可可脂/(g/100 g)	≥18	≥20		≥18（黑巧克力部分），≥20（白巧克力部分）
非可可脂固形物/(g/100 g)	≥12		≥2.5	≥12（黑巧克力部分），≥2.5（牛奶巧克力部分）
总可可固形物/(g/100 g)	≥30		≥25	≥30（黑巧克力部分），≥25（牛奶巧克力部分）
乳脂肪/(g/100 g)		≥2.5	≥2.5	≥2.5（白巧克力和牛奶巧克力部分）
总乳固体/(g/100 g)		≥14	≥12	≥14（白巧克力部分），≥12（牛奶巧克力部分）

（续表）

项目	巧克力			巧克力制品
	黑巧克力	白巧克力	牛奶巧克力	
细度/μm	≤35			
巧克力制品中巧克力的质量分数/（g/100 g）	≥25			

注：结果以干物质计。

（3）安全指标　应符合 GB 9678.2—2014 的规定。

（4）净含量　应符合《定量包装商品计量监督管理办法》的规定。

2. 代可可脂巧克力及代可可脂巧克力制品

（1）感官要求　具有代可可脂巧克力及代可可脂巧克力制品具体产品应有的色泽、形态、组织、香味和滋味，无异味，无正常视力可见的外来杂质。

（2）理化指标　代可可脂巧克力及代可可脂巧克力制品的基本成分，按原始配料计算各项指标，并应符合表 6-37 的规定。

表 6-37　代可可脂巧克力及代可可脂巧克力制品的基本成分及理化指标

项目	代可可脂巧克力			代可可脂巧克力制品
	代可可脂黑巧克力	代可可脂白巧克力	代可可脂牛奶巧克力	
非脂可可固形物/（g/100 g）	≥12	—	≥4.5	≥12（代可可脂黑巧克力部分），≥4.5（代可可脂牛奶巧克力部分）
总乳固体/（g/100 g）	—	≥14	≥12	≥14（代可可脂白巧克力部分），≥12（代可可脂牛奶巧克力部分）
细度/μm	≥35			—
干燥失重/%	≥1.5			—
代可可脂巧克力制品中代可可脂巧克力的质量分数/（g/100 g）				≥25

注：结果以干物质计。

（3）安全指标　应符合 GB 9678.2—2014 的规定。

（4）净含量　应按《定量包装商品计量监督管理办法》的规定执行。

（五）检验方法

1. 感官

取适量试样置于 50 mL 烧杯或白色瓷盘中，在自然光下观察其色泽和状态，闻其气味，用温水漱口后品尝其滋味。

2. 干燥失重

按 GB 5009.3—2016 第二法规定的方法测定。

3. 可可脂

按原始配料计算。

4. 非脂可可固形物

按原始配料计算。

5. 总可可固形物

按原始配料计算。

6. 总乳固体

按原始配料计算。

7. 乳脂肪

按原始配料计算。

8. 安全指标

应符合 GB 9678.2—2014 的规定。

9. 净含量负偏差

应符合 JJF 1070—2019 的规定。

（六）检验规则

1. 出厂检验

产品出厂前应进行逐批检验，检验合格后方可出厂。同一品种不同包装的产品，不受包装规格和包装形式影响的检验项目可以一并检验。出厂检验的项目包括感官、净含量、细度和干燥失重。

2. 型式检验

正常生产的产品，应半年进行 1 次型式检验，有下列情况之一时也应进行型式检验：新产品试制鉴定时；正式生产后，如原料、工艺有较大变化，可能影响产品质量时；长期停产后恢复生产时；出产检验结果与上次型式检验结果有较大差异时；国家有关质量监督机构提出进行型式检验的要求时。

3. 组批

同一班次、同一品种、同一规格的产品为一批。

4. 抽样方法和数量

在成品仓库内或在生产线上随机抽取样品，每批抽样量不少于 0.5 kg。

（七）判定和复检

1. 出厂检验判定和复检

检验结果全部符合本节技术要求，判该批产品为合格产品。出厂检验项目有 1 项不符合本节技术要求，可加倍抽样复检。复检后仍有 1 项不符合本节技术要求，判该批产品为不合格品。

2. 型式检验与复检

型式检验结果全部符合本节技术要求，判该批产品为合格品。

型式检验结果有 2 项或 2 项以下不符合本节技术要求（致病菌除外），可加倍抽样复检。复检后仍有 1 项不符合本节技术要求，判该批产品为不合格品。

致病菌有 1 项不符合本节技术要求，则判该批产品为不合格品，不应复检。

（八）产品命名

代可可脂添加量超过 5%（按原始配料计算）的产品应命名为代可可脂巧克力。

巧克力成分含量不足 25%的制品不应命名为巧克力制品。

（九）标签和标志

定量预包装产品的标签应符合 GB 7718—2011 和 GB 28050—2011 的规定，应按要求标示产品的类别或类型。

黑巧克力、牛奶巧克力应标注总可可固形物含量。

贮运图示标志应符合 GB/T 191—2011 的规定。

第七章 热带油料作物质量安全生产关键技术

第一节 油棕

一、油棕概述

油棕是世界上产油率最高的热带木本油料作物之一，含油率高达50%，平均每公顷年产油量4.27 t，高产品种可达到8~9 t，是花生的5~6倍、大豆的9~10倍，享有"世界油王"之称。目前全球棕榈油产量超7 000万t，是全球第一大植物油，约占全球9种主要植物油产量的40%。我国则是全球棕榈油最大的消费国和进口国之一，近年来，我国每年进口棕榈油约600万t，消费几乎全部依靠进口。由于油棕的油脂产量特高，且用途比较广泛，所以，近百年来热带和亚热带地区竞相引种。我国海南、广东、广西、云南等地也于1926年开始种植。

油棕主要产品是棕榈油和棕仁油。棕榈油具有两大特点：一是含饱和脂肪酸比较多，稳定性好，不容易发生氧化变质；二是棕榈油中含有丰富的维生素A（500~700 mg/kg）和维生素E（500~800 mg/kg）。将棕榈油进行分提，使固体脂与液体油分开，其中：固体脂可用来代替昂贵的可可脂做巧克力；液体油用作凉拌、烹饪或煎炸用油，其味清淡爽口。大量未经分提的棕榈油用于制皂工业。用棕榈油生产的皂类起泡性好，去污能力强，棕榈油还可用于马口铁的镀锡及铝箔的碾压。因此，棕榈油在世界上被广泛用于餐饮业、食品制造业及油脂化工业。

此外，棕榈仁粕是很好的饲料和肥料。果壳可制活性炭，用作脱色剂和吸毒剂。脱果后的空果穗可制牛皮纸，用作肥料、燃料和培养草菇等。未成熟的花序割开后流出的汁液，可酿酒、制糖和做饮料。

棕榈油不仅可缓解我国食用油紧缺现状，而且其产量高、成本低廉，是极具竞争力的生物柴油原料，具有重大的战略意义和广阔的发展前景。同时，作为热区的经济作物，其在提高农民收入、促进区域发展方面意义重大。

事实上，在20世纪60年代和80年代，海南曾有两次大规模种植油棕的热潮，但最终都偃旗息鼓。目前，在我国大力促进木本油料发展的背景下，油棕产业的发展迎来了前所未有的机遇。同时，我国油棕产业企业也积极地"走出去"，在东南亚、非洲等地区寻求突破。我国油棕产业若要抓住当下发展的契机，需要不同层次、不同方面的联合攻关，培育优良的种质资源，破解产业发展的关键技术，完善油棕产业的全产业链。

第一，大规模种植与推广油棕，亟须进一步加大国家政策和资金支持的力度。如加大对良种良苗补贴和种植补贴政策的补贴力度，扶持建设优良的种苗基地，建立配套的棕榈油加工厂等，积极引导企业和农民种植油棕，充分调动各方发展油棕的积极性。同时，还要加大对油棕相关科研项目的经费支持和人才引进与培养力度，为我国油棕产业发展关键技术的早日突破奠定基础。

第二，推动油棕引种试种工作，扩大中试试种。建议将我国的热带种植区域划分为适宜区、次适宜区与非适宜区；在加大油棕新品种引进选育力度的基础上，继续开展多点试种，确定不同种植区域的适宜品种，扩大中试试种；建立棕榈油加工厂，完善油棕产业发展的全产业链。

第三，引进国外优良的种质资源及配套产业化关键技术。目前我国油棕产业的现状是种质资源匮乏、研究基础薄弱、产业技术体系不健全，缺乏适合在我国大面积栽培推广的品种。建议引进国外优良的种质资源及配套产业化关键技术，并在此基础上，培育适合我国栽培的优良新品种及配套的高产高效栽培技术，为我国大面积发展油棕提供品种和技术支撑。

第四，加强不同部门和单位之间合作，联合攻关。发展油棕产业需要各方面的支持才能形成技术合力。建议采取"相关科研单位""有实力企业""龙头企业+基地农户"的发展模式，引导农民扩大油棕种植面积。从不同层次、不同方面促进油棕产业发展。

第五，加强油棕产业发展关键技术研究和推广应用，包括油棕优良新品种培育技术、油棕种苗规模化繁育技术、高产高效种植模式研究、油棕病虫害防控技术研究、棕油加工工艺和产品综合利用研究。

第六，重视油棕研究专业相关人才的引进和培养。通过从国外引进、联合培养、出国学习、专职培训等形式，加快油棕科研相关人才的培养，包括油棕种繁育、高产栽培水肥管理、杂交授粉、种果采摘等技术工人的培养，不断壮大油棕研究的队伍。

二、影响油棕质量安全的因素

1. 施肥

在极度水分胁迫（干旱或洪涝）下，细胞的分裂分化或体积扩大受阻，茎伸长迟缓，叶片生长速率降低，会导致油棕生长缓慢。氮肥的适当增加能促进油棕植株的生长，磷肥增加将抑制油棕植株的生长，在旱季和干旱时期灌溉能促进植株的生长，油棕开花期对钾素需求量大，由于钾素的移动性强，8月后，随着油棕果实的大量成熟，叶片中的大量钾素向果穗中转移，造成叶片含钾量降低，12月随着雨量减少与气温的降低，叶片中钾素向根茎转移贮存，使叶片的钾素一直得不到提高。因此建议在8月与12月采用叶面补钾的方式以降低缺钾对油棕叶片的影响。在开花期，由于水分和养分供应不足造成的果穗败育是油棕果穗减少与产量降低的主要原因。多钾、少镁有利于果穗数量增加，磷肥的使用一般为一年1次。综合油棕的生长特点，可在最佳的施肥时期使用微量元素以减少缺素症的发生。

2. 水分

油棕是一种多年生的热带作物，对水分和养分的需求较大。在水分缺乏条件下，油棕每日蒸散量较小，仅为 1.25~2.31 mm。而在水分充足条件下，油棕的每日蒸散量较大，最高可达 7.0~8.0 mm，相应地，油棕对水分的需求量差异性较大，但为了保证油棕高产，在缺水或季节性干旱地区，灌溉是必不可少的。在水分亏缺情况下，植物各器官的生长发育都将受到限制。油棕在缺水地区，一般表现为植株矮小、叶面积减小、叶片易折断、叶片老化加快、茎干变细、生物量减少。

水分不仅影响油棕的生长发育，也是干旱条件下限制油棕产量的主要因子。研究表明，在水分亏缺地区，油棕光合作用减弱，雌花序减少（果实成熟前 2 a 缺水），雌花序败育增加（果实成熟前 10 个月缺水），性比率降低，油棕果的成熟及含油量也可能受到影响（果实成熟前几天缺水）。

3. 油棕生长的年龄

成龄油棕树的生长与产量关系密切。对油棕营养生长与果穗产量的关系研究结果表明，一定年龄的油棕，其单株营养组织干重几乎保持恒定，即使是重修剪后亦是如此，表明油棕光合作用的产物首先是满足其营养生长的需要，而在有多余合成物时，才能分配转化为果穗。不利的环境条件，如干旱、高密度种植等，都会使净同化率下降，反映出油棕果穗指数（果穗干物质跟果穗干物质+营养组织干重的比值）较低。因此，保持成龄油棕树足够的叶片数能有效提高其产量。

4. 盐胁迫

盐分是影响植物生长发育和产量的重要环境因子之一。盐胁迫对油棕叶片质膜相对透性的影响非常显著，随着盐胁迫浓度的增大和胁迫时间的延长，质膜相对透性明显变大。例如，当盐胁迫 0 d 时，相对电导率为 28.8%；随着盐浓度的升高，相同时间下其相对电导率逐渐增大；当胁迫时间达到 21 d、盐浓度达 1.0% 时，电导率达最大值（83.9%），是对照的 2.91 倍。该测定结果表明，在盐胁迫条件下，油棕叶片细胞质膜透性受到不良影响，当盐浓度越大、盐胁迫时间越长时，细胞质膜受到的伤害越大。盐胁迫对油棕幼苗叶片的质膜相对透性、可溶性糖、脯氨酸和丙二醛含量都有显著的影响，且随着盐浓度的增大和胁迫时间的延长，质膜相对透性、可溶性糖、脯氨酸和丙二醛的含量均呈增大的趋势。盐可以与植物细胞质膜结合，加大其氧化程度，增加细胞质膜的透性。随着盐浓度的升高和胁迫时间的延长，细胞质膜透性逐渐变大，使细胞内含物质外渗，破坏了细胞的正常代谢功能，细胞质膜透性变大是油棕受到损伤的最初表现。超氧化物歧化酶（SOD）在细胞酶系统中的主要作用是清除超氧自由基 O_2^-，将其分解成 H_2O_2。质膜过氧化程度的加深必然会引起 SOD 活性的增强，保护细胞免受自由基伤害，提高植物的自我防御能力；但在重度胁迫条件下，SOD 活性急速下降，从而使油棕幼苗对盐毒害的抵御能力减弱。过氧化物酶（POD）是一种含铁的金属蛋白质酶，有催化分解 H_2O_2 的作用，使植物免受毒害；当 SOD 活性升高产生大量 H_2O_2 后，POD 活性也上升，分解 H_2O_2，这是多种酶之间的互补作用，这两种酶在油棕细胞防御活性氧和其他过氧化物自由基伤害过程中互相配合，使油棕能更好地适应外界不良环境；在重度胁迫下，POD 活性呈下降趋势，但总体上仍高于对照组。

5. 温度

研究表明，油棕幼苗叶片可溶性蛋白质含量对低温胁迫有明显的响应，含量明显增加。随着温度的降低和时间的延长，油棕叶片含水量略微下降但不显著。低温胁迫可使油棕叶片可溶性糖含量增大，随着胁迫时间的延长和胁迫程度的增加，可溶性糖含量逐渐增大。同一温度下随时间处理的延长，丙二醛含量均呈现明显升高的趋势，达到了显著性差异（$P < 0.05$），并且随着低温程度的增加，丙二醛含量升高。结果表明，低温胁迫对油棕幼苗丙二醛含量有显著的影响，产生了明显的膜脂过氧化作用。随着温度的降低，油棕幼苗叶片 SOD 活性呈现下降趋势。结果表明，低温胁迫降低油棕幼苗叶片 SOD 活性。低温处理在一定时间内会使油棕叶片 POD 活性增大，但随着时间的延长 POD 活性下降，说明抗氧化酶在胁迫刚开始时对植物起保护作用。

三、油棕栽培技术规程

（一）种苗管理

1. 选种保活

油棕种子没有休眠期，只要连续在 38 ℃高温的作用下，就能开始发芽，在 40 ℃时，发芽最快，低于 36 ℃时发芽缓慢。选择油棕种子，应选择活力高、籽粒饱满、无病害、无缺损的种子。选种前提是已确定在当地可以正常生育的高产优质栽培种。

需要注意的是，油棕种子不耐贮藏，一般以不超过 4 个月为宜，种子的含水量应保持在 10%~15%，过高过低都会影响种子的发芽率。在贮藏期间应每周检查种子 1 次，以免受潮发霉，通常种壳为淡灰棕色时（杜拉种），其种子的含水量在 15% 以内，如果颜色变深，意味着种子含水量过高，应取出阴干，保持种子适当含水量时的颜色。

2. 种子处理

油棕种子除无壳种外，一般核壳坚硬，吸水和透气性能较差。在催芽前，需用清水浸种 4~6 d，新鲜种子的浸种时间可短些。而后用清水洗净、阴干，在沙床上密播成行，行距 7 cm，床面盖中砂厚约 2 cm，并搭好活动荫棚，进行苗圃催芽。晴天每日淋水 1~2 次，在发芽期间，中午披盖荫棚，防止日灼。一般经过塑料袋育苗，12~15 个月生的苗木就能出圃种植。

3. 育苗

（1）基本要求　育苗袋规格应为：长×宽为 40 cm×19 cm，厚度为 0.2 mm，底部打 2 排孔，每排 8 个，孔径 0.6 cm；出圃种苗应是同一品种，外观整齐、均匀，叶片完好，根系完整，无检疫对象和严重病虫害，苗龄宜在 12~15 个月。

（2）分级　出圃种苗按表 7-1 的要求分级。

表 7-1　油棕种苗等级质量要求

项目	指标		
	一级	二级	三级
叶片数/片	14~19	12~13	10~11

（续表）

项目	指标		
	一级	二级	三级
小叶数/对	≥23	20~22	17~19
种苗高度/cm	120~150	100~119	80~99
病虫为害率/%	≤2	≤3	≤5

4. 试验方法

（1）育苗袋　用直尺测量育苗袋的长度和宽度，用游标卡尺测量厚度。

（2）品种　查阅油棕苗圃育苗记录，同一批种苗其种子来源应一致。

（3）外观　以感官进行鉴别，统计种苗的外观整齐度、均匀性、叶片完好度和根系损伤程度。

（4）苗龄　查阅油棕苗圃育苗记录，以种子抽出第一片叶到检测或出圃时的生长时间为苗龄。

（5）叶片数、小叶数　采用随机抽取样本调查法，调查记录叶片数、小叶数。

（6）种苗高度　用钢卷尺测量。

（7）病虫害　在苗圃随机抽样，目测有无检疫对象和严重病虫害并记录；病虫斑小叶数超过整株总小叶数5%的视为病虫株，依此计算病虫为害率。

5. 检验规则

（1）组批和抽样　以同一批出圃的种苗作为一个检验批次，按表7-2的规定随机抽样。

表7-2　油棕种苗检验抽样表

种苗总数/株	检验种苗数/株
<1 000	25
1 000~4 999	50~100
5 000~10 000	101~200
>10 000	201~300

数据来源：《油棕　种苗》（NY/T 1989—2011）。

（2）出圃要求　种苗检验应在种苗出圃时进行，并将检验结果记入表格中。种苗出圃时，应附有质量检验证书。无证书的种苗不能出圃。

（3）判定和复验规则　一级种苗：同一批检验种苗中，允许有10%的种苗低于一级种苗要求，但应达到二级种苗要求。二级种苗：同一批检验种苗中，允许有10%的种苗低于二级种苗要求，但应达到三级种苗要求。三级种苗：同一批检验种苗中，允许有10%的种苗低于三级种苗要求。达不到三级种苗要求的种苗判定为不合格种苗。

如有关各方对检验结果持有异议，可加倍抽样复检 1 次，以复检结果为最终结果。

6. 包装、标签、运输、贮存

（1）包装 出圃油棕种苗为单株袋装。

（2）标签 每株种苗应附有 1 个标签，标明品种、批次、等级、育苗单位、出圃时间等信息。

（3）运输 运输时袋装种苗直立摆放，运输途中需用帆布盖住种苗，长距离运输需在途中淋水。

（4）贮存 油棕种苗出圃后可保存 1 个月，但应及时定植，不能及时定植的应贮存在阴凉处，避免阳光直接照射。

（二）油棕园建立

1. 园地选择

选择排灌良好、土壤肥沃、地势平缓、坡度不超过 20°、完整成（连）片的地块。

2. 种植密度与方式

根据油棕品种的株型特点、立地环境和气候条件等不同，种植株行距为（8～9）m×（8～9）m，种植密度 123～156 株/hm²，三角形种植。

3. 定标挖穴

人工挖的植穴规格为 80 cm×70 cm×60 cm；用挖掘机挖的植穴规格为 1.2 m×1.2 m×1.2 m。

4. 基肥

在定植前 1 个月，每穴施入腐熟的有机肥 50 kg 和 500 g 复合肥（N：P：K＝15：15：15）作基肥。

5. 种苗选择与定植

油棕种苗的选择按照 NY/T 1989—2011 的规定执行。最佳定植月、天气、时间分别为 9—10 月、阴天和小雨天、10：00 前或 16：00 后。定植时，划破苗袋底塑料膜，置于植穴中，把塑料袋拉至露出土柱后，回土并轻轻压实，再将余下的塑料袋拉出，继续回土压实。定植深度以盖过原袋土表面 1～2 cm 为宜。

（三）非生产期抚育管理

1. 水分管理

定植后 3 个月之内，每 2 d 浇 1 次水；3 个月后可逐渐减少浇水次数；条件允许可推行水肥一体化。

2. 施肥管理

定植后第二年开始施肥，每株每年至少施 30 kg 腐熟的有机肥。

3. 扩穴除草

在油棕苗四周 1.5 m 以内扩穴除草。随着树型的扩大扩穴范围不断扩大。

4. 病虫害防治

油棕叶斑病用 75%百菌清可湿性粉剂 800 倍液或 80%代森锰锌可湿性粉剂 400～800 倍液喷 3～4 次。

（四）生产期抚育管理

1. 水分管理

油棕在6—7月和9—10月大量结果时需要大量水分，应注意浇水。

2. 施肥管理

每株每年至少施100 kg的有机肥，化肥施用量比例为N∶P∶K=1∶1.04∶1.38。

3. 中耕松土

在3—4月或秋冬11月结合施肥进行，在离树头1.5~2 m的地方，为避免过量伤根，也可分年度环形轮换进行。

4. 树形管理

每株保留40~50片。雨季末期开始进行割叶，用割叶铲，留叶桩长12~20 cm，切口宜平滑，向外倾斜，叶柄痕呈倒三角形。每年2~3次，低温阴雨期间严禁割叶。

5. 病虫害防治

油棕炭疽病可选用50%甲基硫菌灵可湿性粉剂1 000倍液或80%代森锰锌可湿性粉剂400~600倍液喷2~3次，每隔7~10 d喷1次。

红棕象甲用3%甲氨基阿维菌素苯甲酸盐乳油500倍液喷2~3次，或用红棕象甲信息素引芯及配套的诱捕器，实施田间诱捕。

红脉穗螟可用稀释100倍液的苏云金杆菌乳剂加3%苦楝油液喷雾3~4次，或2.5%溴氰菊酯悬浮剂4 000倍液喷雾2~3次，或20%氰戊菊酯乳油药剂8 000~10 000倍液喷3~4次。

（五）果实采收

1. 采收标准

油棕果实呈红橙色或浅红橙色；单个果实易从果穗中脱落。

2. 采收工具

弯刀、铲刀、机械割果机等。

3. 采后处理

油棕果实采收后24 h内需要加工处理。

四、油棕果穗质量安全标准要求

（一）产品分类

1. 成熟果穗

绝大部分果实发育成熟的果穗。其特征为果穗上的果实外果皮全部呈现该品种固有的颜色。黑果型品种的果实成熟时，其黑色外果皮转为橙红色，且中果皮为橙色；绿果型品种的绿色外果皮颜色转为橙红色，且中果皮为橙色。

2. 未成熟果穗

大部分果实还未成熟的果穗。其中黑果型品种的果实外果皮呈深紫色至黑色，基部无色；绿果型品种的果实外果皮颜色保持绿色。

（二）基本要求

果穗应符合以下基本要求：外观新鲜、不变质、无腐烂、基本无严重病虫为害及机械损伤。

（三）果穗等级

在符合基本要求前提下，果穗分为优级、一级和二级 3 个等级，各等级果穗应符合表 7-3 的规定。

表 7-3 油棕果穗分级质量要求

项目	等级		
	优级	一级	二级
成熟果穗率/%	≥90.0	80.0~89.9	70.0~79.9
果实大小	饱满	较饱满	基本饱满
异品种率/%	≤2.0	2.1~5.0	5.1~10.0
果穗出油率/%	≥20.0	18.0~19.9	15.0~17.9
游离脂肪酸/%	≤30.0	30.1~40.0	40.1~50.0
容许度	允许有 5%的果穗不符合该等级的要求，但应符合一级的要求	允许有 10%的果穗不符合该等级的要求，但应符合二级的要求	允许有 10%的果穗不符合该等级的要求，但应符合基本要求

（四）卫生指标

由果实提取的棕榈油，其卫生指标应符合 GB 2762—2017、GB 2763—2021 的要求。

（五）试验方法

1. 感官检验

将抽取的样品置于自然光源、背景清晰简洁的条件下，采用目测法检测外观、品种、果穗成熟程度、机械伤、病虫害、果实大小等感官指标。对不符合要求的果穗做各项记录，如果一个果穗同时存在多种缺陷时，选择其中一种最主要的缺陷，按一个缺陷记录。

分别称取检验样品的质量和不符合感官要求样品的质量，保留 1 位小数。按式（7-1）计算感官指标不合格率，结果保留整数。

$$A = m_1/m_2 \times 100 \tag{7-1}$$

式中：A——感官指标不合格率，%；

m_1——不符合感官要求样品的质量，kg；

m_2——检验样品的质量，kg。

2. 果穗出油率检验

果实含油率检验按 GB/T 14488.1—2008 的规定执行，按式（7-2）计算果穗出油率，结果保留 1 位小数。

$$B = P_1/P_2 \times 100 \tag{7-2}$$

式中：B——果穗出油率，%；

　P_1——果实含油率，%；

　P_2——果实质量占果穗质量的比率，%。

3. 游离脂肪酸检验

按 GB 5009.168—2016 的规定执行。

4. 卫生指标检验

按 GB 2762—2017、GB 2763—2021 的规定执行。

（六）检验规则

1. 组批

同一品种、同一采收时间的油棕果穗作为一个检验批。

2. 抽样

按 GB/T 30642—2014 的规定执行。

3. 检验分类

（1）型式检验　型式检验是对产品进行全面考核，型式检验每年进行 1 次。出现下列情形之一时也应进行检验：一是首次批量生产时；二是前后 2 次抽样检验结果差异较大时；三是生产环境、栽培等有重大改变时；四是国家及有关部门提出型式检验要求时。

（2）交收检验　每批产品交收前，应进行交收检验。交收检验内容包括感官指标、等级指标、标识等。卫生指标由交易双方根据合同商定。检验合格并附合格证方可交收。

4. 判定规则

基本要求不合格率按其所检单位的平均值计算，若超过 8% 则判该批产品为不合格产品。

卫生指标中有 1 项不符合要求，则判该批产品为不合格产品。

整批产品不超过某等级规定的容许度，则判为某等级产品。若超过，则按低一级规定的容许度检验，直到判出二级产品为止。

5. 复检

如果对检验结果产生异议，可在同批产品中加倍抽取样品，对不合格项目进行复检，复检结果为最终结果。如卫生指标检验不合格，则不准许复检。

（七）标识、贮存与运输

1. 标识

应有以下明显标识：产品名称；品种名称；执行的产品标准代号；生产商或经销商的名称、详细地址、邮政编码及电话；采收日期。标识内容要求字迹清晰、完整、规范且不易褪色，标识以标签形式标注于果穗上。

2. 贮存与运输

收获后的果穗应在 24 h 内运到加工厂。采用卡车、拖拉机、拖车和专用小型车辆等工具运输果穗。运输工具的装运舱应清洁、无异味、无毒、无污染，有防日晒、防雨淋设施，不应与有毒、有害、有异味物质一起运输。

五、棕榈油生产提炼工艺规程

(一) 棕榈油提炼工艺

1. 棕榈油的制取

棕榈毛油的游离脂肪酸一般都较高,这是由于棕榈果粒中的脂肪酶促进了油脂水解。未破损的果粒中,游离脂肪酸较少,一旦破损,游离脂肪酸急剧升高。为了控制游离脂肪酸,首先避免果粒过于成熟(易损伤),收获和装运时注意,使撞伤程度减到最小,收获后要尽快进行灭酵处理。灭酵不仅防止了脂肪酶的水解,而且使果粒松软,果粒便于从果房脱落,易于捣碎。灭酵时通入 0.3 MPa 的蒸汽 1 h,然后进行脱果,脱下的果粒洗去沙土、石块等杂质,然后进行捣碎,要求料坯含水 40%~45%,温度 100 ℃左右。料坯可送入榨油机榨油,也可用离心机离心提油。制得的粗棕油必须进行纯化处理,因其中含有约 40% 的水,还有胶质、果肉浆等杂质,若不及时除去,会使棕油水解。直接蒸汽和间接蒸汽加热煮沸粗棕油 1 h,然后静置 3 h,上层清油加热脱水、过滤,即得毛棕榈油。取油后的核渣饼先通过有蒸汽夹套加热的碎饼绞龙绞散和干燥,然后用筛或吸风装置使核渣分离。分出的纤维渣含有 10%~20%(干基)的油,若有浸出设备,还可浸出提油。

2. 初榨厂

主要包括如下步骤。

第一步,果串采摘后 24 h 内送入初榨厂(防止游离脂肪酸升高)。

第二步,蒸煮,150 ℃下灭菌 2 h 并且煮烂果实串的杆子。

第三步,果实剥落,提开机-剥落机,果实串杆分离,串杆经燃烧作肥料,果实送到料仓。

第四步,压榨,采用螺杆式压榨机。榨饼从机头挤出,内含果核(不破裂,含棕榈仁油),液体部分从下口流出,过滤后送入蝶式离心分离机,得到毛棕榈油。

第五步,压榨棕榈仁油,将第四步中所得的榨饼送入网式分离口。

榨碎挤干的果实肉纤维经加工处理,生产纤维板及纸张;果实核送至破碎机,把核壳破裂开分出仁粒,核壳作为燃料;仁粒经压榨机、过滤机和蝶式分离机,得到毛棕榈仁油。

3. 棕榈油的分离

包括两种方法:先分离,后精炼,得出各熔点棕榈油;毛棕榈油送至精炼厂精炼。

4. 棕榈油的精炼技术

(1) 工艺概述 油脂精炼的目的是去除杂质,达到成品食用油的标准。工艺主要流程为:毛油→脱胶→中和→脱色→脱臭→分提。加水水化脱胶,加碱中和或蒸汽蒸馏脱酸,加吸附剂活性白土或活性炭脱色,高温负压脱臭同时脱除产生油烟的低沸点挥发物。

通过水煮、碾碎、榨取的过程,可以从棕榈果肉中获得毛棕榈油(CPO)和棕榈粕(PE);同时在碾碎的过程中,棕榈的果子(即棕榈仁)被分离出来,再经过碾碎和去掉外壳，剩下的果仁经过榨取得到毛棕榈仁油（CPKO）和棕榈仁粕（PKE）。油棕果实中含两种不同的油脂。从果肉中获得棕榈油；从棕榈种子（仁）中得到棕榈仁油，这两种油中前者更为重要。以上所有的产品，均被有效地应用于食品、化工、农业等领域。可以说棕榈是一种很好的经济类植物。经过上述初级阶段的榨取之后，毛棕榈油和毛棕榈仁油被送到精炼厂精炼，经过去除游离脂肪酸、天然色素、气味后，成为色拉级的油脂——精炼棕榈油（RBD PO）及棕榈油色拉油（RBD PKO）。经过精炼的棕榈油在液态下接近于无色透明，在固态下近白色。此外，根据不同用户的需求，棕榈油还可以经过进一步的分馏等处理，形成棕榈油酸（PFAD）、棕榈液油（OLEAN）、棕榈硬脂（STEARINE 或 ST）。油棕果实里含有较多的解脂酶，所以对收获的果实必须及时进行加工或杀酵处理，毛棕榈油容易自行水解而生成较多的游离脂肪酸，酸值增长很快，因此要及时精炼或分提。

棕榈油中富含胡萝卜素（0.05%~0.20%），呈深橙红色，这种色素不能通过碱炼有效地除去，通过氧化可将油色脱至一般浅黄色。在阳光和空气作用下，棕榈油也会逐渐脱色。棕榈油略带甜味，具有令人愉快的紫罗兰香味。常温下呈半固态，其稠度和熔点在很大程度上取决于游离脂肪酸的含量。国际市场上把游离脂肪酸含量较低的棕榈油叫作软油，把游离脂肪酸含量较高的棕榈油叫作硬油。

（2）工艺流程　具体流程见图7-1。

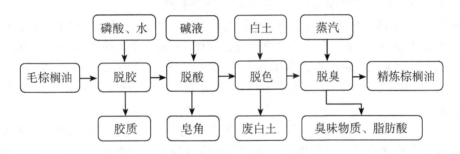

图7-1　棕榈油精炼工艺流程

（3）操作要点　具体如下。

①脱胶。胶质即磷脂、糖、蛋白质混合物、微量金属及其他杂质。脱胶即是对这些杂质的去除工艺，原料油脂的质量在很大程度上决定了最终产品的质量，原料油脂中胶质是影响油脂质量的一个重要因素（这些杂质使油脂与催化剂不相接触，从而降低了裂解速度，不脱胶就直接中和会因乳化而难以操作和增加油损）。胶质也是油脂翻泡的原因，对产品的稳定性和色泽产生不利影响。主要工艺流程：毛油→换热器→（加酸）混合器→中间罐→（加碱）混合器→离心机→（加水）混合器→中间罐→离心机→精炼油，该法在加热到90~105 ℃的毛油中加磷酸激烈搅拌混合约3 min后，用稀碱将部分磷酸中和，将全部油脂用离心机分离后加热水静置，用特别高的重力加速度进行离心分离。顶级脱胶法是一种新型脱胶方法，期间需经过两次离心机分离，离心分离效果越好，脱胶效果越好，得到的精炼油品质越高。

在未精炼棕榈油中加入热水或者磷酸，使棕榈油中的胶溶性杂质凝聚成块，经沉降后与棕榈油分离，以此除去棕榈油中的胶溶性杂质。脱胶添加浓度为 85% 的磷酸（占油量的 0.1%~0.2%），搅拌 15 min 后加入占油量 2%~3% 的活性白土脱色和进一步吸附脱胶，操作温度为 105~110 ℃，操作绝对压力 2 500~4 000 Pa，反应时间 10~15 min，过滤分离白土温度不高于 70 ℃。

②脱酸。中和脱酸是对产品质量和价格有很大影响的一道工序，如果中和工序有问题，会给脱色以后的各工序带来困难，并使产品质量和回收率降低。中和通常有两种方法，即物理和化学方法，原则上物理精炼法即气提蒸馏脱酸方法应作为油脂精炼的首选工艺，化学中和方法即用氢氧化钠中和毛油中的游离脂肪酸脱酸会产生皂脚和废水。是选择物理精炼法还是化学精炼法，主要取决于毛油的质量。鉴于现实中的诸多问题，目前的油脂加工厂还常常配备两套装置，化学精炼法仍然不可缺少。在油中加入烧碱或纯碱，以中和油中的游离脂肪酸，这是一个很重要的操作。因为烧碱不仅能与脂肪酸起反应形成皂脚，而且也会和中性油起反应。游离脂肪酸含量的一倍左右采用间歇碱炼时使用纯碱能减少炼耗，但是其反应的性能较弱，因此它不能除去一些只有对烧碱才能起作用的那些杂质，如色素、蛋白质、叶绿素和重金属等。皂脚的分离一般可用离心法。

在小型棕榈油精炼厂中一般采用化学脱酸的方式。在棕榈油中加入碱液，使其与油中的游离脂肪酸发生中和反应，从而去除游离脂肪酸。化学脱酸后可以得到副产物皂脚。而在大型棕榈油精炼厂中一般采用物理脱酸的方式，即在脱臭塔中通入高温水蒸气将游离脂肪酸去除。物理脱酸后可以得到副产物脂肪酸。

碱液浓度为 16~18°Bé，超量碱占油量的 0.2%~0.3%，中和时间 1 h 左右；连续中和碱液浓度为 20~28°Bé，超量碱占理论碱的 10%~25%，脱皂温度为 70~95 ℃，转鼓冲洗水为 20~25 L/h，进油压力为 0.1~0.3 MPa、出油背压为 0.1~0.15 MPa、脱皂油洗涤温度为 85~90 ℃、洗涤水添加量占油量的 10%~15%、洗涤油残皂不大于 50 mg/kg。

③脱色。脱色是油脂精炼过程中非常重要的工序之一，它除了脱除油中色素外，还能起到降低磷脂含量、过氧化值、含皂量以及金属离子含量的作用，从而改善油品色泽、风味和提高氧化稳定性，为油脂的进一步精制（氢化、脱臭）提供了良好的条件。油脂脱色目前最常用的方法是活性白土吸附脱色法，即利用白土这种具有较强选择性吸附作用的物质，在一定条件下脱除溶于油中的色素或以胶态粒子分散于油中的色素以及其他杂质。

油脂经计量后预热至 80~90 ℃，全部油脂与活性白土预混合，然后送至脱色塔进行脱色。油脂与活性白土混合都在常压下进行，全部预混合是在较高温度下进行，最大程度地避免了油脂由于受热引起的氧化，从而确保油品的质量。脱色后油脂与废白土的分离采用过滤方法。国内在油脂连续脱色时常采用立式叶片过滤机和板框过滤机两种形式进行过滤。立式叶片过滤机过滤时，被分离的介质在整个过程中是全封闭的。过滤结束后，采用干蒸汽吹干滤饼中的油脂，这样可降低滤饼中的残油量，减少油脂氧化。在经过上述初过滤所得脱色清油中，由于过滤设备或操作的原因，不可避免地要残留一定量的废白土，如果将其直接送至脱臭工段，一则会加速油脂的氧化，二则也会污染脱臭设备，对最终油脂产品质量不利。所以，在实际生产中，初过滤的脱色清油一般要进行安全过滤，以确保最终油脂产品色泽和质量。影响脱色效果的因素包括如下 3 个方面。

脱色温度：脱色温度在 110 ℃左右时效果最佳，为了不使冷凝水进入滤饼而影响滤饼吹干和自动卸渣，过滤介质的温度要保证在 105 ℃以上。

脱色时间：油脂的有效脱色时间控制在 20~30 min 即可保证脱色效果。

绝对压力：应将脱色器内的绝对压力降低至 6 600~9 300 Pa，即真空脱色，可以有效地脱除其中的空气。适当的有效搅拌也可以改善脱色效果。

④脱臭。在油脂脱臭工艺中，除了完成脱臭的目的外，目前更着重于实现在低温、短时间下的单元操作，抑止反式脂肪酸的产生，减少生育酚的损失，降低聚合作用，减少维生素（A、D、E）的分解。温度为 230~250 ℃，真空残压为 6~8 mm 汞柱。为了防止氧化，在进塔前先要经过除气，直接蒸汽是为了提高脱臭的效果。热能的回收可以通过冷油和热油的热交换来达到。

⑤分提。分提是对棕榈油的特殊处理，即把棕榈油降温至 80 ℃左右并保持一定时间，高熔点的成分便呈结晶析出，经二次过滤就可将其"分提"成 3 种不同熔点的产品，这 3 种产品为棕榈硬脂（熔点高于 40 ℃）、棕榈软脂（熔点 30 ℃左右）和液体棕榈油（熔点 20 ℃以下）。这 3 种产品的得率大致分别为 20%、30%和 50%，其中液体棕榈油质量可达到高级烹调油标准。

（二）品质控制

精炼生产过程的控制项目包括原料油需要检测酸价、水分和磷脂含量。品质管理部门需要及时将原料的检测结果向生产部门主管报告，以便生产部门根据检测结果调整磷酸、氢氧化钠的添加量和添加浓度。精炼生产的脱胶、脱酸过程需要检测或控制的项目包括脱皂油的酸价、含皂量和含磷量，主要目的是检查油脂是否充分脱胶、脱酸和水洗。精炼生产的脱色过程需要检测脱色油的色泽，主要是确定白土添加是否够量，脱色效果是否良好。精炼生产的脱臭过程需要根据设定的内控标准检测脱臭油（成品油）的酸价、色泽、气滋味和过氧化值等。精炼过程还需要对脱胶、脱酸、脱色、脱臭的下脚料进行检测，确定皂脚和蒸馏脂肪酸的游离脂肪酸含量，以评价皂脚和蒸馏脂肪酸的中性油含量；检查洗涤水和废白土的含油量。当某一项不符合设定标准时，就要与工艺部门及时取得联系检查各项是否符合工艺标准，设备是否运行正常。故障排除后，要做新一轮的品质检验。精炼生产中如有原料切换的情况，需要做好切换控制。品质部门需要及时对切换后的原料进行检测，以便生产部门调整生产工艺参数，并需对切换产品进行检测，通过检测产品的碘值、气滋味等指标确定切换是否充分。

棕榈油是从油棕树上的棕果中榨取出来的，棕榈树原产于西非，18 世纪末传到马来西亚，逐渐在东南亚地区广泛种植。目前，东南亚、南美洲、非洲的很多国家都种植棕榈树。棕榈果经水煮、碾碎、榨取工艺后，得到毛棕榈油，毛棕榈油经过精炼，去除游离脂肪酸、天然色素、气味后，得到精炼棕榈油（RBD PO）及棕榈色拉油（RBD PKO）。根据不同需求，通过分提，可以得到 24°、33°、44°等不同熔点的棕榈油。棕榈油具有抗氧化性及丰富的营养物质，在食品工业以及化学工业领域均有广泛应用。棕榈果实中脂肪酶或脂肪酸过氧化氢酶的水解使棕榈油的品质不够稳定，需要采取在储罐中充填氮气等方法来保证其质量。

（三）棕榈油运输准则

1. 贮藏环境与状态

贮藏环境与状态对保持棕榈油的质量和稳定性至关重要。玻璃及塑料瓶、罐是比较理想的棕榈油包装。精致加工的棕榈油的贮藏时间为1年，但在良好的贮藏状态下，精致加工的棕榈油自生产日期起有24个月的保质期。棕榈油长时间贮藏的建议温度为18 ℃，在整个贮藏过程中贮藏温度都不能超过20 ℃，否则容易变质。适合贮藏的相对湿度应为60%，另外要避免油体直接被阳光照射。贮藏容器的维护也是非常重要的，因此要定期对管道及贮存罐本身进行清洗。

2. 贮存罐

贮存罐必须符合对棕榈油进行长期贮藏所有要求和标准。棕榈油罐常用的达到食用贮藏标准的两种材料：碳素钢和不锈钢。

（1）碳素钢　碳素钢是被最广泛使用的工业材料，占世界钢产量的85%。虽然碳素钢的抗腐蚀性较低，但已被大量用于潜水、核能及燃油电站、运输、化工、石油加工及生产、管道、采矿、建筑及大型设备。与不锈钢相比，碳素钢更容易被腐蚀，但比不锈钢便宜4倍。

（2）不锈钢　不锈钢为含10.5%或以上铬（Cr）和50%以上铁（Fe）合金的俗称。虽被称为"不锈"，但其实只是高度防腐蚀。不锈钢的主要优点是它的高度防腐性，它的一般使用寿命超过了100 a，并且它完全可以被回收利用。

3. 棕榈油灌装设备

为了分装，一般需要在储油罐周围设定分装区域，在区域内安装必要的棕榈油灌装设备，并且建立贮藏间，对分装好的棕榈油成品进行临时的贮藏。

六、棕榈油质量安全标准要求

（一）产品名称

1. 棕榈油

由棕榈的果肉制取的油。

2. 棕榈液油

棕榈油经分提工序精制而成的在常温下呈液态的棕榈油。

3. 棕榈超级液油

棕榈油经分提工序精制及结晶化过程而成的碘值超过60 g/100 g的液态棕榈油。

4. 棕榈硬脂

棕榈油经分提工序精制而成的高熔点的棕榈油。

5. 棕榈原油

只能作为原料、不能直接供人类食用的棕榈油。

6. 成品棕榈油

经处理符合成品油质量指标和卫生要求的直接供人类食用的棕榈油。

（二）产品分类

棕榈油分为棕榈原油和成品棕榈油两类。棕榈原油的分提产品有棕榈液油、棕榈超级液油、棕榈硬脂 3 种。

成品棕榈油的分提产品有棕榈液油、棕榈超级液油、棕榈硬脂 3 种。

（三）质量要求

1. 特征指标

棕榈油特征指标见表 7-4。

表 7-4　棕榈油特征指标

项目	指标
折光指数（50 ℃）	1.454~1.456
相对密度（50 ℃/20 ℃水）	0.891~0.899
碘值/（g/100 g）	50.0~55.0
皂化值（以氢氧化钾计）/（mg/g）	190~209
不皂化物/（g/kg）	≤12
脂肪酸组成/%	
癸酸	ND
月桂酸	ND~0.5
豆蔻酸	0.5~2.0
棕酸	39.3~47.5
棕榈一烯酸	ND~0.6
十七烷酸	ND~0.2
十七碳一烯酸	ND
硬脂酸	3.5~6.0
油酸	36.0~44.0
亚油酸	9.0~12.0
亚麻酸	ND~0.5
花生酸	ND~1.0
花生一烯酸	ND~0.4
山嵛酸	ND~0.2

注：ND 表示未检出，定义为≤0.05%。

分提棕榈油特征指标见表 7-5。

表 7-5　分提棕榈油特征指标

项目	棕榈液油	棕榈超级液油	棕榈硬脂
折光指数	1.458~1.460（40 ℃）	1.463~1.465（40 ℃）	1.447~1.452（60 ℃）

（续表）

项目	棕榈液油	棕榈超级液油	棕榈硬脂
相对密度	0.899~0.920 （40℃/20℃水）	0.900~0.925 （40℃/20℃水）	0.881~0.891 （60℃/20℃水）
碘值/（g/100 g）	≥56	≥60	≤48
皂化值（以氢氧化钾计）/（mg/g）	194~202	180~205	193~205
不皂化物/（g/kg）	≤13	≤13	≤9
脂肪酸组成/%			
葵酸	ND	ND	ND
月桂酸	0.1~0.5	0.1~0.5	0.1~0.5
豆蔻酸	0.5~1.5	0.5~1.5	1.0~2.0
棕榈酸	38.0~43.5	30.0~39.0	48.0~74.0
棕榈一烯酸	ND~0.6	ND~0.5	ND~0.2
十七烷酸	ND~0.2	ND~0.1	ND~0.2
十七碳一烯酸	ND~0.1	ND	ND~0.1
硬脂酸	3.5~5.0	2.8~4.5	3.9~6.0
油酸	39.8~46.0	43.0~49.5	15.5~36.0
亚油酸	10.0~13.5	10.5~15.0	3.0~10.0
亚麻酸	ND~0.6	0.2~1.0	ND~0.5
花生酸	ND~0.6	ND~0.4	ND~1.0
花生一烯酸	ND~0.4	ND~0.2	ND~0.4
山嵛酸	ND~0.2	ND~0.2	ND~0.2

注：ND 表示未检出，定义为≤0.05%。

2. 质量指标

棕榈油质量指标见表7-6。

表7-6 棕榈油质量指标

项目	质量指标	
	棕榈原油	成品棕榈油
熔点/℃	33~39	
色泽（罗维朋比色槽133.4 mm）	—	黄≤30，红≤3.0
透明度	—	50℃澄清、透明

（续表）

项目	质量指标	
	棕榈原油	成品棕榈油
水分及挥发物/%	≤0.20	0.05
不溶性杂质/%	≤0.05	0.05
酸值（以氢氧化钾计）/（mg/g）	≤10.0	0.20
过氧化值/（mmol/kg）		≤5.0
铁/（mg/kg）	≤5.0	—
铜/（mg/kg）	≤0.4	

注：划有"—"者不做检测。

分提棕榈油的原油和成品油质量指标见表7-7和表7-8。

表7-7　分提棕榈原油质量指标

项目	质量指标		
	棕榈液油	棕榈超级液油	棕榈硬脂
熔点/℃	≤24	≤19.5	≥44
水分及挥发物/%		≤0.20	
不溶性杂质/%		≤0.05	
酸值（以氢氧化钾计）/（mg/g）		≤10.0	
铁/（mg/kg）		≤5.0	
铜/（mg/kg）		≤0.4	

表7-8　分提成品棕榈油质量指标

项目	质量指标		
	棕榈液油	棕榈超级液油	棕榈硬脂
熔点/℃	≤24	≤19.5	≥44
透明度	40℃澄清、透明	40℃澄清、透明	80℃澄清、透明
酸值（以氢氧化钾计）/（mg/g）	≤0.20		≤0.40
过氧化值/（mmol/kg）		≤5.0	
气味、味		具有棕树油应有的气味、微味，无异味	
色泽（罗维朋比色槽133.4 mm）		黄≤30，红≤3.0	
水分及挥发物/%		≤0.05	
不溶性杂质/%		≤0.05	

3. 卫生指标

按 GB 2716—2018、GB 2760—2014 和国家有关标准、规定执行。

4. 真实性要求

棕榈油中不得掺有其他食用油和非食用油，不得添加任何香精和香料。

（四）检验方法

1. 透明度检验

将盛试样的比色管放入规定温度（棕榈油 50 ℃，棕榈液油 40 ℃，棕榈超级液油 40 ℃，棕榈硬脂 80 ℃）的水浴锅中，静置 24 h，按 GB/T 5525—2008 的规定执行。

2. 气味、滋味检验

按 GB/T 5525—2008 的规定执行。

3. 色泽检验

将试样置于适当的温度下使其完全成液态，按 GB/T 22460—2008 的规定执行。

4. 相对密度检验

按 GB/T 5526—1985 的规定执行。

5. 折光指数检验

按 GB/T 5527—2010 的规定执行。

6. 水分及挥发物检验

按 GB 5009.236—2016 的规定执行。

7. 不溶性杂质检验

按 GB/T 15688—2008 的规定执行。

8. 酸值检验

按 LS/T 6107—2012 的规定执行。

9. 碘值检验

按 GB/T 5532—2008 的规定执行。

10. 皂化值检验

按 GB/T 5534—2008 的规定执行。

11. 不皂化物检验

按 GB/T 5535.1—2008、5535.2—2008 的规定执行。

12. 过氧化值检验

按 LS/T 6106—2012 的规定执行。

13. 熔点测定

按 GB/T 5536—1985 的规定执行。

14. 脂肪酸组成检验

按 GB 5009.168—2016 的规定执行。

15. 油脂试样制备

按 GB/T 15687—2008 的规定执行。

16. 卫生指标检验

按 GB 5009.37—2003 的规定执行。

（五）检验规则

1. 取样

棕榈油抽样方法按 GB/T 5524—2008 的规定执行。

2. 型式检验

当原料、设备、工艺有较大变化时，应进行型式检验。

3. 判定规则

各类产品的质量指标中有 1 项不合格时，即判定为不合格产品。

（六）标签

1. 产品名称

产品名称等标签信息应符合 GB 7718—2011 的规定及要求。凡标识"棕榈油"名称的产品，应标注"棕榈原油"或"成品棕榈油"。凡标识"分提棕榈油"名称的产品，应标注"原油"或"成品油"。分提棕榈油产品采用"棕榈油"名称时，还应标注分提棕榈油的名称（"原油"或"成品油"）。转基因油脂应按国家有关规定标识。

2. 原产国

应注明产品原料的生产国名。

（七）包装、运输

1. 包装

包装容器应专用、清洁、干燥和密封，应符合 GB/T 17374—2008 及国家的有关规定和要求。成品棕榈油包装应符合食品卫生和安全要求，容器内壁和阀不应使用铜质材料，铁质内壁应使用无害涂料涂层。

2. 运输

运输中应注意安全，防止日晒、雨淋、渗漏、污染和标签脱落。散装运输要有专车，保持车辆清洁、卫生。

第二节　腰果

一、腰果概述

腰果是双子叶植物纲无患子目漆树科腰果属的一种植物，又名槚如树、鸡脚果、介寿果。常绿乔木，树干直立，高达 10 m。腰果是一种肾形坚果，原产于美洲。腰果有丰富的营养价值，可炒菜，也可作药用，为世界著名四大干果之一。它的食用部分是着生在假果顶端的肾形部分，长约 25 mm，由青灰色至黄褐色，果壳坚硬，里面包着种仁，甘甜如蜜，含有较高的热量，其热量来源主要是脂肪，其次是碳水化合物和蛋白质。腰果树为灌木或小乔木，高 4～10 m；小枝黄褐色，无毛或近无毛。叶革质，倒卵形，长 8～14 cm，宽 6～8.5 cm，先端圆形，平截或微凹，基部阔楔形，全缘，两面无毛，侧脉约 12 对，侧脉和网脉两面突起；叶柄长 1～1.5 cm。圆锥花序宽大，多分枝，排成伞房状，长 10~20 cm，多花密集，密被锈色微柔毛；苞片卵状披针形，长 5~10 mm，背面被锈色微柔毛；花黄色，杂性，无花梗或具短梗；花萼外面密被锈色微柔毛，裂片卵状披针形，先端急尖，长约 4 mm，宽约 1.5 mm；花瓣线状披针形，长 7~9 mm，宽约 1.2 mm，外面被锈色微柔毛，里面疏被毛或近无毛，开花时外卷；雄蕊 7~10 枚，通常仅 1 个发育，长 8~9 mm，在两性花中长 5~6 mm，不育雄蕊较短（长 3~4 mm），花药小，卵圆形；子房倒卵圆形，长约 2 mm，无毛，花柱钻形，长 4~5 mm。核果肾形，两侧压扁，长 2~2.5 cm，宽约 1.5 cm，果基部为肉质梨形或陀螺形的假果，假果长 3~7 cm，最宽处 4~5 cm，成熟时紫红色；种子肾形，长 1.5~2 cm，宽约 1 cm。

腰果适应性强，是喜温、强阳性树种。耐干旱、贫瘠，具有一定抗风能力。以海拔 400 m 以下生长为宜。对土壤要求不高，除重黏土和石灰岩上发育不佳外，在土壤有机质含量不足 1% 的红壤、砂壤或多石山地均能生长。腰果不耐寒，在生长期内要求很高的温度。月平均气温 23~30 ℃ 开花结果正常，20 ℃ 生长缓慢，低于 17 ℃，易受寒害，低于 15 ℃ 则严重受害致死。年日照时数 2 000 h 以上，年降水量以 1 000~1 600 mm 较宜。不宜在地下水位过高或雨季积水的地区栽种。花期忌阴雨。生长盛期一般在雨季初期。4~5 龄树主根深达 5 m，侧根发达，6 龄树侧根长达 7 m 左右。种植后 2 a 开花，3 a 结果，8 a 后进入盛期，盛果期 15~25 a。腰果具有重要的药用价值、经济价值和食用价值。

首先，腰果的假果是由花托形成的肉质果，又称"梨果"，是由花托形成的肉质果，有陀螺形、扁菱形和卵圆形，有鲜红色、橙色和黄绿色。果肉脆嫩多汁，含水分 87.8%、碳水化合物 11.6%、蛋白质 0.2%、脂肪 0.1%，还含有多种维生素和钙、磷、铁等矿物元素，具有利水、除湿、消肿之功效，可防治肠胃病、慢性痢疾等。

腰果的真果是着生在假果顶端的肾形坚果，长约 25 mm，青灰色至黄褐色，果壳坚硬，里面包着种仁，这才是我们常说的"腰果"。所含的脂肪多为不饱和脂肪酸，其中油酸占总脂肪酸的 67.4%，亚油酸占 19.8%，是高血脂、冠心病患者的食疗佳果。腰果中维生素 B_1 的含量仅次于芝麻和花生，有补充体力、消除疲劳的效果，适合易疲倦的人食用。腰果含丰富的维生素 A，是优良的抗氧化剂，能使皮肤有光泽、气色变好。腰果还具有催乳的功效，有益于产后乳汁分泌不足的妇女。腰果中含有大量的蛋白酶抑制剂，能控制癌症病情。经常食用腰果有强身健体、提高机体抗病能力、增进性欲、增加体重等作用。中医学认为，腰果味甘、性平、无毒，可治咳逆、心烦、口渴。《本草拾遗》云：腰果仁主渴、润肺、去烦、除痰。《海药本草》亦云：主烦躁、心闷、痰鬲、伤寒清涕、咳逆上气。

其次，腰果的假果可生食或制果汁、果酱、蜜饯、罐头和酿酒。种子炒食，味如花生，可甜制或咸制，亦可加工糕点或糖果，含油量较高，为上等食用油，多用于硬化巧克力糖的原料。果壳油是优良的防腐剂或防水剂，还可提制栲胶，木材耐腐，可供造船。树皮用于杀虫、治白蚁和制不褪色墨水。

最后，腰果含有较高的热量，其热量来源主要是脂肪，其次是碳水化合物和蛋白质。腰果所含的蛋白质是一般谷类作物的 2 倍之多，并且所含氨基酸的种类与谷物中氨基酸的种类互补。腰果味道甘甜，清脆可口，最常见的是如花生般作为零食，最普通的吃法是在滚油中过一过，捞起即食，是一道理想的下酒菜。若是做菜，则有腰果鸡丁、腰果虾仁、凉拌腰果芹菜腐竹、腰果炒扇贝等。用腰果做汤，似乎并不常见，但对于不少素食者来说，腰果也是很好的煲汤材料，像花生、栗子般常用，如蔬菜腰果汤、南瓜腰果浓汤、牛蒡腰果汤、莲薏腰果羹、天麻腰果金菇汤等。

二、腰果的栽培技术和管理

1. 栽培技术

（1）繁殖方式　由于腰果实生苗后代产量性状的不稳定性，多采用无性繁殖。腰果无性繁殖技术包括压条、插条、上胚轴嫁接、镶接、靠接、芽接、劈接、切接、软木接、组织培养等。用 30 mg/100 g 的吲哚丁酸浸种 24 h，成苗率可提高 61.11%；用室温 55 ℃的温水浸种 24 h，成苗率可提高 50%。此外，采用 60 mg/100 g 的吲哚丁酸浸种 24 h，用 1/2 的阿德尼克（ADNK）浸种 24 h 亦能促进腰果种子的萌发。采用 90 mg/100 g 的萘乙酸（NAA）浸种 24 h 对促进苗木高生长的效果最好。

（2）压条　腰果空中压育苗应选择在每年 2—4 月或者 10—11 月进行，成活率最高，为 93% 以上。压条母株的年龄最好在 10 龄以下，压条后 35 d 即可发根，45 d 就可与母树分离，若母株年龄在 20 龄以上，则压条后很难生根。压条使用材料以泥炭、苔藓和刨花为好。在压条繁殖前先用 0.000 25 g/mL 的乙烯剂或 0.001 g/mL 的矮壮素处理母树，再用 0.003~0.005 g/mL 的吲哚丁酸和 0.000 2 g/mL 的对羧基苯甲基处理其空中压条，可促进枝条发根，增加根数和根长。

（3）组织培养　在附加 0.5 mg/L 的吲哚乙酸和 0.5 mg/L 的激动素的培养基上培养的子叶外殖体可直接形成器官，经过 5 周左右直接形成完整植株，无须进一步地培养和诱导植株生根。

2. 管理

（1）整形修剪　整形修剪可以调节树冠结构，改善树体通风透光状况，从而提高坐果率，增加产量。腰果幼树修剪的原则是宜轻不宜重，宜早不宜迟，采用分期分批多次进行修剪的方法，金字塔形修枝整形效果好。

（2）施肥　腰果树虽然耐瘠薄，抗干旱，但栽培实践证明，自然状态下生长的腰果树几乎没有产量。成龄果树再施肥后产量会成倍提高。从施肥种类看，氮、磷、钾混施增产效果最好；其次单施磷，再次是氮、磷混施。较高水平的氮能延长花期，而较高水平的磷和钾则缩短花期。每年每株施氮 600 g、磷 200 g、钾 200 g 能显著增加单株坚果数，提高总产量及出仁率。

（3）病虫防治　腰果在其生长的不同阶段，会受到 60 多种病虫的为害。其中，腰果病害主要有花序疫病、猝倒病、流胶病、枝腐落叶病、叶腐病、黄色叶斑病、小叶病等；虫害主要有腰果角盲蝽、腰果细蛾、腰果铁蛀虫、金龟子等。

三、腰果的质量安全标准要求

(一) 技术要求

1. 基本要求

各等级壳腰果要求无霉味，水分小于 8%，沉水率大于 80%。

2. 等级要求

壳腰果等级指标见表 7-9。

表 7-9 壳腰果等级指标

等级	千克粒数/（粒/kg）	果仁比/%	杂质/%	缺陷果/%
特等品	≤100	≥25	≤1	≤2
优等品	≤150	≥32	≤3	≤5
一等品	≤200	≥28	≤4	≤8
二等品	≤250	≥25	≤5	≤10

3. 卫生要求

六六六、滴滴涕不得检出。

其余按 GB 2762—2017、GB 2763—2021 规定执行。

(二) 试验方法

1. 感官检验

将样果铺于洁净台面上，嗅是否有霉味。

2. 水分

按 GB 5009.3—2016 规定进行。

3. 果仁比

称取样果约 100 g，剥除果壳后称果仁重。果仁比按式 (7-3) 计算，结果精确到整数位。

$$A（\%）= m_1/m_2 \times 100 \qquad (7-3)$$

式中：A——果仁比，%；

　　　m_1——果仁质量，g；

　　　m_2——样果质量，g。

4. 千克粒数

称取样果约 2 000 g，放于洁净台面上计粒数。千克粒数按式 (7-4) 计算，结果精确到整数位。

$$N = N_0/m_3 \times 1\ 000 \qquad (7-4)$$

式中：N——千克粒数，粒；

　　　N_0——果粒数，粒；

　　　m_3——样果质量，g。

5. 杂质

将样果放于洁净台面，挑出杂质并称量。杂质含量按式（7-5）计算，结果精确到整数位。

$$I（\%）= m_4/m_3 \times 100 \tag{7-5}$$

式中：I——杂质含量，$\%$；

　　m_4——杂质质量，g；

　　m_3——样果质量，g。

6. 缺陷果

将样果放于洁净台面，挑出缺陷果并称量。缺陷果含量按式（7-6）计算，结果精确到整数位。

$$D（\%）= m_5/m_3 \times 100 \tag{7-6}$$

式中：D——缺陷果含量，$\%$；

　　m_5——缺陷果质量，g；

　　m_3——称取样果质量，g。

7. 沉水率

将样果放入足量的水中，搅动，约 5 min 后取出沉水果，沥干至表面无水珠，称量。沉水率按式（7-7）计算，结果精确到整数位。

$$S（\%）= m_6/m_3 \times 100 \tag{7-7}$$

式中：S——沉水率，$\%$；

　　m_6——沉水果质量，g；

　　m_3——样果质量，g。

8. 卫生检验

（1）试样制备　取样果，用水洗净，沥干，取果仁捣碎备用。

（2）测定方法　按照 GB 5009.11—2014、GB 5009.12—2017、GB 5009.17—2021、GB 5009.19—2008、GB 5009.20—2003、GB/T 5009.102—2003 规定执行。

（三）检验规则

1. 组批

同一产地、同一品种、同一等级、同一批采收的壳腰果作为一个检验批次。

2. 判定规则

符合要求的产品，该批产品按要求判定为相应等级的合格产品。符合基本要求，但卫生要求中有 1 项不合格，该批产品按要求判定为不合格产品。

（四）标签、标志

标签按照 GB 7718—2011 规定执行，标志按照 GB 191—1995 规定执行。

（五）包装、运输、贮存

1. 包装

各等级的壳腰果均用清洁、干燥的麻袋包装，每件为（60±10）kg。

2. 运输

运输工具应清洁卫生、防雨。不得与有毒、有害和有异味物品混装混运。

3. 贮存

包装后的壳腰果可堆垛于通风、干燥的仓库中，堆放要留有通道，下面要有木板垫底。仓库堆放注意防鼠，并不得超过 8 个月。

四、腰果种子质量安全标准要求

（一）腰果种子质量分级指标及要求

1. 腰果种子质量分级指标

腰果种子质量分级指标见表 7-10。

表 7-10　腰果种子质量分级指标

级别	发芽率/%	百粒重/g	浮水率/%	破损率/%	畸形率/%	含水量/%	净度/%
一级	≥95	≥570	≤5	≤2	≤2	≤7	≥99.5
二级	≥90	≥500	≤10	≤5	≤5	≤7	≥99.5
三级	≥85	≥420	≤15	≤10	≤10	≤7	≥99.5

2. 腰果种子质量分级要求

①腰果种子质量分级以发芽率、百粒重、浮水率和破损率为依据，其中以发芽率为主要定级标准。

②当百粒重、浮水率和破损率 3 项指标中任 2 项级别比发芽率高二级，另 1 项比发芽率高一级或以上时可按发芽率等级提高一级定级，但畸形率和净度等级须在所定级别内。

③下列情况按发芽率等级降一级定级：百粒重、浮水率和破损率 3 项指标均比发芽率等级低一级或二级；百粒重、浮水率和破损率 3 项指标中 1 项比发芽率等级低二级，1 项低一级。

④百粒重、浮水率、破损率、畸形率和净度等级均为三级时，应将种子等级定为三级。

⑤腰果种子水分、畸形率不得高于最低值限。

（二）检验

1. 检验方法

同一批种子统一检验。

（1）发芽率　按 GB/T 3543.4—1995 检验。

（2）水分　按 GB/T 3543.6—1995 测定。

（3）净度　按 GB/T 3543.3—1995 分析。

（4）百粒重　按 GB/T 3543.7—1995 测定。

（5）浮水率　根据其比重的大小，采用浮水法进行。将净种子放入清水中，浮在水面的种子数占供检测种子总数的百分率按式（7-8）计算。

浮水率（%）＝浮在水面的种子数/供检测种子总数×100　　　　（7-8）

（6）破损率　检验腰果种子的破损率，根据种子的外观表面是否有虫眼、虫害痕迹或机械损伤而定。在供检种子中，凡外果皮具此类特征的腰果种子均列为破损种子，应全部检出计数，并按式（7-9）计算腰果种子的破损率。

$$破损率（\%）=破损种子数/供检测种子总数×100 \qquad (7-9)$$

（7）畸形率　检验腰果种子的畸形率，根据种子的果形外观核定。在未破损的种子中检出果形具明显异常或明显不规则的种子，按式（7-10）计算种子畸形率。

$$畸形率（\%）=畸形种子数/供检测种子总数×100 \qquad (7-10)$$

2. 检测规则

同一批种子的检测，应在检验种子的水分后进行。凡水分未达到规定值限的，须将种子晒干后再重新检测。

种子批大小及送检样品量，如果种子批无异质性，种子批的最大重量不得超过10 000 kg（允许5%的误差），每种子批的最小送检样品量为10 kg。若种子批重量超过10 000 kg，超出部分按每10 000 kg为一种子批（不足10 000 kg的以10 000 kg计），每一种子批按10 kg计算总送检样品量。对样品的扦样规则按GB/T 3543.2—1995的规定进行。

检测程序及检测规则按GB/T 3543.1—1995至3543.7—1995的规定执行。

凡有检疫对象及应控制的病虫害种子，必须严格封锁，不得外运。

腰果种子出库应附有质量检验证书和标签。

种子交接时，用种单位认为种子质量不符合标准规定时，应由用种单位和供种单位共同复检，以复检结果为准。

（三）标志、贮存和运输

1. 标志

腰果种子包装外侧应有避免日晒、雨淋和挤压的标志，每一包应附有一个标签。

2. 贮存

腰果种子收获后，必须经日晒3 d后方可装袋入库。库房外应有完善的排水设施，房内应无潮湿及渗漏水现象。地板上应垫有塑料布等防潮材料。在种子保管期间，应注意保持房内干燥通风，以防发霉引起变质；并注意防治虫害及鼠害。腰果种子的保管期一般不应超过半年时间。

3. 运输

腰果种子经检验后方可出库运输。袋装种子的内外均应附有标签，以便识别。运输种子的车辆应有帆布等防雨装置盖顶；到达目的地后应及时接收，尽快育苗。

五、熟制腰果质量安全标准要求

（一）熟制腰果分类

以腰果仁为主要原料，添加或不添加辅料，经炒制、干燥、烤制、油炸或其他熟制工艺制成的产品。产品按加工工艺的不同分为烘炒类、油炸类、其他类。

（二）要求

1. 原料

应符合GB 19300—2014的规定。

2. 辅料

食品添加剂的质量应符合相应标准和有关规定，其他辅料应符合相应国家标准或行业标准的规定。

3. 感官

感官应符合表 7-11 的要求。

表 7-11　熟制腰果感官要求

项目	要求
外观	颗粒饱满，无霉变，允许有少量小斑点存在，虫蚀粒≤1%
色泽	具有该产品应有的色泽、色泽均匀
口味	产品松脆（烘炒类和油炸类），香味纯正，无酸败和走油现象，咸甜适中，按不同配料应具有各自的特色风味，无哈喇味等异味
杂质	无正常视力可见的杂质

4. 水分

水分应符合表 7-12 的要求。

表 7-12　熟制腰果水分指标

项目	指标		
	烘炒类	油炸类	其他类
水分/（g/100 g）	≤5.0	≤5.0	≤15

5. 卫生指标

烘炒类应符合 GB 19300—2014 的规定；油炸类应符合 GB 16565—2003 的规定；其他类产品重金属指标应符合 GB 7098—2015 的规定，其他指标应符合 GB 19300—2014 的规定；二氧化硫（SO_2）含量应符合 GB 5009.34—2016 的规定。

6. 食品添加剂

食品添加剂的使用应符合 GB 2760—2014 的规定。

7. 净含量要求

净含量应符合《定量包装商品计量监督管理办法》的规定。

8. 生产加工过程的卫生要求

应符合 GB 14881—2013 的规定。

（三）试验方法

1. 感官要求

（1）通用方法　在光照亮度为 300～500 lx 条件下，将样品置于清洁、干燥的白瓷盘中，用目测检查色泽、颗粒形态和杂质，带壳产品应去除外壳后用目测检查仁的色泽；嗅其气味，尝其滋味与口感，做出评价。

（2）虫蚀粒　用四分法从抽样样品中称取 500 g 左右样品，挑出虫眼粒，数其虫蚀粒数量，按式（7-11）计算虫蚀粒指标。

$$F（\%）= n_1/n×100 \tag{7-11}$$

式中：F——产品的虫蚀粒指标，%；

　　n_1——虫蚀粒数，个；

　　n——称取 500 g 左右样品的总数，个。

2. 水分

按 GB 5009.3—2016 中规定的方法测定。

3. 净含量测定

按照 JJF 1070—2019 中有关规定执行。

（四）检验规则

1. 出厂检验

出厂检验包括感官要求、卫生指标中的菌落总数（有此要求的）、大肠菌群、净含量指标。

2. 型式检验

检验项目为所有项目指标，正常情况下每年检验 2 次，有下列情况之一者，应进行型式检验：工艺或原材料发生重大改变时；产品投产鉴定前；产品停产 6 个月以上再生产时；国家质量监督部门、检验检疫行政主管部门提出要求时。

3. 检验组批和抽样

同一班次或同批原料生产的同一品种为一个检验批，从每批产品不同部位随机抽取 6 袋（不足 500 g 的加量抽取），分别做感官、理化指标、卫生指标检验，留样。

4. 判定原则

检验结果全部项目符合本节质量要求时，判该批产品为合格品。

检验结果中微生物指标有 1 项不符合本节质量要求时，判该批产品为不合格品。

检验结果中除微生物指标外，其他项目不符合本标准规定时，可以在原批次产品中加倍取样对不符合项进行复检，复检结果全部符合本节质量要求时，判该批产品为合格品，复检结果中如仍有指标不符合本节质量要求，则判该批产品为不合格品。

（五）标签、标志、包装、运输和贮存

1. 标签、标志

产品预包装标签应符合 GB 7718—2011 的规定，产品标志应符合相关规定。贮运图示的标志应符合 GB/T 191—2008 的规定。

2. 包装

包装材料应清洁、干燥、无毒、无异味，符合相应的食品包装国家卫生标准的要求，采用马口铁罐或软罐头包装时，应符合相关罐头包装物标准的要求。

销售包装应完整、严密、不易散包。

3. 运输

运输工具应清洁、干燥、无异味、有篷盖。运输中应轻装、轻卸、防雨、防晒。

4. 贮存

产品应贮存于通风、干燥、阴凉、清洁的仓库内，不得与有毒、有异味、有腐蚀性、潮湿的物品混贮，产品应堆放在垫板上，且离地 10 cm 以上、离墙 20 cm 以上，中间留有通道。

六、带壳腰果加工技术规程

(一) 简介

带壳腰果即带有壳的腰果。由于腰果的特殊性，目前带壳腰果加工沿用最原始的手工加工模式，即是用人工或机械方式将可食的腰果仁取出。

(二) 加工工序

1. 干燥

将生腰果晒 2~3 d，直至水含量降至一定的要求水平。

2. 蒸煮

将晒干的生腰果蒸煮至果仁和果壳快要分离。

3. 晾干

将蒸煮过的生腰果自然晾干。

4. 脱壳

手工操作机械开壳器，由两个刀片组成，将生腰果塞入刀片间，开动操作杆，操作杆带动刀片靠拢，挤压腰果，果壳裂开。此方法每人每工作日（8 h）可生产 15~20 kg，腰果仁的完整率可达 90%。

5. 果仁烘烤

果仁与果壳分离后，烘烤果仁以降低其水分含量并使黏附的种皮松脱。

6. 脱皮

用人工方法去除果仁上的种皮，平均每人每工作日的产量为 9~10 kg。

7. 分级

根据《出口质量管理和监察法案》对果仁进行分级，共有 25 个级别。

8. 控湿

果仁在包装前先进行湿度控制。若包装时果仁太干，在运输途中易于碎裂。若包装时果仁太湿，则易霉变或氧化败坏。

9. 高温杀菌

果仁在包装前先进行高温杀菌。

10. 包装

腰果仁具有从空气中吸收水分的性质，因此，包装的氧气和水分渗透性必须较低。一般可采用真空包装或充二氧化碳包装。

加工最终产品主要是腰果仁，从生腰果到包装好的果仁，整个加工过程历时 7 d。生腰果的果仁产出率为 24%。

七、腰果仁质量安全标准要求

(一) 技术要求

腰果仁由腰果脱壳、去种皮后得到，具有特有外形。可以是白色、微黄色或焦黄色的，可以是完整果仁或碎果仁。不得有霉变、虫蛀，也不得有死活昆虫、虫卵以及石头、土块等杂质。

腰果种皮脱除干净，具特有风味，无脂肪酸败味、馊味等异味。

腰果仁中水分含量不超过 5% (m/m)。腰果仁应符合表 7-13 至表 7-18 分级标准的规定。

表 7-13　白整仁

名称	等级标志	规格/ (粒/kg)	特征
白整仁 180 头	W180	265~395	腰果仁应具特有外形，颗粒基本均匀，颜色为白色、极浅象牙色或浅灰色，无黑色或棕色点
白整仁 210 头	W210	440~465	
白整仁 240 头	W240	485~530	
白整仁 280 头	W280	575~620	
白整仁 320 头	W320	660~705	
白整仁 400 头	W400	770~880	
白整仁 450 头	W450	880~990	
白整仁 500 头	W500	990~1 100	

注：如有低一等级的果仁和碎仁，其总量不得过 5% (m/m)。

表 7-14　微黄整仁

名称	等级标志	规格	特征
微黄整仁	SW	果仁颗粒不分大小	腰果仁外形完整。由于烘烤过热，颜色呈浅棕色、浅象牙色、浅灰色或深象牙色，但果仁内部仍为白色，无黑、黄斑点

注：如有低一等级的果仁和碎仁，其总量不得超过 5% (m/m)。

表 7-15　糕点用整仁

名称	等级标志	规格	特征
糕点用整仁	DW	果仁颗粒不分大小	腰果仁外形完整，允许有焦黄、变色、花皮和皱缩果仁，无焦苦味，可以有深黑色斑点

注：如有低一等级的碎仁，其总量不得超过 5% (m/m)。

表 7-16　白碎仁

名称	等级标志	规格	特征
白破仁	B	果仁横向断成两截，断口较平整，果仁两边仍连在一起	果仁为白色、浅象牙色或浅灰色，无黑、黄斑点

（续表）

名称	等级标志	规格	特征
白开边仁	S	果仁纵向裂成两瓣	果仁为白色、浅象牙色或浅灰色，无黑、黄斑点
大白碎仁	LWP	果仁破开为两片以上，但不能通过 4.75 mm 筛孔	果仁为白色、浅象牙色或浅灰色，无黑、黄斑点
小白碎仁	SWP	果仁碎片小于大白碎仁，但不能通过 2.80 mm 筛孔	果仁为白色、浅象牙色或浅灰色，无黑、黄斑点
细白碎仁	BB	果仁碎片小于小白碎仁，但不能通过 1.70 mm 筛孔	果仁为白色、浅象牙色或浅灰色，无黑、黄斑点

注：如有低一等级的碎仁，其总量不得超过 5%（m/m）。

表 7-17　微黄碎仁

名称	等级标志	规格	特征
微黄碎仁	SB	果仁横向断成两截，断口较平整，果仁两边仍连在一起	由于烘烤过热，果仁呈浅棕色或深棕色，无黑、黄斑点
微黄开边仁	SS	果仁纵向裂成两瓣	由于烘烤过热，果仁呈浅棕色或深棕色，无黑、黄斑点
大微黄碎仁	SP	果仁破开为两片以上，但不能通过 4.75 mm 筛孔	由于烘烤过热，果仁呈浅棕色或深棕色，无黑、黄斑点
小微黄碎仁	SSP	果仁碎片小于大微黄碎仁，但不能通过 2.80 mm 筛孔	由于烘烤过热，果仁呈浅棕色或深棕色，无黑、黄斑点

注：如有低一等级的碎仁，其总量不得超过 5%（m/m）。

表 7-18　糕点用碎仁

名称	等级标志	规格	允许的缺陷	特征
糕点用大碎仁	DP	焦黄果仁破成碎片，但不能通过 4.75 mm 筛孔	皱缩果仁的碎片，且深度焦黄	颜色呈棕色、深象牙色或浅蓝色，可以有花皮和变色、由于发育不完全而可能变形和皱缩，并可能有斑点，无焦苦味
糕点用小碎仁	DSP	小于糕点用大碎仁，但不能通过 2.80 mm 筛孔	皱缩果仁的碎片，且深度焦黄	颜色呈棕色、深象牙色或浅蓝色，可以有花皮和变色，由于发育不完全而可能变形和皱缩，并可能有斑点，无焦苦味
糕点用碎仁	DB	果仁横向断成两截，断口较平整，果仁两边仍连在一起	皱缩果仁的碎片，且深度焦黄	颜色呈棕色、深象牙色或浅蓝色，可以有花皮和变色。由于发育不完全而可能变形和皱缩，并可能有斑点，无焦苦味

（续表）

名称	等级标志	规格	允许的缺陷	特征
糕点用开边仁	DS	果仁纵向裂成两瓣	皱缩果仁的碎片，且深度焦黄	颜色呈棕色、深象牙色或浅蓝色，可以有花皮和变色。由于发育不完全而可能变形和皱缩，并可能有斑点，无焦苦味

（二）抽样

1. 原则

抽样应在清洁、干燥的环境中进行。抽样时不应使样品受到外来压力，以免破碎。包装样品的容器应该清洁干燥，并且不会影响样品的气味和风味。

2. 抽样方法

（1）批次　同批一次交付，并且是同一等级的腰果仁。同批的包装箱数量不应超过 2 000 个。

（2）抽样数量　从一批腰果仁包装箱总数中随机抽取的包装箱数量应符合表 7-19 的规定。

表 7-19　抽样数量规则

腰果仁包装箱总数/个	随机抽取的包装箱数/个
100 及以下	3
101~300	5
301~500	8
501~1 000	13
1 001~2 000	20

（3）取样　将抽取的每箱腰果仁全部倒出来，从 3 个不同部位取适量腰果仁。

（4）检验　将腰果仁混合均匀，并分成 2 份，每份不少于 1 kg，其中 1 份用于检验，1 份用作留样存查。取样和样品分配操作要迅速，以免样品吸水。

（三）检验方法

1. 感官检验

采用目测，特殊情况下可以使用放大镜，检查有无霉菌、活虫、死虫、昆虫肢体、虫蛀果、坏仁、种皮以及石头、土块等外来夹杂物。使用的放大镜放大倍数超过 10 时，应在检验报告中说明。用嗅觉检查有无酸败气味。

2. 水分含量的测定

按 GB 5009.3—2016 的规定执行。

（四）检验结果的评定

从一批腰果仁中取出的样品，经检验，各项检验结果必须全部符合技术要求，方为合格。

腰果仁样品中，如果低一等级的果仁和碎仁总重超过规定，则等级相应降低。

检验结果中有指标不符合技术要求规定的，要重新加倍抽样进行复检，以复检结果为最后检验结果。

（五）包装、标志、贮存和运输

1. 包装

各等级腰果仁均用清洁、干燥的马口铁罐包装。腰果仁装罐后将罐抽真空，然后充入氮气或二氧化碳，密封。密封好的罐装入纸箱。

2. 标志

铁罐顶部要有腰果仁的等级标志，底部有生产厂代号。

纸箱上应有下列标志：产品名称、等级标志；净重、毛重；生产批号、生产日期、保质期；生产厂名、地址。

3. 贮存和运输

（1）贮存 纸箱要分等级堆放。堆放腰果仁的仓库要求清洁、通风、干燥，气温不得超过 35 ℃，并保持较低的相对湿度。

（2）运输 运输车厢要清洁，要有遮盖，以防止阳光直射和雨淋。

八、生干腰果仁质量安全标准要求

（一）质量等级要求

1. 感官要求

腰果仁由腰果脱壳、去种皮后得到，具有特有外形。外观为白色、微黄色或焦黄色，具有腰果仁特有风味，无异味，未经有害化学物质处理。

2. 等级指标要求

具体见表 7-20。

表 7-20 腰果仁质量等级要求　　　　　　　　　　　　　单位：g/100 g

等级指标		一级（白整仁）	二级（微黄整仁）	三级（斑点整仁）	四级（花皮整仁）
严重缺陷		≤1.0	≤2.0		
虫蛀		≤0.5	≤1.0		
霉斑、变质，并有附着物		≤0.5	≤1.0（其中霉变粒小于0.5）		
外来杂质	金属、活虫、玻璃	不得检出			
	其他杂质	0.05			
一般缺陷		≤8	≤11	≤14	≤60
二级/微黄整仁		≤5.0	—		
三级/斑点整仁		≤1.5	≤5.0	—	
斑点碎仁		≤1.5	≤5.0	≤20（淡棕色斑点果）	

（续表）

等级指标	一级 （白整仁）	二级 （微黄整仁）	三级 （斑点整仁）	四级 （花皮整仁）
淡斑点整仁	≤1.5	≤5.0	≤40（淡棕色斑点果）	
深斑点整仁	≤0.5	≤2.5	≤60（棕色斑点果）	
花皮整仁	≤0.5	≤2.5	≤7.5	—
果仁表面损伤（刮痕）	≤1	≤2	≤5	
附着种皮	≤3	≤3	≤3	≤3
黑斑果	—	—	—	≤0.05
水分	≤5			

3. 外观尺寸分级

应符合表 7-21 的规定，其中每个级别腰果仁中，低一个等级的果仁质量占其总质量的比例不能超过 10%。

表 7-21　腰果仁颗粒外观尺寸分级要求

腰果仁大小标识	每千克腰果颗粒数
180	266~395
210	395~465
240	485~530
320	660~706
450	880~990

注：未达到标准的归为下一级别。

4. 等级规格要求

腰果仁等级规格要求应符合表 7-22 至表 7-25 的规定。

表 7-22　白整仁腰果质量分级指标

名称	分级标准	规格（粒/kg）	特征
白整仁 180 头	WW180	266~397	腰果仁应具有其特有的外形，颗粒基本均匀，颜色为白色、极浅象牙色或浅灰色
白整仁 210 头	WW210	397~463	
白整仁 240 头	WW240	485~530	
白整仁 320 头	WW320	660~706	
白整仁 450 头	WW450	880~990	

注：如有低一等级的果仁和碎仁，其总量不得超过 5%（质量分数）。

表 7-23　微黄整仁腰果质量分级指标

名称	分级标准	规格（粒/kg）	特征
微黄整仁 180 头	SW180	266~395	腰果仁外形完整，颜色呈浅棕色、浅象牙色、浅灰色或深象牙色，但果仁内部仍为白色，无黑、黄斑点
微黄整仁 210 头	SW210	440~465	
微黄整仁 240 头	SW240	485~530	
微黄整仁 320 头	SW320	660~706	
微黄整仁 450 头	SW450	880~990	

注：如有低一等级的果仁和碎仁. 其总量不得超过 5%（质量分数）。

表 7-24　斑点整仁腰果质量分级指标

名称	分级标准	规格（粒/kg）	特征
斑点整仁 180 头	LBW 180	266~395	腰果仁外形完整，允许有焦黄、变色、花皮和皱缩果仁，无焦苦味，可以有深黑色斑点
斑点整仁 210 头	LBW 210	440~465	
斑点整仁 240 头	LBW 240	485~530	
斑点整仁 320 头	LBW 320	660~706	
斑点整仁 450 头	LBW 450	880~990	

注，如有低一等级的果仁和碎仁，其总量不得超过 5%（质量分数）。

表 7-25　花皮整仁腰果质量分级指标

名称	分级标准	规格（粒/kg）	特征
花皮整仁 180 头	DW180	266~395	腰果仁外形完整。允许有焦黄、变色、花皮和皱缩果仁，无焦苦味，可以有深黑色斑点
花皮整仁 210 头	DW210	440~465	
花皮整仁 240 头	DW240	485~530	
花皮整仁 320 头	DW320	660~706	
花皮整仁 450 头	DW450	880~990	

注：如有低一等级的果仁和碎仁，其总量不得超过 5%（质量分数）。

5. 安全指标

应符合 GB 19300—2014 的规定，真菌霉素指标要求按照 GB 2761—2017 中的熟制坚果与籽类要求执行。

6. 生产加工过程的卫生要求

生产加工过程的卫生要求应符合 GB 14881—2013 的规定。

（二）检验方法

1. 感官

取 100 g 左右样品，置于清洁、干燥的白瓷盘中，在自然光下观察，嗅其气味，检查色泽、颗粒形态及整体均匀度，做出评价。

2. 等级指标

等级指标符合表 7-20 至表 7-25 的规定。

3. 水分

按 GB 5009.3—2016 中规定的方法测定。

4. 其他指标

用四分法取样（500±5）g，根据指标要求内容进行检测，以质量百分比计。

（三）检验规则

1. 出厂检验

出厂检验包括感官要求、等级指标要求、外观尺寸分级、等级规格要求。

2. 型式检验

型式检验项目为安全指标要求，正常情况下每年检验 1 次。

3. 批和抽样

同一产地、同一品种、同一产季、相同质量等级的为一批，从每批产品不同部位随机抽取不少于 2 kg，分别做检验和留样。

4. 判定规则

检验结果全部符合本节质量要求时，判该批产品为合格品。

检验结果中微生物指标有 1 项不符合本节质量要求时，判该批产品为不合格品。

检验结果中除微生物指标外，其他项目不符合本节质量要求时，可以在原批次产品中加倍取样对不符合项进行复检，复检结果全部符合本节质量要求时，判该批产品为合格品，复检结果中如仍有指标不符合本节质量要求，则判该批产品为不合格品。

（四）标签、标志、包装、运输和贮存

1. 标签、标志

产品包装标签应符合相应标准和有关规定的要求。贮运图示的标志应符合 GB/T 191—2008 的规定。

2. 包装

包装材料应符合相应的标准和有关规定的要求。销售包装应完整、不散包。

3. 运输

运输工具应清洁、干燥、无异味、有篷盖。运输中应轻装、轻卸、防雨、防晒。

4. 贮存

产品应贮存于通风、干燥、阴凉、清洁的仓库内，不得与有毒、有异味、有腐蚀性、潮湿的物品混贮，产品应堆放在垫板上，且离地 10 cm 以上、离墙 20 cm 以上，中间留有通道。根据贮藏地区的具体情况，贮存期限超 1 个月，贮藏温度不宜超过 15 ℃。

5. 召回

应符合 GB 31621—2014 和 GB 14881—2013 的规定。

第八章 南药质量安全生产关键技术

第一节 海巴戟

一、海巴戟概述

海巴戟是茜草科巴戟天属灌木至小乔木，高可达 5 m。茎直，枝近四棱柱形。叶片交互对生，两端渐尖或急尖，光泽无毛，叶脉两面突起，下面脉腋密被短束毛；托叶生叶柄间，无毛。头状花序每隔 1 节 1 个，与叶对生，花多数，无梗；萼管彼此间多少黏合，萼檐近截平；花冠白色，漏斗形，裂片卵状披针形，着生花冠喉部，花丝长约 3 mm，花药内向，花柱约与冠管等长，子房有 4 室，有时有 1~2 室，每室胚珠 1 颗，胚珠略扁，聚花核果浆果状，卵形，种子小，扁，长圆形，全年花果期。

海巴戟发源于太平洋南部岛屿，当地居民称之为 NONI（诺丽），现生于海滨平地或疏林下，分布于印度、斯里兰卡、澳大利亚北部、波利尼西亚地区，我国台湾、海南岛及西沙群岛等地也有种植。

海巴戟浑身都是宝，其果实、叶子、枝干、根部均可入药。充分的临床试验证明海巴戟是非常适合的广谱性天然保健药源。在治疗方面，海巴戟被证实对多种病症有显著疗效，如抗病毒（SARS、HIV 等病毒）、抗癌（肺癌等），治疗自身免疫疾病（如风湿病），阻止和减少急性、慢性病痛的发生，对哮喘等呼吸道疾病、糖尿病、肾炎、关节炎、癌症、敏感症、动脉粥样硬化、淤血、消化系统问题、多种硬化症、心血管疾病（高血压、心肌梗死）均有疗效。因此，海巴戟在南太平洋一带素有"仙果"的美称。海巴戟含有相当高的植物碱，目前可鉴别的已经有 23 种。此外它还含有 5 种维生素及 3 种人体必需的微量元素。日本最新的研究成果证明，在 50 多种热带抗癌植物中，海巴戟的植物碱种类和含量及其抗癌效果均居第一。目前市场对海巴戟产品的需求以每年约 50% 的速度增加，因此是全球最畅销的健康产品之一，产品一直供不应求。但是，由于资源的严重限制，海巴戟全球产量难以大幅度增加。

二、海巴戟种苗培育技术规程

（一）培种地环境

培种地环境应符合 DB 46/T 184—2010 的规定。

（二）生产条件

海巴戟培种地块必须与其他海巴戟种植地隔离，防止其他（非繁育的自交系或杂交种）海巴戟花粉在开花授粉期间传入培种地块，以保证其种子的纯度。

①空间隔离。培种地块空间隔离不得少于 500 m，隔离区内不得种植其他海巴戟。

②屏障隔离。利用山谷、树林、村庄等自然屏障或人为设置障碍物等措施防止其他海巴戟花粉在授粉期间传入培种地块。

（三）采种

1. 采种母树

具有本品种典型的特征、株型紧凑、生长健壮、无病虫害发生、具两年以上树龄的丰产单株可作为采种母树。

2. 采种果

具有本品种典型特征、无不良表现且单果重在 100 g 以上的标准果。

3. 适时采收

在全果变奶黄色或金黄色，充分成熟时采收。最好采摘 6—8 月的果实。

4. 及时洗果晾种

堆沤成熟的果实使果肉腐烂，用粗沙摩擦清除果肉，易于及时取出种子，晾干，防止霉变。

5. 贮藏

海巴戟种子最好随采随播。在自然条件贮存超过 1 个月，其发芽力会大大降低，在 10~15 ℃低温贮藏半年仍有 20% 以上发芽力。

6. 保纯

采收的过程中，安排专人负责，做到单收、单运、单贮以确保种子纯度。

（四）育苗

1. 种子处理

用 60 ℃温水浸种 2 h 左右，取出后用小剪刀剪去种子顶部，以利于种胚突破种皮萌发。

2. 播种催芽

将经处理后的海巴戟种子均匀播种于苗床，每平方米苗床可播种约 1 000 粒种子，然后用细沙覆盖 1 cm 再覆盖遮光网；经常浇水保湿，一般夏季播种 1 个月后陆续萌芽。播种期以夏秋季为宜。

3. 育苗标准

①小苗长出 3~4 片真叶后，即可移栽于 15 cm×15 cm 的育苗袋中。

②使用荫棚育苗，执行 GB 9847—2003 的规定。营养土选用腐熟有机肥和园土，按体积比 2∶8 配制。

4. 苗木分级

在符合品种纯正及茎木要求的前提下，以苗木茎粗、真叶数量、苗木高度作为分级依据。海巴戟实生苗，按其生长量和生长势分为两级，其标准见表 8-1，低于 2 级标准的苗木不得作为商品苗出圃。以苗木茎粗、真叶数量、苗木高度3项中最低一项的级别确定该苗级别。

表8-1 海巴戟实生苗分级标准

品种	级别	苗木茎粗/cm	真叶数量/片	苗木高度/cm
万维一号	1	≥1.0	11~15	≥40
	2	≥0.8	8~10	≥30

（五）病虫害防治

1. 天蛾

每年发生4代，以蛹在土下10 cm处越冬。成虫白天隐藏在寄主或生长茂密的农作物及杂草丛中，夜间交尾产卵，有趋光性，迁移性大，卵散产于叶背。幼虫共5龄，白天躲藏在叶背，夜间取食，阴天可整日为害。高温少雨有利于其发生，冬天翻耕可降低虫口基数。10月老熟幼虫陆续入土化蛹越冬。

防治方法：一是成虫发生期用黑光透杀，卵盛期人工摘除虫卵，高龄幼虫时人工捕捉；二是为害严重时用90%敌百虫可溶粉剂1 000倍液、20%菊马乳油2 000倍液喷雾，每周1次，连续2~3次；三是大面积栽培时注意保护天敌，在天敌发生盛期，用苏云金杆菌可湿性粉剂800倍液喷雾，禁止喷洒化学农药。

2. 褐软蚧

每年发生6代，多世代重叠，被害植株上常同时长有成虫、卵及各部龄若虫，卵期短，若虫多聚集在茎及嫩枝叶茎部，排泄物黏稠，易诱发煤污病，影响光合作用。

防治方法：一是注意保护利用天敌瓢虫等，剪除虫枝或刷除虫体；二是在卵孵化期用40%乐果乳油1 000倍液，或80%敌敌畏乳油1 000倍液等喷雾，注意均匀喷洒在叶背面；三是在各代卵初孵时和若虫期喷洒40%乐果乳油1 000倍液1~2次，间隔7~10 d喷1次。

3. 轮纹病

病原为壳二孢属真菌，以病叶组织内的菌丝或分生孢子器在病斑内越冬，成为翌年的初侵染源，生长期新病斑上产生分生孢子借风雨传播，不断引起再侵染，扩大为害，8—9月发生严重。

防治方法：一是冬季清洁田园，烧掉病残体，合理密植，加强水肥管理；二是7月下旬开始喷50%多菌灵500倍液或50%代森锰锌600~800倍液等药剂，每10 d喷1次，连续2~3次。

（六）检验

1. 检验方法

①同一批苗统一检验。

②检验质量级别：苗木茎粗，以卡尺测量苗基部上方2 cm处最粗直径；真叶数量，除去子叶主干上展开的真叶数；苗木高度，自主干基部量至苗木生长点。

③苗木生长期间应执行 GB 5040—2003 的有关规定。出圃前应按国家"植物检疫条例"办理植物检疫证书，严禁有检疫对象的苗木出圃。

④苗木上附有一般性病虫时，须经药剂处理，方能出圃。

⑤苗木出圃前 5~7 d，应揭开荫棚进行炼苗。

2. 检测规则

①检验苗木出圃在苗圃进行。

②检验品种和数量，采用随机抽样法，按 GB 9847—2004 中规定的方法进行检验。

③等级判定规则。各级苗木标准允许的不合格苗木只能是邻级，不能是隔级苗木。一级苗木不合格百分率不超过 5%，二级苗木不合格百分率不超过 10%，不符合上述要求的降为邻级，达不到二级的苗木视为等外级。

（七）包装、标志、运输

1. 包装

苗木如需运输，起苗分级后，营养袋育苗应有完整的原装营养袋，苗木不脱离营养袋，土团也不宜松动。

2. 标志

为防止品种混杂，包袋内外均需挂标签，注明品种、级别、数量、育苗单位及出圃日期。

3. 运输

运输途中严防重压，防日晒、雨淋，不能振动和弄松土团。苗木运到目的地后，应立即打开检视，及早定植或遮阴待植。

第二节　春砂仁

一、春砂仁概述

春砂仁，别名砂仁，著名"四大南药"之一，是一种亚热带姜科植物。春砂仁浑身上下都是宝，花、果、根、茎、叶皆可入药，咬开一颗，甜、酸、苦、辣、甘五味俱全，瞬间充满口腔、横冲直撞、通气调和，具有化湿开胃、温脾止泻、理气保胎、养胃益肾等功效。明朝李时珍为寻圣药，发现了砂仁原产地金花坑，将其记载入《本草纲目》。

春砂仁主要分布在我国广东，由于其价值较高，因此在我国其他省份也逐渐开始了春砂仁种植。

二、春砂仁种植技术规程

（一）立地条件

选择海拔 500 m 以下、坡度 30°以下的山窝或山坡地，有杂木林作荫蔽，土壤疏松、肥沃，表土为黑砂壤土，底土为黄泥土。

（二）育苗技术规程

1. 种子繁殖

（1）选种　选择果粒大，种子成熟饱满，无病虫害的果实留作种用，每亩育苗地选用鲜果 5~6 kg。

（2）播种期　随采随播。最好于当年 8 月底至 9 月初播种。

（3）播种方法　采用点播法，在整好的苗床上，按行距 13~17 cm 开沟，沟深 1~1.5 cm，株距 5~7 cm，点播 1~2 粒种子。播种后撒上细碎火烧土及薄草，待幼苗出土时揭开。每亩播种湿籽 0.6~0.8 kg（相当于鲜果 5~6 kg）。

（4）抚育管理　包括遮阴、间苗、匀苗、施肥等。

遮阴：开始出苗时在荫棚架上加覆盖物，荫蔽度 60%~70%。

间苗、匀苗：当苗长出 3~5 cm 时，间苗、匀苗，株间相隔 5~7 cm。

施肥：分别在幼苗长有 4~5 片和 8~10 片叶时施肥。

当苗高 30 cm 以上时即可定植。

2. 分株苗繁殖

选择生长健壮、分生能力强、无病虫害、穗大果多的母株作种。从中挑选株高 0.6 m、叶 5~10 片、具 1~2 条新萌发、带有鲜红嫩芽的匍匐茎苗作为繁殖材料。

（三）栽培技术规程

于春季 3—5 月或秋季 8—10 月阴雨天，将种苗的匍匐茎向下或水平放置，使新生匍匐茎顶端露出土面，用松土覆盖。老根茎覆盖土 6~9 cm，基部压实，穴面略低于地面。每亩栽种 1 000~1 500 株。植后淋水并以落叶覆盖穴面。

（四）田间管理

种植 1~2 a 后，荫蔽度为 70%~80%；进入开花结实期，荫蔽度 50%~60%；保水力差或缺水源的地段，荫蔽度保持 70% 左右。缺苗时应及时补苗。收果后要进行适当修剪，除割枯、弱、病残苗外，每平方米生长密度保持 40~50 株。

人工辅助授粉：采用人工辅助授粉，提高其结实率。

（五）采收与加工

1. 采收季节

在每年的 8 月上旬至中旬。

2. 鲜果制成干果方法

有焙干法和晒干法。

（六）质量特色

1. 感官指标

呈椭圆形或卵圆形，有不明显的三棱，长 1.5~2 cm，直径 1~1.5 cm。表面棕褐色至黑褐色，密生刺状突起，顶端有花被残基，基部常有果梗。果皮薄而软。种子结集成团，具三钝棱，中有白色隔膜，将种子团分成 3 瓣，每瓣有种子 5~26 粒。种子为不规则多面体，直径 2~3 mm；表面棕红色或暗褐色，有细皱纹，外被淡棕色膜质假种皮；

质硬，胚乳灰白色。气芳香而浓烈，味辛凉、微苦。

2. 分级

春砂仁干果按产品质量分为优等品、一等品、二等品。

3. 质量指标

应符合表 8-2 的规定。

表 8-2　春砂仁干果质量指标

项目	优等品	一等品	二等品
成熟度	果实成熟，红褐色种子数不多于 5%	果实成熟适度，红褐色种子数不多于 10%	果实成熟适度，红褐色种子数不多于 20%
水分/（g/100 g）	≤13.0	≤13.0	≤14.0
总灰分/（g/100 g）	≤9.0	≤10.0	≤11.0
酸不溶性灰分/（g/100 g）	≤5.0	≤6.0	≤7.0
挥发油/（mL/100 g）	≥3.5	≥3.3	≥3.0

注：挥发油指标是指种子团所含的挥发油，以干燥品计算。

4. 质量安全指标

（1）污染物限量指标　应符合 GB 2762—2017 的规定。

（2）农药最大残留限量指标　应符合 GB 2763—2021 的规定。

（七）试验方法

1. 感官指标检验

将样品置于干净的白色瓷盘上，用眼观法对果形、果皮、成熟度、色泽、组织状态、杂质等进行感官检验。用口尝法对滋味进行检验。

2. 质量指标检验

（1）水分　按 GB 5009.3—2016 的规定执行。

（2）总灰分、酸不溶性灰分　按 GB 5009.4—2016 的规定执行。

（3）挥发油　按《中华人民共和国药典》（2010 年版）的规定执行。

（4）污染物限量指标　按 GB 2762—2017 的规定执行。

（5）农药最大残留限量指标　按 GB 2763—2021 的规定执行。

（八）包装、运输、贮存

1. 包装

包装材料、包装容器应干燥、清洁、无毒、无异味且不易破损，并符合相应的卫生标准和有关规定，密闭包装，以保证产品运输、贮存、使用过程中的质量。

2. 运输

运输工具必须清洁卫生，不得与有毒、有害、有异味、有腐蚀性等货物混运，运输途中应防止挤压、碰撞、烈日暴晒、雨淋，装卸时应轻搬轻放，严禁抛掷。

3. 贮存

产品应采用完全密闭的方法贮藏，置于干燥、通风的专用仓库中，以防霉变；不得与有毒、有异味、有腐蚀性货物混贮。

三、春砂仁栽培产地环境要求

（一）自然环境

（1）海拔　云南省北回归线附近及以南，海拔 600~1 200 m 区域内。

（2）坡向、坡度　宜选南坡、西南坡或东南坡向种植，坡度不超过 25°。

（3）光照　在自然林、人工林或人工遮阴条件下种植，适宜荫蔽度为 40%~70%。

（4）温度　生长适宜年均温度 19~22 ℃，最冷月平均气温 12 ℃以上，极端最低气温 1~2 ℃，最热月平均气温 22~26 ℃，年有效积温为 3 800~4 500 ℃。

（5）湿度　年降水量 1 000 mm 以上，空气相对湿度在 80% 以上，灌溉用水质量应符合 GB 5084—2021 的要求。

（6）土壤　宜选疏松肥沃、富含腐殖质的砖红壤、红壤等土壤，pH 5.0~6.0。土壤环境质量标准应符合 GB 15618—2018 的二级标准要求。

（7）空气　环境空气质量应符合 GB 3095—2012 的二级标准要求。

（8）传粉昆虫　有能满足正常授粉要求的大蜜蜂 *Apis dorsata* Fabricius、中蜂 *Apis cerana cerana* Fabricius 等传粉昆虫。

（二）监测方法

春砂仁产地环境指标的监测方法见表 8-3。

表 8-3　春砂仁产地环境指标监测方法

监测项目	监测标准
空气质量	GB 3095—2012
灌溉水	GB 5084—2012
土壤 pH	NY/T 1377—2021
土壤中铬	NY/T 1121.12—2007
土壤中铅、镉	GB/T 23739—2009
土壤中汞	GB/T 22105.1—2008
土壤中砷	GB/T 22105.2—2008
土壤中滴滴涕	GB/T 14550—2003

四、春砂仁种子质量标准要求

（一）种子采收

选择健壮、无病虫害的母株，于 8 月下旬至 10 月初，果实变为紫红色，手捏果皮易裂时采收。拣选果粒大、籽粒饱满、黑褐色、有浓烈辛辣味的种子作种。

（二）种子质量要求

1. 感官要求

种子饱满，黑褐色，无病虫害。

2. 种子质量

种子质量应符合表 8-4 的规定。

表 8-4　春砂仁种子质量要求　　　　　　　　　　　单位:%

项目	指标
净度	≥97
水分	≤20
千粒重	≥10
发芽率	≥40

（三）检验方法

1. 取样

应符合 GB/T 3543.2—1995 的要求。

2. 净度分析

应符合 GB/T 3543.3—1995 的要求。

3. 水分

将样品盒预先烘干、冷却、称重，并记下盒号；称取试验样品两份，每份 4.0 g；将试样放入预先烘干和称重过的样品盒内，再称重（精确至 0.001 g），放置在温度已达 145 ℃恒温烘箱内；待烘箱温度回至 133 ℃开始计时，在（133±2）℃下烘 3 h；3 h后取出放入干燥器内冷却至室温，30~45 min 后再称重。根据烘后失去的重量占供检原始重量的比重计算种子水分。

4. 千粒重

将净种子混合均匀，从中随机取试样，8 个重复，每个重复 100 粒；将 8 个重复分别称重（g），结果精确到 0.000 1 g；计算平均重量，换算为千粒重量（g）。

5. 发芽率

新鲜种子潮沙贮藏 20 d，用 100 mg/kg 赤霉素浸种 30 h；以双层滤纸作发芽床；在30 ℃/20 ℃变温、12 h 光照条件下培养；记录之后 15~50 d 的种子发芽总数，按（发芽的种子数/供检测的种子数）×100 公式计算发芽率。

6. 包装、标识、贮藏

（1）包装　应符合 GB/T 7414—1987 的要求。

（2）标识　应符合 GB 20464—2006 的要求。

（3）贮藏　将自然阴干的种子，置于潮沙（手握成团，手松即散）中贮藏，沙子埋藏厚度 10~20 cm，贮藏时间不宜超过 180 d。

五、春砂仁种苗质量标准要求

（一）种苗质量要求

1. 感官要求

种子苗要求植株整体形态正常，根系完整，无明显病斑、失绿、虫害和损伤。分株苗要求植株健壮，根系完整，颜色正常，无病虫害和损伤，直立茎近端的匍匐茎上带有1~2个新萌发的嫩芽。

2. 分级要求

种苗质量划分应符合表8-5的规定。

表8-5　春砂仁种苗质量分级要求

类型	项目	等级	
		Ⅰ级	Ⅱ级
种子苗	苗高/cm	≥40	15~40
	丛芽数/个	≥3	1~2
分株苗	苗高/cm	60~110	110~180
	叶片数/片	5~10	10~20

（二）立地条件

土层厚度大于100 cm，土壤类型有砂页岩风化土、黑色石灰土和黄砂壤土。土壤pH 6.5~7，土壤有机质含量大于等于2%。

（三）栽培技术

1. 种苗繁育

采取实生繁殖和分株繁殖，实生繁殖可采用秋播、冬播和春播。

2. 种苗选择及定植

实生繁殖选用一年生苗，分株繁殖忌选无芽苗。定植21 000株/hm²。

六、春砂仁种苗生产技术规程

（一）种子苗培育

1. 播种

（1）种子处理　拣选大粒鲜果置于较柔和的阳光下晒2~3 h，连晒2 d，再置于阴凉通风处放3~4 d，去皮。选取籽粒饱满、黑褐色、有浓烈辛辣味的种子团，然后加等量的河沙和少量清水揉擦去果肉种衣，再用清水漂净阴干。播前用种子粗沙3∶1混匀进行摩擦，或用100 mg/kg赤霉素浸种30 h。

（2）播种时间　秋季播种宜在当年9月底前完成，或潮沙贮藏至翌年春季3月播种。

（3）沙床催芽　每平方米播36 g种子，撒播或条播。将沙子与种子按照5∶1混匀，撒播，覆盖1~2 cm厚沙层；或开行距10 cm、沟深2~3 cm的小沟，沟内均匀条播种子，覆沙平沟。播种后搭30~40 cm高塑料拱棚，温度过高时揭膜。

（4）假植　当苗木具5~6片真叶时，从沙床上取苗，按20 cm×10 cm行株距移栽于假植床。

2. 苗期管理

（1）浇水 视土壤墒情每周浇水 1~2 次，保持土壤湿润。

（2）除草 根据苗圃地杂草情况及时采用人工方法清除杂草，不应使用化学除草剂。

（3）苗疫病防治 遵循"预防为主，综合防治"原则，保持苗圃通风，控制湿度。化学防治应执行 NY/T 393—2020 的规定。出苗后 15 d，每隔 7 d 交替喷 50%多菌灵可湿性粉剂 500 倍液和 75%百菌清可湿性粉剂 700 倍液，连续喷 3 次进行预防；发病初期及时清除病苗并集中烧毁，立即喷 25%甲霜灵可湿性粉剂 800~1 000 倍液，每隔 7 d 喷 1 次，连续喷 4 次。

（二）分株苗培育

1. 母株选择

选择历年丰产、生长健壮、分生能力强、无病虫害的植株作母株。

2. 分株取苗

挖取株高 60 cm 以上、具 5~10 枚叶片、剪留 20~30 cm 长的老匍匐茎，且带 1~2 个嫩芽的壮实分株苗作种。

3. 分株苗扩繁

每年 3—10 月，选取分株苗按照 1 m×1 m 行间距假植于苗圃地，水肥管理参照本小节"2. 苗期管理"。

（三）出圃

土壤过干的苗圃地起苗前 2~3 d 应当适当灌水，保证取苗当天土壤潮湿。种子苗起苗时，如为疏松砂壤土可用手握住种子苗茎基部，慢慢将苗从土中搜取拔出；土壤黏度大时，先用铲子斜插到种子苗旁土下 30~40 cm 处，摇动铲子疏松土壤，待松土后再拔取种子苗。分株苗起苗时，先用枝剪将老匍匐茎剪断，再按照种子苗拔取方式起苗。要求做到随起、随选、随运、随栽。

（四）包装、运输、标签

1. 包装

同一级别的种苗以 50 株或 100 株扎成小捆，用包装袋将根部包裹好。包装袋应符合种苗包装材料要求。

2. 运输

苗木运输途中应采取遮阴、保湿、降温、通气等措施。运输过程中的温度宜为 20~28 ℃，最高温不宜超过 32 ℃，湿度保持在 60%~70%。苗木运到目的地后应存放在阴凉、通风的环境，并及时移栽，宜在 3 d 内移栽完。

3. 标签

苗木调运时在包装明显处附以标签，标签内容包括苗木类别、等级、生产者或经营者名称、地址、育苗时间、起苗时间。并附当地林业部门出具的 3 个证书（苗木检验证书、产地检疫合格证、植物检疫证）。

七、春砂仁栽培及粗加工技术规程

（一）选地整地

1. 选地

种植地应符合产地环境的要求，遮阴树种宜选树冠冠幅大、叶片小、叶薄易腐烂、根深、保水力强的树种。

2. 整地

自然林下根据林下空地情况耕翻种植，人工林或人工遮阴条件下根据地形地势耕翻分畦种植，畦宽 3~5 m，畦间留 30~50 cm 宽作业道。

3. 灌溉设施

在有条件的种植地建造蓄水池，并布局灌溉设施。

（二）定植

1. 定植时间

4—8 月均可定植。在有灌溉的条件下，越早定植越好；无灌溉条件下，宜 5—6 月阴雨天定植。

2. 种植密度

按株行距 1.5 m×1.5 m 栽植，每亩约种 300 株。

（三）种植及田间管理

（1）补苗　苗木定植 1 个月后，根据苗木成活情况，及时补苗。

（2）除草　封行前，根据杂草情况采用人工方法除草，一般每月除草 1 次，不应使用化学除草剂。

（3）施肥　苗木定植 1~2 个月成活并开始萌发新苗后，开始施复合肥，每 1~2 个月施 1 次，每亩施 0.75~1.5 kg，直至春砂仁苗完全封行。开花结果后，2 月下旬至 3 月上旬，每亩施过磷酸钙 25 kg、硫酸钾 20 kg、尿素 1.5~2.5 kg，促进春砂仁花芽分化。4 月下旬施促花肥，0.3%磷酸二氢钾和 0.01%硼酸混合液喷施叶面、花苞。秋季采果后，每亩施有机肥 2 500 kg、尿素 10 kg、过磷酸钙 20~25 kg，培土盖至匍匐茎一半。

（4）调整荫蔽度　保持荫蔽度 40%~70%。

（5）保护传粉昆虫　保护产地周边大蜜蜂、中蜂等传粉昆虫；不应人为毁坏蜂巢取蜜，避免使用杀虫剂。

（6）排灌　花期如遇旱及时灌溉，保持土壤湿润，空气湿度宜保持在 90%以上，土壤含水量 24%~26%；雨季注意排除积水。

（7）清园　每年秋季收果后，将老、弱、病、枯苗全部割除，并移到春砂仁地外，每平方米保留 30~40 株。清除地面过厚的落叶。

（四）病虫鼠害防治

1. 叶枯病

以农业防治为主。每年秋季采收果实后，及时割除老、弱、枯苗，清除杂草；11

月新苗萌发后，控制植株密度，改善通风条件；对发生病害的地块，及时清除病株及其根茎，烧毁或深埋；增施有机肥或复合肥，特别是钾肥，提高植株抗病能力。对于发病严重的地区全部挖除老株，深翻晒土，使用石硫合剂消毒土壤后重新种植。必要时辅以化学防治，发病初期每隔 7 d 交替喷洒 50%多菌灵可湿性粉剂 500 倍液、75%百菌清可湿性粉剂 700 倍液等广谱杀菌剂。

2. 鼠害

以物理机械防治为主。结果期，用鼠夹、鼠笼于傍晚设置于春砂仁地里进行人工捕杀。必要时用炒香的谷、糠或杂粮与敌鼠钠盐以 100∶1 拌匀，制成毒饵进行诱杀。每年 2—3 月，在村寨集中灭鼠，控制鼠源。

3. 老园更新

春砂仁定植 10 a 后，苗群衰老，产量降低，宜进行更新种植。

（五）采收加工

1. 采收

（1）采收时间　8 月中下旬至 10 月初，当果实呈紫红色时采收。

（2）采收方法　剪取整个果穗，不应用手直接拉扯果实。

2. 初加工

（1）分拣　将采收的鲜果集中在干净的场地，用剪刀将果穗分剪成单果，并剪去烂果、果穗顶部未成熟的嫩果，除去杂草、沙土等杂质，清洗干净，于通风阴凉处摊开晾放，避免堆捂。

（2）杀青　将春砂仁鲜果放入烘烤箱筛内，摊成约 10 cm 厚度。打开烘烤箱电源，将温度设置为 90~100 ℃，待温度稳定后，将装有鲜果的筛快速放入烘烤箱，进行杀青 3~4 h。待果实变软变色，且手捏有水分溢出时，从烘烤箱内取出果实。

（3）冷却回潮　将从烘箱取出的果实，自然冷却至常温。

（4）干燥　将自然冷却的果实，在 50~70 ℃ 温度的烘箱中烘干，含水量不超过 15%。

（六）质量要求

1. 基本要求

符合《中华人民共和国药典》（2020 年版）对砂仁的质量要求。

2. 性状

干货，呈卵圆形、卵形或椭圆形，有不明显的三棱。表面棕褐色或紫褐色，密生刺状突起。果皮薄而软，与种子团紧贴无缝隙。具果柄，一般不超过 1 cm。种子成团，有细皱纹，籽粒大多饱满。气芳香而浓烈，味辛凉、微苦。

3. 商品分级

根据商品性状，将春砂仁分为 3 个等级。

（1）一级　果皮与种子团紧贴无缝隙。种子团大小和颜色较均匀，种子表面棕红色或棕褐色，无瘪瘦果，籽粒饱满，每 100 g 果实数≤170 粒，炸裂果数≤5%。

（2）二级　果皮与种子团之间多少有缝隙，种子表面棕红色或红棕色，有少量瘪瘦果，每 100 g 果实数 170~330 粒，炸裂果数≤10%。

（3）三级 果皮与种子团之间多少有缝隙，种子表面棕红色至红棕色、橙红色或橙黄色，瘪瘦果较多（占 25%以内），每 100 g 果实数≥330 粒，炸裂果数≤15%。

（七）包装、贮存、运输

用饮片包装袋包装，包装袋应密封、避光、符合食品包装材料要求，包装袋上标签记录有产品名称、产地、质量要求等级、生产日期、生产者、经营者等信息。

贮存于阴凉、干燥、清洁、通风的库房中，不应与有毒、有害、有异味、易挥发、易腐蚀、潮湿的物品同库贮存。

单独运输，不应与有毒、有害、有异味、易挥发、易腐蚀、潮湿的物品一起运输。

第三节 三七

一、三七概述

三七是五加科人参属多年生直立草本植物，高可达 60 cm。主根肉质，呈纺锤形。茎暗绿色，指状复叶，轮生茎顶；叶柄具条纹，叶片膜质，伞形花序单生于茎顶，有花；总花梗有条纹，苞片多数簇生于花梗基部，卵状披针形；花梗纤细，小苞片多数，花小，淡黄绿色；花萼杯形，稍扁，花丝与花瓣等长；子房下位，果扁球状肾形，种子白色，三角状卵形，7—8 月开花，8—10 月结果。

主要分布于我国云南东南部，海拔 1 200~1 800 m 地带，历史上广东、广西、四川、贵州、湖南等地也有种植。

三七以根部入药，其性温、味辛，具有显著的活血化瘀、消肿定痛功效，三七主治咯血、吐血、衄血、便血、崩漏、外伤出血、胸腹刺痛、跌扑肿痛等疾病。

二、三七栽培技术规程

（一）选地与整地

三七种植宜选择中偏酸性砂质壤土，排灌方便，具有一定坡度的地块，土壤 pH 值为 5.5~7.0，海拔高度要求 1 000~1 800 m 较好。为了能保证生产优质三七，须考虑土壤中农残及重金属含量是否超标，其限量标准如下：六六六≤0.2 mg/kg，滴滴涕≤0.2 mg/kg，铅≤50 mg/kg，铜≤80 mg/kg，镉≤2 mg/kg，汞≤1 mg/kg，砷≤20 mg/kg。三七整地要求三犁三耙，充分破碎土块，并经阳光暴晒，有栽过三七的地块，需每亩土地用 50~70 kg 石灰做消毒处理。

（二）建棚与作畦

按 1.8 m×1.8 m 打点栽桩，建棚材料可用三七专用遮阳网，也可就地取材，使用树枝、山草、作物秸秆，但需调节其透光率为 8%~15%，以不超过 20%为宜，绝对不能超过 30%，否则三七不能正常生长。荫棚高度以 1.8~2 m 为宜，太低不利于农事操作，太高则易受风灾。三七作畦要求宽 120~140 cm，高 15~20 cm，并做成板瓦型，畦土做到上实下虚。

（三）播种和移栽

三七种子具有后熟性，需用湿沙保存到 12 月至翌年 1 月才能解除其休眠，此时即可播种。播种按 4 cm×5 cm 的规格自制模板，在畦面打出 2~3 cm 深的土穴进行点播，每亩播种量为 18 万~20 万粒。种苗移栽要求在 12 月至翌年 1 月现挖现移栽，其方法亦用 10 cm×12.5 cm 或 10 cm×15 cm 的模板打穴，使其休眠芽向下移栽，种植密度为 2.6 万~3.2 万株/亩。播种和移栽前需用 50% 多菌灵可湿性粉剂 500 倍液做浸种处理，栽完后覆盖火土或细土拌农家肥，至看不见播种材料为止，其后撒一层粉碎过的山草或松毛。

（四）田间管理

1. 抗旱浇水

三七播种后要到 3—4 月才出苗，其间需进行人工浇水（土壤有夜潮性的也可不浇），其方法需用喷头淋浇至畦面流水为止，一般 1 个月浇 2~3 次透水，直至雨季来临。

2. 调节透光

一年、二年生三七透光率要求偏低，一般 10% 左右为宜，而三年生三七则要求较强的透光率，以 15% 左右为宜，通过调节荫棚透光率，可以达到增加单株根重的目的。

3. 追肥

三七现蕾期（6 月）及开花期（9 月）为吸肥高峰，此时应对三七进行追肥。三七的追肥以农家肥为主，辅以少量复合肥，农家肥的追肥用量为 2 000~2 500 kg/（亩·次），复合肥的追肥用量为 10~15 kg/（亩·次）。

4. 摘蕾、疏花和护果

在以生产块根为主要目标的冷凉地区，当三七花基长到 3~5 cm 时将其摘除，可大幅提高块根产量。在留种田于三七开花期将中心花蕾的花序疏掉 1/3 可使三七红籽（果实）获得满意的产量。

5. 三七园清洁

及时人工拔除三七园的各种杂草，清除病株残体，并远离三七园焚烧或深埋。三七园清洁是改善三七通光透光、防止病害蔓延的重要措施，必须给予高度重视。

（五）肥水管理

移栽后间隔 3~5 d 浇 1 次水，保持土壤湿润，如果遭遇雨季，需要及时进行排水，因为种植的地势是带有坡度的所以排水也是非常的简单，只要将田间的水沟疏通，水分就可以自动排出。

三七的整个生长期可以分为 3 个阶段，一般进行 3 次施肥即可。第一次施肥是在每年的 3 月左右，也就是三七长苗的时期，亩施 2 500 kg 复合肥，第二次施肥在三七的提苗时，亩施 1 500 kg 复合肥。最后一次施肥是在三七促根期，亩施 2 000 kg 复合肥，另外配合施用 250 kg 磷肥、150 kg 钾肥以及 50 kg 硼肥。注意每次施肥之后一定要记得浇水。

（六）病虫害防治

三七由于栽培年限长（2~3 a），且又生长于荫蔽高湿的栽培环境下，因此三七病害较多且蔓延迅速，主要病害有黑斑病及根腐病。三七虫害一般不构成为害，整个生育期用辛硫磷防治 1~2 次即可。

1. 黑斑病

于雨季流行蔓延，表现为叶片、茎发生浅褐色椭圆形病斑，继而凹陷产生黑色霉状物，严重时出现扭折。防治方法为发病初期用 40%菌核净 500 倍液+70%甲基硫菌灵500 倍液叶面喷雾，或 45%代森铵水剂 1 000 倍液叶面喷雾。

2. 根腐病

三七根腐病为土传病害，主要发生于出苗期（3—4 月）及开花期（8—10 月），其症状为叶片垂萎发黄，块根或根茎腐烂。防治方法为发病初期用 70%敌磺钠可溶粉剂+25%三唑酮可湿性粉剂各 1 kg/亩，拌细土 150 kg 制成药土撒施，有较好的防治效果。

（七）农药使用准则

1. 农药使用量

严格按照说明书推荐用量范围科学使用，不得擅自或随意加量使用。

2. 农药使用次数

一年内农药使用 3~5 次，每次间隔 7~15 d，最后一次使用距离三七采挖的安全间隔期为 15~30 d。

3. 农药使用方法

针对苗床用药选择喷雾、喷淋；茎叶用药选择喷雾，根部选用浇淋或灌根。

4. 农药使用时期

使用农药选择在阴天无阳光或 17：00 后进行。

5. 农药抗性预防

不同种类农药或相同有效成分农药需交替并轮换使用。

6. 农药混用原则

不同种类农药要根据有效成分及病虫害发生情况，适时科学混合使用，原则上混用不能超过 3 种。生物菌剂与杀菌剂不能混用，用了生物菌剂的地块不能使用同类杀菌剂。

7. 新农药使用原则

新农药品种，应取得在三七上的使用登记后方可在三七生产中使用。

8. 除草剂使用原则

三七种植地不得使用化学除草剂。严禁使用基因工程品种及制剂。有机合成农药在三七中的最终残留应符合 GB 2763—2021 的最高残留限量要求。

9. 农药废弃物处理

使用后的农药包装物必须收集后带出田间，集中按环保规定处理。

（八）禁用农药

优质三七栽培必须禁止使用高毒、高残留农药。有机氯类：滴滴涕、六六六、五氯硝基苯、杀螨醇。有机磷类：甲拌磷、甲胺磷、氧乐果、敌百虫。有机砷类：福美胂等。氨基甲酸酯类：克百威等。有机汞类、氟制剂等。

（九）采收

春三七（不留种）10月采收，冬三七（留种）12月采收；清洗后分类晒干或烤干，保持含水量为12%～13%，再冲撞抛光即成商品三七。

三、三七等级规格

（一）质量要求

1. 外形特征

主根分为"疙瘩七""萝卜七"两种，"疙瘩七"呈类圆锥形或不规则球形；"萝卜七"呈长形，似萝卜状。表面灰黄色或灰棕色，有断续的纵皱纹和支根痕，顶端有茎痕，周围有瘤状突起，质坚实；断面灰绿色、黄绿色，木质部微呈放射状排列。

春三七外形饱满、表面皱纹细密而短或不明显，断面常呈黄绿色，木质部菊花心明显，无空隙；冬三七外形不饱满、表面皱纹多且深长或呈明显的沟槽状，断面常呈灰绿色，木质部菊花心不明显，多有空隙。

2. 显微特征

（1）主根显微鉴别 具体如下。

①三七主根横切面可见落皮层少数残留，木栓层为数列排列整齐的扁平细胞，栓内层极窄。

②韧皮部宽厚，内侧韧皮束明显，韧皮射线宽广，向外不甚明显。

③树脂道多单个散在，少数双生，外侧的较大，内侧的较小且位于韧皮束中。

④形成层成环。

⑤木质部分化至中心，以薄壁细胞为主，中央导管向外放射状聚集成束，导管束多1～2次叉状分支，导管小，径向稀疏排列。

⑥木质部射线宽广。

⑦薄壁细胞富含淀粉粒及细小草酸钙簇晶。

（2）粉末显微鉴别 具体如下。

①粉末呈灰黄色或灰白色。

②淀粉粒甚多，单粒圆形、半圆形，直径4～30 μm。

③树脂道碎片含黄色分泌物，梯纹、网纹及螺纹导管长15～55 μm。

④草酸钙簇晶少见，直径50～80 μm。

3. 一般要求

（1）外观质量 需清洗干净、无杂质，且不得出现肉眼可见的昆虫、霉变和外部污染物。

（2）水分 不高于13.0%。

（3）总灰分 主根、筋条不得高于4.0%，剪口不得高于5.0%。

（4）酸不溶性灰分 不得高于1.5%。

（5）醇溶性浸出物　主根、筋条应大于16%，剪口应大于25.0%。

4. 有效成分含量

（1）主根及筋条　三七皂苷 R_1，人参皂苷 Rg_1、Re、Rb_1 和 Rd 的总量不得低于6.5%。

（2）剪口　三七皂苷 R_1，人参皂苷 Rg_1、Re、Rb_1 和 Rd 的总量不得低于10.0%。

（3）重金属　铅（Pb）不得高于 5 mg/kg、砷（As）不得高于 2 mg/kg、镉（Cd）不得高于 2 mg/kg、汞（Hg）不得高于 0.1 mg/kg。

（4）农药残留　六六六、滴滴涕和五氯硝基苯的残留量均不得大于 0.1 mg/kg。

5. 主根分等规格

在符合一般要求的前提下，每批三七主根的根重、根长和头数需满足表 8-6 要求，未满足每级最低重量要求的数量应不高于5%，否则该批样品降一级。

表 8-6　三七主根分等规格

等级	根重（g）	根长（cm）	头数
一级	≥25.0	≤6.5	≤20
二级	≥17.0	≤6.0	≤30
三级	≥12.5	≤5.5	≤40
四级	≥8.5	≤4.5	≤60
五级	≥6.5	≤3.5	≤80
六级	≥4.5	≤3.0	≤120
七级	≥2.5	≤2.5	≤200
八级	≥0.6	>2.5	(200, 300]
不合格	<0.6	>2.0	>300

（二）质量检测

取样量参照表 8-7。

表 8-7　三七样品的最大和最小取样量

每批样品最大取样量（g）	终样的最小取样量（g）		
	用于测量根重、根长和头数	用于三七皂苷 R_1 和人参皂苷 Rg_1、Re、Rb_1 和 Rd 分析	用于其他分析
5 000	500	250	250

1. 检测方法

（1）性状鉴别　从每批三七中随机抽取样品≥500 g，肉眼观察其外观质量，并按照外形特征和纤维特征进行鉴别。

（2）水分含量测定　按照 GB 5009.3—2016 规定的方法测定。

（3）总灰分含量测定、酸不溶性灰分含量测定　按照 GB 5009.4—2016 规定的方法测定。

（4）醇提物含量测定　按照 ISO 20409—2017 规定的方法测定。

（5）三七皂苷 R_1 和人参皂苷 Rg_1、Re、Rb_1 的鉴别　按照 ISO 20409—2017 规定的方法测定。

（6）三七皂苷和人参皂苷含量测定　按照 ISO 20409—2017 规定的方法测定。

（7）重金属含量测定　按照 ISO 18664—2015 规定的方法测定。

（8）农残含量测定　按照 GB/T 2763—2021 规定的方法测定。

（9）根重　随机抽取样品不低于 500 g，逐一称重，计算均重。

（10）根长　随机抽取样品不低于 500 g，用游标卡尺从顶端到末端逐一测量根长，计算平均长度。

（11）头数　随机抽取样品不低于 500 g，称重并数数，根据式（8-1）计算。

$$T = 500N/M \qquad\qquad (8\text{-}1)$$

式中：T——头数；

　　　N——样品数；

　　　M——样品质量。

（13）检测报告　检测报告应明确以下内容。

①用于样品鉴别的所有必要信息。

②取样方法。

③检测方法及参考文件。

④检测结果。

⑤文件中未标注的所有操作细节，或可能影响检测结果的任一事件细节。

⑥检测过程中观察到的异常现象。

⑦检测时间。

（三）标志、包装、运输和贮存

1. 标志

包装物上应标注原产地域产品标志，注明品名、产地、规格、等级、生产者、生产日期或批号、产品标准号。

2. 包装

包装物应洁净、干燥、无污染。

3. 运输

选择透气、防水、洁净的运输工具进行运输，不得与有毒、有害物质混装。

4. 贮存

三七应贮存于阴凉、干燥处。

四、三七产地加工技术规程

（一）拣选

清洁拣选室，拣出鲜三七中受病虫为害的三七、三七茎叶及杂质等。

（二）修剪

按以下方式进行修剪：一是清洁修剪室；二是清洁修剪工具；三是剪除直径为5 mm 以下的须根，再沿高于主根表面 0.4~0.6 cm 处将支根、根茎剪下，盛放于周转工具中；挂好状态标识后送至下道工序。

（三）清洗

修剪后的鲜三七用清洗设备常温进行清洗，清洗时间不超过 10 min，清洗水源应符合 GB 5749—2006 的规定。

（四）干燥

宜对三七主根、剪口、筋条和支根进行低温真空冷冻干燥、加热干燥，或自然干燥，并符合以下要求：一是低温真空冷冻干燥温度-50~-40 ℃，时间 24~32 h；二是加热干燥温度 50 ℃，干燥时间 24~48 h；三是干燥后的三七含水量应低于13%。

（五）分级

可采用机械自动分级或人工分级，并符合以下要求：一是按等级规格要求进行分等；二是将分等好的三七分别用周转箱盛装，挂好状态标志等待场内取样送检；三是检验合格后包装贮存。

（六）标志、包装、运输和贮存

1. 标志

包装物上应标注原产地域产品标志，并注明品名、产地、规格、等级、生产者、生产日期、批号和引用标准。

2. 包装

包装物应洁净、干燥、无污染。

3. 运输

不应与农药、化肥等其他物质混装，运载容器应通气并保持干燥。

4. 贮存

应进行货架堆放贮存，仓库应具备透风、除湿设备，地面为混凝土。货架与墙壁的距离不得少于 1 m，离地面距离 20~30 cm，含水量超过 13% 的三七不得入库，且入库三七应每 15 d 检查 1 次，必要时应进行翻晒。

五、干制三七花质量安全标准要求

（一）感官要求

感官要求应符合表8-8的规定。

表 8-8　干制三七花感官要求

项目	要求	检验方法
形态	三七花呈半球形、球形或伞形，花梗呈圆柱形，常弯曲，具细纵纹	取适量样品置于洁净的白色搪瓷盘中，在自然光线下目视、鼻嗅、口尝
色泽	绿色至黄绿色	
气味、滋味	具有本品固有的气味和滋味，无异味	
杂质	无肉眼可见的外来杂质	

（二）理化指标

1. 理化指标

应符合表 8-9 的规定。

表 8-9　干制三七花理化指标

项目	指标	检验方法
水分/（g/100 g）	≤13.0	GB 5009.3—2016
总灰分/（g/100 g）	≤7.0	GB 5009.4—2016
人参皂苷 Rb_3/（g/100 g）	≥0.8	GBS 53/023—2017

2. 干制三七花中人参皂苷 Rb_3 的测定方法

（1）仪器与试剂　仪器包括高效液相色谱仪（配置紫外检测器）、电子分析天平、超声清洗机。试剂包括乙腈（色谱纯）、甲醇（分析纯）、超纯水、人参皂苷 Rb_3 对照品。

（2）实验方法　具体如下。

①色谱分析条件。以十八烷基硅烷键合硅胶为填充剂；以乙腈为流动相 A，以水为流动相 B，按表 8-10 中的规定进行梯度洗脱；检测波长为 203 nm；流速为 1 mL/min；进样量为 20 μL。

表 8-10　色谱分析条件

时间/min	流动相 A/%	流动相 B/%
0~10	25	75
10~65	25→37	75→63

②供试品溶液的制备。取三七花粉末（过 4.75 nm 筛）约 0.6 g，精密称定，精密加入甲醇 50 mL，称定重量，超声处理（功率 250 W，频率 50 000 Hz）30 min，冷却后用甲醇补足失重，摇匀，滤过，取续滤液作供试品溶液。

③标准曲线的绘制。精密称取对照品人参皂苷 Rb_3 适量，加入甲醇制成每 1 mL 含人参皂苷 Rb_3 1 mg 的溶液，为人参皂苷 Rb_3 对照品溶液。将对照品溶液用甲醇稀释成浓度分别为 1 mg/mL、0.5 mg/mL、0.1 mg/mL、0.05 mg/mL、0.01 mg/mL、0.005 mg/mL

的对照品溶液，用于液相检测。以样品浓度为横坐标、峰面积为纵坐标，绘制标准曲线，计算回归方程。

（三）污染物限量

污染物限量应符合表 8-11 的规定。

表 8-11　干制三七花污染物限量　　　　　　　　　　单位：mg/kg

项目	指标	检验方法
总砷（以 As 计）	≤1.5	GB 5009.11—2014
铅（以 Pb 计）	≤2.0	GB 5009.12—2017
镉（以 Cd 计）	≤0.5	GB 5009.15—2014
总汞（以 Hg 计）	≤0.1	GB 5009.17—2021

（四）农药残留限量

农药残留限量应符合表 8-12 的规定。

表 8-12　干制三七花农药残留限量　　　　　　　　单位：mg/kg

项目	指标	检验方法
六六六	≤0.05	GB 5009.19—2008
滴滴涕	≤0.05	GB 5009.19—2008
多菌灵	≤5.0	GB/T 20769—2008
腐霉利	≤4.0	GB 23200.8—2016
嘧霉胺	≤2.0	GB 23200.8—2016
醚菌酯	≤1.5	GB 23200.8—2016
苯醚甲环唑	≤1.5	GB 23200.8—2016
腈菌唑	≤1.0	GB 23200.8—2016
甲霜灵	≤0.1	GB 23200.8—2016
恶霜灵	≤1.0	GB 23200.8—2016
其他农药残留	应符合 GB 2763—2021 的规定	

（五）生产加工过程中的卫生要求

生产加工过程中的卫生要求应符合 GB 14881—2013 的规定。

（六）食品添加剂

食品添加剂的使用应符合 GB 2760—2014 的规定。

（七）每日推荐食用量和不适宜人群

每天推荐食用量为 1 g。婴幼儿、孕妇、乳母不宜食用。

六、干制三七茎质量安全标准要求

（一）技术要求

1. 原料要求

（1）三七茎叶　应无霉变、无虫蛀。

（2）生产加工用水　应符合 GB 5749—2006 的规定。

2. 感官要求

感官要求应符合表 8-13 的规定。

表 8-13　干制三七茎感官要求

项目	要求	检验方法
形态	具有本品固有的形态	取适量样品置于洁净的白色搪瓷盘中，在自然光线下目视、鼻嗅、口尝
色泽	绿色至黄绿色	
气味、滋味	具有本品固有的气味和滋味，无异味	
杂质	无肉眼可见的外来杂质	

3. 理化指标

理化指标应符合表 8-14 的规定。

表 8-14　干制三七茎理化指标　　　　　　　单位：g/100 g

项目	指标	检验方法
水分	≤13.0	GB 5009.3—2016
总灰分	≤9.0	GB 5009.4—2016
人参皂苷 Rb_3	≥0.5	参照三七花中人参皂苷 Rb_3 检测方法

4. 污染物限量

污染物限量应符合表 8-15 的规定。

表 8-15　干制三七茎污染物限量　　　　　　　单位：mg/kg

项目	指标	检验方法
总砷（以 As 计）	≤1.5	GB 5009.11—2014
铅（以 Pb 计）	≤2.0	GB 5009.12—2017
镉（以 Cd 计）	≤0.5	GB 5009.15—2014
总汞（以 Hg 计）	≤0.1	GB 5009.17—2021

5. 农药残留限量

农药残留限量应符合表 8-16 的规定。

表 8-16　干制三七茎农药残留限量　　　　　　　单位：mg/kg

项目	指标	检验方法
六六六	≤0.05	GB 5009.19—2008
滴滴涕	≤0.05	GB 5009.19—2008
多菌灵	≤5.0	GB/T 20769—2008
腐霉利	≤4.0	GB 23200.8—2016
甲基硫菌灵	≤3.0	NY/T 1680—2009
腈菌唑	≤1.0	GB 23200.8—2016
烯酰吗啉	≤2.0	GB/T 20769—2008
丙环唑	≤0.5	GB 23200.8—2016
氯氟氰菊酯	≤0.2	GB 5009.146—2008
恶霜灵	≤1.0	GB 23200.8—2016
其他农药残留	应符合 GB 2763—2021 的规定	

6. 生产加工过程中的卫生要求

生产加工过程中的卫生要求应符合 GB 14881—2013 的规定。

7. 食品添加剂

食品添加剂的使用应符合 GB 2760—2014 的规定。

（二）每日推荐食用量和不适宜人群

每日推荐食用量为 1 g。婴幼儿、孕妇、乳母不宜食用。

第四节　槟榔

一、槟榔概述

槟榔是单子叶植物纲初生目棕榈科槟榔属常绿乔木，茎直立，乔木状，高可超过 10 m，最高可达 30 m，有明显的环状叶痕，雌雄同株，花序多分枝，子房长圆形，果实长圆形或卵球形，种子卵形，花果期 3—4 月。

槟榔原产自马来西亚，目前主要分布在亚洲热带地区、东非及欧洲部分区域，在太平洋地区主要分布于巴布亚新几内亚、所罗门群岛、斐济、瓦努阿图以及密克罗尼西亚，零星分布在皮纳佩岛等。我国主要分布在云南、海南及台湾等热带地区。

在我国南方一些地区还有将槟榔果实作为一种咀嚼嗜好品，然而经常嚼槟榔，除了严重损害牙齿，导致牙齿变红变黑，甚至提前脱落外，还有很高的致癌风险。早在 2003 年，世界卫生组织下属的国际癌症研究中心就已经将槟榔认定为一级致癌物。在土耳其、新加坡、阿拉伯联合酋长国、加拿大和澳大利亚等国，槟榔被认定为毒品，并被众多欧美国家禁售。

但在中医中，槟榔是重要的中药材，认为槟榔具有杀虫、破积、降气行滞、行水化湿的功效，曾被用来治疗绦虫、钩虫、蛔虫、姜片虫等寄生虫感染。我国有 225 种药品含有槟榔成分。经检测，槟榔含有 20 多种微量元素，其中 11 种为人体必需的微量元素。槟榔种子含总生物碱 0.3%~0.6%，主要为槟榔碱，并含有少量槟榔次碱、去甲基槟榔碱、异去甲基槟榔次碱、槟榔副碱及高槟榔碱等，均与鞣酸集合存在，还有鞣质、脂肪、甘露醇、半乳糖、蔗糖、儿茶素、表儿茶素、无色花青素、槟榔红色素、皂苷及多种原矢车菊素的二聚体、三聚体、四聚体等。

二、槟榔栽培技术规程

（一）园地选择
选择年平均温度在 21 ℃以上、无霜冻、年平均降水量 1 500~2 200 mm 的地区。土壤要求：土层深厚、富含有机质、保水力强、排水良好的红壤或砖红壤。山区的腐殖土，河岸冲积土，村边、路边、屋旁的肥沃园地也宜种植。

（二）育苗
1. 种果选择

一般选用海南本地的长蒂种。采种母株以生长健壮的 20~30 龄树为宜，选择叶片青绿色、叶柄短而柔软、茎干上下粗细一致、节间均匀、长势旺、开花早、结果多而稳定、每年抽生三蓬以上果穗、单株产果 300 个以上、叶片 8 片以上且浓绿而稍下垂的植株。选第二、第三蓬，5—6 月开花的，果大量多的果穗。要求果实饱满、无裂痕、无病斑，充分成熟，呈金黄色，大小均匀，每千克鲜果 18~22 个。

2. 催芽

新收种果晾晒 1~2 d，使果皮略干，种果放在荫蔽、湿润的地方铺堆，每堆约 1 500 个，堆高 15 cm 左右，再盖上稻草，每天淋水保持湿润，温度不能超过 35 ℃，经 20~30 d，剥开果蒂有白色小芽点生出，即可播种。

3. 移苗

选用长×宽为 30 cm×25 cm 的具孔育苗袋，先装入 3/5 的营养土（表土、火烧土、土杂肥为 6∶2∶2 混合），然后放进萌芽的种子。芽点向上，再加土至满袋并撒少许细沙以免板结，上面再覆草，淋水至全湿为止。每天淋水 1 次，苗床上方架设遮光率为 60% 的遮阳网。待苗有 4~5 片叶时，便可出圃。移栽出圃前 7 d 逐步移开遮阳网，进行炼苗。

（三）定植
1. 整地

选好地后，清除杂草。在坡度超过 15°的山地，要挖宽 1.5~2 m、向内倾 10°左右的环山行。

2. 定植时间

在秋季 8—10 月，以种苗顶端箭叶尚未展开时定植，定植时宜选阴天进行。

3. 定植密度

采用株距 2~2.5 m、行距 2.5~3 m 的种植密度，平地或土壤肥力较好的园地宜疏植，90 株/亩；坡度较大的园地可适当缩小行间距离，120 株/亩。

4. 定植穴准备

植穴挖长×宽×深 80 cm×80 cm×60 cm，挖穴时将底土和表土分开，表土混以适量有机肥，回填于植穴的下层，底土覆于上层。植穴应于定植前 1~2 个月完成准备。

5. 定植方法

用袋装苗定植，种植不宜过深，入穴时先去掉袋子再回土。植后淋足定根水，并盖根圈草。若地势低洼，要挖好排水沟。

（四）土壤管理

1. 中耕除草

幼龄槟榔园，每年应除草 2~3 次，保持树盘无杂草；成林槟榔园，只清除杂木，留下矮小杂草覆盖地表，保持土壤湿度。结合除草进行培土，把露出土面的肉质根埋入土中。

2. 间种

在茎基 50 cm 以外的行间，间种绿肥或豆科作物。

（五）水分管理

1. 灌溉

保持土壤湿润，干旱时及时浇水。灌溉水质量应符合 NY/T 5010—2016 的规定。

2. 排水

及时排除园内积水，避免涝害。

（六）施肥管理

1. 允许使用的肥料种类及质量

农家肥、商品肥料，按 NY/T 394—2021 的规定执行。微生物肥料按 NY/T 227—1994 的规定执行。

有机堆肥须经 50 ℃ 以上高温发酵 7 d 以上，沼气肥须经密闭贮存 30 d 以上方可使用。

2. 施肥方法

幼龄树以氮肥为主，植后翌年至结果前，每年要施 3 次肥，每株每次施堆肥 5~10 kg、磷肥 0.2~0.3 kg、尿素 0.1 kg 或人粪尿 5 kg，根系外围穴施覆土。投产结果第一年每株加施氯化钾 0.2 kg。

成龄树每年施肥 3 次，第一次为花前肥，在 2 月开花前穴施，每株厩肥 10 kg、人粪尿 10 kg、氯化钾 0.15 kg；第二次为青果肥，6—9 月施，每株施厩肥 15 kg、人粪尿 10 kg、尿素 0.15 kg、氯化钾 0.1 kg；第三次为入冬肥，以施钾肥为主，每株施厩肥 10 kg、人粪尿 5 kg、氯化钾 0.2 kg。

（七）控花保果

去除 3 月前抽出的花苞，保留 4—6 月开的花。

（八）防畜、防火、防寒

防止猪、牛等牲畜进入槟榔园践踏植株根部；及时清除园中枯枝干草防止火灾；进入秋冬时在茎干上用石灰刷白防寒。

（九）病虫害防治

1. 防治对象

槟榔的病害一般有炭疽病、叶枯病、细菌性条斑病、枯菌病、腐芽病、枯穗病、褐根病、黑衣病、黄化病等，常见的虫害有椰心叶甲、穗螟和介壳虫。

2. 防治原则

以"预防为主，综合防治"为原则，提倡采用农业防治、生物防治、物理防治等方法，合理使用高效、低毒、低残留的化学农药，禁用高毒、高残留的农药。

3. 防治方法

（1）农业防治　一是搞好园地卫生，及时清除病死植株和叶片。二是合理施肥、灌溉，提高植株抗病能力。三是避免与交互寄生植物间种或混种。

（2）生物防治　人工释放椰甲截脉姬小蜂、椰甲啮小蜂防治椰心叶甲，释放钝绥螨防治螨类，接种放线菌防治线虫。

（3）物理防治　采用诱虫灯、捕虫板等诱杀害虫。

（4）化学防治　参照执行 GB/T 8321（所有部分）中有关的农药使用准则和规定。禁用未经国家有关部门批准登记和许可生产的农药。防治措施如表 8-17 所示。

表 8-17　槟榔主要病虫害化学防治措施

病虫害名称	为害部位	使用药剂及浓度与稀释倍数	防治方法
炭疽病	叶片、花序	70%甲基硫菌灵可湿性粉剂 1 000 倍液；80%代森锌可湿性粉剂 600 倍液；50%咪鲜胺锰盐可湿性粉剂 3 000倍液+氨基酸	喷雾
叶枯病	叶片	50%琥铜·甲霜灵可湿性粉剂 800 倍液+植宝素 200 倍液；70%甲基硫菌灵可湿性粉剂 1 000 倍液	喷雾
细菌性条斑病	叶片	30%琥胶肥酸铜可湿性粉剂 600 倍液	喷雾
果腐病	果实	70%甲基硫菌灵可湿性粉剂 1 000 倍液；25%多菌灵可湿性粉剂 400~800 倍液；食盐 150~200 g	喷雾；用布或纸包好，置于植株的心叶中央
枯穗病	果穗	同炭疽病	喷雾
红脉穗螟	花、果	20%氰戊菊酯乳油 8 000~10 000倍液；25 g/L溴氰菊酯悬浮剂 10 000倍液；5%高效氯氰菊酯悬浮剂 1 000倍液；48%毒死蜱乳油 1 000倍液+1.8%阿维菌素水乳剂 3 000倍液	喷雾
介壳虫	叶片、果实	48%毒死蜱乳油 1 000倍液；5%高效氯氰菊酯悬浮剂 1 000倍液	喷雾

病虫害名称	为害部位	使用药剂及浓度与稀释倍数	防治方法
蚜虫	叶片、果实	480 g/L 吡虫啉悬浮剂 3 000 倍液； 20%丁硫克百威乳油 800 倍液； 3%啶虫脒微乳剂 1 000 倍液	喷雾
椰心叶甲	心叶	5%高效氯氰菊酯悬浮剂 1 000 倍液； 3%啶虫脒微乳剂 1 000 倍液； 25%阿维·灭幼脲悬浮剂 1 000 倍液	置于植株的心叶中央；喷雾

（十）槟榔鲜果的采收

根据果实成熟度、用途、市场需求和气候条件决定果实采收时间。

采收时，用收果剪或锐利的收果叉（钩）将果穗整穗切下。植株高的，在底下铺设编织网承接以免摔坏槟榔果。采收后及时处理，依据成熟度、果实大小进行分级，剔除病虫果、损伤果和畸形果，分级包装。

三、食用槟榔质量安全标准要求

指以槟榔干果为主要原料，经煮制或浸渍、切片、点卤、干燥等主要工序加工制作而成的干态制品。

（一）技术要求

1. 原料要求

（1）槟榔干果　应符合 NY/T 487—2002 的规定。

（2）饴糖　应符合 GB/T 20883—2007 的规定。

（3）糖精钠　应符合 GB 1886.18—2015 的规定。

（4）环己基氨基磺酸钠　应符合 GB 1886.37—2015 的规定。

（5）石灰　应符合 GB 1886.214—2016 的规定。

（6）乙酰磺胺酸钾　应符合 GB 25540—2010 的规定。

（7）对羟基苯甲酸乙酯（或对羟基苯甲酸丙酯）　应符合 GB 1886.31—2015 的规定。

（8）香精（或香料）　应符合 GB 30616—2014（或 GB/T 15691—2008）的规定。

（9）加工槟榔用水　应符合 GB 5749—2006 的规定。

2. 感官要求

感官指标应符合表 8-18 的规定。

表 8-18　食用槟榔感官指标

项目	指标
形态	大小、长短、厚薄基本一致
色泽	具有该产品应有的颜色和光泽

（续表）

项目	指标
滋味与口感	具有该产品应有的味道与香气，无苦味和异味
杂质	不允许有外来杂质

3. 净含量

应符合《定量包装商品计量监督管理办法》的规定。

4. 理化指标

理化指标应符合表8-19的规定。

表8-19　食用槟榔理化指标

项目	指标
铅（以Pb计）/（mg/kg）	≤0.5
总砷（以As计）/（mg/kg）	≤0.5
铜（以Cu计）/（mg/kg）	≤10
有机磷农药/（mg/kg）	不得检出
乙酰磺胺酸钾（安赛蜜）/（g/kg）	≤3.0
糖精钠/（g/kg）	≤5.0
环己基氨基磺酸钠（甜蜜素）/（g/kg）	≤6
脱氢乙酸/（g/kg）	≤0.3
对羟基苯甲酸乙酯/（g/kg）	≤0.5
二氧化硫/（mg/kg）	≤50
其他食品添加剂	按GB 2760—2014中陈皮、话梅类执行

5. 微生物指标

微生物指标应符合表8-20的规定。

表8-20　食用槟榔微生物指标

项目	指标
菌落总数/（CFU/g）	≤1 000
大肠菌群/（MPN/100 g）	≤30
霉菌/（CFU/g）	≤50
致病菌[a]	不得检出

注：[a] 致病菌是指沙门氏菌、志贺氏菌、金黄色葡萄球菌。

（二）试验方法

1. 感官检验

将样品放于白色瓷盘上，用目测观察、鼻嗅、口尝品评。

2. 净含量

按 JJF 1070—2019 中规定执行。

3. 理化指标的检验

（1）铅　按 GB 5009.12—2007 的规定执行。

（2）总砷　按 GB 5009.11—2014 的规定执行。

（3）铜　按 GB 5009.13—2017 的规定执行。

（4）乙酰磺胺酸钾　按 GB 25540—2010 的规定执行。

（5）糖精钠　按 GB 1886.18—2015 的规定执行。

（6）环己基氨基磺酸钠（甜蜜素）　按 GB 1886.37—2015 的规定执行。

（7）脱氢乙酸　按 GB 5009.121—2016 的规定执行。

（8）对羟基苯甲酸乙酯（或对羟基苯甲酸丙酯）　按 GB 5009.31—2016 的规定执行。

（9）二氧化硫　按 GB 5009.34—2016 的规定执行。

（10）有机磷农药　按 GB 5009.20—2003 的规定执行。

4. 微生物指标的检验

（1）菌落总数　按 GB/T 4789.2—2016 的规定执行。

（2）大肠菌群　按 GB/T 4789.3—2016 的规定执行。

（3）霉菌　按 GB/T 4789.15—2016 的规定执行。

（4）致病菌　按 GB/T 4789.4—2016、GB/T 4789.5—2016、GB/T 4789.10—2016 的规定执行。

（三）检验规则

1. 组批

以同批原料、同一班次生产的同品种规格的产品为同一批。

2. 抽样

按 GB/T 10782—2012 的规定执行。

3. 出厂检验

每批产品经检验合格方可出厂，并附产品检验合格证。出厂检验项目包括感官要求、净含量、菌落总数、大肠菌群。

4. 型式检验

型式检验每半年进行 1 次，有下列情况之一时也须进行：一是产品投产前、停产后重新生产时；二是更改主要原料、配方、工艺时；三是国家质量监督部门提出要求时。

型式检验项目包括本节规定的全部项目。

5. 判定原则

出厂检验项目全部符合标准要求，则判定该批产品为合格品；微生物指标有 1 项不合格时，则判定该批产品不合格；其余指标不符合标准要求时，可加倍取样进行复检，以复检结果为最终判定依据。

型式检验项目全部符合标准要求，则判定该批产品为合格品；型式检验项目不超过 2 项理化指标不符合标准要求时，可加倍抽样对不合格项目进行复检，复检合格，则判定该批产品为合格品，复检后仍有 1 项不符合标准要求时，判定该批产品为不合格品；超过 2 项理化指标不符合标准要求时，判定该批产品为不合格品；微生物指标有 1 项不合格，判定该批产品不合格。

（四）标志、包装、运输与贮存

1. 标志

产品标签应符合 GB 7718—2011 的规定，必须标明产品名称、生产厂名、厂址、净含量、配料、生产日期、保质期、执行标准、食用方法、贮存条件；外包装上的图示标志应符合 GB/T 191—2008 的规定。

2. 包装

包装材料必须使用食品包装用的包装材料，同时应符合 GB 9683—1988 的规定。

3. 运输

运输工具必须清洁、干燥，严防日晒、雨淋，成品在贮运中，不应接触和靠近潮湿、有腐蚀和易于发潮的货物，不得与有毒的化学药品和有害物质放在一起。

4. 贮存

产品应贮存在通风、干燥、阴凉处，且不得与有毒、有害和有污染的物品混贮。保质期不低于 2 个月。

四、槟榔种果和种苗质量安全标准要求

（一）要求

1. 基本要求

（1）槟榔种果　果形端正，无病虫害；成熟呈金黄色。

（2）槟榔种苗　无病虫害，无损伤；根系健全发达；叶片翠绿，长势正常；一年生苗的土柱直径×高≥8 cm×12 cm，二年生苗的土柱直径×高≥11 cm×18 cm；出圃时袋苗土柱完整，无松散；品种纯度≥85%。

2. 疫情要求

无检疫性病虫害。

3. 分级要求

（1）槟榔种果　槟榔种果质量分为一级、二级两个等级，各级别应符合表 8-21 的规定。

表 8-21　槟榔种果分级指标

项目	级别	
	一级	二级
果实大小/（个/kg）	<20	20~25
发芽率/%	>90.0	85.0~90.0
品种纯度/%	>90.0	85.0~90.0

（2）槟榔种苗　槟榔种苗质量分为一级、二级两个等级，各级别应符合表 8-22 的规定。

表 8-22　槟榔种苗质量指标

项目		等级	
		一级	二级
一年茎	苗茎粗/cm	≥1.0	0.6~1.0
	苗高/cm	>60.0	40.0~60.0
	叶片数/片	>5	4~5
二年茎	苗茎粗/cm	≥1.6	1.0~1.6
	苗高/cm	≥70.0	50.0~70.0
	叶片数/片	≥6	5

（二）试验方法

1. 外观检验

根据质量要求目测检验种果的果形、病虫害和成熟度；检验种苗的病虫害、生长状况。

2. 分级检验

（1）种果大小　用感量为 10 g 的天平或台秤称量。

（2）发芽率　种果采收后，在苗圃催芽，20~30 d 开始发芽，45 d 发芽结束，累计发芽种果数。

（3）茎粗　用游标卡尺测量地面以上 2 cm 处的种苗最大直径。

（4）苗高　用直尺或卷尺测量土面到种苗叶片末端的垂直自然高度。记录测量结果。

3. 疫情检验

按中华人民共和国国务院《植物检验条例》、农业农村部《植物检验条例实施细则（农业部分）》和 GB 15569—2009 的规定执行。

（三）检验规则

1. 组批

同一批槟榔种果（种苗）为一个检验批次。

2. 抽样

种果采收后 2~5 d 内随机抽取相当于种果总量 0.5% 比例的样品进行检验。种苗出圃前随机抽取相当于种苗总量 0.5% 比例的样品进行检验。

3. 交收检验

每批种果（种苗）交收前，种果（种苗）质量由供需双方共同委托种子种苗质量检验技术部门或获该部门授权的其他单位检验，并由该部门签发槟榔种子（种苗）质量检验证书。

4. 判定规则

同一批检验的一级种果（种苗）中，允许有 5% 的种果（种苗）低于一级标准，但必须达到二级标准，超此范围，则为二级种果（种苗）；同一批检验的二级种果（种苗）中，允许有5%的种果（种苗）低于二级标准，超此范围则判为等外品。

5. 种果

用透气的麻袋、布袋、纤维袋或竹筐包装，单件重不超过 25 kg，包装内外要附有种果标签以便识别。

包装外侧应有避免日晒、雨淋的标志，每一包装应附有一个标志，不同品种及不同批次的种果也应附上标志。

贮存在干燥、阴凉的地方，时间不超过 20 d。

运输过程防止日晒、雨淋，保证通风，应用有棚车运输。

6. 种苗

营养袋完好的种苗不需包装可直接运输，破损严重的需要重新套袋。种苗需挂上标签。

五、干制槟榔果加工技术规程

(一) 产品种类

1. 干制槟榔果

以槟榔鲜果为原料，经水煮、烘烤等特定工艺或类似工艺加工制成的干烟果和干青果。

2. 干烟果

利用烟熏的办法把槟榔鲜果熏干而制成的一种槟榔果。

3. 干青果

不经过直接烟熏加工工艺，采用热风或其他形式的方法把槟榔鲜果烘干而制成的一种槟榔果。

(二) 基本要求

1. 生产设施

(1) 总则　生产场所应当有与企业生产相适应的验收场所、原辅材料仓库、原料清理场所、生产车间、包装车间、成品库等。具备干制槟榔果加工必需的水煮、烘烤设备（设施）。

(2) 水煮设备（设施）　如槟榔加工企业多用的热水槽。其呈长方形，大小随需要而定，可 3~5 个连在一起直线排列。热水槽可以是瓷砖贴面的水泥池，也可以是由不锈钢制成的水槽。槽内安装加热的蒸汽套管，用金属篮盛装槟榔鲜果。槽的下方有进水口和排水口，上方有溢水口。

(3) 烘烤设备（设施）　常用的如烘房。自动化程度较高的一些企业多采用热风炉、隧道式烘干机等烘烤设备。烘房一般为长方形土木结构，由主体结构、升温设施、控温设施、通风排湿系统和装载设施等组成，大小视生产需要而定，为减少烘房上、下部的温差，其高度不宜超过 2.5 m。

(4) 计量器具　应经计量部门检定合格，贮存场所应具有良好的通风性，地面要有垫仓板，并有防虫、防鼠设施。厂区环境要求清洁、卫生。

2. 人员

生产人员应经上岗操作培训合格。车间工作人员应保持个人卫生，身体健康。

（三）加工技术要求

1. 生产工艺流程

原料验收→清洗→初分级→水煮→烘烤→冷却→分级→包装→贮藏→运输。

2. 原料的选择

采购近成熟（八成熟）的槟榔果，要求无烂果、霉变果。

3. 清洗

去枝头，摘取单果，挑出杂物，用清水清洗槟榔原果，沥干，清洗用水符合 GB 5749—2006 的要求。

4. 初分级

验收后的原料，去枝头，摘取单果，挑出杂物、果梗等，再用人工或者分级机按槟榔鲜果大小初步分级。

5. 水煮

按果形大小分别装于篮筐中，用清水加热煮沸至槟榔果变黄色为止，煮果用水符合 GB 5749—2006 的要求。

6. 烘烤

（1）干青果　将水煮后的槟榔鲜果放于槟榔专用干燥机的料斗中，或相应设备中，通过蒸汽或者热风吹击物料，经常翻动物料。干燥温度控制在 60~70 ℃，干燥时间 4~6 d，控制干果含水量在 15% 以下。

（2）干烟果　水煮后的槟榔鲜果，置于烤灶或者槟榔果熏干机内用木材加木屑文火 50~70 ℃ 熏烤 4~5 d，注意翻动，至果皮干而有烟味，颜色呈黑褐色，摇动有响声时即可，干果含水量控制在 15% 以下。

7. 冷却

自然冷却至常温。

8. 分级

每种果型根据其质量规格，分成优等品、一等品、二等品 3 个等级，具体分级要求及质量规格指标按 NY/T 487—2002 执行，或按购销合同执行分级标准。

（四）包装与标志、标签

1. 包装

（1）严禁混装　每一包装容器只能装同一品种、同一等级的干制槟榔果，干青果与干烟果不得混装。

（2）密封　麻袋、尼龙袋装果后，应用封包绳严密封合，搬运时不能使槟榔干果从缝隙中漏出。

（3）包装材料与容器　包装材料须来自合格的生产厂家，可用麻袋、尼龙袋、纸箱或者食品专用塑料箱来包装槟榔干果，麻袋、尼龙袋应编织紧密，纸箱、塑料箱应具有较强的抗压强度。包装材料与容器，要求无毒、清洁卫生、干燥完整。防潮按 GB/T

5048—2017 执行。

2. 标志、标签

包装容器上应系挂或粘贴标明产品名、品种、等级、产地、重量、执行标准编号、生产日期、保质期、封装人员或代号的标签，及符合 GB/T 191—2005 规定的防雨、防压等相关贮运图示的标记，标记字迹应清晰无误。

（五）贮存

干制槟榔果包装后，按生产批次、品种、等级分别堆存，堆码整齐。干制槟榔果存放在干燥、通风良好的场所，不应与其他有毒、有异味、发霉、易挥发以及易于传播病虫的物品混合存放。注意防潮、防虫、防鼠。堆放干制槟榔果的仓库地面应铺设木条或格板，使通风良好。

（六）运输

不同型号包装容器分开装运，运输工具应清洁、干燥。运输时避免暴晒、雨淋。不得与有害、有毒和有异味的物品混装混运。堆码高度应充分考虑槟榔干果和容器的抗压能力。应存放在阴凉处，竖起排开，并适当淋水。调运过程中严防重压、日晒、雨淋，保证通风，应用有棚车运输。

六、槟榔干果等级规格

（一）产品种类

1. 槟榔鲜果

用于加工的新鲜槟榔果实。

2. 槟榔干果

槟榔鲜果经水煮后通过热泵、蒸汽加热或烟熏等不同干燥方式进行干燥，适于进一步加工的初产品，包括白果和黑果。

3. 白果

槟榔鲜果经水煮、非烟熏方式干燥脱水工艺生产的槟榔干果。

4. 黑果

槟榔鲜果经水煮、烟熏干燥脱水生产的槟榔干果。

5. 病果

果皮有黄色或黑色的、大于 3 mm^2 的病斑或病块区域，或者有 3 个以上的 2～3 mm^2 病斑或病块区域检出的果实。

6. 虫果

被害虫为害过，表面不完整的果实。

7. 畸形果

槟榔干果表面有不正常的明显凸起、凹陷、弯曲的果实。

8. 破损果

槟榔干果表面破裂或有缺陷的果实。

9. 霉烂果

在贮藏过程中，因贮藏不当发生霉变及霉烂的槟榔干果。

（二）要求

1. 原料要求

（1）槟榔鲜果　应新鲜，大小、成熟度适中。

（2）加工用水　应符合 GB 5749—2006 的规定。

2. 加工环境

应符合 GB 14881—2013 的规定。

3. 基本要求

所有级别中的槟榔干果应洁净，无尘土、沙石、枝条等外来杂质；具有该产品固有的正常气味、滋味；具有该产品固有的形态，软硬合适，外形完整、均匀一致，无霉烂果。

4. 分级要求

槟榔干果的分级要求见表 8-23 和表 8-24。

表 8-23　槟榔干果白果分级要求

项目	等级指标		
	优等品	一等品	二等品
色泽	橄榄黄、褐色或浅黑色、均匀一致		
纹路	从果蒂到果顶纹路深、多、细腻	从果蒂到果顶纹路较多、较细腻	从果蒂到果顶纹路较少、不明显
同一类果形特征率/%	≥85	≥80	≥70
果实均匀度/%	≥80	≥75	≥70
缺陷果率/%	≤5	≤10	≤15
每千克槟榔干果个数/个	≥180	≥170	≥160
果形指数（<2.5 或>3.7）个数/个	≤5	≤10	≤15
水分含量/%	≤14~20	—	—

表 8-24　槟榔干果黑果分级要求

项目	等级指标		
	优等品	一等品	二等品
色泽	褐色或浅黑色、均匀一致		
纹路	从果蒂到果顶纹路深、多、细腻	从果蒂到果顶纹路较多、较细腻	从果蒂到果顶纹路较少、不明显

（续表）

项目	等级指标		
	优等品	一等品	二等品
同一类果形特征率/%	≥85	≥80	≥70
果实均匀度/%	≥80	≥70	≥60
缺陷果率/%	≤5	≤10	≤15
每千克槟榔干果个数/个	≥190	≥180	≥170
果形指数（<2.4或>3.3）个数/个	≤5	≤15	≤20
水分含量/%	≤18~27	—	—

5. 污染物限量

应符合 GB 2762—2017 的规定。

6. 农药残留限量

应符合 GB 2763—2021 的规定。

（三）检验方法

1. 基本要求、色泽、纹路检验

用于感官检验的样品不得少于 2 kg。

以目测确定，果实应洁净、无霉烂，是否呈橄榄黄、褐色或浅黑色、色泽是否一致，是否有光泽（同批产品只允许 1 种颜色），将霉烂果、不具有光泽和不同颜色的果实拣出。嗅觉和味觉确定无异味，有异味的果实拣出。

以目测确定，果实纹路应清晰、均匀一致，将纹路不清或纹路与同批果实间差异较大的果实拣出。以目测和卷尺确定，将果实表面有大于 5 mm² 的损伤区域以及损伤区域为 2~5 mm² 但区域个数多于 3 的果实拣出。

2. 同一类果形特征率

随机抽取样果 60 个，以卷尺分别测定其长度、直径，计算长径比。槟榔干果的长度、直径和长径比都符合规格的个数占总个数的百分比。

3. 果实均匀度

随机抽取样果 60 个，以目测和卷尺确定，拣出其中最大的 20 个果和最小的 20 个果，分别称重。计算小果质量与大果质量的比值。

4. 缺陷果率

随机抽取样果 30 个，以目测确定，将病虫果和畸形果拣出。计算病虫果和畸形果占总个数的百分比。

5. 每千克干果个数

随机抽样 1 kg 干果，数出干果的个数。

6. 果形指数

果形指数指槟榔干果的长度与直径的比值。随机抽取样果 30 个，以目测和卷尺测定每个干果的长度和直径，得到果形指数。

7. 水分含量检验

按照 GB 5009.3—2016 规定执行。

8. 污染物限量检验

按 GB 2762—2017 的规定执行。

9. 农药残留限量检验

按 GB 2763—2021 的规定执行。

（四）检验规则

1. 组批

同一类型、同一批次加工的槟榔干果为一个检验批次。

2. 抽样

按 GB/T 30642—2014 的规定执行。

3. 判定规则

容许度 按果实均匀度计算，优等及一等的产品允许有以下的容许度。

优等品：允许不超过5%的果实不符合该等级的要求，但要符合一等品要求；

一等品：允许不超过10%的果实不符合该等级的要求，但要符合二等品要求。

经检验符合本节质量要求的产品，判定该批产品为相应等级的合格产品。

卫生指标检验结果中有 1 项指标不合格，该批产品按本节质量要求判定为不合格产品。

（五）标签、标识

外包装应标明生产单位、生产日期、重量。运输包装标识按 GB/T 191—2008 的规定执行。

（六）包装、运输及贮存

1. 包装

包装在使用前应有良好的包装保护，以确保包装材料或容器在使用前的运输、贮存等过程中不被污染；包装封口要严密，不得破损、泄漏，防潮按 GB/T 5048—2017 的规定执行。

2. 运输及贮存

运输工具应清洁、干燥，有防雨设施。不得与有毒、有害、有腐蚀性、有异味的物品混装混运。

在避光、常温、干燥和有防潮设施处贮存。贮存库房应清洁、干燥、通风良好，无虫害及鼠害。不得与有毒、有害、有腐蚀性、易发霉、发潮、有异味的物品混存。